Lambacher Schweizer 6

Mathematik für Gymnasien

Baden-Württemberg

Serviceband

erarbeitet von
Dieter Brandt
Jürgen Frink
Dieter Greulich
Thorsten Jürgensen-Engl
Michael Kölle
Reinhard Schmitt-Hartmann
Gisela Schneider
Reinhold Schrage
Heike Tomaschek
Peter Zimmermann

Ernst Klett Verlag
Stuttgart Leipzig

Lambacher Schweizer 6 Serviceband, Mathematik für Gymnasien, Baden-Württemberg

Begleitmaterial:
Service-CD (ISBN: 978-3-12-734304-5)
Lösungsheft (ISBN: 978-3-12-734303-8) – das Lösungsheft beinhaltet den Lösungsteil dieses Servicebandes.

Bildnachweis
Umschlag Achterbahn: Getty Images Deutschland (Photo Disc/Reese), Muschel: Getty Images Deutschland (Neleman) – **S 5.1** http://de.wikipedia.org/wiki/Bild:Isogoe.gif – **S 5.2** Nach A. Wegener: Die Theorie der Kontinentalverschiebung. In: Zeitschrift der Gesellschaft für Erdkunde zu Berlin, 56, S. 91. – **S 5.4** Nach Christian-Dietrich Schönwiese und Bernd Diekmann: Der Treibhauseffekt. Reinbek 1991, S.92 ergänzt – **S 7** Reinhold Schrage, Isny – **S 72** Reinhold Schrage, Isny – **S 73** NASA (JPL), Washington, D.C. – **S 76.1** iStockphoto (David Lewis), Calgary, Alberta – **S 76.2** M.C. Escher's „Spher Spiral" (C) 2008 The M.C. Escher Company-Holland. All rights reserved. www.mcescher.com – **S 76.3** M.C. Escher's „Whirlpool" (C) 2008 The M.C. Escher Company-Holland. All rights reserved.www.mcescher.com – **S 76.4** AKG (Erich Lessing), Berlin – **S 76.5** Hannsjörg Voth, Projekt „Goldene Spirale" Marokko 1997, Copyright by:Ingrid Amslinger – **S 76.6** Hannsjörg Voth, Zeichnung auf Transparent, Mischtechnik, Titel: „Goldene Spirale" 1996

1. Auflage 1 7 6 5 4 3 | 14 13 12 11 10

Autoren: Dr. Dieter Brandt, Jürgen Frink, Dieter Geulich, Thorsten Jürgensen-Engl, Dr. Michael Kölle, Reinhard Schmitt-Hartmann, Gisela Schneider, Reinhold Schrage, Dr. Heike Tomaschek, Dr. Peter Zimmermann

Redaktion: Eva Göhner, Andreas Marte
Herstellung: imprint, Zusmarshausen

Umschlaggestaltung: Soldankommunikation, Stuttgart
Illustrationen: Dorothee Wolters, Köln; media office gmbh, Kornwestheim
Satz: imprint, Zusmarshausen; media office gmbh, Kornwestheim
Reproduktion: Meyle + Müller Medienmanagement, Pforzheim
Druck: Medienhaus Plump, Rheinbreitbach

Printed in Germany.
ISBN 978-3-12-734302-1

9 783127 343021

Inhaltsverzeichnis

(Die Seiten-Nummerierung entspricht den drei Teilen des Servicebands: K (Kommentare), S (Serviceblätter), L (Lösungen zum Schülerbuch).)

1. Kommentare: Erläuterungen und Hinweise zum Schülerbuch

2. Serviceblätter: Materialien für den Unterricht

3. Lösungen zum Schülerbuch

Der Serviceband als Teil des Fachwerks

Auf Grund der vielfältigen Anforderungen an den modernen Mathematikunterricht erschien es notwendig und sinnvoll, die Lehrerinnen und Lehrer zukünftig durch passende Lehrmaterialien noch mehr zu unterstützen. Das für den aktuellen Bildungsplan entwickelte Schülerbuch des Lambacher Schweizer wurde deshalb durch weitere Materialien ergänzt. Für jede Jahrgangsstufe gibt es nun neben dem **Schülerbuch** einen **Serviceband**, eine **Service-CD** und ein **Lösungsheft.** Alle Materialien sind aufeinander abgestimmt und bilden somit ein Gesamtgebäude an Materialien für das Schulfach Mathematik, das **Fachwerk des Lambacher Schweizer.** Dem Schülerbuch kommt dabei nach wie vor die zentrale Rolle zu, es ist die tragende Säule, die auch ohne Begleitmaterial den Unterricht vollständig bedient. Das Lösungsheft enthält wie gehabt alle Lösungen zum Schülerbuch. Serviceband und Service-CD sind als Service für die Lehrerhand konzipiert.

Der Serviceband des Lambacher Schweizer entstand aus der Idee, Lehrerinnen und Lehrer rund um den Mathematikunterricht zu begleiten und zu entlasten. Deshalb finden sich in diesem Band Kommentare für die Unterrichtsvorbereitung (1. Teil) in Form von Erläuterungen und Hinweisen zum Schülerbuch, Serviceblätter für die Unterrichtsdurchführung (2. Teil) in Form von Kopiervorlagen und die kompletten Lösungen zu den Aufgaben des Schülerbuches zur Unterrichtsnachbereitung (3. Teil) oder gegebenenfalls auch zum schnellen Nachschlagen. Der dritte Teil stimmt vollständig mit den Inhalten des Lösungsheftes überein, sodass die Entscheidung für den Serviceband den Kauf des Lösungsheftes erübrigt.

Auf der Service-CD befinden sich alle Serviceblätter des Servicebandes noch einmal in editierbarer Form. Darüber hinaus enthält die CD aber auch noch zahlreiche interaktive Arbeitsblätter, Animationen und digitale Materialien, die für den Einsatz im Unterricht geeignet sind.

Der Serviceband im Detail

1. Der Kommentar: Erläuterungen und Hinweise zum Schülerbuch

Im ersten Teil des Bandes, im Kommentar, wird auf das Schülerbuch Bezug genommen. Für jedes Kapitel werden Zielrichtung, Schwerpunktsetzung und Aufbau kurz erläutert.

Konkret wird zunächst darauf verwiesen, welche zwei inhaltlichen Leitideen jeweils vorrangig angesprochen werden. Die Leitideen im Schülerbuch üben dabei die gleiche Funktion aus, die den vom Bildungsplan vorgegebenen Leitideen zukommt, eine durchgehende und jahrgangsübergreifende Struktur der Inhalte transparent zu machen. Die neun Leitideen des Bildungsplanes wurden für das Schülerbuch allerdings in Anzahl und Begrifflichkeit bewusst modifiziert, um sie dem Schülerniveau anzupassen. Während die Leitideen im Bildungsplan für die *Lehrenden* formuliert wurden, wurden die Leitideen für das Schülerbuch so umgesetzt, dass damit auch die *Lernenden* Struktur und Zusammenhang des mathematischen Stoffes erkennen und begreifen können. Die Gegenüberstellung der sechs Leitideen im Schülerbuch: **Zahl und Maß, Daten und Zufall, Beziehung und Änderung, Modell und Simulation, Muster und Struktur, Form und Raum** mit denen des Bildungsplanes zeigt ihre offensichtliche Entsprechung.

Leitideen im Bildungsplan	Leitideen im Lambacher Schweizer
Zahl Messen	Zahl & Maß
Algorithmus	Zahl & Maß Muster & Struktur
Raum und Form	Form & Raum
Variable Funktionaler Zusammenhang	Beziehung & Änderung
Daten und Zufall	Daten & Zufall
Modellierung	Modell & Simulation
Vernetzung	(in allen Leitideen immanent)

Im Schülerbuch wurde insbesondere darauf geachtet, keine rein mathematischen Begriffe wie Algorithmus zu verwenden, sondern Begriffe, die den Schülerinnen und Schülern bereits aus der Alltagswelt bekannt sind.

Die Kennzeichnung der angesprochenen Leitideen auf den Auftaktseiten des jeweiligen Kapitels bietet die Möglichkeit, die Zusammenhänge der Kapitel von den Schülerinnen und Schülern in Reflexionsphasen herausstellen zu lassen.

Neben den Leitideen wird in den Kommentaren aufgezeigt, ob und wie die Lerneinheiten aufeinander aufbauen, welche Zielrichtung sie verfolgen, welche Kompetenzen eingefordert werden und an welchen Stellen auf Grund des neuen Bildungsplanes deutliche Änderungen gegenüber dem bisher üblichen Unterrichtsgang auftreten. Außerdem wird auf bestimmte didaktische Richtlinien verwiesen, die für einen modernen Mathematikunterricht unentbehrlich sind und durchgehend im Buch zu finden sind. Konkret betrifft das die folgenden Aspekte:

- Der Lehrgang ist am Verständnisniveau der Zehntklässler ausgerichtet, d.h., die Schülerinnen und Schüler sollen nicht mechanisch auswendig lernen, sondern die Inhalte nachvollziehen und verstehen können. Die Inhalte werden im Vergleich zu den vorangegangenen Klassenstufen zunehmend komplexer. Der Formalismus beginnt eine größere Rolle zu spielen. Dennoch werden Begrifflichkeiten nur dann eingeführt, wenn sie dem Verständnis dienen.
- Dem Lehrgang liegt die Idee des spiralförmigen Lernens zugrunde. Inhalte der Klassen 5 bis 9 werden aufgegriffen und auf einem altersgerechten Niveau vertieft. Dabei wird darauf geachtet, kein Wissen auf Vorrat einzuführen, d.h. kein Wissen, das danach jahrelang brachliegt.
- Der Lehrgang bietet die Möglichkeit einen vielseitigen Unterricht zu gestalten, die verschiedenen Kompetenzen der Schülerinnen und Schüler anzusprechen und einzufordern, Methoden zu erlernen und unterschiedliche Unterrichtsformen anzuwenden. Wichtig ist allerdings, dass die Wahl einer alternativen Unterrichtsform immer in der Hand der Lehrperson liegt, um selbst über die günstigste Form entscheiden zu können. Das Schulbuch macht zahlreiche und flexible Angebote, aber keine zwingenden Vorgaben.

2. Serviceblätter: Materialien für den Unterricht

Alle Serviceblätter sind so gestaltet, dass sie keiner zusätzlichen Erläuterung bedürfen und direkt im Unterricht einsetzbar sind. Sie sind nach Kapiteln geordnet und gegebenenfalls auch einzelnen Lerneinheiten zugeordnet, sodass eine schnelle Orientierung für den Einsatz im Unterricht möglich ist. In den meisten Fällen handelt es sich um Kopiervorlagen. Bei einigen Materialien lohnt es sich, diese zu laminieren, um sie für einen wiederholten Einsatz (z.B. Dominokarten) nutzbar zu machen. Im Anschluss an die Serviceblätter finden sich die Lösungen derselben, sofern sie sich nicht aus der Bearbeitung des Serviceblattes heraus ergeben (z.B. durch ein Lösungswort, ein Puzzle etc.). Auch hierbei handelt es sich um Kopiervorlagen, um sie, falls gewünscht, den Schülerinnen und Schülern zum eigenständigen Arbeiten überlassen zu können.

3. Lösungen zum Schülerbuch

Der dritte Teil enthält wie erwähnt die kompletten Lösungen zu den Aufgaben im Schülerbuch und ist damit identisch mit dem Inhalt des Lösungsheftes.

Bei offenen Aufgaben wird je nach Fragestellung erwogen, ob es sinnvoll ist, eine (individuelle) Lösung anzugeben oder nicht. Um das selbstständige Arbeiten mit dem Schülerbuch für die Schülerinnen und Schüler zu erleichtern, ist das Lösungsheft ohne Schulstempel für jeden käuflich zu erhalten.

Übersicht über die Symbole

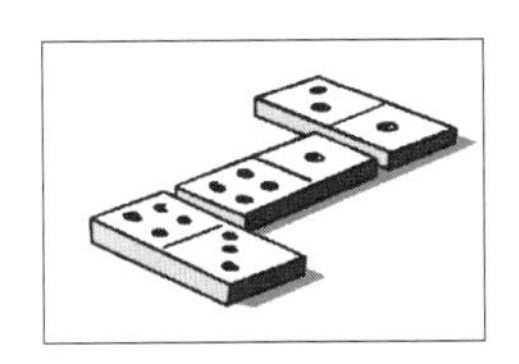

Domino

Partnerarbeit

Gruppenpuzzle

Recherchieren

Heftführung/
Formelsammlung

Planarbeit

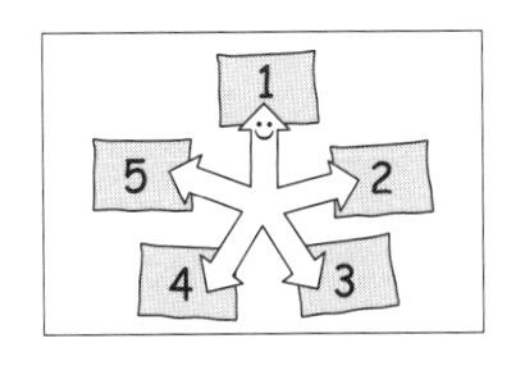

Lernzirkel

Präsentationsmethoden/
Referat

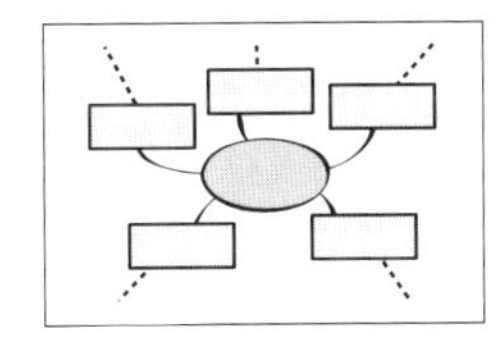

Mindmapping

Spiel

Inhaltsmatrix

	Kommentare	Serviceblätter	Lösungen der Serviceblätter	Lösungen zum Schülerbuch
IV Funktionsklassen	K5			
1 Exponentialfunktionen				L29
2 Ganzrationale Funktionen		Nullstellen ganzrationaler Funktionen – Ein Arbeitsplan, S44 Nullstellenbingo, S45 Mehrfache Nullstellen, S46	S94 S94 S94	L29
3 Eigenschaften ganzrationaler Funktionen		Gruppenpuzzle: Eigenschaften ganzrationaler Funktionen, S47 Expertengruppe 1: Symmetrie, S48 Expertengruppe 2: Verhalten für x gegen ± ∞, S49 Expertengruppe 3: Verhalten für x in der Nähe von 0, S50 Domino: Ganzrationale Funktionen, S51 Wer passt zu wem? – Ein Arbeitsblatt, S60 Formen formen, S61	S95 S95 S96 S97 S101 S101	L30
4 Verschieben und Strecken von Graphen		Lernzirkel: Verschieben und Strecken von Graphen, S52 Lernzirkel 5: Vermischte Übungen, S52 Lernzirkel 1: Verschiebung in y-Richtung, S53 Lernzirkel 2: Verschiebung in x-Richtung, S53 Lernzirkel 3: Streckung in y-Richtung, S54 Lernzirkel 4: Streckung in x-Richtung, S54	S98 S98 S98 S98	L31
5 Sinus- und Kosinusfunktion		Winkel im Bogenmaß – Ein Arbeitsplan, S55	S98	L32
6 Ableitung der Sinus- und Kosinusfunktion		Die Ableitung der Sinus- bzw. Kosinusfunktion – Ein Arbeitsplan, S56	S99	L32
7 Periode und Amplitude		Variationen der Sinusfunktion – Ein Arbeitsplan, S57	S99	L33
Wiederholen – Vertiefen – Vernetzen		Funktionseigenschaften im Überblick (1), (2), S58, S59 Mathe ärgert mich nicht! – Aufgabenkarten, S62	S100	L34
Exkursion: Entdeckungen – Funktionen für besondere Fälle				L36
V Wahrscheinlichkeitsrechnung – Binomialverteilung	K6			
1 Zufallsvariable und Erwartungswert		Soll ich das Spiel spielen? – Ein Arbeitsplan, S65	S102	L37
2 Bernoulli-Versuche		Bernoulli-Versuche – Ein Arbeitsplan, S66 Die Formel von Bernoulli – Ein Arbeitsplan, S67	S102 S102	L37
3 Binomialverteilung		Sicherheit im Verkehr, S68	S103	L39
4 Graph und Erwartungswert der Binomialverteilung		Domino – n, p-Graph, S69	S103	L41
Wiederholen – Vertiefen – Vernetzen		Mathe ärgert mich nicht! – Aufgabenkarten, S70		L42
Exkursion: Entdeckungen – Streuung bei der Binomialverteilung				L45
VI Modellieren	K7			
1 Modellieren von Wachstumsvorgängen				L47
2 Modellieren von periodischen Vorgängen		Formen formen – für Experten, S74	S105	L53
3 Modellieren von geradlinigen Bewegungen		Für Überflieger – Vulkaneruption auf dem Jupitermond Io, S73	S105	L57
4 Modellierungskreislauf		Holzpellets im Tank, S71 Wie schnell steigt das Wasser? S72	S104 S104	L59
Wiederholen – Vertiefen – Vernetzen				L64
Exkursion: Entdeckungen – Projektthemen rund ums Modellieren				L71
VII Sachthema: Vom Himmel hoch – Teil 2	K8			L75
VIII Sachthema: Mathematik in Berufen	K8			L80

I Abhängigkeit und Änderung – Ableitung

Während bei der Behandlung der Funktionen in den Klassen 7 und 8 die Funktionswerte im Vordergrund der Überlegungen standen, gewinnt in Klasse 10 der Aspekt der Veränderung zunehmend an Bedeutung.
Im ersten Kapitel wird der zentrale Begriff der Differenzialrechnung, die Ableitung, durch Grenzwertbetrachtungen der mittleren Änderungsrate eingeführt. Dabei werden im Wesentlichen die beiden Leitideen **Beziehung und Änderung** sowie **Muster und Struktur** bedient.
Um die Übersicht bei Überlegungen mit mehreren Funktionen zu verbessern, wird in dem Kapitel die f(x)-Schreibweise eingeführt. Die aus der Mittelstufe bekannte y(x)-Schreibweise wird nur noch bei kontextbezogenen Überlegungen verwendet und tritt zunehmend in den Hintergrund.
Bei der Behandlung der mittleren und der momentanen Änderungsrate wird auf die $x - x_0$-Schreibweise $\frac{f'(x) - f'(x)}{x - x_0}$ des Differenzenquotienten verzichtet und lediglich die h-Schreibweise $\frac{f'(x + h) - f'(x)}{h}$ verwendet. Hierdurch kann bei der Berechnung der Ableitung von Potenzfunktionen auf die Polynomdivision verzichtet werden.
Der GTR bleibt weiterhin das wesentliche technische Hilfsmittel bei der Behandlung der Funktionen. Mit ihm können die Lernenden viele Erkenntnisse eigenständig sammeln. Darüber hinaus dient der GTR den Schülern als Kontrollinstrument.

Die Lerneinheit **1 Funktionen** dient im Wesentlichen der Wiederholung der in den Jahrgangsstufen 7 und 8 eingeführten Aspekte von Funktionen. Wie oben aufgeführt, wird auch die neue f(x)-Schreibweise vorgestellt. Darüber hinaus werden die Definitionsmenge von Funktionen und in diesem Zusammenhang auch die Intervallschreibweise eingeführt.

Die folgende Lerneinheit **2 Mittlere Änderungsrate – Differenzenquotient** greift die in Klasse 9 bei den Folgen behandelte absolute Änderung auf und verallgemeinert sie auf kontinuierliche Funktionen: Während in der 9. Klasse Änderungen lediglich für das Zeitintervall 1 behandelt wurden, werden nun auch Änderungen für beliebige Zeitintervalle betrachtet. Hierbei wird i. d. R. der Begriff „mittlere Änderungsrate" bei kontextbezogenen Funktionen verwendet, während bei kontextfreien Funktionen vom Differenzenquotienten gesprochen wird. Für ein besseres Verständnis der Lernenden wird die mittlere Änderungsrate bzw. der Differenzenquotient sowohl algebraisch als auch geometrisch untersucht. Diese beiden Betrachtungsweisen werden in der nächsten Lerneinheit aufgegriffen.

In der Lerneinheit **3 Momentane Änderungsrate – Ableitung** wird die mittlere Änderungsrate für immer kleiner werdende h betrachtet und so der Übergang von der mittleren Änderungsrate zur momentanen Änderungsrate bzw. vom Differenzenquotienten zur Ableitung geschaffen. Dieser Grenzübergang wird zum besseren Verständnis wieder sowohl algebraisch mithilfe des GTR als auch geometrisch mithilfe einer Tangente vollzogen. Die konkrete Berechnung der Ableitung erfolgt bewusst erst in der folgenden Lerneinheit. Weiterhin wird in dieser Lerneinheit die Differenzierbarkeit eingeführt und in den letzten Aufgaben behandelt.

Ein Verfahren zur Berechnung der Ableitung wird in der Lerneinheit **4 Ableitung berechnen** vorgestellt. Mit diesem Verfahren werden in erster Linie Ableitungen von linearen, antiproportionalen und quadratischen Funktionen berechnet. In den geführten Aufgaben 6 und 8 werden die Ableitungen von kubischen Funktionen und Wurzelfunktionen berechnet.

Bei der Behandlung der Ableitungsfunktion in Lerneinheit **5 Ableitungsfunktion** stehen die geometrischen Überlegungen im Mittelpunkt der Überlegungen: Die Lernenden sollen befähigt werden, zum Graphen einer Funktion den Graphen der dazugehörigen Ableitungsfunktion zu skizzieren.

Bereits bei der Behandlung der Lerneinheiten 3 bis 5 können die Lernenden erste Vermutungen zu Ableitungsregeln entdecken. Diese werden in der Lerneinheit **6 Ableitungsregeln** zusammengefasst und geübt. Da die Regeln intuitiv verständlich sind, werden deren Nachweise in die Aufgabe zur optionalen Behandlung im Unterricht gelegt. Insbesondere der allgemeine Nachweis der Potenzregel ist für die 10. Klasse vergleichsweise anspruchsvoll.

In der Lerneinheit **Wiederholen – Vertiefen – Vernetzen** finden sich eine Vielzahl von vermischten und weiterführenden Aufgaben. In Aufgabe 11 wird im Zusammenhang einer stückweise definierten Funktion die Differenzierbarkeit behandelt. Die Aufgaben 12 bis 14 stellen vergleichsweise umfangreiche Kontextaufgaben dar.

In der **Exkursion** eignet sich die Erarbeitung des Prioritätenstreits zwischen Newton und Leibniz zur Differenzialrechnung gut als GFS-Thema.

II Eigenschaften von Funktionen

Schwerpunkt in Kapitel II ist die Leitidee „Funktionaler Zusammenhang" des Bildungsplans bzw. **Beziehung und Änderung**. Darüber hinaus wird ebenfalls die Leitidee **Zahl und Maß** thematisiert. Es werden Grundkompetenzen im Umgang mit Funktionen vermittelt. Vor allem geht es um charakteristische Eigenschaften von Funktionen wie Nullstellen, Extremstellen, Monotonie und das Verhalten für x gegen $\pm\infty$. Dabei sind das Lösen von Gleichungen und Ungleichungen wie $f(x) = 0$ oder $f'(x) > 0$ zentrale Hilfsmittel. Man sollte nicht verschweigen, dass es meistens nicht möglich ist, exakte Lösungen zu berechnen. Nur in einfachen Fällen gelingt es, exakte Lösungen anzugeben, ansonsten kann der GTR für numerische Näherungslösungen verwendet werden, die in vielen Fällen ausreichen. Um zu exakten Lösungen zu gelangen, werden neben dem bekannten Lösen von linearen und quadratischen Gleichungen weitere Verfahren behandelt. Exakte Lösungen sind vor allem dann von Interesse, wenn man einen Überblick über alle Lösungen erzielen möchte. Das ist mit dem GTR nicht ohne weiteres möglich. Bei Anwendungen ist dieses Problem oft zweitrangig, weil man z.B. nur die optimale Lösung in einem Bereich sucht. Das Mathematisieren und Problemlösen steht dann im Vordergrund. Die auftretenden Funktionen können mit dem GTR untersucht werden.
Es wird in diesem Kapitel bewusst auf bestimmte Funktionenklassen verzichtet, weil es um Eigenschaften geht, die alle Funktionen besitzen können. Außerdem ermöglicht der GTR das Erstellen von Graphen auch für Funktionen, die den Schülern ansonsten Schwierigkeiten bereiten würden. Allerdings sind die meisten behandelten Funktionen ganzrational oder einfache Potenzfunktionen mit negativen Exponenten. Ein Eingehen auf besondere Eigenschaften von Funktionen besonderer Klassen folgt im weiteren Verlauf des Lehrbuches (siehe Kapitel IV) und in der Kursstufe.
Insgesamt spielt der GTR in den meisten Lerneinheiten eine eher untergeordnete Rolle, vor allem dann, wenn es um exakte Lösungen geht. Man kann in diesen Lerneinheiten die Leitfragen stellen: „Wo hilft uns der GTR nicht unbedingt weiter?" und „Was können wir auch ohne GTR herausbekommen?" Hier sollte man schon jetzt das Augenmerk auf die Teile des Abiturs lenken, die ohne Hilfsmittel zu bearbeiten sind. Der GTR kann aber immer zur Kontrolle verwendet werden und ermöglicht so eigenständiges Arbeiten der Schülerinnen und Schüler.

Der GTR liefert schnell Funktionsgraphen. Will man die Graphen abzeichnen, sind Achsenschnittpunkte sowie Hoch- und Tiefpunkte hilfreiche „Anker". Der GTR verfügt über die Möglichkeit, solche charakteristischen Punkte näherungsweise zu berechnen, wenn sie im Display sichtbar sind. Die Aufgaben in der Lerneinheit **1 Charakteristische Punkte des Graphen einer Funktion** sollen größtenteils mit dem GTR gelöst werden, damit der Umgang mit den neuen Begriffen geübt wird.

Nachdem in Lerneinheit 1 bereits mit dem GTR Nullstellen bestimmt wurden, geht es in Lerneinheit **2 Nullstellen** um die exakte Berechnung aller Nullstellen einer Funktion. Weil es kein Verfahren gibt, welches das immer leistet, werden hier nur besondere Funktionen behandelt, bei denen man die betreffenden Gleichungen exakt lösen kann. Als neue Lösungsverfahren werden Ausklammern und Substitution der Variabeln eingeführt.

Die in der Lerneinheit **3 Monotonie** eingeführte Monotonie von Funktionen wird in der nächsten Lerneinheit als wichtige Funktionseigenschaft bei der Bestimmung von Extremstellen aufgegriffen. Da die strenge Monotonie im weiteren Verlauf des Kapitels von größerer Bedeutung ist, wird diese im ersten Kasten festgehalten und die „einfache" Monotonie im Anschluss ergänzt. Der Monotoniesatz wird von den Lernenden meist intuitiv verstanden, auf einen exakten Nachweis wird daher verzichtet.

In Lerneinheit **4 Hoch- und Tiefpunkte** werden zunächst die Begriffe lokales Maximum und Minimum definiert. Sodann wird erklärt, wie man mithilfe der Ableitung lokale Maxima und Minima einer Funktion finden kann. Dabei wird als hinreichendes Kriterium ausschließlich der Vorzeichenwechsel der ersten Ableitung verwendet, denn die Verwendung der zweiten Ableitung ist durch die Bildungsstandards erst in der Kursstufe vorgesehen.
Neben Hoch- und Tiefpunkten wird auch der Begriff des Sattelpunkts eingeführt.
In den Aufgaben dieser Lerneinheit wird der GTR zu Beginn nur als Kontrollinstrument verwendet. Nach den „Bist-du-sicher?"-Aufgaben ist der GTR zwar ausdrücklich zum Ermitteln der lokalen Extrema erlaubt, die Funktionen sind jedoch so ausgewählt, dass die Schülerinnen und Schüler bei Standardfenstereinstellungen keine aussagekräftigen Graphen erhalten.

In der Lerneinheit **5 Extremwerte – lokal und global** tritt der Aspekt der globalen Extrema und der Randextrema zu Tage. Zunächst beschränken sich die Betrachtungen auf Funktionen, die ein abgeschlossenes Intervall als Definitionsbereich besitzen. Dies ist in Anwendungen der häufigste Fall und hier ist die Existenz globaler Extrema gewährleistet. Bei den Aufgaben müssen in einfachen Fällen auch Funktionsterme aus dem Kontext heraus aufgestellt werden.
Eine Infobox am Ende der Lerneinheit thematisiert Fälle, in denen kein abgeschlossenes Intervall als Definitionsbereich vorliegt, sodass globale Extrema nicht notwendig existieren müssen.

In der Lerneinheit **6 Verhalten eines Graphen für x gegen ±∞** wird das Verhalten eines Graphen für sehr große bzw. sehr kleine x-Werte untersucht. Zunächst bietet es sich an, den Sachverhalt mithilfe des GTR zu verdeutlichen. Die vergleichsweise anspruchsvollen Umformungen des Funktionsterms sowie die anschließenden Grenzwertbetrachtungen führen auf die für die Lernenden wieder leicht zu merkenden Regeln im Kasten.

In der Lerneinheit **Wiederholen – Vertiefen – Vernetzen** werden zahlreiche Aufgaben zur vertiefenden Behandlung der Begriffe zur Verfügung gestellt. Insbesondere gibt es Aufgaben zu Funktionen mit Parametern und diverse – auch komplexe – Extremwertprobleme bei Anwendungen.

Das Lösen von Gleichungen kann auf das Bestimmen von Nullstellen zurückgeführt werden. Exakt lassen sich Nullstellen nur in besonderen Fällen berechnen. Der GTR liefert Näherungswerte, ohne dass man weiß, wie er dabei genau vorgeht. In der **Exkursion** werden zwei Näherungsverfahren – das Intervallhalbierungsverfahren und das Newtonverfahren – behandelt und verglichen. Damit ist ein Einblick möglich, wie man wie der GTR zu numerischen Näherungslösungen gelangen kann.

III Geraden im Raum – Vektoren

In diesem Kapitel, dem die Leitideen **Beziehung und Änderung** und **Muster und Struktur** zugrunde liegen, werden geometrische Objekte algebraisch mithilfe von Vektoren beschrieben. Von der geometrischen Vorstellung ausgehend, werden Geraden durch Vektorgleichungen angegeben. Eigenschaften, wie die Lage von Geraden zueinander, erhält man durch das Lösen von Gleichungen. Die Interpretation der algebraischen Ergebnisse ergeben die geometrische Deutung. Die durchgehende Gegenüberstellung geometrischer Überlegungen und algebraischer Beschreibungen und Berechnungen ist grundlegend für das entsprechende Verständnis. Der Zugang zu dieser Möglichkeit, geometrische Sachverhalte zu untersuchen, erfolgt in fünf Schritten.

1. Einführung eines dreidimensionalen kartesischen Koordinatensystems.
2. Einführung von Vektoren.
3. Rechnerische Verknüpfungen von Vektoren.
4. Beschreibung von Geraden mithilfe von Vektoren.
5. Bestimmung der Lage von Geraden mithilfe der vektoriellen Darstellung.

Diese Inhalte werden in der Kursstufe vertieft und auf andere geometrische Objekte, wie zum Beispiel Ebenen, übertragen und erweitert.

Ausgehend vom bereits bekannten kartesischen Koordinatensystem mit zwei Dimensionen wird in der Lerneinheit **1 Punkte im Raum** das dreidimensionale Koordinatensystem vorgestellt. Koordinatensysteme, deren Achsen nicht zueinander orthogonal sind, werden außer Acht gelassen. Um ein einheitliches Zeichnen zu sichern, werden die Lagen der einzelnen Achsen und mögliche Winkel beim perspektivischen Zeichnen vorgegeben. Ein Schwerpunkt dieser Lerneinheit liegt auf dem räumlichen Zeichnen sowie dem Zurechtfinden bei räumlichen Anordnungen und Objekten.

In der Lerneinheit **2 Vektoren** wird der Begriff des Vektors geometrisch entwickelt. Ein Vektor beschreibt in diesem Unterricht auf algebraische Weise, wie man zu einem gegebenen Punkt einen weiteren Punkt erhält. Anschaulich entspricht ein Vektor hierdurch einer Pfeilklasse. Zur Koordinatenschreibweise für Punkte erhält man eine korrespondierende Schreibweise für Vektoren. Eine erste implizite Erweiterung des Vektorbegriffes wird in der Exkursion „Vektoren in anderen Zusammenhängen“ vorgenommen. Vektoren als abstrakte Gebilde und ihre algebraischen Strukturen sind der Kursstufe als Inhalte vorbehalten.

Beim Rechnen mit Vektoren sind zwei Situationen zu unterscheiden:

a) Verknüpfung eines Vektors mit einem anderen Vektor.

b) Verknüpfung einer reellen Zahl mit einem Vektor.

Beide Fälle werden von der zeichnerischen Anschauung kommend in Lerneinheit **3 Rechnen mit Vektoren** erarbeitet. Die Rechengesetze ergeben sich koordinatenweise aus den entsprechenden Gesetzen der reellen Zahlen. Sie werden darüber hinaus auch zeichnerisch erläutert.

Geraden sind die ersten geometrischen Objekte, die mithilfe einer vektoriellen Gleichung beschrieben werden. Im Mittelpunkt der Überlegungen in Lerneinheit **4 Geraden** steht das Verständnis von geometrischer Anschauung und algebraischer Beschreibung. Darüber hinaus liegt ein Augenmerk auf den räumlichen Lagen von Geraden und Punkten im Koordinatensystem.

In Lerneinheit **5 Lage von Geraden** wird der Vorteil der algebraischen Beschreibung der Geraden besonders augenfällig. Beim Lösen des jeweiligen Gleichungssystems kann neben bereits bekannten Techniken auch der GTR eingesetzt werden.

In der Lerneinheit **Wiederholen – Vertiefen – Vernetzen** thematisieren die Aufgaben 12, 16 und 17 u.a. den Umgang mit formalen Parametern.

In der **Exkursion** kann die Darstellung von Vektoren in anderen Zusammenhängen als Bindeglied zu einer möglichen Verallgemeinerung des Vektorbegriffes in der Kursstufe verstanden werden. Sie kann auch lediglich als eine sehr pragmatische „Verwendung“ der bisher erarbeiteten Inhalte aufgefasst werden.

IV Funktionsklassen

In den Kapiteln I und II wurden die Grundlagen der Differenzialrechnung erarbeitet. In Kapitel IV werden die in diesen Kapiteln gewonnenen Erkenntnisse angewendet und charakteristische Eigenschaften von Funktionsklassen herausgearbeitet. Neben der Leitidee **Beziehung und Änderung** wird hier ebenfalls die Leitidee **Muster und Struktur** angesprochen.
Es werden nacheinander Exponentialfunktionen, ganzrationale Funktionen (zwei Lerneinheiten) und trigonometrische Funktionen (nur Sinus und Kosinus, drei Lerneinheiten) betrachtet. Die Lerneinheiten 4 und 7 beschäftigen sich schließlich noch mit der affinen Abbildung von Graphen. Im gesamten Kapitel wird Wert darauf gelegt, dass die Schülerinnen und Schüler die zentralen Fragestellungen sowohl „von Hand" als auch – in komplexeren Fällen – mit dem GTR lösen können.

In Klasse 9 wurden in Kapitel IV bereits exponentielle Wachstumsprozesse betrachtet. Die Lerneinheit **1 Exponentialfunktionen** greift dieses Wissen auf und streicht zunächst die Vorteile heraus, welche der Übergang von der Folge zur Funktion bietet. Es können nun nämlich auch Zwischenwerte oder Werte vor Beobachtungsbeginn berechnet werden. Im weiteren Verlauf werden zentrale Eigenschaften dieses Funktionstyps sowie typische Graphen erarbeitet.

Mit ganzrationalen Funktionen arbeiten die Schülerinnen und Schüler bereits intensiv seit Beginn des Schuljahrs, ohne sie jedoch unter diesem Namen zu kennen. In der Lerneinheit **2 Ganzrationale Funktionen** wird dieser Funktionstyp definiert. Mithilfe der Linearfaktorzerlegung wird plausibel gemacht, dass eine ganzrationale Funktion vom Grad n maximal n Nullstellen hat. Das Verfahren der Polynomdivision wird eingeführt, um in speziellen Fällen auch für Funktionen vom Grad größer als 2 Nullstellen ohne GTR berechnen zu können.

In Lerneinheit **3 Eigenschaften ganzrationaler Funktionen** wird untersucht, wie man bestimmte Eigenschaften des Graphen einer ganzrationalen Funktion bereits direkt am Funktionsterm ablesen kann. Betrachtet werden die Symmetrie des Graphen sowie das Verhalten für x nahe 0 und für betragsmäßig große x. In den Aufgaben liegt ein Schwerpunkt auf dem Skizzieren von Graphen bzw. umgekehrt auf dem Zuordnen von Funktionstermen zu vorgegebenen Graphen.

In Lerneinheit **4 Verschieben und Strecken von Graphen** wird untersucht, wie sich das Verschieben und Strecken von Graphen auf den Funktionsterm auswirkt, bzw. umgekehrt, wie sich Änderungen am Funktionsterm auf den Graphen auswirken. Betrachtet werden die Verschiebung in x- und y-Richtung sowie die Streckung in y-Richtung.

Sinus und Kosinus kennen die Schülerinnen und Schüler aus Klasse 9 als Seitenverhältnis im rechtwinkligen Dreieck. In der Lerneinheit **5 Sinus- und Kosinusfunktion** werden mithilfe des Einheitskreises Sinus und Kosinus auch für Winkel größer als 90° erklärt. Mit dem Übergang zum Bogenmaß erhält man dann die Sinus- und die Kosinusfunktion, deren zentrale Eigenschaften im Folgenden betrachtet werden.

Durch graphisches Differenzieren erhält man in Lerneinheit **6 Ableitung der Sinus- und Kosinusfunktion** die Ableitung von Sinus und Kosinus. Damit lassen sich Extremwertprobleme auch bei einfachen zusammengesetzten Funktionen lösen.

Die in Lerneinheit 4 erarbeiteten Kenntnisse über das Verschieben und Strecken von Graphen werden in Lerneinheit **7 Periode und Amplitude** auf die Sinusfunktion übertragen und mit dem Begriff Amplitude verknüpft. Über die Änderung der Periodendauer wird implizit auch die Streckung in x-Richtung eingeführt.

Neben wiederholenden und vernetzenden Aufgaben werden in **Wiederholen – Vertiefen – Vernetzen** vertiefende Fragestellungen angeboten zu:
- Doppelte Nullstellen bei ganzrationalen Funktionen (Aufgabe 7),
- Allgemeine Symmetrie bei ganzrationalen Funktionen (Aufgabe 12),
- Beziehungen zwischen Sinus und Kosinus (Aufgaben 8, 9 und 14).

In der **Exkursion** werden die Gauß'sche Klammerfunktion sowie die Minimums- und Maximumsfunktion betrachtet. Mithilfe dieser Funktionen lassen sich zum Beispiel Fragestellungen zu Tarifen in Funktionsterme fassen.

V Wahrscheinlichkeitsrechnung – Binomialverteilung

Die Ziele des Bildungsplanes werden in Klasse 9 im Kapitel „Ereignisse und Erwartungswerte" und in Klasse 10 im vorliegenden Kapitel V erreicht. Die Leitideen, die in diesem Kapitel thematisiert werden, sind **Daten und Zufall** und **Modell und Simulation.**
Viele stochastische Situationen lassen sich mit binomialverteilten Zufallsvariablen modellieren. Binomialverteilungen bilden auch die Basis für weitere Verteilungen. In Klasse 10 ist die Berechnung von Bimomialverteilungen mithilfe der Formel von Bernoulli das zentrale Thema. Außerdem wird der Erwartungswert einer binomialverteilten Zufallsvariablen im Zusammenhang mit Graphen der Binomialverteilung bestimmt. In einer Exkursion wird außerdem auf Varianz und Standardabweichung einer binomialverteilten Zufallsvariablen eingegangen. Wichtiges Hilfsmittel bei der Berechnung von Wahrscheinlichkeiten ist der grafische Taschenrechner (GTR), der es ermöglicht, auf die früher eingesetzten Tabellen zu verzichten. Darüber hinaus können grafische Aspekte vertieft werden. Das ermöglicht ähnlich wie in der Analysis viele anschaulich begründete Erkenntnisse. Auch der Einsatz einer Tabellenkalkulation wird immer wieder thematisiert. Ein Ausblick auf die Kursstufe: Dort werden Binomialverteilungen wieder aufgegriffen. Es wird das Testen bei Binomialverteilungen sowie Zusammenhänge zwischen Binomialverteilung und Normalverteilung behandelt.

Die Lerneinheit **1 Zufallsvariable und Erwartungswert** dient zur Wiederholung des bereits in Klasse 9 behandelten Stoffes. Der Begriff Zufallsvariable ist zunächst noch allgemein gehalten und wird in den folgenden Lerneinheiten vor allem auf binomialverteilte Zufallsvariablen spezialisiert. Außerdem wird die Bestimmung des Erwartungswertes einer binomialverteilten Zufallsvariablen in Lerneinheit 4 vorbereitet.

In der Lerneinheit **2 Bernoulli-Versuche** geht es um Zufallsversuche mit genau zwei Ausgängen – Bernoulli-Versuche – und ihre unabhängige Wiederholung – Bernoulli-Ketten. Die Bernoulli-Formel für die Berechnung von Wahrscheinlichkeiten bei Bernoulli-Ketten wird hergeleitet. Dabei wird auf kombinatorische Hilfsmittel fast völlig verzichtet. Binomialkoeffizienten werden als Anzahl der Pfade im zugehörigen Baumdiagramm eingeführt, sodass man für kleine Kettenlängen n diese Anzahlen noch konkret abzählen kann. Für größere Werte von n liefert der GTR die Binomialkoeffizienten. In einer Infobox wird zudem ein Zugang zu Binomialkoeffizienten angeboten, den Schüler relativ leicht nachvollziehen könnnen. Die Rekursionsformel $\binom{n}{r} = \binom{n-1}{r-1} + \binom{n-1}{r}$ wird hergeleitet, die sich gut mithilfe des Pascal'schen Dreiecks merken lässt. In dieser Lerneinheit sind die Aufgaben durchweg unmittelbar mit der Bernoulli-Formel zu lösen.

Bimomialverteilungen ergeben sich, wenn man eine Zufallsvariable mithilfe einer Bernoulli-Kette beschreiben kann. In der Lerneinheit **3 Binomialverteilung** wird vor allem der Umgang mit solchen Verteilungen für große Werte der Kettenlänge n behandelt. Dabei kommen die GTR-Funktionen ins Spiel, mit denen viele Fragestellungen relativ einfach zu bearbeiten sind. Die Bernoulli-Formel wird dabei durch eine Rechnerfunktion ausgewertet. Eine weitere Funktion ermöglicht, auf einfache Weise Summen von Wahrscheinlichkeiten zu berechnen. Binomialverteilungen lassen sich durch Säulendiagramme als Graph veranschaulichen, was hier aber nur kurz angedeutet wird. Darauf wird in Lerneinheit 4 tiefer eingegangen.

Graphen von Binomialverteilungen lassen sich mit dem GTR oder einer Tabellenkalkulation einfach erzeugen. Das wird in Lerneinheit **4 Graph und Erwartungswert der Binomialverteilung** ausführlich vorgestellt. Damit lässt sich die Abhängigkeit der Graphen von den Parametern auf anschauliche Weise erkennen – Glockenform des Graphen, Lage des Maximums, Breite der „Glocke". Man gelangt so auch zum Erwartungswert einer binomialverteilten Zufallsvariablen, ohne die nach der Definition recht schwierige Berechnung durchführen zu müssen.
Es wird aber in einer Aufgabe aufgezeigt, wie man mit dieser Berechnung auch zum Ziel kommt. Diese Lerneinheit bildet eine wichtige Grundlage für das weitere Vorgehen in der Kursstufe.

In der Lerneinheit **Wiederholen – Vertiefen – Vernetzen** findet sich eine Vielzahl von vermischten und weiterführenden Aufgaben, die sich teilweise auch gut als GFS eignen. Auch das Thema „Simulation" wird aufgegriffen.

Varianz und Standardabweichung einer binomialverteilten Zufallsvariablen werden in der **Exkursion** so eingeführt, wie es in der Statistik üblich ist. In der Kursstufe wird auch ein alternativer Zugang zur Standardabweichung behandelt, die dort über die „Breite der Glocke des Graphen" eingeführt wird.

VI Modellieren

Dieses Kapitel folgt dem Leitgedanken, den Heinrich Winter und Nicola Haas mit folgenden Worten formulieren: „Textaufgaben zu lösen heißt, ein textlich verfasstes ‚Original' in ein mathematisches Modell zu übersetzen, dieses umzuformen und schließlich eine Rückübersetzung der ursprünglichen Fragestellung zu leisten." (in: mathematik lehren, Heft 68). Ähnlich wird diese Anforderung an den Mathematikunterricht in den Bildungsstandards für Klasse 10 umschrieben. Demnach liegt diesem Kapitel die Leitidee **Modell und Simulation** zugrunde. Darüber hinaus wird vor allem die Leitidee **Beziehung und Änderung** thematisiert. Da in den Aufgaben überwiegend authentisches Datenmaterial Verwendung findet und diese Daten in mathematische Modelle überführt werden sollen, ist der Einsatz von technischen Hilfsmitteln wie GTR äußerst sinnvoll.
Zunächst werden einige mathematische Modelle vorgestellt und im Sinne des Modellierens vertieft. Fragestellungen, in denen beurteilt werden soll, welches mathematische Modell sinnvoll ist bzw. wie gut die Qualität des aufgestellten Modells ist, stellen einen roten Faden durch die ersten drei Lerneinheiten dar.

Zunächst werden in Lerneinheit **1 Modellieren von Wachstumsvorgängen** Modelle zusammengefasst dargestellt. Diese sind den Schülern bezüglich der mathematischen Grundlagen bereits bekannt. Hier wird vor allem der Schritt des Modellierens thematisiert: So muss bei den Aufgaben häufig entschieden oder begründet werden, welches der zwei Wachstumsmodelle (linear oder exponentiell) das ausgewiesene Datenmaterial am besten beschreibt. Dabei sollen die Modelle miteinander verglichen werden. Der Aspekt des „abschnittsweisen Modellierens" wird in einer Infobox als tragfähige Strategie bei Modellierungsprozessen vorgestellt und mit Aufgabenmaterial geübt.

Ebenfalls als theoretisches Modell bekannt ist das **Modellieren von periodischen Vorgängen.** In der Lerneinheit **2** werden die theoretischen Grundlagen auf Anwendungssituationen übertragen und das Aufstellen der Sinusfunktion aus ermitteltem Datenmaterial fokussiert. Hierbei beschränken sich die Ausführungen auf die Sinusfunktion, weil diese zur Beschreibung von periodischen Vorgängen ausreicht; dieser Aspekt wird in Aufgabe 7 aufgegriffen.

In Lerneinheit **3** wird das **Modellieren von geradlinigen Bewegungen** behandelt. Hierbei wird mithilfe von Vektoren ein neues Modell zur Beschreibung von geradlinigen Bewegungen und zur Abstandsberechnung von zwei sich bewegenden Objekten aufgestellt. Diese Lerneinheit dient daher des Weiteren der Vernetzung mit dem Themenfeld der Vektoren, das bereits in Kapitel III behandelt wurde – dort wurden die Grundlagen im Umgang mit Vektoren bereitgestellt. Ein weiterer neuer Gedanke stellt das Anlegen eines Koordinatensystems als einen möglichen Schritt der Mathematisierung dar.
In den Aufgaben werden sowohl zwei- als auch dreidimensionale Problemstellungen aufgegriffen.

Die eingangs formulierten inhaltlichen Ziele werden in diesem Kapitel mithilfe des **Modellierungskreislaufes** umgesetzt. Dieser wird in der Lerneinheit **4** vorgestellt und mehrfach exemplarisch angewandt. Dabei folgen der Lehrtext, die Beispiele und Aufgaben jeweils folgenden Schritten:
(1) Eine Fragestellung, die nicht unmittelbar beantwortet werden kann, weil beispielsweise ein Messen des Volumens eines Riesenfasses aufgrund seiner Größe nur schwer möglich ist, wird formuliert.
(2) Die Fragestellung wird auf gleiche Situationen übertragen, die vollständig bekannt sind (im obigen Beispiel sind dies formgleiche kleinere Fässer), von denen alle Maße vorliegen.
(3) An der bekannten Situation wird ein mathematisches Modell entwickelt und validiert.
(4) Das überprüfte Modell wird auf die Ausgangsfragestellung übertragen und so die Frage beantwortet.

Mit dieser Schrittigkeit erleben die Schüler, wie mathematische Modelle entstehen, die man dann für eine Problemklasse verwenden kann (Verallgemeinerung). An vielen authentischen Aufgabenstellungen wird dieser Prozess geübt.

In der Lerneinheit **Wiederholen – Vertiefen – Vernetzen** werden neben den behandelten Themenfeldern auch lineare Zusammenhänge abgedeckt. Auch die Idee des Messens kommt hier zur Anwendung (beispielsweise in der Aufgabe 10).

Die **Exkursion** bietet Projektthemen rund ums Modellieren an, die meist in Kleingruppen oder mit der ganzen Klasse umsetzbar sind. Dabei müssen die Schüler zu den einzelnen Themen weitere Informationen recherchieren. Im Unterricht könnte man die einzelnen Projektthemen auch auf verschiedene Gruppen aufteilen und die Ergebnisse vorstellen oder in einer Projektzeitschrift zusammentragen lassen.

Sachthemen

Grundgedanke

Die Sachthemen haben das Ziel, unterschiedliche inhaltliche Bereiche einer Klassenstufe in einem geschlossenen Sachzusammenhang vernetzt zu behandeln.

Bei der Erarbeitung eines Sachthemas stoßen die Lernenden auf verschiedene Fragestellungen, die sie mithilfe der Mathematik der Klasse 10 lösen können. Hierbei steht zunächst der Sachzusammenhang und nicht – wie sonst häufig im Unterricht – die mathematischen Inhalte im Vordergrund. Die Lernenden erfahren bei der Behandlung eines Sachthemas die Mathematik als nützliches Werkzeug. Die Bearbeitung eines Sachthemas fördert so das problemorientierte Arbeiten im Unterricht.

Um eine möglichst große Wahlfreiheit bezüglich Anzahl und Inhalt zu gewährleisten, bietet der Lambacher Schweizer zwei – auf die Alltagswelt der Zehntklässler abgestimmte – Sachthemen an.
Auch wenn die Sachthemen für sich abgeschlossen sind, so zeigen die Übersichten auf der Seite K 9, dass jedes von ihnen ein sehr breites Spektrum mathematischer Inhalte der Klasse 10 abdeckt.

Wegen der starken Vernetzung der behandelten Themen lassen sich Sachthemen auch gut für das im Jahresablauf vorgesehene freie Drittel der Unterrichtszeit nutzen.

Einsatzmöglichkeiten

Für den Einsatz der Sachthemen im Unterricht gibt es verschiedene Möglichkeiten. Einige dieser Aspekte können auch Teil des Schulcurriculums sein.

Das Sachthema kann einerseits zur Wiederholung und Vertiefung am Ende einer Unterrichtsphase oder der Klassenstufe eingesetzt werden, wenn die mathematisch relevanten Inhalte im vorangehenden Unterricht bereits erarbeitet wurden.

Alternativ kann ein Sachthema für einen breiten und anwendungsbezogenen Einstieg in ein umfangreiches Thema (z. B. Einführung des Ableitungsbegriffs) verwendet werden. Stoßen die Lernenden hierbei auf Problemstellungen, die zur Lösung noch nicht behandelte mathematische Inhalte erfordern, so kann die Bearbeitung des Sachthemas vorübergehend durch eine Unterrichtssequenz unterbrochen werden, in der die notwendigen Kenntnisse erarbeitet werden. Mit dem neu erworbenen Wissen können die Schülerinnen und Schüler anschließend wieder die Arbeit am Sachthema fortsetzen. Die Behandlung eines Sachthemas kann sich in dieser Form über einen Zeitraum von mehreren Monaten ziehen.

Andere Lernleistung

Anhand eines Sachthemas können sich einzelne Schülerinnen und Schüler oder Schülergruppen in die Fragestellungen einarbeiten und ihre Ergebnisse z. B. in Form einer GFS oder eines Referates vor der Klasse vortragen.

Gruppenarbeit

Ein Sachthema bietet im besonderen Maße die Gelegenheit, den Inhalt in arbeitsteiliger Gruppenarbeit zu erarbeiten. Die Aufgabenstellungen für die einzelnen Gruppen können dabei den Interessen, dem Vorwissen und dem Leistungsvermögen der Gruppenmitglieder angepasst werden. Auf diese Weise wird zum einen das schüleraktive Arbeiten im Unterricht gefördert und zum anderen der Aspekt der „inneren Differenzierung" berücksichtigt.

Fächerverbindendes Arbeiten

Jedes Sachthema eignet sich aufgrund des hohen Anwendungsbezuges in besonderer Weise dazu, mit anderen Fächern zu kooperieren. Das Thema kann unter Berücksichtigung von unterschiedlichem Expertenwissen betrachtet und sinnvoll vernetzt werden. Dabei besteht auch die Möglichkeit, projektartig zu arbeiten.

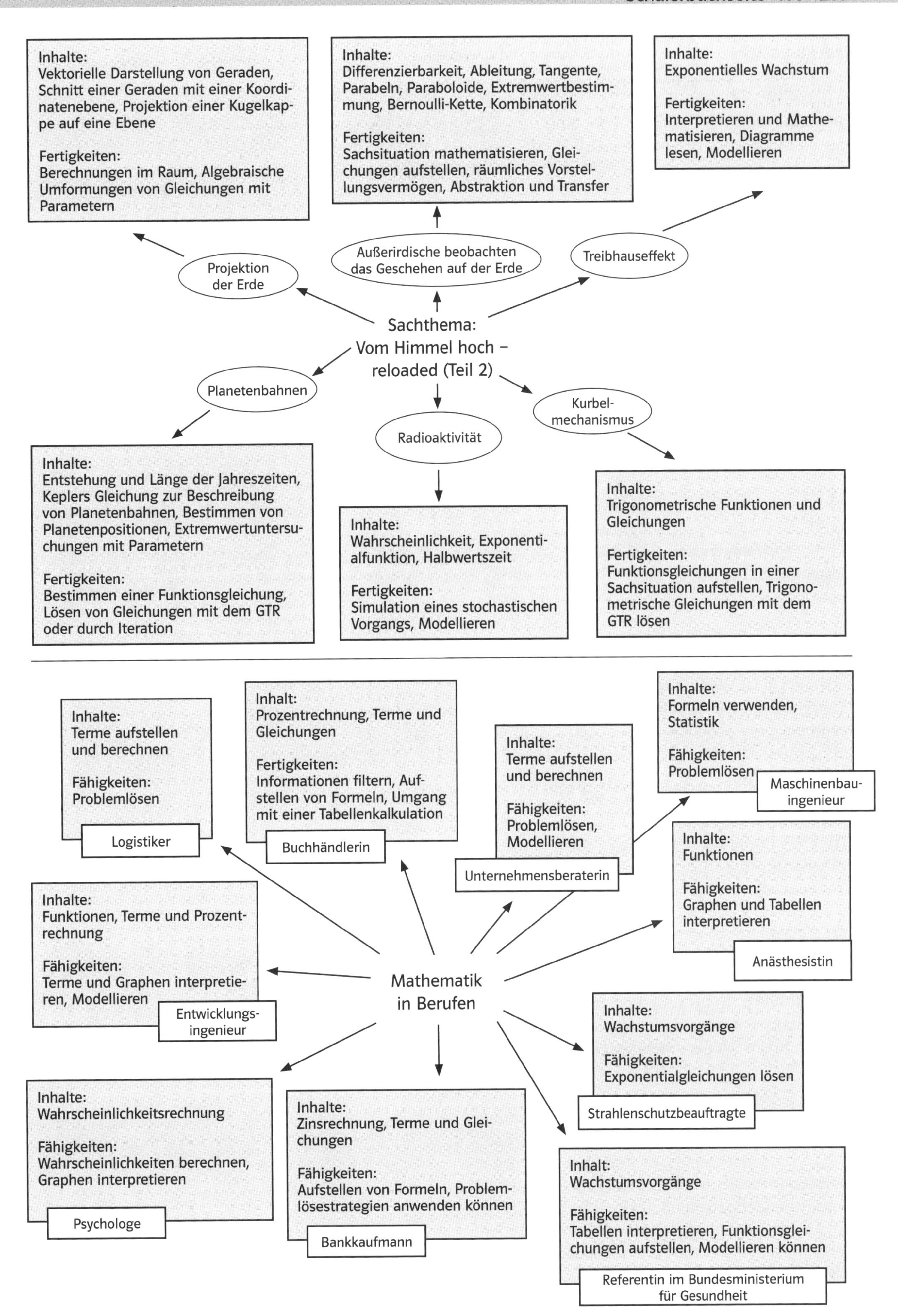
Inhalte:
Vektorielle Darstellung von Geraden, Schnitt einer Geraden mit einer Koordinatenebene, Projektion einer Kugelkappe auf eine Ebene
Fertigkeiten:
Berechnungen im Raum, Algebraische Umformungen von Gleichungen mit Parametern
Inhalte:
Differenzierbarkeit, Ableitung, Tangente, Parabeln, Paraboloide, Extremwertbestimmung, Bernoulli-Kette, Kombinatorik
Fertigkeiten:
Sachsituation mathematisieren, Gleichungen aufstellen, räumliches Vorstellungsvermögen, Abstraktion und Transfer
Inhalte:
Exponentielles Wachstum
Fertigkeiten:
Interpretieren und Mathematisieren, Diagramme lesen, Modellieren
Projektion der Erde
Außerirdische beobachten das Geschehen auf der Erde
Treibhauseffekt
Sachthema:
Vom Himmel hoch – reloaded (Teil 2)
Planetenbahnen
Radioaktivität
Kurbelmechanismus
Inhalte:
Entstehung und Länge der Jahreszeiten, Keplers Gleichung zur Beschreibung von Planetenbahnen, Bestimmen von Planetenpositionen, Extremwertuntersuchungen mit Parametern
Fertigkeiten:
Bestimmen einer Funktionsgleichung, Lösen von Gleichungen mit dem GTR oder durch Iteration
Inhalte:
Wahrscheinlichkeit, Exponentialfunktion, Halbwertszeit
Fertigkeiten:
Simulation eines stochastischen Vorgangs, Modellieren
Inhalte:
Trigonometrische Funktionen und Gleichungen
Fertigkeiten:
Funktionsgleichungen in einer Sachsituation aufstellen, Trigonometrische Gleichungen mit dem GTR lösen
Inhalte:
Terme aufstellen und berechnen
Fähigkeiten:
Problemlösen
Logistiker
Inhalt:
Prozentrechnung, Terme und Gleichungen
Fertigkeiten:
Informationen filtern, Aufstellen von Formeln, Umgang mit einer Tabellenkalkulation
Buchhändlerin
Inhalte:
Terme aufstellen und berechnen
Fähigkeiten:
Problemlösen, Modellieren
Unternehmensberaterin
Inhalte:
Formeln verwenden, Statistik
Fähigkeiten:
Problemlösen
Maschinenbauingenieur
Inhalte:
Funktionen
Fähigkeiten:
Graphen und Tabellen interpretieren
Anästhesistin
Inhalte:
Funktionen, Terme und Prozentrechnung
Fähigkeiten:
Terme und Graphen interpretieren, Modellieren
Entwicklungsingenieur
Mathematik in Berufen
Inhalte:
Wachstumsvorgänge
Fähigkeiten:
Exponentialgleichungen lösen
Strahlenschutzbeauftragte
Inhalte:
Wahrscheinlichkeitsrechnung
Fähigkeiten:
Wahrscheinlichkeiten berechnen, Graphen interpretieren
Psychologe
Inhalte:
Zinsrechnung, Terme und Gleichungen
Fähigkeiten:
Aufstellen von Formeln, Problemlösestrategien anwenden können
Bankkaufmann
Inhalt:
Wachstumsvorgänge
Fähigkeiten:
Tabellen interpretieren, Funktionsgleichungen aufstellen, Modellieren können
Referentin im Bundesministerium für Gesundheit

Kapitel / Ziel	Eingabe	Bildschirmanzeige
Ableitungen berechnen und darstellen		
Ableitung einer Funktion (in Y1) an einer bestimmten Stelle berechnen, z. B. f′(2) für f mit $f(x) = x^3 - 2x$.	MENU 1 OPT F4 F2: d/dx VARS F4 F1 1 , 2) EXE	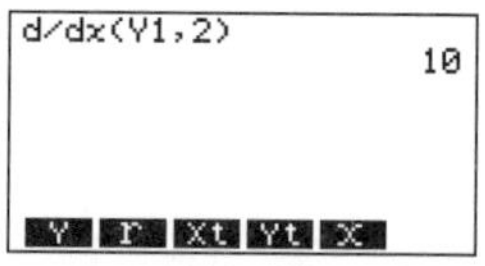
Graph der **Ableitungsfunktion** f′ zeichnen: In Y1 steht die Funktionsgleichung von f. Die Ableitungsfunktion wird in Y2 wie angegeben bestimmt.	MENU 5 Y2 = OPT F2: CALC F1: d/dx VARS F4 F1 1 , X,T,θ,N) EXE F6: DRAW	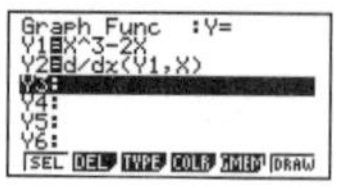 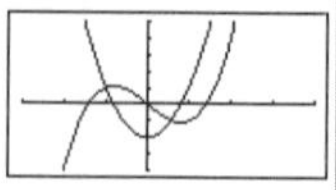
Tangente an den Graphen einer Funktion in einem Punkt zeichnen, z. B. Tangente an den Graphen von Y1 im Punkt x = 1. Die Koordinaten des Punktes mit der zugehörigen Steigung der Tangente werden angezeigt.	MENU 5 SHIFT F4: Sketch F2: Tang Mit den Cursortasten die Stelle 1 wählen … EXE	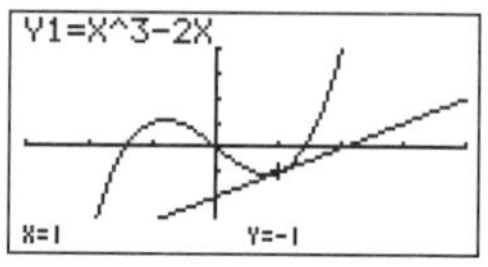
Sinus und Kosinus		
Rechner auf **Bogenmaß** (Rad) bzw. auf **Gradmodus** (Deg) einstellen.	MENU 1 SET UP F2: Rad F4: Deg	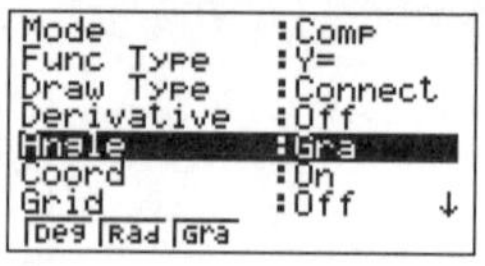
Erstellen einer Wertetabelle		
Erstellen einer **Wertetabelle** Startwert, Endwert und Schrittweite (pitch) eingeben … (SET UP Derivate: on)	MENU 7 - Table Func F5: RANG EXE F6: TABLE	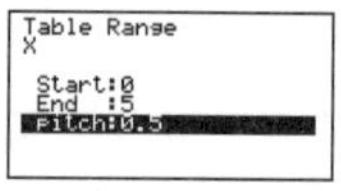 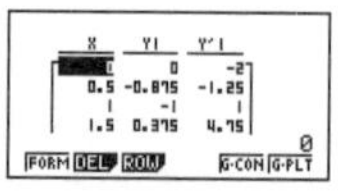
Lineare und exponentielle Regression		
Wertepaare eingeben. Die x-Werte werden in L1 abgelegt, die y-Werte in L2. Graph anzeigen lassen. Exponentialfunktion mit **Regression** ermitteln und zeichnen. Das Ergebnis einer Regression als Funktion Y2 speichern. Ebenso für lineare Regression oder quadratische Regression.	MENU 2 - STAT Eingabe mit Cursortasten … F1: GRPH F2: GPH2 F6: > F2: Exp F5: COPY Cursor auf Y2 … EXE F6: DRAW	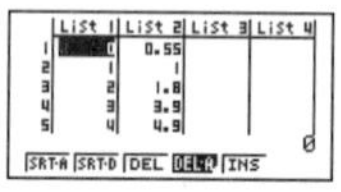 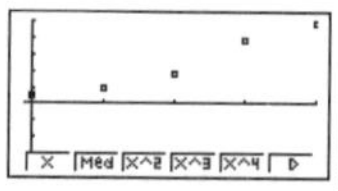 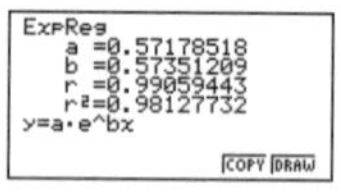 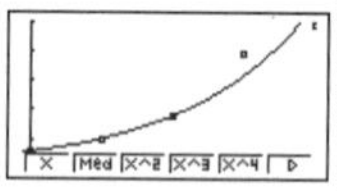

Kapitel / Ziel	Eingabe	Bildschirmanzeige
Lösung von Gleichungssystemen		
Lösung eines linearen **Gleichungssystems** mit drei Gleichungen und zwei Variablen: $2r - s = -3$ $3r - s = -4$ $r - 2s = -3$ Lösen der beiden ersten Gleichungen ($r = -1$ und $s = 1$). Probe in der dritten Gleichung.	MENU A - EQUA F1 : SIML F1 : 2 Unbekannte Eingabe der beiden ersten Gleichungen als Matrix … F1 : SOLV	
Bewegungen simulieren		
Veranschaulichung der **Bewegung** zweier Körper entlang der Geraden mit den Gleichungen $\vec{x} = \begin{pmatrix} 25 \\ 13 \end{pmatrix} + t \cdot \begin{pmatrix} -12 \\ 5 \end{pmatrix}$ und $\vec{x} = \begin{pmatrix} 20 \\ 40 \end{pmatrix} + t \cdot \begin{pmatrix} -12 \\ -2 \end{pmatrix}$ Aufrufen der Simulation.	MENU 5 - GRAPH F3 : TYPE F3 : Parm Gleichungen komponentenweise eingeben (siehe Screenshot) Ansichts-Einstellungen vornehmen (siehe Screenshot) F6 : DRAW	
Wahrscheinlichkeit		
Binomialkoeffizienten berechnen, z. B. $\binom{5}{2}$ **Fakultäten** berechnen, z. B. 7!	MENU 1 - RUN OPTN F6 : > F6 : PROB 5 F2 : nPr 2 7 F1 : x!	
Wahrscheinlichkeiten bei einer binomialverteilten ZV berechnen: z. B. für $n = 30$, $p = 0{,}2$ $P(X = 6)$ oder $P(X \leqq 4)$	MENU 2 - STAT F5 : DIST F5 : BINM F1 : BPD F2 : VAR wie Abb. F1 : CALC	… das Ergebnis kann abgelesen werden, weiter mit EXIT $P(X \leqq 4)$ entsprechend mit F1 : BCD
Binomialverteilung mit Graph und Wertetabelle veranschaulichen, z. B. $B_{20;\,0,4}$ a) Binomialverteilung als **Funktion** MENU 7 - Table Func Eingabe von $P(X = k)$ in Y1, Tabellen- und Ansichtsbereich Graph oder Tabelle anzeigen. b) Verteilung in **Listen** kopieren. c) Verteilung grafisch darstellen, z. B. als **Histogramm** MENU 2 - STAT (GRPH1 über SEL auf „DrawOn“ stellen …)	a) Y1 = (20**C**X)(.4)^X(.6)^(20-X) F5 : RANG V-WINDOW F6 : TABL F6 : G-PLT b) Cursor in X-Spalte OPTN F1 : LIST F2 : LMEM F1 : List1 … Y1-Spalte nach List2 c) EXIT … F1 : GRPH F6 : SET Eingabe siehe Screenshot StatGraph1 EXIT F1 : GPH1	

Kapitel / Ziel	Eingabe	Bildschirmanzeige
Ableitungen berechnen und darstellen		
Ableitung einer Funktion an einer bestimmten Stelle berechnen, z. B. $f'(1)$ für f mit $f(x) = x^3 - 2x$	MATH 8 X,T,θ,N ^ 3 - 2 X,T,θ,N , X,T,θ,N , 1) ENTER	nDeriv(X^3-2X,X,1) 1.000001
Graph der **Ableitungsfunktion** f′ zeichnen: In Y1 steht die Funktionsgleichung von f. Die Ableitungsfunktion wird in Y2 bestimmt.	Y= MATH 8 VARS ▶ ENTER ENTER , X,T,θ,N , X,T,θ,N) GRAPH	Y1=X^3-2X Y2=nDeriv(Y1,X,X)
Tangente an den Graphen einer Funktion in einem Punkt zeichnen, z. B. Tangente an den Graphen von Y1 im Punkt x = 1. (Die Gleichung der Tangente wird unten im Display angezeigt). Tangente wieder löschen.	GRAPH 2ND PRGM 5 1 ENTER 2ND PRGM 1	X=1 y=1.000001X+-2.000001
Newton-Verfahren zur Bestimmung von Nullstellen. Der Funktionsterm wird in Y1 eingegeben, der Term für die Ableitung in Y2. Im Rechenfenster wird ein Startwert (hier 2) festgelegt.	2 ENTER - VARS ▶ ENTER ENTER (2ND (-)) ÷ VARS ▶ ENTER 2 (2ND (-)) ENTER ENTER ENTER	Y1=X^3-2X-1 Y2=nDeriv(Y1,X,X) / 2 Ans-Y1(Ans)/Y2(Ans) 2 1.70000003 1.623088471 1.618055041
Sinus und Kosinus		
Rechner von **Bogenmaß-** auf **Gradmodus** umstellen bzw. umgekehrt.	MODE ▼ ▼ ▶ bzw. ◀ ENTER 2ND MODE	NORMAL SCI ENG FLOAT 0123456789 RADIAN DEGREE FUNC PAR POL SEQ CONNECTED DOT
Wertetabelle		
Erstellen einer **Wertetabelle** mit frei wählbaren x-Werten: Umstellen auf manuelle Eingabe der x-Werte. Eingabe der x-Werte	2ND WINDOW ▼ ▼ ▶ ENTER 2ND GRAPH 1 0 ENTER 1 5 ENTER 3 0 ENTER	TABLE SETUP TblStart=0 ΔTbl=1 Indpnt: Auto Ask Depend: Auto Ask / X Y1: 10 980; 15 3345; 30 26940; 100 999800
Verschieben und Strecken von Graphen		
Der Funktionsterm wird in Y1 eingegeben. Der Graph von Y2 ist im Vergleich zum Ausgangsgraphen um drei Einheiten nach rechts und zwei Einheiten nach unten verschoben. Der Graph von Y3 ist im Vergleich zum Ausgangsgraphen in y-Richtung mit dem Faktor 3 gestreckt.	Y= VARS ▶ ENTER ENTER (X - 3) - 2 ENTER Y= 3 VARS ▶ ENTER ENTER ENTER	Y1=X^3-2X Y2=Y1(X-3)-2 Y3=3Y1

Kapitel / Ziel	Eingabe	Bildschirmanzeige
Lineare und exponentielle Regression		
Wertepaare eingeben. Die x-Werte werden in L1 abgelegt, die y-Werte in L2. Plot einstellen. Fenster passend einstellen. Graph anzeigen lassen (vorher Funktionen im Y= -Fenster löschen).	STAT ENTER Werte eingeben 2ND Y= ENTER (Einstellung siehe Screenshot) WINDOW GRAPH	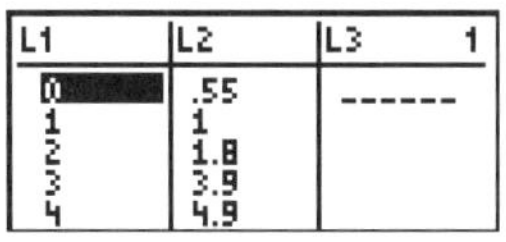 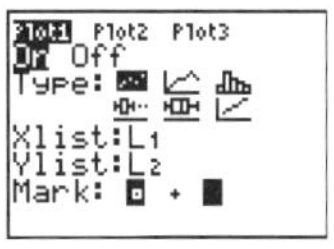 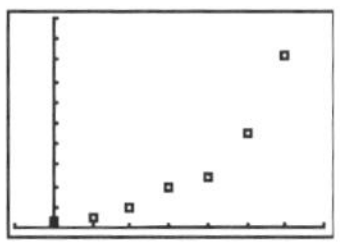
Exponentialfunktion mit **Regression** ermitteln. Die Funktionsgleichung der ermittelten Regressionskurve wird in Y1 abgelegt. Ebenso für lineare Regression oder quadratische Regression.	STAT ▶ 0 2ND 1 , 2ND 2 , VARS ▶ ENTER ENTER GRAPH STAT ▶ 4 (linear) STAT ▶ 5 (quadratisch)	 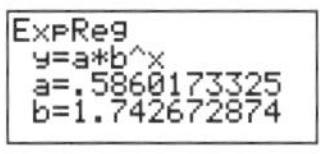 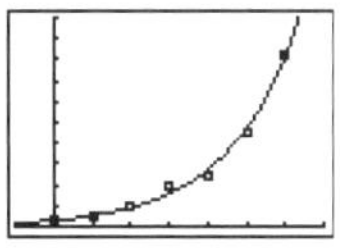
Lösung von Gleichungssystemen		
Lösung eines linearen **Gleichungssystems** mit drei Gleichungen und zwei Variablen: $2r - s = -3$ $3r - s = -4$ $r - 2s = -3$ Eingabe als Matrix.	2ND x^{-1} ▶ ▶ ENTER 3 ENTER 3 ENTER Koeffizienten des LGS zeilenweise eingeben und mit ENTER bestätigen	
Umformen der Matrix, sodass man die Lösung in der ersten und zweiten Zeile ablesen kann. Es gibt drei mögliche Fälle (siehe Screenshots).	2ND MODE 2ND x^{-1} ▶ ALPHA APPS 2ND x^{-1} ENTER ENTER	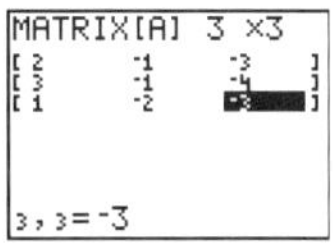 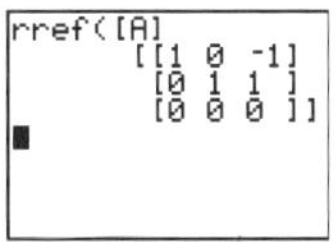 genau eine Lösung: $r = -1$, $s = 1$ 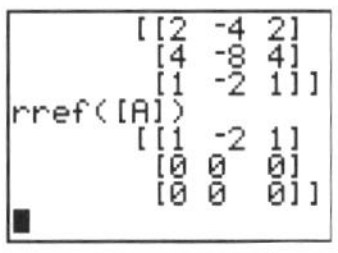 unendlich viele Lösungen 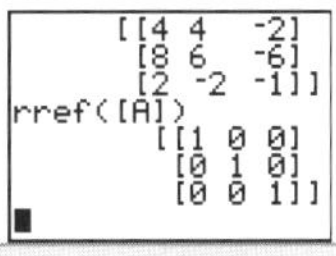 keine Lösung
Bewegungen simulieren		
Veranschaulichung der **Bewegung** zweier Körper entlang der Geraden mit den Gleichungen $\vec{x} = \begin{pmatrix} 25 \\ 13 \end{pmatrix} + t \cdot \begin{pmatrix} -12 \\ 5 \end{pmatrix}$ und $\vec{x} = \begin{pmatrix} 20 \\ 40 \end{pmatrix} + t \cdot \begin{pmatrix} -12 \\ -2 \end{pmatrix}$ Modus-Einstellungen vornehmen (siehe Screenshot). Eingabe der Geradengleichungen komponentenweise (siehe Screenshot). Fenster einstellen (siehe Screenshot). Aufrufen der Simulation.	MODE … Y= 2 5 - 1 2 X,T,θ,N ENTER … WINDOW GRAPH	 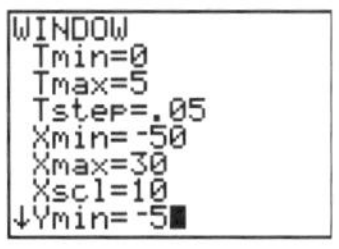 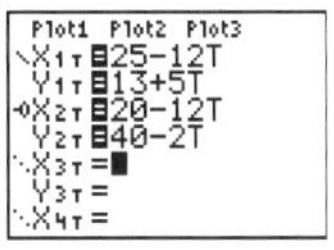 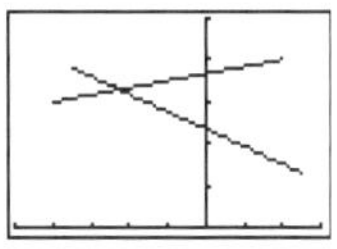

Kapitel / Ziel	Eingabe	Bildschirmanzeige
Binomialverteilung		
Binomialkoeffizienten berechnen, z. B. $\binom{5}{2}$ **Fakultäten** berechnen, z. B. 7! Wahrscheinlichkeiten bei einer binomialverteilten Zufallsvariablen berechnen: z. B. n = 30, p = 0,2 P(X = 6) **(bimompdf)** P(X ≤ 4) **(binomcdf)** P(X ≥ 10) (= 1 − P(X ≤ 9))	[5] [MATH] [▶] [▶] [▶] [3] [2] [ENTER] [7] [MATH] [▶] [▶] [▶] [4] [ENTER] [2ND] [VARS] [0] [3] [0] [,] [0] [.] [2] [,] [6] [)] [ENTER] [2ND] [VARS] [ALPHA] [MATH] [3] [0] [,] [0] [.] [2] [,] [4] [)] [ENTER] [1] [-] [2ND] [VARS] [ALPHA] [MATH] [3] [0] [,] [0] [.] [2] [,] [9] [)] [ENTER]	5 nCr 2 10 7! 5040 binompdf(30,0.2,6) .1794574821 binomcdf(30,0.2,4) .2552332547
Binomialverteilung mit Graph und Wertetabelle veranschaulichen, z. B. $B_{20;\,0,4}$ Eingabe in den Y-Editor (Auf die round-Funktion kann verzichtet werden, wenn man nur die Wertetabelle betrachten möchte.) Fenster passend einstellen (siehe Screenshot). Graph oder Tabelle anzeigen.	[Y=] [2ND] [VARS] [0] [2] [0] [,] [0] [.] [4] [,] [MATH] [▶] [2] [X,T,θ,N] [,] [0] [)] [)] [WINDOW] [GRAPH] oder [2ND] [GRAPH]	Plot1 Plot2 Plot3 \Y1=binompdf(20,0.4,round(X,0)) \Y2= \Y3= X: 0, 1, 2, 3, 4 — Y1: 3.7E-5, 4.9E-4, .00309, .01235, .03499 WINDOW Xmin=0 Xmax=20 Xscl=1 Ymin=-.1 Ymax=.25 Yscl=.1 Xres=1 Y1=binompdf(20,0.4,round… X=6 Y=.1244117
Simulation: Binomialverteilte Zufallszahlen erzeugen, z. B. für $B_{20;\,0,4}$ Einzelne Werte Liste mit 100 Werten (abgespeichert in L1) Plot einstellen Graphische Darstellung	[MATH] [▶] [▶] [▶] [7] [2] [0] [,] [0] [.] [4] [)] [ENTER] [ENTER] [MATH] [7] [2] [0] [,] [0] [.] [4] [,] [1] [0] [0] [)] [STO] [2ND] [1] [2ND] [Y=] [ENTER] (siehe Screenshot) [GRAPH]	randBin(20,0.4) 10 11 randBin(20,0.4,100)→L1 {8 6 11 11 7 4 … WINDOW Xmin=-.5 Xmax=20.5 Xscl=1 Ymin=-8 Ymax=30 Yscl=5 Xres=1 Plot1 Plot2 Plot3 On Off Type: Xlist:L1 Freq:1 P1:L1 min=9.5 max<10.5 n=11

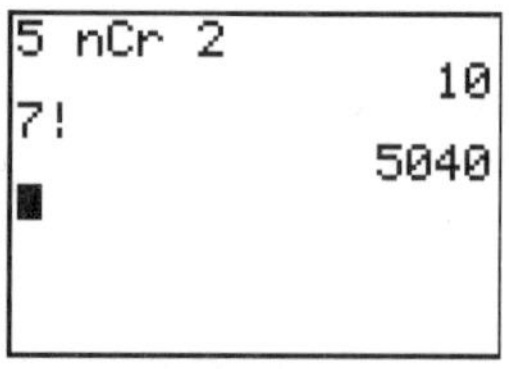

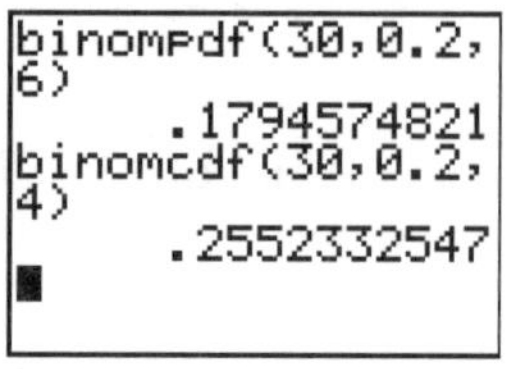

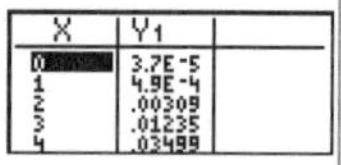

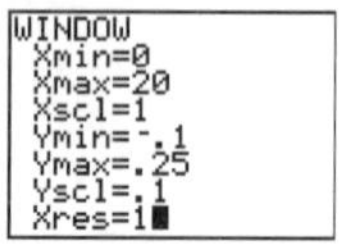

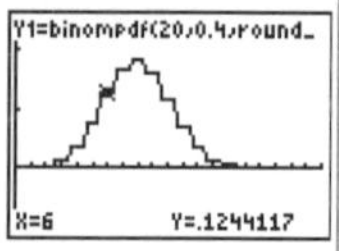

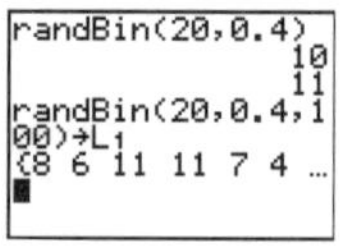

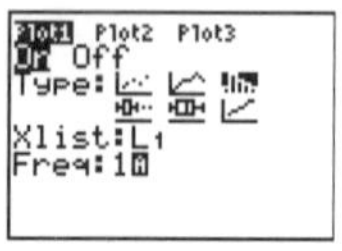

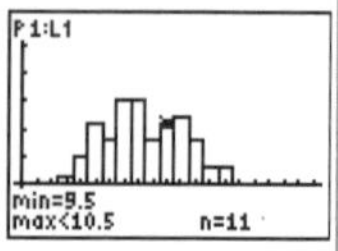

Weitere Bedienungshinweise für den GTR findest du auf den Hilfekarten zu den vorherigen Bänden unter www.klett.de

Themen, die sich in Klasse 10 für ein mathematisches Referat oder eine GFS eignen

- Linearfaktorzerlegung
- Bernoulli-Ketten mit dem GTR
- Zufallsexperimente mit dem GTR
- Funktionenscharen
- Geschichte der Differenzialrechnung
- Newton-Verfahren
- Vektorräume
- GTR-Kurs mit Ableitungen, Tabellen, Statistiken, Regression (zum Modellieren)
- Aufgaben aus der Wirtschaftsmathematik mit Erlös-, Kosten- und Gewinnfunktionen
- Beziehungen zwischen den trigonometrischen Funktionen
- Dynamische Abläufe
- Philosophie und Mathematik Descartes'
- Funktionen von zwei Veränderlichen

Ernst Klett Verlag GmbH, Stuttgart 2008

„Mathe ärgert mich nicht!“ (1) – Spielanleitung

Material: Spielbrett (Kopiervorlage Seite S 3), Aufgabenkarten (Kopiervorlage Seite S 4), eine Spielfigur pro Schüler, ein Würfel pro Gruppe, Schere, Papierkleber

Grundidee
Dieses Brettspiel ermöglicht mithilfe von Aufgabenkarten die spielerische Wiederholung zentraler Inhalte des Lernstoffes der Klassenstufen 9 und 10 (Ergänzung des Spiels aus Serviceband 2 und 4). Dazu wird im Folgenden zu jedem Kapitel des Schülerbuches eine Kopiervorlage mit Aufgabenkarten (siehe S 19 (I), S 29 (II), S 43 (III), S 62 (IV) und S 70 (V)) angeboten, die kapitelweise oder gemischt eingesetzt werden können.

Hinweise für Lehrerinnen und Lehrer
Da für die Durchführung des Spiels nach dem Kapitel I zunächst nur zehn Aufgabenkarten zur Verfügung stehen, wird empfohlen, zum Lernstoff der Klasse 9 durch die Schülerinnen und Schüler selbst Aufgabenkarten nach den Beispielen der Kopiervorlage Seite S 4 anfertigen zu lassen. Dabei ist die Aufgabenstellung auf die weiße Fläche und die dazugehörige Lösung auf die rechts danebenliegende graue Fläche zu schreiben.

Die Aufgabenkarten sind in drei Schwierigkeitsgrade eingeteilt:

☺ Aufgaben zum Basiswissen ☺ ☺ Anwendungsaufgaben ☺ ☺ ☺ „Knifflige“ Aufgaben

Das in der Kopiervorlage Seite S 3 angebotene Spielbrett (siehe auch Serviceband 2 bzw. 4) ist nur ein Vorschlag. Es kann durch die Schülerinnen und Schüler ergänzt und ausgeschmückt werden oder die Schüler entwerfen nach diesem Beispiel selbst ein Spielbrett. Denkbar ist auch die Gestaltung eines großen Spielfeldes auf Karton oder einem großen weißen Laken für ein Spiel der gesamten Klasse in Teams. Dann wäre auch ein großer Schaumgummiwürfel praktisch.

Spielplan für die Schülerinnen und Schüler

„Mathe ärgert mich nicht!”

Spiel für 2 bis 4 Personen oder Gruppen

Material: Spielbrett, Aufgabenkarten, pro Person/Gruppe eine Spielfigur, Würfel
Spielregeln
Die Spielfiguren werden auf das Startfeld gestellt. Es wird vereinbart, wer beginnt, z. B. die/der Jüngste.
Die Aufgabenkarten werden gemischt und mit der Aufgabenseite nach oben in die Mitte des Spielbrettes gelegt.
Landet die Figur eines Spielers auf einem ☺-Feld, muss der Spieler die Aufgabe auf der obersten Karte des Stapels lösen. Die Aufgabenkarten sind verschieden gekennzeichnet:
☺ bei richtiger Lösung: 1 Feld vorrücken; bei falscher Lösung Spielfigur 3 Felder zurücksetzen.
☺ ☺ bei richtiger Lösung: 2 Felder vorrücken; bei falscher Lösung Spielfigur 2 Felder zurücksetzen.
☺ ☺ ☺ bei richtiger Lösung: 3 Felder vorrücken; bei falscher Lösung Spielfigur 1 Feld zurücksetzen.
Die Karte wird dann beiseite gelegt und der nächste Spieler ist an der Reihe.
Der Spieler, der auf einem ●-Feld landet, darf noch einmal würfeln.
Das ☹-Feld bedeutet: Zurück zum Start!
Trifft ein Spieler auf das letzte graue ☻-Feld oder überschreitet er es, muss er als letzte Hürde vor dem Ziel eine Karte aus dem Stapel ziehen und richtig lösen. Wer zuerst das Ziel erreicht, hat gewonnen. Sollten vor dem Spielende alle Aufgabenkarten benutzt worden sein, mischt man sie und legt sie erneut aus.
Viel Spaß!

„Mathe ärgert mich nicht!“ (2) – Spielbrett

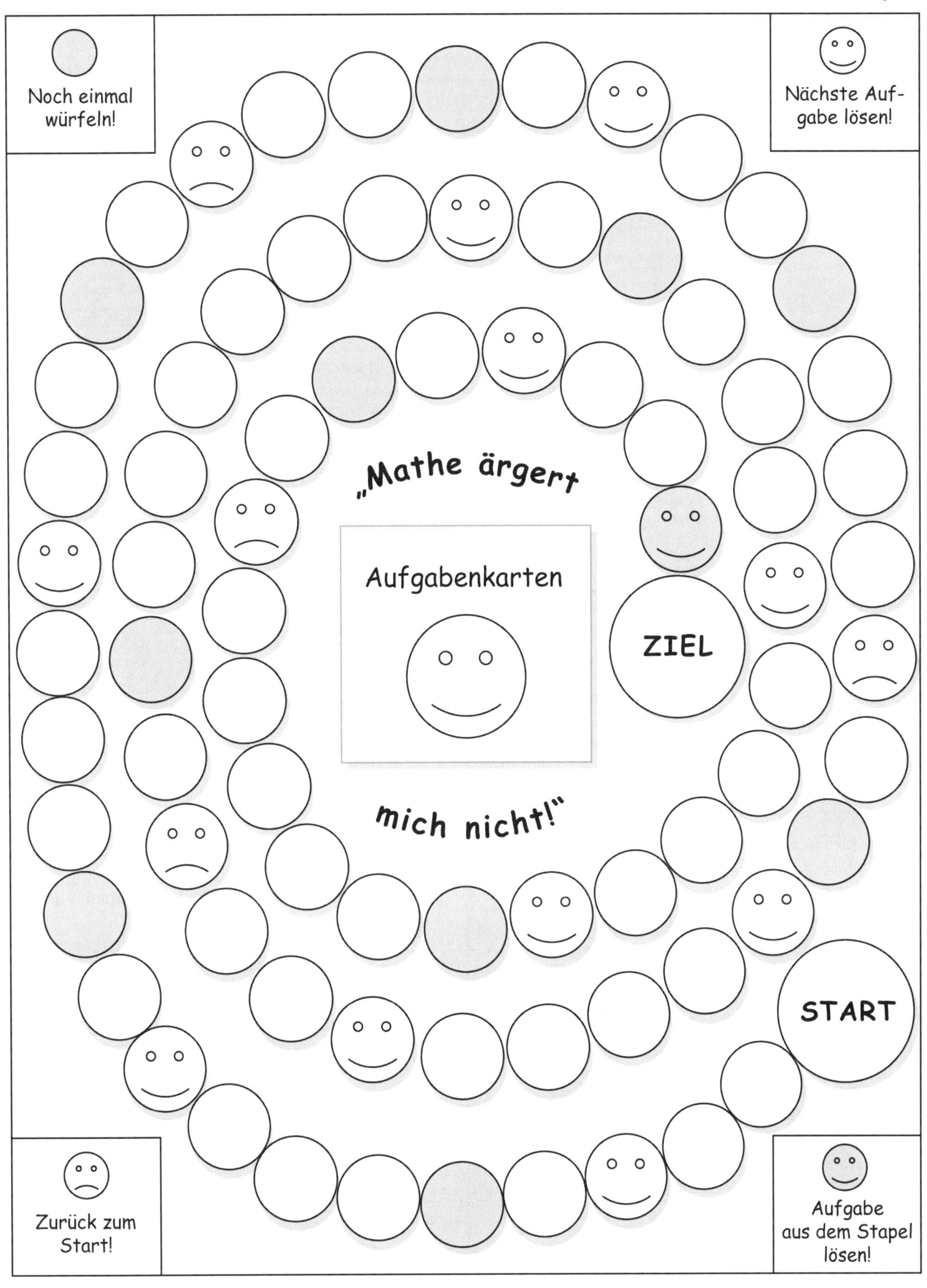

„Mathe ärgert mich nicht!“ (3) – Aufgabenkarten

Schneide entlang der dicken Linien aus, knicke dann an den gestrichelten Linien um und klebe die Aufgabenkarten zusammen.

Ist ein Dreieck mit den Seitenlängen $a = 12\,cm$, $b = 13\,cm$ und $c = 5\,cm$ rechtwinklig?

☺☺

Ja, denn
$13^2 = 12^2 + 5^2$
$169 = 169$.

Bestimme x und y, wenn g || h.

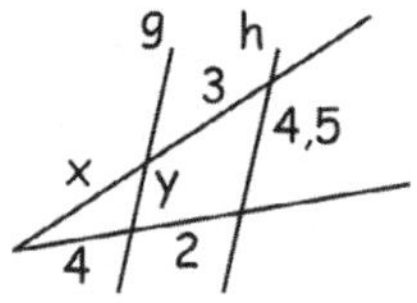

☺

$x = 6,\ y = 3$

Drücke $\sin(\beta)$ und $\tan(\gamma)$ als Seitenverhältnis aus.

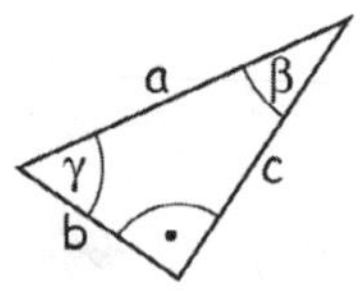

☺

$\sin(\beta) = \frac{b}{a}$

$\tan(\gamma) = \frac{c}{b}$

Gib eine passende Wachstumsvorschrift an und bestimme die Wachstumsart.
Ein Geldbetrag wird jährlich mit 3 % verzinst.

☺☺

$B(n) = B(0) \cdot (1 + \frac{3}{100})^n$
exponentielles Wachstum

Berechne:
$9^6 \cdot 9^{-5} + 8^4 : 4^4 - (2^5)^{-3} \cdot (8^{15})^{\frac{1}{3}} =$

☺☺

24

Berechne für die Zufallsvariable mit der Wahrscheinlichkeitsverteilung in der Tabelle den Erwartungswert.

a	-10	-2	0	3	5
P (X = a)	0,1	0,5	0,3	0,5	0,6

☺☺

$E(x) = 2{,}5$

Löse die Gleichung:
$3^x + 5 = 3^{x+1}$.

☺☺

$x = \frac{\log 2{,}5}{\log 3}$

Gib jeweils eine Formel zur Berechnung des Flächeninhalts und des Umfangs der gefärbten Fläche an.

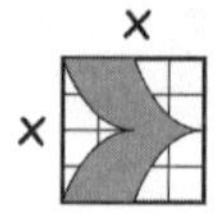

☺☺

$A = 0{,}5x^2$
$U = (\pi + 1)x \approx 4{,}14x$

Gib eine vereinfachte Formel zur Berechnung des Volumens des Körpers an.

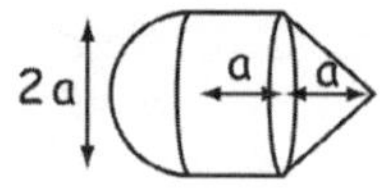

☺☺☺

$V = 2\pi a^3$

Wie lang ist die Dachkante d?

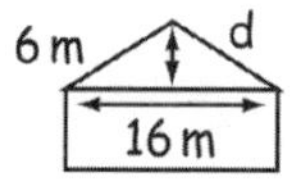

☺☺

$d = 10\,m$

Was ist eine Funktion? – Zuordnungen ohne Gleichungen

Erinnerung: Eine „Funktion“ ist eine eindeutige Zuordnung, wobei einem x-Wert (auf der waagrechten Achse) genau ein y-Wert (auf der senkrechten Achse) zugeordnet wird. Die „Definitionsmenge“ der Funktion ist die Menge aller zugelassenen x-Werte.

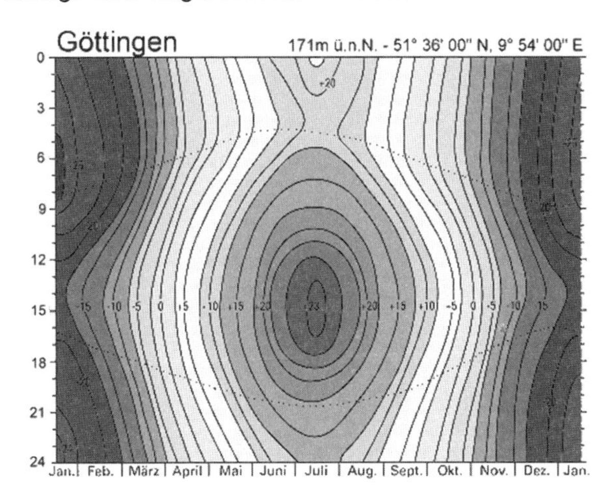

Fig. 1: Thermoisoplethendiagramm von Göttingen

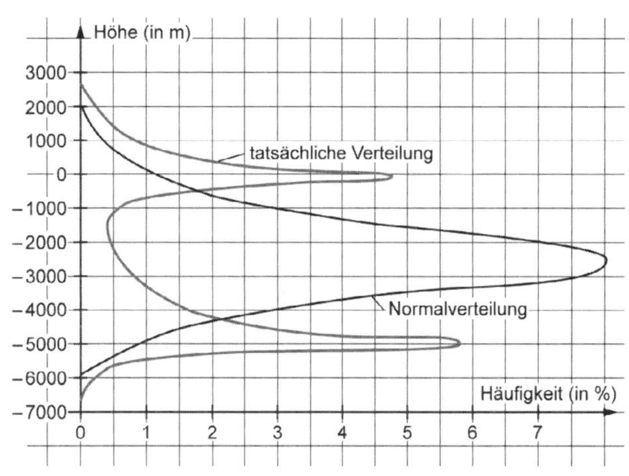

Fig. 2: Häufigkeiten der Höhen auf der Erde

Fig. 1 stellt nicht den Graphen einer Funktion dar, da ______________________________

____

Fig. 2 stellt nicht den Graphen einer Funktion dar, da ______________________________

____

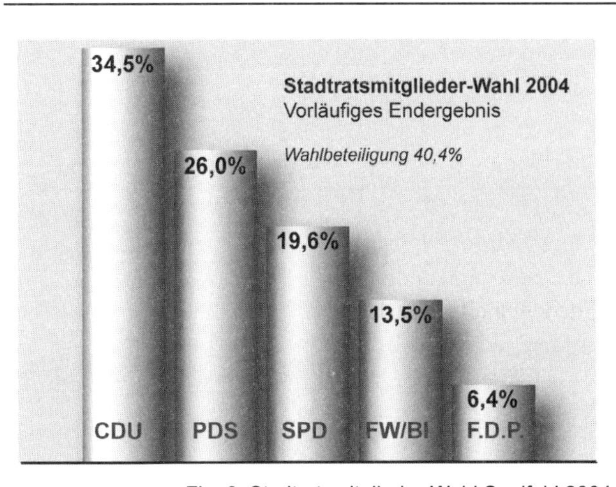

Fig. 3: Stadtratsmitglieder-Wahl Saalfeld 2004

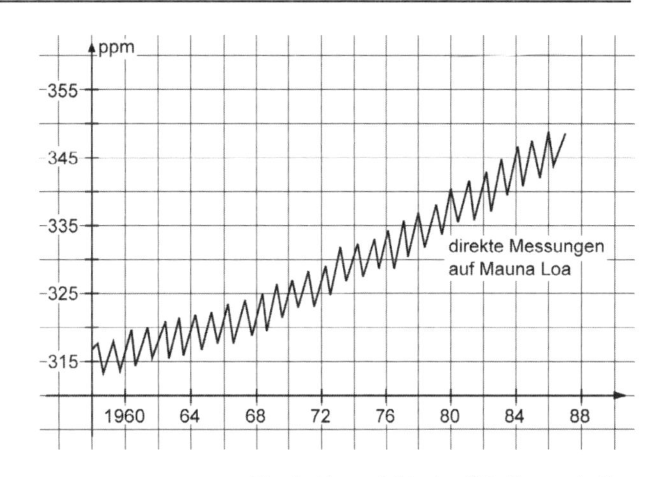

Fig. 4: Atmosphärische CO_2-Konzentration

Fig. 3 stellt den Graphen einer Funktion dar, da ______________________________

______________________________. Die Definitionsmenge besteht aus __________

______________________________. Fig. 4 stellt den Graphen einer

Funktion dar, da ______________________________.

Die Definitionsmenge ist ______________________________.

Lernzirkel: Die anwendungsbezogene Änderungsrate

Mit diesem Lernzirkel lernst du in der 1. Station zunächst den Begriff der „mittleren Änderungsrate“ kennen. In der nächsten Station entsteht dann daraus die „momentane Änderungsrate“. Diese lernst du geschickt mit dem GTR zu berechnen. Dieses Blatt hilft dir bei der Arbeit. In der unteren Tabelle sind die Stationen aufgeführt.
Erstelle nach der Bearbeitung der Stationen 1 – 3 mithilfe des Schülerbuches einen Heftaufschrieb mit übersichtlicher Zeichnung und Formeln zur Änderungsrate.

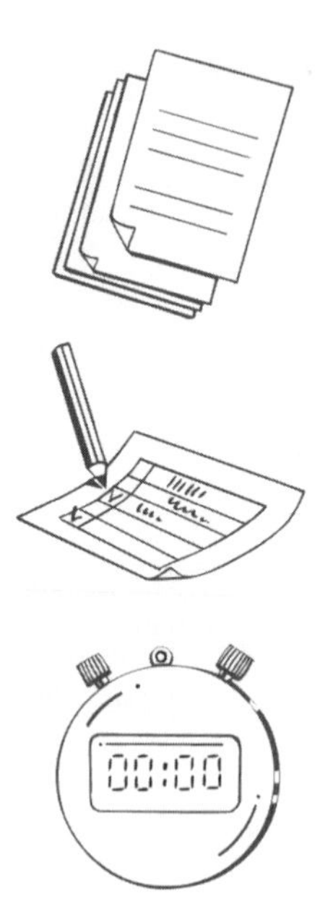

Reihenfolge der Stationen
Die Stationen bauen aufeinander auf und müssen deshalb in der Reihenfolge 1 – 3 bearbeitet werden.

Stationen abhaken
Wenn du eine Station bearbeitet hast, kannst du sie auf dieser Seite abhaken.
So weißt du immer, was du noch bearbeiten musst. Anschließend solltest du deine Lösung kontrollieren. Danach kannst du hinter der Station in der Übersicht das letzte Häkchen setzen.

Zeitrahmen
Natürlich musst du auch die Zeit im Auge behalten. Überlege dir, wie lange du für eine Station einplanen kannst.

Viel Spaß!

Station	bearbeitet	korrigiert
1. Schneeschmelze und Hochwasser		
2. Wie schnell wächst eine Sonnenblume?		
3. Ein Raketenstart		
Heftaufschrieb		

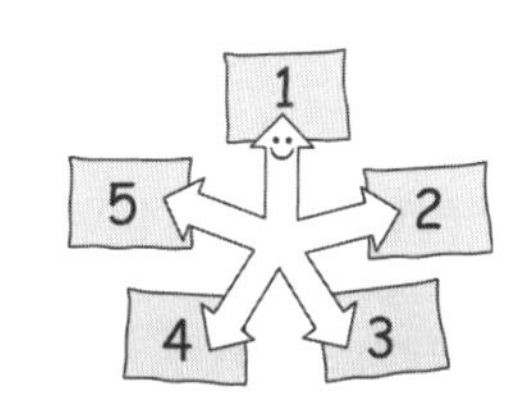

Lernzirkel 1: Schneeschmelze und Hochwasser

Tag	Höhe in cm
0	913
1	919
2	894
3	831
4	794
5	769
6	756
7	744
8	719
9	650
10	550
11	400
12	319
13	269
14	219
15	144
16	113
17	96
18	91
19	94
20	110

Die Schneeschmelze in Tschechien hat stark zum Elbe-Hochwasser im Frühjahr 2006 beigetragen. Im Nachbarland wurden vom 17. März bis zum 5. April die Schneehöhen an 16 Orten gemessen. Die Addition dieser Schneehöhen zeigt die Tabelle. 1 cm Abnahme der Schneehöhe entspricht einer Regenmenge von 2 Liter pro m^2.
Unten ist das Balkendiagramm der Zuordnung *Tag → Schneehöhe* gezeichnet.

a) Welcher Wassermenge pro m^2 entspricht die Schneeschmelze vom höchsten bis zum tiefsten Stand?
Wie groß war in dieser Zeit die mittlere Schneeschmelze in $\frac{\text{cm}}{\text{Tag}}$?

b) Die „mittlere Änderungsrate" der Schneehöhe vom 4. bis zum 8. Tag ist
$m = \frac{719\,\text{cm} - 794\,\text{cm}}{8\,\text{Tage} - 4\,\text{Tage}} = -18{,}8\ \frac{\text{cm}}{\text{Tag}}$.
Zwischen dem 8. und dem 15. Tag ist besonders viel Schnee geschmolzen. Berechne für dieses Zeitintervall die mittlere Änderungsrate der Schneehöhe. Bestimme die höchste Änderungsrate an einem Tag.

c) Überlege, wie du die betrachteten Änderungsraten im Balkendiagramm darstellen kannst.

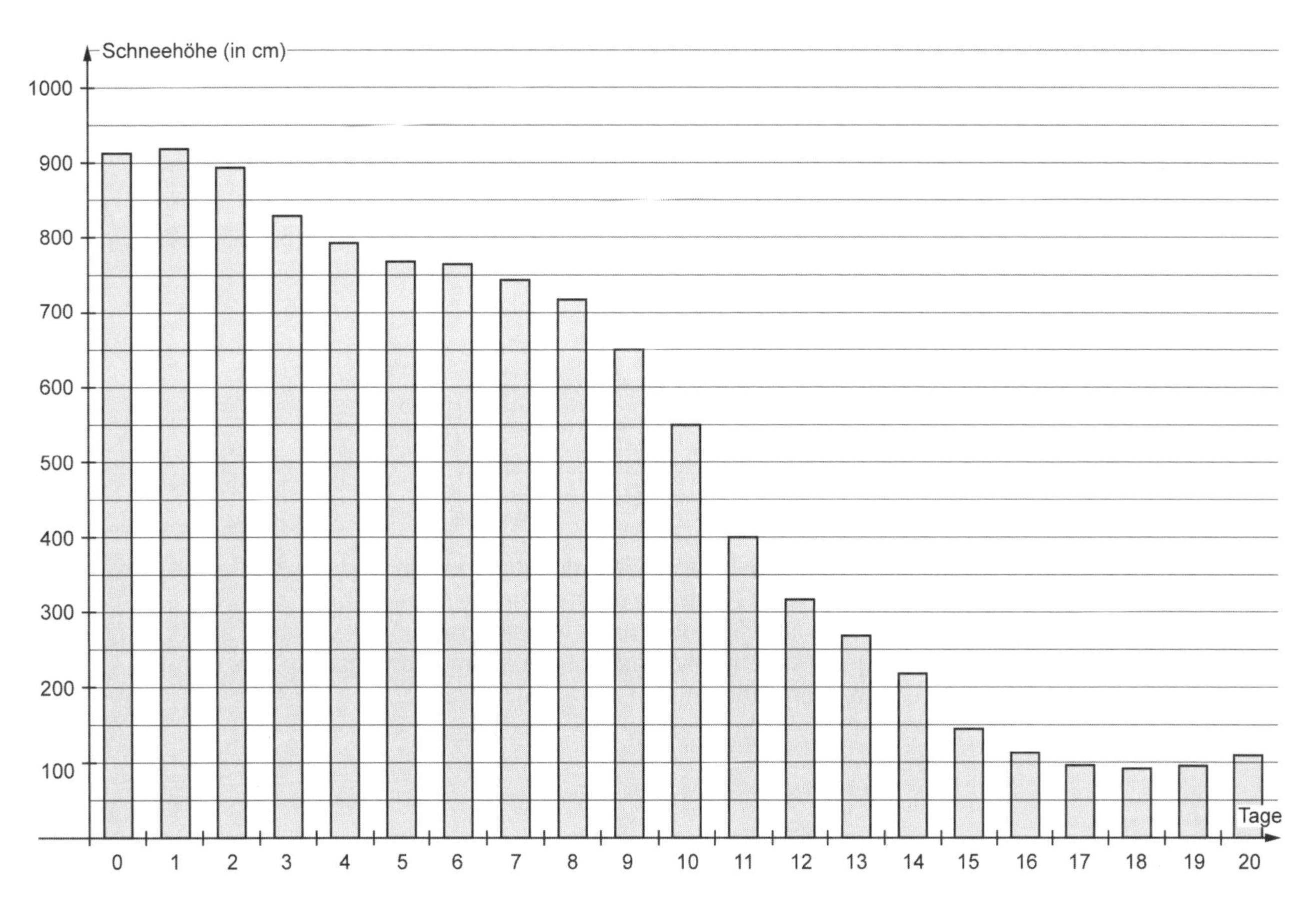

Ernst Klett Verlag GmbH, Stuttgart 2008

Lernzirkel 2: Wie schnell wächst eine Sonnenblume?

Das Wachstum einer Sonnenblume wurde über 100 Tage beobachtet, die gemessenen Höhen in einer Tabelle festgehalten und der Graph gezeichnet.

Tag	Höhe in cm
0	5
10	12
20	28
30	59
40	108
45	136
50	163
60	206
70	230
80	242
90	246

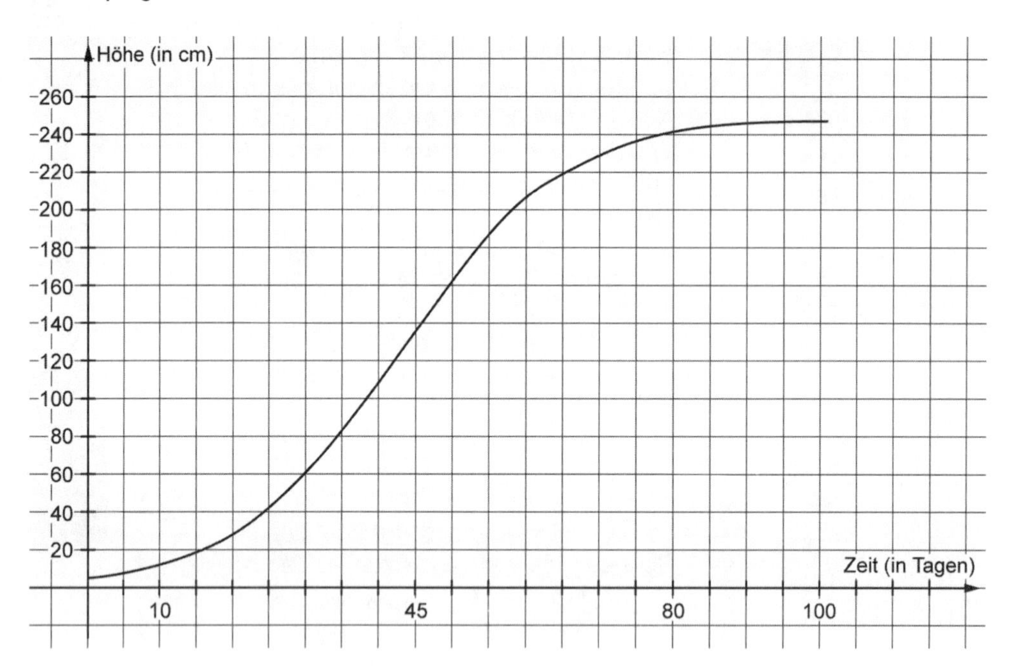

a) Bestimme die mittlere Änderungsrate der Höhe, das ist die mittlere Wachstumsgeschwindigkeit, zwischen dem 10. und dem 90. Tag.
Zeige: Die mittlere Änderungsrate in diesem Zeitintervall ist die Steigung der Sekante durch die Punkte (10 | 12) und (90 | 246). Zeichne die Sekante ein.
b) Bis jetzt hast du immer mittlere Änderungsraten in einem Intervall bestimmt. Wie kann man die momentane Änderungsrate zu einem bestimmten Zeitpunkt, etwa zur Messzeit am 45. Tag, bestimmen? Hier scheint die Wachstumsgeschwindigkeit am größten zu sein.
Man bestimmt die mittleren Änderungsraten in immer kleiner werdenden Intervallen, an deren einem Ende der Messpunkt (45 | 136) liegt.
Von links her: Das erste Intervall habe die Grenzen 10 Tage; 45 Tage. Die mittlere Änderungsrate ist:
$m = \frac{136\,\text{cm} - 12\,\text{cm}}{45\,\text{Tage} - 10\,\text{Tage}} = 3{,}54\,\frac{\text{cm}}{\text{Tag}}$. Berechne m entsprechend für die Intervalle [20; 45], [30; 45], [40; 45].
Von rechts her für die Intervalle [80; 45], [70; 45], [60; 45], [50; 45].

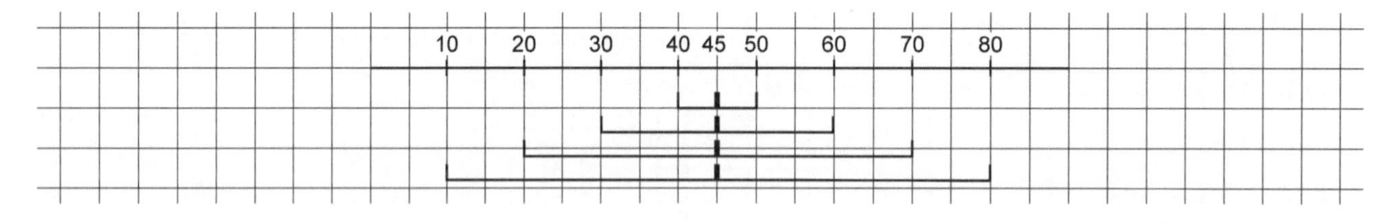

Zeichne diese Skala von 10 bis 80 ins Heft und trage darüber die berechneten Änderungsraten ab, also z. B. 3,54 über 10 (Intervall-Nr. 1). Du erkennst eine Tendenz, wenn du dir die Intervalllänge noch weiter verkleinert denkst. Lies daraus einen Näherungswert für die „momentane Änderungsrate“ zur Messzeit am 45. Tag ab. Zeichne oben die zu den Intervallen gehörenden Sekanten ein. Die zur momentanen Änderungsrate gehörende Sekante ist die Tangente an den Graphen im Punkt (45 | 136).

978-3-12-734302-1 Lambacher Schweizer 6 BW, Serviceband

Ernst Klett Verlag GmbH, Stuttgart 2008

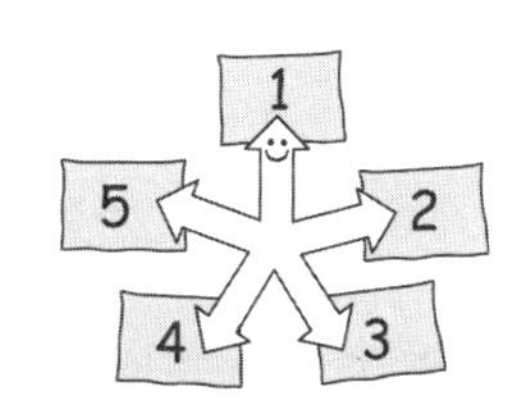

Lernzirkel 3: Ein Raketenstart

In dieser Station lernst du, die mittleren Änderungsraten in immer kleiner werdenden Intervallen geschickt mit dem GTR zu berechnen.

Zeit t in s	Weg s in m
1,2	29,8
2,5	42,6
3,4	54,0
4,2	65,9
5,0	79,5

Für die Spitze einer Rakete wurde der nebenstehende Zusammenhang zwischen der Zeit und dem zurückgelegten Weg gemessen. Die Zeitmessung beginnt kurz nach dem Start.

a) Die mittlere Änderungsrate des Weges s im Zeitintervall von t_0 bis $t_0 + h$, das ist die Durchschnittsgeschwindigkeit im Intervall, ist der Differenzenquotient $\bar{v} = \frac{s(t_0+h)-s(t_0)}{h}$.

Übertrage die Tabelle ins Heft und berechne die Durchschnittsgeschwindigkeit in zwei der vorgegebenen Intervalle.

b) Bestimme aus drei Wertepaaren der Tabelle eine Funktion der Form $s(t) = at^2 + bt + c$, die den Zusammenhang zwischen t und s beschreibt. Berechne a, b und c.

Info

Um die Geschwindigkeit zum Zeitpunkt $t_0 = 4{,}0\,s$ bei $s(t) = 1{,}3t^2 + 5t + 22$ näherungsweise zu bestimmen, berechnet man die mittleren Änderungsraten in immer kleiner werdenden Intervallen um diesen Zeitpunkt, also zum Beispiel von rechts her in [4; 5], [4; 4,5], [4; 4,1], [4; 4,01], [4; 4,001].
Im GTR lassen sich die zugehörigen Quotienten $\frac{s(t_0+h)-s(t_0)}{h}$ bequem mit den Graph-Tasten darstellen und berechnen.

Rechte Grenze: $t_0 + h$	Funktionswert $s(t_0 + h)$	Intervalllänge h	Differenz $s(t_0 + h) - s(t_0)$	Differenzen-quotient
x	Y1	Y2 = x – 4	Y3 = Y1 – 62,8	Y4 = Y3/Y2
5	79,5	1	16,7	16,7
4,5	70,825	0,5	8,025	16,05
4,1	64,353	0,1	1,553	15,53
4,01	62,9541	0,01	0,15413	15,413
4,001	62,8154	0,001	0,015401	15,4013

Diese Tabelle erzeugst du auf dem Bildschirm (TI) folgendermaßen :

Funktion s (t) eingeben		[Y =] Y1 = $1{,}3x^2 + 5x + 22$ [ENTER]
Tabelle vorbereiten Startzahl eingeben		[2nd] [WINDOW] [TBLSET] 5 [ENTER] unabhängige Variable: Eingabe ⮟⮞ ASK [ENTER] abhängige Variable: Berechnung ⮟ AUTO [ENTER]
Rechte Grenzen eingeben		[2nd] [GRAPH] [TABLE] 5 [ENTER] 4,5 [ENTER] ...
Intervalllängen berechnen		[Y=] ⮟ x – 4 [ENTER] [2nd] [GRAPH] [Table]
Differenzen berechnen		[Y=] ⮟⮟ Y3 = [VARS] ⮞ [Y–VARS] [ENTER] 1 – 62,8 [ENTER] [2nd] [GRAPH] [Table] ⮞⮞⮞
Differenzenquotienten berechnen		[Y=] ⮟⮟⮟ Y4 = [VARS] ⮞ [Y–VARS] [ENTER] 3 ÷ [VARS] ⮞ [Y VARS] [ENTER] 2 [ENTER] [2nd] [GRAPH] [Table] ⮞⮞⮞⮞

Ergebnis: Die momentane Änderungsrate des Weges s, das ist die Geschwindigkeit v zum Zeitpunkt $t = 4{,}0\,s$, ist also $15{,}4\,\frac{m}{s}$.

c) Berechne so die momentanen Änderungsraten zu allen ganzzahligen Zeitpunkten t im Intervall [0; 5]. Dazu musst du nur jeweils in der ersten Spalte die rechten Grenzen, in der dritten Spalte Y2 = x-(linke Intervallgrenze) und in der 4. Spalte Y3 = Y1-(Funktionswert an der linken Intervallgrenze) ändern. Zeichne den Graphen der Zuordnung *Zeit t → Geschwindigkeit v* und lies den Funktionsterm ab. Interpretiere dies.

Ernst Klett Verlag GmbH, Stuttgart 2008

Funktionen und ihre Ableitungen – Domino

Schneide entlang der fett gedruckten Linien aus. Auf den grau unterlegten Feldern sind die Graphen der Ausgangsfunktionen f, auf den weiß unterlegten Feldern die Graphen der zugehörigen Ableitungen f′ abgebildet. Lege die Teile passend aneinander.

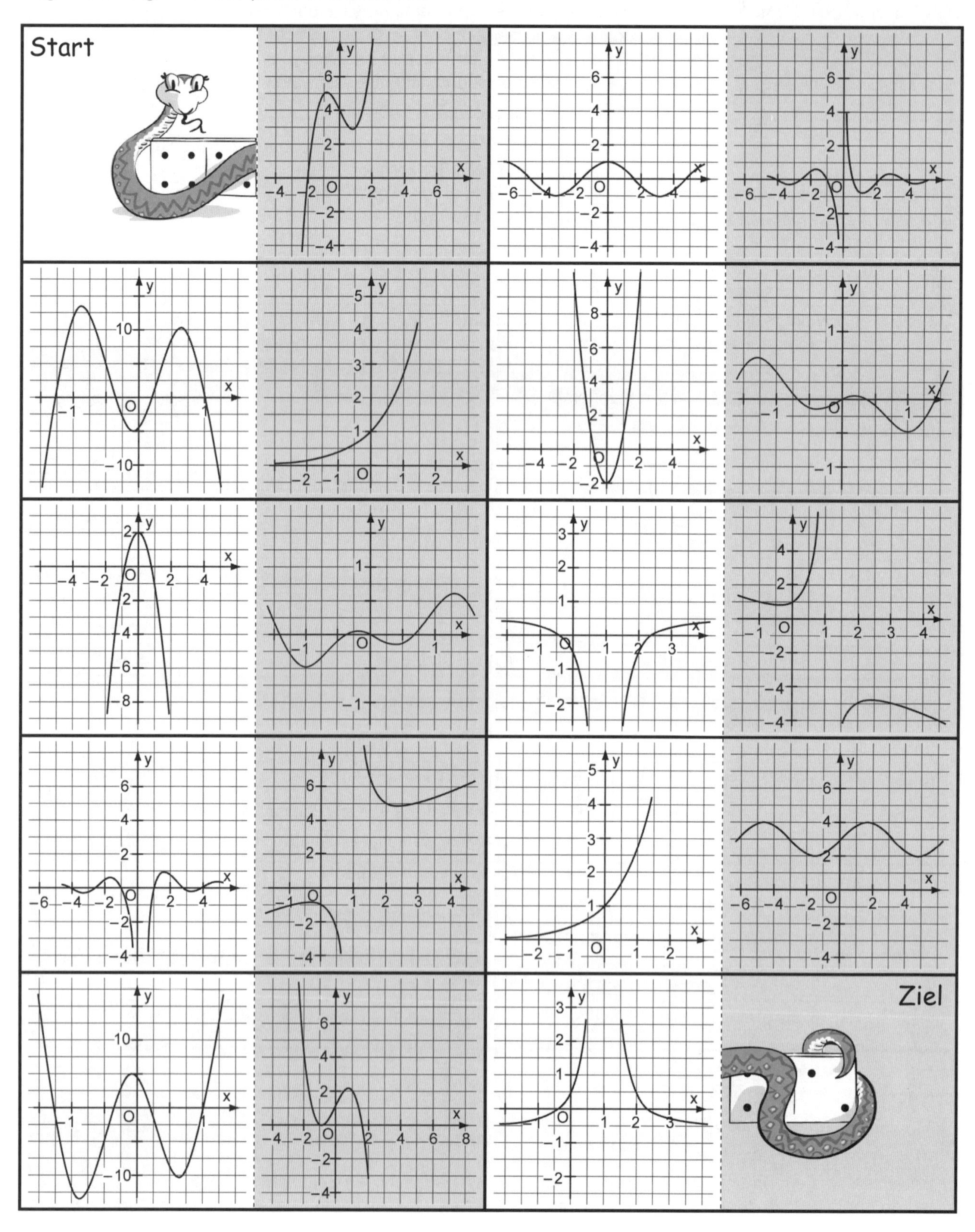

Fitnesstraining: Partner (1)

Material: Aufgabenkarten (Kopiervorlage S 11 und S 12), Schere, Papierkleber

Schneide entlang der dicken Linien aus, knicke dann an den gestrichelten Linien um und klebe die Aufgabenkarten zusammen. Lege sie mit der weißen Aufgabenseite nach oben auf einen Stapel.
Einige dich mit deiner Partnerin bzw. deinem Partner, wer beginnt. Wer an der Reihe ist, hält nacheinander die Aufgabenkarten so, dass der Partner die gefärbte Rückseite mit der Lösung sehen kann, und bestimmt zu seinen zwölf vorgegebenen Funktionen jeweils die Ableitungsfunktion. Dann werden die Rollen getauscht.

$f(x) = \frac{1}{3}x^3 - x^{-1}$	$f'(x) = x^2 + x^{-2}$ $= x^2 + \frac{1}{x^2}$	$f(x) = \sqrt{2}\,x + 5$	$f'(x) = \sqrt{2}$
$f(x) = 3\,x^{\frac{2}{3}} - \frac{2}{3}x^3$	$f'(x) = 2\,x^{-\frac{1}{3}} - 2\,x^2$ $= \frac{2}{\sqrt[3]{x}} - 2\,x^2$	$f(x) = 3 - x^{-3}$	$f'(x) = 3\,x^{-4} = \frac{3}{x^4}$
$f(x) = 2\sqrt{x^3} + \frac{3}{x^2}$	$f'(x) = 3\,x^{\frac{1}{2}} - 6\,x^{-3}$ $= 3\sqrt{x} - \frac{6}{x^3}$	$f(x) = 4\,x^{-\frac{3}{4}} - \frac{1}{\sqrt{x}}$	$f'(x) = -3\,x^{-\frac{7}{4}} + \frac{1}{2}\,x^{-\frac{3}{2}}$ $= -\frac{3}{\sqrt[4]{x^7}} + \frac{1}{2\sqrt{x^3}}$
$f(x) = t\,x^2 + t^2 x + t$	$f'(x) = 2\,t\,x + t^2$	$f(x) = x + a$	$f'(x) = 1$
$f(x) = x\,(3 + x^3)$	$f'(x) = 3 + 4\,x^3$	$f(x) = (2\,x + 5)^2$	$f'(x) = 8\,x + 20$
$f(a)$ $= (a + 0{,}5)(a - 0{,}5)$	$f'(a) = 2\,a$	$f(t) = t\,x^3 + 3\,t\,x + t$	$f'(t) = x^3 + 3\,x + 1$

978-3-12-734302-1 Lambacher Schweizer 6 BW, Serviceband Ernst Klett Verlag GmbH, Stuttgart 2008

Fitnesstraining: Partner (2)

Material: Aufgabenkarten (Kopiervorlage S 11 und S 12), Schere, Papierkleber

Schneide entlang der dicken Linien aus, knicke dann an den gestrichelten Linien um und klebe die Aufgabenkarten zusammen. Lege sie mit der weißen Aufgabenseite nach oben auf einen Stapel.
Einige dich mit deiner Partnerin bzw. deinem Partner, wer beginnt. Wer an der Reihe ist, hält nacheinander die Aufgabenkarten so, dass der Partner die gefärbte Rückseite mit der Lösung sehen kann, und bestimmt zu seinen zwölf vorgegebenen Funktionen jeweils die Ableitungsfunktion. Dann werden die Rollen getauscht.

$f(x) = 0{,}25x^4 + \sqrt{x}$	$f'(x) = x^3 + 0{,}5\,x^{-\frac{1}{2}}$ $= x^3 + \frac{1}{2\sqrt{x}}$	$f(x) = \sqrt{3}\,x^2 - x^{-2}$	$f'(x) = 2\sqrt{3}\,x + 2x^{-3}$ $= 2\sqrt{3}\,x + \frac{2}{x^3}$
$f(x) = 4\,x^{\frac{3}{4}} + \frac{3}{4}x^4$	$f'(x) = 3\,x^{-\frac{1}{4}} + 3x^3$ $= \frac{3}{\sqrt[4]{x}} + 3x^3$	$f(x) = 5 + 5x^{-5}$	$f'(x) = -25x^{-6} = -\frac{25}{x^6}$
$f(x) = 3\sqrt[3]{x^2} - \frac{2}{x^3}$	$f'(x) = 2\,x^{-\frac{1}{3}} + 6x^{-4}$ $= \frac{2}{\sqrt[3]{x}} + \frac{6}{x^4}$	$f(x) = 3\,x^{-\frac{2}{3}} + \frac{1}{\sqrt[3]{x}}$	$f'(x) = -2\,x^{-\frac{5}{3}} - \frac{1}{3}\,x^{-\frac{4}{3}}$ $= -\frac{2}{\sqrt[3]{x^5}} - \frac{1}{3\sqrt[3]{x^4}}$
$f(x) = ax^3 + a^3x + a$	$f'(x) = 3ax^2 + a^3$	$f(a) = x - a$	$f'(a) = -1$
$f(x) = 0{,}2x^2(x - 5)$	$f'(x) = 0{,}6x^2 - 2x$	$f(x) = (3x - 4)^2$	$f'(x) = 18x - 24$
$f(t) = tx + t^2$	$f'(t) = x + 2t$	$f(x) = 4x^{-5} - 3\,x^{\frac{2}{3}}$	$f'(x) = -20x^{-6} - 2\,x^{-\frac{1}{3}}$ $= -\frac{20}{x^6} - \frac{2}{\sqrt[3]{x}}$

978-3-12-734302-1 Lambacher Schweizer 6 BW, Serviceband

Ernst Klett Verlag GmbH, Stuttgart 2008

Ableitung von $f(x) = x^n$

1 Gezeichnet sind die Graphen von $f_1(x) = x^2$ und $f_2(x) = x^3$.
a) Lege an der Stelle $x = 2$ die Tangente an den Graphen von f_1. Für die Steigung der Tangente liest du mithilfe eines Steigungsdreiecks den Wert 4 ab. Die Steigung des Graphen an der Stelle $x = 2$ ist also $m = 4$. Das ist auch der Wert der Ableitung an dieser Stelle.
Bestimme auf diese Art die Ableitungen an den in der Tabelle angeführten Stellen. Beachte die verschiedenen Einheiten auf den Achsen.

:2 · 1,5

x	−3	−1,5	0	2	3
m = f′(x)			0		

Jedem x-Wert ist eindeutig ein Wert der Ableitung zugeordnet. Beschrifte die Pfeile an der Tabelle.
Dann kannst du leicht ablesen, wie die Funktionsvorschrift lautet: $f_1'(x) =$ ________________

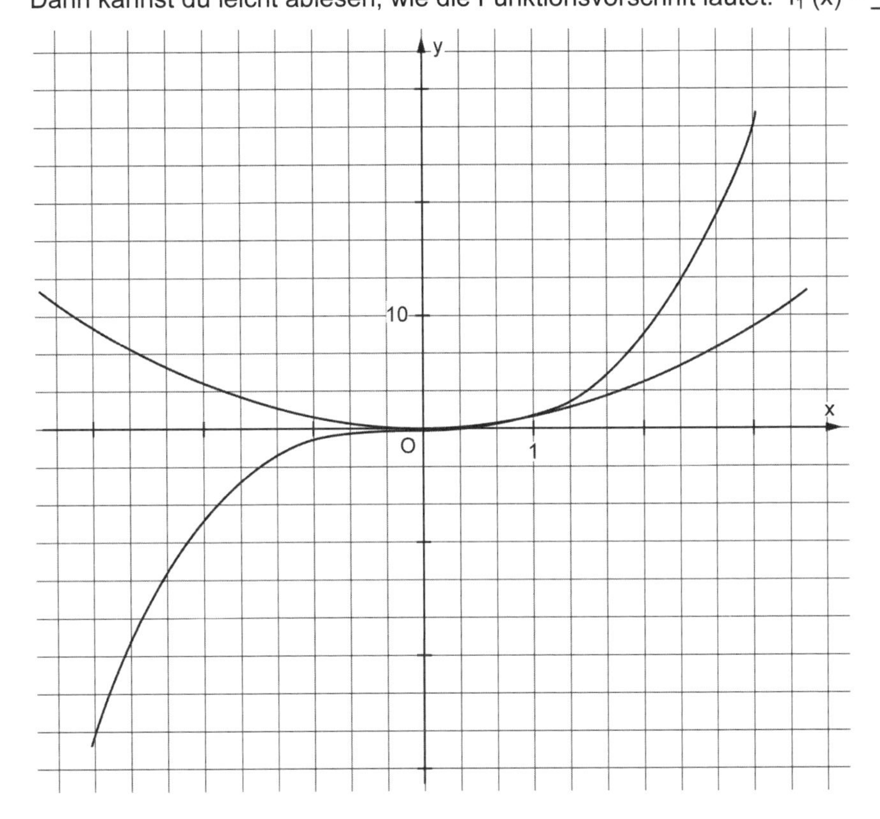

b) Bestimme ebenso die Steigungen des Graphen von f_2 an den Stellen $x \in \{-2{,}5; -2; -1; 0; 1{,}5; 2; 3\}$. Wenn du die Wertepaare in ein Koordinatensystem zeichnest, erkennst du den Funktionstyp. Der fehlende Faktor lässt sich über ein Wertepaar berechnen. Die Ableitungsfunktion lautet

also $f_2'(x) =$ ________________

2 a) Stelle am GTR den Graphen der Funktion $f_3(x) = x^4$ dar. Im TRACE-Modus läuft der Cursor auf der gezeichneten Linie und es werden die x- und y-Koordinaten angezeigt. Die Angabe der momentanen Steigung wird im CALC-Menü aktiviert: [2nd] [TRACE] [CALC] 6: dy/dx [ENTER]. Die Eingabe 1,5 [ENTER] ergibt auf dem Bildschirm die Anzeige der Steigung an der Stelle $x = 1{,}5$ zu dy/dx = 13,500.
Notiere in einer Tabelle wie oben zu einigen x-Werten die Steigungen und zeichne mit diesen Wertepaaren punktweise den Graphen der Ableitungsfunktion. Am Verlauf erkennst du die Art der Funktion, der Parameter wird wieder mit einem einfachen Wertepaar berechnet. Gib die Ableitungsfunktion an.
b) Führe dieselben Untersuchungen an der Funktion $f_4(x) = x^5$ aus. Den Graphen der Ableitungsfunktion kannst du mit dem GTR kontrollieren:
[Y=] Y1 = x^5 ⮟ Y2 = [MATH] 8 : nDeriv ([ENTER] [VARS] ➤ Y-VARS [ENTER] 1 [ENTER], x, x)
[ENTER] [GRAPH]

3 Stelle nun alle vier untersuchten Funktionen ihren Ableitungsfunktionen gegenüber. Lies daraus die Vermutung einer allgemeinen Regel für die Ableitungsfunktionen der Funktionen $f(x) = x^r$ ($r \in \mathbb{N}$) ab.

Ernst Klett Verlag GmbH, Stuttgart 2008

Tangentengleichung – Ein Arbeitsplan

Arbeitszeit: 1 Schulstunde + Hausaufgaben

Vorüberlegungen

1 Unter der Tangente an den Graphen einer Funktion f in einem Punkt P des Graphen versteht man die Gerade, welche den Graphen von f im Punkt P berührt.

a) Gegeben ist der Graph der Funktion f mit $f(x) = -x^3 + 3x^2$.
Zeichne die Tangente an den Graphen im Punkt P(1 | 2) ein.

b) Die Steigung der Tangente ist gleich der Steigung des Graphen im Punkt P. Begründe, weshalb.
Bestimme die Steigung m der Tangente, indem du die Ableitung von f an der Stelle $x_0 = 1$ berechnest.

c) Bestimme nun mithilfe des allgemeinen Geradenansatzes $y = mx + c$ die Gleichung der eingezeichneten Tangente.

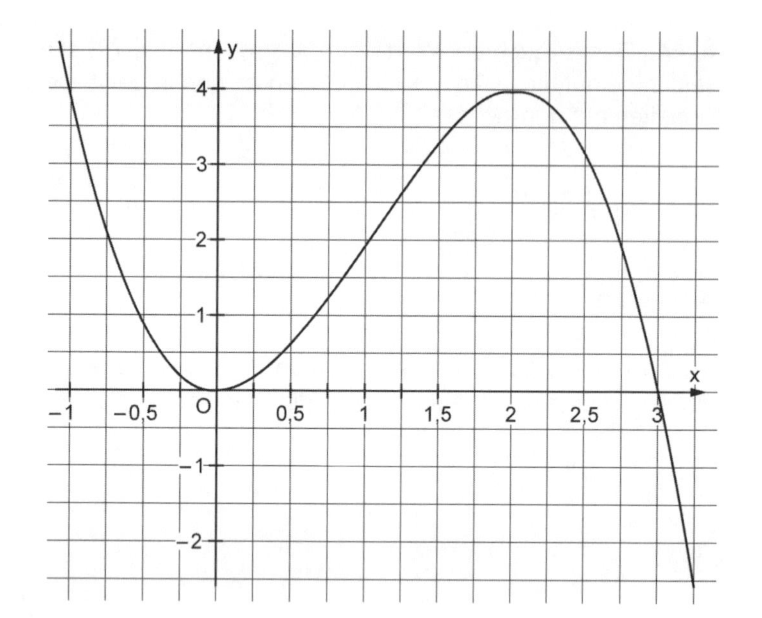

2 Zeige durch Rechnung, dass die Gleichung der Tangente an den Graphen einer Funktion f im Punkt $P(x_0 | f(x_0))$ allgemein gegeben ist durch $y = f'(x_0) \cdot x + f(x_0) - f'(x_0) \cdot x_0$.
Welche Voraussetzung muss die Funktion f dazu an der Stelle x_0 erfüllen?

3 Mithilfe des GTR kann man die Gleichung der Tangente näherungsweise bestimmen.
Lies dazu den Infokasten im Schülerbuch auf Seite 21.
Bestimme dann die Tangentengleichung für das Beispiel aus Aufgabe 1 und kontrolliere so deine Rechnung.

Erarbeitung und Heftaufschrieb

Erstelle einen Heftaufschrieb zum Thema Tangentengleichung.
Er soll eine Überschrift, die Tangentendefinition, die allgemeine Tangentengleichung und das Rechenbeispiel aus Aufgabe 1 enthalten.

Übungen

Bearbeite nun im Schülerbuch auf Seite 23 die Aufgabe Nr. 4 und auf Seite 25 die Aufgabe Nr. 15.

Für schnelle Rechner

Die zur Tangente senkrechte Gerade durch den Punkt P nennt man Normale von f im Punkt P.
Bestimme für das Beispiel aus Aufgabe 1 die Gleichung der Normalen in P unter Verwendung der Tatsache, dass für die Steigungen m_1 und m_2 zweier senkrechter Geraden die Beziehung $m_2 = -\frac{1}{m_1}$ gilt.

Zeichne dann die Normale in das oben stehende Koordinatensystem ein.

Ernst Klett Verlag GmbH, Stuttgart 2008

Das tangiert uns!

Material: pro Person: 1 Spielfigur und 1 Farbstift; 1 Würfel

Spielregeln: Stellt eure Spielfiguren auf das Startfeld. Würfelt abwechselnd. Wer an der Reihe ist, setzt seine Spielfigur entsprechend der gewürfelten Augenzahl vor und bestimmt im Heft die Tangentengleichung zur Funktion f an der Stelle x_0. Die Tangentengleichung ist richtig, wenn sie im Lösungsfeld unten zu finden ist. Der Spieler darf dann das Feld mit seiner Farbe ausmalen. Ist die Tangentengleichung falsch, wandert der Spieler zwei Schritte vor und der Partner ist an der Reihe. Kommt man auf ein Feld, das schon gefärbt ist, muss man auf dem Feld stehen bleiben und auf die nächste Runde warten. Sieger ist, wer zum Schluss die meisten Felder mit seiner Farbe gekennzeichnet hat.
Spielvariation: Für eine schnelle Spielrunde kann der GTR genutzt werden.

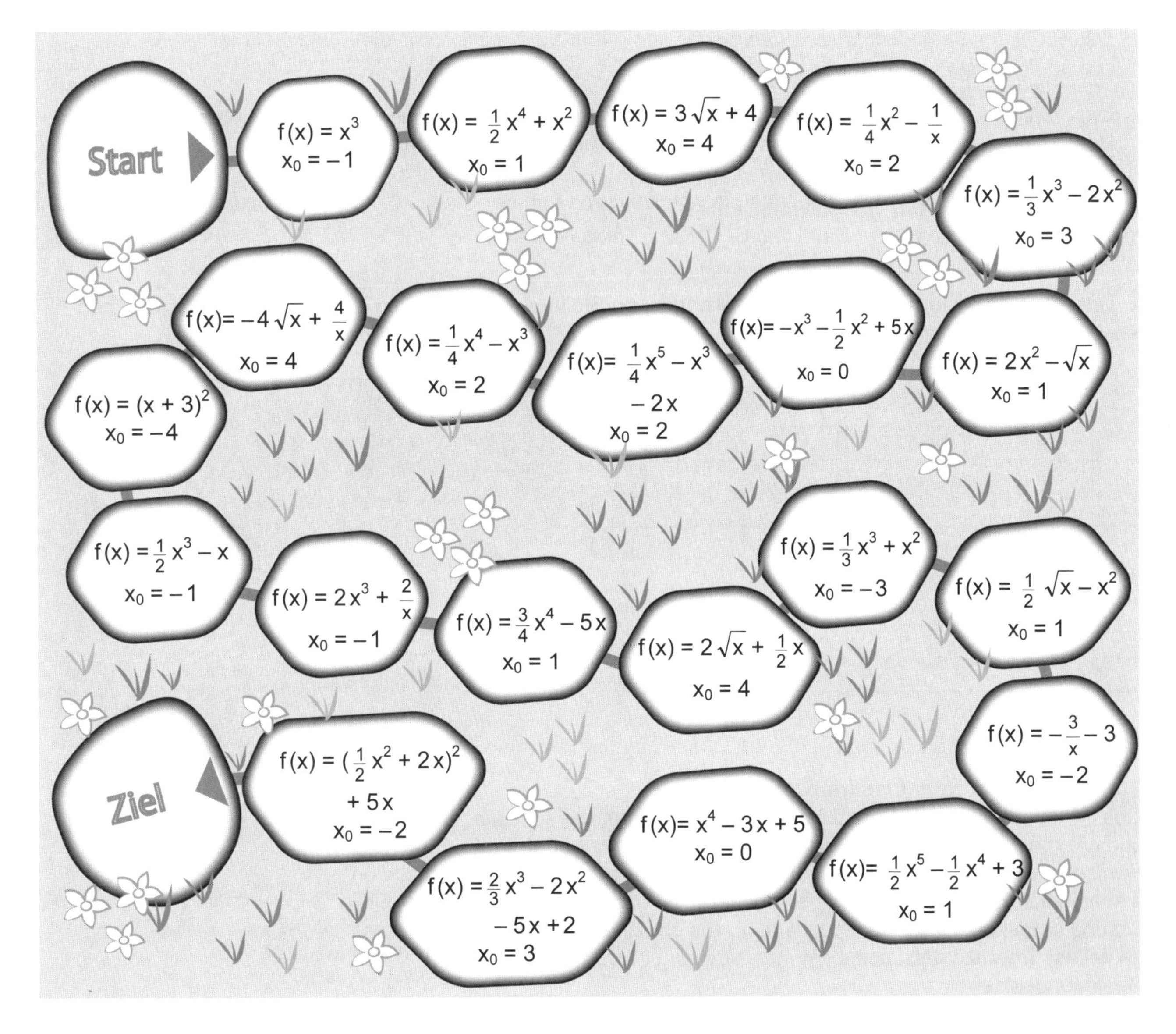

Lösungen

$g(x) = 6x - 16$	$g(x) = 5x + 4$	$g(x) = 0{,}5x + 1$	$g(x) = -1{,}75x + 2$	$g(x) = 0{,}75x$	$g(x) = 1{,}25x - 2$	$g(x) = -1{,}25x$
$g(x) = 4x$	$g(x) = 3x + 2$	$g(x) = -4x + 5$	$g(x) = 3x + 9$	$g(x) = 3{,}5x - 2{,}5$	$g(x) = -3x + 5$	$g(x) = x + 2$
$g(x) = 6x - 6$	$g(x) = -1{,}25x - 2$	$g(x) = -3x$	$g(x) = 4x - 2{,}5$	$g(x) = 1{,}25x - 4$	$g(x) = -2x - 7$	$g(x) = 0{,}5x + 2{,}5$
$g(x) = 0{,}75x + 7$	$g(x) = -1{,}75x + 1{,}25$	$g(x) = x - 16$	$g(x) = -4x + 4$	$g(x) = -2x - 2{,}25$	$g(x) = 3{,}5x + 3$	$g(x) = 5x$

Ernst Klett Verlag GmbH, Stuttgart 2008

Die Ableitungsfunktion – Ein Arbeitsplan

Arbeitszeit: 2 Schulstunden + Hausaufgaben

Vorüberlegungen (ohne Schülerbuch)
Bei der 115. Sendung von „Wetten, dass ...?" am 20.02.1999 in Münster gab es folgende Wette: Wetten, dass es Toni Rossberger schafft, auf der Olympia-Sprungschanze in Garmisch-Partenkirchen mit seinem Motorrad bis zur Startluke S hinaufzufahren und dann herunterzuspringen?
Harald Schmidt tippte „Nein". Sein Wetteinsatz bestand darin, dass er sich gemeinsam mit Heidi Klum in Müllsäcke kleiden musste, wenn die Wette gewonnen wird.

Um zu beurteilen, ob es überhaupt möglich war, die Wette zu gewinnen, hier einige Informationen:
- Das Profil der Sprungschanze in Garmisch kann näherungsweise durch die Funktion f mit $f(x) = \frac{1}{150}x^2$ für $D_f = [0; 80]$ beschrieben werden.
- Der Hersteller von Rossbergers Motorrad gibt an, dass mit der Maschine unter den gegebenen Bedingungen maximal Steigungen von 100 % bewältigt werden können.

1 Berechne mithilfe der Änderungsrate die Ableitung von f an der Stelle 70. Ist es mit Rossbergers Motorrad möglich, die Schanze bis zur Startluke $S(70 \mid 32\frac{2}{3})$ hinaufzufahren?

2 Berechne die Ableitung von f an einer allgemeinen Stelle x_0. Welchen Punkt der Olympia-Schanze kann Rossberger mit seinem Motorrad maximal erreichen, wenn die Angaben des Herstellers stimmen?

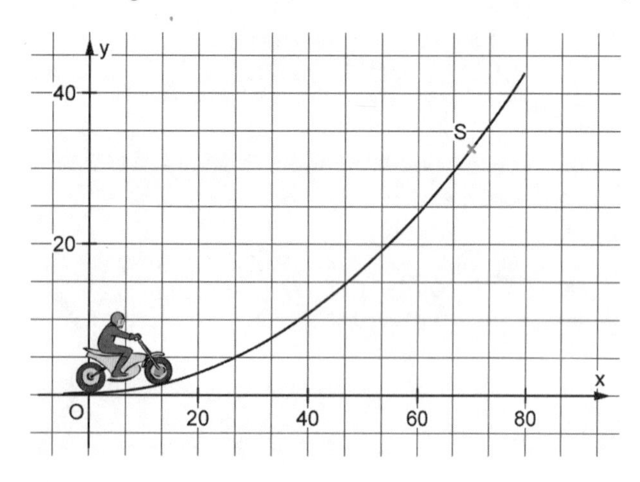

Erarbeitung und Heftaufschrieb
Lies im Schülerbuch auf Seite 26 nach, was man unter der Ableitungsfunktion versteht und wie man sie bestimmt. Vergleiche dies mit deinen eigenen Vorüberlegungen.
Nun sollst du einen eigenen Heftaufschrieb zum Thema „Die Ableitungsfunktion" erstellen. Er soll eine Überschrift, einen Merksatz und eine Musteraufgabe mit Lösung enthalten. Überlege dir zunächst, was du schreiben willst und wie du es gestaltest. Benutze dazu deine eigenen Notizen und verwende eigene Gestaltungsideen.

Übungen
Lies zuerst die Beispiele im Schülerbuch auf Seite 27.
Bearbeite anschließend folgende Aufgaben: Seite 28 Aufgaben Nr. 2 und 5.
Kontrolliere deine Ergebnisse.

Für schnelle Rechner
Bearbeite im Schülerbuch auf Seite 28 die Aufgaben Nr. 3 und 4.
Suche im Internet nach einem Video der Wette von Toni Rossberger.

Ernst Klett Verlag GmbH, Stuttgart 2008

Die Steigung des Graphen von $f(x) = \frac{1}{x}$

Die Steigung der Kurve an einer Stelle wird durch die Steigungen einer Folge von Sekanten von zwei Seiten her angenähert und schließlich durch Mittelwertbildung erfasst. Das ist hier an der Stelle $x_0 = 0{,}5$ gezeigt.

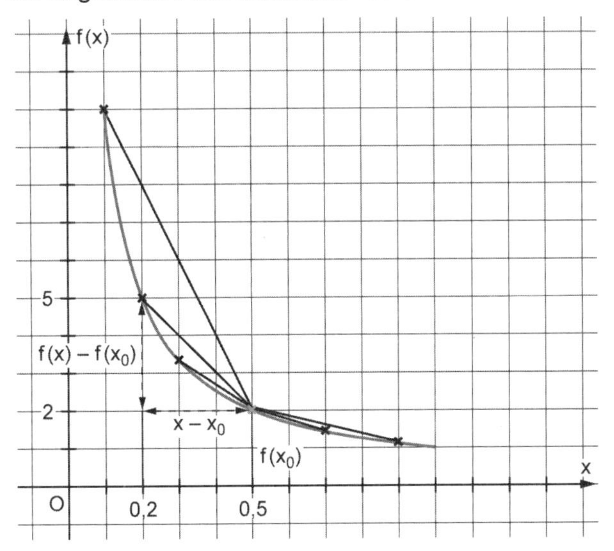

Es werden Sekanten gezeichnet, die alle durch den Punkt (0,5 | 2) gehen, wobei der zweite Punkt immer näher an (0,5 | 2) heranrückt:
Zuerst von links her, beginnend beim Kurvenpunkt (0,1 | 10), bis (0,4 | 2,5), dann von rechts durch $(0{,}9 \mid \frac{10}{9})$ bis $(0{,}6 \mid \frac{5}{3})$.

Die Steigung einer Sekante ist der Quotient
$m = \frac{f(x)-f(x_0)}{x-x_0} = \frac{\Delta f(x)}{\Delta x}$.

Dieser Quotient wird für jede Sekante mit einem Tabellenkalkulationsprogramm oder mit dem GTR berechnet. Dann wird die Lücke zwischen den nächstliegenden Sekantensteigungen durch den Mittelwert dieser beiden Steigungen ergänzt.

Zur Erhöhung der Genauigkeit werden rechnerisch noch kürzere Intervalllängen Δx benutzt.

Die linke Tabelle zeigt die Berechnung der Sekantensteigungen um die Stelle $x_0 = 0{,}5$.
Die Steigung an dieser Stelle ist also
$m = \frac{-4{,}008 - 3{,}992}{2} = -4{,}0$.

In der Tabelle sind die Spalte Δx und die Zahl 0,5 vorgegeben.

Variiere die Stelle x_0 und berechne damit die Steigungen an den in der unteren Tabelle angegebenen Stellen.

an der Stelle $x_0 = 0{,}5$			$f(x_0) = 2{,}00$	
$x = x_0 + \Delta x$	$f(x)$	Δf	Δx	$\Delta f / \Delta x$
0,100	10,000	8,000	–0,400	–20,000
0,200	5,000	3,000	–0,300	–10,000
0,300	3,333	1,333	–0,200	–6,667
0,400	2,500	0,500	–0,100	–5,000
0,490	2,041	0,041	–0,010	–4,082
0,499	2,004	0,004	–0,001	–4,008
0,500	2,000	0,000	0,000	
0,501	1,996	–0,004	0,001	–3,992
0,510	1,961	–0,039	0,010	–3,922
0,600	1,667	–0,333	0,100	–3,333
0,700	1,429	–0,571	0,200	–2,857
0,800	1,250	–0,750	0,300	–2,500
0,900	1,111	–0,889	0,400	–2,222

x_0	–4	–3	–2	–1	–0,5	0,5	1	2,5	3	5
m						–4,0				

Zeichne damit den Graphen dieser Zuordnung. Daraus kannst du leicht den Funktionsterm der Ableitungsfunktion ablesen. Überprüfe deinen Graphen auf dem GTR mit der nDeriv-Funktion aus dem MATH-Menü.

Ernst Klett Verlag GmbH, Stuttgart 2008

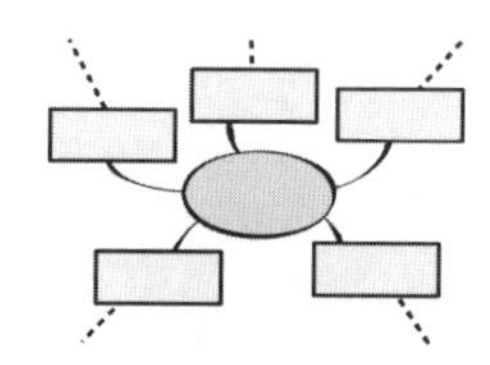

Mindmap: Verschiedene Bedeutungen der Ableitung

Um die Aufgaben in den Kästchen zu lösen, wird jeweils eine andere Bedeutung der Ableitung $f'(x_0)$ einer Funktion f an einer Stelle x_0 benötigt. Bearbeite die Aufgaben und erstelle dann eine Mindmap zur Ableitung, indem du in die grauen Kästchen die in der Aufgabe verwendete Bedeutung der Ableitung einträgst.

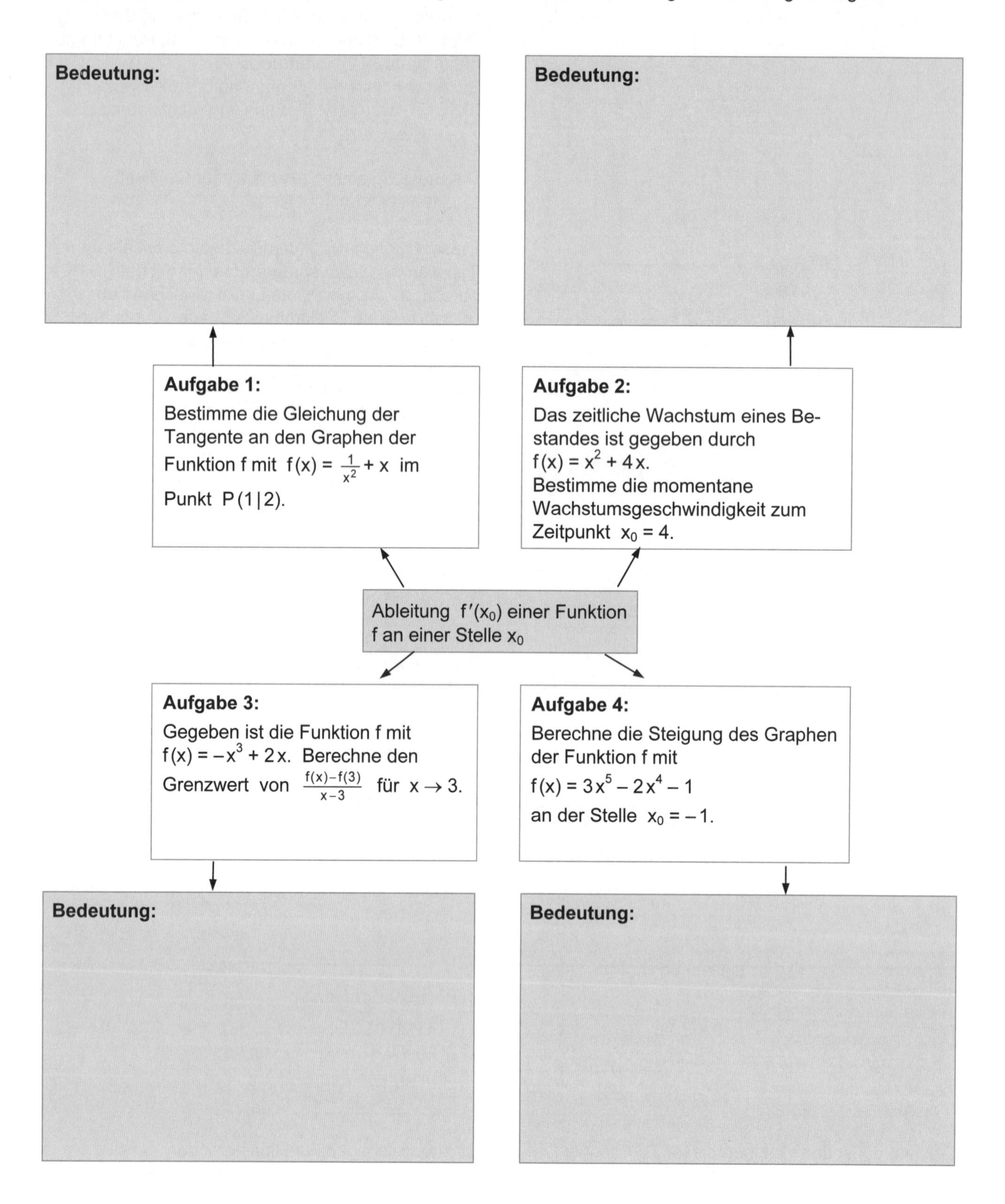

„Mathe ärgert mich nicht!“ – Aufgabenkarten

Aufgabe	Lösung	Aufgabe	Lösung
Gib die Definitionsmenge der Funktion f an. $f(x) = \frac{1}{\frac{1}{(x-1)^2} - 1}$ ☺☺☺	$D_f = \mathbb{R} \setminus \{0; 1; 2\}$	Überprüfe, ob die Punkte $P(1 \mid -2)$ und $Q(-2 \mid 1)$ auf dem Graphen G_f der Funktion f mit $f(x) = -\sqrt{x+3}$ liegen. ☺	$P \in G_f$, $Q \notin G_f$
Bestimme den Funktionswert $f(x)$ an der Stelle $x = 0{,}25$ für $f(x) = \frac{1}{\sqrt{x}} - 3$. ☺	$f(0{,}25) = -1$	Bestimme die Ableitungsfunktion der Funktion f mit $f(x) = \frac{1}{3x^3} - 3\sqrt[3]{x^2}$. ☺☺	$f'(x) = -\frac{1}{x^4} - \frac{2}{\sqrt[3]{x}}$
Bestimme die Gleichung der Tangente an den Graphen von f mit $f(x) = -\frac{1}{2}x^2 + 4\sqrt{x}$ in $P(4 \mid f(4))$. ☺☺☺	$g(x) = -3x + 12$	Bestimme die Ableitung von f an der Stelle x_0. y, x, x_0 ☺☺	$f'(x_0) = -1$
Berechne $f'\left(\frac{1}{4}\right)$ für $f(x) = 2\sqrt{x} - \frac{1}{x^2}$. ☺☺	$f'(x) = x^{-\frac{1}{2}} + 2x^{-3}$ $f'\left(\frac{1}{4}\right) = 130$	An welcher Stelle hat eine Tangente an den Graphen der Funktion f mit $f(x) = 2x^2 - 5x + 3$ die Steigung 4? ☺☺	$x_0 = 2{,}25$
Das Wachstum eines Bestandes im Zeitablauf ist gegeben durch $f(x) = 4x^2 + 3x$. Wie groß ist die momentane Wachstumsgeschwindigkeit zum Zeitpunkt $x_0 = 3$? ☺☺	Momentane Wachstumsgeschwindigkeit zum Zeitpunkt $x_0 = 3$: $f'(3) = 27$.	Berechne für die Funktion f mit $f(x) = 0{,}5x^4 + x^3 - 3$ den Grenzwert $\frac{f(x) - f(-2)}{x + 2}$, wenn $x \to -2$. ☺☺	$f'(-2) = -4$

978-3-12-734302-1 Lambacher Schweizer 6 BW, Serviceband

Ernst Klett Verlag GmbH, Stuttgart 2008

Kreuzzahlrätsel

Löse die folgenden 15 Aufgaben ohne GTR im Heft und kontrolliere deine Ergebnisse mithilfe des Spielfeldes. Ordne deine Lösungen dafür der Größe nach und trage jede Ziffer deiner Lösungen (eventuell auch mit negativem Vorzeichen) nach Vorgabe waagerecht oder senkrecht in ein Kästchen ein.

Beispiel: Bestimme die Nullstellen der Funktion f: $f(x) = \frac{1}{3}x^3 + 2x^2 + 3x \Rightarrow x_1 = -3,\ x_2 = 0$

Waagerecht
Bestimme den y-Achsenabschnitt der Funktion f.

1 $f(x) = (x - 4)\ (x^3 + 2)$

2 $f(x) = \left(x + \frac{1}{2}\right)(x^2 + 5)(-4 + x)$

3 $f(x) = -8x^3 + 2x^2 + 5x$

4 $f(x) = \frac{1}{x - 0{,}2}$

5 $f(x) = \frac{1}{\sqrt{x + \frac{1}{81}}}$

6 $f(x) = \sqrt{-x + 49}$

8 $f(x) = 5x^4 - 3x^2 + 6$

Senkrecht
Bestimme die Nullstellen der Funktion f.

1 $f(x) = (x - 9)(x + 8)(x - 11)$

2 $f(x) = \left(\frac{1}{5}x^2 - 20\right)(-6 + x)$

3 $f(x) = 0{,}3x^3 - 2{,}1x^2$

4 $f(x) = x^4 - 26x^2 + 25$

7 $f(x) = 3x^5 - 15x^3 + 12x$

9 $f(x) = 0{,}2x^4 - 2{,}6x^2 + 7{,}2$

10 $f(x) = \sqrt{x} - 0{,}2x$

11 $f(x) = \frac{1}{2}x^4 - 7x^2 - 16$

Kontrolle: Die Summe aller ganzen Zahlen in den Lösungsfeldern 1 bis 11 ist –1.

Der Tangentensurfer

Wellenprofil

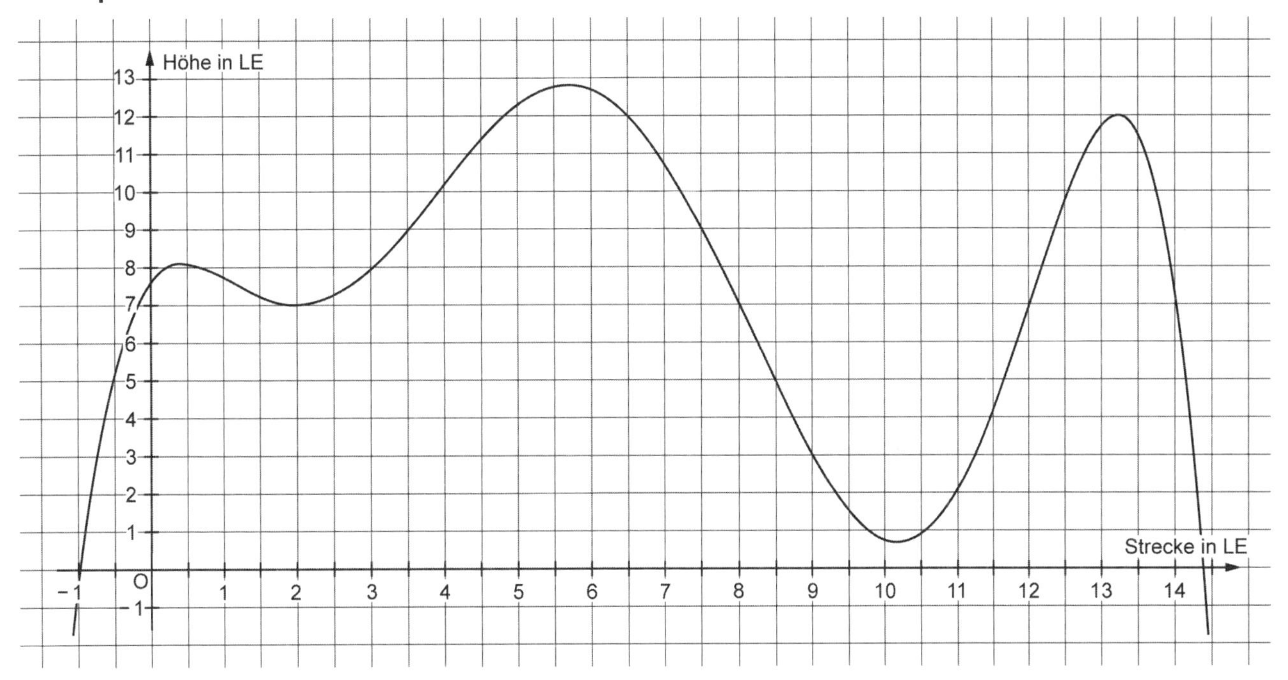

Gegeben ist das Profil einer Welle durch den Graphen einer Funktion f.
Schneide den unten abgebildeten Tangentensurfer aus. Fahre nun mit ihm von links nach rechts das Wellenprofil entlang und bearbeite dabei die folgenden Aufgaben.

1 Wie verläuft das Surfbrett des Tangentensurfers an den Hoch- bzw. Tiefpunkten des Wellenprofils? Was kann man dementsprechend über die Steigung m_t der Surfbretttangente bzw. die 1. Ableitung der Funktion f an diesen Stellen aussagen?
Markiere und beschrifte diese Punkte im Wellenprofil entsprechend. Zeichne auch die Tangenten ein.

2 In welchen Bereichen des Wellenprofils kann man damit rechnen, dass der Tangentensurfer schneller bzw. langsamer wird? Wie hängt dies mit der Monotonie des Wellenprofils zusammen?
Was kann man über die Steigung m_t der Surfbretttangente und damit über die 1. Ableitung der Funktion f in diesen Bereichen aussagen?
Beschrifte diese Bereiche des Wellenprofils entsprechend. Zeichne Tangenten ein.

Fasse nun die gefundenen Zusammenhänge zwischen dem Vorzeichen der 1. Ableitung einer Funktion und der Monotonie der Funktion in einer Wenn-Dann-Aussage zusammen.

3 Untersuche die Funktion f mit $f(x) = -x^2 + 4x - 1$ mithilfe ihrer 1. Ableitung auf Monotonie.
Kontrolliere deine Ergebnisse, indem du mit dem GTR den Graphen der Funktion betrachtest.

Tangentensurfer zum Ausschneiden

Ernst Klett Verlag GmbH, Stuttgart 2008

Bergspitze oder Talgrund?

Untersuche die Funktionen auf Extremstellen. Bestimme die Koordinaten der Hoch- und Tiefpunkte (ohne GTR). Rechne im Heft. Kontrolliere deine Ergebnisse, indem du den Aufgaben die Lösungen zuordnest und den zugehörigen Buchstaben wegstreichst. Es bleibt ein Lösungswort übrig.

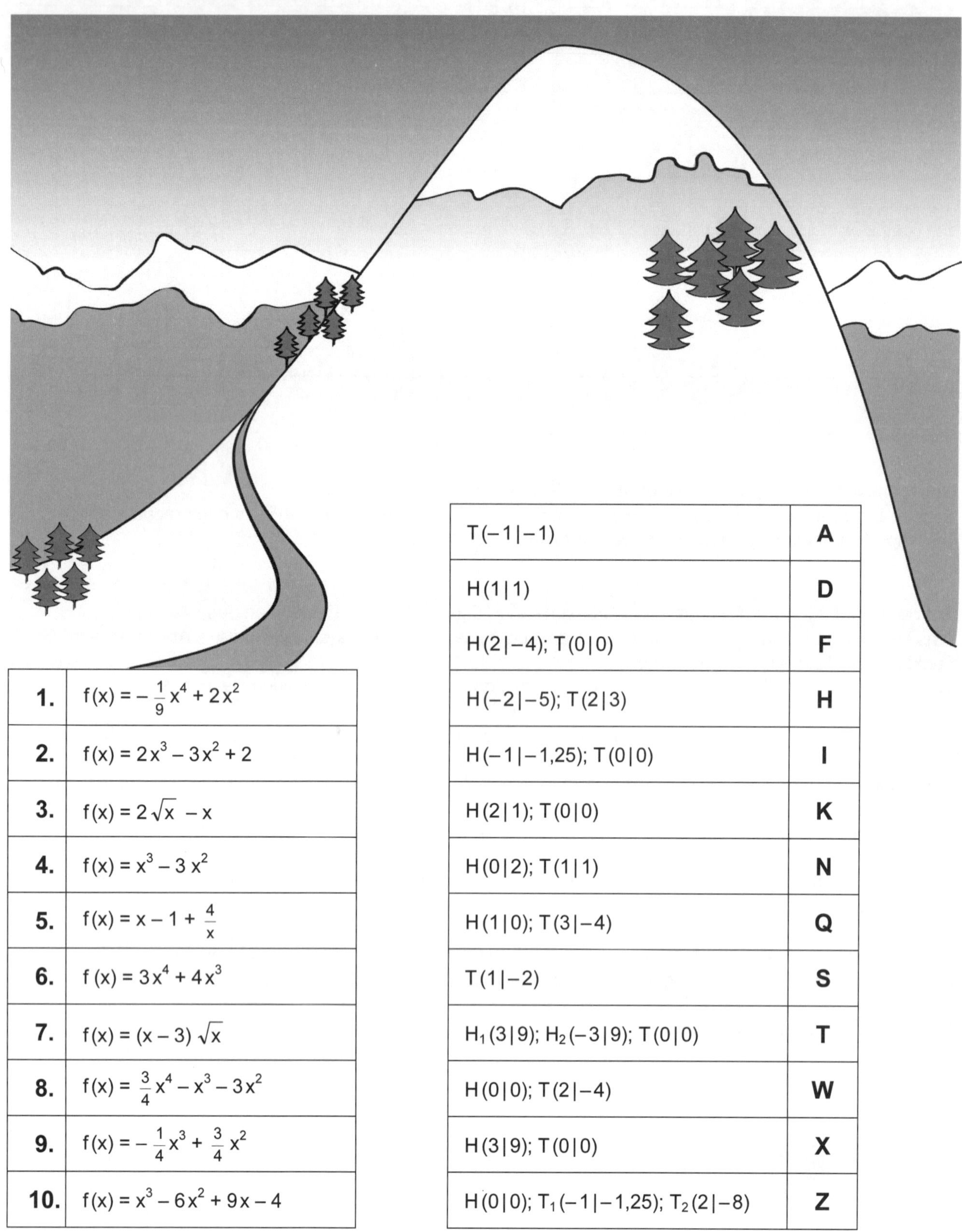

1.	$f(x) = -\frac{1}{9}x^4 + 2x^2$
2.	$f(x) = 2x^3 - 3x^2 + 2$
3.	$f(x) = 2\sqrt{x} - x$
4.	$f(x) = x^3 - 3x^2$
5.	$f(x) = x - 1 + \frac{4}{x}$
6.	$f(x) = 3x^4 + 4x^3$
7.	$f(x) = (x - 3)\sqrt{x}$
8.	$f(x) = \frac{3}{4}x^4 - x^3 - 3x^2$
9.	$f(x) = -\frac{1}{4}x^3 + \frac{3}{4}x^2$
10.	$f(x) = x^3 - 6x^2 + 9x - 4$

$T(-1\mid-1)$	**A**
$H(1\mid1)$	**D**
$H(2\mid-4)$; $T(0\mid0)$	**F**
$H(-2\mid-5)$; $T(2\mid3)$	**H**
$H(-1\mid-1{,}25)$; $T(0\mid0)$	**I**
$H(2\mid1)$; $T(0\mid0)$	**K**
$H(0\mid2)$; $T(1\mid1)$	**N**
$H(1\mid0)$; $T(3\mid-4)$	**Q**
$T(1\mid-2)$	**S**
$H_1(3\mid9)$; $H_2(-3\mid9)$; $T(0\mid0)$	**T**
$H(0\mid0)$; $T(2\mid-4)$	**W**
$H(3\mid9)$; $T(0\mid0)$	**X**
$H(0\mid0)$; $T_1(-1\mid-1{,}25)$; $T_2(2\mid-8)$	**Z**

… und fertig!

Ernst Klett Verlag GmbH, Stuttgart 2008

Gruppenpuzzle: Extremwertprobleme

Problemstellung
Mit diesem Gruppenpuzzle sollt ihr zu verschiedenen Extremwertproblemen geeignete Zielfunktionen aufstellen und sie dann mithilfe des GTR lösen.

Ablaufplan
Es gibt insgesamt vier Extremwertprobleme:
- Märchenstunde
- Pipeline
- Zeitschriften
- Bastelarbeit

Bildung von Stammgruppen (10 min)
Teilt eure Klasse zunächst in Stammgruppen mit mindestens vier Mitgliedern auf.
Bestimmt in eurer Stammgruppe mindestens einen Schüler bzw. eine Schülerin pro Extremwertproblem.
Sie werden zu Experten für dieses Extremwertproblem.

Erarbeitung der Teilthemen in den Expertengruppen (45 min)
Die Stammgruppe löst sich auf und die Experten zu jedem Extremwertproblem bilden die Expertengruppe.
Dort wird anhand der Seiten für die Expertengruppen das jeweilige Extremwertproblem bearbeitet und mithilfe des GTR gelöst.

Ergebnispräsentation in den Stammgruppen (60 min)
Kehrt wieder in eure Stammgruppen zurück.
Dort informiert jeder Experte die anderen Stammgruppenmitglieder über sein Extremwertproblem, steht ihnen für Rückfragen zur Verfügung und schlägt einen Heftaufschrieb vor, den die anderen (ggf. noch verbessert) übernehmen. Am Ende sollte jeder von euch die Lösungen jedes Extremwertproblems nachvollziehen können.

Übungen in den Stammgruppen (25 min)
Formuliert nun schriftlich eine allgemeine Strategie zur Lösung von Extremwertproblemen.
Bearbeitet als Hausaufgabe im Schülerbuch auf Seite 61 die Aufgabe Nr. 9 und Nr. 12.
Kontrolliert eure Ergebnisse.

† Gruppenarbeit

Ernst Klett Verlag GmbH, Stuttgart 2008

Expertengruppe 1: Märchenstunde

Problemstellung

Es war einmal vor langer Zeit ein König, der vor lauter Freude über die Genesung seines kranken Sohnes beschloss, dem nahe gelegenen Kloster ein großes Stück Weideland zu spenden. Als Bedingung verlangte er nur, dass das rechteckige Stück Land vom Abt innerhalb eines Tages zu Fuß umlaufen werden könne. Wie sollte der Abt seinen Weg wählen (d. h., nach welcher Zeit muss er jeweils eine andere Richtung einschlagen), wenn er bei einem Tagesmarsch von 6 Stunden 3 km in der Stunde zurücklegen kann, um ein möglichst großes Stück Land zu erhalten?
Wie viele Hektar Weideland erhält das Kloster dann?

Erarbeitung

Fertigt eine Skizze zur Veranschaulichung an.
Führt eine geeignete Variable ein und stellt eine Zielfunktion zur Beschreibung des Extremwertproblems auf.
Löst dann das Extremwertproblem durch Rechnung ohne GTR.

Vorbereitung der Ergebnispräsentation

Jeder von euch muss in seiner Stammgruppe die Lösung des Extremwertproblems präsentieren können.
Dazu ist notwendig, dass ihr:
- eine übersichtliche, schriftliche Musterlösung erstellt,
- die wesentlichen Schritte eurer Lösung erläutern und für Rückfragen zur Verfügung stehen könnt.

Expertengruppe 2: Pipeline

Problemstellung

Von einer direkt am Meer gelegenen Raffinerie R aus soll eine Pipeline zu einer Bohrinsel B verlegt werden. Jeder Kilometer an Land kostet dabei 400 000 €, jeder Kilometer im Wasser das Doppelte. Die Bohrinsel ist 5 km vom Strand entfernt. Die Raffinerie hat eine Entfernung von 10 km von der Stelle S am Strand, welche der Bohrinsel am nächsten liegt. Wie teuer wäre eine direkte Verbindung von R nach B? An welcher Stelle T sollte die Pipeline dagegen ins Wasser übergehen, damit die Verlegungskosten minimal werden?

Erarbeitung

Betrachtet die nebenstehende Skizze zur Veranschaulichung.
Stellt eine geeignete Zielfunktion zur Beschreibung der Verlegungskosten in Abhängigkeit von $x = \overline{RT}$ auf.
Löst dann das Extremwertproblem mithilfe des GTR.

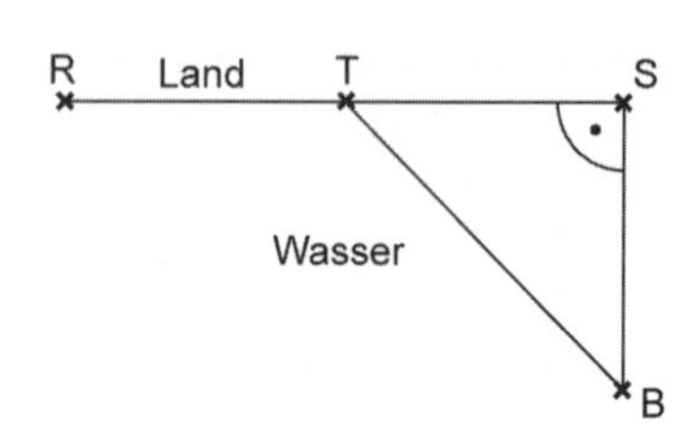

Vorbereitung der Ergebnispräsentation

Jeder von euch muss in seiner Stammgruppe die Lösung des Extremwertproblems präsentieren können.
Dazu ist notwendig, dass ihr:
- eine übersichtliche, schriftliche Musterlösung erstellt,
- die wesentlichen Schritte eurer Lösung erläutern und für Rückfragen zur Verfügung stehen könnt.

Expertengruppe 3: Zeitschriften

Problemstellung
Ein Verlag stellt fest, dass bei einem Stückpreis von 5 € im Monat 10 000 Exemplare einer Zeitschrift verkauft werden können.
Wird der Preis auf 5,50 € pro Stück erhöht, so werden 500 Zeitschriften weniger verkauft. Bei jeder weiteren Preissteigerung um 0,50 € kann man davon ausgehen, dass sich die Absatzmenge jeweils um weitere 500 Stück verringert.
Welchen Stückpreis sollte der Verlag festlegen, um maximale Einnahmen zu erzielen?
Wie hoch sind diese dann pro Monat?
Wie viele Zeitschriften werden dabei monatlich verkauft?

Erarbeitung
Führt eine geeignete Variable ein und stellt eine Zielfunktion zur Beschreibung der Einnahmen auf.
Löst dann das Extremwertproblem durch Rechnung ohne GTR.

Vorbereitung der Ergebnispräsentation
Jeder von euch muss in seiner Stammgruppe die Lösung des Extremwertproblems präsentieren können.
Dazu ist notwendig, dass ihr:
- eine übersichtliche, schriftliche Musterlösung erstellt,
- die wesentlichen Schritte eurer Lösung erläutern und für Rückfragen zur Verfügung stehen könnt.

Expertengruppe 4: Bastelarbeit

Problemstellung
Aus einem Blatt Papier mit den Seitenlängen 30 cm und 21 cm soll das Netz einer quaderförmigen Schachtel mit Deckel ausgeschnitten werden.
Welche Länge, Breite und Höhe muss die Schachtel haben, damit ihr Volumen maximal ist?
Gebt das maximale Volumen an.
Wie viel cm^2 Papierverschnitt ergibt sich?

Erarbeitung
Betrachtet die nebenstehende Skizze zur Veranschaulichung.
Stellt eine geeignete Zielfunktion zur Beschreibung des Schachtelvolumens in Abhängigkeit von der Schachtelhöhe x auf.
Löst dann das Extremwertproblem mithilfe des GTR.

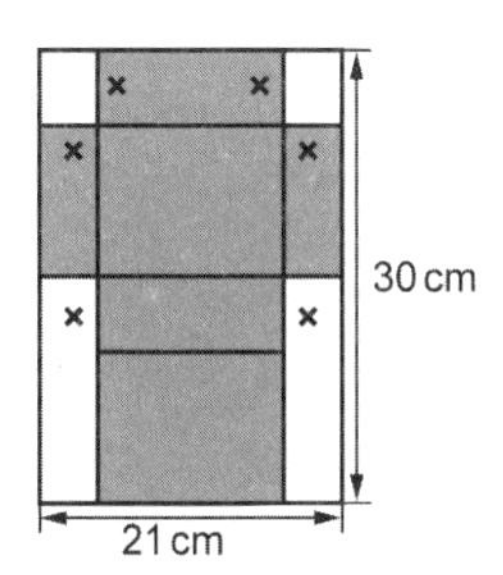

Vorbereitung der Ergebnispräsentation
Jeder von euch muss in seiner Stammgruppe die Lösung des Extremwertproblems präsentieren können.
Dazu ist notwendig, dass ihr:
- eine übersichtliche, schriftliche Musterlösung erstellt,
- die wesentlichen Schritte eurer Lösung erläutern und für Rückfragen zur Verfügung stehen könnt.

45 min   Gruppenarbeit
© Als Kopiervorlage freigegeben.
978-3-12-734302-1 Lambacher Schweizer 6 BW, Serviceband   S25
Ernst Klett Verlag GmbH, Stuttgart 2008

Funktionentandem

Vorbereitung: In die Vorlage zwei gewünschte Funktionen eintragen (z. B. f mit $f(x) = x^4 - 4x^2 + 4$ und g mit $g(x) = \frac{1}{9}x^3 - 3x$). Die Vorlage dann auf DIN A3 kopieren und in der Mitte durchschneiden.

Ablauf: Die Klasse wird in Zweiergruppen eingeteilt. Jede Spielerin bzw. jeder Spieler erhält eine der beiden Aufgabenkarten und bearbeitet den ersten Aufgabenteil. Rechnungen werden dabei ins Heft notiert, Ergebnisse auf der Karte eingetragen. Dann werden die Karten getauscht und jeder Spieler bearbeitet den zweiten Aufgabenteil auf der anderen Karte. Die Karten werden erneut getauscht usw. Am Ende wird gemeinsam auf der Kartenrückseite anhand der gefundenen Funktionseigenschaften der Graph der Funktion gezeichnet. Die Kontrolle erfolgt mit dem GTR.

Aufgabe 1:

a) Untersuchung der Funktion f mit ______________________________

____

b) Untersuche das Verhalten der Funktion für x gegen $\pm\infty$.

____

c) Untersuche die Funktion auf Monotonie.

____

d) Bestimme die Nullstellen der Funktion sowie ihren y-Achsenabschnitt.

____

e) Bestimme die Extrempunkte des Graphen der Funktion.

____

Versucht nun, anhand der gefundenen Funktionseigenschaften auf die Rückseite der Karte den Graphen der Funktion zu zeichnen. Kontrolliert euer Ergebnis mit dem GTR.

Aufgabe 2:

a) Untersuchung der Funktion g mit ______________________________

____

b) Untersuche das Verhalten der Funktion für x gegen $\pm\infty$.

____

c) Untersuche die Funktion auf Monotonie.

____

d) Bestimme die Nullstellen der Funktion sowie ihren y-Achsenabschnitt.

____

e) Bestimme die Extrempunkte des Graphen der Funktion.

____

Versucht nun, anhand der gefundenen Funktionseigenschaften auf die Rückseite der Karte den Graphen der Funktion zu zeichnen. Kontrolliert euer Ergebnis mit dem GTR.

978-3-12-734302-1 Lambacher Schweizer 6 BW, Serviceband

Ernst Klett Verlag GmbH, Stuttgart 2008

Funktionsuntersuchung bunt gemischt (1)

Material: Doppelkarten mit Aufgabe und Lösung

Vorbereitung: Die Doppelkarten auf Folie kopieren und sorgfältig ausschneiden.

Spielbeschreibung
Die Klasse wird in zwei Gruppen eingeteilt. Die Doppelkarte mit der Startaufgabe wird auf den Tageslichtprojektor gelegt. Die restlichen Doppelkarten werden gemischt und gleichmäßig an die Gruppen verteilt. Die Schüler bearbeiten einzeln die Aufgabe und überprüfen dann, ob ihre Gruppe die Doppelkarte mit der passenden Lösung hat. Diese darf dann abgegeben werden und wird als nächstes auf den Tageslichtprojektor gelegt.
Gewonnen hat die Gruppe, die nach einer vorgegebenen Zeit die meisten Karten abgeben konnte.

Tipp: Die Doppelkarten können auch als Dominospiel benutzt werden. Bei richtiger Anordnung ergeben die Buchstaben in Klammern den Namen eines deutschen Mathematikers.

Lösung
kein y-Achsenabschnitt,
$f(x) \to -5$ für $x \to \pm\infty$

Startaufgabe
Bestimme die Koordinaten der Extrempunkte des Graphen der Funktion mit $f(x) = x^4 - x^3$.

Lösung (GO)
Tiefpunkt $T\left(\frac{3}{4} \middle| -\frac{27}{256}\right)$

Aufgabe
Berechne die Nullstellen und den y-Achsenabschnitt der Funktion mit
$f(x) = (x^2 - 4)(x + 1)$.

Lösung (T)
$x_1 = 2,\ x_2 = -2,\ x_3 = -1$
y-Achsenabschnitt: $y_0 = -4$

Aufgabe
Untersuche den Graphen der Funktion mit
$f(x) = 8 - 3x^4 + 2x^2$ auf sein Verhalten für $x \to \pm\infty$.

Lösung (T)
$f(x) \to -\infty$ für $x \to \pm\infty$

Aufgabe
Bestimme die Schnittpunkte mit der x-Achse des Graphen der Funktion mit
$f(x) = x^4 - 2x^2 - 8$.

Lösung (F)
$N_1(2|0),\ N_2(-2|0)$

Aufgabe
Bestimme die Gleichung der Tangente an den Graphen der Funktion mit $f(x) = -x^3 + 5$ an der Stelle $x_0 = -2$.

Lösung (R)
$y = -12x - 11$

Aufgabe
Untersuche das Verhalten von
$f(x) = 4\sqrt{x} + \frac{3}{x}$ für $x \to +\infty$
und an den Definitionslücken.

Lösung (I)
$f(x) \to +\infty$ für $x \to +\infty$
$f(x) \to +\infty$ für $x \to 0$ von rechts

Aufgabe
Untersuche den Graphen der Funktion mit
$f(x) = (x + 3)^2 + 4$
auf Monotonie.

Lösung (E)
monoton wachsend für $x > -3$,
monoton fallend für $x < -3$

Aufgabe
Bestimme die Koordinaten der Extrempunkte des Graphen der Funktion mit
$f(x) = x^3 - 3x^2 - 1$.

Lösung (D)
Hochpunkt $H(0|-1)$
Tiefpunkt $T(2|-5)$

Aufgabe
Berechne die Schnittpunkte des Graphen der Funktion mit
$f(x) = x^3 - 4x^2 + 4x$
mit der x-Achse.

Funktionsuntersuchung bunt gemischt (2)

Lösung (WI)

$N_1(0|0)$, $N_2(2|0)$

Aufgabe

Bestimme die Stellen, an denen der Graph der Funktion mit $f(x) = 2x - \frac{1}{x}$ die Steigung 3 hat.

Lösung (L)

$x_1 = 1$, $x_2 = -1$

Aufgabe

Bestimme die Gleichung der Tangente an den Graphen der Funktion mit $f(x) = 2 + \frac{1}{x}$ an der Stelle $x_0 = -1$.

Lösung (H)

$y = -x$

Aufgabe

Untersuche den Graphen der Funktion mit $f(x) = -x^2 + 4x$ auf Monotonie.

Lösung (E)

monoton wachsend für $x < 2$, monoton fallend für $x > 2$

Aufgabe

Bestimme die Definitionsmenge und das Verhalten im Unendlichen der Funktion mit $f(x) = \frac{1}{\sqrt{2x}} + 3$.

Lösung (L)

$D_f = (0; +\infty)$, $f(x) \to 3$ für $x \to +\infty$

Aufgabe

Bestimme die Stellen, an denen der Graph der Funktion mit $f(x) = x^3 - 3x^2 + 3x$ waagrechte Tangenten hat.

Lösung (M)

$x_1 = 1$

Aufgabe

Bestimme die gemeinsamen Punkte des Graphen der Funktion mit $f(x) = x^3 - 7x^2 + 12x$ mit den Koordinatenachsen.

Lösung (L)

$S = N_1(0|0)$, $N_2(3|0)$, $N_3(4|0)$

Aufgabe

Untersuche den Graphen der Funktion mit $f(x) = 3x - \frac{1}{x^3}$ auf das Verhalten für $x \to \pm\infty$.

Lösung (E)

$f(x) \to +\infty$ für $x \to +\infty$, $f(x) \to -\infty$ für $x \to -\infty$

Aufgabe

Bestimme die Koordinaten der Extrempunkte des Graphen der Funktion $f(x) = (x-2)^2 - 4x$.

Lösung (I)

Tiefpunkt $T(4|-12)$

Aufgabe

Untersuche den Graphen der Funktion mit $f(x) = \frac{1}{x-6}$ auf Monotonie.

Lösung (B)

monoton fallend für $x > 6$
monoton fallend für $x < 6$

Aufgabe

Bestimme die Definitionsmenge und die Nullstellen der Funktion mit $f(x) = \frac{x+9}{x-4}$.

Lösung (N)

$D_f = \{x \in \mathbb{R} \setminus x \neq 4\}$, $x = -9$

Aufgabe

Gegeben ist die Funktion mit $f(x) = x^3 - 4x^2 - 1$. Bestimme ihre Definitionsmenge und den Schnittpunkt ihres Graphen mit der y-Achse.

Lösung (IZ)

$D_f = \mathbb{R}$, $S(0|-1)$

Aufgabe

Bestimme den y-Achsenabschnitt des Graphen der Funktion mit $f(x) = \frac{1}{x} - 5$ sowie sein Verhalten für $x \to \pm\infty$.

Ernst Klett Verlag GmbH, Stuttgart 2008

„Mathe ärgert mich nicht!“ – Aufgabenkarten

Aufgabe	Lösung	Aufgabe	Lösung
Ermittle die Hoch- und Tiefpunkte des Graphen der Funktion f mit $f(x) = x^4 - 3x^2 + 2$. ☺	$f'(x) = 0$ für $x_1 = 0$; $x_{2/3} = \pm\sqrt{\frac{3}{2}}$ $H(0 \mid 2)$, $T_1\left(\sqrt{\frac{3}{2}} \mid -\frac{1}{4}\right)$, $T_2\left(-\sqrt{\frac{3}{2}} \mid -\frac{1}{4}\right)$	Bestimme die Nullstellen der Funktion f mit $f(x) = -x^3 + 5x^2$. ☺	$x_1 = 0$; $x_2 = 5$
Untersuche das Verhalten für $x \to \pm\infty$ von f mit $f(x) = -0{,}1x^5 + 1078x^3$. ☺	Für $x \to \infty$ geht $f(x) \to -\infty$. Für $x \to -\infty$ geht $f(x) \to \infty$.	Die Funktion f hat die Nullstellen −2; 0 und 1. Für $x \to \infty$ gilt $f(x) \to -\infty$. Gib einen möglichen Funktionsterm von f an. ☺	$f(x) = -x(x+2)(x-1)$ $= -x^3 - x^2 + 2x$
Bestimme die gemeinsamen Punkte des Graphen von f mit den Koordinatenachsen: $f(x) = x^4 - 14x^2 + 40$. ☺☺	$P_1(2 \mid 0)$, $P_2(-2 \mid 0)$, $P_3(\sqrt{10} \mid 0)$, $P_4(-\sqrt{10} \mid 0)$	Wie groß kann ein Rechteck höchstens sein, das vom Graphen der Funktion $f(x) = -x^2 + 4$ und der x-Achse begrenzt wird? ☺☺	Flächeninhaltsfunktion $A(u) = 2u \cdot f(u)$ mit dem Maximum bei $u = \sqrt{\frac{4}{3}}$. Maximale Fläche $A\left(\sqrt{\frac{4}{3}}\right) = \frac{16}{3}\sqrt{\frac{4}{3}} \approx 6{,}16$ FE.
Begründe, dass die Graphen der Funktionen f mit $f(x) = x^2 - 8x - 2$ und g mit $g(x) = 1{,}5x^2 - 10x$ nur einen Punkt gemeinsam haben. Was gilt für die Tangenten an ihre Graphen in diesem Punkt? ☺☺☺	$f(x) = g(x)$ hat als einzige Lösung $x = 2$. Die Graphen berühren sich im Punkt $(2 \mid -14)$ und haben hier dieselbe Tangente.	Untersuche die Funktion f mit $f(x) = -x^3 + 6x$ auf Monotonie. ☺☺	$f'(x) = -3x^2 + 6 = 0$ für $x_{1/2} = \pm\sqrt{2}$ f ist streng monoton fallend für $-\infty < x < -\sqrt{2}$ und $\sqrt{2} < x < \infty$. f ist streng monoton wachsend für $-\sqrt{2} < x < \sqrt{2}$.
Weise rechnerisch nach, dass f mit $f(x) = \frac{1}{2}x^4$ und g mit $g(x) = x - 2$ keinen gemeinsamen Punkt haben. ☺☺☺	Differenzfunktion d mit $d(x) = \frac{1}{2}x^4 - x + 2$ hat einen Tiefpunkt bei $\left(\sqrt[3]{\frac{1}{2}} \mid \underbrace{2 - \frac{3}{4}\sqrt[3]{\frac{1}{2}}}_{>0}\right)$.	Bestimme den Schnittpunkt des Graphen von f mit $f(x) = -(x^2 - 3)(x^3 + 6)(x + 1)$ mit der y-Achse. ☺	$f(0) = 18$, d.h. $P(0 \mid 18)$

Punkte im Raum

Zeichne die folgenden Punkte in das Koordinatensystem. Verbinde dann die Punkte in alphabetischer Reihenfolge und den letzten Punkt mit dem ersten. Existiert die so entstandene Figur tatsächlich im Raum?

A(−3 | −7,5 | 6), B(−2 | −5,5 | 5), C(7 | 0 | 6,5), D(2 | −2 | 3,5), E(3 | −1 | 3,5), F(1 | 2 | 3), G(1 | 4 | 1,5), H(2 | 6 | 0), I(5 | 9 | 0), J(9 | 12 | 1), K(11 | 11,5 | 2), L(6 | 7 | 1), M(4 | 4,5 | 0), N(12 | 9 | 3), O(11 | 8 | 2), P(10 | 6,5 | 1), Q(9 | 6,5 | 1), R(2 | 2 | −1), S(5 | 1,5 | 0), T(5 | 0 | −2), U(5 | −1 | −2,5), V(4 | −1 | −2,5), W(5 | 0 | 0), X(−1 | −5 | 0), Y(1 | −5 | 5,5), Z(0 | −6 | 6), Ä(3 | −5,5 | 6,5), Ö(9 | −3 | 10)

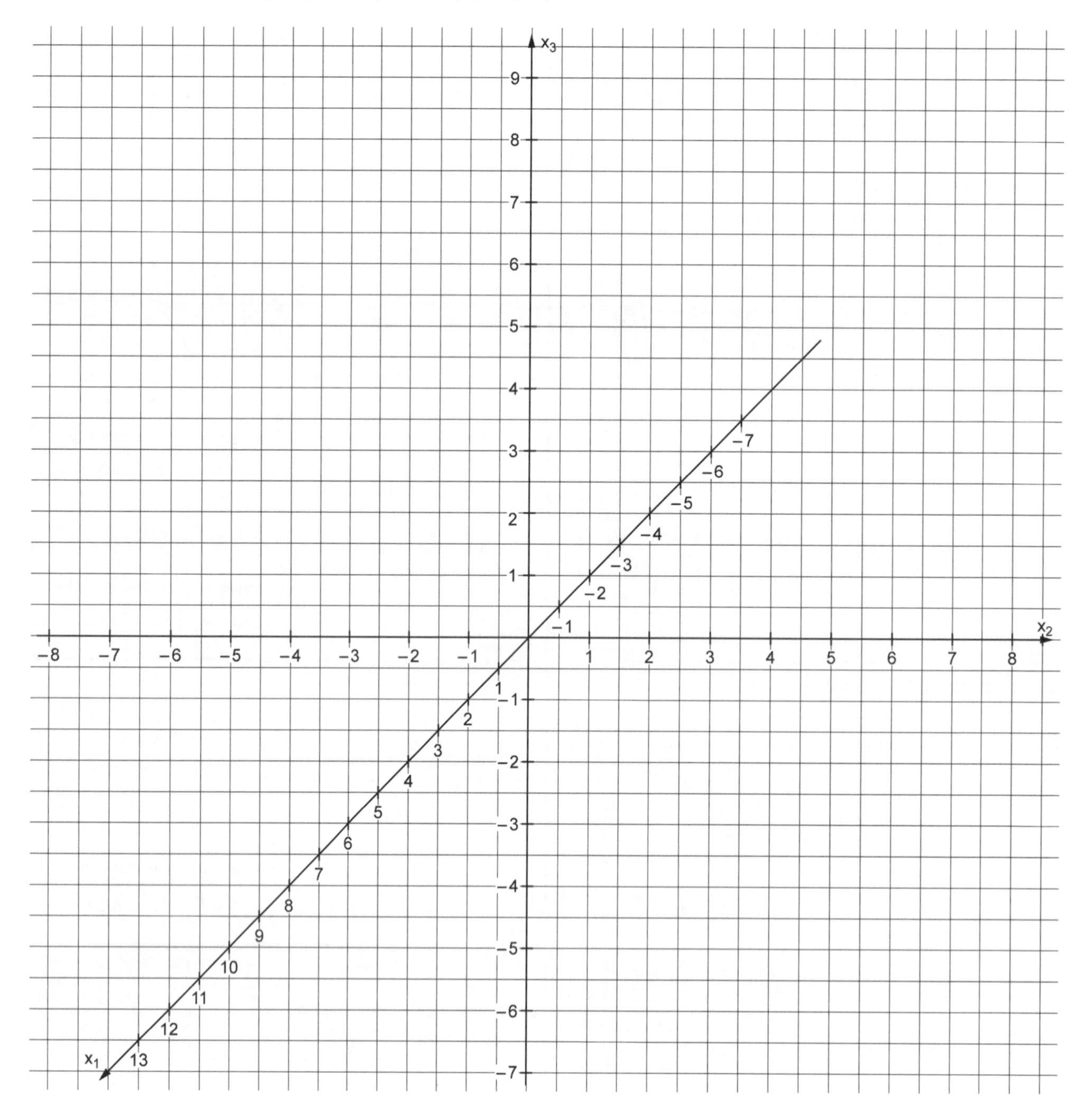

Raum-Schrift – Punkte bestimmen

1 a) Gib die Koordinaten der Eckpunkte für die Buchstabenfigur F an, wenn gilt: $A_1(1\,|\,4{,}5\,|\,0)$ und alle Punkte befinden sich in der $x_1 = 1$-Ebene.
b) Ergänze die Buchstabenfigur F zu einem E und bestimme die Koordinaten der neu entstandenen Eckpunkte A_3, A_4 und A_5.
c) Gib die Koordinaten der Eckpunkte für die Buchstabenfigur T an, wenn gilt: $B_5(6\,|\,10{,}5\,|\,0{,}5)$ und alle Punkte befinden sich in der $x_3 = 0{,}5$-Ebene.
d) Bestimme die Koordinaten der Eckpunkte für die beiden Buchstabenfiguren t und A, wenn gilt: $C_{11}(5\,|\,0\,|\,1{,}5)$ und $D_{10}(5\,|\,4{,}5\,|\,2{,}5)$ und alle Punkte befinden sich in der $x_1 = 5$-Ebene.

2 Spiegele die Buchstabenfiguren aus Aufgabe 1 wie folgt an den Koordinatenebenen. Zeichne jeweils die Hilfslinien zwischen Punkt und Bildpunkt mit ein. Welche Koordinaten haben die Bildpunkte der Ecken?
a) Spiegele die Buchstabenfigur E an der x_2x_3-Ebene.
b) Spiegele die Buchstabenfigur T an der x_1x_2-Ebene.
c) Spiegele die Buchstabenfiguren t und A an der x_1x_3-Ebene.

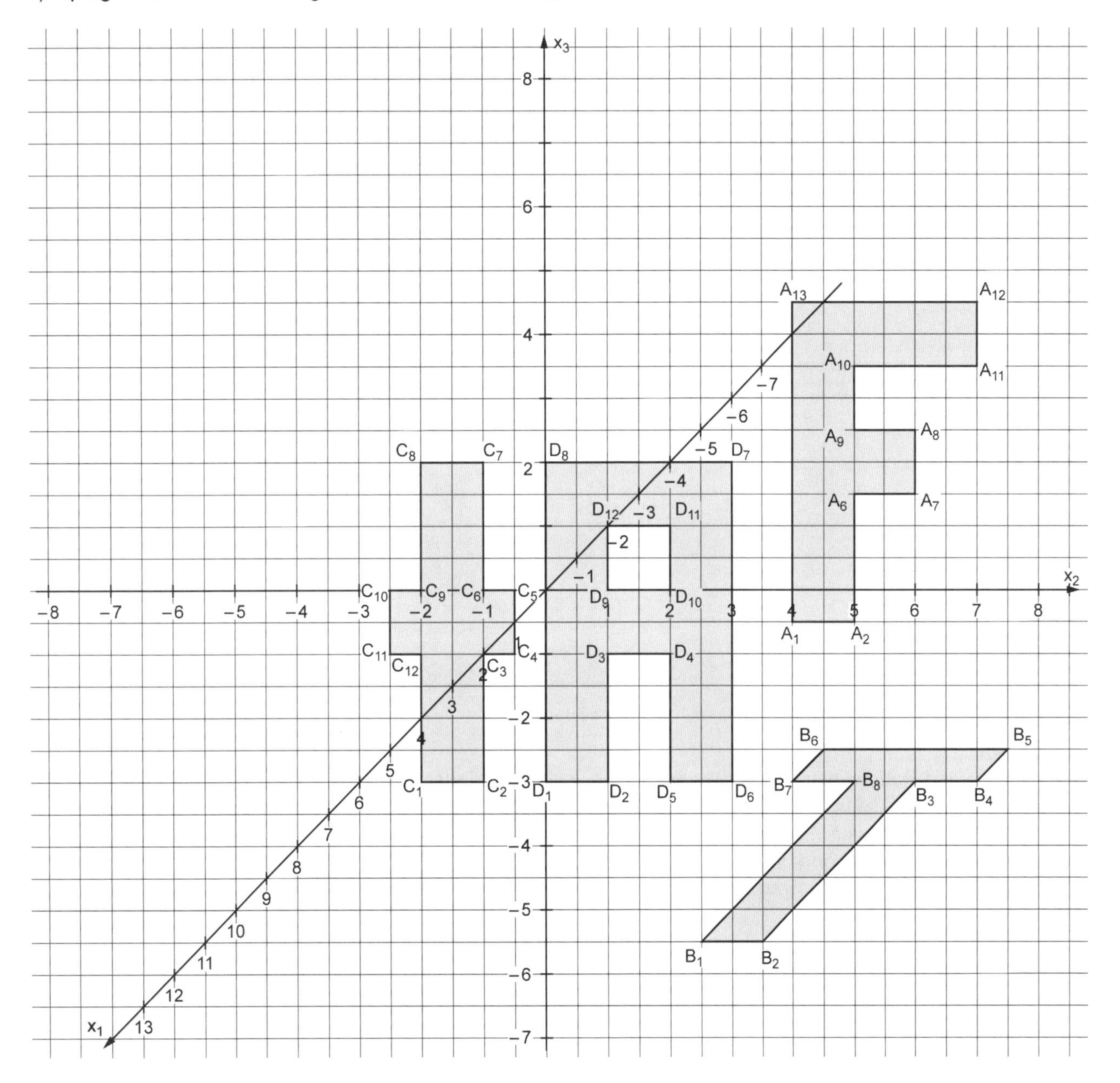

Raum-Schiffe-Versenken

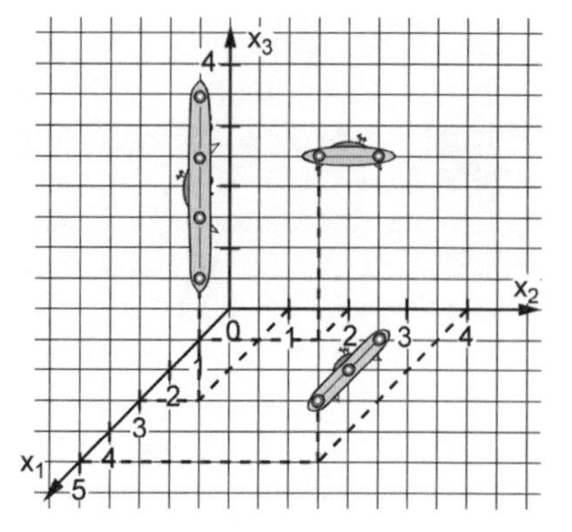

Spielvorbereitung

Platziert drei Raumschiffe (ein 2er-, ein 3er- und ein 4er-Raumschiff) in eurem eigenen Raum und gebt die Koordinaten eurer Raumschiffe an.
Beachtet:
Zwei benachbarte Raumschiffpunkte dürfen sich nur in einer Koordinate unterscheiden, z. B.:

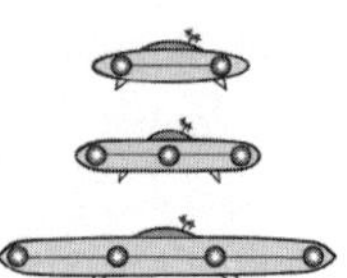

(1 | 2 | 4); (1 | 3 | 4)
(5 | 4 | 1); (4 | 4 | 1); (3 | 4 | 1)
(3 | 1 | 2); (3 | 1 | 3); (3 | 1 | 4); (3 | 1 | 5)

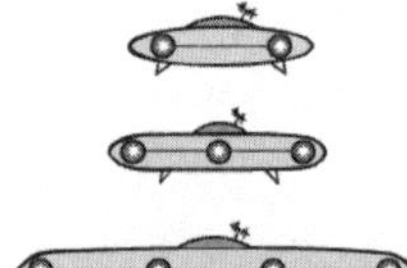

Koordinaten

(| |); (| |)
(| |); (| |); (| |)
(| |); (| |); (| |); (| |)

Eigener Raum

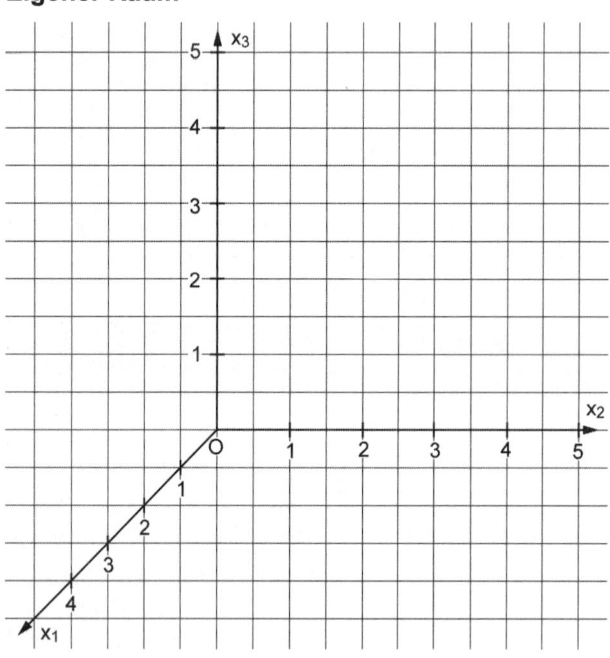

Gegnerischer Raum

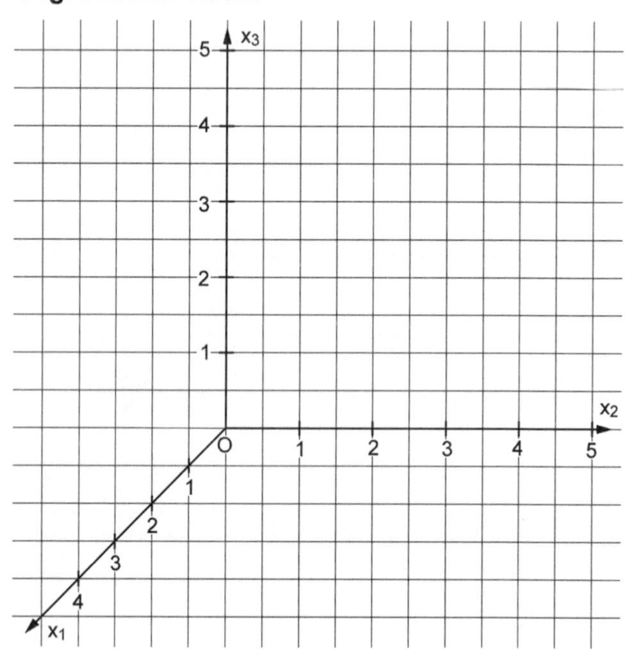

Spielablauf

Versucht nun, die Raumschiffe eures Mitspielers abzuschießen, indem ihr deren Positionen ratet. Bei einem Treffer sagt euch euer Mitspieler, welches Raumschiff getroffen wurde, und ihr dürft nochmals raten. Bei einem Fehlversuch ist euer Mitspieler an der Reihe.
Fehlversuche und Treffer könnt ihr in den unten stehenden Gittern eintragen. Getroffene Raumschiffe solltet ihr zusätzlich im gegnerischen Raum eintragen, um gezielter raten zu können.

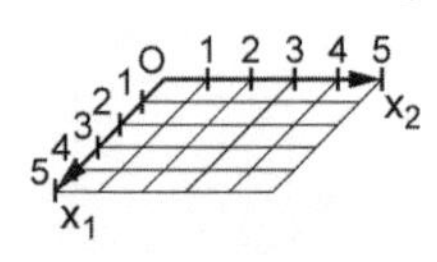

$x_3 = 0$ $x_3 = 1$ $x_3 = 2$ $x_3 = 3$ $x_3 = 4$ $x_3 = 5$

Ernst Klett Verlag GmbH, Stuttgart 2008

Vektorendomino

Schneide entlang der fett gedruckten Linien aus und lege passend aneinander. Löse die Aufgaben ohne GTR.

Start	Bestimme die Koordinaten des Vektors $\overrightarrow{AB}$, wenn $A(0 \mid -2{,}5 \mid -1{,}5)$ und $B(1 \mid -\frac{1}{2} \mid -4{,}5)$.	$(-1 \mid 3 \mid 2)$	Beschreibe mit einem Vektor, wie man vom Ausgangspunkt $A(-2 \mid -2 \mid 0)$ zum Zielpunkt $Z(0 \mid 1 \mid -1)$ gelangt.
$\begin{pmatrix} 1 \\ 2 \\ -3 \end{pmatrix}$	Zu welchem Punkt ist der Vektor $\overrightarrow{AB}$ Ortsvektor, wenn $A(-2 \mid -6 \mid 2)$ und $B(-3 \mid -3 \mid 4)$?	$\begin{pmatrix} 2 \\ -1 \\ 3 \end{pmatrix}$	Wie heißen die Koordinaten von B, wenn gilt: $A(-4 \mid \frac{1}{2} \mid 0)$ und $\overrightarrow{AB} = \begin{pmatrix} 5 \\ -3{,}5 \\ -2 \end{pmatrix}$?
$(-1 \mid -3 \mid -2)$	Der Vektor $\vec{a} = \begin{pmatrix} -2 \\ 0 \\ 2 \end{pmatrix}$ verschiebt den Punkt $P(3 \mid 2 \mid 1)$ in den Punkt Q. Welche Koordinaten hat Q?	$(-1 \mid 2 \mid -3)$	Bestimme die Koordinaten des Vektors $\overrightarrow{QP}$, wenn $P(-1 \mid -5 \mid 0)$ und $Q(-3 \mid -2 \mid 1)$.
$\begin{pmatrix} 2 \\ -3 \\ -1 \end{pmatrix}$	Wie heißen die Koordinaten von A, wenn gilt: $\overrightarrow{AB} = \begin{pmatrix} 1 \\ 5 \\ 2 \end{pmatrix}$ und $B(0 \mid 2 \mid 0)$?	$(1 \mid 2 \mid 3)$	Zu welchem Punkt ist der Vektor $\overrightarrow{QP}$ Ortsvektor, wenn $P(2 \mid 1{,}5 \mid -4)$ und $Q(3 \mid 4{,}5 \mid -6)$?
$\begin{pmatrix} -1 \\ -2 \\ 3 \end{pmatrix}$	Welcher Vektor verschiebt den Punkt $P(-10 \mid 3 \mid -8)$ in den Punkt $Q(-8 \mid 2 \mid -5)$?	$\begin{pmatrix} 2 \\ 3 \\ -1 \end{pmatrix}$	Gegeben ist der Vektor $\overrightarrow{AB}$ mit $A(1 \mid 3 \mid 4)$ und $B(2 \mid 5 \mid 1)$. Bestimme die Koordinaten von $\overrightarrow{GH}$. (Quader mit den Ecken A, B, C, D, E, F, G, H)
$(1 \mid -3 \mid -2)$	Bestimme die Koordinaten von D so, dass die Punkte $A(4 \mid -3 \mid 2)$, $B(-2 \mid 0 \mid -5)$, $C(-7 \mid 5 \mid -10)$ und D in dieser Reihenfolge ein Parallelogramm bilden.	$(-1 \mid -3 \mid 2)$	Ziel

978-3-12-734302-1 Lambacher Schweizer 6 BW, Serviceband

Ernst Klett Verlag GmbH, Stuttgart 2008

Rechnen mit Vektoren – Ein Arbeitsplan

Arbeitszeit: 1 Schulstunde + Hausaufgaben

Vorüberlegungen (ohne Schülerbuch)
Info: Verhalten sich die Pfeile von drei Vektoren wie in der nebenstehenden Abbildung zueinander, so legt man fest: $\vec{a} + \vec{b} = \vec{c}$.
Im Folgenden sollst du herausfinden, wie man Vektoren addiert, ohne eine Zeichnung machen zu müssen.

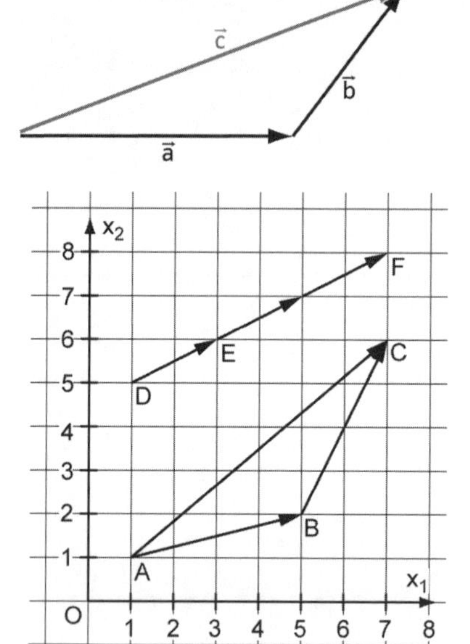

1 Gib die Koordinaten folgender Vektoren im nebenstehenden Koordinatensystem an:

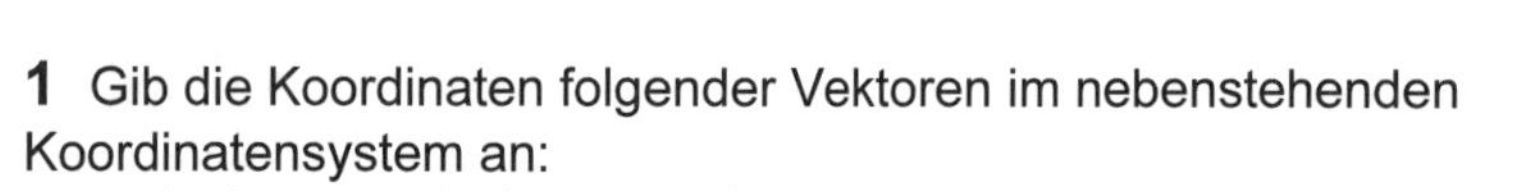

$\overrightarrow{AB} = \begin{pmatrix} \; \\ \; \end{pmatrix}$; $\overrightarrow{BC} = \begin{pmatrix} \; \\ \; \end{pmatrix}$; $\overrightarrow{AC} = \begin{pmatrix} \; \\ \; \end{pmatrix}$; $\overrightarrow{DE} = \begin{pmatrix} \; \\ \; \end{pmatrix}$; $\overrightarrow{DF} = \begin{pmatrix} \; \\ \; \end{pmatrix}$

2 Wie hängen die Koordinaten von $\overrightarrow{AB}$ und $\overrightarrow{BC}$ mit den Koordinaten von $\overrightarrow{AC}$ zusammen?

___

___

3 Wie hängen die Koordinaten von $\overrightarrow{DE}$ mit den Koordinaten von $\overrightarrow{DF}$ zusammen?

___

___

4 Berechne für $\vec{a} = \begin{pmatrix} 3 \\ 2 \end{pmatrix}$ und $\vec{b} = \begin{pmatrix} 4 \\ 7 \end{pmatrix}$:

$\vec{a} + \vec{b} = \begin{pmatrix} \; \\ \; \end{pmatrix}$ $\quad \vec{b} + \vec{a} = \begin{pmatrix} \; \\ \; \end{pmatrix}$ $\quad \vec{a} + \vec{a} + \vec{a} + \vec{a} + \vec{a} = \begin{pmatrix} \; \\ \; \end{pmatrix}$ $\quad \vec{a} + \vec{a} + \vec{a} + \vec{b} + \vec{b} + \vec{b} + \vec{b} = \begin{pmatrix} \; \\ \; \end{pmatrix}$

5 Finde eine sinnvolle Abkürzung für $\vec{a} + \vec{a} + \vec{a} + \vec{b} + \vec{b} + \vec{b} + \vec{b}$: ___

Erarbeitung und Heftaufschrieb

Lies im Schülerbuch auf den Seiten 82 und 83 nach, was man unter der Addition zweier Vektoren und der Multiplikation einer Zahl mit einem Vektor versteht.
Vergleiche dies mit deinen eigenen Vorüberlegungen.
Nun sollst du einen eigenen Heftaufschrieb zum Thema „Rechnen mit Vektoren“ erstellen. Er soll eine Überschrift, einen Merksatz und eine Musteraufgabe mit Lösung enthalten. Wichtig sind zudem die Begriffe „Gegenvektor“ und „Nullvektor“ sowie die gültigen Rechenregeln. Überlege dir zunächst, was du schreiben willst und wie du es gestaltest. Verwende eigene Gestaltungsideen.

Übungen
Lies zuerst das Beispiel 1 im Schülerbuch auf Seite 83.
Bearbeite anschließend folgende Aufgaben:
Seite 84 Aufgaben Nr. 2 – 4 je a) – c) sowie Aufgaben Nr. 5a) und 7a).
Kontrolliere deine Ergebnisse.

Für schnelle Rechner
Bearbeite im Schülerbuch auf Seite 85 die Aufgabe Nr. 10. Lies zuvor das Beispiel 2 auf Seite 83.

Ernst Klett Verlag GmbH, Stuttgart 2008

Inselhopping

Die Karte zeigt eine Inselgruppe. Ziel ist es, den Weg vom markierten Punkt auf der „Startinsel M“ bis zur gesuchten „Schatzinsel“ zu finden. Der Weg ist in „Geheimschrift“ notiert, dabei gilt: $\vec{a}=\begin{pmatrix}1{,}5\\0\end{pmatrix}$, $\vec{b}=\begin{pmatrix}1\\1\end{pmatrix}$, $\vec{c}=\begin{pmatrix}0\\2\end{pmatrix}$ und $\vec{d}=\begin{pmatrix}1{,}5\\-1\end{pmatrix}$.

Bei deiner „Schatzsuche“ wirst du einige Inseln mehrmals, andere dafür gar nicht erreichen.

a) Zeichne den Vektor, der durch die erste Linearkombination gegeben ist, von X aus in das Koordinatensystem ein. Markiere den „Landungspunkt“ und notiere seine Koordinaten im Heft. Dieser ist der Startpunkt für den nächsten Vektor. In gleicher Weise kannst du dich so – von Insel zu Insel – vorarbeiten, bis du schließlich mit dem letzten Vektor die gesuchte „Schatzinsel“ erreicht hast.

$3\vec{a}+4\vec{b}$

$-1\frac{2}{3}\vec{a}-\vec{c}$

$4\vec{a}-3\vec{c}$

$5\vec{b}-2\vec{a}$

$-5\vec{a}-2\vec{c}-2\vec{d}$

$3\vec{d}-2\vec{c}$

$6\vec{b}-4\vec{d}$

$\frac{2}{3}\vec{a}+\vec{d}-3\vec{c}$

$-3\vec{d}-5\vec{b}+3\vec{c}$

$-1\frac{1}{2}\vec{c}+4\vec{d}-2\vec{b}$

$5\vec{c}+2\vec{d}+1\frac{1}{2}\vec{b}$

$-6\vec{b}+\vec{c}$

$2\vec{a}+\frac{1}{2}\vec{b}+3\vec{d}$

$\vec{a}+2\vec{b}+\vec{c}-\vec{d}$

b) Nachdem du die „Schatzinsel“ gefunden hast, wirst du feststellen, dass dich der Verfasser des „Geheimtextes“ auf vielen Umwegen zum Ziel geführt hat. Beschreibe den kürzesten Weg mit einem Vektor.

c) Beschreibe den kürzesten Weg mithilfe einer Linearkombination der Vektoren $\vec{a}$, $\vec{b}$, $\vec{c}$ und $\vec{d}$.

d) Prüfe, ob auch die Linearkombination $6\frac{2}{3}\vec{a}-\vec{b}+\vec{c}+3\vec{d}$ zur Schatzinsel führt. Begründe deine Antwort.

LEHCIMTNIASTNOMTROWSGNUSEOLSLAHCISTBIGREEGLOFNEHIERNEGITHCIRREDNINLESNIEID UDTSHCIERRE.

Ernst Klett Verlag GmbH, Stuttgart 2008

Die Gleichung einer Geraden – Ein Arbeitsplan

Arbeitszeit: 2 Schulstunden + Hausaufgaben

Vorüberlegungen
Wie man mit Vektoren die Punkte einer Geraden beschreiben kann, lernst du mit diesen Vorstellungshilfen leicht selbst. Vorausgesetzt ist, dass du den Begriff „Ortsvektor" kennst.
In Aufgabe 1 und 2 liegen die Geraden in der Ebene, in Aufgabe 3 und 4 liegen sie im Raum.

1 a) Bestimme die Koordinaten der Punkte P_1, P_2 und P_3 mit den Ortsvektoren
$\overrightarrow{OP_1} = \begin{pmatrix} -3 \\ 1 \end{pmatrix} + 1 \cdot \begin{pmatrix} 2 \\ 1 \end{pmatrix}$; $\overrightarrow{OP_2} = \begin{pmatrix} -3 \\ 1 \end{pmatrix} + 2 \cdot \begin{pmatrix} 2 \\ 1 \end{pmatrix}$; $\overrightarrow{OP_3} = \begin{pmatrix} -3 \\ 1 \end{pmatrix} + 3 \cdot \begin{pmatrix} 2 \\ 1 \end{pmatrix}$.
Zeichne die Punkte in ein Koordinatensystem. Begründe anschaulich (ohne Rechnung), dass die drei Punkte auf einer Geraden liegen.
b) Gib die Ortsvektoren von drei weiteren Punkten auf der Geraden an und zeichne die Punkte ein.
c) Prüfe zeichnerisch und rechnerisch, ob der Punkt $P(-5\,|\,0)$ auf der Geraden liegt.

2 Was die oben verwendeten Vektoren bei der Darstellung einer Geraden bedeuten, siehst du leicht, wenn du in Aufgabe 1 a)
– nur den Vektor $\begin{pmatrix} 2 \\ 1 \end{pmatrix}$ durch den Vektor $2 \cdot \begin{pmatrix} 2 \\ 1 \end{pmatrix} = \begin{pmatrix} 4 \\ 2 \end{pmatrix}$ ersetzt. Zeichne und beschreibe, was sich ändert;
– nur den Vektor $\begin{pmatrix} 2 \\ 1 \end{pmatrix}$ durch den Vektor $\begin{pmatrix} 2 \\ -1 \end{pmatrix}$ ersetzt. Zeichne und beschreibe, was sich ändert;
– nur den Vektor $\begin{pmatrix} -3 \\ 1 \end{pmatrix}$ durch den Vektor $\begin{pmatrix} -2 \\ 3 \end{pmatrix}$ ersetzt. Zeichne und beschreibe, was sich ändert.

3 a) Bestimme die Koordinaten der Punkte P_1, P_2 und P_3 mit den Ortsvektoren
$\overrightarrow{OP_1} = \begin{pmatrix} 2 \\ -1 \\ 2 \end{pmatrix} + 1 \cdot \begin{pmatrix} 1 \\ 2 \\ 1 \end{pmatrix}$; $\overrightarrow{OP_2} = \begin{pmatrix} 2 \\ -1 \\ 2 \end{pmatrix} + 2 \cdot \begin{pmatrix} 1 \\ 2 \\ 1 \end{pmatrix}$; $\overrightarrow{OP_3} = \begin{pmatrix} 2 \\ -1 \\ 2 \end{pmatrix} + 3 \cdot \begin{pmatrix} 1 \\ 2 \\ 1 \end{pmatrix}$.
Zeichne die Punkte in ein räumliches Koordinatensystem. Begründe anschaulich (ohne Rechnung), dass die drei Punkte auf einer Geraden liegen.
b) Wie findest du ohne Probleme die Ortsvektoren weiterer Punkte auf dieser Geraden? Liegt der Punkt $T(1\,|\,-3\,|\,1)$ auf der Geraden?

4 Führe für die Vektoren in Aufgabe 3 entsprechende Überlegungen wie in Aufgabe 2 durch: Variiere den zweiten Vektor, während du den ersten beibehältst, dann umgekehrt.

Erarbeitung und Heftaufschrieb

Lies im Schülerbuch die Seite 87 durch und vergleiche mit deinen Überlegungen.
Fertige damit einen Heftaufschrieb mit der Überschrift „Gleichung einer Geraden" an.
Zeichne die Gerade von Aufgabe 3 nach der Anleitung im Buch Seite 88 oben nochmals, gib ihre Gleichung an und beschrifte Zeichnung und Gleichung mit den im Kasten auf Seite 87 fett gedruckten neuen Begriffen.
Übernimm auch den Inhalt von Beispiel 2 „Gerade bestimmen" (Seite 88) und Beispiel 3 „Punktprobe" (Seite 89) in deinen Aufschrieb.

Übungen
Bearbeite im Schülerbuch Seite 89 die Aufgaben 1 b), 2 e), 3 c), 4 b).
Schreibe die Geradengleichungen für die Koordinatenachsen auf.
Welche besondere Lage haben die Geraden mit den Gleichungen
$g_1\colon \vec{x} = \begin{pmatrix} 0 \\ 1 \end{pmatrix} + t\begin{pmatrix} 1 \\ 0 \end{pmatrix}$; $g_2\colon \vec{x} = \begin{pmatrix} 0 \\ 0 \\ 3 \end{pmatrix} + t\begin{pmatrix} 0 \\ 1 \\ 0 \end{pmatrix}$; $g_3\colon \vec{x} = \begin{pmatrix} 0 \\ 0 \\ 3 \end{pmatrix} + t\begin{pmatrix} 1 \\ 1 \\ 0 \end{pmatrix}$?

978-3-12-734302-1 Lambacher Schweizer 6 BW, Serviceband

Ernst Klett Verlag GmbH, Stuttgart 2008

Puzzle: Gerade recht!

Schneide die Puzzleteile und das Lösungsfeld entlang der fett gedruckten Linien aus. Bestimme zu den Angaben auf den Puzzleteilen die jeweils zugehörige Geradengleichung in der Form $\vec{x} = \vec{p} + r\vec{u}$ und notiere sie im Heft. Kontrolliere deine Gleichungen, indem du die Puzzleteile passend im Lösungsfeld ablegst.

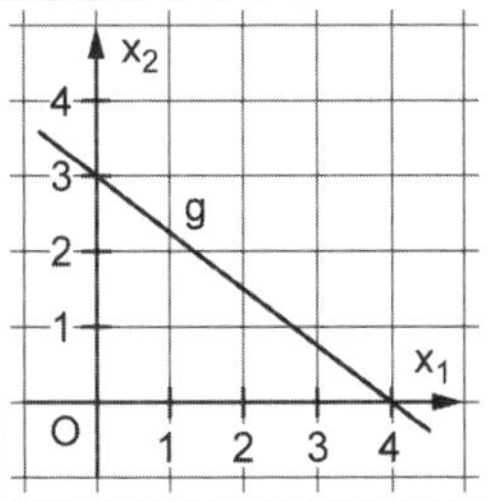	Gerade, die auf der x_1-Achse liegt.	Gerade durch A (0 I 0 I 0) und B (0 I 1 I 1)	P (– 2 I 4 I – 3), $\vec{u} = \begin{pmatrix} 2 \\ 4 \\ -1 \end{pmatrix}$	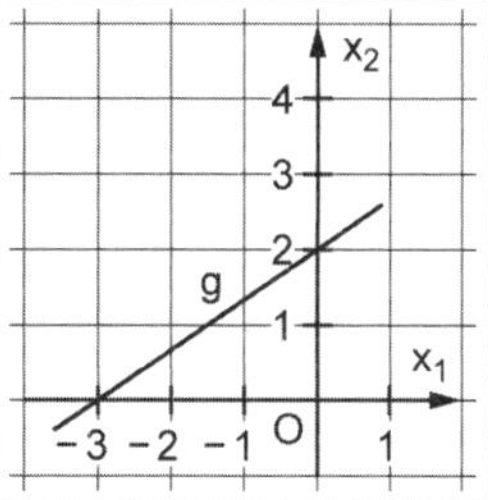
P(2I4I–1), $\vec{u} = \begin{pmatrix} -2 \\ 4 \\ -3 \end{pmatrix}$	Gerade durch A(5I$-\frac{1}{2}$) und B(2I1,5)	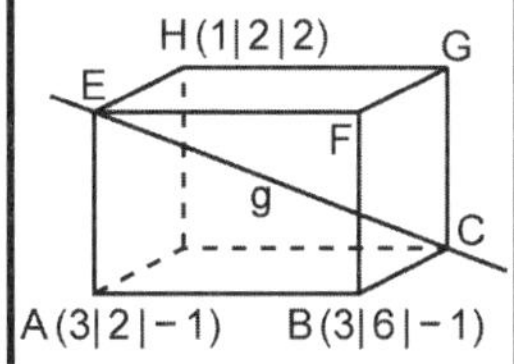	Gerade durch A(–2I5I2) und B(–1I5I3)	Gerade, die auf der x_3-Achse liegt.
Gerade, die durch A (– 2 I 5 I 2) geht und parallel zur x_2-Achse verläuft.	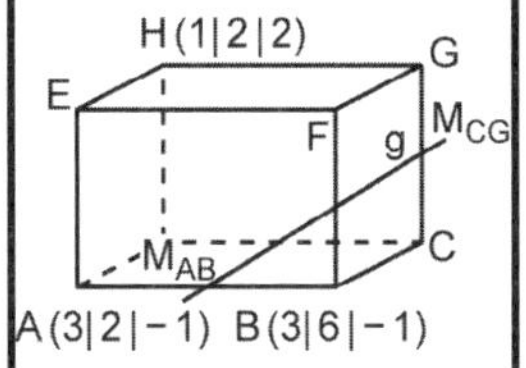	Gerade durch A (– 2 I 5 I 2) und B (– 4 I 10 I 4)	Gerade durch P (– 4,5 I 2) und Q ($-\frac{1}{2}$ I 5)	Gerade durch A(2I4I–1) und B(0I9I1)

g: $\vec{x} = \begin{pmatrix} -2 \\ 5 \\ 2 \end{pmatrix} + r\begin{pmatrix} 1 \\ 0 \\ 1 \end{pmatrix}$	g: $\vec{x} = \begin{pmatrix} 0 \\ 3 \end{pmatrix} + r\begin{pmatrix} 4 \\ -3 \end{pmatrix}$	g: $\vec{x} = r\begin{pmatrix} 0 \\ 1 \\ 1 \end{pmatrix}$	g: $\vec{x} = \begin{pmatrix} 2 \\ 4 \\ -1 \end{pmatrix} + r\begin{pmatrix} -2 \\ 5 \\ 2 \end{pmatrix}$	g: $\vec{x} = \begin{pmatrix} -\frac{1}{2} \\ 5 \end{pmatrix} + r\begin{pmatrix} -4 \\ -3 \end{pmatrix}$
g: $\vec{x} = \begin{pmatrix} 2 \\ 4 \\ -1 \end{pmatrix} + r\begin{pmatrix} -2 \\ 4 \\ -3 \end{pmatrix}$	g: $\vec{x} = r\begin{pmatrix} 1 \\ 0 \\ 0 \end{pmatrix}$	g: $\vec{x} = \begin{pmatrix} -3 \\ 0 \end{pmatrix} + r\begin{pmatrix} 3 \\ 2 \end{pmatrix}$	g: $\vec{x} = \begin{pmatrix} 3 \\ 2 \\ 2 \end{pmatrix} + r\begin{pmatrix} -2 \\ 4 \\ -3 \end{pmatrix}$	g: $\vec{x} = \begin{pmatrix} -2 \\ 5 \\ 2 \end{pmatrix} + r\begin{pmatrix} -2 \\ 5 \\ 2 \end{pmatrix}$
g: $\vec{x} = \begin{pmatrix} 5 \\ -\frac{1}{2} \end{pmatrix} + r\begin{pmatrix} -3 \\ 2 \end{pmatrix}$	g: $\vec{x} = \begin{pmatrix} 1 \\ 6 \\ \frac{1}{2} \end{pmatrix} + r\begin{pmatrix} -2 \\ 2 \\ \frac{3}{2} \end{pmatrix}$	g: $\vec{x} = \begin{pmatrix} -2 \\ 4 \\ -3 \end{pmatrix} + r\begin{pmatrix} 2 \\ 4 \\ -1 \end{pmatrix}$	g: $\vec{x} = \begin{pmatrix} -2 \\ 5 \\ 2 \end{pmatrix} + r\begin{pmatrix} 0 \\ 1 \\ 0 \end{pmatrix}$	g: $\vec{x} = r\begin{pmatrix} 0 \\ 0 \\ 1 \end{pmatrix}$

978-3-12-734302-1 Lambacher Schweizer 6 BW, Serviceband Ernst Klett Verlag GmbH, Stuttgart 2008

Gruppenpuzzle: Lagebeziehung von Geraden

Problemstellung
Mit diesem Gruppenpuzzle sollt ihr erarbeiten, welche Lagebeziehungen zwei Geraden im Raum zueinander haben können und wie man diese Lagebeziehung rechnerisch leicht feststellen kann.

Ablaufplan
Es gibt insgesamt drei Teilthemen:
- Schnitt von Geraden,
- Parallelität und Gleichheit von Geraden,
- Windschiefe Geraden.

Bildung von Stammgruppen (10 min)
Teilt eure Klasse zunächst in Stammgruppen mit mindestens drei Mitgliedern auf.
Bestimmt in eurer Stammgruppe mindestens eine Schülerin bzw. einen Schüler pro Teilthema. Sie werden zu Experten für dieses Teilthema.

Erarbeitung der Teilthemen in den Expertengruppen (25 min)
Die Stammgruppe löst sich auf und die Experten zu jedem Teilthema bilden eine Expertengruppe (je nach Klassengröße kann es mehrere Expertengruppen zum gleichen Teilthema geben).
Dort wird anhand der Blätter für die Expertengruppen das jeweilige Teilthema erarbeitet.

Ergebnispräsentation in den Stammgruppen (25 min)
Kehrt wieder in eure Stammgruppen zurück.
Dort informiert jeder Experte die anderen Stammgruppenmitglieder über sein Teilthema, steht für Rückfragen zur Verfügung und schlägt mithilfe der Überblicksschemata im Material für die Expertengruppen und im Schülerbuch Seite 93 einen Heftaufschrieb vor, den die Anderen (ggf. noch verbessert) übernehmen. Am Ende sollte jeder von euch alle Teilthemen verstanden haben.

Übungen in den Stammgruppen (30 min)
Im Schülerbuch auf Seite 92 findet ihr Informationen zu den Lagebeziehungen von Geraden. Lest sie durch und kontrolliert euren Heftaufschrieb.
Bearbeitet anschließend in den Stammgruppen bzw. als Hausaufgabe im Schülerbuch auf Seite 95 die Aufgaben Nr. 4 und 5 sowie auf Seite 96 die Aufgabe 7. Kontrolliert eure Ergebnisse.

ᵻ Gruppenarbeit

Expertengruppe 1: Schnitt von Geraden

Vorüberlegungen

1 Wie geht man vor, wenn man zwei Geraden auf gemeinsame Punkte untersuchen will?

2 Wie kann man an den Richtungsvektoren einer Geradengleichung erkennen, dass es auf jeden Fall keinen Schnittpunkt geben kann?

Erarbeitung

Sind zum Beispiel die Geraden g und h wie unten gegeben, so bestimmt man den Schnittpunkt durch Lösen des zugehörigen linearen Gleichungssystems der entsprechenden Vektorgleichung:

$$g\colon \vec{x} = \begin{pmatrix} 1 \\ 0 \\ 2 \end{pmatrix} + r \begin{pmatrix} 2 \\ 1 \\ 0 \end{pmatrix},\ h\colon \vec{x} = \begin{pmatrix} -1 \\ 1 \\ 3 \end{pmatrix} + s \begin{pmatrix} -4 \\ 0 \\ 1 \end{pmatrix} \text{ liefert } \begin{pmatrix} 1 \\ 0 \\ 2 \end{pmatrix} + r \begin{pmatrix} 2 \\ 1 \\ 0 \end{pmatrix} = \begin{pmatrix} -1 \\ 1 \\ 3 \end{pmatrix} + s \begin{pmatrix} -4 \\ 0 \\ 1 \end{pmatrix} \Leftrightarrow \begin{matrix} 1 + 2r = -1 - 4s \\ r = 1 \\ 2 = 3 + s \end{matrix}$$

Überprüfung von $r = 1$ in der ersten und dritten Gleichung liefert $s = -1$. Das zur Vektorgleichung zugehörige LGS hat genau eine Lösung, mit der sich der Schnittpunkt S bestimmen lässt: $S(3\,|\,1\,|\,2)$.

Vorbereitung der Ergebnispräsentation

Jeder von euch wird in seiner Stammgruppe die erarbeiteten Ergebnisse präsentieren.
Dazu ist notwendig, dass ihr
- eine übersichtliche Musterlösung der in der Erarbeitung gestellten Aufgabe sowie von Beispiel 1 auf Seite 93/94 im Schülerbuch erstellt,
- eure Lösungsschritte erläutern und Rückfragen beantworten könnt,
- mithilfe eines Eintrags im Überblicksschema einen Beitrag für einen sinnvollen, klar gegliederten Heftaufschrieb leistet.

Expertengruppe 2: Gleichheit und Parallelität von Geraden

Vorüberlegungen

1 Woran kann man an den Geradengleichungen erkennen, ob zwei Geraden parallel oder gleich sind?

2 Wie kann man anschließend zwischen Parallelität und Gleichheit unterscheiden?

3 Wie geht man vor, wenn man zwei Geraden auf gemeinsame Punkte untersuchen will?

Erarbeitung

Sind zum Beispiel die Geraden g und h wie unten gegeben, so kann man an den Richtungsvektoren ablesen, ob die Geraden parallel oder gleich sind: Sie sind Vielfache voneinander. Eine Punktprobe oder die Lösungsmenge des zur Vektorgleichung zugehörigen linearen Gleichungssystems liefert die Unterscheidung zwischen Parallelität und Gleichheit:

$$g\colon \vec{x} = \begin{pmatrix} 1 \\ 0 \\ 2 \end{pmatrix} + r \begin{pmatrix} 2 \\ 1 \\ 0 \end{pmatrix},\ h\colon \vec{x} = \begin{pmatrix} -1 \\ 1 \\ 3 \end{pmatrix} + s \begin{pmatrix} -4 \\ -2 \\ 0 \end{pmatrix} \text{ liefert } \begin{pmatrix} 1 \\ 0 \\ 2 \end{pmatrix} + r \begin{pmatrix} 2 \\ 1 \\ 0 \end{pmatrix} = \begin{pmatrix} -1 \\ 1 \\ 3 \end{pmatrix} + s \begin{pmatrix} -4 \\ -2 \\ 0 \end{pmatrix} \Leftrightarrow \begin{matrix} 1 + 2r = -1 - 4s \\ r = 1 - 2s \\ 2 = 3 \end{matrix}$$

In der dritten Gleichung ergibt sich ein Widerspruch. Das zur Vektorgleichung zugehörige LGS hat keine Lösung. Die Geraden sind also parallel. Dies liefert auch eine Punktprobe mit z. B. $P(1\,|\,0\,|\,2)$.

Vorbereitung der Ergebnispräsentation

Jeder von euch wird in seiner Stammgruppe die erarbeiteten Ergebnisse präsentieren.
Dazu ist notwendig, dass ihr
- eine übersichtliche Musterlösung der in der Erarbeitung gestellten Aufgabe sowie vom Beispiel unter dem Schema auf Seite 92 im Schülerbuch erstellt,
- eure Lösungsschritte erläutern und Rückfragen beantworten könnt,
- mithilfe eines Eintrags im Überblicksschema einen Beitrag für einen sinnvollen, klar gegliederten Heftaufschrieb leistet.

90 min + Hausaufgaben Gruppenarbeit
978-3-12-734302-1 Lambacher Schweizer 6 BW, Serviceband S39
© Als Kopiervorlage freigegeben.
Ernst Klett Verlag GmbH, Stuttgart 2008

Expertengruppe 3: Windschiefe Geraden

Windschiefe Geraden nennt man Geraden, die nicht parallel zueinander sind und keine gemeinsamen Punkte haben. Solche Geraden gibt es nicht in der Ebene, sondern nur im Raum.

Vorüberlegungen

1 Wie geht man vor, wenn man zwei Geraden auf gemeinsame Punkte untersuchen will?

2 Woran kann man – ohne Rechenaufwand – an zwei Geradengleichungen erkennen, dass die Geraden parallel (oder gleich) sind?

Erarbeitung

Sind zum Beispiel die Geraden g und h wie unten gegeben, so erkennt man an den Richtungsvektoren, dass die Geraden weder parallel noch gleich sind: Sie sind keine Vielfache voneinander. Die Untersuchung auf gemeinsame Punkte der Geraden erfolgt über die Lösungsmenge des zur entsprechenden Vektorgleichung gehörenden linearen Gleichungssystems:

g: $\vec{x} = \begin{pmatrix}1\\0\\2\end{pmatrix} + r\begin{pmatrix}2\\1\\0\end{pmatrix}$, h: $\vec{x} = \begin{pmatrix}-1\\1\\3\end{pmatrix} + s\begin{pmatrix}4\\0\\1\end{pmatrix}$ liefert $\begin{pmatrix}1\\0\\2\end{pmatrix} + r\begin{pmatrix}2\\1\\0\end{pmatrix} = \begin{pmatrix}-1\\1\\3\end{pmatrix} + s\begin{pmatrix}4\\0\\1\end{pmatrix} \Leftrightarrow \begin{matrix}1+2r = -1+4s\\ r = 1\\ 2 = 3+s\end{matrix}$

Überprüfung von $r = 1$ in der ersten Gleichung liefert $s = 1$, mit der dritten Gleichung ergibt sich ein Widerspruch: $2 = 4$. Das zur Vektorgleichung zugehörige LGS hat keine Lösung, die Geraden liegen also windschief im Raum.

Vorbereitung der Ergebnispräsentation

Jeder von euch wird in seiner Stammgruppe die erarbeiteten Ergebnisse präsentieren. Dazu ist notwendig, dass ihr

- eine übersichtliche Musterlösung der in der Erarbeitung gestellten Aufgabe sowie von Beispiel 2 auf Seite 94 im Schülerbuch erstellt,
- eure Lösungsschritte erläutern und Rückfragen beantworten könnt,
- mithilfe eines Eintrags im Überblicksschema einen Beitrag für einen sinnvollen, klar gegliederten Heftaufschrieb leistet.

Überblicksschema (für die Expertengruppen 1 – 3)

Gegeben sind die Geraden g: $\vec{x} = \vec{p} + r \cdot \vec{u}$ und h: $\vec{x} = \vec{q} + s \cdot \vec{v}$.

Gesucht ist die Lagebeziehung der Geraden zueinander sowie gegebenenfalls der Schnittpunkt.

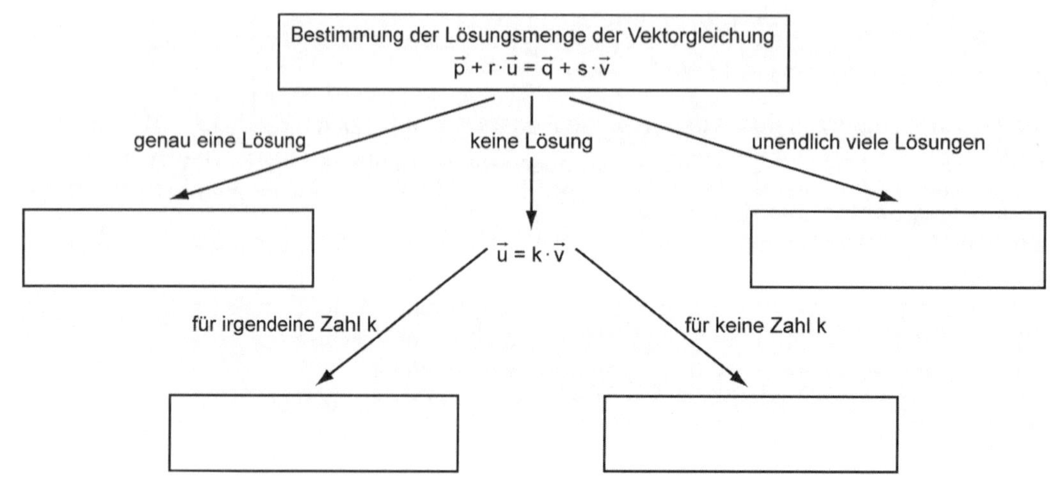

⌚ 90 min + Hausaufgaben ✝ Gruppenarbeit
978-3-12-734302-1 Lambacher Schweizer 6 BW, Serviceband **S40**
© Als Kopiervorlage freigegeben.
Ernst Klett Verlag GmbH, Stuttgart 2008

Bist du fit?

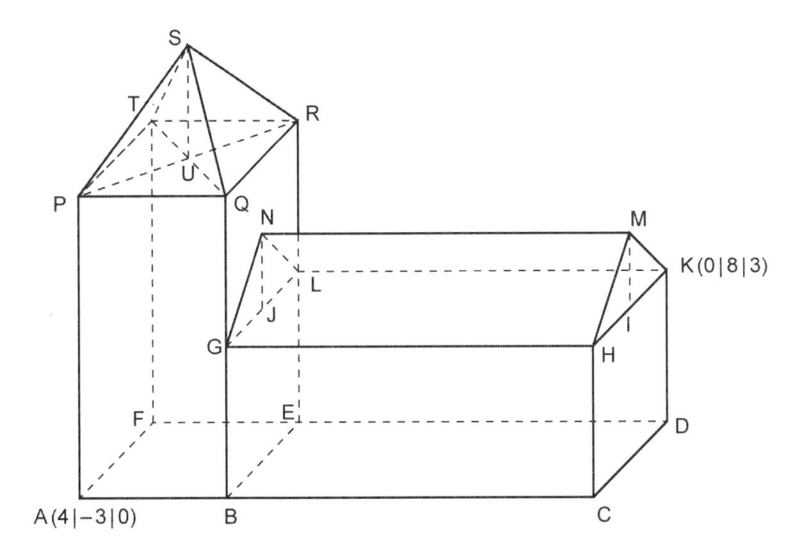

1 a) Gib die fehlenden Koordinaten der restlichen Punkte an, wenn E im Koordinatenursprung liegt und Folgendes gilt: $\overline{BG} = \overline{GQ}$ und $\overline{GJ} = \overline{JL}$. Das Turmdach hat eine Höhe von 3 LE, das Hausdach ist halb so hoch.

b) Gegeben sind ebenfalls die Punkte $Z(0|-3|z)$ mit $0 \le z \le 6$ und $z \in \mathbb{R}$. Beschreibe die Menge der Punkte Z in Bezug auf den Turmquader.

c) Bestimme die Längen der Strecken $\overline{BD}$ und $\overline{BK}$ ($\overline{AE}$ und $\overline{AR}$).

d) Wie groß ist der Winkel α zwischen den Strecken $\overline{BD}$ und $\overline{BK}$ ($\overline{AE}$ und $\overline{AR}$)?

e) Wie groß sind die Winkel zwischen den Seitenkanten der Pyramide und den Diagonalen ihrer Grundfläche?

f) Bestimme die Koordinaten des Schnittpunktes der Diagonalen der Dachfläche GHMN (LKMN).

g) Zu welchem Punkt X ist der Vektor $\overrightarrow{CS}$ Ortsvektor?

h) M_1 sei der Mittelpunkt der Kante $\overline{AP}$ und M_2 der Mittelpunkt der Seitenfläche EDKL. Bestimme die Koordinaten des Vektors $\overrightarrow{M_1M_2}$.

i) Bestimme die Koordinaten der Mittelpunkte M_p, M_q und M_s der Dreiecksseiten im Dreieck PQS. Welche Koordinaten hat der Schwerpunkt W dieses Dreiecks?

j) Von der Dachspitze S aus soll eine gerade Lichterkette so bis zum Boden gespannt werden, dass der Dachfirst $\overline{SP}$ Teil dieser Geraden ist. Berechne die Länge der Lichterkette, wenn man für die Befestigung noch 5 % hinzu addieren muss.

2 a) Stell dir vor, dass das Dreieck QRS zu einem Parallelogramm QRSW ergänzt werden müsste. Welche Koordinaten könnte dann der Punkt W haben?

b) Es gilt: $\vec{a} = \overrightarrow{AB}$, $\vec{b} = \overrightarrow{BE}$ und $\vec{c} = \overrightarrow{BQ}$. Stelle mithilfe einer Linearkombination der Vektoren $\vec{a}$, $\vec{b}$ und $\vec{c}$ die Vektoren $\overrightarrow{CL}$, $\overrightarrow{FU}$ und $\overrightarrow{EP}$ dar.

c) Die Punkte C und P liegen auf der Geraden g, die Punkte K und R auf der Geraden h. Gib für beide Geraden jeweils eine Gleichung an und bestimme die gegenseitige Lage der Geraden g und h.

d) Überprüfe, ob die Punkte $V(4|-8{,}5|9)$, $W(4|0|-4{,}5)$ und $X(0|4|4{,}5)$ auf den Geraden g und h liegen.

e) Schneiden sich die Geraden g und k: $\vec{x} = \begin{pmatrix} 1 \\ 4 \\ 0 \end{pmatrix} + t\begin{pmatrix} 1 \\ 5 \\ -2 \end{pmatrix}$? Falls ja, bestimme den Schnittpunkt.

f) Gibt es für die Variablen a und b Zahlen, sodass die Gerade l: $\vec{x} = \begin{pmatrix} 0 \\ -8 \\ a \end{pmatrix} + r\begin{pmatrix} 0 \\ b \\ -2{,}25 \end{pmatrix}$ und die Gerade h zueinander parallel und verschieden (identisch) sind?

g) Bestimme die Koordinaten des Punktes Y, bei dem die Gerade h die x_1x_2-Ebene durchstößt.

Ernst Klett Verlag GmbH, Stuttgart 2008

Gut lackiert

Eine Autolackiererei kann viele verschiedene Lackfarben durch die Mischung der Farben Rot, Gelb und Blau anbieten. Ein kleiner Pkw-Hersteller will seine drei Typen mit je einer Grundfarbe ausstatten. Die Lackiererei stellt dazu die entsprechenden Mischungen bereit. Für eine übersichtliche Organisation werden die Farbmischungen durch Vektoren dargestellt.

$\vec{a} = \begin{pmatrix} 0,30 \\ 0,44 \\ 0,68 \end{pmatrix}$ bedeutet:

Für die Lackierung des Typs A werden 0,3 kg Rot, 0,44 kg Gelb und 0,68 kg Blau gemischt.

Entsprechend beschreiben $\vec{b} = \begin{pmatrix} 1,07 \\ 0,21 \\ 0,13 \end{pmatrix}$ und $\vec{c} = \begin{pmatrix} 0,17 \\ 0,44 \\ 0,81 \end{pmatrix}$ die Mischungen für die Typen B und C.

1 Die Tagesproduktion im Autowerk sind 34 Autos vom Typ A, 50 vom Typ B und 24 vom Typ C. Stelle den Bedarf an Farbe für einen Tag als Summe von Vektoren dar.

2 Beim Spritzlackieren geht – abhängig vom Autotyp – viel Lack verloren durch Overspray und Rückstände in der Anlage. Vom versprühten Lack bleibt beim Typ A 60 %, beim Typ B 50 % und beim Typ C 42 % auf der Karosserie.
Berechne den Lackverlust mithilfe von Vektoren.

3 Ein kurzfristiger Warnstreik beim Lackhersteller verzögert die Anlieferung der Farben. Für die nächste Tagesproduktion wird der restliche Vorrat mit $\vec{r} = \begin{pmatrix} 68 \\ 37 \\ 47 \end{pmatrix}$ kg angegeben. Die Produktionszahlen von Typ A und Typ B sollen aufrechterhalten werden. Wie viele Autos vom Typ C können dann höchstens noch lackiert werden? Stelle den Sachverhalt wieder mit Vektoren dar.

4 Der obige Text betrifft nur den farbtragenden Basislack. Das ist eine Schicht der mindestens vier Schichten umfassenden Autolackierung. Die pro Auto benutzten Mengen für die einzelnen Schichten können durch einen Vektor dargestellt werden:

$\vec{f} = \begin{pmatrix} 4,4 \\ 1,4 \\ 1,2 \\ 0,7 \end{pmatrix}$ kg für Klarlack, Basislack, Füllung, Grundierung

Der Vektor $\vec{f_1} = \begin{pmatrix} 5,2 \\ 6,5 \\ 3,6 \\ 0,7 \end{pmatrix}$ kg zeigt die Masseverteilung, wie sie vor wenigen Jahren nötig war, als die Farben noch wesentlich mehr Lösungsmittel enthielten.
Stelle durch einen Vektor dar, wie viel kg Material durch die Weiterentwicklung bei der Tagesproduktion von Typ A in jeder Schicht eingespart werden konnte.

Ernst Klett Verlag GmbH, Stuttgart 2008

„Mathe ärgert mich nicht!“ – Aufgabenkarten

Aufgabe	Lösung	Aufgabe	Lösung
Welche Koordinaten haben die Bildpunkte von P(-5 | 3 | 2) und Q(6 | -4 | 1) bei der Spiegelung an der x_2x_3-Ebene? ☺☺	P'(5 | 3 | 2) Q'(-6 | -4 | 1)	Wie lautet eine Gleichung der Geraden, die durch den Punkt T(- 5 | -3 | 8) geht und parallel zur 1. Winkelhalbierenden der x_2x_3-Ebene ist? ☺☺	$\vec{x} = \begin{pmatrix} -5 \\ -3 \\ 8 \end{pmatrix} + t \cdot \begin{pmatrix} 0 \\ 1 \\ 1 \end{pmatrix}$
Ergänze die Koordinaten des Punktes Q(7 | b | c), der auf einer Parallelen zur x_1-Achse durch den Punkt P(- 2 | 3 | 5) liegt. ☺	Q(7 | 3 | 5)	In welchem Punkt S schneiden sich die Geraden g und h? g: $\vec{x} = \begin{pmatrix} 5 \\ 0 \end{pmatrix} + t \cdot \begin{pmatrix} -2 \\ 3 \end{pmatrix}$ h: $\vec{x} = \begin{pmatrix} 3 \\ -3 \end{pmatrix} + s \cdot \begin{pmatrix} 2 \\ -2 \end{pmatrix}$ ☺☺	S(15 | -15)
M ist Mittelpunkt der Strecke $\overline{AB}$ mit A(10 | - 4 | - 9) und M(6 | 2 | - 3). Bestimme die Koordinaten von Punkt B. ☺☺☺	B(2 | 8 | 3)	Gib eine Gleichung der Geraden h an, die parallel zur Geraden g ist und durch den Punkt S(3 | -7 | 1) geht. g: $\vec{x} = \begin{pmatrix} 6 \\ 0 \\ 1 \end{pmatrix} + t \cdot \begin{pmatrix} 2 \\ -3 \\ 12 \end{pmatrix}$ ☺	h: $\vec{x} = \begin{pmatrix} 3 \\ -7 \\ 1 \end{pmatrix} + t \cdot \begin{pmatrix} 2 \\ -3 \\ 12 \end{pmatrix}$
Bestimme eine Gleichung der Geraden durch P(4 | -7 | 5) und Q(- 3 | 3 | 1). ☺☺	$\vec{x} = \begin{pmatrix} 4 \\ -7 \\ 5 \end{pmatrix} + t \cdot \begin{pmatrix} -7 \\ 10 \\ -4 \end{pmatrix}$	Beschreibe, wie du eine Gleichung einer Geraden findest, die zur Geraden g windschief ist. g: $\vec{x} = \begin{pmatrix} 1 \\ -2 \\ 4 \end{pmatrix} + t \cdot \begin{pmatrix} 2 \\ 1{,}5 \\ -7 \end{pmatrix}$ ☺☺☺	Der Stützvektor ist kein Ortsvektor eines Punktes von g; der Richtungsvektor ist kein Vielfaches des Richtungsvektors von g.
Wähle a so, dass der Punkt P(- 9 | a | 9) auf der Geraden mit der Gleichung $\vec{x} = \begin{pmatrix} 1 \\ 6 \\ -3{,}5 \end{pmatrix} + t \cdot \begin{pmatrix} -4 \\ 2 \\ 5 \end{pmatrix}$ liegt. ☺☺☺	a = 11	Bestimme die Koordinaten des vierten Punktes D des Parallelogramms ABCD mit A(-1 | 6 | -4), B(3 | -2 | 2) und C(5 | - 3 | 7). [Skizze: Parallelogramm mit D, C, A, B] ☺☺	D(1 | 5 | 1)

Nullstellen ganzrationaler Funktionen – Ein Arbeitsplan

Arbeitszeit: 2 Schulstunden + Hausaufgaben

Vorüberlegung

1 Ein Produkt $x \cdot y$ ist genau dann 0, wenn $x = 0$ oder $y = 0$ gilt.
Bestimme alle Nullstellen der folgenden Funktionen.
a) $f(x) = x \cdot (x-2)$ b) $f(x) = (x^2 - 4x + 3) \cdot (x-2)$ c) $f(x) = 2 \cdot (x-3) \cdot (4x^2 + x + 2)$

2 Es ist $(x-2) \cdot (x+1) \cdot (x-5) = x^3 - 6x^2 + 3x + 10$ (Ausmultiplizieren!). Welchen Vorteil hat die linke Darstellung desselben Terms, wenn man sich dafür interessiert, für welche x-Werte der Term 0 wird?
Man nennt die linke Darstellung Linearfaktorzerlegung des Terms $x^3 - 6x^2 + 3x + 10$.

Fülle die letzte Spalte der Tabelle aus.

Ausmultipliziert	Methode	Linearfaktorzerlegung
$f(x) = 3x - 6$	evtl. Ausklammern	
$f(x) = x^2 - 2x + 1$	z. B. binomische Formel	
$f(x) = x^2 + 3x - 4$	z. B. Satz von Vieta	
$f(x) = 2x^2 - x - 1$	z. B. abc-Lösungsformel	
$f(x) = x^3 - x^2 - 2x$	Ausklammern und Lösungsformel	
$f(x) = x^4 - 13x^2 + 36$	Substitution und Lösungsformel	

Kontrolliere dein Ergebnis durch Ausmultiplizieren.

3 Viele ganzrationale Funktionen haben keine Nullstellen (z. B. $f(x) = x^4 + 2x^2 + 1$), andere weniger, als ihr Grad anzeigt (z. B. $f(x) = 4x^3 - 11x^2 - x - 6$). Existiert mindestens eine Nullstelle, so kann man diese als Linearfaktor vom ursprünglichen Term ausklammern und erhält eine Faktorzerlegung
(z. B. $f(x) = 4x^3 - 11x^2 - x - 6 = (x-3) \cdot (4x^2 + x + 2)$).

Problematisierung

Wie kommt man von der Termdarstellung $x^3 - 6x^2 + 3x + 10$ auf die (Linear-)Faktorzerlegung
$(x-2) \cdot (x+1) \cdot (x-5)$?
Terme ganzrationaler Funktionen nennt man auch Polynome. Bei Polynomen vom Grad ≥ 3 muss man zunächst durch **Probieren** eine Nullstelle finden, im Beispiel etwa $x = 2$. Dann kann man mittels Polynomdivision die weiteren Nullstellen finden, d. h., die Division $(x^3 - 6x^2 + 3x + 10) : (x-2)$ liefert wiederum ein Polynom (ohne Rest). Man verfährt dabei wie bei der schriftlichen Division von Zahlen:

Polynomdivision

$$
\begin{aligned}
&(x^3 - 6x^2 + 3x + 10) : (x-2) = x^2 - 4x - 5 \\
&\underline{-(x^3 - 2x^2)} \qquad x^3 : x \\
&\quad -4x^2 + 3x \\
&\quad \underline{-(-4x^2 + 8x)} \qquad -4x^2 : x \\
&\qquad -5x + 10 \qquad -5x : x \\
&\qquad \underline{-(-5x + 10)} \\
&\qquad\qquad 0
\end{aligned}
$$

Division mit natürlichen Zahlen

$$
\begin{aligned}
&3556 : 28 = 127 \\
&\underline{-28} \\
&\ \ 75 \\
&\underline{-56} \\
&\ \ 196 \\
&\underline{-196} \\
&\qquad 0
\end{aligned}
$$

Bestimme die Linearfaktorzerlegung von $f(x) = x^3 - 6x^2 + 11x - 6$ mithilfe der Polynomdivision.

Erarbeitung und Heftaufschrieb

Im Schülerbuch auf Seite 109 und 110 findest du Informationen zu den ganzrationalen Funktionen. Lies nach und vergleiche mit deinen Ergebnissen.
Erstelle nun einen Heftaufschrieb zum Thema Nullstellen ganzrationaler Funktionen. Er soll eine Überschrift, die Definition ganzrationaler Funktionen sowie ein Beispiel für die Faktorzerlegung mithilfe der Polynomdivision enthalten.

Übungen

Bearbeite im Schülerbuch auf den Seiten 110 und 111 die Aufgaben 1, 2 und 3. Kontrolliere deine Ergebnisse.

Ernst Klett Verlag GmbH, Stuttgart 2008

Nullstellenbingo

Material: pro Gruppe eine Kopie dieser Seite, Farbstifte

Spielbeschreibung
Die Klasse wird in Partner eingeteilt. Jede Gruppe erhält eine Kopie des Serviceblattes.
Spieler 1 wählt eine der aufgeführten Aufgaben zur Nullstellenberechnung aus und löst diese, Spieler 2 kontrolliert die Lösung mithilfe des GTR. Hat Spieler 1 richtig gerechnet, darf er im Lösungsfeld unten ein passendes Kästchen mit seiner Farbe markieren und die gelöste Aufgabe abhaken. Anschließend ist Spieler 2 an der Reihe. Gewonnen hat der Spieler, der als Erster drei waagrecht, senkrecht oder diagonal nebeneinanderliegende Felder mit seiner Farbe markieren konnte.

Aufgaben
Berechne die Nullstellen der folgenden Funktionen:

$f(x) = 3x^2 + 3x - 6$

$f(x) = x^3 + 3x^2 - 4$

$f(x) = x^3 - x$

$f(x) = (2x - 4) \cdot (x^2 - 9)$

$f(x) = (x^2 + 16) \cdot (4x - 12) \cdot x$

$f(x) = x^2 + 2x + 4$

$f(x) = x^4 - 5x^2 + 4$

$f(x) = x^3 - x^2 + 2x - 2$

$f(x) = x^2 - x - 6$

$f(x) = 3x^4 - 9x^3$

$f(x) = -2x^4 - 2x^2 + 4$

$f(x) = x^4 + 4x^3 + 4x^2$

$f(x) = x^5 + 8x^2$

$f(x) = -x^2 \cdot \left(\frac{1}{3}x^2 + 2x + 3\right)$

$f(x) = x^4 - 10x^2 + 9$

$f(x) = x^3 - 2x^2 + 5x - 10$

Lösungen

−2; 0	1	2	0; 3	−2; 1	−2; 3
keine	−1; 1	−2; 3	−2; 0	−3; −1; 1; 3	−3; 0
−3; 0	−3; 2; 3	−1; 0; 1	−2; −1; 1; 2	keine	2
1	−2; −1; 1; 2	0; 3	−3; 2; 3	−1; 1	−2; 1
−2; 1	keine	0; 3	1	−2; 3	−2; −1; 1; 2
−3; −1; 1; 3	−2; 1	−3; 2; 3	−3; −1; 1; 3	−2; 0	−1; 0; 1
2	−1; 0; 1	−3; 0	−2; 0	−1; 1	0; 3

Ernst Klett Verlag GmbH, Stuttgart 2008

Mehrfache Nullstellen

Ist die Linearfaktorzerlegung einer ganzrationalen Funktion gegeben, so kann man schnell die Nullstellen der Funktion ablesen. Die Hochzahl des Linearfaktors gibt dabei die Mehrfachheit der Nullstelle an.

Beispiel
Die Funktion f mit $f(x) = (x-a)^2 \cdot (x-b)^3 \cdot (x-c)$ hat eine doppelte Nullstelle bei a, eine dreifache Nullstelle bei b und eine einfache Nullstelle bei c.

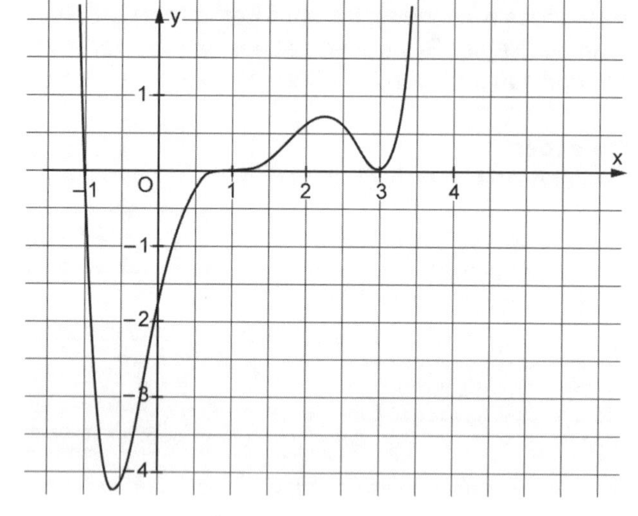

1 Gegeben ist die Funktion f durch
$f(x) = 0{,}2 \cdot (x+1) \cdot (x-1)^3 \cdot (x-3)^2$.
Die Abbildung zeigt den Graphen der Funktion.
Gib die Nullstellen der Funktion und ihre Mehrfachheit an. Markiere sie im Graphen.
Beschreibe, welchen Einfluss die mehrfachen Nullstellen auf den Graphen haben.
Verwende dabei die Begriffe „schneiden“, „berühren“, „waagrechte Tangente“.

2 a) Skizziere nun jeweils den groben Verlauf des Graphen der folgenden Funktionen.
Achte dabei auf mehrfache Nullstellen und das Verhalten für $x \to \pm\infty$.
Kontrolliere deine Skizzen mithilfe des GTR.
$f_1(x) = x \cdot (x+5) \cdot (x-4)^2$; $f_2(x) = (x-2)^2 \cdot (x+3)^2$; $f_3(x) = -(x+1) \cdot (x-4)^3$
b) Gelingt es dir, zu den nachfolgenden Graphen einen passenden Funktionsterm in Linearfaktorzerlegung anzugeben? Achte auch hier auf mehrfache Nullstellen und das Verhalten für $x \to \pm\infty$.
Überprüfe deine Ergebnisse mit dem GTR.

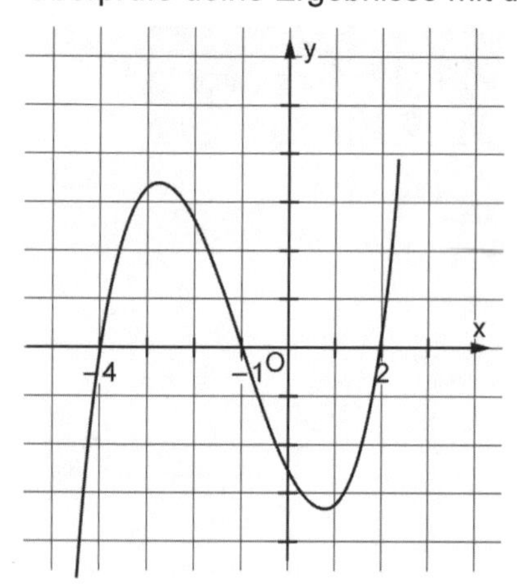

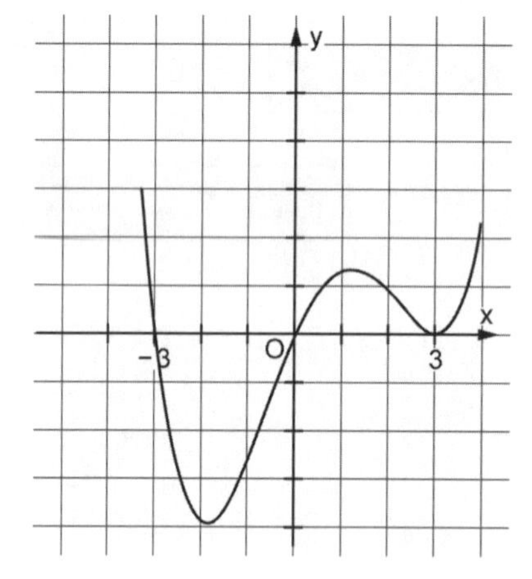

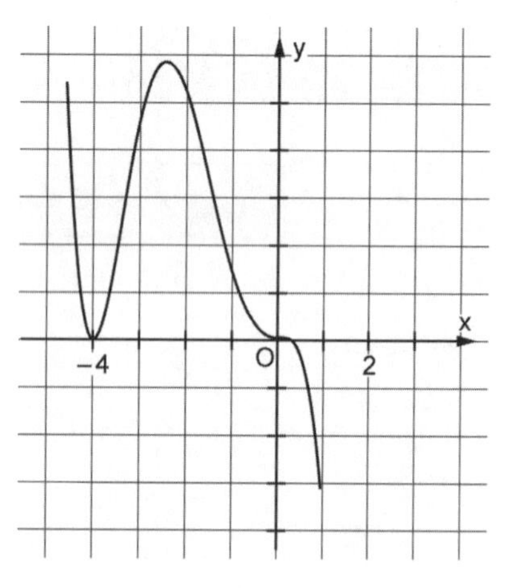

3 Meistens sind die Funktionsterme ganzrationaler Funktionen nicht in Linearfaktorzerlegung gegeben.
Um diese zu bestimmen, müssen die Nullstellen der Funktion berechnet werden. Um eine Aussage über die Mehrfachheit der Nullstellen zu erhalten, ist dabei darauf zu achten, wie oft die Nullstelle als Lösung der Gleichung $f(x) = 0$ auftritt.
Versuche nun die Linearfaktorzerlegung der Funktion mit $f_1(x) = x^3 - 2x^2 + x$; $f_2(x) = -x^2 - 3x - 2$; $f_3(x) = 2x^4 - 8x^3$ zu bestimmen. Kontrolliere dein Ergebnis durch Ausmultiplizieren.

Gruppenpuzzle: Eigenschaften ganzrationaler Funktionen

Problemstellung
Bei diesem Gruppenpuzzle sollt ihr einige Eigenschaften der Graphen von ganzrationalen Funktionen betrachten und herausfinden, wie diese anhand des Funktionsterms erkennbar sind. Diese Seite gibt euch einen Überblick über den Ablauf des Gruppenpuzzles.

Ablaufplan
Es gibt insgesamt drei Teilthemen:
- Symmetrie,
- Verhalten für $x \to \pm\infty$,
- Verhalten für x nahe 0.

Bildung von Stammgruppen (10 min)
Teilt eure Klasse zunächst in Stammgruppen mit mindestens drei Mitgliedern auf.
Bestimmt in eurer Stammgruppe mindestens einen Schüler bzw. eine Schülerin pro Teilthema. Sie werden zu Experten für dieses Teilthema.

Erarbeitung der Teilthemen in den Expertengruppen (50 min)
Die Stammgruppe löst sich auf und die Experten zu jedem Teilthema bilden die Expertengruppe.
Dort wird anhand der Seiten für die Expertengruppen das jeweilige Teilthema erarbeitet.

Ergebnispräsentation in den Stammgruppen (60 min)
Kehrt wieder in eure Stammgruppen zurück. Dort informiert jeder Experte die anderen Stammgruppenmitglieder über sein Teilthema, steht ihnen für Rückfragen zur Verfügung und schlägt einen kurzen Heftaufschrieb vor, den die anderen (gegebenenfalls noch verbessert) übernehmen.
Am Ende sollte jeder von euch alle Teilthemen verstanden haben.

Ergebniskontrolle und Übungen in den Stammgruppen (60 min)
Lest im Schülerbuch auf Seite 113 den Kasten, den Text darunter und das Beispiel aufmerksam durch. Bearbeitet dann auf den Seiten 113 und 114 die Aufgaben 1, 3 a) c), 5 und 7.
Falls ihr noch Zeit habt, bearbeitet die Aufgabe Nr. 8 auf Seite 115.
Kontrolliert eure Ergebnisse.

Ernst Klett Verlag GmbH, Stuttgart 2008

Expertengruppe 1: Symmetrie

Problemstellung
Anhand des Funktionsterms ganzrationaler Funktionen soll in einfachen Fällen auf die Symmetrie des Graphen geschlossen werden.

Erarbeitung

1 In den Abbildungen seht ihr die Graphen der Funktionen f_1 bis f_6 mit $f_1(x) = x$; $f_2(x) = x^2$; $f_3(x) = x^3$; $f_4(x) = x^4$; $f_5(x) = x^5$; $f_6(x) = x^6$. Schreibt an die jeweiligen Graphen, zu welcher Funktion sie gehören.

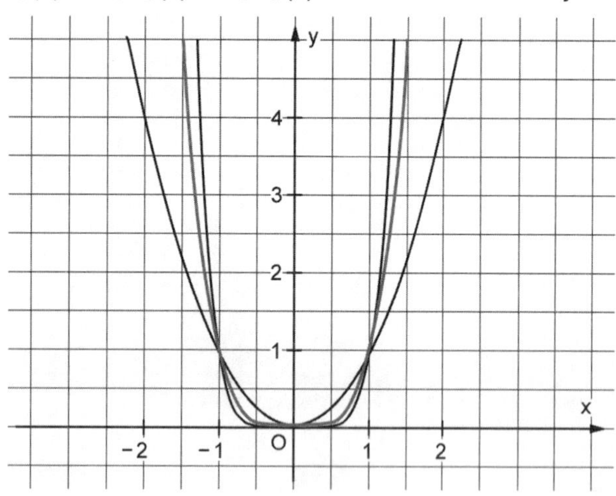

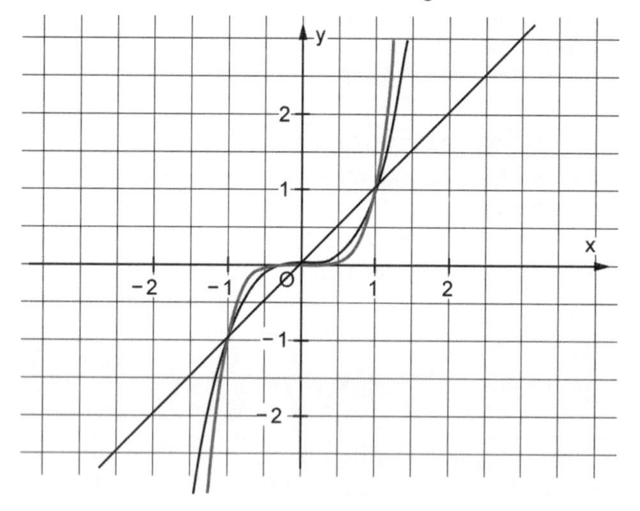

2 Welche Symmetrieeigenschaften haben die Graphen im linken bzw. rechten Koordinatensystem? Welcher Zusammenhang besteht zwischen den Symmetrieeigenschaften der Graphen und den Exponenten der zugehörigen Funktionsterme?

3 Findet jeweils einen Zusammenhang zwischen $f(-x)$ und $f(x)$ für die Funktionen in den beiden Koordinatensystemen. Schreibt diesen Zusammenhang jeweils als Gleichung auf.

4 Gilt der in Aufgabe 3 gefundene Zusammenhang zwischen $f(-x)$ und $f(x)$ für alle Funktionen mit der entsprechenden Symmetrieeigenschaft?
Testet dies bei folgenden Funktionen, indem ihr zunächst die Graphen auf dem GTR betrachtet und dann rechnerisch einen Zusammenhang zwischen $f(-x)$ und $f(x)$ überprüft:

f mit $f(x) = -\frac{1}{5}x^3 + 3x$

f mit $f(x) = \frac{1}{10}x^5 - x^3 + 2$

f mit $f(x) = \frac{1}{4}x^4 - 2x^2$

f mit $f(x) = \frac{1}{4}x^4 - 2x^3 + 4x^2 - 4$

f mit $f(x) = x^3 - 9x^2 + 22x - 10$

f mit $f(x) = -\frac{2}{5}x^4 - x^3 + x^2 + x + 3$

Formuliert ein zusammenfassendes Ergebnis.

Vorbereitung der Ergebnispräsentation

Jeder von euch wird in seiner Stammgruppe die hier erarbeiteten Lerninhalte präsentieren. Dazu ist notwendig, dass ihr
- eine übersichtliche Musterlösung der Aufgaben erstellt,
- die wesentlichen Schritte eurer Lösung erläutern und Rückfragen beantworten könnt und
- einen kurzen, klar gegliederten Heftaufschrieb erstellt. Dieser sollte eine Überschrift, einen Merksatz sowie ein bis zwei Beispielaufgaben enthalten.

Ernst Klett Verlag GmbH, Stuttgart 2008

Expertengruppe 2: Verhalten für x gegen $\pm\infty$

Problemstellung
Anhand des Funktionsterms ganzrationaler Funktionen soll auf das Verhalten des Graphen für $x \to \pm\infty$ geschlossen werden.

Erarbeitung
1 Gegeben ist die Funktion f mit $f(x) = 3x^3 - 5x^2 + 2$. Füllt zunächst folgende Tabellen aus, um den Einfluss der im Funktionsterm auftretenden Summanden für $x \to \pm\infty$ zu untersuchen.

$x \to +\infty$:

x	0	1	10	100	1000
$3x^3$					
$-5x^2$					
2					
f(x)					

$x \to -\infty$:

x	0	−1	−10	−100	−1000
$3x^3$					
$-5x^2$					
2					
f(x)					

2 Welcher Summand des Funktionsterms ist für das Verhalten von f für $x \to \pm\infty$ entscheidend? Formuliert eine Vermutung.

3 Klammert beim Funktionsterm x^3 aus. Gegen welchen Wert strebt der Ausdruck in der Klammer für $x \to \pm\infty$? Deckt sich dieses Ergebnis mit eurer Vermutung aus Aufgabe 2?

4 Wie kann man am Funktionsterm einer ganzrationalen Funktion f mit $f(x) = a_n x^n + a_{n-1} x^{n-1} + \ldots + a_2 x^2 + a_1 x + a_0$ deren Verhalten für $x \to \pm\infty$ allgemein erkennen? Formuliert ein zusammenfassendes Ergebnis.

5 Bestimmt das Verhalten von f für $x \to \pm\infty$:
$f(x) = 3x^4 - 7x^3 - x - 1$
$f(x) = -x^3 + 2x^2 + 5x - 5$
$f(x) = 3x^8 - 700x^5 + 20x^2 - 55$
$f(x) = 4x^5 + 5x^4 + 2x^3 + 3x^2$

Vorbereitung der Ergebnispräsentation

Jeder von euch wird in seiner Stammgruppe die hier erarbeiteten Lerninhalte präsentieren. Dazu ist notwendig, dass ihr
- eine übersichtliche Musterlösung der Aufgaben erstellt,
- die wesentlichen Schritte eurer Lösung erläutern und Rückfragen beantworten könnt und
- einen sinnvollen, klar gegliederten Heftaufschrieb erstellt. Dieser sollte eine Überschrift, einen Merksatz sowie ein bis zwei Beispielaufgaben enthalten.

Expertengruppe 3: Verhalten für x in der Nähe von 0

Problemstellung
Anhand des Funktionsterms ganzrationaler Funktionen soll auf das Verhalten des Graphen in der Nähe von 0 geschlossen werden.

Erarbeitung
1 Gegeben sind die Funktionen f mit $f(x) = 2x^3 - 3x + 1$ und g mit $g(x) = -x^4 + 2x^2 - 3$. Füllt die Tabellen aus, um den Einfluss der im Funktionsterm auftretenden Summanden in der Nähe von 0 zu untersuchen.

x	−1	−0,1	−0,01	0	0,01	0,1	1
$2x^3$							
$-3x$							
1							
f(x)							

x	−1	−0,1	−0,01	0	0,01	0,1	1
$-x^4$							
$2x^2$							
−3							
g(x)							

2 Welche Summanden des Funktionsterms sind für das Verhalten von f bzw. g in der Nähe von 0 wohl entscheidend?

3 Überprüft eure Vermutung nun mithilfe des GTR: Lasst euch dazu zunächst den Graphen von f in der Nähe von 0 anzeigen. Gebt dann eine weitere Funktion ein, von der ihr annehmt, dass sich ihr Graph in der Nähe von 0 ähnlich verhält wie der Graph von f. Verfahrt anschließend ebenso mit g.

4 Wie kann man am Funktionsterm einer ganzrationalen Funktion f mit
$f(x) = a_n x^n + a_{n-1} x^{n-1} + \ldots + a_2 x^2 + a_1 x + a_0$ deren Verhalten in der Nähe von 0 allgemein erkennen? Formuliert ein zusammenfassendes Ergebnis.

5 Ordnet die Funktionsgleichungen den jeweiligen Graphen zu:
$f(x) = \frac{1}{4}x^3 + x^2 - 1$, $g(x) = \frac{1}{4}x^3 - x - 1$, $h(x) = \frac{1}{4}x^3 - x^2 - 1$, $i(x) = \frac{1}{4}x^3 + \frac{1}{2}x^2 - 1$, $j(x) = \frac{1}{4}x^3 + x - 1$

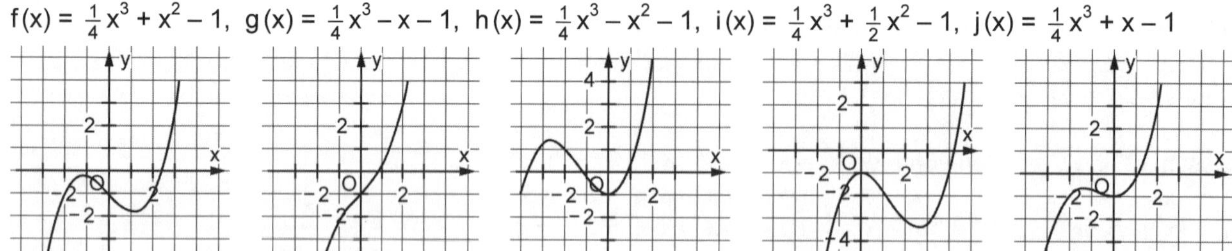

Vorbereitung der Ergebnispräsentation
Jeder von euch wird in seiner Stammgruppe die hier erarbeiteten Lerninhalte präsentieren. Dazu ist notwendig, dass ihr
- eine übersichtliche Musterlösung der Aufgaben erstellt,
- die wesentlichen Schritte eurer Lösung erläutern und Rückfragen beantworten könnt und
- einen sinnvollen, klar gegliederten Heftaufschrieb erstellt. Dieser sollte eine Überschrift, einen Merksatz sowie ein bis zwei Beispielaufgaben enthalten.

978-3-12-734302-1 Lambacher Schweizer 6 BW, Serviceband Ernst Klett Verlag GmbH, Stuttgart 2008

Domino: Ganzrationale Funktionen

Schneide entlang der fett gedruckten Linien aus und lege passend aneinander (ohne GTR). Der Zeichenbereich ist jeweils so gewählt, dass alle Nullstellen und Extremstellen von f zu sehen sind. Die Funktionsgleichung von f hat jeweils die Form $f(x) = a_n x^n + a_{n-1} x^{n-1} + \ldots + a_2 x^2 + a_1 x + a_0$.

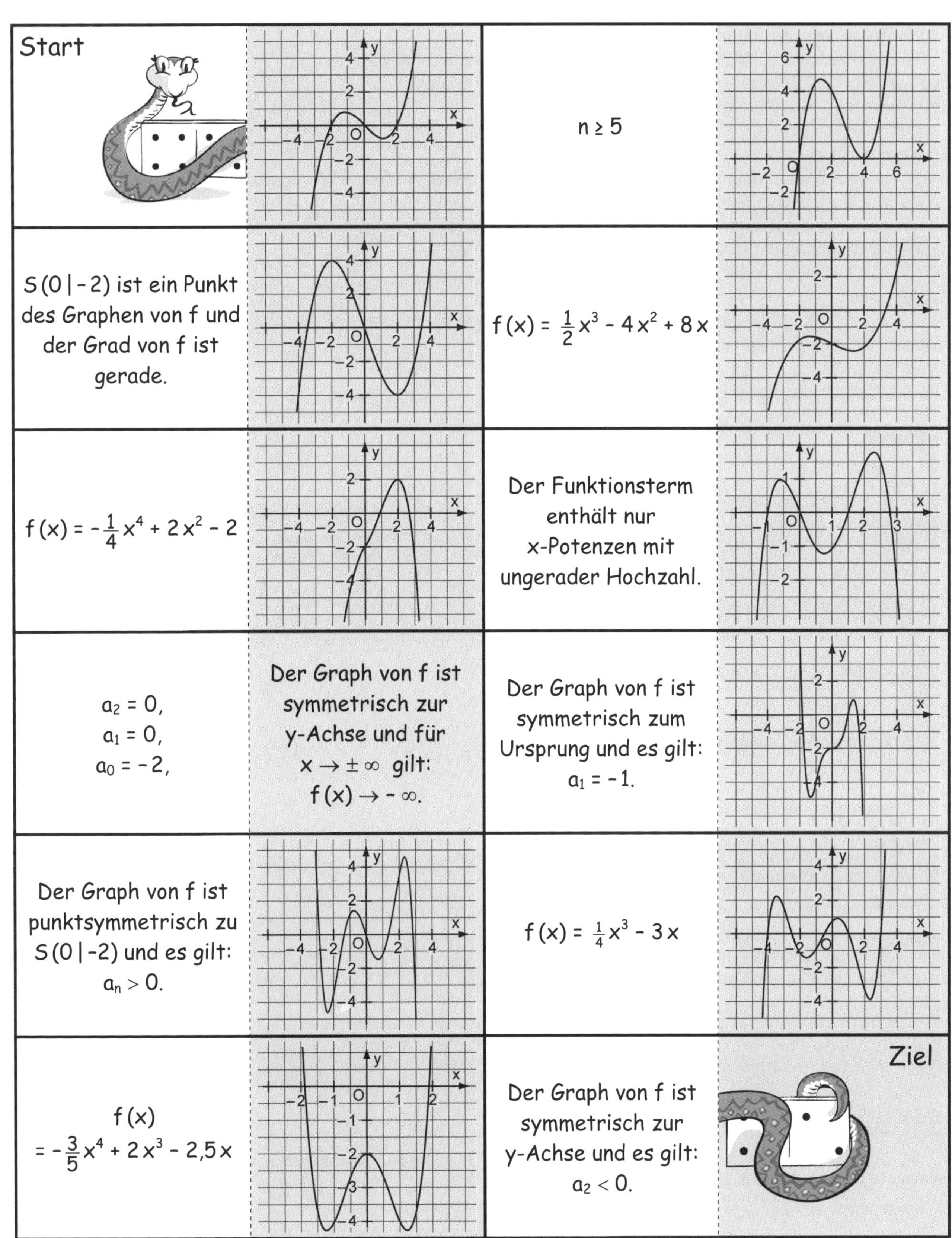

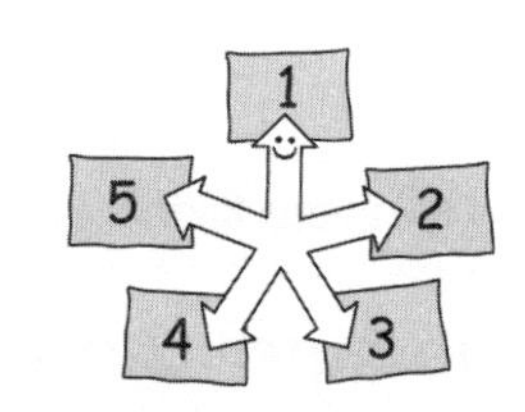

Lernzirkel: Verschieben und Strecken von Graphen

Mit diesem Lernzirkel kannst du den Lernstoff für das Kapitel „Verschieben und Strecken von Graphen“ selbst erarbeiten und üben. Bei jeder Station bearbeitest du ein anderes Teilthema. Diese Einführungsseite hilft dir dabei.

Reihenfolge der Stationen
Auf die Reihenfolge beim Bearbeiten der Stationen 1 bis 4 kommt es nicht an. Für das Bearbeiten der Station 5 solltest du die Stationen 1 bis 4 jedoch bearbeitet haben.

Stationen abhaken
Wenn du eine Station bearbeitet hast, kannst du sie auf dieser Seite abhaken. So weißt du immer, was du noch bearbeiten musst. Anschließend solltest du deine Lösung kontrollieren. Danach kannst du hinter der Station in der Übersicht das letzte Häkchen setzen.

Zeitrahmen
Natürlich musst du auch die Zeit im Auge behalten. Überlege dir, wie lange du für eine Station einplanen kannst.
Am Ende solltest du auf jeden Fall alle Stationen erledigt und deren Themen verstanden haben.

Viel Spaß!

Station	bearbeitet	korrigiert
1. Verschiebung in y-Richtung		
2. Verschiebung in x-Richtung		
3. Streckung in y-Richtung		
4. Streckung in x-Richtung		
5. Vermischte Übungen		

Lernzirkel 5: Vermischte Übungen

Bearbeite im Schülerbuch auf Seite 118 die Aufgaben 2 bis 5. Kontrolliere anschließend deine Ergebnisse.

© Als Kopiervorlage freigegeben.
Ernst Klett Verlag GmbH, Stuttgart 2008

Lernzirkel 1: Verschiebung in y-Richtung

1 Gegeben sind die Funktionen f, g und h mit den Funktionsgleichungen
$f(x) = 4^x + 2x^2$, $g(x) = f(x) - 5$ und $h(x) = f(x) + 3$.
Stelle mit dem GTR die Graphen der Funktionen f, g und h dar. Welche Beobachtungen machst du?

2

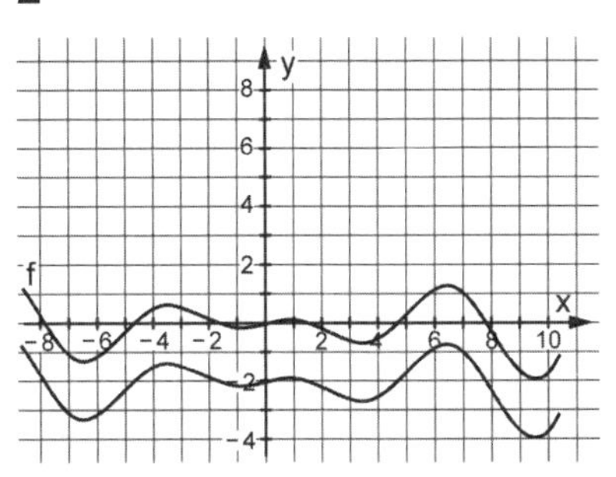

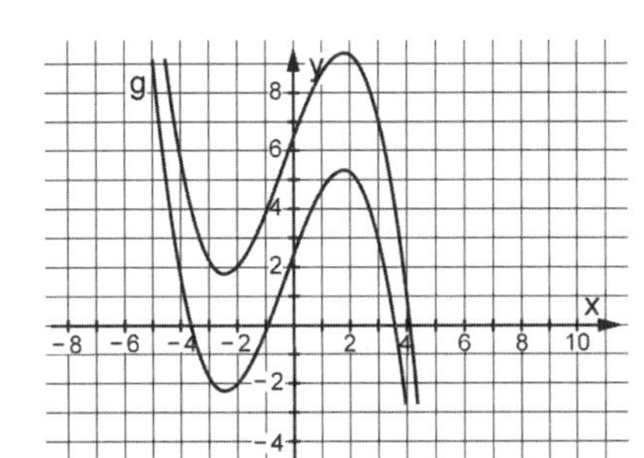

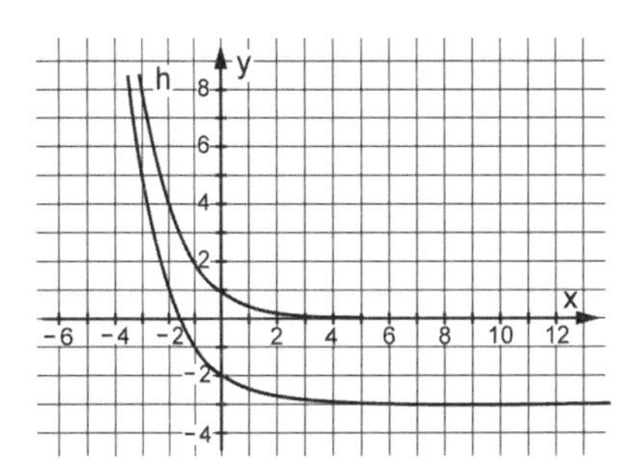

Wie entstehen die nicht bezeichneten Graphen aus den Graphen der Funktionen f, g und h?
Gib für diese jeweils eine Funktionsgleichung in Abhängigkeit von f(x), g(x) und h(x) an.

3 Ergänze den folgenden Lückentext mit passenden Worten.

Gilt zwischen zwei Funktionsgleichungen der Zusammenhang $g(x) = f(x) \pm c$; $c > 0$, so wird zu

jedem Funktionswert von f die Zahl c addiert: __________ des Graphen nach __________

oder die Zahl c subtrahiert: __________ des Graphen von f nach __________.

Lernzirkel 2: Verschiebung in x-Richtung

1 Gegeben sind die Funktionen f, g und h mit den Funktionsgleichungen
$f(x) = 4^x + 2x^2$, $g(x) = f(x - 2)$ und $h(x) = f(x + 3)$.
Stelle mit dem GTR die Graphen der Funktionen f, g und h dar. Welche Beobachtungen machst du?

2

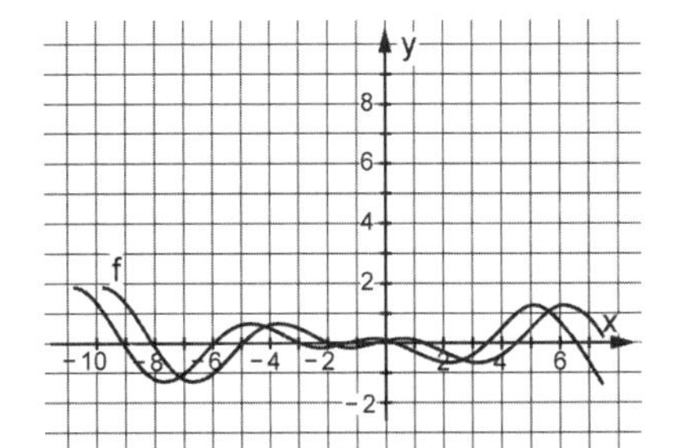

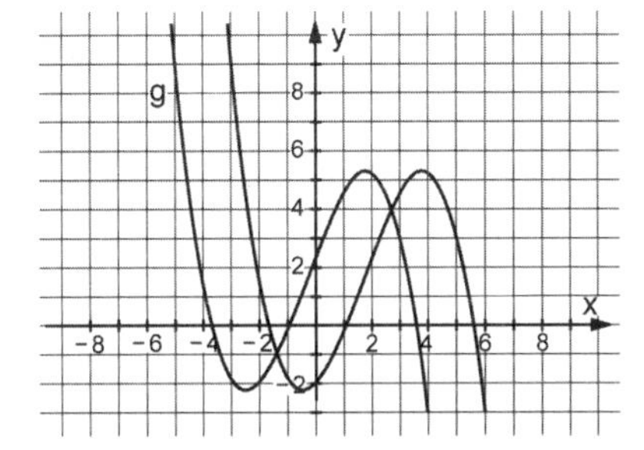

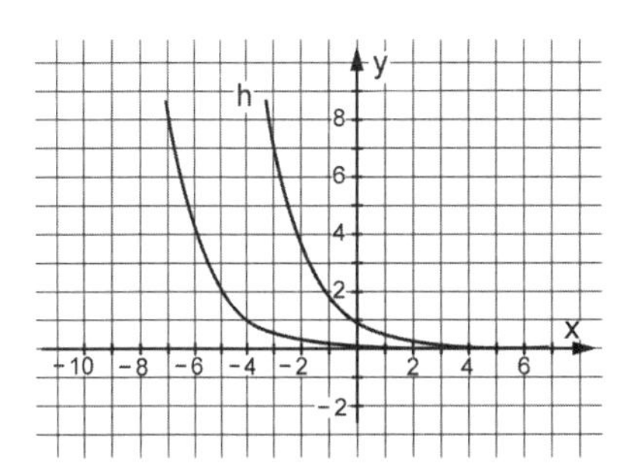

Wie entstehen die nicht bezeichneten Funktionen aus den Funktionen f, g und h?
Gib für diese jeweils eine Funktionsgleichung in Abhängigkeit von f(x), g(x) und h(x) an.

3 Ergänze den folgenden Lückentext mit passenden Worten.
Eine Verschiebung des Graphen nach rechts (z. B. um 2 Einheiten) bedeutet, dass der neue Funktionswert

von g an der Stelle x_0, z. B. $x_0 = 5$, dem (alten) von f an der Stelle __ (also x_0 __ 2) entspricht.

Es gilt dann also $g(x) = f(x$ _ $b)$ für $b > 0$. Gilt $g(x) = f(x + b)$, $(b > 0)$, so ist der Graph von g aus dem von

f durch Verschiebung um b __________________ entstanden.

⏱ 90 min + Hausaufgaben ↑ Einzelarbeit
© Als Kopiervorlage freigegeben.
978-3-12-734302-1 Lambacher Schweizer 6 BW, Serviceband **S53** Ernst Klett Verlag GmbH, Stuttgart 2008

Lernzirkel 3: Streckung in y-Richtung

1 Gegeben sind die Funktionen f, g und h mit den Funktionsgleichungen
$f(x) = \frac{1}{5}x^3 - x^2 + x - 1$, $g(x) = 3 \cdot f(x)$ und $h(x) = -2 \cdot f(x)$.
Stelle mit dem GTR die Graphen der Funktionen f, g und h dar. Welche Beobachtungen machst du?

2

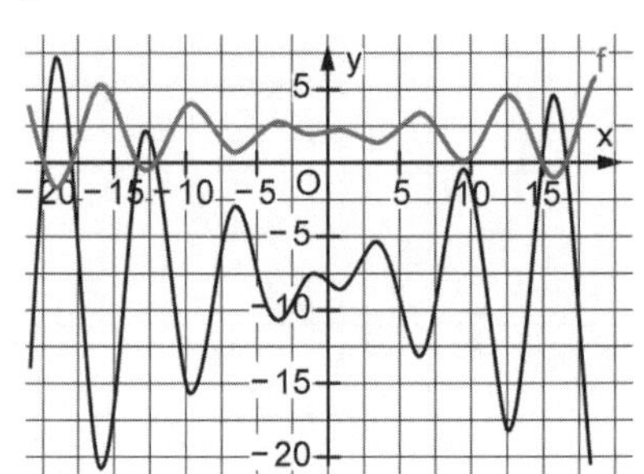

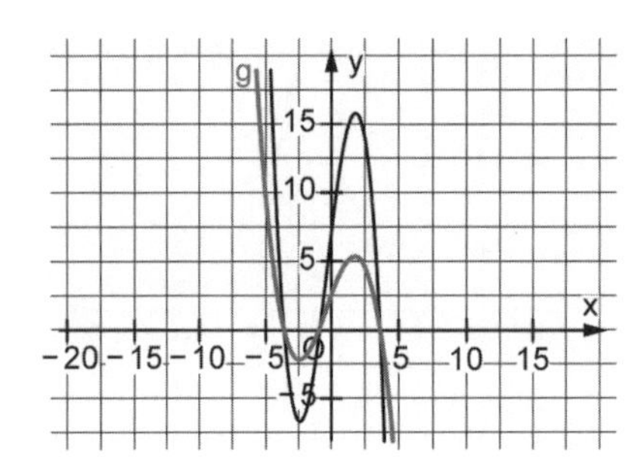

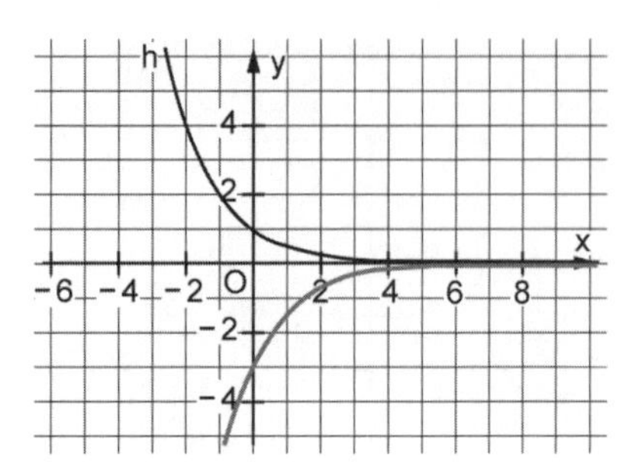

Wie entstehen die nicht bezeichneten Graphen aus den Graphen der Funktionen f, g und h?
Gib für diese jeweils eine Funktionsgleichung in Abhängigkeit von f(x), g(x) und h(x) an.

3 Ergänze den folgenden Lückentext mit passenden Worten.

Gilt $g(x) = k \cdot f(x)$, so bedeutet dies ____________________ jedes Funktionswerts von f. Dies liefert eine __________ des Graphen von der x-Achse aus in y-Richtung. Ist k dabei eine negative Zahl, so entsteht der Graph von g aus dem von f ______________________________ an der x-Achse.

Lernzirkel 4: Streckung in x-Richtung

1 Gegeben sind die Funktionen f, g und h mit den Funktionsgleichungen $f(x) = \frac{1}{5}x^3 - x^2 + x - 1$, $g(x) = f(2x)$ und $h(x) = f\left(-\frac{1}{2}x\right)$. Stelle mit dem GTR die Graphen der Funktionen f, g und h dar. Welche Beobachtungen machst du?

2

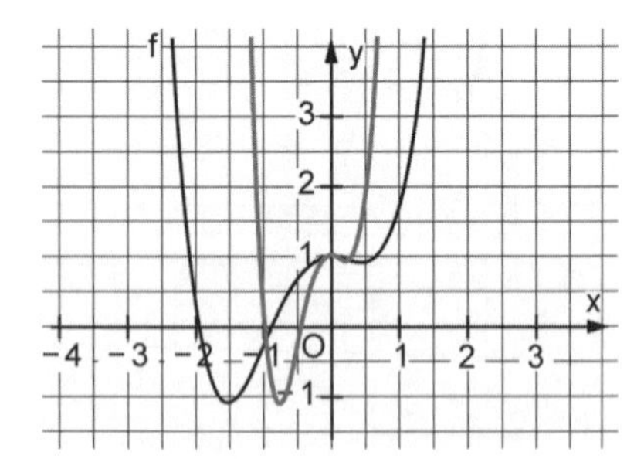

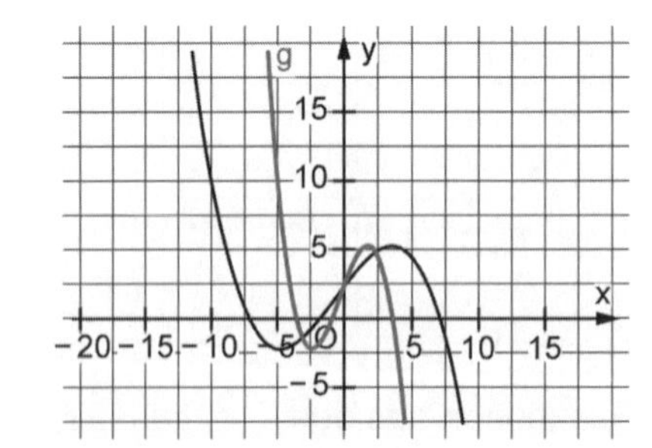

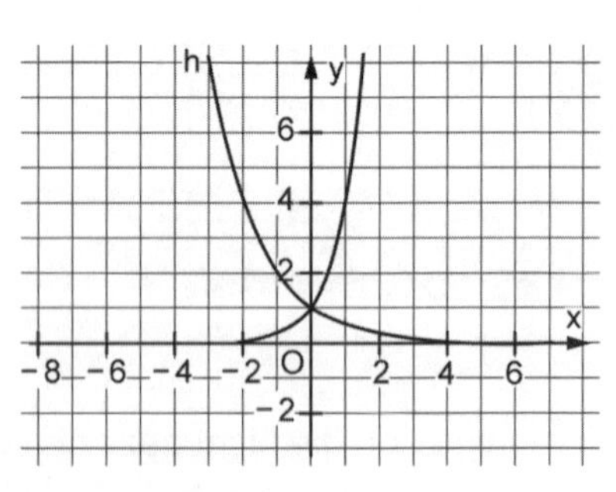

Wie entstehen die nicht bezeichneten Graphen aus den Graphen der Funktionen f, g und h?
Gib für diese jeweils eine Funktionsgleichung in Abhängigkeit von f(x), g(x) und h(x) an.

3 Ergänze den folgenden Lückentext mit passenden Worten.

Gilt $g(x) = f(k \cdot x)$, so entsteht der Graph von g aus dem von f durch eine ___________ von der y-Achse aus in ______________. Dabei ist der Streck- bzw. Stauchfaktor _____. Ist k negativ, so entsteht der Graph von g aus dem von f nicht nur durch eine Streckung, sondern auch durch __________________ an der __ -Achse.

Winkel im Bogenmaß – Ein Arbeitsplan

Arbeitszeit: 1 Schulstunde + Hausaufgaben

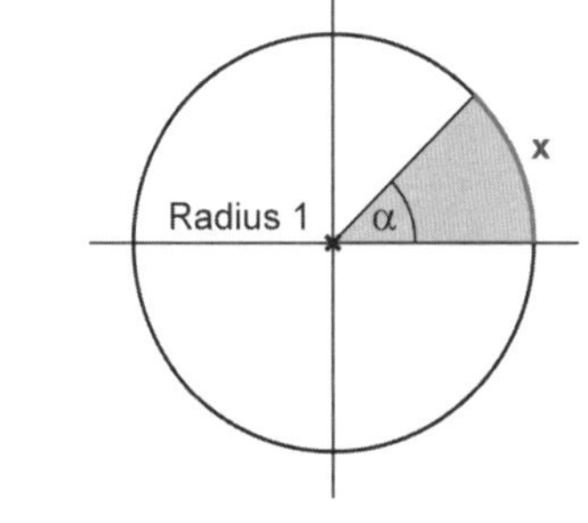

Vorüberlegungen

1 Unter dem Einheitskreis versteht man einen Kreis mit Radius $r = 1$.
Hier kann jedem Winkel α ein Kreissegment zugeordnet werden.
Die Länge des zugehörigen Kreisbogens bezeichnet man dann als Bogenmaß x des Winkels α.

a) Gib für die in der Tabelle gegebenen Winkel die Länge des zugehörigen Kreisbogens im Einheitskreis an.
Berechne hierzu zunächst den Umfang des Kreises und betrachte dann verschiedene Kreisanteile.

Winkel α	0°	45°	90°	135°	180°	225°	270°	315°	360°
Bogenmaß x									

b) Gelingt es dir, eine Berechnungsformel für das Bogenmaß x eines beliebigen Winkels α anzugeben?
Wie kann man umgekehrt bei gegebenem Bogenmaß den zugehörigen Winkel berechnen?

c) Wandle den nachfolgend angegebenen Winkel jeweils ins Bogenmaß und das angegebene Bogenmaß in den Winkel um. Benutze dazu die von dir gefundenen Formeln.
$\alpha = 25°$; $\alpha = 12°$; $\alpha = 170°$; $\alpha = 280°$; $x = 2{,}5$; $x = 0{,}4$; $x = 3{,}7$; $x = \frac{1}{8}\pi$

2 Bei der Berechnung von Werten trigonometrischer Funktionen ist es entscheidend, ob ein Winkel in Grad oder im Bogenmaß angegeben ist. Im Schülerbuch auf Seite 120 steht in der Randspalte, welche GTR-Einstellung dabei jeweils gewählt werden muss.
Berechne folgende Werte mit dem GTR. Runde die Ergebnisse auf zwei Dezimalen.
$\sin(90°)$; $\cos(6°)$; $\sin(345°)$; $\cos\left(\frac{3}{4}\pi\right)$; $\sin(2{,}4)$; $\cos(5)$

Erarbeitung und Heftaufschrieb

Im Schülerbuch auf den Seiten 119 und 120 findest du Informationen zum Winkel im Bogenmaß.

Lies sie durch und kontrolliere dein Ergebnis.
Erstelle nun einen Heftaufschrieb zum Thema Winkel im Bogenmaß.
Er soll eine Überschrift, einen Merksatz und einige Umrechnungsbeispiele enthalten.

Übungen

Bearbeite nun im Schülerbuch auf Seite 121 die Aufgaben Nr. 1, 2.

Die Ableitung der Sinus- bzw. Kosinusfunktion – Ein Arbeitsplan

Arbeitszeit: 1 Schulstunde + Hausaufgaben

Vorüberlegungen

1 a) Zeichne mit dem GTR den Graphen der Funktion f mit $f(x) = \sin x$.
Wähle dabei eine geeignete Skalierung der Achsen sowie die GTR-Einstellung für Winkel im Bogenmaß.
Bestimme nun die Werte der Ableitung von f an den in der Tabelle gegebenen Stellen x, indem du den GTR die Tangente an der jeweiligen Stelle zeichnen lässt und deren Steigung abliest.
b) Zeichne mithilfe der erstellten Wertetabelle den Graphen der Ableitungsfunktion f′ in das unten abgebildete Koordinatensystem ein.
Welche Ableitungsfunktion kann anhand des Graphen vermutet werden?

Stelle x	Ableitung f′(x)
0	
$\frac{\pi}{4}$	
$\frac{\pi}{2}$	
$\frac{3\pi}{4}$	
π	
$\frac{5\pi}{4}$	
$\frac{3\pi}{2}$	
$\frac{7\pi}{4}$	
2π	

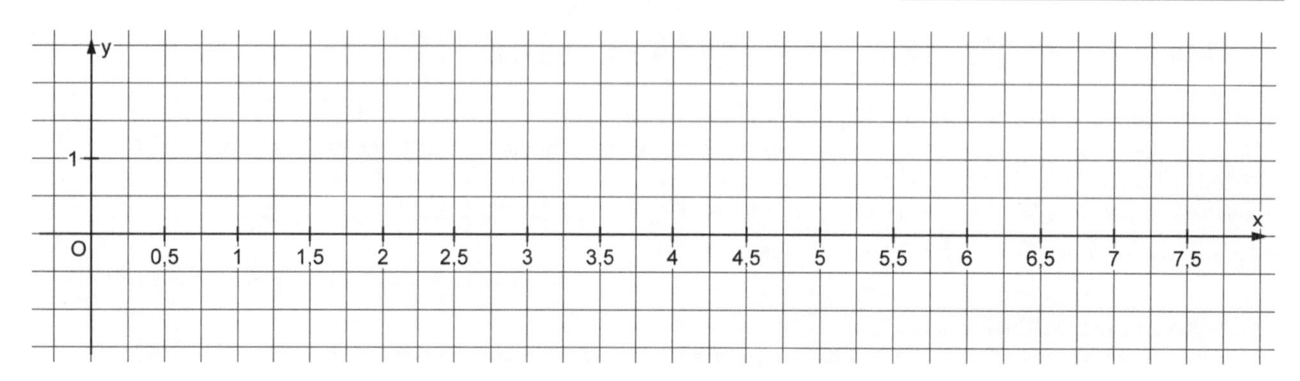

2 a) Mit dem GTR kann der Graph der Ableitungsfunktion einer gegebenen Funktion auch direkt gezeichnet werden. Finde heraus, wie dies funktioniert, indem du im Schülerbuch auf Seite 27 auf der Randspalte nachliest.
b) Betrachte nun den Graphen der Ableitungsfunktion g′ der Funktion g mit $g(x) = \cos x$.
Welcher Funktionsterm kann für g′ vermutet werden?
Überprüfe deine Vermutung, indem du mit dem GTR den Graphen von g′ und mit anderer Linienstärke den Graphen der von dir vermuteten Ableitungsfunktion in dasselbe Grafikfenster zeichnest.

Erarbeitung und Heftaufschrieb

Im Schülerbuch auf der Seite 123 findest Informationen zur Ableitung der Sinus- bzw. Kosinusfunktion.
Lies sie durch und kontrolliere deine Ergebnisse.
Erstelle einen Heftaufschrieb zum Thema Ableitung der Sinus- bzw. Kosinusfunktion.
Er soll eine Überschrift, einen Merksatz und einige Ableitungsbeispiele enthalten.

Übungen

Bearbeite nun im Schülerbuch auf Seite 124 die Aufgaben 1 und 2.

Variationen der Sinusfunktion – Ein Arbeitsplan

Arbeitszeit: 2 Schulstunden + Hausaufgaben

Vorüberlegungen (ohne Schülerbuch)

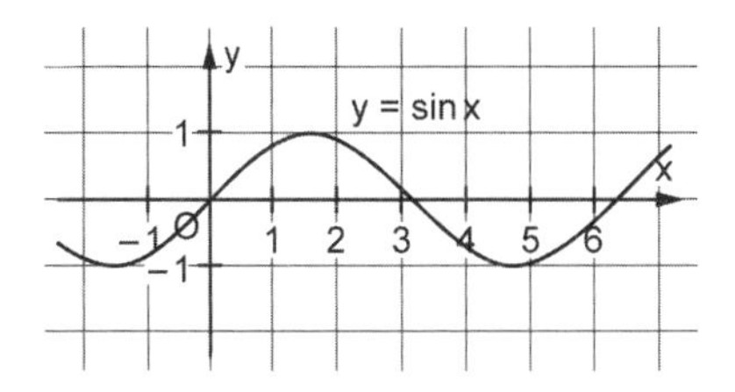

1 Gegeben sind die Funktion f mit $f(x) = \sin x$ sowie mit f_1, f_2, f_3 und f_4 vier Variationen dieser Funktion (siehe unten). Vergleiche mit dem GTR die Graphen für verschiedene Werte von a, b, c und d mit dem Graphen von f. Welche Veränderungen bewirken a, b, c und d beim Graphen?

$f_1(x) = a \cdot \sin(x)$: ______________________________

$f_2(x) = \sin(b \cdot x)$: ______________________________

$f_3(x) = \sin(x - c)$: ______________________________

$f_4(x) = \sin(x) + d$: ______________________________

2 Fülle folgende Tabelle aus:

	Wertebereich	Periode	Symmetrie
$f(x) = \sin(x)$			
$f_1(x) = a \cdot \sin(x)$			
$f_2(x) = \sin(b \cdot x)$			
$f_3(x) = \sin(x - c)$			
$f_4(x) = \sin(x) + d$			

3 Stelle mit dem GTR den Graphen von g mit $g(x) = \frac{1}{2}\sin\left(\frac{1}{2}\left(x + \frac{\pi}{2}\right)\right) - 1$ dar und beschreibe schrittweise, wie er aus dem Graphen von f mit $f(x) = \sin x$ hervorgeht, indem du die Erkenntnisse aus den Aufgaben 1 und 2 nutzt. Kontrolliere deine Antwort kritisch, indem du mit dem GTR die einzelnen Schritte graphisch nachvollziehst.

____

____

____

Erarbeitung und Heftaufschrieb

Lies im Schülerbuch auf den Seiten 116 und 125 die Kästen aufmerksam durch und vergleiche mit deinen eigenen Vorüberlegungen.
Nun sollst du einen Heftaufschrieb zum Thema Variationen der Sinusfunktion erstellen. Er soll eine Überschrift, einen Merksatz und eine Musteraufgabe mit Lösung und Graph enthalten. Überlege dir zunächst, was du schreiben willst und wie du es gestaltest.

Übungen

Seite 126, Aufgaben 1a) bis d), 4, 5 und 8. Kontrolliere deine Ergebnisse.

Für schnelle Rechner

Seite 126, Aufgabe 7.

Ernst Klett Verlag GmbH, Stuttgart 2008

Funktionseigenschaften im Überblick (1)

Erstelle eine Übersicht über die verschiedenen Funktionseigenschaften, indem du die unten aufgeführten Bedingungen bzw. Definitionen in die richtige Tabellenzelle überträgst. Ordne dann jeder Eigenschaft eine graphische Veranschaulichung zu. In der letzten Tabellenspalte kannst du schließlich selbst Ergänzungen (z.B. zum GTR-Einsatz) machen.

Lösungen x_1, x_2 ... der Gleichung $f(x) = 0$.

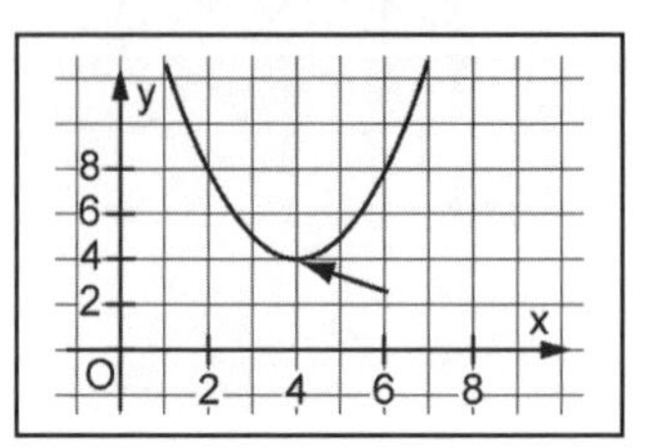

Die Schnittpunkte des Graphen von f mit der x-Achse sind dann gegeben durch $N(x_1 | 0)$, $N(x_2 | 0)$ ...

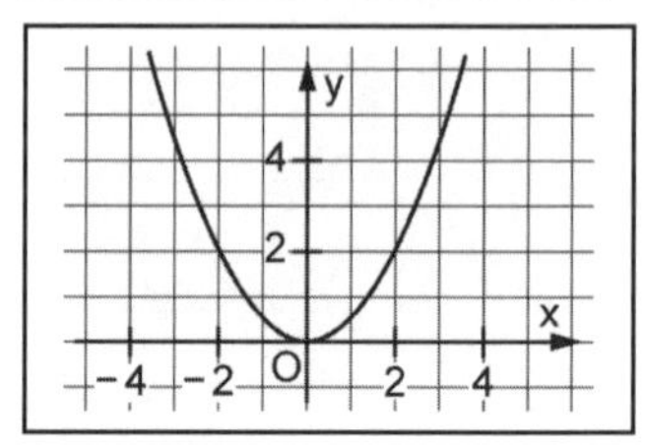

Auf der ganzen Definitionsmenge gilt $f(-x) = -f(x)$.

Ist f(x) eine Summe von Potenzfunktionen, so wird das Verhalten der Funktionswerte von f im Unendlichen durch den Summanden mit der höchsten x-Potenz bestimmt. Wenn nur negative Exponenten vorkommen, so gehen die Funktionswerte von f für $x \to \pm\infty$ gegen Null.

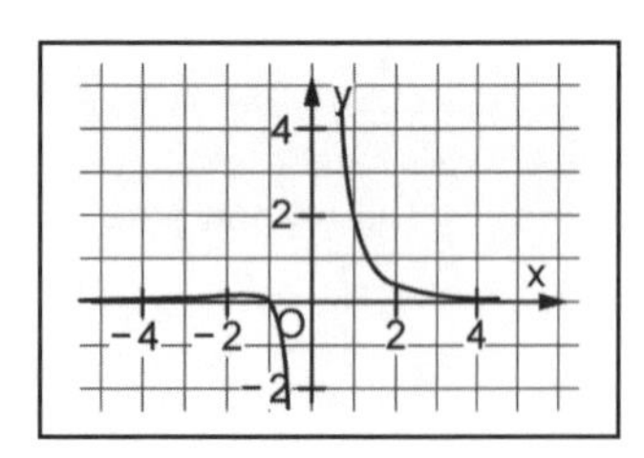

Auf der ganzen Definitionsmenge gilt $f(-x) = f(x)$.

Für $x_1 < x_2$ gilt auf dem ganzen Intervall $f(x_1) < f(x_2)$.

Bei Potenzfunktionen wird das Verhalten von f(x) im Unendlichen durch den Summanden mit der höchsten Potenz bestimmt.

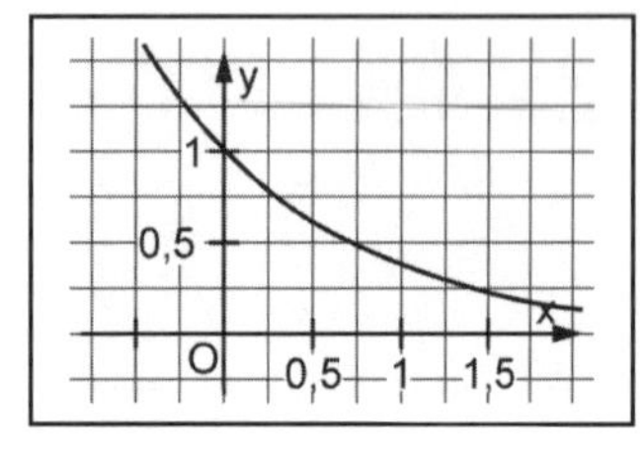

x_0 ist eine Stelle mit $f'(x_0) = 0$ und für $a < x_0 < b$ gilt: $f(x_0) > f(a)$ und $f(x_0) > f(b)$.

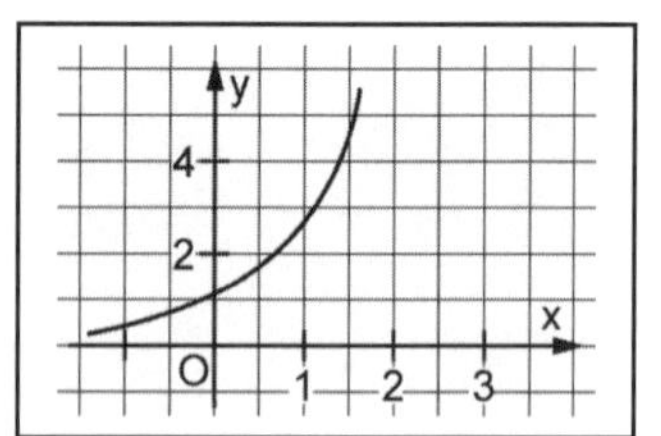

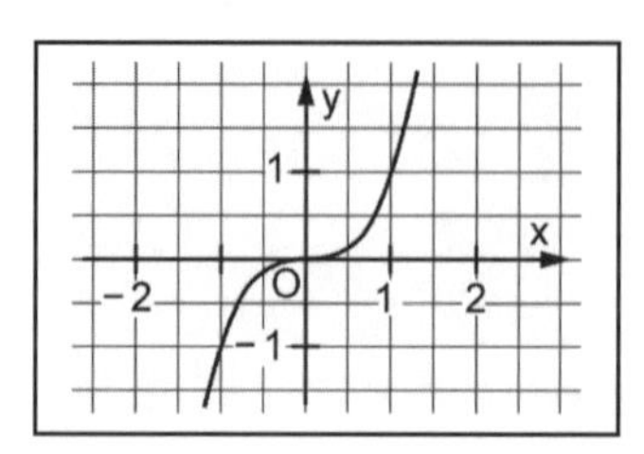

x_0 ist eine Stelle mit $f'(x_0) = 0$ und für $a < x_0 < b$ gilt: $f(x_0) < f(a)$ und $f(x_0) < f(b)$.

D_f ist die Menge aller x-Werte, die man in die Funktionsgleichung der Funktion f einsetzen darf.

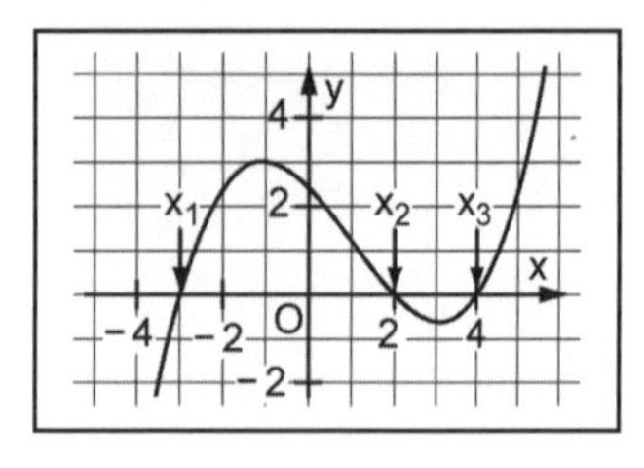

Für $x_1 < x_2$ gilt auf dem ganzen Intervall $f(x_1) > f(x_2)$.

Funktionseigenschaften im Überblick (2)

Funktionseigenschaft	Bedingung, Definition	Graphische Darstellung	Ergänzungen
Definitionsmenge			
Symmetrie	– Symmetrisch zur y-Achse:		
	– Punktsymmetrisch zu (0 | 0):		
Verhalten von f(x) für $x \to \pm\infty$			
Nullstellen			
Extrempunkte	– Hochpunkt $H(x_0 \mid f(x_0))$:		
	– Tiefpunkt $T(x_0 \mid f(x_0))$:		
Monotonie auf dem Intervall I	– Monoton wachsend:		
	– Monoton fallend:		

Ernst Klett Verlag GmbH, Stuttgart 2008

Wer passt zu wem? – Ein Arbeitsblatt

Ordne den Graphen die passenden Funktionsgleichungen zu. Begründe deine Entscheidung stichwortartig.

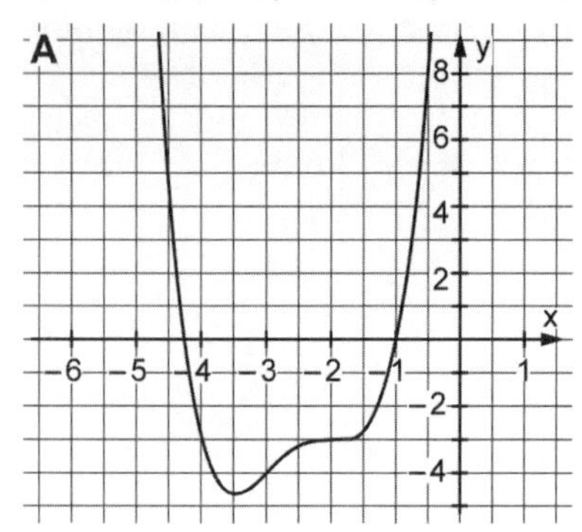

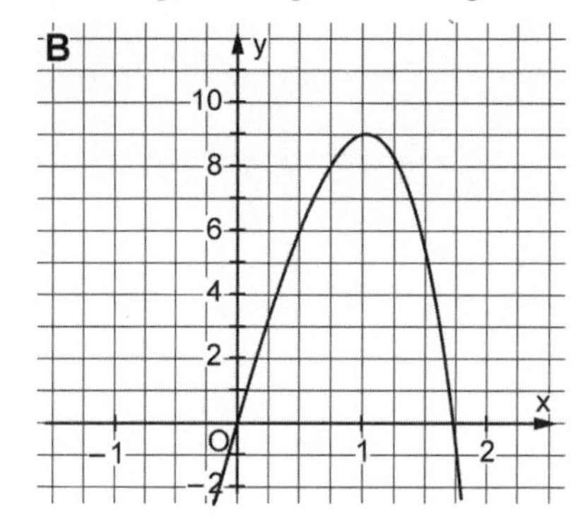

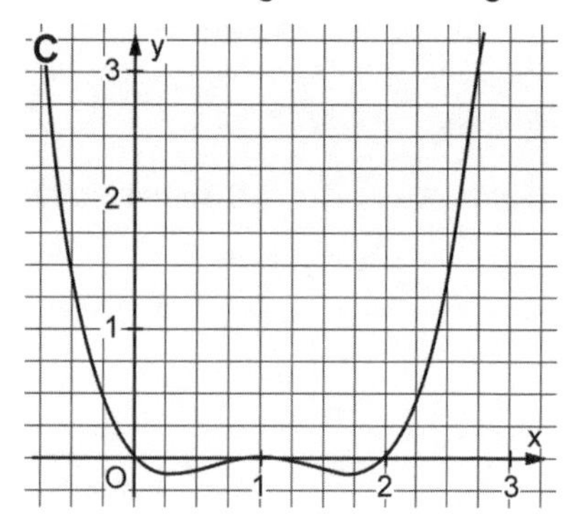

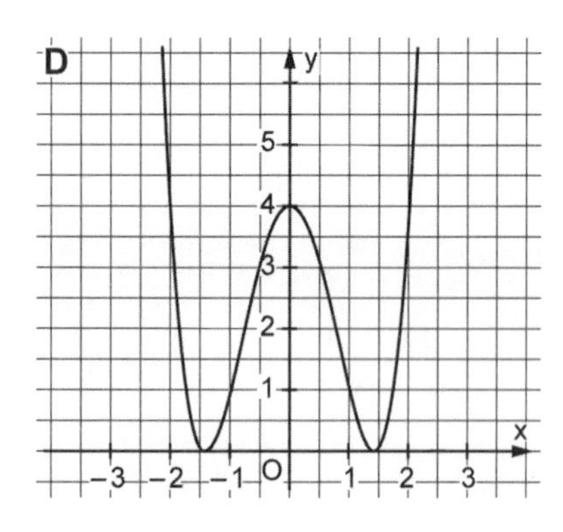

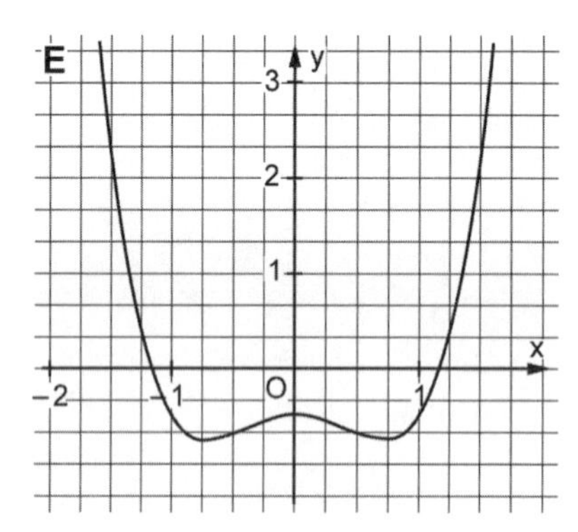

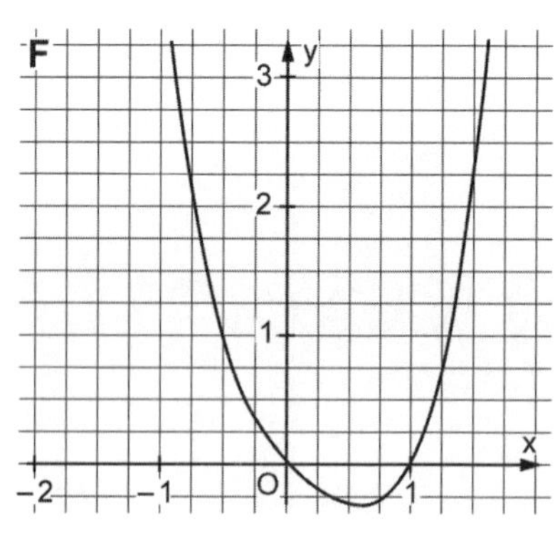

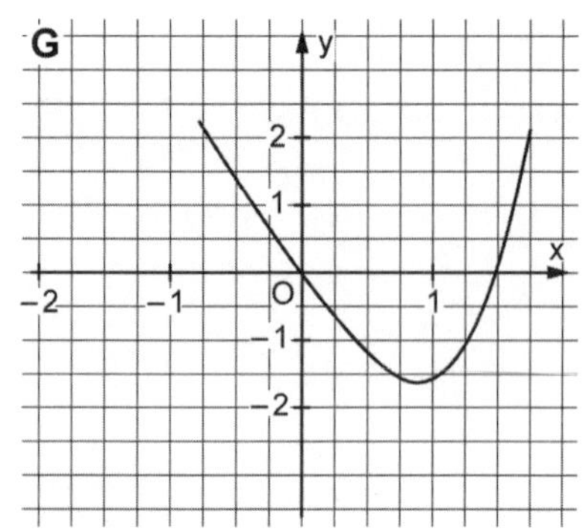

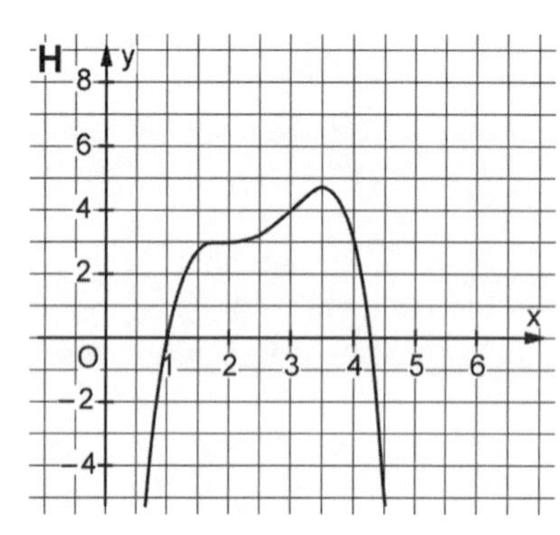

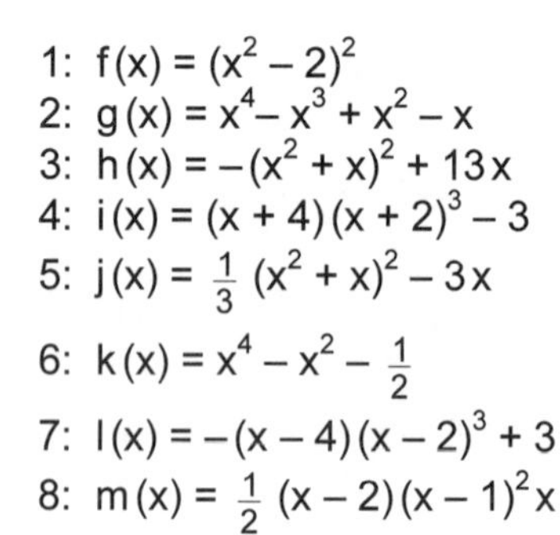

1: $f(x) = (x^2 - 2)^2$
2: $g(x) = x^4 - x^3 + x^2 - x$
3: $h(x) = -(x^2 + x)^2 + 13x$
4: $i(x) = (x + 4)(x + 2)^3 - 3$
5: $j(x) = \frac{1}{3}(x^2 + x)^2 - 3x$
6: $k(x) = x^4 - x^2 - \frac{1}{2}$
7: $l(x) = -(x - 4)(x - 2)^3 + 3$
8: $m(x) = \frac{1}{2}(x - 2)(x - 1)^2 x$

Zuordnung: **Begründung:**

A ____________ ____

B ____________ ____

C ____________ ____

D ____________ ____

E ____________ ____

F ____________ ____

G ____________ ____

H ____________ ____

Ernst Klett Verlag GmbH, Stuttgart 2008

Formen formen

1 Grundlagen

Mit Parabeln und Geraden kann man viele Formen erzeugen. Sieh dir die Figuren 1 und 2 im Schülerbuch auf Seite 112 an. Hier kannst du die Technik entdecken, wie solche Formen erzeugt werden. Du gehst aus von dem bekannten Graphen einer Parabel n-ter Ordnung und addierst an jeder Stelle x zu deren Funktionswert den Funktionswert einer anderen Parabel oder einer Geraden.

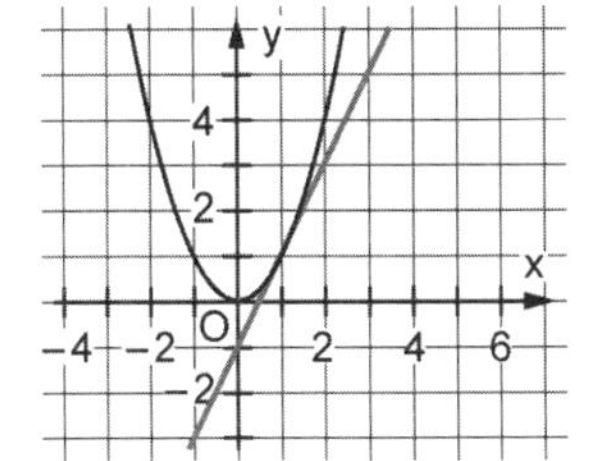

1. Beispiel: Wie wird die Parabel mit $f_1(x) = x^2$ durch die Addition der linearen Funktion $f_2(x) = 2x - 1$ verändert?

Die Gerade wird für kleine Beträge von x die linke Seite der Parabel nach unten ziehen, die rechte nach oben.

Das Ergebnis siehst du rechts.

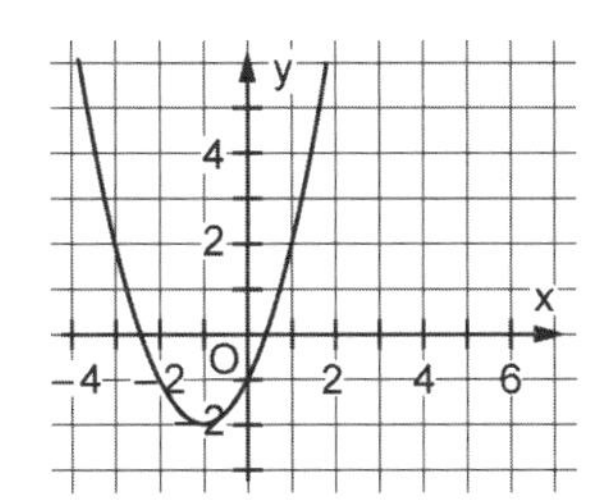

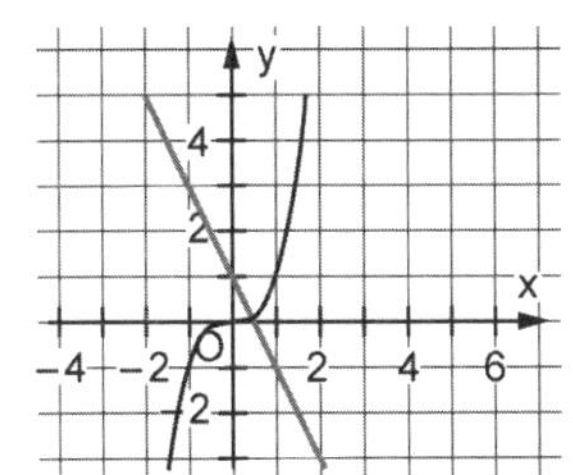

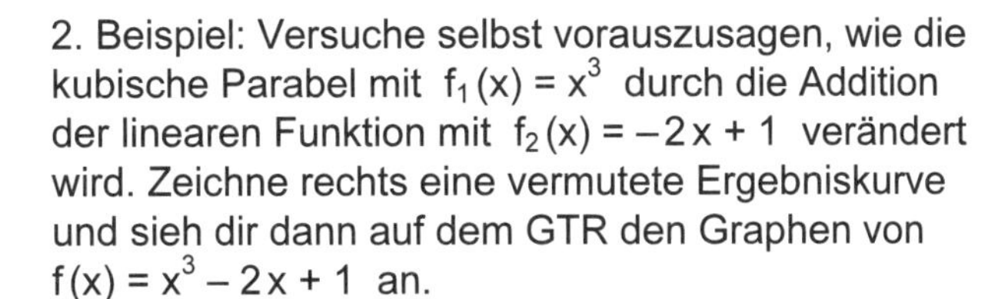

2. Beispiel: Versuche selbst vorauszusagen, wie die kubische Parabel mit $f_1(x) = x^3$ durch die Addition der linearen Funktion mit $f_2(x) = -2x + 1$ verändert wird. Zeichne rechts eine vermutete Ergebniskurve und sieh dir dann auf dem GTR den Graphen von $f(x) = x^3 - 2x + 1$ an.

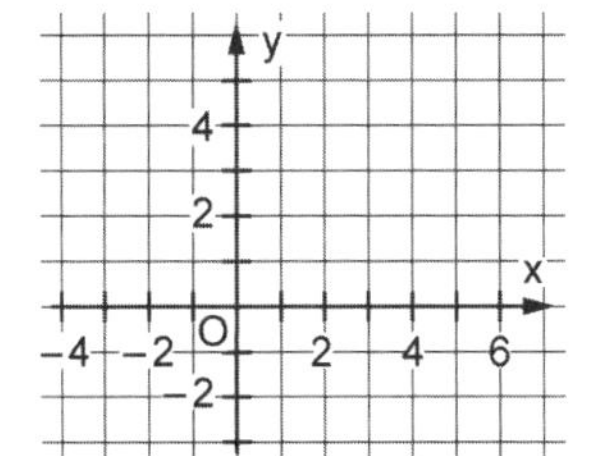

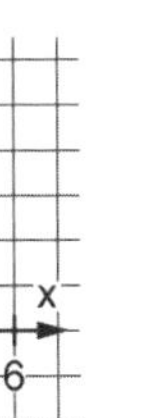

3. Beispiel: Kombiniert man eine kubische Parabel mit einer quadratischen Parabel, dann ist klar, dass

die höhere Potenz bei großem Betrag von x überwiegt. Das heißt, der charakteristische Verlauf des Graphen der höheren Potenz bestimmt den Gesamteindruck. Der Beitrag der kleineren Potenz ist bei kleinen Beträgen von x zu sehen.

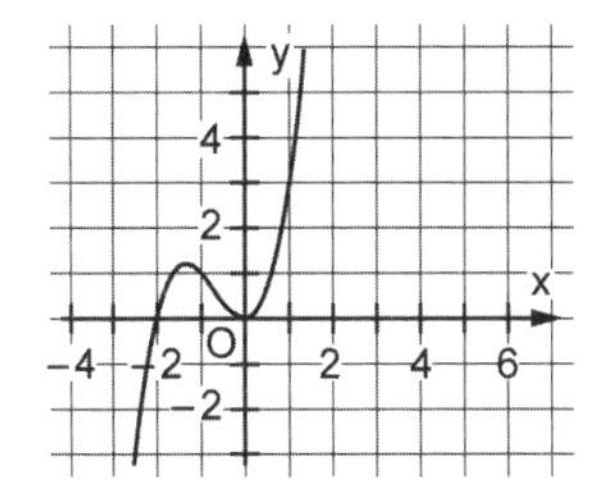

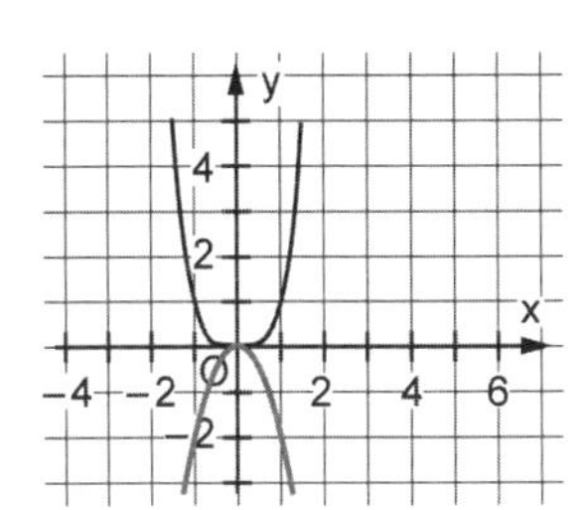

4. Beispiel: Was die Summe von $f_1(x) = x^4$ und $f_2(x) = -x^2$ ergibt, ist leicht vorauszusagen. Suche anhand des linken Bildes den Verlauf des Graphen zu $f(x) = x^4 - x^2$ im rechts vorbereiteten Koordinatensystem zu skizzieren. Benutze obige Anleitung.
Experimentiere am GTR: Welchen Einfluss haben die Koeffizienten a und b in $f(x) = ax^4 + bx^2$?
Untersuche entsprechend $f(x) = ax^6 + bx^4$.

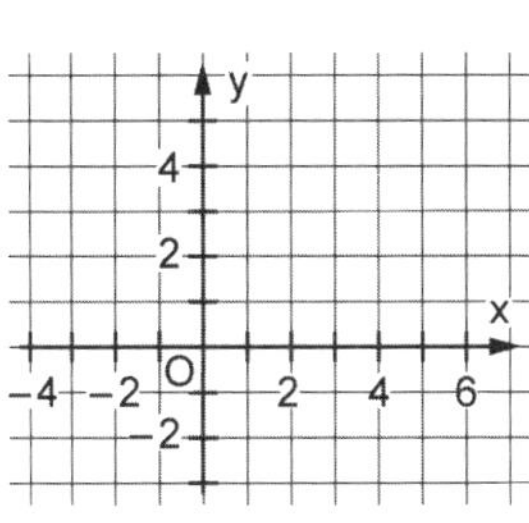

2 Eigene Gestaltung

Benutze die Anleitungen und die gewonnenen Erfahrungen aus Aufgabe 1, um für die unten gezeichneten Graphen die beteiligten Funktionen zu finden. Für das linke Bild kannst du die Funktionen aus einem oben stehenden Beispiel erschließen. Das rechte Bild ist eine Herausforderung, folgende Hinweise erleichtern den Anfang: Es sind drei verschiedene Potenzfunktionen beteiligt, die Anzahl der Nullstellen ist ein Hinweis auf die höchste Potenz.

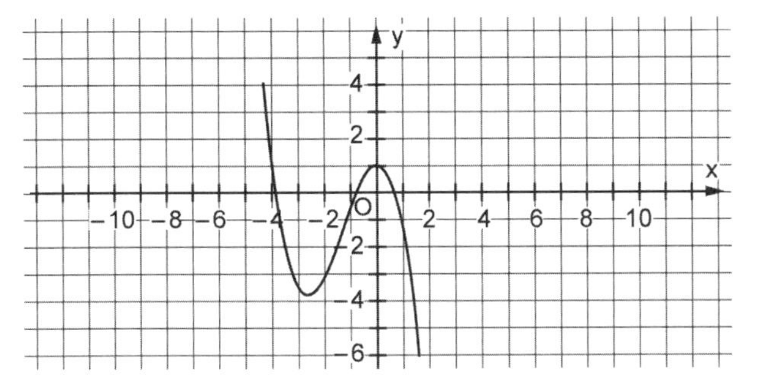

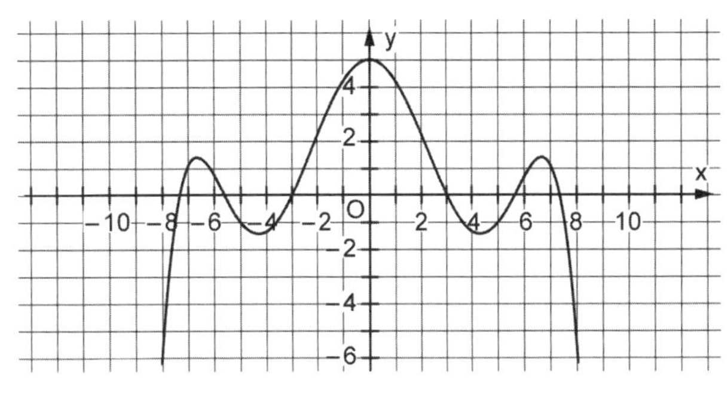

Ernst Klett Verlag GmbH, Stuttgart 2008

„Mathe ärgert mich nicht!" – Aufgabenkarten

Aufgabe	Lösung	Aufgabe	Lösung
Bestimme f (x). ☺☺	$f(x) = \frac{1}{2} \cdot 2^x$	Jan legt bei einer Bank 2000 € zu einem Zinssatz von 4 % an. Wie viel Geld hat er nach einem Jahr, wie viel nach n Jahren? ☺☺	2080 € bzw. $2000 \cdot 1{,}04^n$ €
Wie viele Nullstellen kann eine ganzrationale Funktion vom Grad 4 haben? ☺☺	0, 1, 2, 3 oder 4	Welche Eigenschaft muss der Grad einer ganzrationalen Funktion haben, damit sie sicher mindestens eine Nullstelle hat? ☺☺☺	Der Grad muss ungerade sein.
Bestimme das Verhalten von f mit $f(x) = -3x^3 + 2x^2 - x + 1$ für $x \to \pm\infty$. ☺	Für $x \to +\infty$ gilt: $f(x) \to -\infty$. Für $x \to -\infty$ gilt: $f(x) \to +\infty$.	Gib eine ganzrationale Funktion 4. Grades mit den Nullstellen 1; −1; 2; −2 an, für die gilt: $f(0) = -4$ und $f(x) \to -\infty$ für $x \to \pm\infty$. ☺☺☺	$f(x) = -(x^2 - 1)(x^2 - 4)$ $= -x^4 + 5x^2 - 4$
Gib den Winkel 5° im Bogenmaß an. ☺☺	$\frac{5}{180}\pi = \frac{1}{36}\pi$	Bestimme die kleinste positive Lösung folgender Gleichung: $\sin\left(\frac{\pi}{6}\right) = \cos(x)$. ☺☺☺	$x = \frac{\pi}{3}$
Bestimme f (x). ☺☺☺	$f(x) = 3 \cdot \sin\left(\frac{\pi}{2} \cdot x\right)$	Gegeben sind f und g mit $f(x) = \frac{2}{3}x^2 - 5x$ und $g(x) = \frac{1}{3}(x-1)^2 - 2{,}5(x-1) + 4$. Beschreibe, was man mit dem Graphen von f machen muss, um den Graphen von g zu erhalten. ☺☺☺	Man muss den Graphen von f mit 0,5 in y-Richtung strecken und ihn dann um 1 nach rechts und 4 nach oben verschieben.

Trainingsrunde – Kombinatorik (1)

Lehrerinformation
Die Schülerinnen und Schüler durchlaufen nacheinander die Runden 1 bis 3. Den Aufgaben einer Runde liegt jeweils eines der drei verschiedenen Urnenmodelle zugrunde, die Schwierigkeit der Aufgaben steigt innerhalb einer Runde. Bei der Erarbeitung der Lösung können die Schüler neben den Aufgaben der Runden die zugehörigen Hilfekarten erhalten (unten zum Ausschneiden). Dabei sollte zunächst Hilfekarte 1, bei zusätzlichem Hilfsbedarf auch Hilfekarte 2 ausgegeben werden (Variationen in Gruppen sind möglich).

Hilfekarte 1
Runde 1

Produktregel

Sind k verschiedene Urnen mit n_1 bzw. n_2 bzw. ... n_k Kugeln vorhanden, so gibt es

$\mathbf{n_1 \cdot n_2 \cdot \ldots \cdot n_k}$

Möglichkeiten, aus jeder der Urnen genau eine Kugel zu ziehen.

Hilfekarte 2
Runde 1

zu 1.1: Zieht man k-mal wiederholt mit Zurücklegen aus einer Urne mit n Kugeln, so sind n^k verschiedene Reihenfolgen möglich.
zu 1.2: Ein Baumdiagramm kann helfen.
zu 1.3: An der ersten Stelle der dreistelligen Zahl kann im Unterschied zu den beiden anderen Stellen keine Null stehen.

Hilfekarte 1
Runde 2

Ziehen ohne Zurücklegen

Werden k Kugeln ohne Zurücklegen aus einer Urne mit n Kugeln gezogen, dann gibt es dafür

$\mathbf{n \cdot (n-1) \cdot \ldots \cdot (n-k+1)}$

verschiedene Möglichkeiten.

Hilfekarte 2
Runde 2

zu 2.1: Übertragung auf das Urnenmodell: Wurde eine Farbe verwendet, so kann sie nicht „zurückgelegt“ bzw. wiederverwendet werden.
zu 2.2: Zieht man n-mal wiederholt ohne Zurücklegen aus einer Urne mit n Kugeln, so hat man $n \cdot (n-1) \cdot \ldots \cdot 1 = n!$ verschiedene Möglichkeiten.

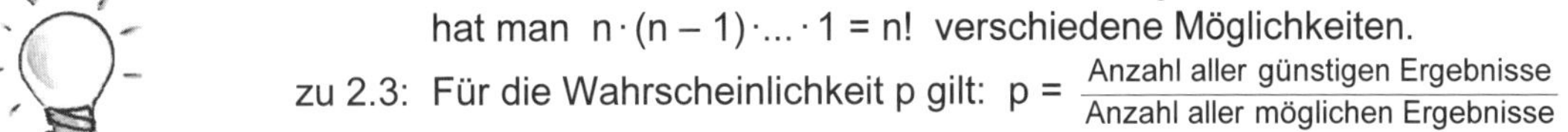

zu 2.3: Für die Wahrscheinlichkeit p gilt: $p = \frac{\text{Anzahl aller günstigen Ergebnisse}}{\text{Anzahl aller möglichen Ergebnisse}}$.
Verwende auch von Hilfekarte 2, Runde 1 den Hinweis zu 1.1.

Hilfekarte 1
Runde 3

Ziehen mit einem Griff

Werden k Kugeln mit einem Griff aus einer Urne mit n Kugeln gezogen, dann gibt es dafür

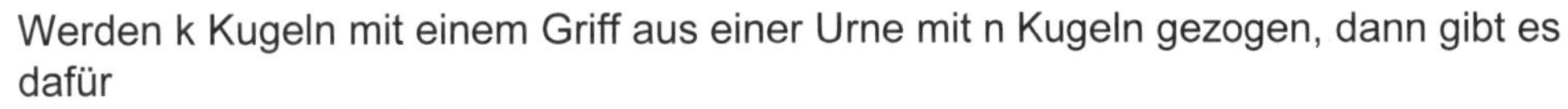

$\binom{n}{k} = \frac{n \cdot (n-1) \cdot \ldots \cdot (n-k+1)}{k \cdot (k-1) \cdot \ldots \cdot 1}$

verschiedene Möglichkeiten.

Hilfekarte 2
Runde 3

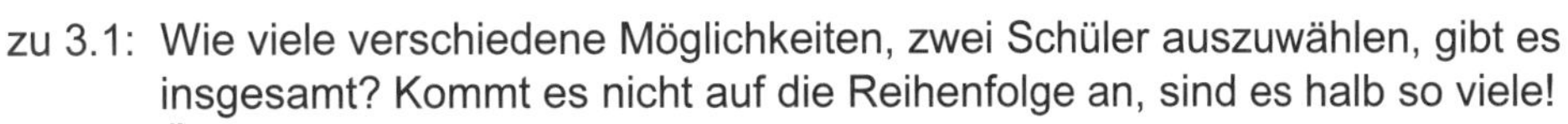

zu 3.1: Wie viele verschiedene Möglichkeiten, zwei Schüler auszuwählen, gibt es insgesamt? Kommt es nicht auf die Reihenfolge an, sind es halb so viele!
zu 3.2: Übertrage die Zahlen auf das Urnenmodell.
zu 3.3: Es gibt sechs richtige und 43 falsche Kugeln. Wie viele Möglichkeiten gibt es für die vier Richtigen und die übrigen zwei Falschen? Verwende Hilfekarte 1, Runde 1 und Hilfekarte 2, Runde 2 (zu 2.3).

Trainingsrunde – Kombinatorik (2)

Runde 1

1.1 Wie viele dreistellige Zahlen kann man mit drei Würfeln werfen?

1.2 Ein Kleiderschrank beherbergt sieben verschiedene Hemden, fünf verschiedene Hosen und zwei Paar Schuhe. Wie viele Tage können maximal verstreichen, wenn man nicht an zwei Tagen hintereinander dieselbe Kombination anziehen möchte?

1.3 Wie viele Kfz-Kennzeichen aus zwei Buchstaben und einer dreistelligen Zahl (nach dem Land- bzw. Stadtkreiskennzeichen) könnte die Zulassungsstelle einer Stadt ausgeben?

Runde 2

2.1 Für eine dreifarbige Fahne stehen acht Farben zur Verfügung. Wie viele Möglichkeiten gibt es, wenn jeder Streifen eine andere Farbe hat?

2.2 Bei einem Pferderennen mit zehn Pferden soll auf die richtige Reihenfolge beim Zieleinlauf getippt werden. Wie viele verschiedene Möglichkeiten für den Zieleinlauf der Pferde gibt es?

2.3 Ein idealer Würfel wird sechsmal geworfen. Wie hoch ist die Wahrscheinlichkeit, dass alle sechs verschiedenen Augenzahlen auftreten?

⏱ 90 min † Einzel-/Gruppenarbeit
© Als Kopiervorlage freigegeben.
978-3-12-734302-1 Lambacher Schweizer 6 BW, Serviceband **S64** Ernst Klett Verlag GmbH, Stuttgart 2008

Runde 3

3.1 Aus einer Klasse von 30 Schülerinnen und Schülern sollen zwei gleichberechtigte Klassensprecher gewählt werden. Wie viele Möglichkeiten von solchen Klassensprecherpaaren gibt es?

3.2 Wie viele Möglichkeiten gibt es, beim Lotto „6 aus 49“ sechs verschiedene Zahlen anzukreuzen?

3.3 Mit welcher Wahrscheinlichkeit erhält man vier Richtige beim Lotto „6 aus 49“?

⏱ 90 min † Einzel-/Gruppenarbeit
© Als Kopiervorlage freigegeben.
978-3-12-734302-1 Lambacher Schweizer 6 BW, Serviceband **S64** Ernst Klett Verlag GmbH, Stuttgart 2008

Soll ich das Spiel spielen? – Ein Arbeitsplan

Arbeitszeit: 1 Schulstunde + Hausaufgaben

Vorüberlegung

1 Welchen Gewinn oder Verlust kann man bei dem Glücksspiel „Kopf oder Zahl" bei einem Einsatz von 1€ langfristig erwarten, wenn man bei „Kopf" 2€ erhält und bei „Zahl" seinen Einsatz verliert?

2 Würdest du ein Spiel mitspielen, bei dem bei einem Pasch die Auszahlung das Vierfache des Einsatzes beträgt (und ansonsten der Einsatz verloren ist)? Ab welcher Auszahlungsquote würdest du das Spiel spielen?

Erarbeitung

Bei zahlreichen Zufallsexperimenten interessiert man sich ausschließlich für ein Ergebnis, das einer Zahl (z. B. ein Geldwert in Euro) zugeordnet wird; man nennt diese Zuordnung Zufallsvariable X.

Glücksspiel „Auf die Zahl": Einsatz 5€
Dreimaliger Münzwurf
Auszahlung:

3x Zahl	10€
2x Zahl	6€
1x Zahl	2€

1 Fülle die Tabelle aus (Z = Zahl, K = Kopf).

Ergebnis des Glücksspiels „Auf die Zahl"	ZZZ	ZZK	ZKZ	ZKK	KZZ	KZK	KKZ	KKK
Gewinn in €	5							–5

2 X: Gewinn des Glücksspiels „Auf die Zahl" in Euro. Die Werte, die die Zufallsvariable X annehmen kann, heißen k.
Fülle die Tabelle zur Wahrscheinlichkeitsverteilung der Zufallsvariablen X aus.

k_i	5	1	–3	–5
$P(X = k_i)$		$\frac{3}{8}$		

Welchen Gewinn oder Verlust kann man auf lange Sicht bei diesem Glücksspiel erwarten?

Aufgrund der Tabelle kann man auf lange Sicht durchschnittlich den Gewinn von 5€ bei ___ der Spiele erwarten, den Gewinn von 1€ bei $\frac{3}{8}$ der Spiele erwarten, den Verlust von 3€ bei ___ der Spiele erwarten und einen Verlust von 5€ bei ___ aller Spiele erwarten.

Der zu **erwartende durchschnittliche** Gewinn beträgt
$5 \cdot P(x = 5) + 1 \cdot P(x = 1) + (-3) \cdot P(X = -3) + (-5) \cdot P(X = -5) = -0{,}75$.
Dieser Wert ist der **Erwartungswert** E (X) der Zufallsvariablen X. Er kann offensichtlich eine Zahl sein, die als Wert der Zufallsvariablen nicht vorkommt. Beim Glücksspiel „Auf die Zahl" erwartet man auf lange Sicht einen durchschnittlichen Verlust von 75 Cent pro Spiel.

Heftaufschrieb

Erstelle einen Heftaufschrieb zum Thema „Zufallsvariable und deren Erwartungswert". Er soll neben der Überschrift einen Merksatz und ein Beispiel zur Berechnung des Erwartungswerts einer Zufallsvariablen enthalten. Überprüfe, vergleiche und ergänze anschließend deinen Aufschrieb um den Begriff „Faires Spiel" mithilfe des Schülerbuchs, Seite 136 und 137.

Übungen

Bearbeite im Schülerbuch auf Seite 137 die Aufgaben 1, 2, 3 und 4. Kontrolliere deine Ergebnisse.

Ernst Klett Verlag GmbH, Stuttgart 2008

Bernoulli-Versuche – Ein Arbeitsplan

Vorüberlegungen

1 In einem Geldsack befinden sich zwanzig 1-€-Münzen. Drei davon sind irische mit dem Bild einer Harfe. Es wird 5-mal mit bzw. ohne Zurücklegen der Münze gezogen. Eine irische Münze wird als Treffer bezeichnet. Bei welcher Ziehungsart ändert sich die Trefferwahrscheinlichkeit von Zug zu Zug, bei welcher nicht?

2 Wie viele Ergebnisse haben die einfachsten (sinnvollen) Zufallsexperimente?

Erarbeitung

1 Ein Zufallsexperiment mit nur zwei Ergebnissen heißt **Bernoulli-Versuch**.
Überprüfe, ob es sich um einen Bernoulli-Versuch handeln kann.

„Wanderung nach Münze“: Eine Gruppe trifft sich zu einer Wanderung. An der Weggabelung wird eine Münze geworfen; bei K geht sie den Weg, der nach links führt, bei Z den Weg, der nach rechts führt.

„Blutspende erbeten“: Rhesusfaktorbestimmung eines Patienten.

„Wer hat Anstoß?“: Werfen einer Münze.

Eine verbeulte Münze wird geworfen.

„Qualitätsprüfung“: Der Artikel ist funktionsfähig oder muss ausgemustert werden.

„Mensch ärgere dich nicht!“: Zu Beginn würfelt man und es interessiert nur, ob man eine Sechs gewürfelt hat oder nicht.

„Blutspende erbeten“: Bestimmung der Blutgruppe eines Patienten.

2 Ein Zufallsexperiment, das aus n unabhängigen Durchführungen desselben Bernoulli-Versuchs besteht, heißt **Bernoulli-Kette**.
Überprüfe, ob es sich um eine Bernoulli-Kette handeln kann.

Aus einer Urne mit 17 roten und 33 schwarzen Kugeln werden zehn Kugeln nacheinander ohne Zurücklegen gezogen und jeweils festgestellt, ob die Kugel rot oder schwarz ist.

Ein Massenartikel wird in laufender Produktion hergestellt. Es werden fünf Artikel ausgewählt und festgestellt, ob der Artikel defekt ist oder nicht.

Zehn Reißnägel werden gleichzeitig geworfen.

Ein Reißnagel wird zehnmal geworfen.

Der SV Hinterzipfelbach hat von sechs Spielen gegen FC Schnauzhausen vier gewonnen. Bei den nächsten zwei Begegnungen wird festgestellt, ob Hinterzipfelbach gewonnen hat oder nicht.

Heftaufschrieb

Erstelle einen Heftaufschrieb zum Thema „Bernoulli-Versuche“. Er soll neben der Überschrift einen Merksatz und je ein Beispiel und Gegenbeispiel für ein Bernoulli-Experiment und eine Bernoulli-Kette enthalten. Überprüfe und vergleiche deinen Aufschrieb anschließend mithilfe des Schülerbuchs, Seite 138.–139.

Übungen

Bearbeite im Schülerbuch auf Seite 139 die Aufgabe 1. Kontrolliere dein Ergebnis.

Ernst Klett Verlag GmbH, Stuttgart 2008

Die Formel von Bernoulli – Ein Arbeitsplan

Arbeitszeit: 2 Schulstunden + Hausaufgaben

Vorüberlegungen

Ein Süßwarenproduzent stellt Schokoladeneier mit einer Überraschung darin her. In jedem siebten Ei befindet sich eine besondere Figur, zur Zeit sind es „Lucky Lions".

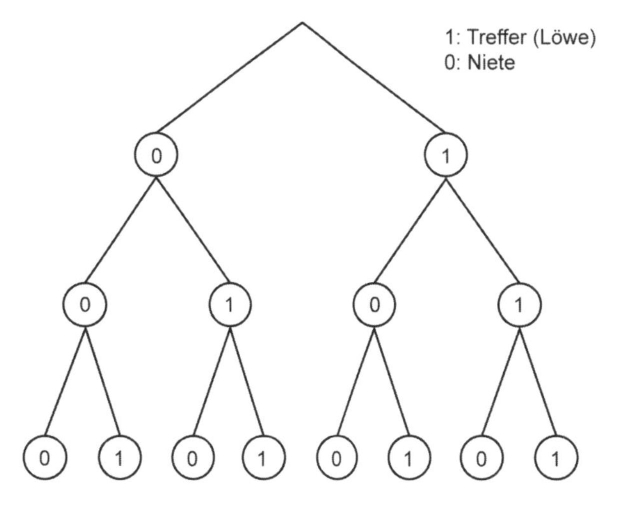

1 Wie groß ist die Wahrscheinlichkeit bei einem Kauf von drei Eiern, 0, 1, 2 oder 3 Löwen zu bekommen? Schreibe zur Klärung dieser Frage zunächst die jeweiligen Wahrscheinlichkeiten an die Pfade im nebenstehenden Baumdiagramm.

2 Die Anzahl der Löwen soll durch die Zufallsvariable X beschrieben werden. Die Werte, die die Zufallsvariable annehmen kann, heißen r. Fülle die unten stehende Tabelle zum Baumdiagramm aus.

r	0	1	2	3
Wahrscheinlichkeit eines Pfades				
Zahl der Pfade				
P (X = r)				

3 Berechne die Wahrscheinlichkeit, mit der man beim Kauf von vier Schokoladeneiern genau zwei Löwen bekommt.

Erarbeitung und Heftaufschrieb

Lies im Schülerbuch auf Seite 139 nach, wie man bei einer Bernoulli-Kette der Länge n die Wahrscheinlichkeit für r Treffer berechnet. Vergleiche dies mit deinen eigenen Vorüberlegungen. (Wie man die Zahl der Pfade $\binom{n}{r}$ allgemein berechnet, soll hier nicht betrachtet werden, du kannst es aber auf Seite 141 im Schülerbuch nachlesen.)
Nun sollst du einen eigenen Heftaufschrieb zum Thema „Die Formel von Bernoulli" erstellen. Er soll eine Überschrift, einen Merksatz und eine Musteraufgabe mit Lösung enthalten. Wichtig ist außerdem, dass du die Begriffe „Bernoulli-Versuch", „Bernoulli-Kette der Länge n" und „Binomialkoeffizient n über r" erläuterst. Überlege dir zunächst, was du schreiben willst und wie du es gestaltest.

Übungen

Lies zuerst das Beispiel im Schülerbuch auf Seite 139 aufmerksam durch.
Bearbeite anschließend folgende Aufgaben: Seite 139/140 Nr. 2, 4 und 7.
Kontrolliere deine Ergebnisse.

Für schnelle Rechner

Lies im Schülerbuch den Kasten auf Seite 141 und bearbeite anschließend auf dieser Seite die Aufgabe Nr. 9.

Sicherheit im Verkehr

1 Gurtpflicht

In Deutschland muss jeder Pkw-Insasse einen Sicherheitsgurt anlegen. Bei Verstößen gegen die Gurtpflicht werden Bußgelder verhängt. Laut eines Presseberichtes lag die Anlegequote bei Erwachsenen im Jahr 2004 jedoch nur bei ca. 92 %.
Bei einer Verkehrskontrolle durch die Polizei werden 100 Fahrer überprüft.
a) Mit wie vielen Verstößen gegen die Gurtpflicht muss gerechnet werden?
b) Mit welcher Wahrscheinlichkeit sind genau 80 Fahrer angegurtet?
c) Mit welcher Wahrscheinlichkeit sind mehr als 5 Fahrer nicht angegurtet?

2 Alkohol am Steuer

Bei 2,5 % der im Jahr 2004 in Deutschland polizeilich aufgenommenen Verkehrsunfälle wurde bei mindestens einem Beteiligten eine Alkoholisierung festgestellt.
a) Wie groß ist die Wahrscheinlichkeit, dass unter 50 Verkehrsunfällen genau 40 solcher Alkoholunfälle sind?
b) Mit welcher Wahrscheinlichkeit sind von 10 Unfällen mindestens 3 auf Alkohol am Steuer zurückzuführen?

3 TÜV-Untersuchung

Laut TÜV-Report für das Jahr 2006 wurden bei rund 18 % aller untersuchten Pkw erhebliche Sicherheitsmängel festgestellt. Dazu zählen eine defekte Beleuchtung, kaputte Bremsen oder abgefahrene Reifen.
a) Eine TÜV-Werkstatt untersucht 30 Autos. Mit welcher Wahrscheinlichkeit sind weniger als 4 zu bemängeln?
b) Wie viele Pkw müssen mindestens untersucht werden, um mit einer Wahrscheinlichkeit von mehr als 5 % genau 3 defekte Pkw zu finden?

4 Verkehrsregeln

Teste, ob du dich mit den Verkehrsregeln auskennst. Es ist immer nur eine Antwort richtig.

a) Wo sollte man sich einordnen, wenn man zuerst links und gleich darauf rechts abbiegen möchte?  	b) Zu welchem Zweck darf man die Hupe benutzen?  – Als Überholsignal – Als Warnsignal – Als Grußzeichen	c) Was bedeutet dieses Zeichen?  – Achtung Kreuzung – Einfahrt verboten – Sackgasse
d) Was bedeutet dieses Zeichen?  – Einfahrt verboten – Einbahnstraße – Halteverbot	e) Wer hat Vorfahrt? 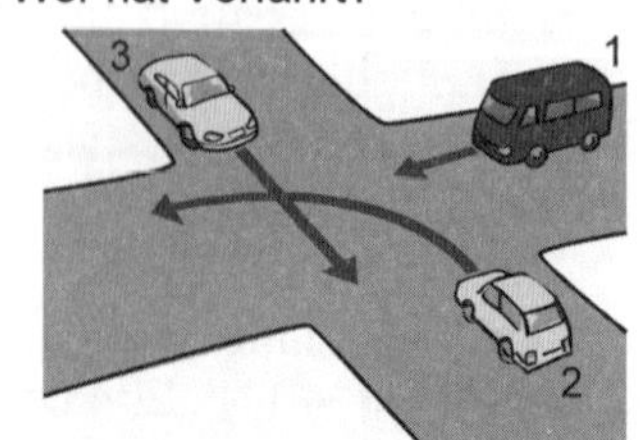 	f) An einer Kreuzung ist die Ampel ausgefallen. Wie geht man vor? – Kreuzung zügig überqueren. – Warten, bis die Ampel wieder funktioniert. – Rechts vor Links beachten.

Mit welcher Wahrscheinlichkeit werden im Falle bloßen Ratens
1. keine Frage, 2. alle Fragen, 3. mindestens zwei Fragen richtig beantwortet?

Ernst Klett Verlag GmbH, Stuttgart 2008

Domino – n, p-Graph

Die Schaubilder gehören jeweils zu einer Binomialverteilung mit den Parametern n und p.
Schneide entlang der fett gedruckten Linien aus und lege passend aneinander.
Beachte: Die Graphen sind teilweise nur ausschnittsweise abgebildet.

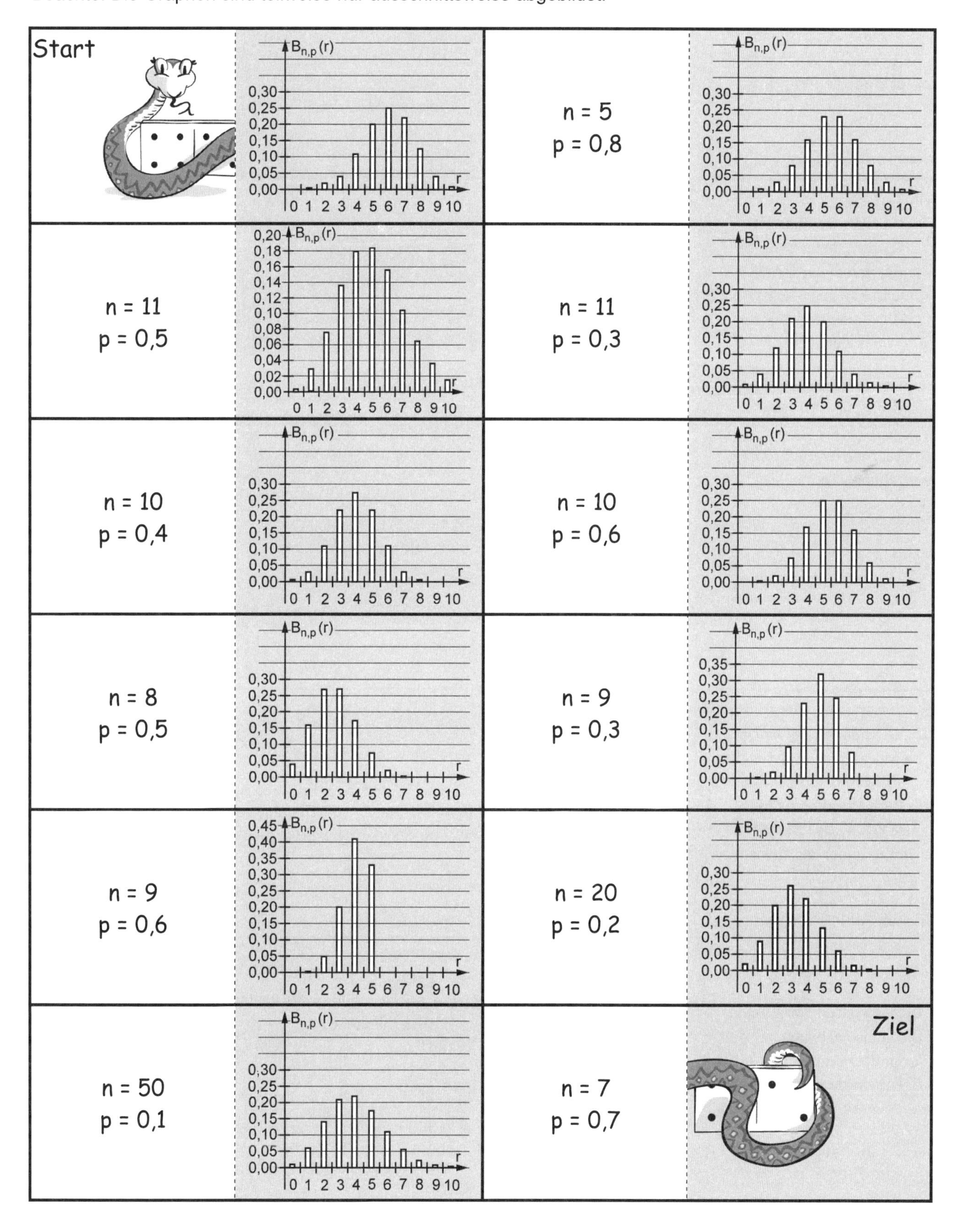

„Mathe ärgert mich nicht!“ – Aufgabenkarten

Berechne den Erwartungswert für die Augensumme bei einem Wurf mit drei idealen Würfeln. ☺	10,5	Würfelt man mit einem idealen Würfel eine Sechs, erhält man 3 € ausbezahlt, alle anderen Spielausgänge gelten als verloren. Bei welchem Einsatz ist dieses Spiel fair? ☺☺	0,50 €
Mit welcher Wahrscheinlichkeit landet bei einem Wurf mit fünf Ein-Euro-Münzen genau eine der Münzen auf der „Zahl“? ☺☺	$\binom{5}{1}\cdot\left(\frac{1}{2}\right)^1\cdot\left(\frac{1}{2}\right)^4=\frac{5}{32}$	Was gibt allgemein der Binomialkoeffizient $\binom{n}{r}$ an? ☺☺	$\binom{n}{r}$ gibt an, wie viele verschiedene Möglichkeiten es für r Treffer bei einer Bernoulli-Kette der Länge n gibt.
Bestimme n und p der Binomialverteilung. 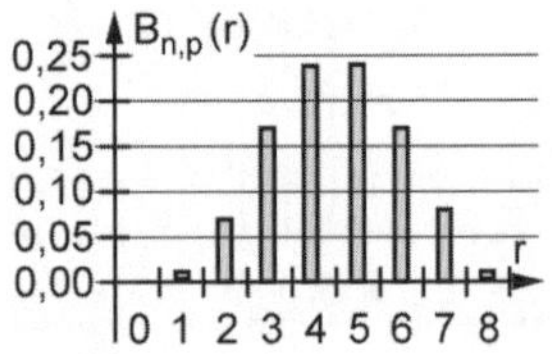 ☺☺	n = 9 p = 0,5	Was versteht man unter einem Bernoulli-Versuch? ☺	Einen Zufallsversuch mit genau zwei möglichen Ausgängen.
Wie hängen bei einem Zufallsexperiment für die Zufallsvariable X die Wahrscheinlichkeiten $P(X \geq 4)$ und $P(X \leq 4)$ miteinander zusammen? ☺☺☺	$P(X \geq 4)$ $= 1 - P(X \leq 4) + P(X = 4)$	Wie lautet die Bernoulli-Formel? ☺	$P(X = r) = \binom{n}{r}\cdot p^r(1-p)^{n-r}$ $r = 0; 1; \dots; n$
Der Erwartungswert einer Binomialverteilung mit den Parametern n und p beträgt 8. Bestimme drei mögliche Werte für n und p. ☺☺	Es gilt: $n \cdot p = 8$. Zum Beispiel: n = 10; p = 0,8 n = 20; p = 0,4 n = 40; p = 0,2	Bestimme n und p der vollständig abgebildeten Binomialverteilung mit ganzzahligem E(X). 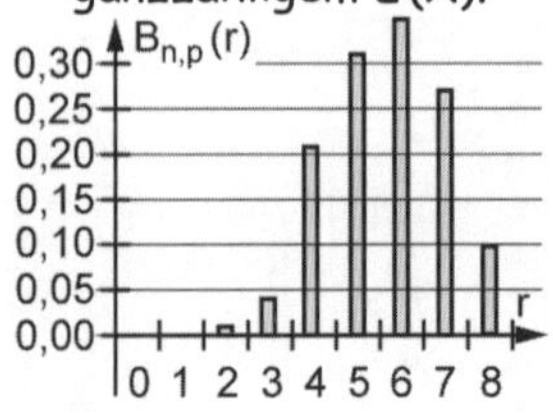 ☺☺☺	n = 8 $p = \frac{3}{4}$

Holzpellets im Tank

In einem waagrecht liegenden Stahltank mit dem inneren Durchmesser 1,56 m und der Länge 4,2 m werden Holzpellets gelagert (Fig. 1). Am Boden des Tanks sind eine Transportschnecke samt Teilabdeckung und Rutschplatten eingebaut, sodass der Querschnitt etwas vermindert ist (Fig. 2, Maße in cm). An der Frontseite befindet sich ein schmales Plexiglasfenster, an dem man die Füllhöhe über dem Boden ablesen kann, wenn die Pellets eine waagrechte Oberfläche bilden. Das Problem ist, aus der Füllhöhe h auf das momentane Volumen und damit auf die Pelletsmenge in kg zu schließen.
Um die Vorratshaltung überwachen zu können, sollten den Höhen zwischen 25 cm und 120 cm Pelletsmengen zugeordnet werden können. 1 m^3 Pellets entspricht 650 kg.

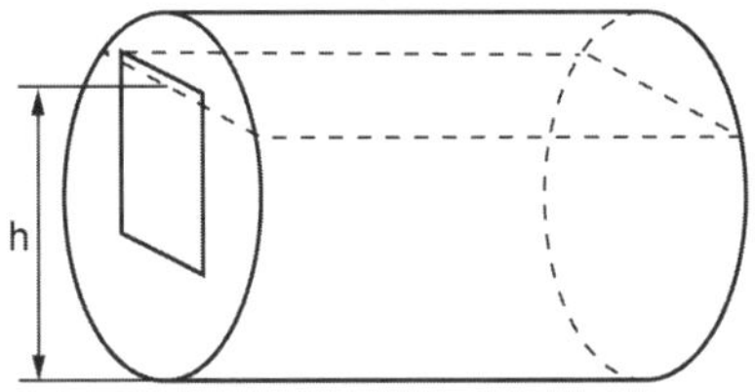

Fig. 1

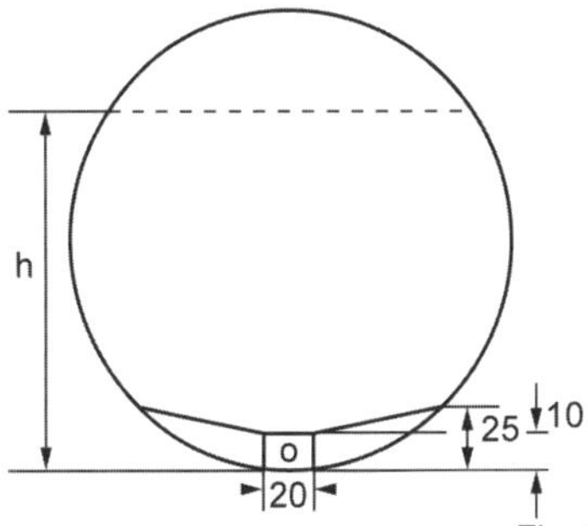

Fig. 2

Zur Berechnung der Querschnittsfläche sind verschiedene Modelle möglich:

1 Einfaches Modell

Zunächst ist der Flächeninhalt des durch die Einbauten gegebenen Trapezes zu berechnen. Seine obere Seite ist die Sehne s_u.
Der darüberliegende Teil der Querschnittsfläche wird von $h_1 = 25$ cm bis zur Höhe h durch ein Rechteck angenähert (Fig. 3). Die Höhe des Rechtecks ist $h - 25$ cm. Für die Breite bietet sich bei $h < r$ der Mittelwert aus den beiden begrenzenden Sehnenlängen s_u und s_o an. Bei Rechtecken, die über die Mitte reichen, bildet man den Mittelwert aus s_u, s_o und dem Durchmesser 2 r des Tanks.
Zeige mithilfe einer Skizze, wie die benötigten Sehnenlängen berechnet werden, und gib die Formeln an. Berechne die Querschnittsflächen A für die in der unteren Tabelle angegebenen Höhen.

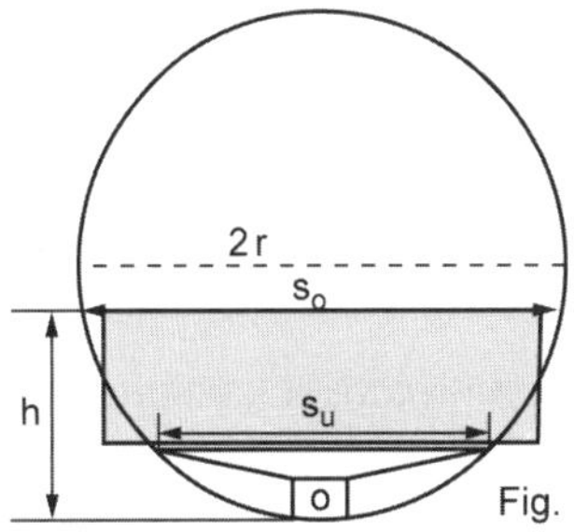

Fig. 3

h in cm	25	40	60	80	100	120
A in cm^2						

2 Verfeinerung

Die Querschnittsfläche wird durch Trapeze angenähert (Fig. 4). Das unterste Trapez ist wieder vorgegeben. Das nächste Trapez liegt zwischen den Höhen $h_1 = 25$ cm und $h_2 = 40$ cm. Die weiteren Trapeze sind dann jeweils 20 cm hoch. Die benötigten Sehnenlängen sind schon im ersten Modell berechnet. Damit kannst du schnell die folgende Tabelle ausfüllen.

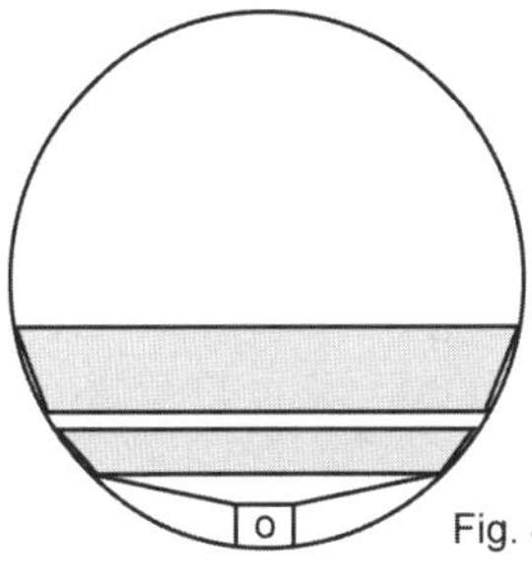

Fig. 4

h in cm	25	40	60	80	100	120
A in cm^2						

3 Exakte Berechnung

Die Querschnittsfläche lässt sich mit aufwendigen Formeln zum Kreisabschnitt auch exakt berechnen. Berechne aus deinen Ergebnissen aus den Aufgaben 1 und 2 das jeweils zugehörige Volumen und die entsprechende Pelletsmenge in kg. Vergleiche mit den exakten Zahlen in der folgenden Tabelle und gib die prozentuale Abweichung an.

Höhe in cm	25	40	60	80	100	120
Pelletsmenge in kg	280	790	1580	2430	3270	4040

Ernst Klett Verlag GmbH, Stuttgart 2008

Wie schnell steigt das Wasser?

1 a) In eine zylindrische Vase (rechts im Bild) mit dem inneren Durchmesser 9,0 cm wird Wasser gegossen.
Wie wächst das Volumen mit der Einfüllhöhe? Bilde dazu die Funktion $h \to V(h)$ und zeichne den Graphen. Erkläre, wie du daraus die Volumenzunahme pro cm Höhe ermittelst. Wie ändert sich der Wert, wenn man einen Zylinder mit doppeltem Durchmesser befüllt?
b) Untersuche auch die Frage: Wie wächst die Höhe pro zugegossener Volumeneinheit? Wie kannst du die Antwort aus dem Graphen von Aufgabe a) ablesen?

2 Der mit der Höhe zunehmende innere Durchmesser des vorderen kleinen Trinkglases bewirkt beim gleichmäßigen Einschenken einen langsameren Anstieg als beim Zylinder in Aufgabe 1. Welche Funktion beschreibt die Volumenzunahme pro cm Höhe? Dazu dienen folgende Angaben: In 8,0 cm Höhe ist der Strich für $\frac{1}{8}$ Liter Flüssigkeit, in halber Höhe sind 39 cm^3 und in 2,0 cm Höhe sind 12 cm^3 Flüssigkeit enthalten.
a) Zeichne durch die drei Punkte den Graphen der Funktion $h \to V(h)$. Die Daten können mit der Funktionsgleichung $V(h) = a \cdot h^2 + b \cdot h$ modelliert werden. Bestimme die Koeffizienten a und b. Bewerte die Modellierung.
b) Entnimm dem Graphen die Volumenzunahme pro cm Höhe an den Stellen $h = 2$ cm, 4 cm und 8 cm. Bestimme die Funktion für die Volumenzunahme pro cm Höhe. Vergleiche an den drei Höhen die gemessenen mit den berechneten Volumen-Änderungsraten.

3 Beim dritten, links stehenden Glas wächst der Durchmesser mit der Höhe noch stärker an, deshalb ist zu erwarten, dass hier die Volumenzunahme pro cm Höhe $\frac{\Delta V}{\Delta h}$ durch eine zunehmend schneller wachsende Funktion beschrieben wird. Zu einigen Einfüllhöhen ist die Flüssigkeitsmenge angegeben:

h in cm	0	4,0	6,0	8,0	12,0	14,0
V in cm^3	0	57	100	145	260	335

a) Trage die Punkte in ein Koordinatensystem ein und zeichne den zugehörigen Graphen.
Die Daten können mit der Funktionsgleichung $V(h) = b \cdot (1{,}085^h - 1)$ modelliert werden.
Bestimme den Koeffizienten b durch Mittelwertbildung. Bewerte die Modellierung.
b) Ermittle zeichnerisch mithilfe des Graphen von Aufgabe a) die Steigungen an den Stellen $h = 4$ cm und $h = 8$ cm. Ergänze diese Wertepaare durch die rechnerische Bestimmung der mittleren Änderungsrate $\frac{\Delta V}{\Delta h}$ aus oben stehender Tabelle für die Intervalle [0 cm; 4 cm], [6 cm; 8 cm] und [8 cm; 12 cm], zugeordnet den Intervallmitten (siehe das folgende Beispiel).

h in cm	2	4	7	8	10
$\frac{\Delta V}{\Delta h}$ in cm^2	$\frac{\ldots\ldots}{\ldots\ldots}$		$\frac{145-100}{8{,}0-6{,}0}$		$\frac{\ldots\ldots}{\ldots\ldots}$

c) Die Ableitungsfunktion von $V(h)$ hat die Form $V'(h) = c \cdot a^h$. Bestimme die Koeffizienten a und c mithilfe der Tabellenwerte zu $h = 7$ cm und $h = 10$ cm und gib die Funktion an. Berechne mithilfe des GTR an einigen Stellen die Volumenzunahme pro cm Höhe und vergleiche mit den Werten in deiner Tabelle. In welcher Höhe beträgt die Volumenzunahme 25 cm^3 pro cm Höhe?

978-3-12-734302-1 Lambacher Schweizer 6 BW, Serviceband Ernst Klett Verlag GmbH, Stuttgart 2008

Für Überflieger – Vulkaneruption auf dem Jupitermond Io

Der Jupitermond Io – etwas größer als unser Mond – ist der aktivste Körper im Sonnensystem. Von seinen Vulkanausbrüchen haben Raumsonden spektakuläre Aufnahmen zur Erde geschickt. Man erkennt darauf bis zu 300 km hochgeschleuderte Staubwolken. Da Io eine sehr dünne Atmosphäre hat und die Io-Anziehungkraft weniger als ein Fünftel der Erdanziehungskraft beträgt, fliegen Staubteile und Steine sehr viel weiter als auf der Erde.
Ein Beispiel: Ein Stein wird mit der Geschwindigkeit $v_0 = 500\,\frac{m}{s}$ unter einem Winkel von 76° gegen die Horizontale ausgeschleudert. Der Graph zeigt die Flugbahn im Vergleich zu einer hypothetischen Flugbahn auf der Erde ohne Luftwiderstand.
Diese Bewegung kann man mit Vektoren modellieren.
Die Startgeschwindigkeit wird dabei so dargestellt:

$\vec{v}_{x_0} = v_0 \cdot \cos 76° = 121\,\frac{m}{s}$;

$\vec{v}_{y_0} = v_0 \cdot \sin 76° = 485\,\frac{m}{s}$.

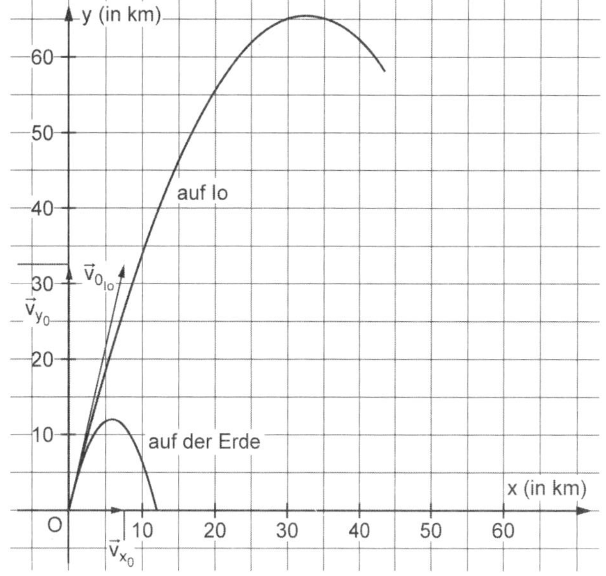

Im Modell wird die Bewegung aus zwei Komponenten zusammengesetzt:
- Der Stein bewegt sich mit der konstanten Geschwindigkeit von $121\,\frac{m}{s}$ horizontal nach rechts.
- Gleichzeitig fliegt er immer langsamer werdend nach oben bis zum Umkehrpunkt, um dann schneller werdend nach unten zu fallen. Die senkrechte Geschwindigkeit folgt wegen der Io-Anziehungskraft dem Gesetz:

  $v_y(t) = 485\,\frac{m}{s} - 1{,}80\,\frac{m}{s^2}\,t$, wobei t in Sekunden gemessen wird.

1 Die Geschwindigkeitsvektoren sind im Startpunkt bereits eingezeichnet.
Berechne die Geschwindigkeiten nach einer Flugzeit von 165 s und trage die Vektoren an der Stelle x = 20 km ein. Die Summe des Geschwindigkeitsvektors in x- und des Vektors in y-Richtung ergibt die tatsächliche momentane Geschwindigkeit. Ermittle aus der Länge des Summenvektors den Betrag der Momentangeschwindigkeit. Wie verläuft dieser Summenvektor zur Flugkurve?
Den höchsten Punkt erreicht der Stein nach 269,4 s. Die Geschwindigkeitsvektoren kannst du ohne Rechnung einzeichnen.

2 Die Flugbahn ist bis zum Punkt mit der Flugzeit t = 360 s gezeichnet. Zeichne dort die Geschwindigkeitsvektoren ein. Die Flugbahn kannst du sehr genau weiterzeichnen, wenn du noch die Geschwindigkeitsvektoren in den Punkten (54 | 36) mit t = 450 s und (65 | 0) mit t = 539 s einzeichnest.

3 Begründe aus oben stehenden Überlegungen: Die Momentangeschwindigkeit ist die Ableitung der Flugparabel im entsprechenden Punkt.

Formen formen – für Experten

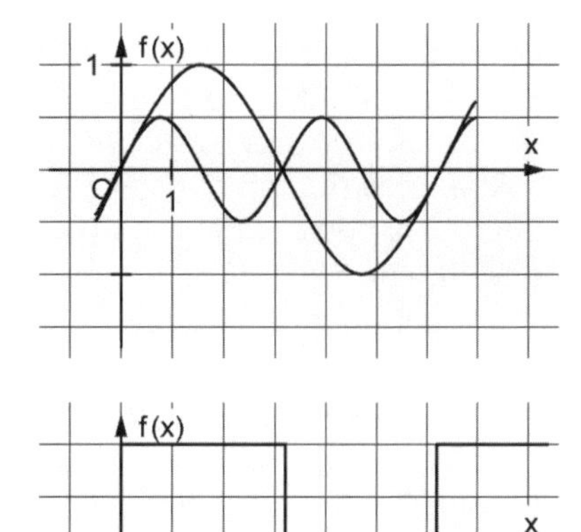

Durch Addition von Sinus- und Kosinusfunktionen der Art $f(x) = a \cdot \sin(bx)$ bzw. $f(x) = a \cdot \cos(bx)$ lässt sich jede vorgegebene Kurve durch die passende Wahl der Parameter a und b beliebig genau annähern. Deshalb solltest du zunächst die Wirkung dieser Parameter nochmals genau studieren. Vergleiche im Bild rechts Periode und Amplitude von $f(x) = \sin(x)$ und $f(x) = 0{,}5 \cdot \sin(2x)$. Eine gute Vorbereitung ist auch die Aufgabe 4 im Schülerbuch auf Seite 126.

1 Die Rechteckschwingung

Diese Form einer Schwingung wird zur Signalübertragung und zur Klangerzeugung in Synthesizern verwendet. Die Theorie sagt, dass diese Form Schritt für Schritt modelliert werden kann durch eine Summe von Graphen der Sinusfunktion:

$f(x) = \sin(x) + \frac{1}{3}\sin(b_1 x) + \frac{1}{5}\sin(b_2 x) + \frac{1}{7}\sin(b_3 x) + \ldots$

Die Parameter b_1, b_2, ... kannst du nun selbst bestimmen:
Zeichne den Graphen G_1 von $f_1(x) = \sin(x)$ groß auf (x-Achse LE = 2 cm; y-Achse LE = 5 cm). Um nun der Rechtecksform näher zu kommen, muss der Graph G_2 vom zweiten Summanden:

- an den Nullstellen von G_1 auch Nullstellen haben,
- an den steilsten Stellen die Tendenz verstärken,
- die Hoch- und Tiefpunkte von G_1 abschwächen.

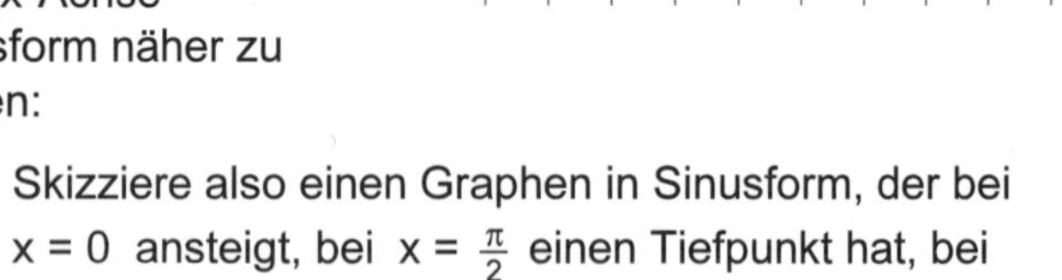

Skizziere also einen Graphen in Sinusform, der bei $x = 0$ ansteigt, bei $x = \frac{\pi}{2}$ einen Tiefpunkt hat, bei $x = \pi$ die x-Achse von oben nach unten schneidet, bei $x = 3\frac{\pi}{2}$ einen Hochpunkt hat, ...

Welche Periode hat dieser Graph? Lass dir das Ergebnis durch die Eingabe von $f(x) = \sin(x) + \frac{1}{3}\sin(b_1 x)$ vom GTR anzeigen (siehe folgende Abbildung).

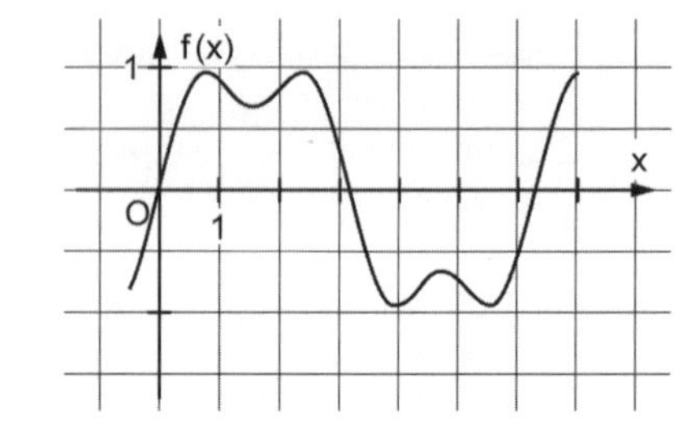

Zeichne diesen Graphen groß ab und suche G_3 wieder so: Die steilen Abschnitte verstärken durch gleichen Verlauf an den Nullstellen, die Eindellungen ausgleichen mit Extrempunkten an diesen Stellen. Lies aus deiner Skizze die Periode ab. Der GTR zeigt dir, ob du damit die Form verbessert hast.

Wenn du diese Überlegungen weiterführst, erkennst du, dass man mit immer mehr Summanden dem Rechteckverlauf immer näher kommt. In der Musik nennt man dies die Überlagerung einer Grundschwingung mit bestimmten Oberschwingungen, welche mit ihren Perioden und Amplituden die Klangfarbe bestimmen.

2 Die Sägezahnschwingung

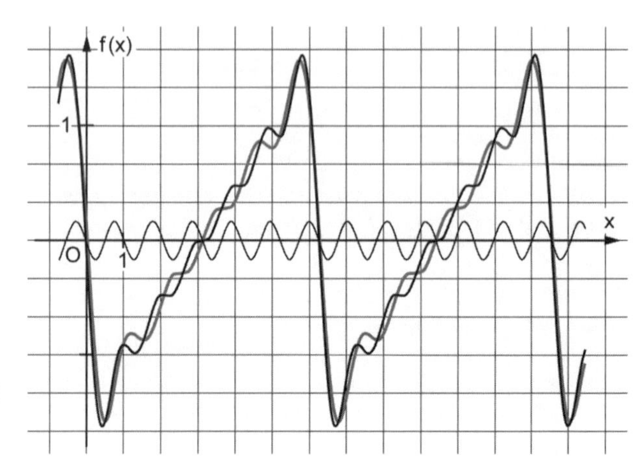

Eine langsam ansteigende und dann schnell abfallende Spannung braucht man zur horizontalen Ablenkung des Elektronenstrahls in Bildröhren. In nebenstehendem Bild ist die „Sägezahnschwingung“ nach mehreren Näherungsschritten gezeichnet. Es ist gut zu sehen, wie der nächste Schritt die vorhandene Kurve ausgleicht und glättet. Experimentiere selbst mit dem GTR, indem du schrittweise Sinuslinien der Form $f(x) = -\frac{1}{n}\sin(b_n x)$ für $n = 1, 2, 3, \ldots$ addierst. Die Parameter b_n erhältst du aus ähnlichen Überlegungen wie oben.

Aus Kurven werden Funktionen – Polarkoordinaten

Info
Da ein Kreis oder eine Spirale in einem kartesischen Koordinatensystem nicht mit einer Funktion beschreiben werden kann, nutzt man an dieser Stelle ein Polarkoordinatensystem. Die Lage eines Punktes P wird dabei durch seinen Abstand vom Pol O (den Radius r) und durch den Winkel zwischen OP und der x-Achse (den Polarwinkel φ) beschrieben. Ein Punkt P hat dann die Polarkoordinaten P(r | φ) mit $0° \le \varphi < 360°$ (siehe auch Schülerbuch Lambacher Schweizer 5, Seite 56/57).

1 Ergänze die Koordinaten der Punkte.
Zeichne dann die Punkte F(6 | 120°), G(2 | 240°), H(5 | 60°), K(7 | 270°) und L(4 | 330°) ein. Erweitere dazu das Polarkoordinatensystem.

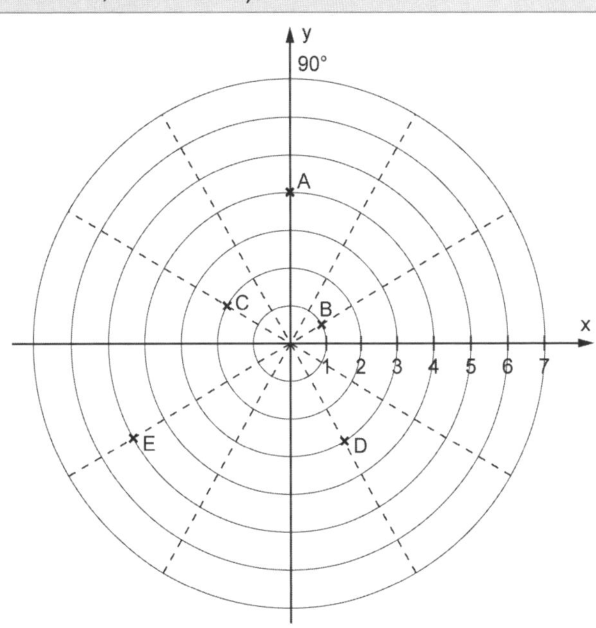

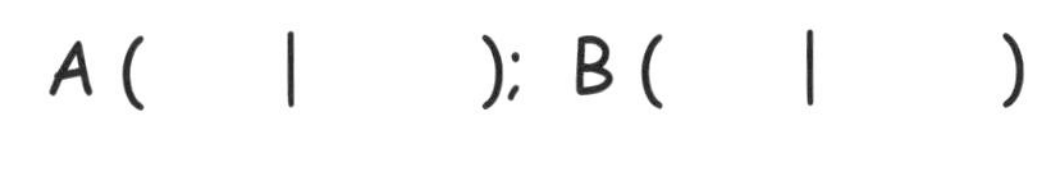

C(|); D(|)

E(|)

2 Ergänze die Wertetabelle für die Zuordnung $r(\varphi) = 0{,}3 \cdot \varphi$.
Zeichne die zugehörigen Punkte in ein Polarkoordinatensystem.

φ in °	r in mm
0	
	9
50	
80	
	30
120	
	45
200	
	75
	90

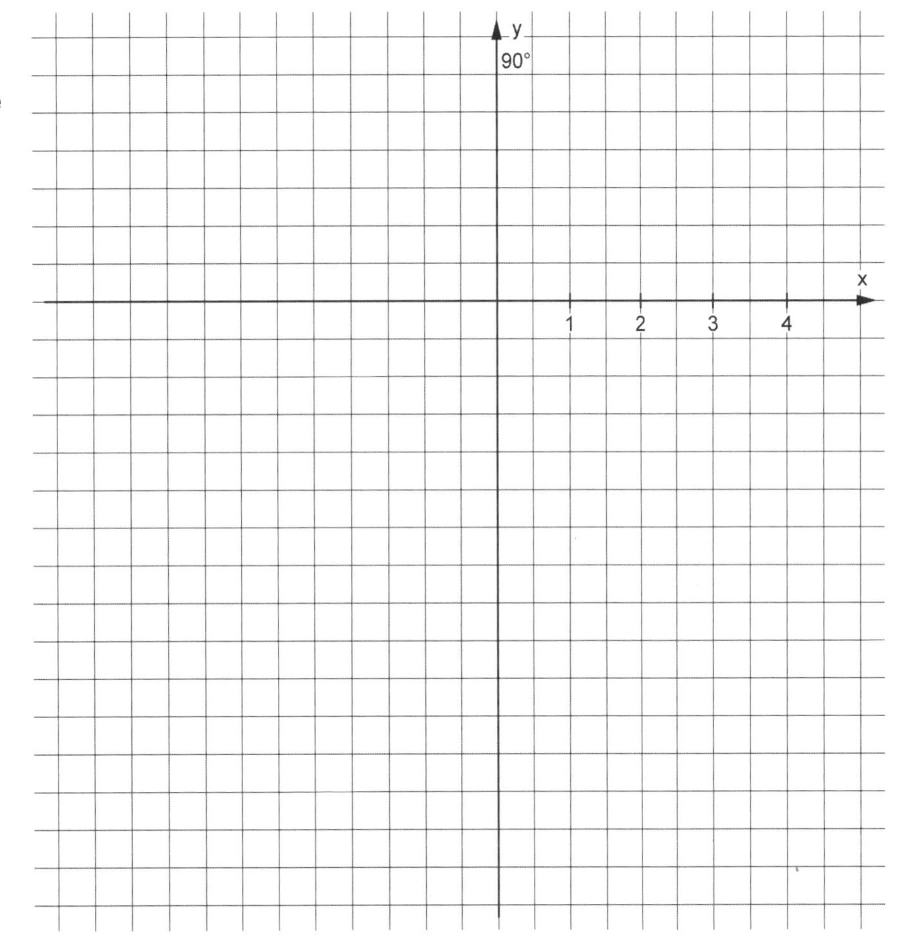

Ernst Klett Verlag GmbH, Stuttgart 2008

Spiralen in der Kunst (1)

Fig. 1

Fig. 2

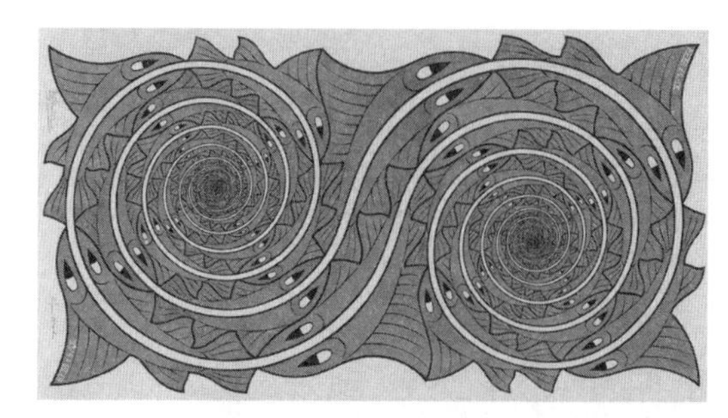
Fig. 3

In der Menschheitsgeschichte von der Steinzeit bis zur Gegenwart gibt es vermutlich keine Epoche, in der die Spirale nicht als Zeichen, Ornament, Muster oder Dekor zu finden ist. Figur 1 zeigt ein Beispiel aus der Architektur des antiken Griechenlands: Spiralen, hier auch Voluten genannt, schmücken das Kapitell einer Säule. In der Malerei sind die Spiralen bei so bekannten Künstlern wie zum Beispiel Leonardo da Vinci, Vincent van Gogh oder Gustav Klimt (Fig. 4) ein häufig wiederkehrendes Motiv. Das Spiralmotiv ist ebenso in den Grafiken des Künstlers M. C. Escher (Fig. 2 und 3) zu finden, die in enger und bewusster Verbindung zur Mathematik stehen. Ein besonders beeindruckendes Beispiel der Spirale in der Kunst schuf Hannsjörg Voth in der marokkanischen Wüste (Fig. 5).

Fig. 4

1 Da an dieser Stelle aufgrund der Vielzahl nur einige wenige Beispiele des Auftretens von Spiralen in der Kunst genannt und gezeigt werden können, recherchiere zum Thema im Internet, in Kunstbüchern oder -fachzeitschriften. Sammle vielfältige Beispiele aus allen Bereichen der Kunst. Erstelle dann mit einer Partnerin oder einem Partner ein Poster für den Klassen- bzw. Mathefachraum oder eine Powerpoint-Präsentation. Achte dabei auf korrekte Quellenangaben.

2 Die Luftaufnahme der „Goldenen Spirale“ (1994–97) des Projektkünstlers Hannsjörg Voth im Wüstensand von Marokko lässt ihre Größe nur erahnen: Die ansteigende Umfassungsmauer, aus über 400 Tonnen Bruchsteinen ohne Mörtel gefügt, erreicht nach 260 m mit 6 m ihren höchsten Punkt. Die aufgeschüttete Rampe aus Lehmerde führt in das „Zentrum“ der Spirale, zum Eingang. Eine Wendeltreppe aus Granit führt 27 Stufen abwärts zu unter der Rampe liegenden Wohn- und Arbeitsräumen. Weitere 100 Stufen führen 17 m in die Tiefe, zu einem Brunnen. Der Grundriss dieser monumentalen Erdskulptur beruht auf einem nach dem Goldenen Schnitt geteilten Rechteck, das ca. 60 mal 100 Meter misst und auf einer Spirale, die aus neun Viertelkreisen konstruiert ist, deren Radien sich nach dem Prinzip der Fibonacci-Reihe des Leonardo von Pisa (1180–1250) vergrößern. Eine goldene Spirale stellt eine Näherung für eine logarithmische Spirale dar.

a) Die ersten fünf Zahlen der Fibonacci-Reihe lauten: 1, 1, 2, 3 und 5. Wie setzt sich diese Reihe fort? Bestimme alle Zahlen < 1000 dieser Reihe.

b) Konstruiere die „Goldene Spirale“ von Voth mit dem Zirkel auf einem A4-Zeichenpapier nach. Beginne mit einem Halbkreis, dessen Radius $r_1 = 0{,}5\,\text{cm}$ beträgt. Setze daran einen Viertelkreis mit dem Radius $r_2 = 2r_1$, daran einen mit $r_3 = 3r_1$, dann einen mit $r_4 = 5r_1$ usw. Überlege dir zuvor, an welcher Stelle des Blattes du beginnen musst, damit die Spirale auf das A4-Blatt passt.

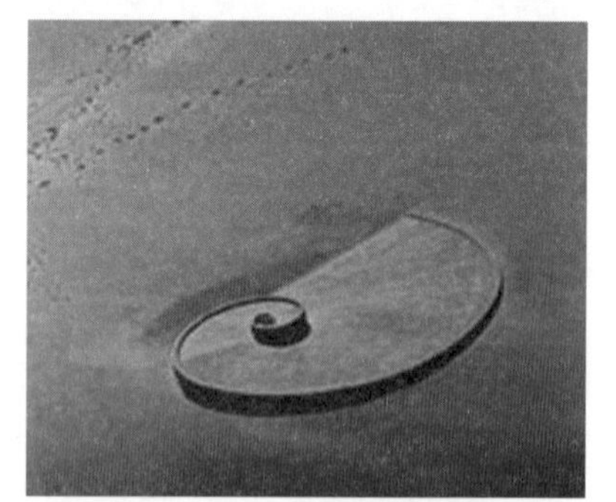

Fig. 5

Spiralen in der Kunst (2)

1 Im Bild „Lebensbaum“ (Fig. 4 – S 76) des Jugendstilmalers Gustav Klimt laufen die Zweige des stilisierten Baumes in Spiralen aus. Solche regelmäßigen Spiralen kann man mit dem Zirkel und mithilfe eines Quadrates (Seitenlänge a) konstruieren. Dabei erhält man eine gute Näherung für eine archimedische Spirale mit der Gleichung $r(\varphi) = \frac{n \cdot a}{2\pi} \cdot \varphi$ (siehe auch S 75). Das Verfahren lässt sich auf beliebige regelmäßige Vielecke übertragen und führt zu umso formschöneren Kurven, je größer die Anzahl der Ecken ist. Für ein „2-Eck“ (Strecke) beschrieb bereits Albrecht Dürer zu Beginn des 16. Jahrhunderts die Konstruktion.

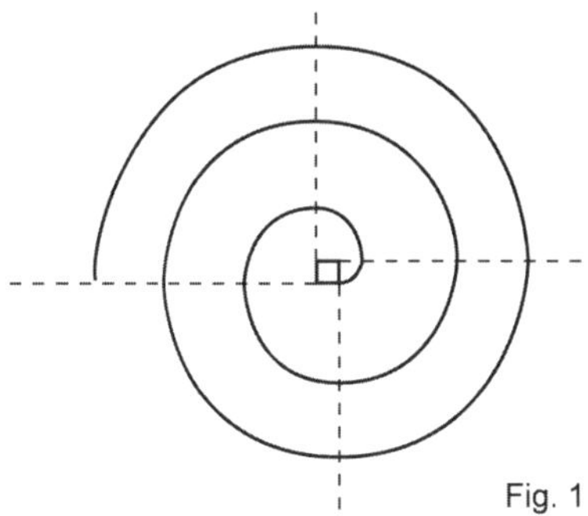
Fig. 1

a) Wähle einen Ausschnitt aus Klimts Bild mit einer oder mehreren Spiralen aus und versuche mit folgender Konstruktion diesen im unteren Feld vergrößert nachzugestalten. Zeichne ein Quadrat (a = 0,5 cm) und um einen Eckpunkt einen Kreisbogen, der vom im Uhrzeigersinn benachbarten Eckpunkt ausgeht und auf der Verlängerung der nächsten Quadratseite endet. Setze die Figur durch Viertelkreisbögen fort. Jeder dieser Kreisbögen beginnt im Endpunkt des vorangegangenen und endet im Schnittpunkt mit der Verlängerung der nächsten Quadratseite. Der Radius wächst bei jedem Schritt um eine Seitenlänge. Setze das Verfahren fort, bis die entstehende Spirale die gewünschte Größe hat.
b) Berechne die Länge der Spirale in Fig. 1, wenn die Seitenlänge des Ausgangsquadrates a = 0,5 cm beträgt.

Geometrie

Zu jeder Aufgabe gibt es mindestens eine richtige Antwort. Wenn du alle richtigen Antworten markierst, erhältst du als Lösungswort den Namen eines berühmten Mathematikers.

1 Für welche der Körper kann man die Formel $V = G \cdot h$ verwenden?

W: 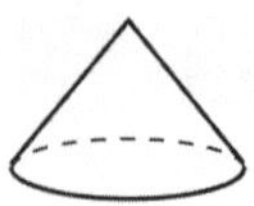 P: 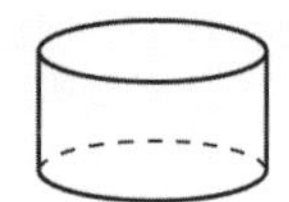 I: 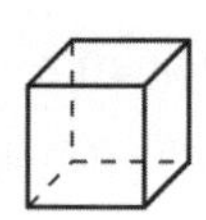 A: 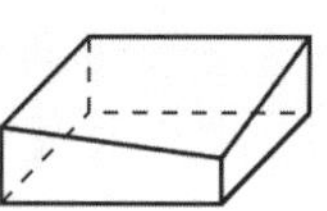 E: 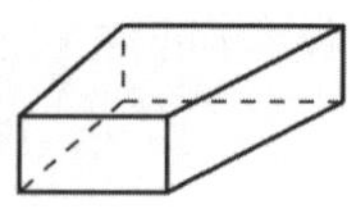

2 Der Aufriss des Körpers ist ein Rechteck. Für welchen Körper kann das in keiner Lage zutreffen?

H: Zylinder U: Pyramide E: Quader R: Kegel L: dreiseitiges Prisma

3 Welche der farbigen Flächen hat nicht den Umfang $U = \pi a$?

A: 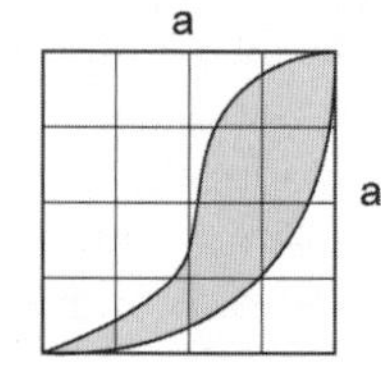

E: 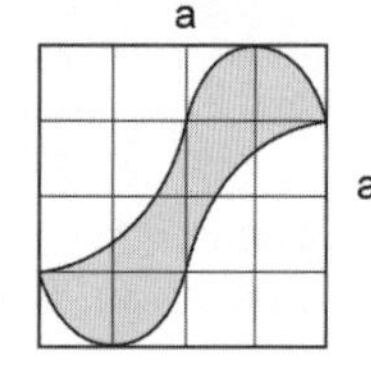

K: 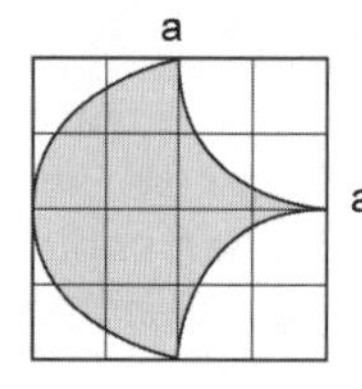

M: 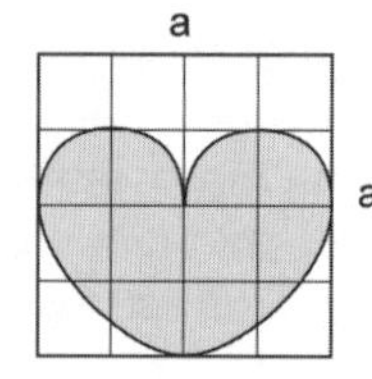

R: 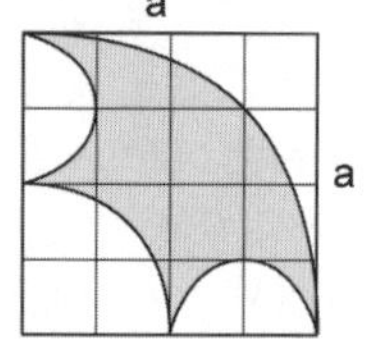

4 Gegeben sind der Punkt A(−2 | 1 | 4) und der Mittelpunkt M(1 | −1 | 5) der Strecke $\overline{AB}$. Welche Koordinaten besitzt der Punkt B?

D: (−1 | 0 | 9) G: (0 | −1 | 14) R: (3 | −2 | 1) E: (4 | −3 | 6) T: (−4 | 3 | −1)

5 Die Vektoren $\vec{a}$, $\vec{b}$ und $\vec{c}$ sind die Ortsvektoren der Eckpunkte eines Dreieckes ABC; $\overrightarrow{m_a}$, $\overrightarrow{m_b}$ und $\overrightarrow{m_c}$ die Ortsvektoren der Mittelpunkte der jeweiligen Dreiecksseite. Welche der Vektorgleichungen führt nicht zur Bestimmung des Schwerpunktes S des Dreieckes ABC?

A: $\vec{s} = \frac{1}{2}(\vec{b} + \vec{c}) + \frac{1}{3}(\vec{a} - \overrightarrow{m_a})$ B: $\vec{s} = \vec{a} + \frac{1}{2}(\vec{c} - \vec{a}) + \frac{1}{3}(\vec{b} - \overrightarrow{m_b})$ C: $\vec{s} = \frac{1}{3}(\vec{a} + \vec{b} + \vec{c})$

D: $\vec{s} = \frac{1}{2}(\vec{a} + \vec{c}) + \frac{1}{3}(\vec{b} + \overrightarrow{m_a})$ E: $\vec{s} = \vec{c} + \frac{2}{3}(\overrightarrow{m_c} - \vec{c})$

6 Bei welchen der Vierecke ABCD handelt es sich um ein Parallelogramm?

H:	E:	M:	O:	F:
A(2 | 0 | 0)	A(−2 | 0 | 3)	A(1 | 2 | 3)	A(−3 | −1 | 3)	A(0 | 1 | 2)
B(4 | 3 | 4)	B(1 | 3 | −2)	B(0 | 0 | 4)	B(−1 | −1 | 5)	B(3 | 2 | −1)
C(2 | 2 | 2)	C(4 | 3 | −2)	C(3 | 2 | 2)	C(4 | 3 | −2)	C(1 | −2 | 0)
D(0 | −1 | 0)	D(1 | 0 | 3)	D(2 | 4 | 1)	D(2 | 3 | −2)	D(−2 | −3 | 3)

7 Mit welchen der gegebenen Vektoren $\vec{a}$ und $\vec{b}$ lässt sich der Vektor $\vec{c} = \begin{pmatrix} 3 \\ 2 \\ 1 \end{pmatrix}$ als Linearkombination darstellen?

E: $\vec{a} = \begin{pmatrix} 1 \\ 0 \\ 1 \end{pmatrix}, \vec{b} = \begin{pmatrix} 1 \\ 1 \\ 0 \end{pmatrix}$ G: $\vec{a} = \begin{pmatrix} 1 \\ 1 \\ 1 \end{pmatrix}, \vec{b} = \begin{pmatrix} 1 \\ 0 \\ 0 \end{pmatrix}$ K: $\vec{a} = \begin{pmatrix} 3 \\ 2 \\ 0 \end{pmatrix}, \vec{b} = \begin{pmatrix} 0 \\ 1 \\ 1 \end{pmatrix}$ R: $\vec{a} = \begin{pmatrix} 4 \\ 2 \\ 2 \end{pmatrix} \vec{b} = \begin{pmatrix} 1 \\ 0 \\ 1 \end{pmatrix}$ U: $\vec{a} = \begin{pmatrix} 2 \\ 0 \\ 1 \end{pmatrix}, \vec{b} = \begin{pmatrix} 0 \\ 2 \\ 0 \end{pmatrix}$

8 Welche der Punkte liegen auf der Geraden g durch die Punkte A(−2 | 1 | 0) und B(−1 | 3 | −2)?

F: P(−2,5 | 2 | −1) I: Q(2 | 2 | −2,5) M: R(−3 | −1 | 2) A: S(0 | 5 | −4) E: T(−2 | −3 | 4)

9 Welche der Geraden g schneidet die Gerade h mit h: $\vec{x} = \begin{pmatrix} -1 \\ 4 \\ 2 \end{pmatrix} + t\begin{pmatrix} 2 \\ -3 \\ -2 \end{pmatrix}$ nur im Punkt S(3 | −2 | −2)?

C: g: $\vec{x} = \begin{pmatrix} 1 \\ 1 \\ 1 \end{pmatrix} + r\begin{pmatrix} -1 \\ 1{,}5 \\ 1 \end{pmatrix}$ N: g: $\vec{x} = \begin{pmatrix} 1 \\ 1 \\ 0 \end{pmatrix} + r\begin{pmatrix} 4 \\ -6 \\ -4 \end{pmatrix}$ P: g: $\vec{x} = \begin{pmatrix} -1 \\ 0 \\ -1 \end{pmatrix} + r\begin{pmatrix} 2 \\ 1 \\ 1 \end{pmatrix}$ S: g: $\vec{x} = \begin{pmatrix} 0 \\ 1 \\ 0 \end{pmatrix} + r\begin{pmatrix} 2 \\ 0 \\ 1 \end{pmatrix}$ T: g: $\vec{x} = \begin{pmatrix} 0 \\ -1 \\ 1 \end{pmatrix} + r\begin{pmatrix} 3 \\ -1 \\ -3 \end{pmatrix}$

Funktionen

Zu jeder Aufgabe gibt es eine oder mehrere richtige Antworten. Wenn du alle richtigen Antworten markierst, erhältst du als Lösungswort den Namen eines berühmten Mathematikers, Philosophen und Naturwissenschaftlers.

1 Welche Funktionsgleichung gehört nicht zu einem der Graphen in Figur 1?

H: $f(x) = 2 \cdot 0{,}5^{(x+2)}$ G: $f(x) = 2^{(x-2)}$ S: $f(x) = 2 \cdot \left(\frac{1}{4}\right)^{x+1}$ B: $f(x) = 0{,}5 \cdot 2^x$ R: $f(x) = 0{,}5^{(2x+2)}$

2 Für eine ganzrationale Funktion der Form $f(x) = a_n x^n + \ldots + a_1 x + a_0$ gilt $f(x) \to +\infty$ für $x \to +\infty$, falls ...

I: n ungerade und $f(x) \to +\infty$ für $x \to -\infty$.
U: f symmetrisch zum Ursprung ist.
E: n gerade und $f(x) \to +\infty$ für $x \to -\infty$.
A: f streng monoton ist.
O: n gerade und $f(x) \to -\infty$ für $x \to -\infty$.

3 Welche Ableitungsfunktionen wurden falsch berechnet?

N: $f(x) = \cos x$, $f'(x) = \sin x$
I: $f(x) = x^4 : x^3$, $f'(x) = 1$
A: $f(x) = 4x^3$, $f'(x) = 12x^2$
S: $f(x) = x^4 + x^3$, $f'(x) = 4x^3 + 3x^2$
E: $f(x) = x^4 \cdot x^3$, $f'(x) = 4x^3 \cdot 3x^2$

4 Der Graph der Funktion f mit $f(x) = -\frac{4}{3}x^3 + 4x - 1$ ...

I: schneidet die x-Achse bei -1.
D: ist punktsymmetrisch.
A: hat bei $x = 0$ die Steigung -1.
Ä: hat zwei Hochpunkte.
E: hat bei $x = 1$ einen Hochpunkt.

5 Der Graph der Funktion f mit $f(x) = ax^4 + bx^2$ hat immer drei Extremstellen, falls ...

C: $a \leq 0,\ b < 0$ K: $a < 0,\ b \leq 0$ M: $a < 0,\ b \neq 0$ S: $a > 0,\ b < 0$ R: $a < 0,\ b < 0$

6 Welche Funktionsgleichung passt zu keinem der Graphen in Figur 2?

C: $f(x) = \sin(2(x-1)) + 2$
H: $f(x) = \frac{1}{2}\sin(x-1) - 1$
H: $f(x) = \cos\left(\pi\left(x + \frac{1}{2}\right)\right) + 2$
A: $f(x) = \cos\left(\pi\left(x - \frac{1}{2}\right)\right) + 2$
N: $f(x) = -\sin(\pi x) + 2$

7 In Figur 3 ist der Graph einer Ableitungsfunktion f′ dargestellt. Welche Aussagen kann man über die zugehörige Funktion f machen (in der Abbildung sind alle Nullstellen und Extrempunkte des Graphen von f′ sichtbar)?

M: $f(0) \neq 0$
N: $f(1) > f(2)$
R: $f(x) \to -\infty$ für $x \to -\infty$
H: -2 ist eine Minimumstelle von f
T: $f(2) > f(3)$

8 Die Graphen welcher Funktionen sind nicht achsensymmetrisch zur Gerade mit der Gleichung $x = 3$?

O: $f(x) = x^2 - 6x$ A: $f(x) = \cos(x-3)$ E: $f(x) = (x-3)^3$ U: $f(x) = (x-3)^4 - 3$ S: $f(x) = \sin(x-3)$

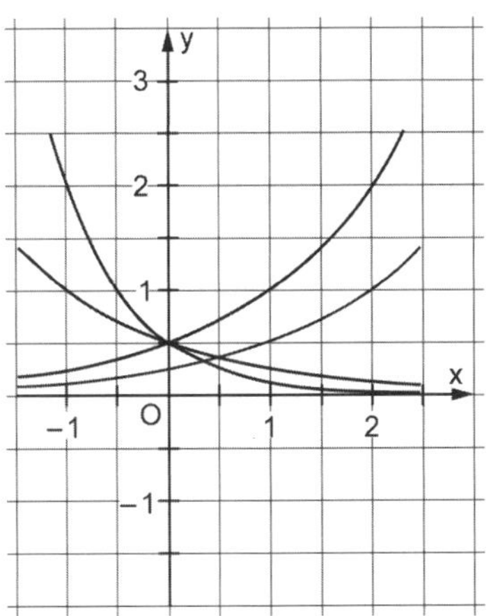

Fig. 1

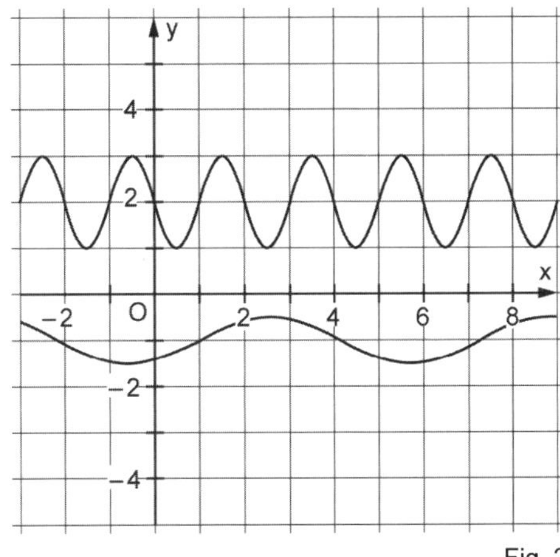

Fig. 2

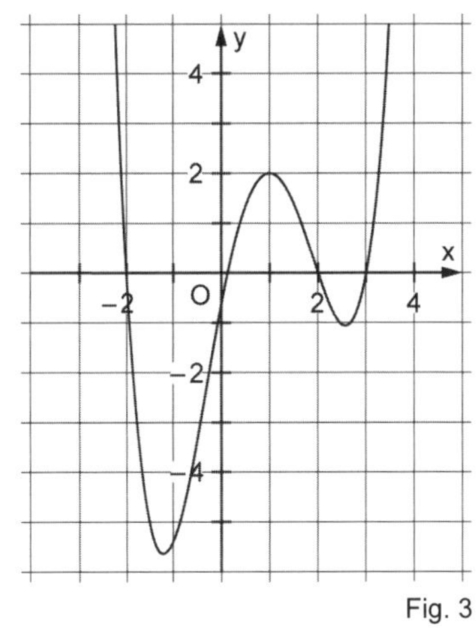

Fig. 3

Ernst Klett Verlag GmbH, Stuttgart 2008

Vermischtes aus Klasse 9

Zu jeder Aufgabe gibt es eine oder mehrere richtige Antworten. Wenn du alle richtigen Antworten markierst, erhältst du als Lösungswort den Namen eines berühmten griechischen Mathematikers.

1 In der Skizze in Figur 1 sind die Strecken u, v und w jeweils zueinander parallel. Dann gilt:
E: Aus $a = 3$ folgt $c = 5$.
A: Aus $b = 3$ folgt $c = 2{,}4$.
Z: Aus $a = 8$ folgt $v = 4{,}8$.
P: Aus $u = 2$ folgt $v = 3\frac{2}{3}$.
E: Aus $c = 2$ folgt $b = 3\frac{5}{9}$.

2 Die Vierecke in Figur 2 sind zueinander ähnlich. Dann gilt:
U: $\gamma = 73°$,
N: $\beta = 106°$,
O: $v = 5\frac{1}{3}$,
T: $\beta = 85°$,
S: $u = 6$.

3 Für das rechtwinklige Dreieck in Figur 3 gilt:
N: Aus $a = 5$ und $b = 10$ folgt $\alpha = 30°$.
S: Aus $c = 9$ und $b = 6$ folgt $a \approx 6{,}4$.
N: Aus $c = 9$ und $\beta = 40°$ folgt $b \approx 5{,}8$.
A: Aus $b = 5$ und $c = 4$ folgt $a = 3$.
V: $\sin\alpha + \sin\beta > 1$.

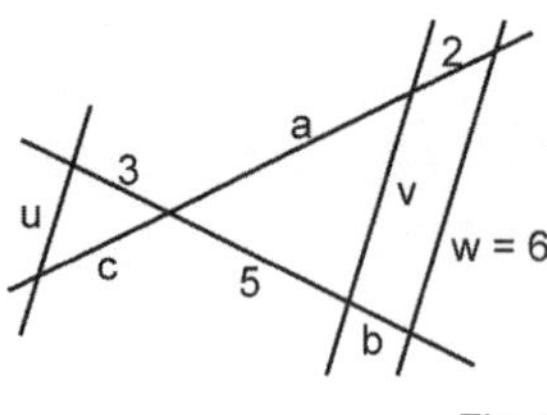

Fig. 1

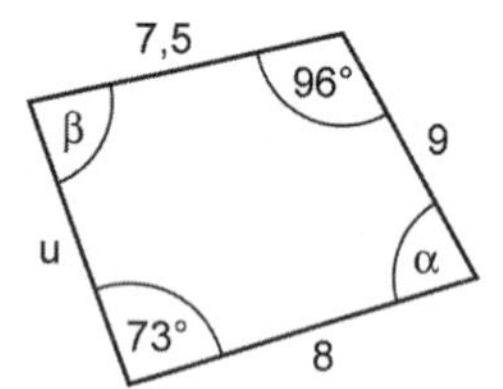

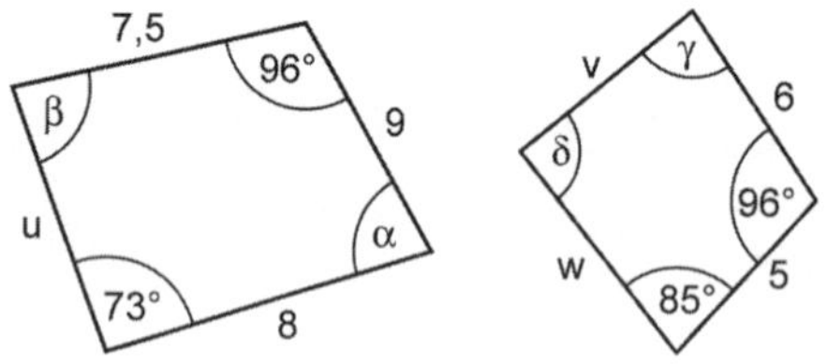

Fig. 2

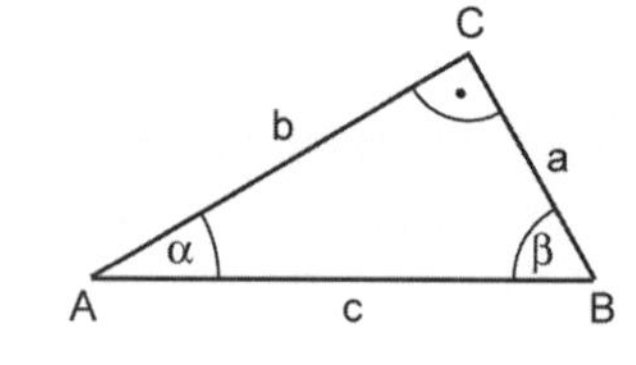

Fig. 3

4 Es gilt:
I: $(2^3 + 2^4) : 2^2 = 2^5$,
O: $125^{\frac{2}{3}} = \left(\sqrt[3]{125}\right)^2 = 10$,
E: Aus $\log_2 x = 6$ folgt $x = 36$,
O: Aus $5^x = 8$ folgt $x = \log_5 8 = \frac{\log 8}{\log 5}$,
N: $(a^6 \cdot a^8) : a^4 = a^{10}$.

5 In den Figuren 4, 5 und 6 sind Wertetabellen eines linearen Wachstums, eines exponentiellen Wachstums und eines beschränkten Wachstums mit der Schranke 200 dargestellt. Es gilt:
A: $v = 22$,
S: $w = 4{,}2$,
E: $u - 5x = 26$,
H: $x = 3{,}6w$,
L: $y + z = 332{,}5$.

Jahr n	0	1	3	10
Anzahl	66	u	54	v

Fig. 4

Jahr n	0	1	2	3
Anzahl	w	5	6	x

Fig. 5

Jahr n	0	1	2	3
Anzahl	20	110	y	z

Fig. 6

6 Es wurde eine Umfrage zum Thema „Gentechnisch hergestellte Lebensmittel" durchgeführt. Bei der Vierfeldertafel in Fig. 7 bedeutet G das Ereignis „Die befragte Person kauft gentechnisch hergestellte Lebensmittel" und W das Ereignis „Die befragte Person ist weiblich."
Ergänze die Vierfeldertafel. Welche Aussagen sind für die befragten Personen zutreffend?

	G	$\overline{G}$	gesamt
W		100	
$\overline{W}$			160
gesamt	240		400

Fig. 7

I: 15 % aller befragten Personen sind männlich und kaufen keine gentechnisch hergestellten Lebensmittel.
E: Frauen kaufen häufiger gentechnisch hergestellte Lebensmittel als Männer.
T: 70 % aller Personen sind Frauen oder kaufen keine gentechnisch hergestellten Lebensmittel.
I: $P(G \cup W) = P(G) + P(W)$
A: Die Ereignisse G und W sind voneinander abhängig.

978-3-12-734302-1 Lambacher Schweizer 6 BW, Serviceband

Ernst Klett Verlag GmbH, Stuttgart 2008

Lösungen der Serviceblätter

I Abhängigkeit und Änderung – Ableitung

Was ist eine Funktion? – Zuordnungen ohne Gleichungen, Seite S 5

Fig. 1 stellt nicht den Graphen einer Funktion dar, da einem x-Wert (einem Tag) mehrere Temperaturwerte in Abhängigkeit einer dritten Größe, der Tageszeit, zugeordnet werden.
Fig. 2 stellt nicht den Graphen einer Funktion dar, da einem x-Wert (einer Häufigkeit) mehrere y-Werte (Höhen auf der Erde) zugeordnet werden.
Fig. 3 stellt den Graphen einer Funktion dar, da jedem x-Wert, d. h. jedem Element aus der Definitionsmenge, ein prozentualer Anteil zugeordnet ist. Die Definitionsmenge besteht aus den Elementen CDU, PDS, SPD, FW/BI und FDP.
Fig. 4 stellt den Graphen einer Funktion dar, da jedem Zeitpunkt eine atmosphärische CO_2-Konzentration zugeordnet ist. Die Definitionsmenge ist der Zeitraum 1958 bis 1987.

Lernzirkel: Die anwendungsbezogene Änderungsrate, Seite S 6

Lernzirkel 1: Schneeschmelze und Hochwasser, Seite S 7

a) Abnahme der Schneehöhe:
919 cm – 91 cm = 828 cm entspricht einer Regenmenge von 1656 ℓ/m².
Mittlere Schneeschmelze:

$m = \frac{91\,\text{cm} - 919\,\text{cm}}{18\,\text{Tage} - 1\,\text{Tag}} = -48{,}7\,\frac{\text{cm}}{\text{d}}$

b) 8. bis 15. Tag:

$m = \frac{144\,\text{cm} - 719\,\text{cm}}{15\,\text{Tage} - 8\,\text{Tag}} = -82{,}1\,\frac{\text{cm}}{\text{d}}$

Höchste Änderungsrate zwischen 10. und 11. Tag:
$m = -150\,\frac{\text{cm}}{\text{d}}$.

c)

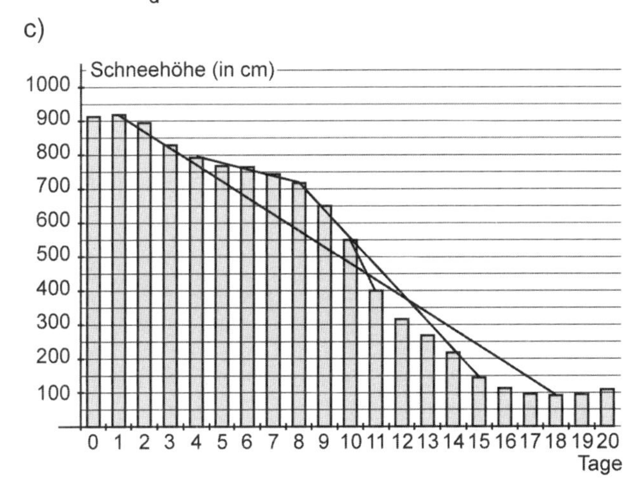

Lernzirkel 2: Wie schnell wächst eine Sonnenblume? Seite S 8

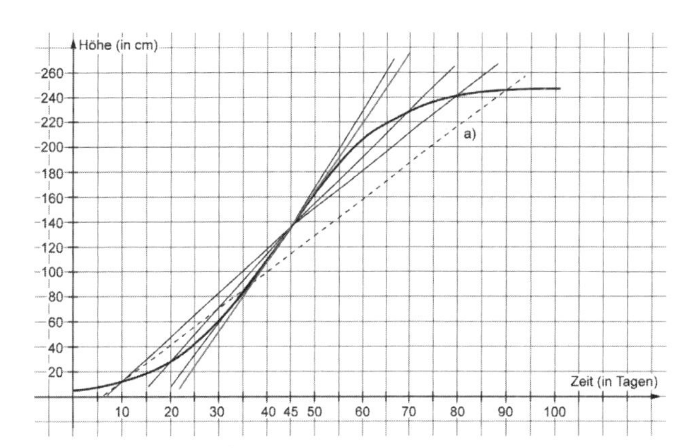

a) $m(10;\,90) = \frac{246\,\text{cm} - 12\,\text{cm}}{90\,\text{Tage} - 10\,\text{Tag}} = 2{,}9\,\frac{\text{cm}}{\text{Tag}}$

b) Von links her:

Intervall	[10; 45]	[20; 45]	[30; 45]	[40; 45]
Nr.	1	2	3	4
m	3,54	4,32	5,13	5,60

Von rechts her:

Intervall	[80; 45]	[70; 45]	[60; 45]	[50; 45]
Nr.	9	8	7	6
m	3,03	3,76	4,67	5,40

Sekantensteigung:

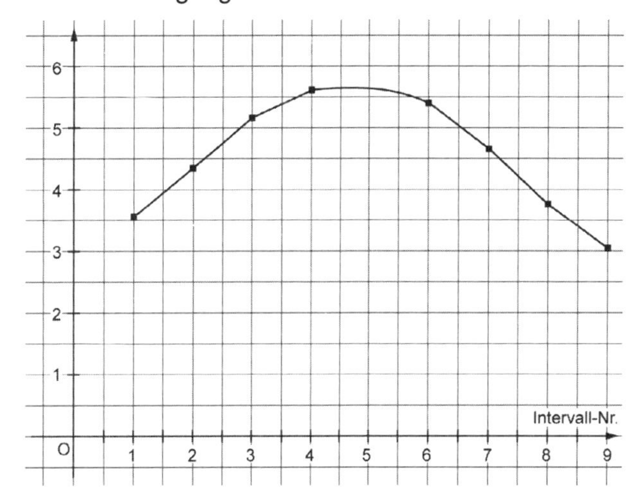

Abgelesen: Momentane Änderungsrate am 45. Tag:
$m = 5{,}6\,\frac{\text{cm}}{\text{Tag}}$

Lernzirkel 3: Ein Raketenstart, Seite S 9

a)

t in s	1,2	2,5	3,4	4,2	5,0
s in m	29,8	42,6	54,0	65,9	79,5
v in $\frac{m}{s}$	9,85	12,7	14,9	17,0	

b) $s = at^2 + bt + c$

$1{,}44a + 1{,}2b + c = 29{,}8$

$11{,}56a + 3{,}4b + c = 54{,}0$

$25{,}00a + 5{,}0b + c = 79{,}5$

$a = 1{,}3;\; b = 5{,}0;\; c = 22$

c)

t in s	0	1	2	3	4	5
v in $\frac{m}{s}$	5	7,6	10,2	12,8	15,4	18,0

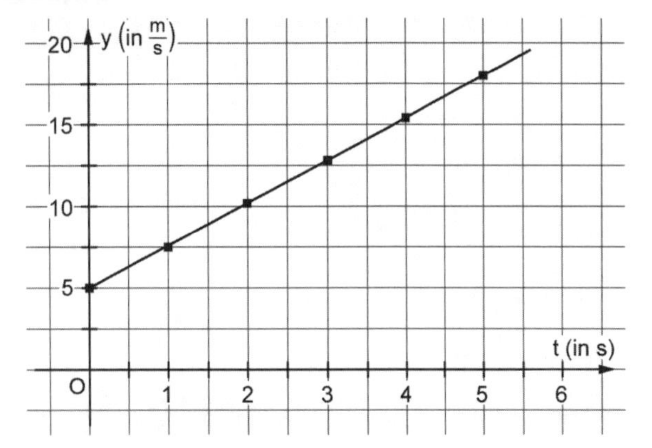

$v(t) = 2{,}6t + 5$

Die Geschwindigkeit nimmt gleichmäßig mit der Zeit zu.

Funktionen und ihre Ableitungen – Domino, Seite S 10

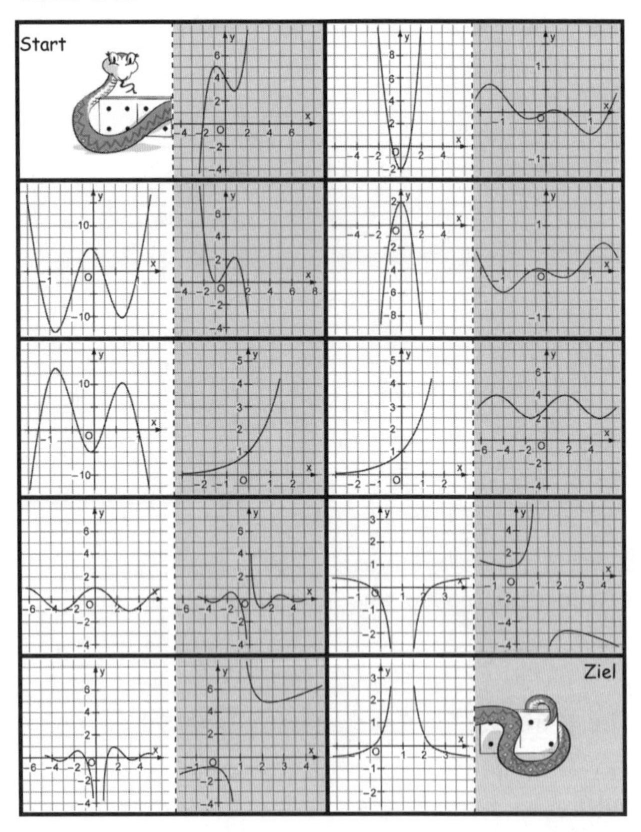

Ableitung von $f(x) = x^n$, Seite S 13

1 a)

x	−3	−1,5	0	2	3
$m = f_1'(x)$	−6	−3	0	4	6

(: 2 von −3 zu −1,5 bzw. −6 zu −3; · 1,5 von 2 zu 3 bzw. 4 zu 6)

Lineare Funktion: $f_1'(x) = 2x$

b)

x	−2,5	−2	−1	1,5	2	3
$m = f_2'(x)$	18,8	12	3	6,8	12	27

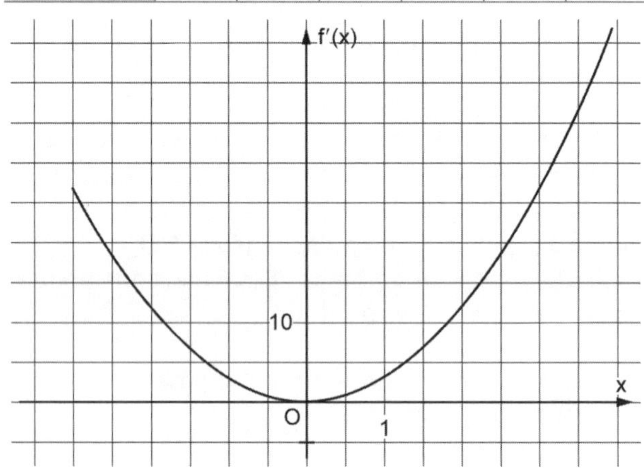

Quadratische Funktion:

$f_2'(x) = ax^2$, mit (2 | 12) ist $4a = 12$

$a = 3$, also $f_2'(x) = 3x^2$

2 a)

x	−2,5	−2	−1	1,5	2	3
$m = f_3'(x)$	−62,5	−32	−4	13,5	32	108

Funktion 3. Grades: $f_3'(x) = ax^3$, mit (2 | 32) ist $8a = 32$, $a = 4$, also $f_3'(x) = 4x^3$

b)

x	−2,5	−2	−1	1,5	2	3
$m = f_4'(x)$	195	80	5	25,3	80	405

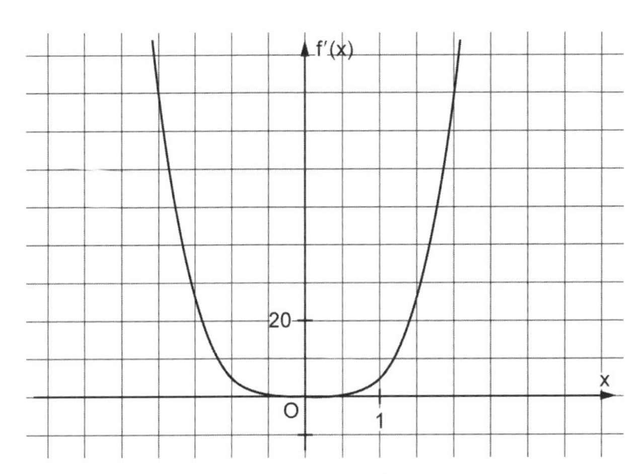

Funktion 4. Grades: $f_4'(x) = a x^4$, mit (2|80) ist $16a = 80$, $a = 5$, also $f_4'(x) = 5x^4$

3

f	x^2	x^3	x^4	x^5	x^r
f'	$2x$	$3x^2$	$4x^3$	$5x^4$	$r \cdot x^{r-1}$

Tangentengleichung – Ein Arbeitsplan, Seite S 14

1 a) Skizze:

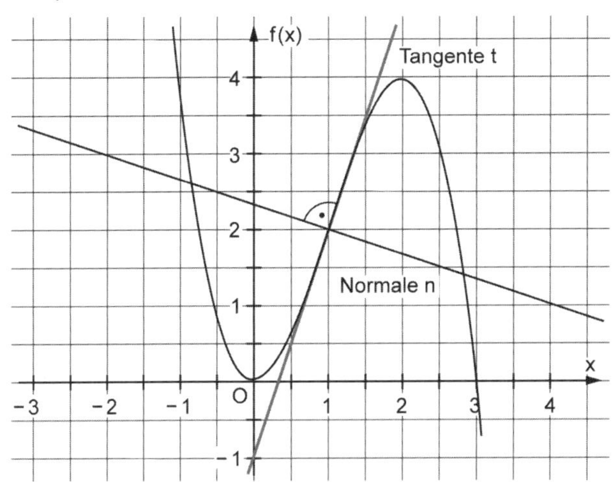

b) Die Steigung der Tangente ist gleich der Steigung des Graphen im Punkt P, da die Tangente den Graphen dort berührt und nicht schneidet.
Es gilt $f'(x) = -3x^2 + 6x$. Somit ergibt sich für die Steigung der Tangente $m = f'(1) = 3$.
c) Für die Tangente gilt der Ansatz: $y = 3x + c$.
Da der Punkt P (1|2) auf der Tangente liegt, folgt $c = -1$. Die Tangentengleichung lautet also $y = 3x - 1$.

2 Die Steigung der Tangente im Punkt P $(x_0 | f(x_0))$ ist $m = f'(x_0)$. Somit gilt für die Tangente der Ansatz $y = f'(x_0) \cdot x + c$. Da der Punkt P auf der Tangente liegt, folgt $c = f(x_0) - f'(x_0) \cdot x_0$.
Die allgemeine Tangentengleichung lautet also
$y = f'(x_0) \cdot x + f(x_0) - f'(x_0) \cdot x_0$.
Die Funktion f muss an der Stelle x_0 differenzierbar sein.

Für schnelle Rechner

Die Steigung der Tangente ist $m_1 = f'(1) = 3$.
Die Steigung der Normalen ist dann $m_2 = -\frac{1}{3}$.
Der Ansatz für die Normale lautet somit
$y = -\frac{1}{3}x + c$. Da der Punkt P (1|2) auf der Normalen liegt, folgt $c = \frac{7}{3}$. Die Gleichung der Normalen lautet also $y = -\frac{1}{3}x + \frac{7}{3}$.

Das tangiert uns! Seite S 15

f(x)	x_0	g(x)
$f(x) = x^3$	$x_0 = -1$	$g(x) = 3x + 2$
$f(x) = \frac{1}{2}x^4 + x^2$	$x_0 = 1$	$g(x) = 4x - 2{,}5$
$f(x) = 3\sqrt{x} + 4$	$x_0 = 4$	$g(x) = 0{,}75x + 7$
$f(x) = \frac{1}{4}x^2 - \frac{1}{x}$	$x_0 = 2$	$g(x) = 1{,}25x - 2$
$f(x) = \frac{1}{3}x^3 - 2x^2$	$x_0 = 3$	$g(x) = -3x$
$f(x) = 2x^2 - \sqrt{x}$	$x_0 = 1$	$g(x) = 3{,}5x - 2{,}5$
$f(x) = -x^3 - \frac{1}{2}x^2 + 5x$	$x_0 = 0$	$g(x) = 5x$
$f(x) = \frac{1}{4}x^5 - x^3 - 2x$	$x_0 = 2$	$g(x) = 6x - 16$
$f(x) = \frac{1}{4}x^4 - x^3$	$x_0 = 2$	$g(x) = -4x + 4$
$f(x) = -4\sqrt{x} + \frac{4}{x}$	$x_0 = 4$	$g(x) = -1{,}25x - 2$
$f(x) = (x + 3)^2$	$x_0 = -4$	$g(x) = -2x - 7$
$f(x) = \frac{1}{2}x^3 - x$	$x_0 = -1$	$g(x) = \frac{1}{2}x + 1$
$f(x) = 2x^3 + \frac{2}{x}$	$x_0 = -1$	$g(x) = 4x$
$f(x) = \frac{3}{4}x^4 - 5x$	$x_0 = 1$	$g(x) = -2x - 2{,}25$
$f(x) = 2\sqrt{x} + \frac{1}{2}x$	$x_0 = 4$	$g(x) = x + 2$
$f(x) = \frac{1}{3}x^3 + x^2$	$x_0 = -3$	$g(x) = 3x + 9$
$f(x) = \frac{1}{2}\sqrt{x} - x^2$	$x_0 = 1$	$g(x) = -1{,}75x + 1{,}25$
$f(x) = -\frac{3}{x} - 3$	$x_0 = -2$	$g(x) = 0{,}75x$
$f(x) = \frac{1}{2}x^5 - \frac{1}{2}x^4 + 3$	$x_0 = 1$	$g(x) = 0{,}5x + 2{,}5$
$f(x) = x^4 - 3x + 5$	$x_0 = 0$	$g(x) = -3x + 5$
$f(x) = \frac{2}{3}x^3 - 2x^2 - 5x + 2$	$x_0 = 3$	$g(x) = x - 16$
$f(x) = (\frac{1}{2}x^2 + 2x)^2 + 5x$	$x_0 = -2$	$g(x) = 5x + 4$

Die Ableitungsfunktion – Ein Arbeitsplan, Seite S 16

Toni Rossberger erreicht die Startluke S nur, falls die Schanze bis zu diesem Punkt an keiner Stelle eine größere Steigung als 100 % (d. h. m = 1) hat.

1 $\frac{f(70+h)-f(70)}{h} = \frac{\frac{1}{150}(70+h)^2-\frac{1}{150}70^2}{h}$

$= \frac{\frac{1}{150}(70^2+140h+h^2)-\frac{1}{150}\cdot 70^2}{h}$

$= \frac{\frac{1}{150}\cdot 70^2+\frac{140}{150}h+\frac{1}{150}h^2-\frac{1}{150}70^2}{h}$

$= \frac{\frac{14}{15}h+\frac{1}{150}h^2}{h} = \frac{h\left(\frac{14}{15}+\frac{1}{150}h\right)}{h}$

$\to \frac{14}{15}$ für $h \to 0$

Da man am Graphen erkennen kann, dass die Steigung der Sprungschanze streng monoton zunimmt, kann Toni die Startluke S erreichen.

2 Berechnung von $f'(x_0)$ für eine beliebige Stelle $x_0 \in D_f$:

$\frac{f(x_0+h)-f(x_0)}{h} = \frac{\frac{1}{150}(x_0+h)^2-\frac{1}{150}x_0^2}{h}$

$= \frac{\frac{1}{150}(x_0^2+2x_0h+h^2)-\frac{1}{150}\cdot x_0^2}{h}$

$= \frac{\frac{1}{150}\cdot x_0^2+\frac{1}{75}x_0h+\frac{1}{150}h^2-\frac{1}{150}x_0^2}{h}$

$= \frac{\frac{1}{75}x_0h+\frac{1}{150}h^2}{h} = \frac{h\left(\frac{1}{75}x_0+\frac{1}{150}h\right)}{h}$

$\to \frac{1}{75}x_0$ für $h \to 0$

Demnach: $f'(x_0) = \frac{1}{75}x_0$ bzw. $f'(75) = 1$

Toni erreicht maximal den Punkt P(75 | 37,5).

Die Steigung des Graphen von $f(x) = \frac{1}{x}$, Seite S 17

	A	B	C	D	E
1	an der Stelle	x0=	0,5	f(x0)	=1/$C$1
2	x=x0+h	f(x)	Δf	h	Δf/h
3	=$C$1+D3	=1/A3	=B3-$E$1	-0,4	=C3/D3
4	=$C$1+D4	=1/A4	=B4-$E$1	-0,3	=C4/D4

x_0	m
−4	−0,0625
−3	−0,1111
−2	−0,2500
−1	−1,0000
−0,5	−4,0000

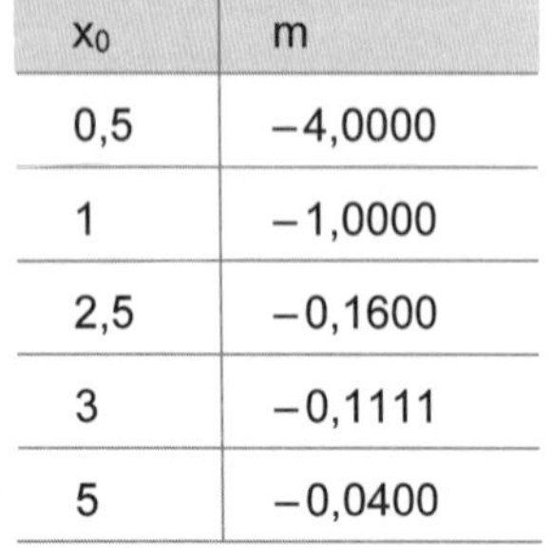

x_0	m
0,5	−4,0000
1	−1,0000
2,5	−0,1600
3	−0,1111
5	−0,0400

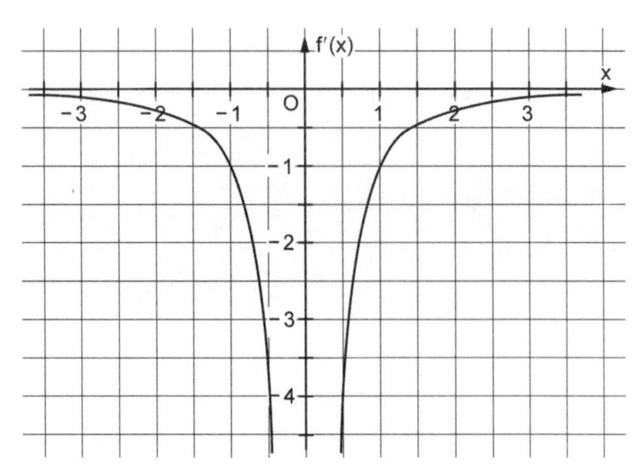

Funktionsterm: $f'(x) = -\frac{1}{x^2}$

GTR: [Y=] $Y1 = x^{-1}$ Y2= [MATH] 8 :
nDeriv([ENTER] [VARS] ➤ Y-VARS
[ENTER] 1 [ENTER], x, x) [ENTER] [GRAPH]

Mindmap: Verschiedene Bedeutungen der Ableitung, Seite S 18

1 Die Tangentengleichung lautet $y = -x + 3$.
Die Ableitung $f'(x_0)$ gibt hier die Steigung der Tangente an der Stelle x_0 an.

2 Die momentane Wachstumsgeschwindigkeit zum Zeitpunkt $x_0 = 4$ hat den Wert $f'(4) = 12$.
Die Ableitung $f'(x_0)$ gibt hier die momentane Änderungsrate zum Zeitpunkt x_0 an.

3 Der Grenzwert ist gleich $f'(3) = -25$.
Die Ableitung $f'(x_0)$ ist hier gleich dem Grenzwert des Differenzenquotienten $\frac{f(x)-f(x_0)}{x-x_0}$ für $x \to x_0$.

4 Die Steigung des Graphen an der Stelle $x_0 = -1$ ist gleich $f'(-1) = 23$.
Die Ableitung $f'(x_0)$ gibt hier die Steigung des Graphen an der Stelle x_0 an.

II Eigenschaften von Funktionen

Kreuzzahlrätsel, Seite S 20

[1] -8		[2] -1	[3] 0			[4] -5
[5] 9		0	[6] 7		[7] -2	-1
1	-3	[8] 6		[9] -3	-1	1
1	[10] 0	1		-2	0	5
	2	0	[11] -4	2	1	
	5		4	3	2	

Der Tangentensurfer, Seite S 21

1 An den Hoch- und Tiefpunkten des Wellenprofils verläuft das Surfbrett und damit die Tangente waagrecht. Es gilt somit $m_t = f'(x) = 0$.

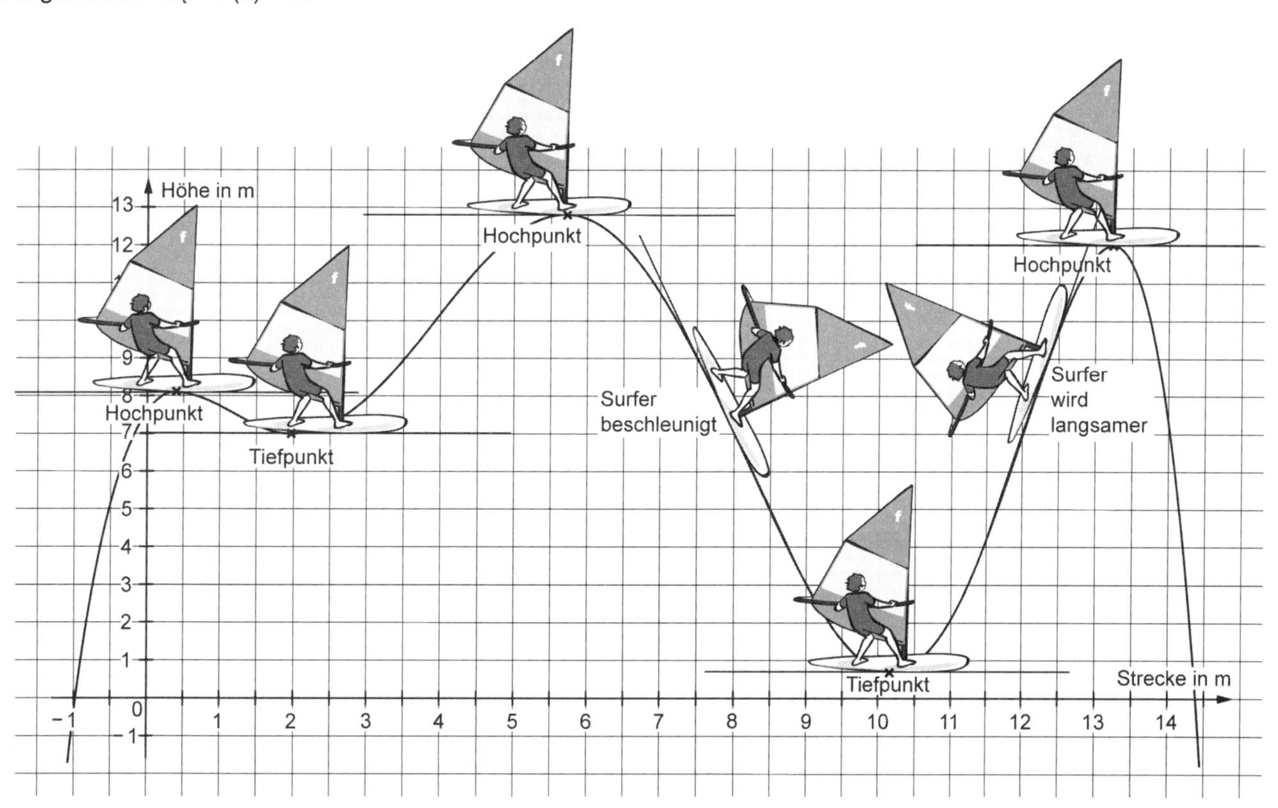

2 Der Tangentensurfer beschleunigt in den Bereichen, in denen das Wellenprofil monoton fällt. Hier gilt $m_t = f'(x) \leq 0$.
In Bereichen, in denen das Wellenprofil monoton wächst, wird der Surfer langsamer.
Hier gilt $m_t = f'(x) \geq 0$.

Der Graph einer Funktion ist auf einem Intervall I genau dann monoton fallend, wenn $f'(x) \leq 0$ für alle $x \in I$.
Der Graph einer Funktion ist auf einem Intervall I also genau dann monoton wachsend, wenn $f'(x) \geq 0$ für alle $x \in I$.

3 $f(x) = -x^2 + 4x - 1$
$f'(x) = -2x + 4$
f ist monoton wachsend genau dann, wenn
$f'(x) \geq 0 \Leftrightarrow -2x + 4 \geq 0 \Leftrightarrow x \leq 2$.
f ist monoton fallend genau dann, wenn
$f'(x) \leq 0 \Leftrightarrow -2x + 4 \leq 0 \Leftrightarrow x \geq 2$.
Graph der Funktion:

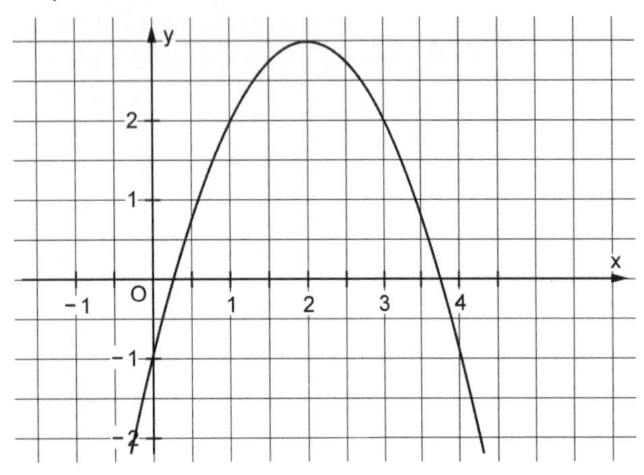

Bergspitze oder Talgrund? Seite S 22

1. $f(x) = -\frac{1}{9}x^4 + 2x^2$	$H_1(3\mid 9)$, $H_2(-3\mid 9)$, $T(0\mid 0)$
2. $f(x) = 2x^3 - 3x^2 + 2$	$H(0\mid 2)$, $T(1\mid 1)$
3. $f(x) = 2\sqrt{x} - x$	$H(1\mid 1)$
4. $f(x) = x^3 - 3x^2$	$H(0\mid 0)$, $T(2\mid -4)$
5. $f(x) = x - 1 + \frac{4}{x}$	$H(-2\mid -5)$, $T(2\mid 3)$
6. $f(x) = 3x^4 + 4x^3$	$T(-1\mid -1)$
7. $f(x) = (x-3)\sqrt{x}$	$T(1\mid -2)$
8. $f(x) = \frac{3}{4}x^4 - x^3 - 3x^2$	$H(0\mid 0)$, $T_1(-1\mid -1{,}25)$, $T_2(2\mid -8)$
9. $f(x) = -\frac{1}{4}x^3 + \frac{3}{4}x^2$	$H(2\mid 1)$, $T(0\mid 0)$
10. $f(x) = x^3 - 6x^2 + 9x - 4$	$H(1\mid 0)$, $T(3\mid -4)$

F I X ... und fertig!

Gruppenpuzzle: Extremwertprobleme, Seite S 23

Hinweis: Die Aufgabe der Expertengruppe 2 ist etwas anspruchsvoller als die Aufgaben der übrigen Expertengruppen und sollte daher an eher leistungsstärkere Schülerinnen und Schüler vergeben werden.

Expertengruppe 1: Märchenstunde, Seite S 24

Skizze:

x

y

Für die Seitenlängen des rechteckigen Stück Landes gilt:
$2x + 2y = 18 \Rightarrow y = 9 - x$.
Die Zielfunktion beschreibt dann den Flächeninhalt
$f(x) = x \cdot y = x \cdot (9 - x)$.
Das Maximum der Funktion liegt bei $x = 4{,}5$.
Die Seitenlängen des Stück Landes sollten also jeweils 4,5 km betragen. Dann hat es den maximalen Flächeninhalt von $20{,}25\,\text{km}^2 = 2025\,\text{ha}$.
Der Abt muss jeweils nach $1\frac{1}{2}$ Stunden rechtwinklig abbiegen.

Expertengruppe 2: Pipeline, Seite S 24

Eine direkte Verbindung von R nach B wäre
$RB = \sqrt{RS^2 + SB^2} = \sqrt{125}$ km lang und würde somit
$800\,000\,€ \cdot \sqrt{125} \approx 8\,944\,272\,€$ kosten.
Wenn $RT = x$, dann gilt $TB = \sqrt{(10-x)^2 + 25}$.
Die Kosten in € werden durch die Zielfunktion f mit
$f(x) = 400\,000 \cdot x + 800\,000 \cdot \sqrt{(10-x)^2 + 25}$
beschrieben. Ihr Minimum liegt bei $x \approx 7{,}11$ km und beträgt ca. 7 464 000 €.

Expertengruppe 3: Zeitschriften, Seite S 25

Ist x die Anzahl der Stückpreiserhöhungen um 0,50 €, so werden die Einnahmen in € durch die Zielfunktion f mit
$f(x) = (10\,000 - 500 \cdot x) \cdot (5 + x \cdot 0{,}5)$ beschrieben.
Ihr Maximum liegt bei $x = 5$.
Der Stückpreis beträgt 7,50 €. Es werden monatlich 7500 Exemplare verkauft und die maximalen Einnahmen sind 56 250 €.

Expertengruppe 4: Bastelarbeit, Seite S 25

Ist x die Höhe der Schachtel, so gilt für ihre Breite $y = 21\,\text{cm} - 2x$ und für ihre Länge $z = 15\,\text{cm} - x$.
Das Volumen der Schachtel in cm^3 wird durch die Zielfunktion f mit
$f(x) = x \cdot y \cdot z = x \cdot (21\,\text{cm} - 2x) \cdot (15\,\text{cm} - x)$
beschrieben.
Ihr Maximum liegt bei $x \approx 4{,}06$ cm und beträgt $572{,}08\,\text{cm}^3$. Es gilt $y \approx 12{,}88$ cm und $z \approx 10{,}94$ cm.
Der Verschnitt beträgt
$30\,\text{cm} \cdot 21\,\text{cm} - 2x^2 - 2x \cdot (x + z) \approx 475{,}23\,\text{cm}^2$.

Funktionentandem, Seite S 26

1 $f(x) = x^4 - 4x^2 + 4$
a) $f(x) \to +\infty$ für $x \to \pm\infty$
b) Streng monoton wachsend für $-\sqrt{2} < x < 0$ und $x > \sqrt{2}$, streng monoton fallend für $x < -\sqrt{2}$ und $0 < x < \sqrt{2}$.
c) Nullstellen: $x_{1/2} = \pm\sqrt{2}$
y-Achsenabschnitt: 4
d) Extrempunkte: $H(0\mid 4)$, $T_1(\sqrt{2}\mid 0)$, $T_2(-\sqrt{2}\mid 0)$

2 $g(x) = \frac{1}{9}x^3 - 3x$

a) $g(x) \to +\infty$ für $x \to +\infty$
$g(x) \to -\infty$ für $x \to -\infty$
b) Streng monoton wachsend für $x < -3$ und $x > 3$, streng monoton fallend für $-3 < x < 3$.
c) Nullstellen: $x_1 = 0$, $x_{2/3} = \pm 3\sqrt{3}$
y-Achsenabschnitt: 0
d) Extrempunkte: $H(-3|6)$, $T(3|-6)$

Funktionsuntersuchung bunt gemischt
(1) und (2), Seite S 27/28

Das Lösungswort lautet:
GOTTFRIED WILHELM LEIBNIZ

III Geraden im Raum – Vektoren

Punkte im Raum, Seite S 30

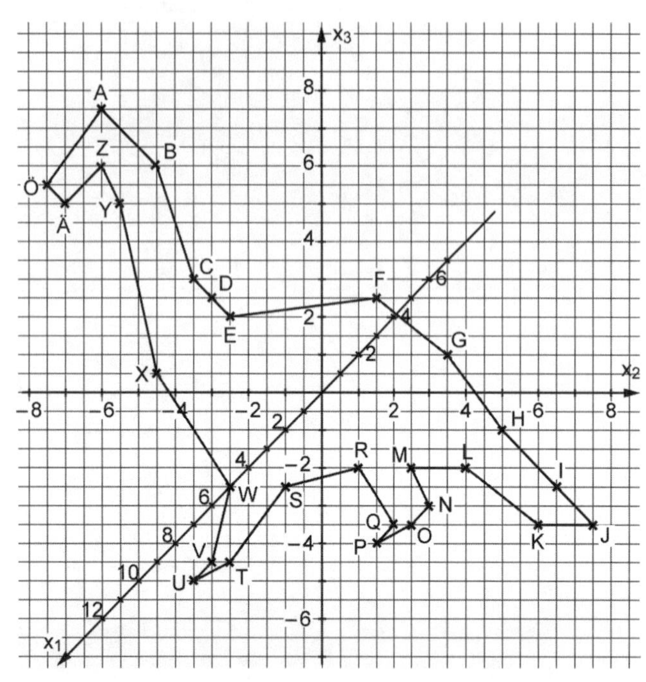

Die durch das Verbinden der Punkte entstandene Figur des Dinosauriers existiert in dieser Form nicht im Raum. Man kann sie sich jedoch als Schattenprojektion oder Aufriss in der x_2x_3-Ebene vorstellen.

Raum-Schrift – Punkte bestimmen, Seite S 31

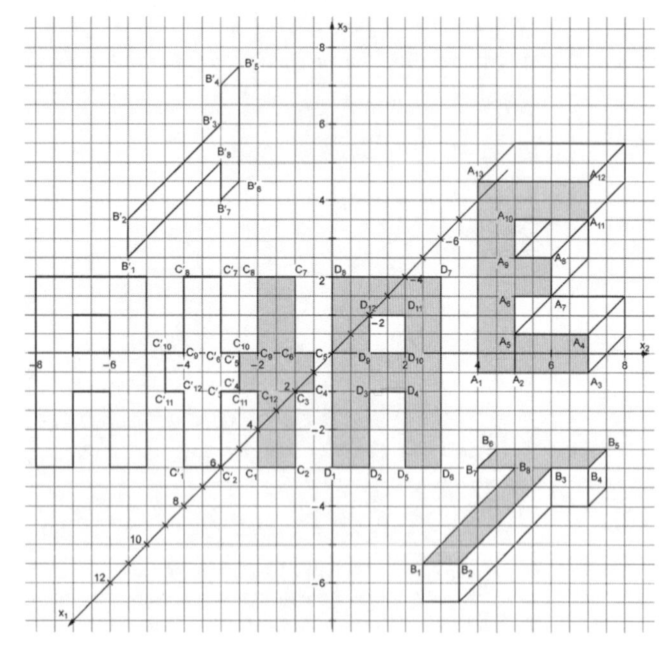

1 a) Buchstabenfigur F: $A_1(1|4{,}5|0)$
$A_2(1|5{,}5|0)$, $A_6(1|5{,}5|2)$, $A_7(1|6{,}5|2)$,
$A_8(1|6{,}5|3)$, $A_9(1|5{,}5|3)$, $A_{10}(1|5{,}5|4)$,
$A_{11}(1|7{,}5|4)$, $A_{12}(1|7{,}5|5)$, $A_{13}(1|4{,}5|5)$
b) $A_3(1|7{,}5|0)$, $A_4(1|7{,}5|1)$, $A_5(1|5{,}5|1)$
c) Buchstabenfigur T: $B_5(6|10{,}5|0{,}5)$
$B_1(12|8{,}5|0{,}5)$, $B_2(12|9{,}5|0{,}5)$, $B_3(7|9{,}5|0{,}5)$,
$B_4(7|10{,}5|0{,}5)$, $B_6(6|7{,}5|0{,}5)$, $B_7(7|7{,}5|0{,}5)$,
$B_8(7|8{,}5|0{,}5)$
d) Buchstabenfigur t: $C_{11}(5|0|1{,}5)$
$C_1(5|0{,}5|-0{,}5)$, $C_2(5|1{,}5|-0{,}5)$, $C_3(5|1{,}5|1{,}5)$,
$C_4(5|2|1{,}5)$, $C_5(5|2|2{,}5)$, $C_6(5|1{,}5|2{,}5)$,
$C_7(5|1{,}5|4{,}5)$, $C_8(5|0{,}5|4{,}5)$, $C_9(5|0{,}5|2{,}5)$,
$C_{10}(5|0|2{,}5)$, $C_{12}(5|0{,}5|1{,}5)$
Buchstabenfigur A: $D_{10}(5|4{,}5|2{,}5)$
$D_1(5|2{,}5|-0{,}5)$, $D_2(5|3{,}5|-0{,}5)$, $D_3(5|3{,}5|1{,}5)$,
$D_4(5|4{,}5|1{,}5)$, $D_5(5|4{,}5|-0{,}5)$, $D_6(5|5{,}5|-0{,}5)$,
$D_7(5|5{,}5|4{,}5)$, $D_8(5|2{,}5|4{,}5)$, $D_9(5|3{,}5|2{,}5)$,
$D_{11}(5|4{,}5|3{,}5)$, $D_{12}(5|3{,}5|3{,}5)$

2 a) Spiegelung der Buchstabenfigur E an der x_2x_3-Ebene → Alle Bildpunkte haben die x_1-Koordinate −1.
$A'_1(-1|4{,}5|0)$, $A'_3(-1|7{,}5|0)$, $A'_4(-1|7{,}5|1)$,
$A'_5(-1|5{,}5|1)$, $A'_6(-1|5{,}5|2)$, $A'_7(-1|6{,}5|2)$,
$A'_8(-1|6{,}5|3)$, $A'_9(-1|5{,}5|3)$, $A'_{10}(-1|5{,}5|4)$,
$A'_{11}(-1|7{,}5|4)$, $A'_{12}(-1|7{,}5|5)$, $A'_{13}(-1|4{,}5|5)$
b) Spiegelung der Buchstabenfigur T an der x_1x_2-Ebene → Alle Bildpunkte haben die x_3-Koordinate −0,5.
$B'_1(12|8{,}5|-0{,}5)$, $B'_2(12|9{,}5|-0{,}5)$,
$B'_3(7|9{,}5|-0{,}5)$, $B'_4(7|10{,}5|-0{,}5)$,
$B'_5(6|10{,}5|-0{,}5)$, $B'_6(6|7{,}5|-0{,}5)$,
$B'_7(7|7{,}5|-0{,}5)$, $B'_8(7|8{,}5|-0{,}5)$
c) Spiegelung der Buchstabenfiguren t und A an der x_1x_3-Ebene → Bei allen Bildpunkten ist die x_2-Koordinate entgegengesetzt zur x_2-Koordinate der Originalpunkte.
Buchstabenfigur t:
$C'_1(5|-0{,}5|-0{,}5)$, $C'_2(5|-1{,}5|-0{,}5)$,
$C'_3(5|-1{,}5|1{,}5)$, $C'_4(5|-2|1{,}5)$, $C'_5(5|-2|2{,}5)$,
$C'_6(5|-1{,}5|2{,}5)$, $C'_7(5|-1{,}5|4{,}5)$, $C'_8(5|-0{,}5|4{,}5)$,
$C'_9(5|-0{,}5|2{,}5)$, $C'_{10}(5|0|2{,}5)$, $C'_{11}(5|0|1{,}5)$,
$C'_{12}(5|-0{,}5|1{,}5)$
Buchstabenfigur A:
$D'_1(5|-2{,}5|-0{,}5)$, $D'_2(5|-3{,}5|-0{,}5)$,
$D'_3(5|-3{,}5|1{,}5)$, $D'_4(5|-4{,}5|1{,}5)$,
$D'_5(5|-4{,}5|-0{,}5)$, $D'_6(5|-5{,}5|-0{,}5)$,
$D'_7(5|-5{,}5|4{,}5)$, $D'_8(5|-2{,}5|4{,}5)$,
$D'_9(5|-3{,}5|2{,}5)$, $D'_{10}(5|-4{,}5|2{,}5)$,
$D'_{11}(5|-4{,}5|3{,}5)$, $D'_{12}(5|-3{,}5|3{,}5)$

Vektorendomino, Seite S 33

Start	Bestimme die Koordinaten des Vektors $\overrightarrow{AB}$, wenn A(0 | -2,5 | -1,5) und B(1 | $-\frac{1}{2}$ | -4,5).	$\begin{pmatrix} 1 \\ 2 \\ -3 \end{pmatrix}$	Zu welchem Punkt ist der Vektor $\overrightarrow{AB}$ Ortsvektor, wenn A(-2 | -6 | 2) und B(-3 | -3 | 4)?
(-1 | 3 | 2)	Beschreibe mit einem Vektor, wie man vom Ausgangspunkt A(-2 | -2 | 0) zum Zielpunkt Z(0 | 1 | -1) gelangt.	$\begin{pmatrix} 2 \\ 3 \\ -1 \end{pmatrix}$	Gegeben ist der Vektor $\overrightarrow{AB}$ mit A(1 | 3 | 4) und B(2 | 5 | 1)? Bestimme die Koordinaten von $\overrightarrow{GH}$.
$\begin{pmatrix} -1 \\ -2 \\ 3 \end{pmatrix}$	Welcher Vektor verschiebt den Punkt P(-10 | 3 | -8) in den Punkt Q(-8 | 2 | -5)?	$\begin{pmatrix} 2 \\ -1 \\ 3 \end{pmatrix}$	Wie heißen die Koordinaten von B, wenn gilt: A(-4 | $\frac{1}{2}$ | 0) und $\overrightarrow{AB} = \begin{pmatrix} 5 \\ -3,5 \\ -2 \end{pmatrix}$?
(1 | -3 | -2)	Bestimme die Koordinaten von D so, dass die Punkte A(4 | -3 | 2), B(-2 | 0 | -5), C(-7 | 5 | -10) und D in dieser Reihenfolge ein Parallelogramm bilden.	(-1 | 2 | -3)	Bestimme die Koordinaten des Vektors $\overrightarrow{QP}$, wenn P(-1 | -5 | 0) und Q(-3 | -2 | 1).
$\begin{pmatrix} 2 \\ -3 \\ -1 \end{pmatrix}$	Wie heißen die Koordinaten von A, wenn gilt: $\overrightarrow{AB} = \begin{pmatrix} 1 \\ 5 \\ 2 \end{pmatrix}$ und B(0 | 2 | 0)?	(-1 | -3 | -2)	Der Vektor $\vec{a} = \begin{pmatrix} -2 \\ 0 \\ 2 \end{pmatrix}$ verschiebt den Punkt P(3 | 2 | 1) in den Punkt Q. Welche Koordinaten hat Q?
(1 | 2 | 3)	Zu welchem Punkt ist der Vektor $\overrightarrow{QP}$ Ortsvektor, wenn P(2 | 1,5 | -4) und Q(3 | 4,5 | -6)?	(-1 | -3 | 2)	Ziel

Rechnen mit Vektoren – Ein Arbeitsplan, Seite S 34

1 $\overrightarrow{AB} = \begin{pmatrix} 4 \\ 1 \end{pmatrix}$; $\overrightarrow{BC} = \begin{pmatrix} 2 \\ 4 \end{pmatrix}$; $\overrightarrow{AC} = \begin{pmatrix} 6 \\ 5 \end{pmatrix}$;

$\overrightarrow{DE} = \begin{pmatrix} 2 \\ 1 \end{pmatrix}$; $\overrightarrow{DF} = \begin{pmatrix} 6 \\ 3 \end{pmatrix}$

2 Addiert man die x_1-Koordinaten (x_2-Koordinaten) von $\overrightarrow{AB}$ und $\overrightarrow{BC}$, so erhält man die x_1-Koordinate (x_2-Koordinate) von $\overrightarrow{AC}$.

3 Multipliziert man eine Koordinate von $\overrightarrow{DE}$ mit 3, so erhält man die entsprechende Koordinate von $\overrightarrow{EF}$.

4 $\vec{a} + \vec{b} = \begin{pmatrix} 7 \\ 9 \end{pmatrix}$ $\quad$ $\vec{b} + \vec{a} = \begin{pmatrix} 7 \\ 9 \end{pmatrix}$

$\vec{a} + \vec{a} + \vec{a} + \vec{a} + \vec{a} = \begin{pmatrix} 15 \\ 10 \end{pmatrix}$ $\quad$ $\vec{a} + \vec{a} + \vec{a} + \vec{b} + \vec{b} + \vec{b} + \vec{b} = \begin{pmatrix} 25 \\ 34 \end{pmatrix}$

5 $3 \cdot \vec{a} + 4 \cdot \vec{b}$

Inselhopping, Seite S 35

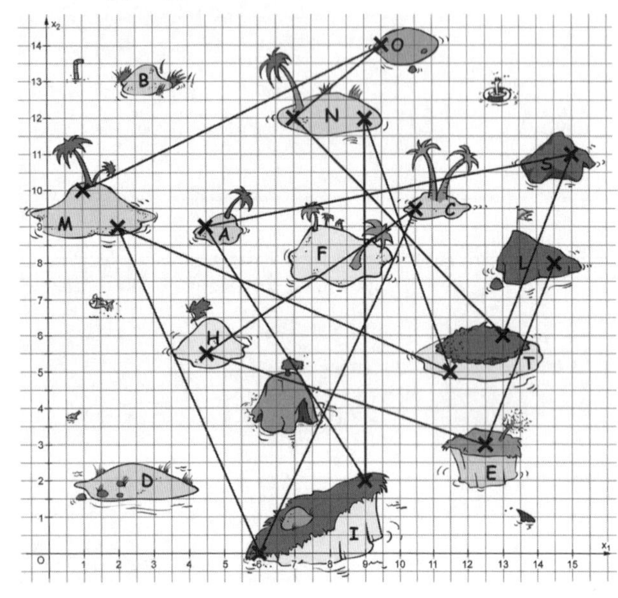

a) Startpunkt: $M_1(1\,|\,10)$
O(9,5 | 14), $N_1(7\,|\,12)$, $T_1(13\,|\,6)$, S(15 | 11), A(4,5 | 9), $I_1(9\,|\,2)$, $N_2(9\,|\,12)$, $T_2(11{,}5\,|\,5)$, $M_2(2\,|\,9)$, $I_2(6\,|\,0)$, C(10,5 | 9,5), H(4,5 | 5,5), E(12,5 | 3), L (14,5 | 8)
„Schatzinsel" ist die Insel L.
Zur Selbstkontrolle ist auf dem Serviceblatt der untere Satz rückwärts und von rechts nach links zu lesen:
Erreichst du die Inseln in der richtigen Reihenfolge, ergibt sich als Lösungswort: Mont Saint Michel.

b) $\overrightarrow{M_1L} = \begin{pmatrix} 13{,}5 \\ -2 \end{pmatrix}$

c) z. B.: $\overrightarrow{M_1L} = 9\vec{a} - \vec{c}$; $\overrightarrow{M_1L} = 7\vec{a} + 2\vec{d}$

$\overrightarrow{M_1L} = 5\vec{a} + \vec{c} + 4\vec{d}$

d) $6\frac{2}{3}\vec{a} - \vec{b} + \vec{c} + 3\vec{d} = \begin{pmatrix} 13{,}5 \\ -2 \end{pmatrix}$

$6\frac{2}{3}\begin{pmatrix} 1{,}5 \\ 0 \end{pmatrix} - \begin{pmatrix} 1 \\ 1 \end{pmatrix} + \begin{pmatrix} 0 \\ 2 \end{pmatrix} + 3\begin{pmatrix} 1{,}5 \\ -1 \end{pmatrix} = \begin{pmatrix} 13{,}5 \\ -2 \end{pmatrix}$

$\begin{pmatrix} 13{,}5 \\ -2 \end{pmatrix} = \begin{pmatrix} 13{,}5 \\ -2 \end{pmatrix}$

Die gegebene Linearkombination führt zur Schatzinsel.

Die Gleichung einer Geraden – Ein Arbeitsplan, Seite S 36

1 a) $P_1(-1\,|\,2)$; $P_2(1\,|\,3)$; $P_3(3\,|\,4)$
Punkte liegen auf einer Geraden, da sie vom Ausgangspunkt aus in gleicher Weise verschoben werden.
b) Individuelle Lösungen, z. B. $P_4(5\,|\,5)$.
c) $\begin{pmatrix} -3 \\ 1 \end{pmatrix} - \begin{pmatrix} 2 \\ 1 \end{pmatrix}$ ergibt T(–5 | 0).

2 a) Die Punkte $Q_1(1\,|\,3)$, $Q_2\ (5\,|\,5)$, $Q_3(9\,|\,7)$ liegen auf derselben Geraden doppelt so weit auseinander.
b) Die Punkte $R_1(-1\,|\,0)$, $R_2(1\,|\,-1)$, $R_3(3\,|\,-2)$ liegen auf einer Geraden mit anderer Richtung durch (–3 | 1).
c) Die Punkte $S_1(0\,|\,4)$, $S_2(2\,|\,5)$, $S_3(4\,|\,6)$ liegen auf einer zur ersten Geraden parallelen Geraden durch den Punkt (–2 | 3).

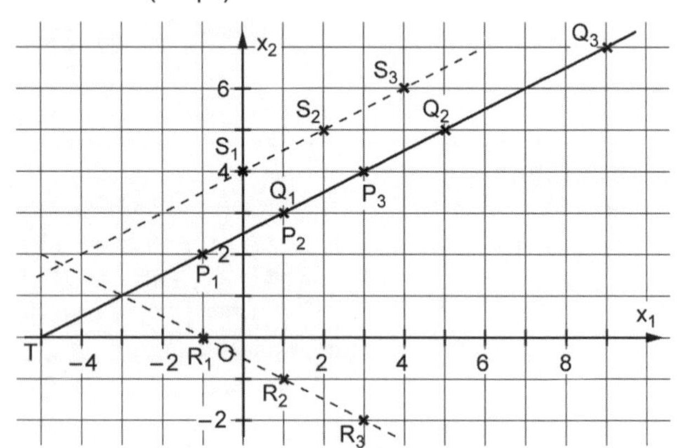

3 a) $P_1(3\,|\,1\,|\,3)$, $P_2(4\,|\,3\,|\,4)$, $P_3(5\,|\,5\,|\,5)$
Die Punkte entstehen durch mehrmaliges Verschieben mit demselben Vektor.

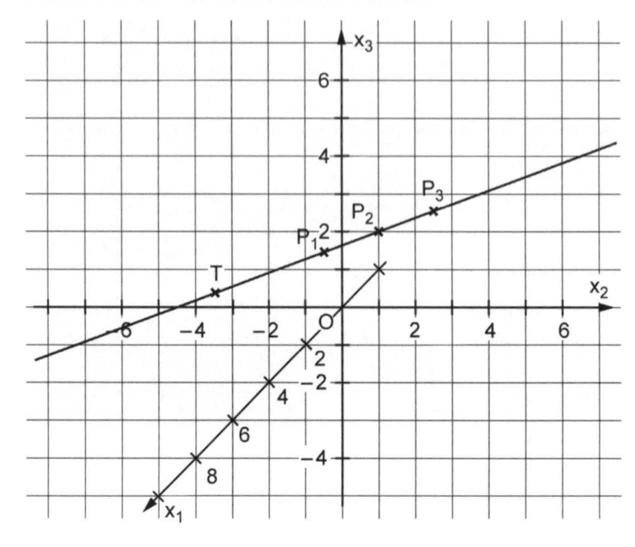

b) Beispiel: $\begin{pmatrix} 2 \\ -1 \\ 2 \end{pmatrix} + 4 \cdot \begin{pmatrix} 1 \\ 2 \\ 1 \end{pmatrix}$ ergibt $P_4(6|7|6)$.

$T(1|-3|1)$ liegt auf der Geraden und entsteht mit $\begin{pmatrix} 2 \\ -1 \\ 2 \end{pmatrix} - \begin{pmatrix} 1 \\ 2 \\ 1 \end{pmatrix}$.

4 a) Wird $\begin{pmatrix} 1 \\ 2 \\ 1 \end{pmatrix}$ ersetzt durch $\begin{pmatrix} 2 \\ 4 \\ 2 \end{pmatrix}$, ergeben sich wie in Aufgabe 2 a) die Punkte $Q_1(4|3|4)$, $Q_2(6|7|6)$, $Q_3(8|11|8)$, die auf derselben Geraden liegen.

b) Wird $\begin{pmatrix} 1 \\ 2 \\ 1 \end{pmatrix}$ ersetzt durch $\begin{pmatrix} -2 \\ 1 \\ -2 \end{pmatrix}$, ergeben sich die Punkte $R_1(0|0|0)$, $R_2(-2|1|-2)$, $R_3(-4|2|-4)$, die auf einer Geraden mit anderer Richtung durch $(2|-1|2)$ liegen.

c) Wird $\begin{pmatrix} 2 \\ -1 \\ 2 \end{pmatrix}$ ersetzt durch $\begin{pmatrix} -2 \\ -1 \\ -2 \end{pmatrix}$, ergeben sich die Punkte $S_1(-1|1|-1)$, $S_2(0|3|0)$, $S_3(1|5|1)$, die auf einer zur ersten Geraden parallelen Geraden durch den Punkt $(-2|-1|-2)$ liegen.

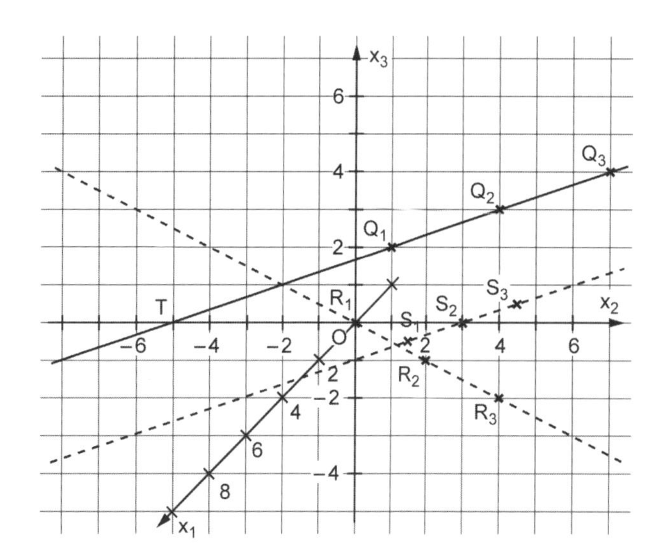

Individueller Heftaufschrieb.

Übungen:

Koordinatenachsen: x_1-Achse: $\vec{x} = \begin{pmatrix} 1 \\ 0 \\ 0 \end{pmatrix}$;

x_2-Achse: $\vec{x} = \begin{pmatrix} 0 \\ 1 \\ 0 \end{pmatrix}$; x_3-Achse: $\vec{x} = \begin{pmatrix} 0 \\ 0 \\ 1 \end{pmatrix}$

g_1 ist eine Parallele zur x_1-Achse, g_2 ist eine Parallele zur x_2-Achse, g_3 ist parallel zur x_1x_2-Ebene.

Puzzle: Gerade recht!, Seite S 37

<table>
<tr>
<td>$A(-2|5|2)$,
$B(-1|5|3)$</td>
<td>x_2, g, x_1, O, 1, 2, 3, 4</td>
<td>$A(0|0|0)$,
$B(0|1|1)$</td>
<td>$A(2|4|-1)$,
$B(0|9|1)$</td>
<td>$P(-4{,}5|2)$,
$Q(-\frac{1}{2}|5)$</td>
</tr>
<tr>
<td>$P(2|4|-1)$,
$\vec{u} = \begin{pmatrix} -2 \\ 4 \\ -3 \end{pmatrix}$</td>
<td>Gerade, die auf der x_1-Achse liegt.</td>
<td>x_2, g, x_1, −3, −2, −1, O, 1, 2, 3, 4</td>
<td>H(1|2|2), G, E, F, g, C, A(3|2|−1), B(3|6|−1)</td>
<td>$A(-2|5|2)$,
$B(-4|10|4)$</td>
</tr>
<tr>
<td>$A(5|-\frac{1}{2})$,
$B(2|1{,}5)$</td>
<td>H(1|2|2), G, E, F, g, M_{CG}, M_{AB}, C, A(3|2|−1), B(3|6|−1)</td>
<td>$P(-2|4|-3)$,
$\vec{u} = \begin{pmatrix} 2 \\ 4 \\ -1 \end{pmatrix}$</td>
<td>Gerade, die durch $A(-2|5|2)$ geht und parallel zur x_2-Achse verläuft.</td>
<td>Gerade, die auf der x_3-Achse liegt.</td>
</tr>
</table>

Gruppenpuzzle: Lagebeziehung von Geraden, Seite S 38

Expertengruppen 1–3: Überblicksschema, Seite S 40

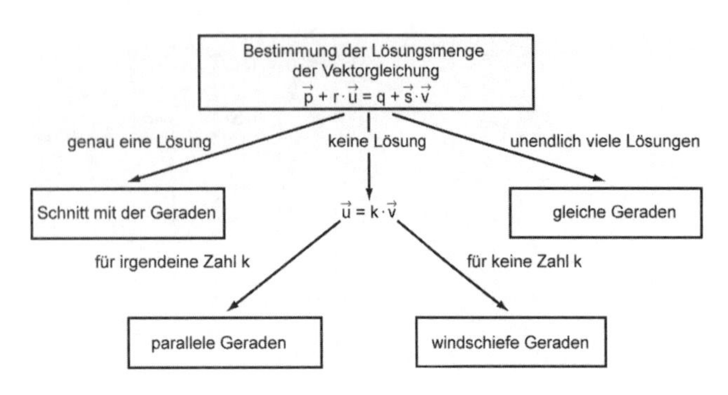

Bist du fit? Seite S 41

1 a) $A(4|-3|0)$, $E = O\ (0|0|0)$, $K(0|8|3)$
$B(4|0|0)$, $C(4|8|0)$, $D(0|8|0)$, $F(0|-3|0)$,
$G(4|0|3)$, $H(4|8|3)$, $I(2|8|3)$, $J(2|0|3)$,
$L(0|0|3)$, $U(2|-1{,}5|6)$, $M(2|8|4{,}5)$, $N(2|0|4{,}5)$,
$P(4|-3|6)$, $Q(4|0|6)$, $R(0|0|6)$, $S(2|-1{,}5|9)$,
$T(0|-3|6)$

b) $Z(0|-3|z)$ mit $0 \le z \le 6$ und $z \in \mathbb{R}$

Die Punktmenge Z stellt die Quaderkante $\overline{FT}$ dar.

c) Längen der Strecken $\overline{BD}$ und $\overline{BK}$:

$\overline{BD}^2 = \overline{BC}^2 + \overline{CD}^2$ $\qquad$ $\overline{BK}^2 = \overline{BD}^2 + \overline{DK}^2$

$\overline{BD} = \sqrt{64+16} = \sqrt{80}$ $\qquad$ $\overline{BK} = \sqrt{80+9} = \sqrt{89}$

$\overline{BD} \approx 8{,}9\,\text{LE}$ $\qquad$ $\overline{BK} \approx 9{,}4\,\text{LE}$

Längen der Strecken $\overline{AE}$ und $\overline{AR}$:

$\overline{AE}^2 = \overline{AB}^2 + \overline{BE}^2$ $\qquad$ $\overline{AR}^2 = \overline{AE}^2 + \overline{ER}^2$

$\overline{AE} = \sqrt{9+16} = \sqrt{25}$ $\qquad$ $\overline{AR} = \sqrt{25+36} = \sqrt{61}$

$\overline{AE} = 5\,\text{LE}$ $\qquad$ $\overline{AR} \approx 7{,}8\,\text{LE}$

d) Winkel zwischen $\overline{BD}$ und $\overline{BK}$:

$\sin(\alpha) = \frac{3}{\sqrt{89}} \Rightarrow \alpha = 18{,}54°$

Winkel zwischen $\overline{AE}$ und $\overline{AR}$:

$\sin(\beta) = \frac{6}{\sqrt{61}} \Rightarrow \beta = 50{,}19°$

e) $\tan(\gamma) = \frac{\overline{SM}}{\overline{PM}} = \frac{3}{2{,}5} \Rightarrow \gamma = 50{,}19°$

f) Schnittpunkt S_1 der Diagonalen der Dachfläche GHMN:

z. B.: $\overrightarrow{OS_1} = \overrightarrow{OG} + \frac{1}{2}\overrightarrow{GM} \Rightarrow S_1(3|4|3{,}75)$

Schnittpunkt S_2 der Diagonalen der Dachfläche LKMN:

z. B.: $\overrightarrow{OS_2} = \overrightarrow{OL} + \frac{1}{2}\overrightarrow{LM} \Rightarrow S_2(1|4|3{,}75)$

g) $\overrightarrow{CS}$ ist Ortsvektor zum Punkt $X(-2|-9{,}5|9)$

h) $M_1(4|-3|3)$

z. B.: $\overrightarrow{OM_2} = \overrightarrow{OE} + \frac{1}{2}\overrightarrow{EK} \Rightarrow M_2(0|4|1{,}5)$

$\Rightarrow \overrightarrow{M_1M_2} = \begin{pmatrix} -4 \\ 7 \\ -1{,}5 \end{pmatrix}$

i) Seitenmittelpunkte M_p, M_q und M_s:

z. B.: $\overrightarrow{OM_p} = \overrightarrow{OQ} + \frac{1}{2}\overrightarrow{QS} \Rightarrow M_p(3|-0{,}75|7{,}5)$

z. B.: $\overrightarrow{OM_q} = \overrightarrow{OP} + \frac{1}{2}\overrightarrow{PS} \Rightarrow M_q(3|-2{,}25|7{,}5)$

z. B.: $\overrightarrow{OM_s} = \overrightarrow{OP} + \frac{1}{2}\overrightarrow{PQ} \Rightarrow M_s(4|-1{,}5|6)$

Schwerpunkt W des Dreiecks PQS:

z. B.: $\overrightarrow{OW} = \overrightarrow{OM_q} + \frac{1}{3}\overrightarrow{M_qQ} \Rightarrow W(3\tfrac{1}{3}|-1{,}5|7)$

j)

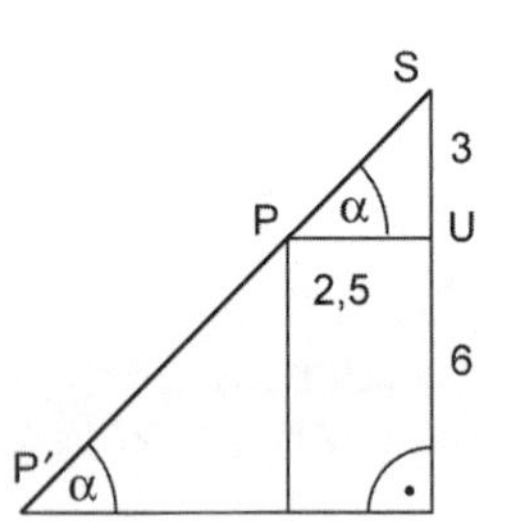

$\overline{SP}^2 = \overline{PU}^2 + \overline{US}^2$

$\overline{SP}^2 = 2{,}5^2 + 3^2$

$\overline{SP} = \sqrt{15{,}25}$

siehe e) $\alpha = 50{,}19°$

Länge von $\overline{SP'}$:

z. B.: mithilfe des Strahlensatzes:

$\frac{\overline{SP}}{\overline{SP'}} = \frac{3}{9}$

$\overline{SP'} = 3 \cdot \sqrt{15{,}25}$

$\overline{SP'} \approx 11{,}72\,\text{LE}$

oder $\sin(\alpha) = \frac{9}{\overline{SP'}} \Rightarrow \overline{SP'} = \frac{9}{\sin(50{,}19°)}$

$\overline{SP'} \approx 11{,}72\,\text{LE}$

Länge der Lichterkette:

5 % von $3 \cdot \sqrt{15{,}25}$ LE sind rund 0,59 LE

$\Rightarrow$ 11,72 LE + 0,59 LE = 12,31 LE

Die Lichterkette ist rund 12,31 LE lang.

2 a)

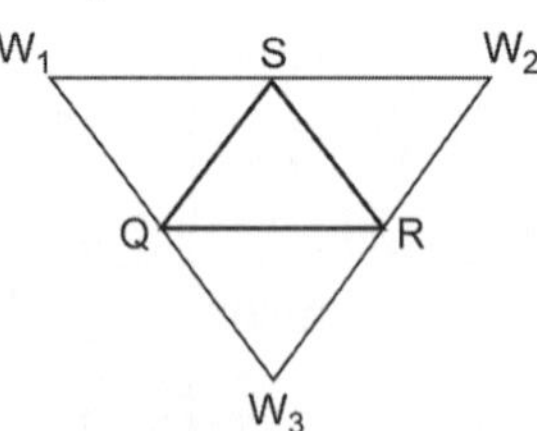

$\overrightarrow{OW_1} = \overrightarrow{OQ} + \overrightarrow{RS} \Rightarrow W_1(6|-1{,}5|9)$

$\overrightarrow{OW_2} = \overrightarrow{OS} + \overrightarrow{QR} \Rightarrow W_2(-2|-1{,}5|9)$

$\overrightarrow{OW_3} = \overrightarrow{OQ} + \overrightarrow{SR} \Rightarrow W_3(2|1{,}5|3)$

b) $\vec{a} = \overrightarrow{AB}$, $\vec{b} = \overrightarrow{BE}$ und $\vec{c} = \overrightarrow{BQ}$

$\overrightarrow{CL} = \vec{b} + \frac{1}{2}\vec{c} - \frac{8}{3}\vec{a}$

$\overrightarrow{FU} = \vec{c} + \frac{1}{2}\vec{a} - \frac{1}{2}\vec{b}$

$\overrightarrow{EP} = \vec{c} - \vec{a} - \vec{b}$

c) g_{CP}: $\vec{x} = \begin{pmatrix} 4 \\ 8 \\ 0 \end{pmatrix} + r \begin{pmatrix} 0 \\ -11 \\ 6 \end{pmatrix}$ h_{KR}: $\vec{x} = \begin{pmatrix} 0 \\ 8 \\ 3 \end{pmatrix} + s \begin{pmatrix} 0 \\ -8 \\ 3 \end{pmatrix}$

Weil $\begin{pmatrix} 0 \\ -11 \\ 6 \end{pmatrix}$ kein Vielfaches von $\begin{pmatrix} 0 \\ -8 \\ 2 \end{pmatrix}$ ist,

schneiden sich g und h oder sie sind windschief. g und h haben keinen gemeinsamen Punkt, denn das Gleichungssystem

$$\begin{aligned} 4 &= 0 \\ 8 - 11r &= 8 - 8s \\ 6r &= 3 + 3s \end{aligned}$$ hat keine Lösung.

Die Geraden g und h sind windschief.

d) Die Punktprobe zeigt, dass
- der Punkt V (r = 1,5) auf der Geraden g liegt, die Punkte W und X nicht,
- der Punkt X (s = 0,5) auf der Geraden h liegt, die Punkte V und W nicht.

e) g_{CP}: $\vec{x} = \begin{pmatrix} 4 \\ 8 \\ 0 \end{pmatrix} + r \begin{pmatrix} 0 \\ -11 \\ 6 \end{pmatrix}$ k: $\vec{x} = \begin{pmatrix} 1 \\ 4 \\ 0 \end{pmatrix} + t \begin{pmatrix} 1 \\ 5 \\ -2 \end{pmatrix}$

Das Gleichungssystem

$$\begin{aligned} 4 &= 1 + t \\ 8 - 11r &= 4 + 5t \\ 6r &= -2t \end{aligned}$$

hat die Lösung $r = -1$ und $t = 3$.

Die Geraden g und k schneiden sich im Punkt $S(4|19|-6)$.

f) l: $\vec{x} = \begin{pmatrix} 0 \\ -8 \\ a \end{pmatrix} + r \begin{pmatrix} 0 \\ b \\ -2{,}25 \end{pmatrix}$ h_{KR}: $\vec{x} = \begin{pmatrix} 0 \\ 8 \\ 3 \end{pmatrix} + s \begin{pmatrix} 0 \\ -8 \\ 3 \end{pmatrix}$

Die Geraden l und h sind parallel, wenn $\begin{pmatrix} 0 \\ b \\ -2{,}25 \end{pmatrix}$ ein Vielfaches von $\begin{pmatrix} 0 \\ -8 \\ 3 \end{pmatrix}$ ist.

Die Gleichung $-2{,}25 = 3k$ liefert $k = -0{,}75$ und man erhält $b = 6$.

Da die Geraden l und h identisch sind, wenn sie mindestens einen gemeinsamen Punkt besitzen, liefert die Punktprobe

$$\begin{pmatrix} 0 \\ -8 \\ a \end{pmatrix} = \begin{pmatrix} 0 \\ 8 \\ 3 \end{pmatrix} + s \begin{pmatrix} 0 \\ -8 \\ 3 \end{pmatrix}$$

$s = 2$ und $a = 9$.

Die Geraden l und h sind also für $a = 9$ und $b = 6$ identisch und für $a \neq 9$ und $b = 6$ parallel.

g) Die Gerade h_{KR}: $\vec{x} = \begin{pmatrix} 0 \\ 8 \\ 3 \end{pmatrix} + s \begin{pmatrix} 0 \\ -8 \\ 3 \end{pmatrix}$ durchstößt die x_1x_2-Ebene im Punkt $Y(x_1|x_2|0)$.

Die Lösung der Gleichung $0 = 3 + 3s$ ist $s = -1$.

$\Rightarrow x_1 = 0,\ x_2 = 16 \Rightarrow Y(0|16|0)$

Gut lackiert, Seite S 42

1 $34 \cdot \begin{pmatrix} 0{,}3 \\ 0{,}44 \\ 0{,}68 \end{pmatrix} + 50 \cdot \begin{pmatrix} 1{,}07 \\ 0{,}21 \\ 0{,}13 \end{pmatrix} + 24 \cdot \begin{pmatrix} 0{,}17 \\ 0{,}44 \\ 0{,}81 \end{pmatrix} = \begin{pmatrix} 67{,}8 \\ 36{,}0 \\ 49{,}1 \end{pmatrix}$

Pro Tag werden 67,8 kg rote Farbe, 36,0 kg gelbe Farbe und 49,1 kg blaue Farbe verbraucht.

2 $0{,}4 \cdot 34 \cdot \begin{pmatrix} 0{,}3 \\ 0{,}44 \\ 0{,}68 \end{pmatrix} + 0{,}5 \cdot 50 \cdot \begin{pmatrix} 1{,}07 \\ 0{,}21 \\ 0{,}13 \end{pmatrix}$

$+ 0{,}58 \cdot 24 \cdot \begin{pmatrix} 0{,}17 \\ 0{,}44 \\ 0{,}81 \end{pmatrix} = \begin{pmatrix} 33{,}2 \\ 17{,}4 \\ 23{,}8 \end{pmatrix}$ kg Verlust.

3 $34 \cdot \begin{pmatrix} 0{,}3 \\ 0{,}44 \\ 0{,}68 \end{pmatrix} + 50 \cdot \begin{pmatrix} 1{,}07 \\ 0{,}21 \\ 0{,}13 \end{pmatrix} + x \cdot \begin{pmatrix} 0{,}17 \\ 0{,}44 \\ 0{,}81 \end{pmatrix} \leq \begin{pmatrix} 68 \\ 37 \\ 47 \end{pmatrix}$ kg

$x \cdot \begin{pmatrix} 0{,}17 \\ 0{,}44 \\ 0{,}81 \end{pmatrix} \leq \begin{pmatrix} 68 \\ 37 \\ 47 \end{pmatrix} - \left[34 \cdot \begin{pmatrix} 0{,}3 \\ 0{,}44 \\ 0{,}68 \end{pmatrix} + 50 \cdot \begin{pmatrix} 1{,}07 \\ 0{,}21 \\ 0{,}13 \end{pmatrix} \right] = \begin{pmatrix} 4{,}3 \\ 11{,}5 \\ 17{,}4 \end{pmatrix}$ kg

Die 3. Komponente ergibt $x \cdot 0{,}81 \leq 17{,}4$; $x \leq 21$.

Vom Typ C können höchstens 21 Stück produziert werden.

4 $34 \cdot \left[\begin{pmatrix} 5{,}2 \\ 6{,}5 \\ 3{,}6 \\ 0{,}7 \end{pmatrix} - \begin{pmatrix} 4{,}4 \\ 1{,}4 \\ 1{,}2 \\ 0{,}7 \end{pmatrix} \right] = 34 \cdot \begin{pmatrix} 0{,}8 \\ 5{,}1 \\ 2{,}4 \\ 0 \end{pmatrix} = \begin{pmatrix} 27{,}2 \\ 173{,}4 \\ 81{,}6 \\ 0 \end{pmatrix}$ kg

IV Funktionsklassen

Nullstellen ganzrationaler Funktionen – Ein Arbeitsplan, Seite S 44

Vorüberlegung

1 a) $x_1 = 0;\ x_2 = 2$
b) $x_1 = 2;\ x_2 = 1;\ x_3 = 3$
c) $x = 3$

2

Linearfaktorzerlegung
$3(x-2)$
$(x-1)^2$
$(x-1)(x+4)$
$2(x+0{,}5)(x-1)$
$x(x-2)(x+1)$
$(x-3)(x-2)(x+2)(x+3)$

3 $f(x) = x^3 - 6x^2 + 11x - 6 = (x-3)(x-2)(x-1)$

Nullstellenbingo, Seite S 45

$f(x) = x^3 - x$; Nullstellen: $-1, 0, 1$
$f(x) = 3x^2 + 3x - 6$; Nullstellen: $-2, 1$
$f(x) = x^3 + 3x^2 - 4$; Nullstellen: $-2; 1$
$f(x) = x^4 - 5x^2 + 4$; Nullstellen: $-2, -1, 1, 2$
$f(x) = x^2 - x - 6$; Nullstellen: $-2, 3$
$f(x) = (2x-4)\cdot(x^2-9)$; Nullstellen: $-3, 2, 3$
$f(x) = 3x^4 - 9x^3$; Nullstellen: $0, 3$
$f(x) = (x^2+16)\cdot(4x-12)\cdot x$; Nullstellen: $0, 3$
$f(x) = -2x^4 - 2x^2 + 4$; Nullstellen: $-1, 1$
$f(x) = x^3 - x^2 + 2x - 2$; Nullstelle: 1
$f(x) = x^2 + 2x + 4$; Nullstellen: keine
$f(x) = x^4 + 4x^3 + 4x^2$; Nullstellen: $-2, 0$
$f(x) = x^4 - 10x^2 + 9$; Nullstellen: $-3, -1, 1, 3$
$f(x) = x^5 + 8x^2$; Nullstellen: $-2, 0$
$f(x) = -x^2\cdot\left(\frac{1}{3}x^2 + 2x + 3\right)$; Nullstellen: $-3, 0$
$f(x) = x^3 - 2x^2 + 5x - 10$; Nullstelle: 2

Mehrfache Nullstellen, Seite S 46

1 Einfache Nullstelle: $x_1 = -1$
$\Rightarrow$ Graph schneidet die x-Achse.
Doppelte Nullstelle: $x_2 = 3$
$\Rightarrow$ Graph berührt die x-Achse und hat an der Nullstelle eine waagrechte Tangente.
Dreifache Nullstelle: $x_3 = 1$
$\Rightarrow$ Graph schneidet die x-Achse und hat an der Nullstelle eine waagrechte Tangente.

2 a) $f_1(x) = x\cdot(x+5)\cdot(x-4)^2$

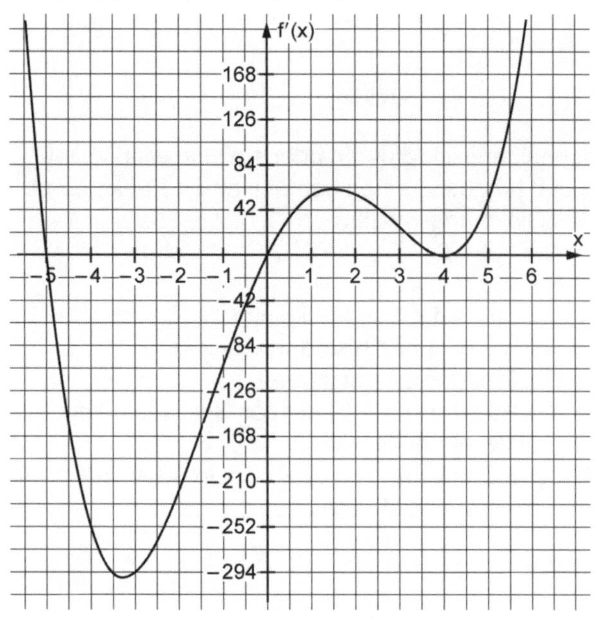

$f_2(x) = (x-2)^2\cdot(x+3)^2$

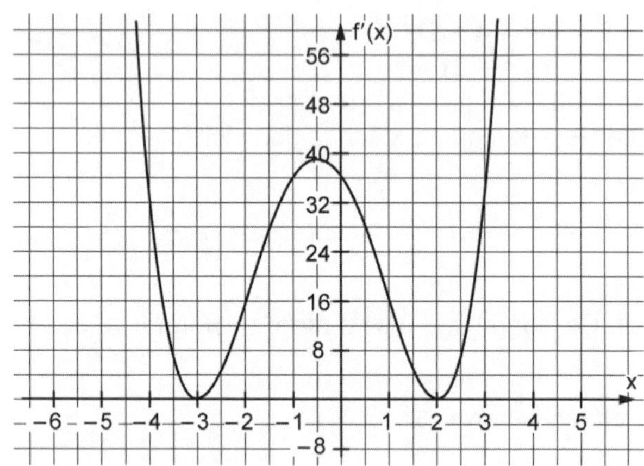

$f_3(x) = -(x+1)\cdot(x-4)^3$

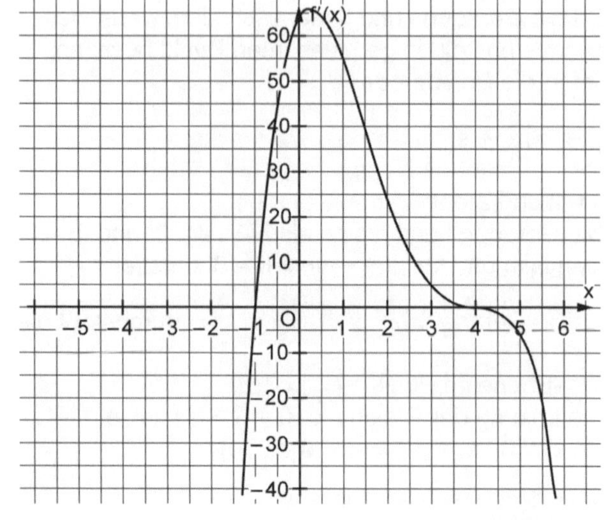

b) $f_1(x) = (x+4)\cdot(x+1)\cdot(x-2)$
$f_2(x) = (x+3)\cdot x\cdot(x-3)^2$
$f_3(x) = -(x+4)^2\cdot x^3$

3 $f_1(x) = x\cdot(x-1)^2$
$f_2(x) = -(x+2)\cdot(x+1)$
$f_3(x) = 2x^3\cdot(x-4)$

Gruppenpuzzle:
Eigenschaften ganzrationaler Funktionen,
Seite S 47

Expertengruppe 1: Symmetrie, Seite S 48

1

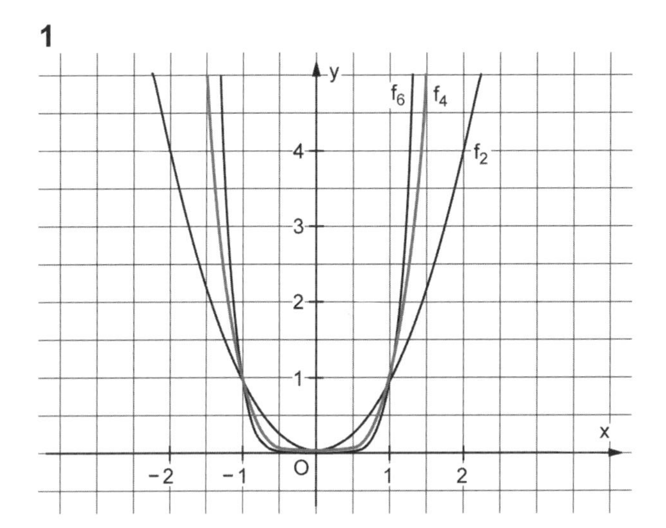

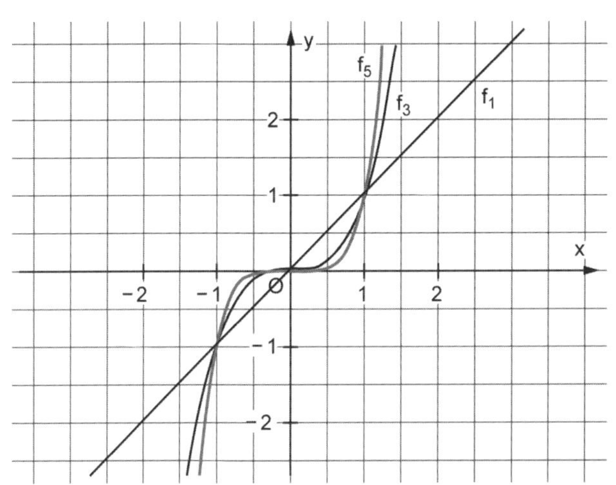

2 Die Graphen im linken Koordinatensystem sind achsensymmetrisch zur y-Achse. Die Exponenten in den Funktionstermen sind gerade.
Die Graphen im rechten Koordinatensystem sind punktsymmetrisch zum Ursprung. Die Exponenten in den Funktionstermen sind ungerade.

3 Linkes Koordinatensystem:
$f(-x) = f(x)$ für alle $x \in D_f$
Rechtes Koordinatensystem:
$f(-x) = -f(x)$ für alle $x \in D_f$

4 f mit $f(x) = -\frac{1}{5}x^3 + 3x$

Der Graph ist punktsymmetrisch zum Ursprung.
Es gilt $f(-x) = -f(x)$ für alle $x \in D_f$.

f mit $f(x) = \frac{1}{4}x^4 - 2x^3 + 4x^2 - 4$

Der Graph ist achsensymmetrisch zur Gerade mit der Gleichung $x = 2$. Es gilt weder $f(-x) = f(x)$ noch $f(-x) = -f(x)$ für alle $x \in D_f$.

f mit $f(x) = \frac{1}{10}x^5 - x^3 + 2$

Der Graph ist punktsymmetrisch zum Punkt $P(0|-2)$. Es gilt weder $f(-x) = f(x)$ noch $f(-x) = -f(x)$ für alle $x \in D_f$.

f mit $f(x) = x^3 - 9x^2 + 22x - 10$
Der Graph ist punktsymmetrisch zum Punkt $P(3|2)$. Es gilt weder $f(-x) = f(x)$ noch $f(-x) = -f(x)$ für alle $x \in D_f$.

f mit $f(x) = \frac{1}{4}x^4 - 2x^2$

Der Graph ist achsensymmetrisch zur y-Achse.
Es gilt $f(-x) = f(x)$ für alle $x \in D_f$.

f mit $f(x) = -\frac{2}{5}x^4 - x^3 + x^2 + x + 3$

Der Graph ist nicht symmetrisch.

Zusammenfassung:
Der Graph von f ist genau dann achsensymmetrisch zur y-Achse, wenn im Funktionsterm von f nur x-Potenzen mit geradem Exponenten (und eine Konstante) vorkommen.
Der Graph von f ist genau dann punktsymmetrisch zum Ursprung, wenn im Funktionsterm von f nur x-Potenzen mit ungeraden Exponenten vorkommen.
Kommen im Funktionsterm von f x-Potenzen mit geraden und ungeraden Exponenten vor, kann der Graph achsensymmetrisch zu einer anderen Gerade, punktsymmetrisch zu einem anderen Punkt oder gar nicht symmetrisch sein.

Expertengruppe 2: Verhalten für x gegen $\pm\infty$, Seite S 49

1 $x \to +\infty$:

x	0	1	10	100	1000
$3x^3$	0	3	3000	3 000 000	3 000 000 000
$-5x^2$	0	−5	−500	−50 000	−5 000 000
2	2	2	2	2	2
f(x)	2	0	2502	2 950 002	2 995 000 002

$x \to -\infty$:

x	0	−1	−10	−100	−1000
$3x^3$	0	−3	−3000	−3 000 000	−3 000 000 000
$-5x^2$	0	−5	−500	−50 000	−5 000 000
2	2	2	2	2	2
f(x)	2	−6	−3498	−3 049 998	−3 004 999 998

2 Vermutung: Der Summand mit der höchsten x-Potenz spielt die entscheidende Rolle für das Verhalten von f für $x \to \pm\infty$.

3 $f(x) = 3x^3 - 5x^2 + 2$

$$= x^3\left(3 - \frac{5}{x} + \frac{2}{x^3}\right)$$

Der Ausdruck in der Klammer strebt gegen 3 für $x \to \pm\infty$. Demnach gilt: $f(x) \approx 3x^3$ für $x \to \pm\infty$. Dies deckt sich mit der Vermutung aus Aufgabe 2.

4 Allgemein gilt:
$f(x) = a_n x^n + a_{n-1} x^{n-1} + \ldots + a_2 x^2 + a_1 x + a_0 \approx a_n x^n$ für $x \to \pm\infty$; d. h., das Verhalten von f für $x \to \pm\infty$ wird durch den Summanden $a_n x^n$ mit der höchsten x-Potenz bestimmt.

5 $f(x) = 3x^4 - 7x^3 - x - 1$
Für $x \to +\infty$ gilt: $f(x) \to +\infty$.
Für $x \to -\infty$ gilt: $f(x) \to +\infty$.

$f(x) = -x^3 + 2x^2 + 5x - 5$
Für $x \to +\infty$ gilt: $f(x) \to -\infty$.
Für $x \to -\infty$ gilt: $f(x) \to +\infty$.

$f(x) = -3x^8 - 700x^5 + 20x^2 - 55$
Für $x \to +\infty$ gilt: $f(x) \to -\infty$.
Für $x \to -\infty$ gilt: $f(x) \to -\infty$.

$f(x) = 4x^5 + 5x^4 + 2x^3 + 3x^2$
Für $x \to +\infty$ gilt: $f(x) \to +\infty$.
Für $x \to -\infty$ gilt: $f(x) \to -\infty$.

Expertengruppe 3: Verhalten für x in der Nähe von 0, Seite S 50

1

x	−1	−0,1	−0,01	0	0,01	0,1	1
$2x^3$	−2	−0,002	−0,000 002	0	0,000 002	0,002	2
−3x	3	0,3	0,03	0	−0,03	−0,3	−3
1	1	1	1	1	1	1	1
f(x)	2	1,298	1,029 998	1	0,970 002	0,702	0

x	−1	−0,1	−0,01	0	0,01	0,1	1
$-x^4$	−1	−0,000 1	−0,000 000 01	0	− 0,000 000 01	−0,000 1	−1
$2x^2$	2	0,02	0,000 2	0	0,000 2	0,02	2
−3	−3	−3	−3	−3	−3	−3	−3
g(x)	−2	−2,980 1	−2,999 800 01	−3	−2,999 800 01	−2,980 1	−2

2 Vermutung: Der Summand mit der niedrigsten x-Potenz sowie die Konstante spielen die entscheidende Rolle für das Verhalten von f in der Nähe von 0.

3 Überprüfung:

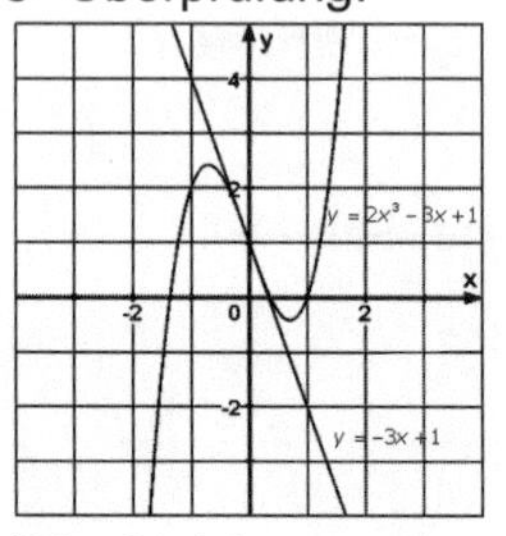

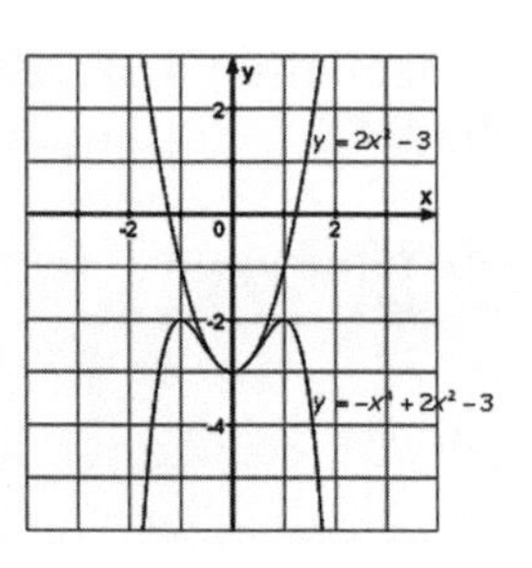

(Die Gleichungen lauten:
oben: $y = 2x^3 - 3x + 1$ $\quad$ $y = 2x^2 - 3$
unten: $y = -3x + 1$ $\quad$ $y = -x^4 + 2x^2 - 3$)

4 Allgemein gilt: Der Graph von f verhält sich in der Nähe von 0 wie die Kurve mit der Gleichung $y = a_k x^k + a_0$, wobei k die niedrigste im Funktionsterm von f vorkommende x-Potenz ist.

5 Von links nach rechts sieht man die Graphen von g, j, f, h und i.

Domino: Ganzrationale Funktionen, Seite S 51

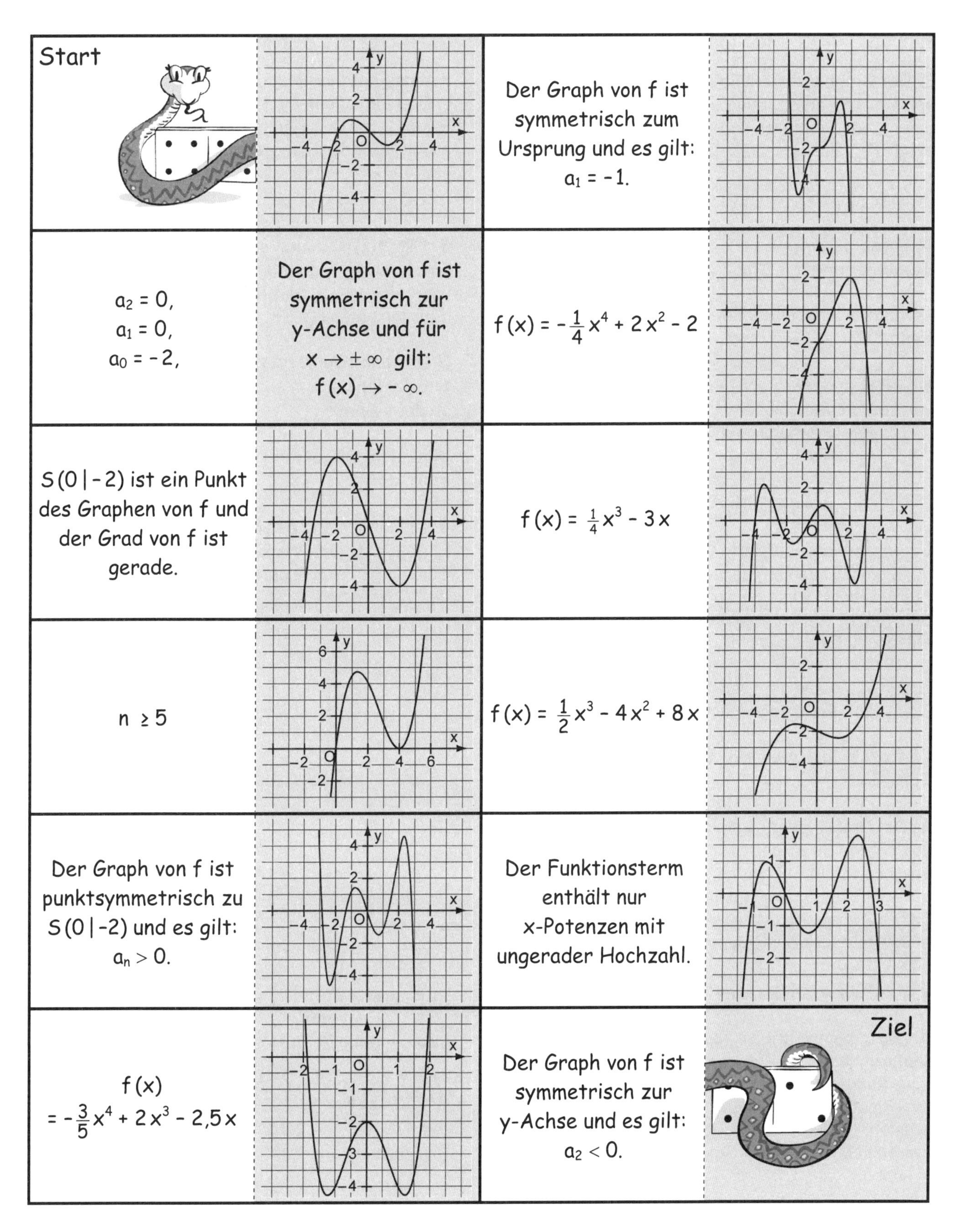

Lernzirkel: Verschieben und Strecken von Graphen, Seite S 52

Lernzirkel 1: Verschiebung in y-Richtung, Seite S 53

1 Der Graph von g entsteht aus dem Graphen von f durch Verschiebung um 5 Einheiten „nach unten", der Graph von h entsteht aus dem von f durch Verschiebung um 3 Einheiten „nach oben".

2 $f(x) - 2$; $g(x) + 4$; $h(x) - 3$

3 **Verschiebung** des Graphen nach **oben**; **Verschiebung** des Graphen von f nach **unten**.

Lernzirkel 2: Verschiebung in x-Richtung, Seite S 53

1 Der Graph von g entsteht aus dem Graphen von f durch Verschiebung um 2 Einheiten nach rechts, der Graph von h entsteht aus dem von f durch Verschiebung um 3 Einheiten nach links.

2 $f(x + 1)$; $g(x - 2)$; $h(x + 4)$

3 Eine Verschiebung des Graphen nach rechts (z. B. um 2 Einheiten) bedeutet, dass der neue Funktionswert von g an der Stelle x_0, z. B. $x_0 = 5$, dem (alten) von f an der Stelle **3** (also $x_0 - 2$) entspricht. Es gilt dann also $g(x) = f(x - b)$ für $b > 0$. Gilt $g(x) = f(x + b)$, $(b > 0)$, so ist der Graph von g aus dem von f durch Verschiebung um b **nach links** entstanden.

Lernzirkel 3: Streckung in y-Richtung, Seite S 54

1 Der Graph von g entsteht aus dem Graphen von f durch Streckung mit dem Faktor 3 von der x-Achse aus in y-Richtung, der Graph von h entsteht aus dem von f durch Streckung mit dem Faktor 2 von der x-Achse in y-Richtung und anschließender Spiegelung an der x-Achse.

2 $-4 \cdot f(x)$; $3 \cdot g(x)$; $-3 \cdot h(x)$

3 Gilt $g(x) = k f(x)$, so bedeutet dies eine **Ver-k-fachung** jedes Funktionswerts von f. Dies liefert eine **Streckung** des Graphen von der x-Achse aus in y-Richtung. Ist k dabei eine negative Zahl, so entsteht der Graph von g aus dem von f **zusätzlich durch eine Spiegelung** an der x-Achse.

Lernzirkel 4: Streckung in x-Richtung, Seite S 54

1 Der Graph von g entsteht aus dem Graphen von f durch Stauchung mit dem Faktor $\frac{1}{2}$ von der y-Achse aus in x-Richtung, der Graph von h entsteht aus dem von f durch Streckung mit dem Faktor 2 von der y-Achse in x-Richtung und anschließender Spiegelung an der y-Achse.

2 $f(2x)$; $g\left(\frac{1}{2} \cdot x\right)$; $h(-2x)$

3 Gilt $g(x) = f(k \cdot x)$, so entsteht der Graph von g aus dem von f durch eine **Streckung** von der y-Achse aus in **x-Richtung**. Dabei ist der Streck- bzw. Stauchfaktor $\mathbf{\frac{1}{k}}$. Ist k negativ, so entsteht der Graph von g aus dem von f nicht nur durch eine Streckung, sondern auch durch eine **Spiegelung** an der **y-**Achse.

Winkel im Bogenmaß – Ein Arbeitsplan, Seite S 55

1 a) Der Umfang des Einheitskreises beträgt 2π. Er gehört zu dem Winkel 360°.
Somit ergibt sich folgende Tabelle:

Winkel α	Bogenmaß x
0°	0
45°	$\frac{\pi}{4}$
90°	$\frac{\pi}{2}$
135°	$\frac{3\pi}{4}$
180°	π
225°	$\frac{5\pi}{4}$
270°	$\frac{3\pi}{2}$
315°	$\frac{7\pi}{4}$
360°	2π

b) Es gilt $x = \frac{2\pi}{360°} \cdot \alpha = \frac{\pi}{180°} \cdot \alpha$

bzw. umgekehrt $\alpha = \frac{180°}{\pi} \cdot x$.

c) $\alpha = 25° \Leftrightarrow x \approx 0{,}44$
$\alpha = 12° \Leftrightarrow x \approx 0{,}21$
$\alpha = 170° \Leftrightarrow x \approx 2{,}97$
$\alpha = 280° \Leftrightarrow x \approx 4{,}89$

$x = 2{,}5 \Leftrightarrow \alpha \approx 143{,}24°$
$x = 0{,}4 \Leftrightarrow \alpha \approx 22{,}92°$
$x = 3{,}7 \Leftrightarrow \alpha \approx 211{,}99°$
$x = \frac{1}{8}\pi \Leftrightarrow \alpha = 22{,}5°$

2 Bei Winkeln in Grad ist die Einstellung DEGREE, bei Winkeln im Bogenmaß die Einstellung RADIAN nötig. Dann ergibt sich:
$\sin 90° = 1$; $\cos 6° \approx 0{,}99$;
$\sin 345° \approx -0{,}26$; $\cos \frac{3}{4}\pi \approx -0{,}71$;
$\sin 2{,}4 \approx 0{,}68$; $\cos 5 \approx 0{,}28$.

Die Ableitung der Sinus- bzw. Kosinusfunktion – Ein Arbeitsplan, Seite S 56

1 a)

Stelle x	Ableitung f′(x)
0	1
$\frac{\pi}{4}$	0,707
$\frac{\pi}{2}$	0
$\frac{3\pi}{4}$	−0,707
π	−1
$\frac{5\pi}{4}$	−0,707
$\frac{3\pi}{2}$	0
$\frac{7\pi}{4}$	0,707
2π	1

b)

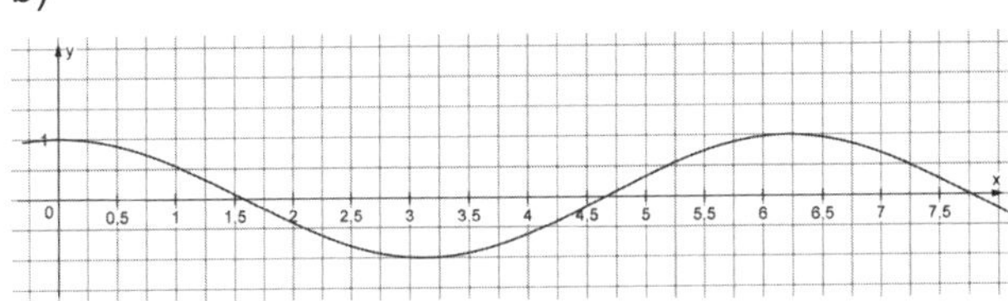

Es gilt $f'(x) = \cos(x)$.

2 a) f′(x) = nDerive(f(x), x, x)
b)

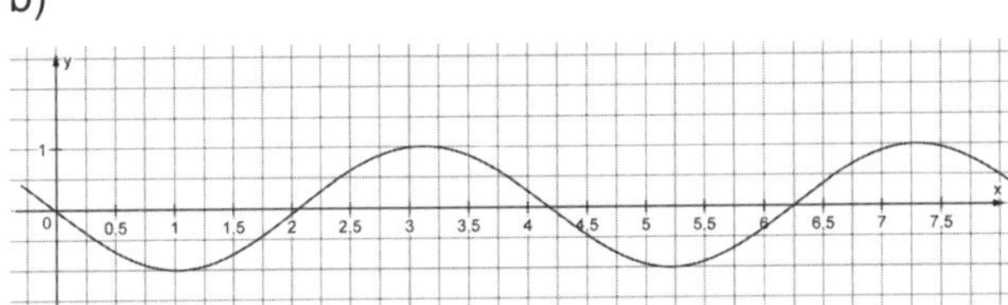

Es gilt $g'(x) = -\sin(x)$.

Variationen der Sinusfunktion – Ein Arbeitsplan, Seite S 57

1 $f_1(x) = a \cdot \sin(x)$:
Streckung des Graphen in y-Richtung mit dem Faktor a.
$f_2(x) = \sin(b \cdot x)$:
Streckung des Graphen in x-Richtung mit dem Faktor $\frac{1}{b}$.
$f_3(x) = \sin(x - c)$:
Verschiebung des Graphen in x-Richtung um c.
$f_4(x) = \sin(x) + d$:
Verschiebung des Graphen in y-Richtung um d.

2

	Wertebereich	Periode	Symmetrie
f(x) = sin(x)	[− 1; 1]	2π	Punktsymmetrisch zum Ursprung
$f_1(x)$ = a · sin(x)	[− a; a]	2π	Punktsymmetrisch zum Ursprung
$f_2(x)$ = sin(b · x)	[− 1; 1]	$\frac{2\pi}{b}$	Punktsymmetrisch zum Ursprung
$f_3(x)$ = sin(x − c)	[− 1; 1]	2π	Punktsymmetrisch zu P (c | 0)
$f_4(x)$ = sin(x) + d	[d − 1; d + 1]	2π	Punktsymmetrisch zu P (0 | d)

3 Streckung des Graphen in y-Richtung mit dem Faktor 0,5.
Streckung des Graphen in x-Richtung mit dem Faktor 2.
Verschiebung des Graphen in x-Richtung um $-\frac{\pi}{2}$ und in y-Richtung um −1.

Funktionseigenschaften im Überblick (1) und (2), Seite S58/59

Funktionseigenschaft	Bedingung, Definition	Graphische Darstellung	Ergänzungen
Definitionsmenge	D_f ist die Menge aller x-Werte, die man in die Funktionsgleichung der Funktion f einsetzen darf.		
Symmetrie	– Symmetrisch zur y-Achse: Auf der ganzen Definitionsmenge gilt $f(-x) = f(x)$.	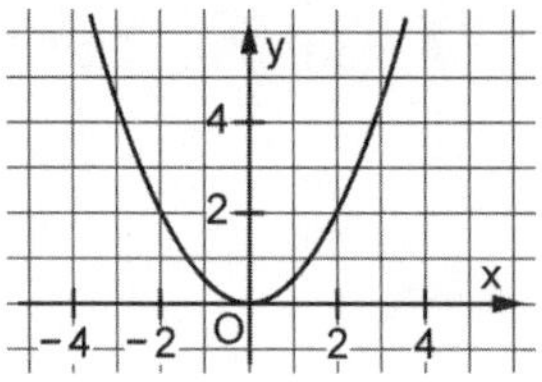	
	– Punktsymmetrisch zu $(0 \mid 0)$: Auf der ganzen Definitionsmenge gilt $f(-x) = -f(x)$.	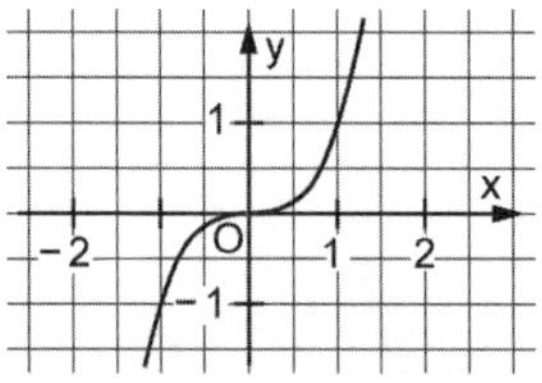	
Verhalten von f(x) für $x \to \pm\infty$	Ist f(x) eine Summe von Potenzfunktionen, so wird das Verhalten im Unendlichen durch den Summanden mit der höchsten x-Potenz bestimmt. Wenn nur negative Exponenten vorkommen, so gehen die Funktionswerte von f für $x \to \pm\infty$ gegen Null.	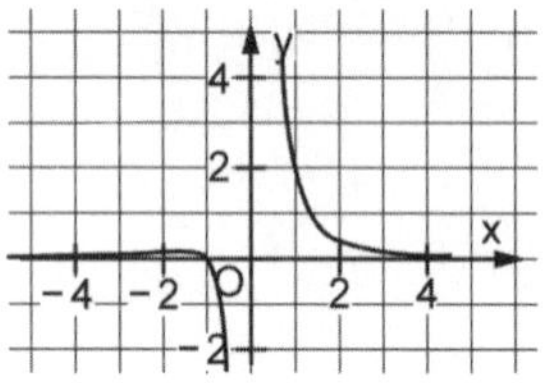	
Nullstellen	Lösungen x_1, x_2 ... der Gleichung $f(x) = 0$. Die Schnittpunkte des Graphen von f mit der x-Achse sind dann gegeben durch $N_1(x_1 \mid 0)$, $N_2(x_2 \mid 0)$ ...	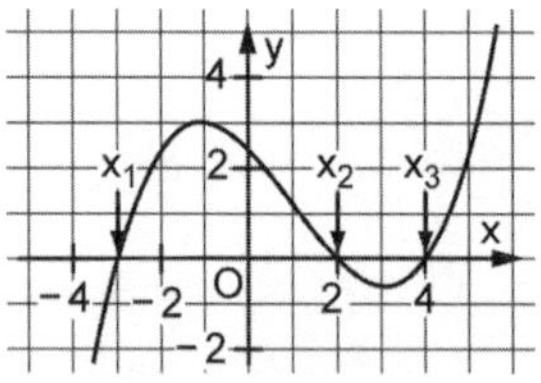	
Extrempunkte	– Hochpunkt $H(x_0 \mid f(x_0))$: x_0 ist eine Stelle mit $f'(x_0) = 0$ und für $a < x_0 < b$ gilt: $f(x_0) > f(a)$ und $f(x_0) > f(b)$.	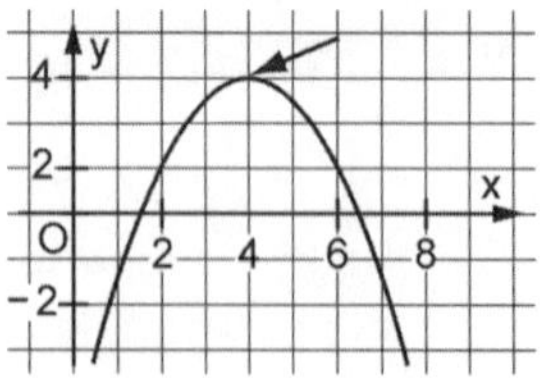	
	– Tiefpunkt $T(x_0 \mid f(x_0))$: x_0 ist eine Stelle mit $f'(x_0) = 0$ und für $a < x_0 < b$ gilt: $f(x_0) < f(a)$ und $f(x_0) < f(b)$.	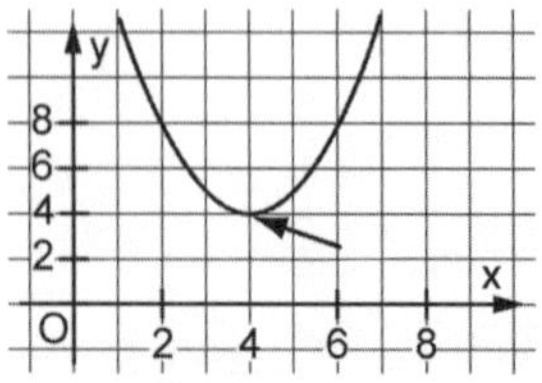	
Monotonie auf dem Intervall I	– Monoton wachsend: Für $x_1 < x_2$ gilt auf dem ganzen Intervall $f(x_1) < f(x_2)$.	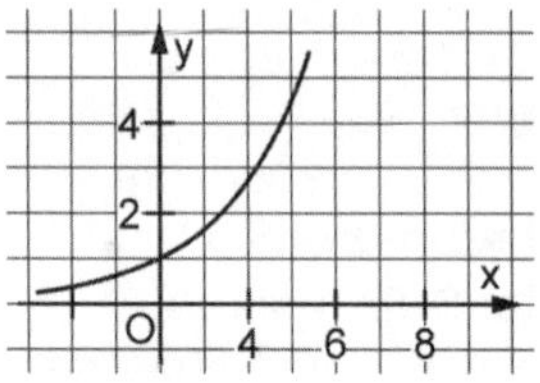	
	– Monoton fallend: Für $x_1 < x_2$ gilt auf dem ganzen Intervall $f(x_1) > f(x_2)$.	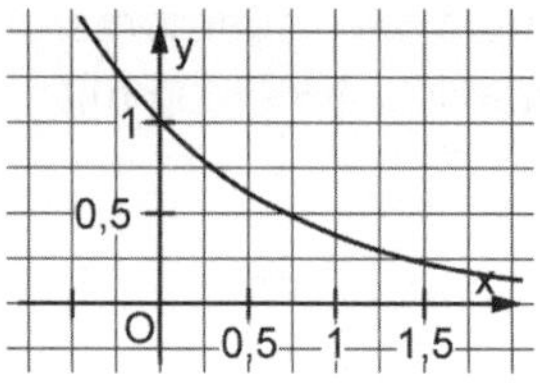	

Wer passt zu wem? – Ein Arbeitsblatt, Seite S 60

Individuelle Begründungen; z.B.
A 4: $i(0) = 29;\ i(-1) = 0$
B 3: $h(0) = 0$ und für $x \to \pm\infty$: $h(x) \to -\infty$
C 8: genau 3 Nullstellen (Linearfaktorzerlegung)
D 1: $f(x) \geq 0$ für alle x
E 6: Symmetrie zur y-Achse; $f(x) < 0$ möglich
F 2: einzige Nullstellen bei 0 und 1; Linearfaktorzerlegung $x^4 - x^3 + x^2 - x = x \cdot (x-1) \cdot (x^2+1)$
G 5: $j(0) = 0 \neq j(1)$; für $x \to \pm\infty$: $j(x) \to \infty$
H 7: $l(0) = -29;\ l(1) = 0$

Formen formen, Seite S 61

1 2. Beispiel:

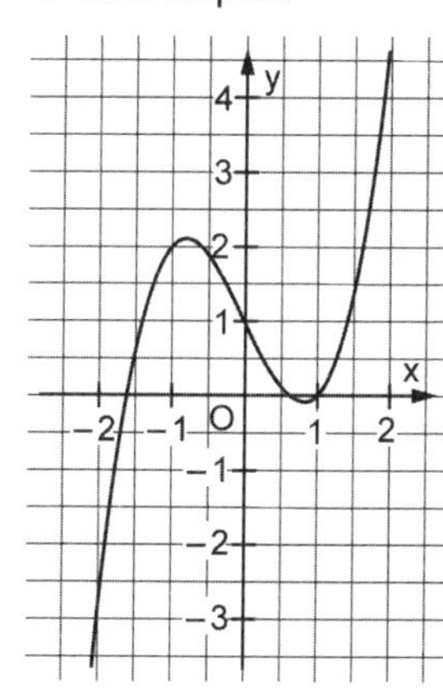

Die kubische Parabel gibt den Verlauf für große |x| vor. Die Gerade zieht für kleine |x| den Graphen rechts nach unten und links nach oben.

4. Beispiel:

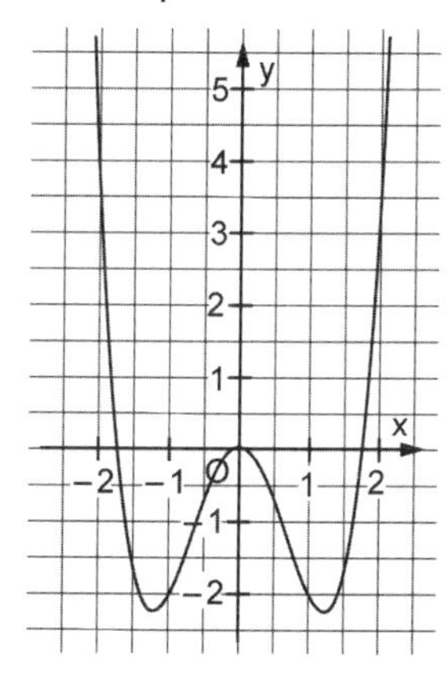

Hier ist als Beispiel der Graph von $f(x) = x^4 - 3x^2$ gezeichnet. $f_1(x)$ gibt den Verlauf für große |x| vor. $f_2(x)$ sorgt für die beiden Ausbuchtungen nach unten, verstärkt durch den Faktor 3.

2 Das linke Bild erhält man zum Beispiel mit der Funktion $f(x) = -0{,}5x^3 - 2x^2 + 1$.
Im rechten Bild bestimmt $f_1(x) = -x^6$ den Gesamteindruck, $f_2(x) = x^4$ erzeugt die äußeren Ausbuchtungen nach oben und $f_3(x) = -x^2$ bewirkt wie im 4. Beispiel die inneren Ausbuchtungen nach unten. Die Stärke der Verformungen wird durch die Koeffizienten gesteuert. Das gezeichnete Beispiel gehört zu $f(x) = -x^6 + 3{,}8x^4 - 4x^2 + 1$.

V Wahrscheinlichkeitsrechnung – Binomialverteilung

Trainingsrunde – Kombinatorik (1) und (2), Seite S 63/64

Runde 1

1.1 $6^3 = 216$

1.2 $7 \cdot 5 \cdot 2 = 70$

1.3 $26^2 \cdot 9 \cdot 10^2 = 608\,400$

Runde 2

2.1 $8 \cdot 7 \cdot 6 = 336$

2.2 $10! = 3\,628\,800$

2.3 $\frac{6!}{6^6} \approx 1{,}5\,\%$

Runde 3

3.1 $\binom{30}{2} = 15 \cdot 29 = 435$

3.2 $\binom{49}{6} = 13\,983\,816$

3.3 $\frac{\binom{6}{4} \cdot \binom{43}{2}}{\binom{49}{6}} \approx 0{,}1\%$

Soll ich das Spiel spielen? – Ein Arbeitsplan, Seite S 65

Vorüberlegung

1 Weder Verlust noch Gewinn.

2 Individuelle Antwort; etwa: ab einer Auszahlquote von 6 : 1 lohnt sich die Überlegung.

Erarbeitung

1

ZZZ	ZZK	ZKZ	ZKK	KZZ	KZK	KKZ	KKK
5	1	1	−3	1	−3	−3	−5

2

x_i	5	1	−3	−5
$P(X = x_i)$	$\frac{1}{8}$	$\frac{3}{8}$	$\frac{3}{8}$	$\frac{1}{8}$

Aufgrund der Tabelle kann man auf lange Sicht durchschnittlich

den Gewinn von 5 € bei $\frac{1}{8}$ der Spiele erwarten,

den Gewinn von 1 € bei $\frac{3}{8}$ der Spiele erwarten,

den Verlust von 3 € bei $\frac{3}{8}$ der Spiele erwarten und

einen Verlust von 5 € bei $\frac{1}{8}$ aller Spiele erwarten.

Bernoulli-Versuche – Ein Arbeitsplan, Seite S 66

Vorüberlegungen

1 Ohne Zurücklegen: Änderung der Wahrscheinlichkeit Zug um Zug. Mit Zurücklegen: keine Änderung der Wahrscheinlichkeit.

2 zwei

Erarbeitung

1 Mit Ausnahme von „Blutspende erbeten': Bestimmung der Blutgruppe eines Patienten" handelt es sich immer um Bernoulli-Versuche.

2 Es handelt sich um keine Bernoulli-Ketten, mit Ausnahme des Massenartikels und dem zehnmaligen Wurf eines Reißnagels.

Die Formel von Bernoulli – Ein Arbeitsplan, Seite S 67

1

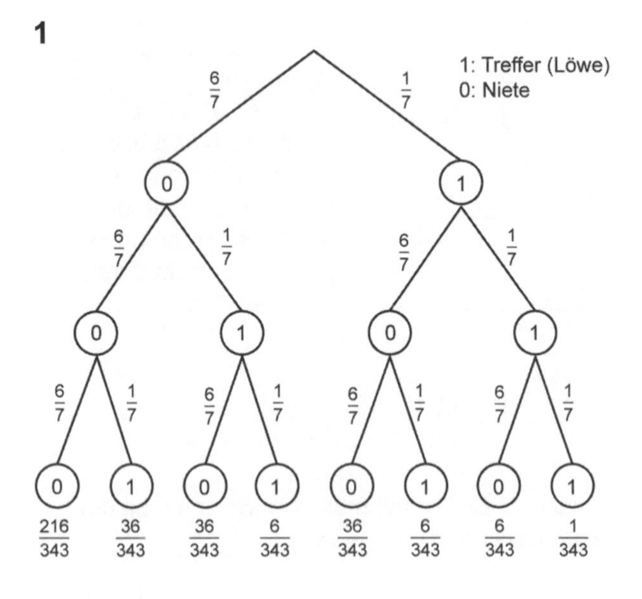

2

r	0	1	2	3
Wahrscheinlichkeit eines Pfades	$\frac{216}{343}$	$\frac{36}{343}$	$\frac{6}{343}$	$\frac{1}{343}$
Zahl der Pfade	1	3	3	1
P (X = r)	$\frac{216}{343}$	$\frac{108}{343}$	$\frac{18}{343}$	$\frac{1}{343}$

Wahrscheinlichkeit eines Pfades: $\frac{36}{2401}$

Zahl der Pfade: 6

Wahrscheinlichkeit für 2 Löwen: $\frac{216}{2401}$

Sicherheit im Verkehr, Seite S 68

1 X sei die Anzahl der angegurteten Fahrer.
Es gilt $n = 100$ und $p = 0{,}92$.
a) Man kann mit $E(X) = n \cdot p = 92$ angegurteten Fahrern und 8 Verstößen gegen die Gurtpflicht rechnen.
b) $P(X = 80) = \binom{100}{80} \cdot 0{,}92^{80} \cdot 0{,}08^{20} \approx 7{,}8 \cdot 10^{-5}$
c) $P(X < 95) = 1 - P(X \geq 95)$
$= 1 - P(X = 95) - \ldots - P(X = 100) \approx 0{,}820$

2 X sei die Anzahl der Alkoholunfälle.
Es gilt $p = 0{,}025$.
a) Mit $n = 50$ folgt
$P(X = 40) = \binom{50}{40} \cdot 0{,}025^{40} \cdot 0{,}975^{10} \approx 6{,}59 \cdot 10^{-55}$.
b) Mit $n = 10$ folgt
$P(X \geq 3) = 1 - P(X < 3) \approx 0{,}0016$.

3 X sei die Anzahl der Pkw mit Mängeln.
a) Es gilt $n = 30$ und $p = 0{,}18$. Damit folgt
$P(X < 4) = P(X = 0) + \ldots + P(X = 3) \approx 0{,}186$.
b) Ansatz: $P_n(X = 3) = \binom{n}{3} \cdot 0{,}18^3 \cdot 0{,}82^{n-3} > 0{,}05$

Es gilt:
$P_3(X = 3) \approx 0{,}006$; $P_4(X = 3) \approx 0{,}019$;
$P_5(X = 3) \approx 0{,}039$; $P_6(X = 3) \approx 0{,}064$.
Es müssen also mindestens 6 Pkw untersucht werden.

4 Antworten zu den Verkehrsregeln:
a) Einordnen auf Spur 2.
b) Als Warnsignal.
c) Achtung Kreuzung.
d) Einfahrt verboten.
e) Vorfahrt hat Fahrzeug 3.
f) Rechts vor Links beachten.

X sei die Anzahl der richtig beantworteten Fragen.
Es gilt $p = \frac{1}{3}$ und $n = 6$.

1. $P(X = 0) = \binom{6}{0} \cdot \frac{1}{3}^0 \cdot \frac{2}{3}^6 \approx 0{,}088$
2. $P(X = 6) = \binom{6}{6} \cdot \frac{1}{3}^6 \cdot \frac{2}{3}^0 \approx 0{,}0014$
3. $P(X \geq 2) = 1 - P(X < 2)$
$= 1 - P(X = 0) - P(X = 1)$
$\approx 0{,}65$

Domino – n, p-Graph, Seite S 69

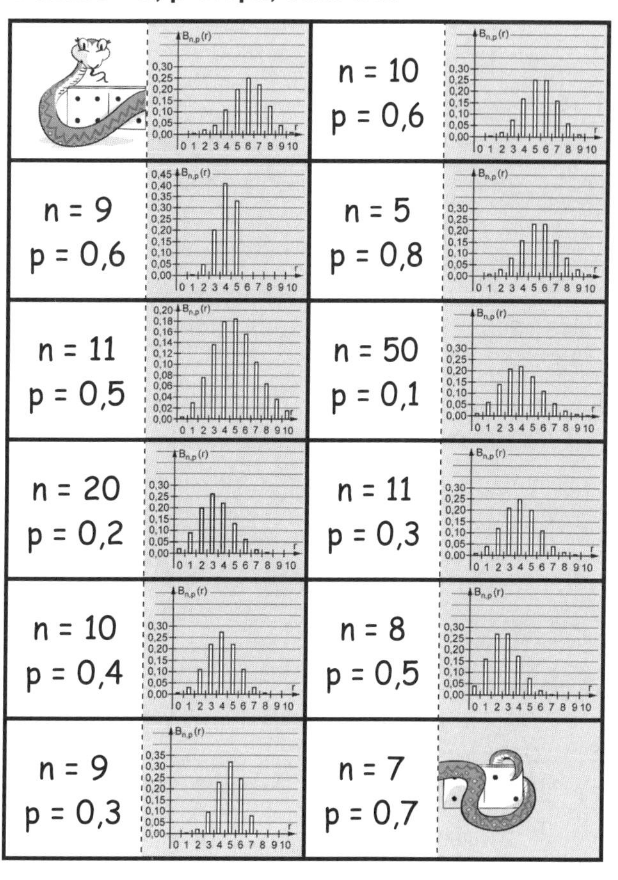

VI Modellieren

Holzpellets im Tank, Seite S 71

1 Berechnung der Sehnenlängen:

$\left(\frac{s}{2}\right)^2 = r^2 - (r-h)^2$

$s = 2 \cdot \sqrt{2rh - h^2}$

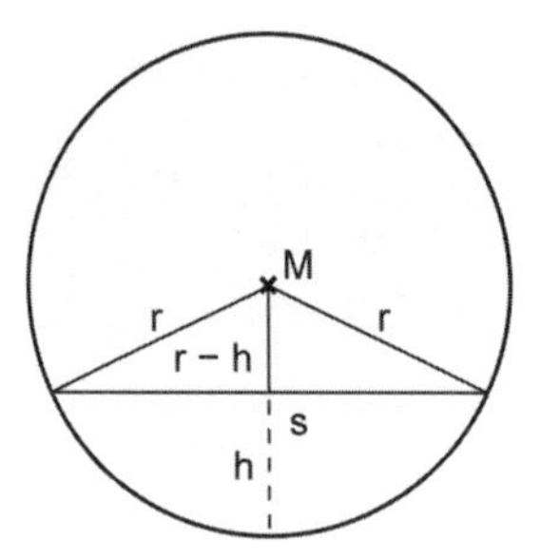

Flächeninhalt des unteren Trapezes:

$A_1 = \frac{1}{2}(20\,\text{cm} + 114{,}5\,\text{cm}) \cdot 15\,\text{cm} = 1010\,\text{cm}^2$

h in cm	40	60	80	100	120
$A_1 + A_{Rechteck}$	2890	5670	8830	11510	13740

2

h in cm	40	60	80	100	120
$A_1 + A_{Trapeze}$	2890	5770	8850	11900	14710

3

h in cm	25	40	60	80	100	120
kg im 1. Modell	280	789	1550	2410	3140	3750
Fehler	0	< 1 %	< 3 %	< 1 %	4 %	7 %
kg im 2. Modell	280	789	1580	2420	3250	4020
Fehler	0	< 1 %	< 1 %	< 1 %	< 1 %	< 1 %

Wie schnell steigt das Wasser? Seite S 72

1 a) $V(h) = \pi \cdot r^2 \cdot h = 63{,}6\,\text{cm}^2 \cdot h$

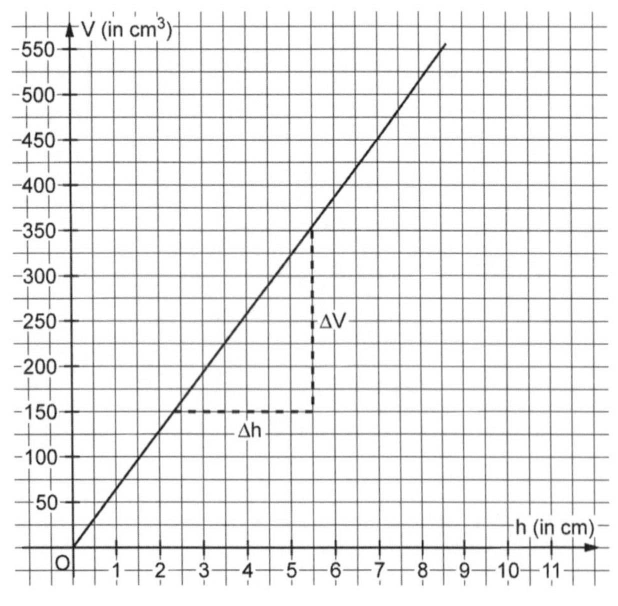

$\frac{\Delta V}{\Delta h} \approx 64\,\text{cm}^2$ aus einem beliebigen Steigungsdreieck. Bei doppeltem Durchmesser vervierfacht sich der Wert.

b) $h(V) = \frac{1}{\pi r^2} \cdot V$

Von der Steigung den Kehrwert bilden:

$\frac{\Delta h}{\Delta V} \approx 0{,}016\ \frac{1}{\text{cm}^2}$.

2 a)

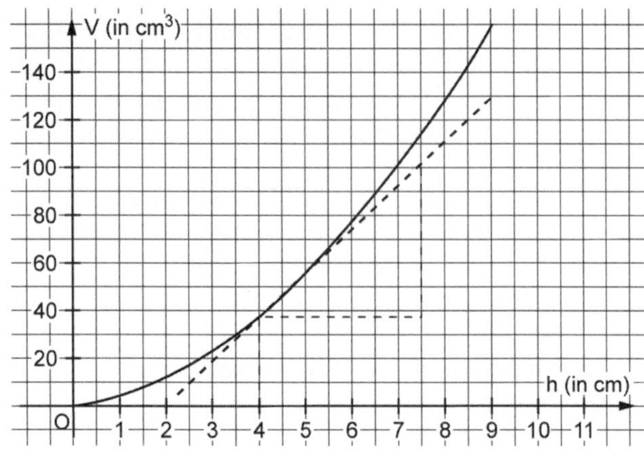

In $V(h) = a \cdot h^2 + b \cdot h$ die gegebenen Punkte paarweise in drei Kombinationen eingesetzt ergibt die Mittelwerte $a = 1{,}65$ und $b = 2{,}97$.
Mit $V(h) = 1{,}65\,\text{cm} \cdot h^2 + 2{,}97\,\text{cm}^2 \cdot h$ ist
$V(2) = 12{,}5\,\text{cm}^3$; $V(4) = 38{,}3\,\text{cm}^3$;
$V(8) = 129{,}4\,\text{cm}^3$. Die Abweichungen liegen zwischen 1,7 % und 3,6 %.

b)

h in cm	2	4	8
V′ in cm² abgelesen	10	17	27
gerechnet	9,6	16,2	29,4
Abweichung	6 %	5 %	8 %

$V'(h) = 3{,}3h + 2{,}97$

3 a) Wertepaare in die Funktionsgleichung eingesetzt ergeben den Mittelwert $b = 155\,\text{cm}^3$.
$V(h) = 155\,\text{cm}^3 \cdot (1{,}085^h - 1)$ ergibt:

h in cm	0	4	6	8	12	14
V in cm³	0	59,8	97,9	143	258	331
Diff. in %	0	5	2	1,6	1,0	1,3

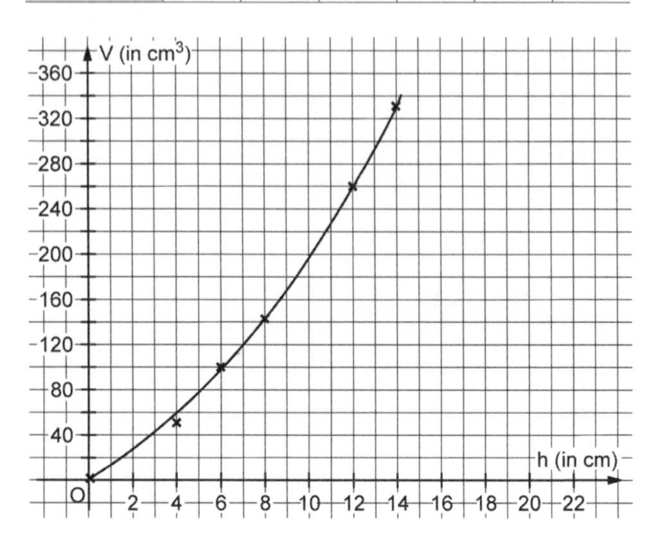

b)

h in cm	2	4	7	8	10
$\frac{\Delta V}{\Delta h}$ in cm^2	14,3	18	22,5	26	28,8

c) $V'(h) = c \cdot a^h$
Wertepaare eingesetzt:
$22{,}5 = c \cdot a^7$ (1)
$28{,}8 = c \cdot a^{10}$ (2)

(2):(1) $\frac{28{,}8}{22{,}5} = a^3 \Rightarrow a = 1{,}085$

in (1) eingesetzt: $c = 12{,}7$
Die mit $V'(h) = 12{,}7\,cm^2 \cdot 1{,}085^h$ berechneten Werte weichen von den Tabellenwerten maximal 6 % ab.
Zu $V'(h) = 25\,cm^2$ gehört die Höhe $h = 8{,}3\,cm$.

Für Überflieger – Vulkaneruption auf dem Jupitermond Io, Seite S 73

1

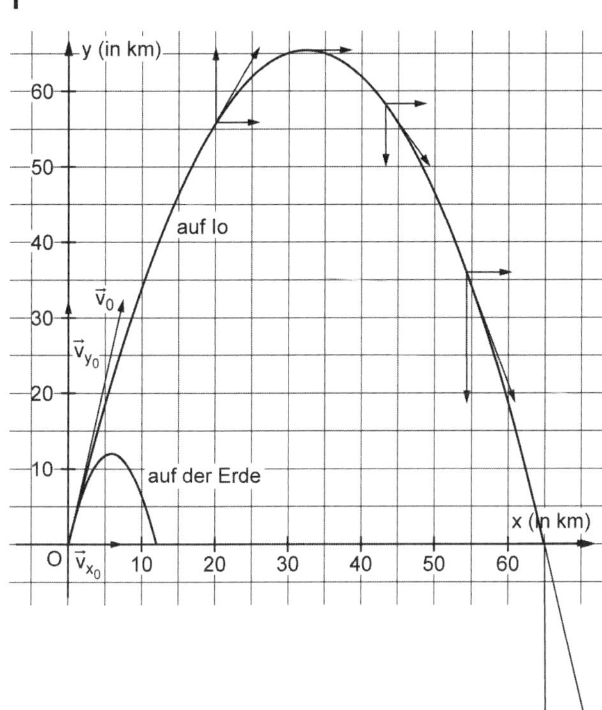

$t = 165\,s$: $v_x = 121\,\frac{m}{s}$;

$v_y = 485\,\frac{m}{s} - 1{,}80\,\frac{m}{s^2} \cdot 165\,s = 188\,\frac{m}{s}$

Betrag des Summenvektors: $v(20\,s) = 224\,\frac{m}{s}$, der Summenvektor verläuft tangential.
Höchster Punkt: $v_x = 121\,\frac{m}{s}$; $v_y = 0$

2 $t = 360\,s$: $v_x = 121\,\frac{m}{s}$; $v_y = -163\,\frac{m}{s}$

$t = 450\,s$: $v_x = 121\,\frac{m}{s}$; $v_y = -325\,\frac{m}{s}$

$t = 539\,s$: $v_x = 121\,\frac{m}{s}$; $v_y = -485\,\frac{m}{s}$

3 Der Summenvektor ist die Tangente an die Flugbahn, die Komponenten bilden das Steigungsdreieck.

Formen formen – für Experten, Seite S 74

1 $f_1(x) = \sin(x)$ und $f_2(x) = \frac{1}{3}\sin(3x)$

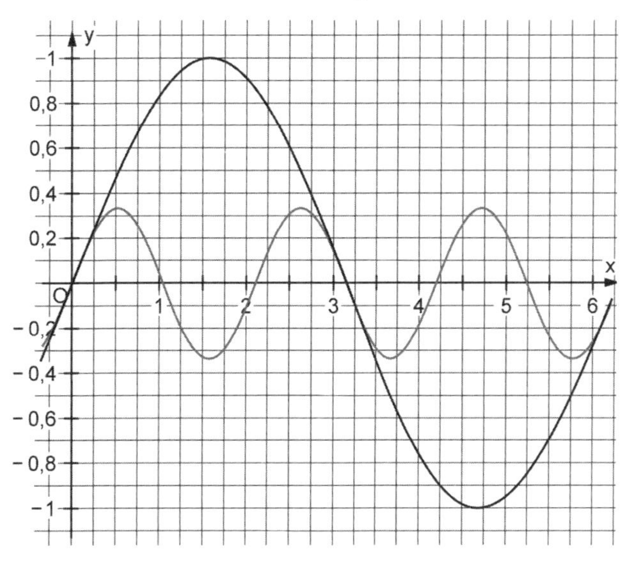

$f_1(x) + f_2(x)$ und $f_3(x) = \frac{1}{5}\sin(5x)$

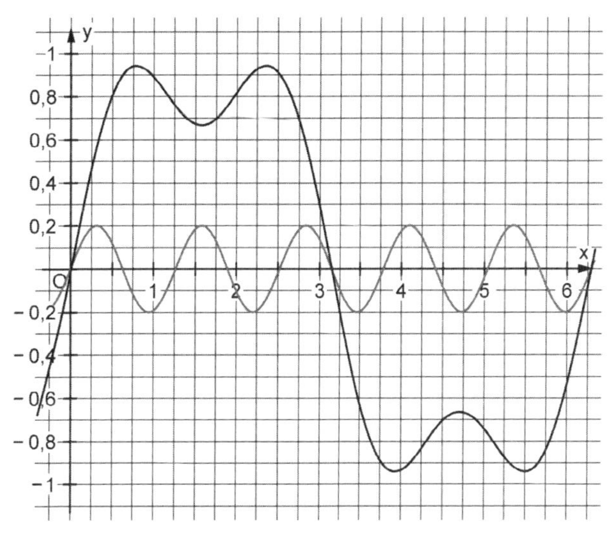

Die Rechteckform ergibt sich mit
$f(x) = \sin(x) + \frac{1}{3}\sin(3x) + \frac{1}{5}\sin(5x) + \frac{1}{7}\sin(7x) + \ldots$

2 $f_1(x) = -\sin(x)$ und $f_2(x) = -\frac{1}{2}\sin(2x)$

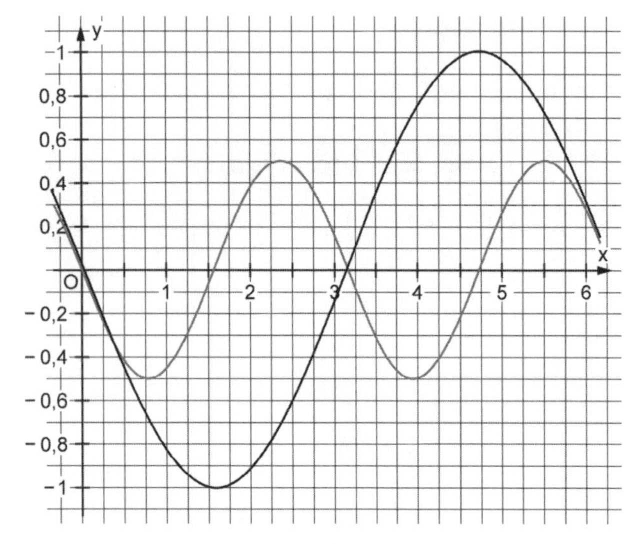

$f_1(x) + f_2(x)$ und $f_3(x) = -\frac{1}{3}\sin(3x)$

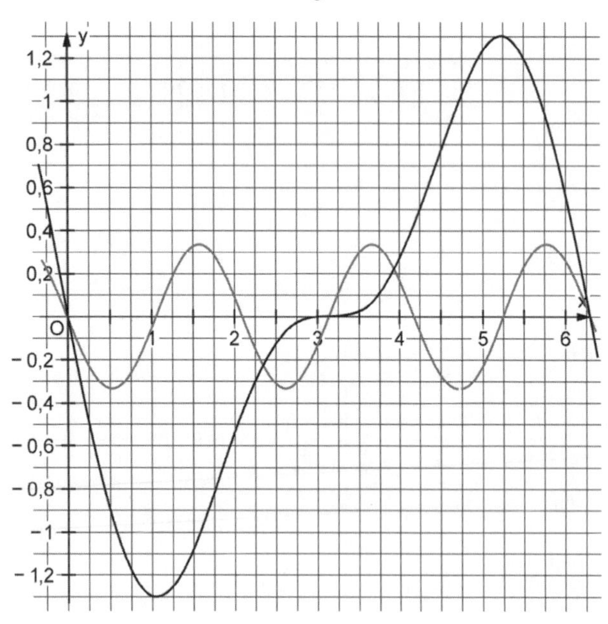

Die Sägezahnform ergibt sich mit

$f(x) = -\sin(x) - \frac{1}{2}\sin(2x) - \frac{1}{3}\sin(3x) - \frac{1}{4}\sin(4x) - \ldots$

Aus Kurven werden Funktionen – Polarkoordinaten, Seite S 75

1 A(4 | 90°), B(1 | 30°), C(2 | 150°), D(3 | 300°), E(5 | 210°)

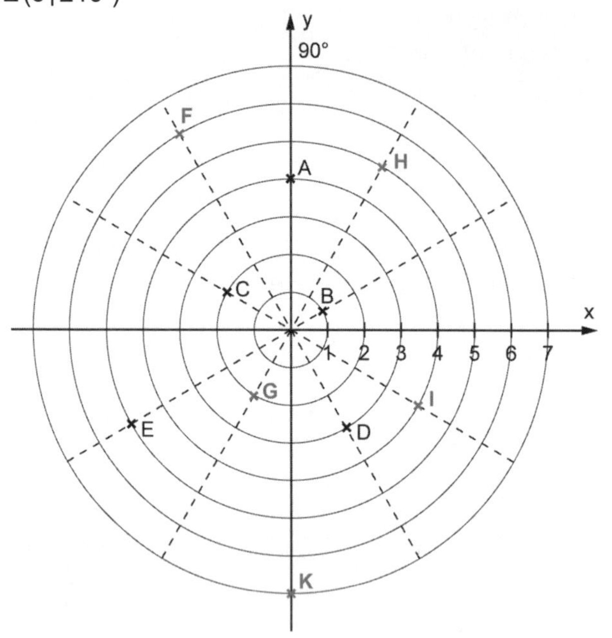

2

φ in °	r in mm
0	0
30	9
50	15
80	24
100	30
120	36
150	45
200	60
250	75
300	90

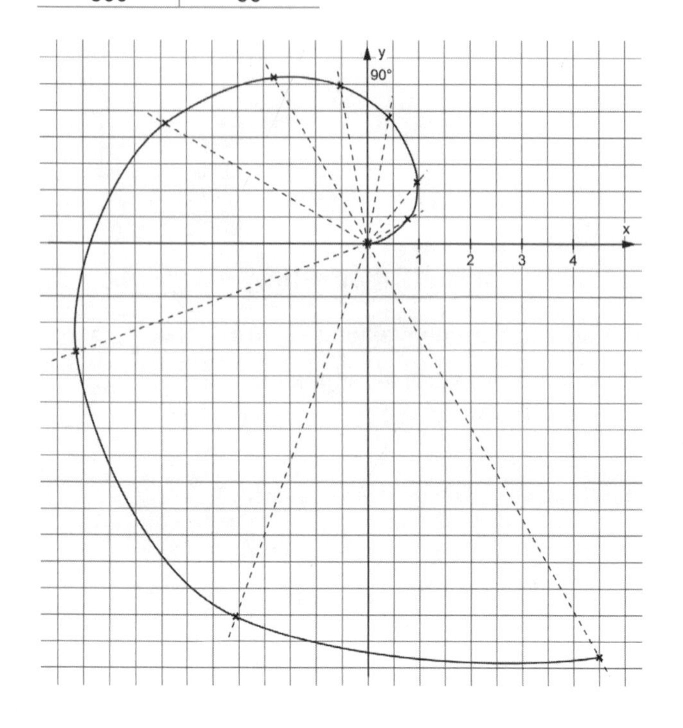

Spiralen in der Kunst (1), Seite S 76

1 Individuelle Lösungen.

2 a) 1, 1, 2, 3, 5, 8, 13, 21, 34, 55, 89, 144, 233, 377, 610, 987

b)

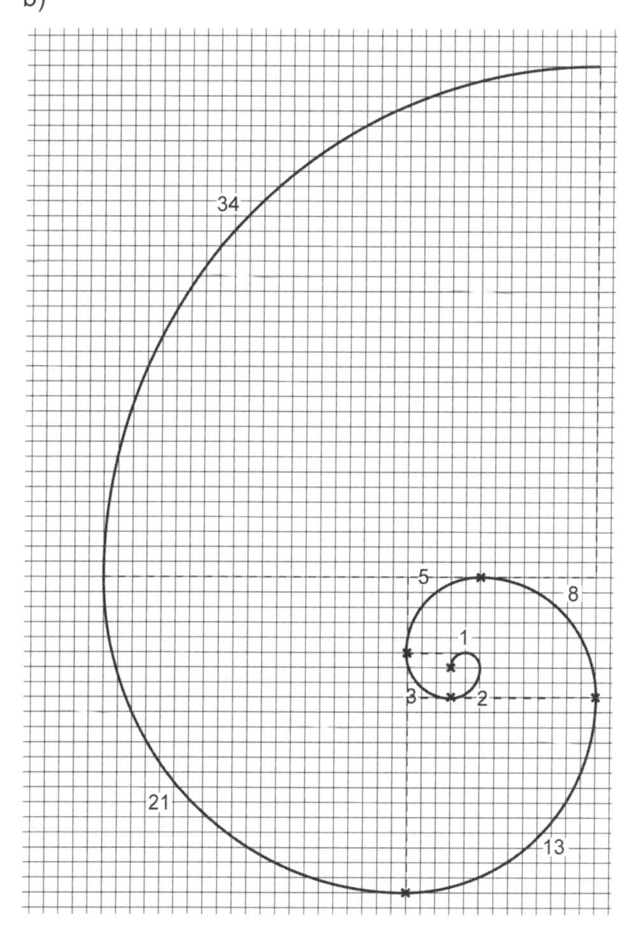

b) Länge der Spirale:

$l = \frac{1}{2}\pi(r_1 + r_2 + r_3 + r_4 + r_5 + r_6 + r_7 + r_8 + r_9 + r_{10} + r_{11})$

$= \frac{1}{2}\pi(0{,}5 + 1 + 1{,}5 + 2 + 2{,}5 + 3 + 3{,}5 + 4 + 4{,}5 + 5 + 5{,}5)\,\text{cm}$

$= \frac{1}{2}\pi \cdot 33\,\text{cm} = 16{,}5\pi\,\text{cm} \approx 51{,}8\,\text{cm}$

Spiralen in der Kunst (2), Seite S 77

1 a) Zum Beispiel:

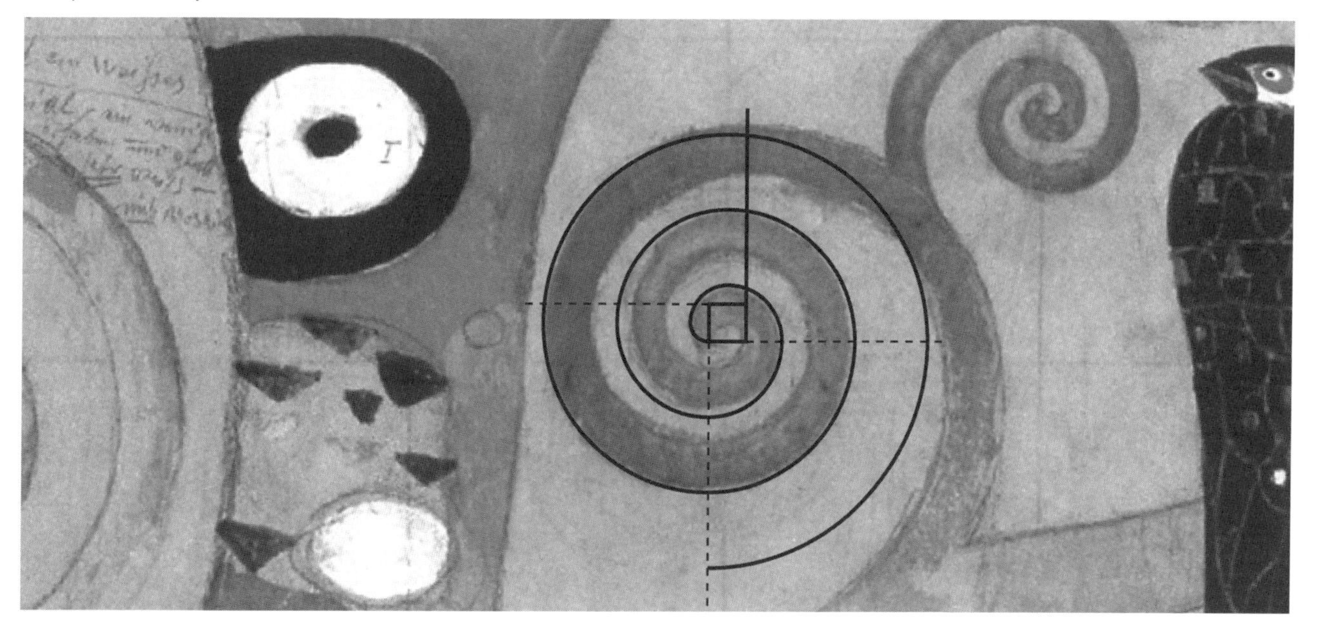

VII Rückspiegel

Geometrie, Seite S 78

1 P I E

2 R

3 R

4 E

5 D

6 EF

7 ER

8 MA

9 T
Lösungswort: Pierre de Fermat

Funktionen, Seite S 79

Lösungswort: RENE DESCARTES

Vermischtes aus Klasse 9, Seite S 80

Lösungswort: Zenon von Elea

I Abhängigkeit und Änderung – Ableitung

1 Funktionen

Seite 12

1 a) $f(-2) = \frac{1}{2}$; $f(0{,}1) = -10$; $f(78) = -\frac{1}{78}$ $\approx -0{,}1282$; $g(-2) = -7$; $g(0{,}1) = -2{,}8$; $g(78) = 153$; $h(-2) = -2$; $h(0{,}1) \approx -1{,}24$; $h(78) = 6$
b) $D_f = \mathbb{R}\setminus\{0\}$; $D_g = \mathbb{R}$; $D_h = [-3; \infty)$
c) Der Punkt $P(1\,|\,-1)$ liegt auf den Graphen von f, g und h; der Punkt $Q(5{,}5\,|\,8)$ liegt auf dem Graphen von g.

2 (Druckfehler im 1. Druck der 1. Auflage des Schülerbuches. Es muss heißen: $f(x) = -x^3 + 1$)
a) $f(-2) = 9$; $f(0{,}1) = 0{,}999$; $f(78) = -474\,551$; $g(-2) = 0{,}5$; $g(0{,}1) \approx 0{,}244$; $g(78) = \frac{1}{82} \approx 0{,}0122$; $h(-2) \approx -0{,}333$; $h(0{,}1) \approx -1{,}111$; $h(78) = 0{,}013$
b) $D_f = \mathbb{R}$; $D_g = \mathbb{R}\setminus\{-4\}$; $D_h = \mathbb{R}\setminus\{1\}$
c) Der Punkt $P(1\,|\,-1)$ liegt auf den Graphen von f und g. Der Punkt $Q(5{,}5\,|\,8)$ liegt auf keinem der Graphen.

3 a) $b(a) = \frac{20}{a}$. Mögliche Funktionswerte: $b(4) = 5$; $b(5) = 4$; $b(10) = 2$.
b) $D = (0; \infty)$
c)

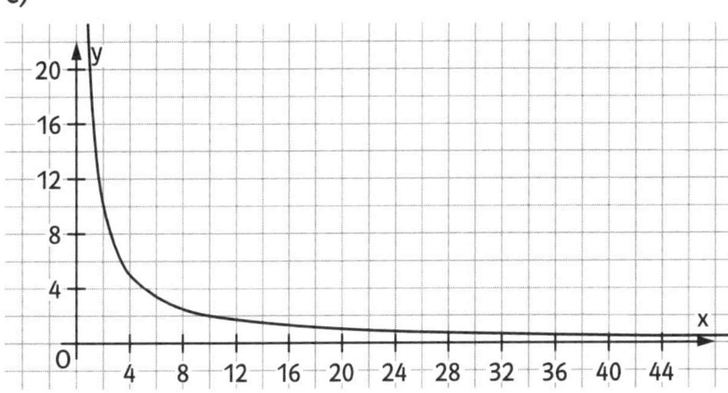

d) Die Funktion $a \to b$ mit $b(a) = \frac{20}{a}$ ist eine antiproportionale Funktion.

4 a) Beim ersten Anstieg werden ca. 250 m überwunden. Der erste Anstieg ist ca. 10 km lang.
b) Insgesamt müssen bei der Tour 750 m überwunden werden.
c) Der Umkehrpunkt wird vermutlich bei Streckenkilometer 25 liegen. Dies kann aus der Symmetrie des Graphenabschnitts beim Umkehrpunkt schließen.

Seite 13

5 a) Der Ball wurde in einer Höhe von 1,8 m abgeworfen.
b) $D_f = \left(0; \frac{5+\sqrt{97}}{2}\right) \approx (0; 7{,}42)$
c) Die maximale Höhe des Balles betrug ca. 2,4 m.
d) $D_f = \left(0; 2{,}5 + \sqrt{2{,}5^2 + 10\,h}\right)$
Die maximale Höhe des Balles betrug ca. 0,625 m + h.

6 a) $V(r) = \frac{1}{3}\pi \cdot r^2\sqrt{36 - r^2}$; $V(2) \approx 23{,}7$; $V(3) \approx 48{,}97$
b) $D_V = (0; 6)$

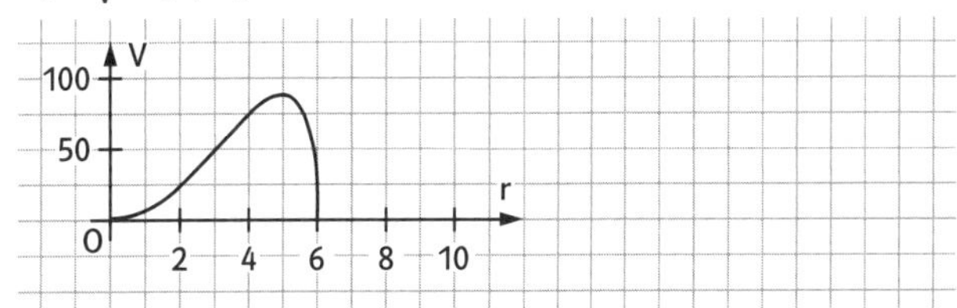

c) Das Volumen des Kegels ist für etwa $r = 4{,}9$ cm am größten.

7 a) $f(r) = \frac{500}{\pi \cdot r^2}$
b)

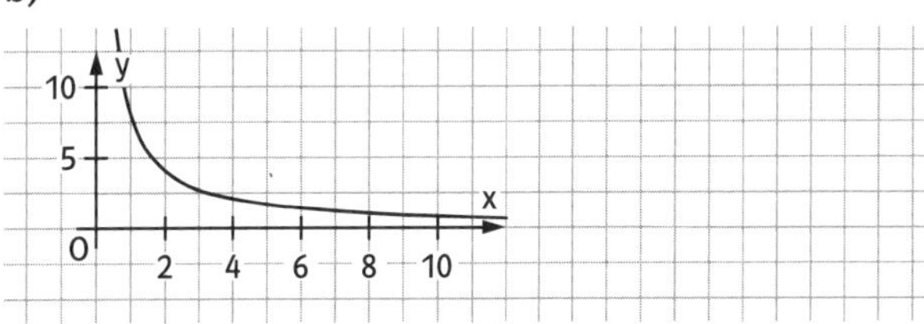

$f(5) = \frac{500}{\pi \cdot 5^2} \approx 6{,}37$; $f(10) = \frac{500}{\pi \cdot 10^2} \approx 1{,}59$; $D_f = (0; \infty)$
c) $D_f = \left(0; \sqrt{\frac{500}{\pi}}\right)$. Bei einem Radius von etwa $r = 1{,}57$ cm beträgt die Höhe der Dose $h = 1$ m.

8 a) Mit einer 20 m langen Schnur soll ein Rechteck mit den Seitenlängen a und b (in m) gelegt werden. Dabei soll a höchstens 7 m lang sein. Gib die Funktion $a \to b$ an.
b) Bestimme eine Funktion, die jeder Zahl die Hälfte der Quadratwurzel zuordnet.
c) Der Eintrittspreis für Gruppen in einem Museum wird so bestimmt: Für die Führung pauschal 30 € und für jede Person 5 €. Bestimme eine Funktion, mit der der Eintrittspreis bestimmt werden kann.

9 a) Wählt man den Koordinatenursprung auf der Fahrbahn in der Mitte der beiden Pfeiler, so lässt sich das Spannseil mit dem Graphen der Funktion $f\colon x \to h$ mit $f(x) = 0{,}000\,198\,75 \cdot x^2 + 15$ beschreiben. Hierbei ist x (in m) der horizontale Abstand zum gewählten Koordinatenursprung und $h = f(x)$ die Höhe (in m) über der Fahrbahn.
b) $f(100) \approx 16{,}99$; $f(200) \approx 22{,}95$; $f(500) \approx 64{,}70$
c) $D_f = (-995{,}5; 995{,}5)$

2 Mittlere Änderungsrate – Differenzenquotient

Seite 15

1 a) –10 b) –0,04167
c) –5000 d) –0,00001

2 a) $\frac{7-0}{9-1} = \frac{7}{8}$ b) $\frac{0-0}{3-1} = \frac{0}{2} = 0$
c) $\frac{7-4}{9-7} = \frac{3}{2}$ d) $\frac{2-0}{6-4} = \frac{2}{2} = 1$

Seite 16

3 a) 595 200 b) 90 000 c) 18 432 000
d) $1{,}14 \cdot 10^{35}$

4 a) $v_m = 1{,}25 \frac{m}{min}$ b) $v_m = 12{,}5 \frac{m}{min}$

5 a) 2 b) 2 c) 0 d) –3

6 Mögliche Lösung:

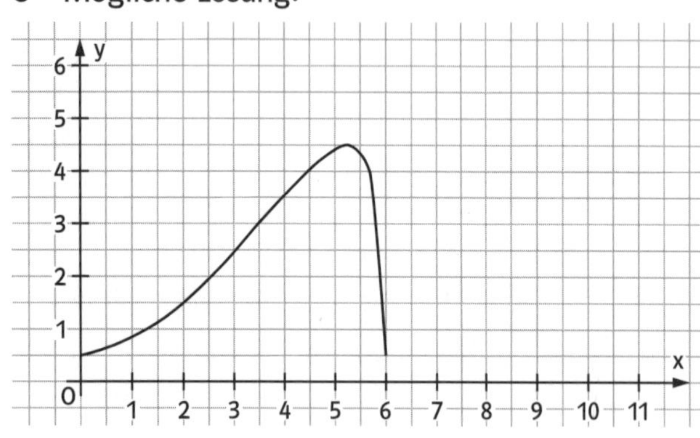

3 Momentane Änderungsrate – Ableitung

Seite 19

1 a) $f'(2) = 4$ b) $f'(2) = -0{,}5$ c) $f'(2) = 8$
d) $f'(2) = 32$ e) $f'(2) = 12$ f) $f'(2) = 0$
g) $f'(2) \approx 0{,}35$ h) $f'(2) = 0$

2 a) A) $f'(-1) = -2$ B) $f'(-1) = 3$
C) $f'(-1) = -1$ D) $f'(-1) = -3$
b) A) B)

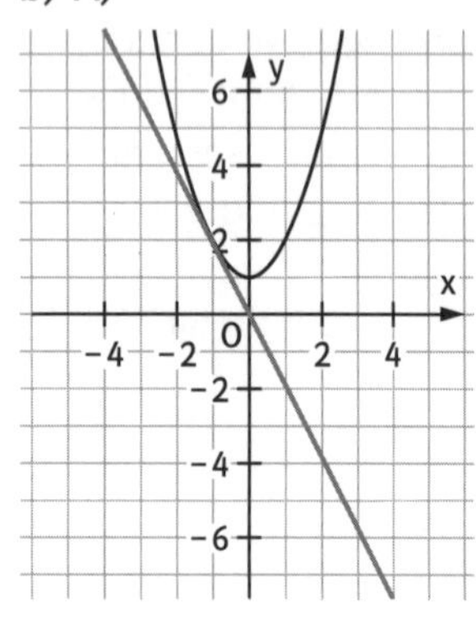

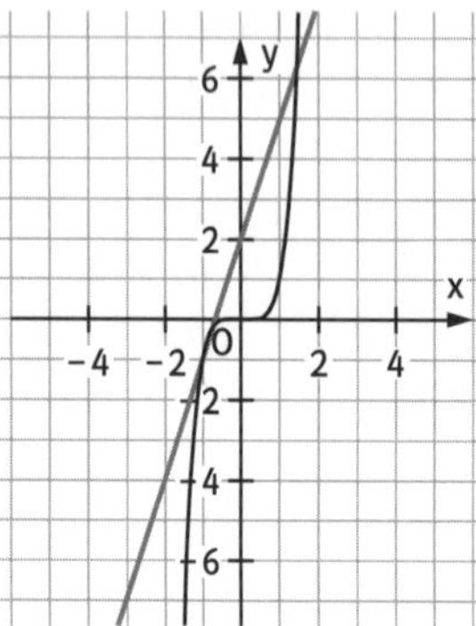

C) D)

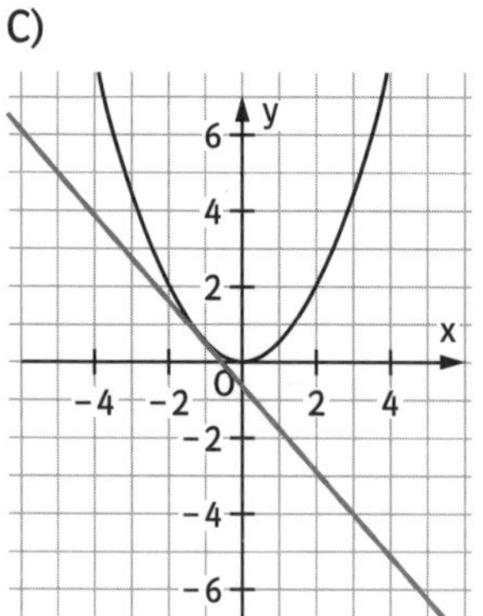

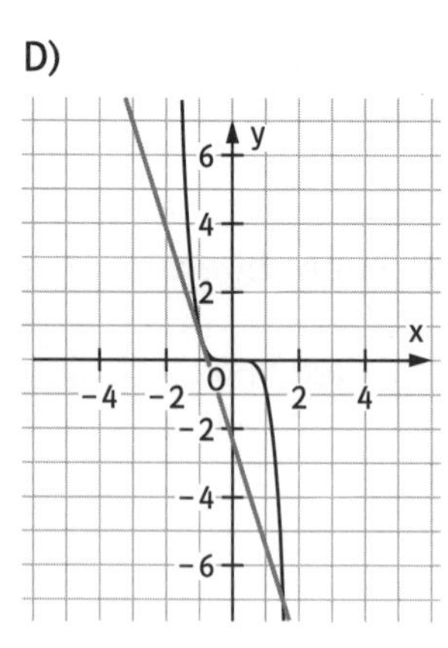

3 $s(t) = 4t^2$
Differenzenquotient: $\frac{s(t+h) - s(t)}{h} = \frac{4(t+h)^2 - 4t^2}{h}$
$= \frac{4t^2 + 8th + 4h^2 - 4t^2}{h}$
$= 8t + 4h$

$t_0 = 1$; $h = 0{,}001$: $8 \cdot 1 + 4 \cdot 0{,}001 = 8{,}004$
$t_1 = 5$; $h = 0{,}001$: $8 \cdot 5 + 4 \cdot 0{,}001 = 40{,}004$
Die momentane Änderungsrate s(t) beschreibt die Geschwindigkeit des Körpers.

4 a) Die Steigung des Graphen ist in den Punkten A und D positiv.
b) C → B → A → D

Seite 20

5 a) $f'(x_0) = 1$ b) $f'(x_0) = -1$
c) $f'(x_0) = -0{,}5$ d) $f'(x_0) = 2$

6 a) Die Steigung betrug um 10.15 Uhr ca. 3000 m/h, um 10.45 Uhr ca. –2000 m/h und um 11.15 Uhr ca. –4000 m/h.
b) Die momentane Änderungsrate der Flughöhe war etwa um 10.05 Uhr am größten und etwa um 11.20 Uhr am kleinsten.

7 a) Nach 5 Sekunden hat das Fahrzeug einen Weg von 75 Metern, nach 8 Sekunden einen Weg von 96 Metern zurückgelegt.
b) $s'(6) = 8$ und $s'(10) = 0$. Die momentane Änderungsrate $s'(t)$ entspricht der Geschwindigkeit des Fahrzeugs.
c) Die angegebene Formel kann für $t = 11\,s$ nicht gelten, da das Fahrzeug bereits nach 10 Sekunden steht (vgl. Teilaufgabe b): $s'(10) = 0$).

8 $w'(1) \approx -1{,}25$; $w'(8) \approx -0{,}0617$. Die momentane Änderungsrate von w kann als Differenz von Zufluss und Abfluss interpretiert werden. Da die momentane Änderungsrate von w für $t = 1$ und $t = 8$ negativ ist, ist der Abfluss größer als der Zufluss; die Wassermenge im Auffangbecken nimmt zu diesen Zeiten also ab.

Seite 21

9 Der Graph der Funktion f mit $f(x) = -x^2 + 5$ ist eine nach unten geöffnete Parabel, die gegenüber der Normalparabel um 5 in y-Richtung verschoben ist; der Scheitelpunkt liegt bei P(0|5). Da die Steigung des Graphen von f für $x < 0$ positiv, für $x > 0$ negativ und für $x = 0$ ist, erhält man
a) $f'(3) < 0$ b) $f'(-5) > 0$
c) $f'(100) < 0$ d) $f'(0) = 0$.

10 a) $y = 3{,}2x - 4{,}8$ b) $y = -0{,}4x - 0{,}3$
c) $y = 24x - 40$ d) $y = 0{,}89x + 0{,}67$
e) $y = -0{,}01x + 0{,}2$ f) $y = 10x - 2500$

11 a) $y = 70x - 128$; $f'(2) = 70$
b) $y = -2{,}4x - 4{,}8$; $f'(-4) = -2{,}4$
c) $y = 47x - 128$; $f'(2) = 47$
d) $y = 0{,}25x + 0{,}75$; $f'(-2) = 0{,}25$
e) $y = -5x + 4{,}25$; $f'(0{,}5) = -5$
f) $y = -600x - 900$; $f'(-3) = -600$

12 Mögliche Lösung:
Betrachtet man den Graphen von f und die Tangente durch den Punkt P(−1|f(−1)) in einer immer kleiner werdenden Umgebung von P, so lässt sich der Graph von f kaum noch von der Tangente unterscheiden. Diese Beobachtung kann man bei allen (differenzierbaren) Funktionen machen.

13 a) Da der Graph von f an der Stelle $x = 1$ einen Knick hat, hat die Funktion an dieser Stelle keine Steigung. Eine Tangente durch den Punkt P(1|0) lässt sich nicht zeichnen.
b) Für die Änderungsrate von f erhält man für $h > 1$ und $h \to 1$ den Wert 1 und für $h < 1$ und $h \to 1$ den Wert −1. An der Stelle $x = 1$ hat die Funktion f also keinen eindeutigen Grenzwert; f besitzt an der Stelle $x = 1$ keine Ableitung.
c) Mögliche Lösungen: $f(x) = |x|$; $f(x) = |x^2 - 4|$ und $f(x) = |x - x^2|$.

4 Ableitung berechnen

Seite 23

1 a) $f'(3) = 6$ b) $f'(1) = 4$ c) $f'(2) = -4$

2 a) $f'(5) = -30$ b) $f'(-5) = 30$ c) $f'(-1{,}5) = 9$

3 a) $f'(3) = 6$ b) $f'(3) = -12$ c) $f'(3) = 12$
d) $f'(1) = 4$ e) $f'(-1) = 1$ f) $f'(4) = -\frac{1}{16}$
g) $f'(4) = \frac{3}{16}$ h) $f'(3) = -1$ i) $f'(7) = 0$

4 a) $y = -4x + 4$; $x_1 = 1$
b) $y = -13x - 18$; $x_1 = -\frac{18}{13} \approx -1{,}38$
c) $y = -8x + 19$; $x_1 = \frac{19}{8} \approx 2{,}38$
d) $y = -5x + 3$; $x_1 = \frac{3}{5} \approx 0{,}6$

Seite 24

5 a) Die Ableitung von f mit $f(x) = 3x + 2$ an den Stellen $x_0 = 4$ und $x_1 = 9$ ist 3.
b) Die Ableitung einer linearen Funktion mit $y = mx + c$ an einer beliebigen Stelle x_0 ist m.
c) Die Ableitung einer linearen Funktion ist für jede Stelle x_0 konstant.

6 $f'(1) = 3$

7 a) $f'(2) = 12$ b) $f'(1) = -3$ c) $f'(1) = 1$

8 $f'(1) = \frac{1}{2}$

9 a) $f'(10) = \frac{1}{2\sqrt{10}}$ b) $f'(1) = 1$
c) $f'(8) = -\frac{3}{2\sqrt{8}}$

10 a) Für $\alpha = 0°$ erhält man $s(t) = 0$ und für $\alpha = 90°$ $s(t) = 5 \cdot t^2$. Beträgt der Neigungswinkel $\alpha = 0°$, so steht der Skateboardfahrer auf einer waagerechten Ebene. Bei einem Neigungswinkel von $\alpha = 90°$ würde der Skateboardfahrer an einer senkrechten Wand (z. B. im obersten Punkt einer Halfpipe) stehen. In diesem Fall würde die Bewegung einem freien Fall entsprechen.
b) Mit $v(1{,}5) = s'(1{,}5) = 10 \sin\alpha \cdot 1{,}5$ erhält man für $\alpha = 20°$ eine Geschwindigkeit von $4{,}635\,\frac{m}{s}$ bzw. für $\alpha = 40°$ eine Geschwindigkeit von $8{,}817\,\frac{m}{s}$.

11 a) Bei einer Beschleunigung von $a = 3\,\frac{m}{s^2}$ beträgt die Geschwindigkeit nach 2 Sekunden $v = 6\,\frac{m}{s}$ und nach 5 Sekunden $v = 15\,\frac{m}{s}$.
b) Bei einer Beschleunigung von $a = 3\,\frac{m}{s^2}$ hätte das Auto nach etwa 4,63 Sekunden eine Geschwindigkeit von $50\,\frac{km}{h}$ bzw. nach 9,26 Sekunden eine Geschwindigkeit von $100\,\frac{km}{h}$.
c) Bei einer allgemeinen Beschleunigung a beträgt die Geschwindigkeit nach 2 Sekunden $v = 2 \cdot a$ $\left(\text{in } \frac{m}{s}\right)$ und nach 5 Sekunden $v = 5 \cdot a$ $\left(\text{in } \frac{m}{s}\right)$.

Seite 25

12 a) $\alpha = 45°$ b) $\alpha = 14°$ c) $\alpha = 89{,}4°$

13 a) $\alpha = 73{,}9°$
b) Für $h = 1{,}5$: $\alpha = 67{,}8°$ Für $h = 10$: $\alpha = 81°$

14 a) $f(2) = 4$; $f'(2) = 4$

b) Mit $y(x) = f'(2) \cdot x - f'(2) \cdot 2 + f(2) = 4x - 4$ erkennt man, dass t eine Gerade ist.

Da $y(2) = 8 - 4 = 4$ gilt, liegt der Punkt $P(2\,|\,f(2)) = P(2\,|\,4)$ auf t.

Die Steigung von t und die vom Graphen an der Stelle $x_0 = 2$ beträgt 4.

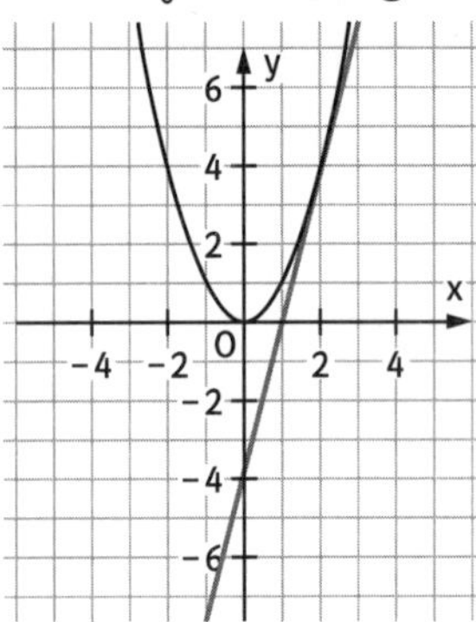

c) Da $f'(x_0)$ und $f'(x_0) \cdot x_0 + f(x_0)$ konstant sind, ist t mit $y(x) = f'(x_0) \cdot x - f'(x_0) \cdot x_0 + f(x_0)$ eine Gerade mit der Steigung $f'(x_0)$ und y-Achsenabschnitt $-f'(x_0) \cdot x_0 + f(x_0)$. Setzt man x_0 in die Gleichung von t ein, so erhält man $y(x_0) = f(x_0)$. Da sowohl t als auch der Graph von f durch den Punkt $P(x_0\,|\,f(x_0))$ gehen und da beide Graphen in diesem Punkt die gleiche Steigung haben, ist t eine Tangente in diesem Punkt.

d) $y = -\frac{1}{25}x + \frac{2}{5}$

15 a) $y = x - 0{,}5$ b) $y = -8x - 12$
c) $y = 0{,}71x + 0{,}35$ d) $y = -12x + 18$

16 a) $y = 6x - 8$ b) $S(-4\,|\,-32)$ c) $Q(0\,|\,0)$

5 Ableitungsfunktion

Seite 27

1 a) $f'(x) = 6x$ b) $f'(x) = -\frac{2}{x^2}$

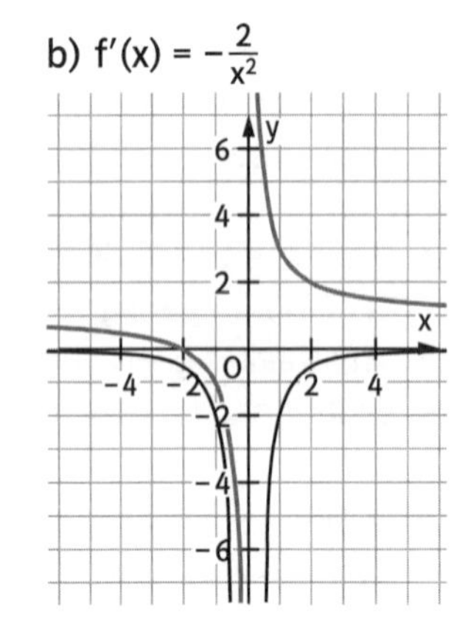

Seite 28

2 A) → 3)
Die Steigung des Graphen von A) ist immer positiv und wird mit größer werdenden t kontinuierlich größer.
B) → 1)
Die Steigung des Graphen von B) ist immer positiv. An der Stelle 0 ist die Steigung 0.
C) → 4)
Der Graph in C) hat eine konstante, positive Steigung.
D) → 2)
Der Graph von D) hat bis zur Stelle −1 eine negative Steigung. Dann ist bis zur Stelle 1 die Steigung positiv. Danach ist sie wieder negativ.

3 a)

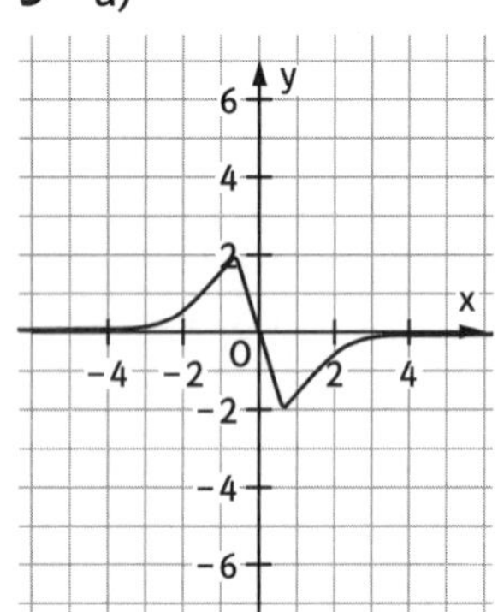

b)

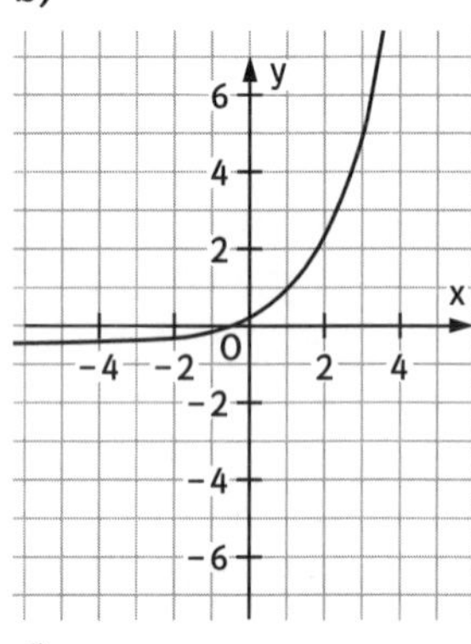

c)

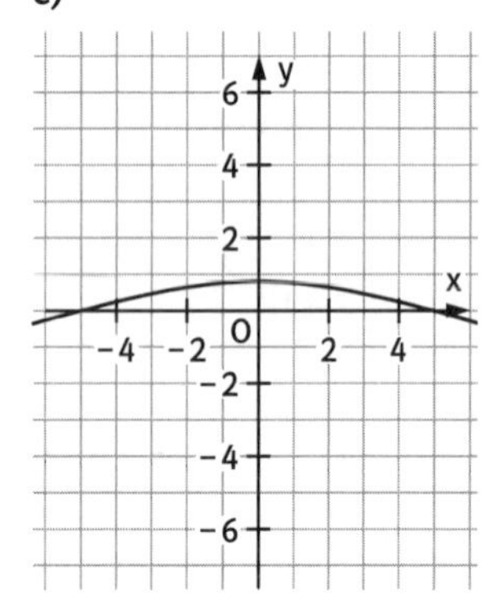

d)

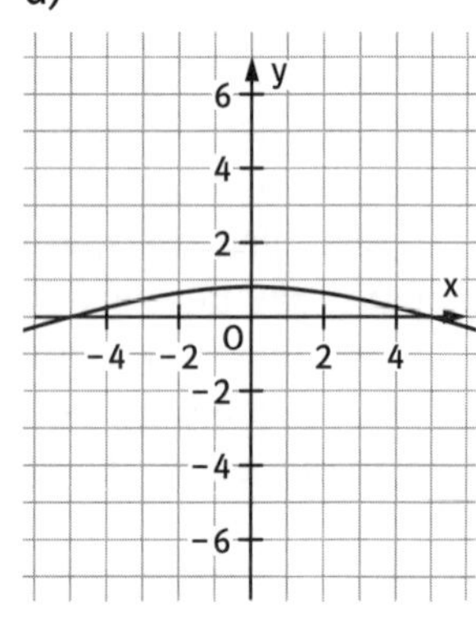

4 Individuelle Lösungen.

5 a) $f'(x) = 6x$ b) $f'(x) = -10x + 2$
c) $f'(x) = 0$

6 a) $f(x) = -\frac{1}{x}$

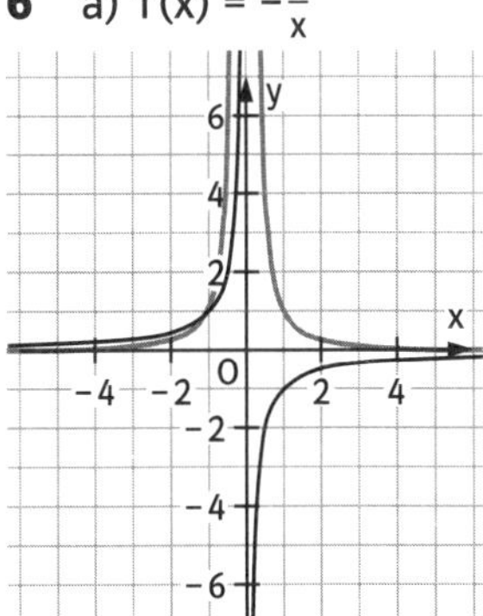

b) $f(x) = x^2 - 2x$

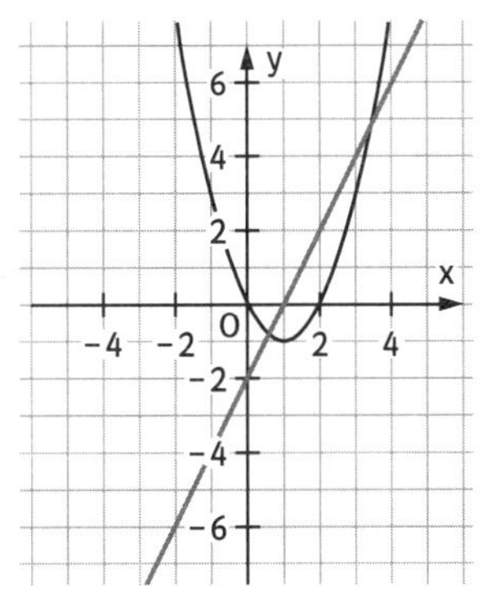

c) $f(x) = 3x + 7$

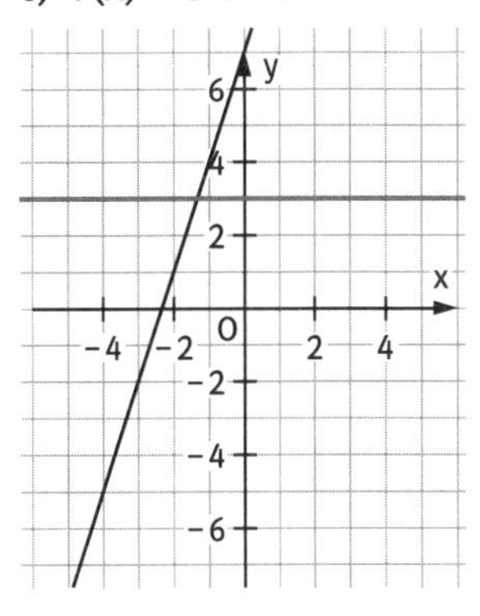

Seite 29

7 a) Wenn die Funktionswerte einer Funktion f für größer werdende x ansteigen, dann ist die dazugehörige Ableitungsfunktion in diesem Intervall positiv.
b) Je größer die Steigung des Graphen von f ist, desto größer ist die Ableitung von f.
c) Wenn eine Funktion f linear ist, dann ist die dazugehörige Ableitungsfunktion konstant.
d) Wenn die Funktionswerte einer Funktion f konstant sind, dann ist die dazugehörige Ableitungsfunktion null.

8 a) Wenn der Graph von f nach unten verschoben wird, verändert sich der Graph von f′ nicht.
b) Wenn der Graph von f nach oben verschoben wird, verändert sich der Graph von f′ nicht.
c) Wenn der Graph von f nach rechts verschoben wird, verschiebt sich auch der Graph von f′ nach rechts.
d) Wenn der Graph von f nach links verschoben wird, verschiebt sich auch der Graph von f′ nach links.

9 a) $P(1\,|\,0{,}5)$ b) $P(-0{,}5\,|\,-2{,}25)$ c) $P\left(\sqrt{\frac{1}{3}}\,\middle|\,\sqrt{\frac{1}{27}}\right)$

10 Die Funktionen f und g haben an den Stellen $x = 0$ und $x = \frac{2}{3}$ die gleiche Ableitung.
Die Funktionen f und h haben an der Stelle $x = 1$ die gleiche Ableitung. Die Funktionen g und h haben an den Stellen $x = \sqrt{\frac{2}{3}}$ und $x = -\sqrt{\frac{2}{3}}$ die gleiche Ableitung.

11 Nach 1 Sekunde hat der Körper eine Geschwindigkeit von $10\,\frac{m}{s}$.

12

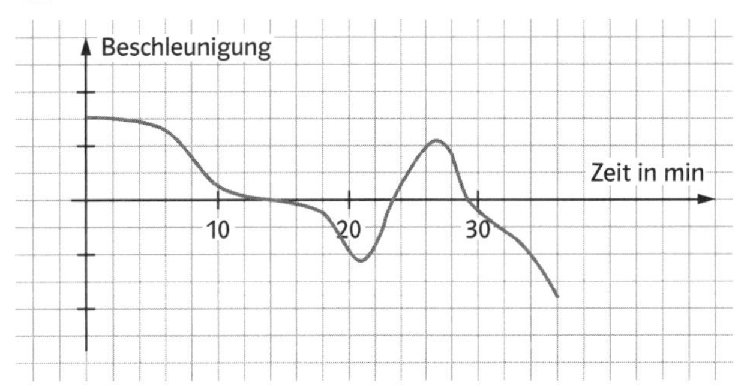

13 a) Die Ableitungsfunktion gibt die momentane Änderungsrate der Bevölkerung an. Ist die Ableitung positiv, so nimmt die Bevölkerung insgesamt zu (davon Zuzug, Abzug, Geburten, Sterbefälle).
b)

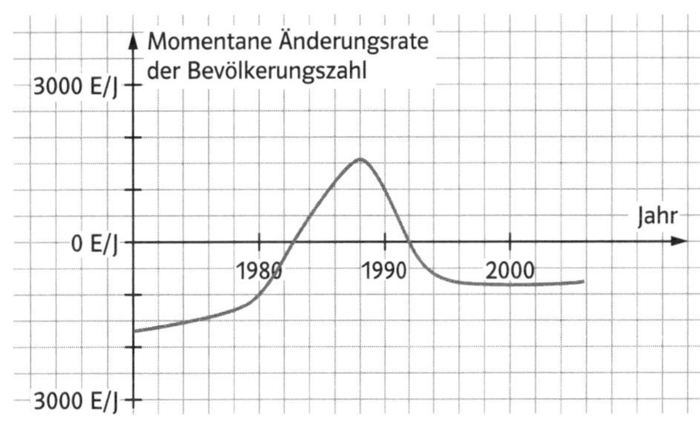

6 Ableitungsregeln

Seite 31

1 a) $f'(x) = 3x^2$ b) $f'(x) = 10x^9$
c) $f'(x) = -4x^{-5}$ d) $f'(x) = 3x^2 + 5x^4$
e) $f'(x) = 11x^{10} - 10x^{-11}$ f) $f'(x) = 12x^3 + 35x^6$
g) $f'(x) = 16x^{-5} - x^4$ h) $f'(x) = 2x^{-3} + 15x^{-6}$
i) $f'(x) = 6x^{-3} - 6x$

2 a) $f'(x) = 2ax + b$ b) $f'(x) = -\frac{a}{x^2}$
c) $f'(x) = (c+1)x^c$ d) $f'(t) = 2t + 3$
e) $f'(x) = 1$ f) $f'(t) = -1$

3 a) $f'(x) = 5 - 2x$ b) $f'(x) = 2x + 3x^2$
c) $f'(x) = 15x^2 + 20x$ d) $f'(x) = 2x + 4$
e) $f'(x) = 4x - 8$ f) $f'(x) = 2x$

4 a) $y = 0{,}5x - \frac{3}{16}$ b) $y = -\frac{4}{27}x + \frac{2}{3}$
c) $y = 24{,}75x - 34{,}25$ d) $y = -3{,}39x + 5{,}99$

Seite 32

5 a)

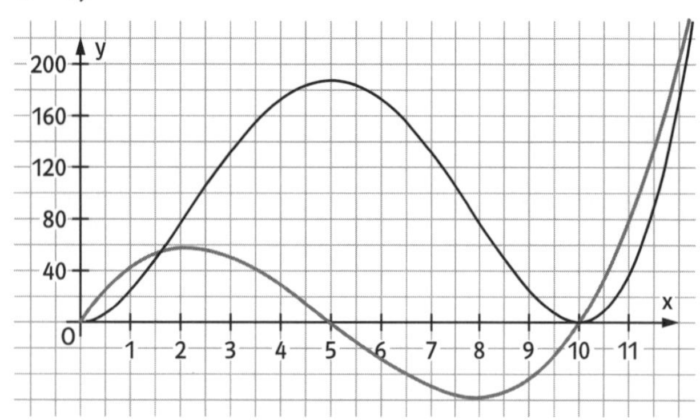

Es gilt: $f(0) = 0$ und $f(10) = 0$.
b) Die maximale Wassermenge wird nach 5 Stunden mit $187{,}5\,m^2$ Wasser erreicht.
c) Die Ableitung von f gibt die momentane Änderung der Wassermenge an, also die Differenz von Zufluss und Abfluss. Es gilt: $f'(0) = 0$; $f'(2) = 57{,}6$; $f'(5) = 0$ und $f'(9) = -43{,}2$.

6 a) $v(t) = 5 - 10t$ $\left(v \text{ in } \frac{m}{s}\right)$.
Nach 2 Sekunden hätte der Ball eine Geschwindigkeit von $v = -15\frac{m}{s}$. Nach 0,25 Sekunden hätte sich die Geschwindigkeit halbiert. Nach 0,5 Sekunden hätte er den höchsten Punkt erreicht.
b) $v_0 = \sqrt{70} \approx 8{,}37$
c) $v(t) = v_0 - 10t$ $\left(v \text{ in } \frac{m}{s}\right)$.

7 a) Differenzenquotient für f: $\frac{2(x_0+h)^2 - 2(x_0)^2}{h}$;
Differenzenquotient für g: $\frac{(x_0+h)^2 - (x_0)^2}{h}$.
Damit gilt: $\frac{f(x_0+h) - f(x_0)}{h} = \frac{2(x_0+h)^2 - 2(x_0)^2}{h}$
$= 2\cdot\frac{(x_0+h)^2 - (x_0)^2}{h} = 2\cdot\frac{g(x_0+h) - g(x_0)}{h}$.
Für den Grenzübergang $h \to 0$ erhält man somit $f'(x) = 2\cdot g'(x)$.
b) Differenzenquotient für f: $\frac{-\frac{5}{x_0+h} + \frac{5}{x_0}}{h}$;
Differenzenquotient für g: $\frac{\frac{1}{x_0+h} - \frac{1}{x_0}}{h}$
$\frac{f(x_0+h) - f(x_0)}{h} = \frac{-\frac{5}{x_0+h} + \frac{5}{x_0}}{h} = -5\cdot\frac{\frac{1}{x_0+h} - \frac{1}{x_0}}{h}$
$= -5\cdot\frac{g(x_0+h) - g(x_0)}{h}$.
Für den Grenzübergang $h \to 0$ erhält man somit $f'(x) = -5\cdot g'(x)$.
c) Mit $f(x) = r\cdot g(x)$ gilt
$\frac{f(x_0+h) - f(x_0)}{h} = \frac{r\cdot g(x_0+h) - t\cdot g(x_0)}{h} = r\cdot\frac{g(x_0+h) - g(x_0)}{h}$.
Für den Grenzübergang $h \to 0$ erhält man somit $f'(x) = r\cdot g'(x)$.

8 a) Differenzenquotient für k: $\frac{(x_0+h)^2 - (x_0)^2}{h}$;
Differenzenquotient für h: $\frac{(x_0+h)^3 - (x_0)^3}{h}$
$\frac{k(x_0+h) - k(x_0)}{h} = \frac{(x_0+h)^2 + (x_0+h)^3 - (x_0)^2 - (x_0)^3}{h}$
$= \frac{(x_0+h)^2 - (x_0)^2}{h} + \frac{(x_0+h)^3 - (x_0)^3}{h} = \frac{k(x_0+h) - g(x_0)}{h}$
$+ \frac{h(x_0+h) - h(x_0)}{h}$
Für den Grenzübergang $h \to 0$ erhält man somit $f'(x) = k'(x) + h'(x)$.
b) Mit $f(x) = k(x) + h(x)$ gilt:
$\frac{k(x_0+h) - f(x_0)}{h} = \frac{k(x_0+h) + h(x_0+h) - k(x_0) - h(x_0)}{h}$
$= \frac{k(x_0+h) - k(x_0)}{h} + \frac{h(x_0+h) - h(x_0)}{h}$.
Für den Grenzübergang $h \to 0$ erhält man somit $f'(x) = k'(x) + h'(x)$.

9 a) Wählt man für g die Funktionsgleichung $g(x) = x^2$ und für h die Funktionsgleichung $h(x) = x$, so erhält man $f(x) = g(x)\cdot h(x) = x^3$.
Wegen $f'(x) = 3x^2$ und $g'(x)\cdot h'(x) = 2x\cdot 1 = 2x$ ist die angegebene Aussage falsch.
b) Wählt man für g die Funktionsgleichung $g(x) = x^2$ und für h die Funktionsgleichung $h(x) = x$, so erhält man $f(x) = g(x) : h(x) = x$. Wegen $f'(x) = 1$ und $g'(x)\cdot h'(x) = 2x : 1 = 2x$ ist die angegebene Aussage falsch.

Wiederholen – Vertiefen – Vernetzen

Seite 34

1 a) Sind a und b die Seitenlängen des Rechtecks (jeweils in cm) und F der Flächeninhalt des Rechtecks (in cm^2), so erhält man für f: $b = f(a) = 25 - a$ und für g: $F = g(a) = 25a - a^2$.
b) $f(5) = 20$, $g(5) = 100$. $D_f = D_g = (0;\,25)$.

2 a) $1{,}5\,\frac{\text{arbeitslose Jugendliche}}{\text{Monat}}$
b) $-3{,}6\,\frac{\text{arbeitslose Jugendliche}}{\text{Monat}}$
c) $-8\,\frac{\text{arbeitslose Jugendliche}}{\text{Monat}}$
d) $-0{,}45\,\frac{\text{arbeitslose Jugendliche}}{\text{Monat}}$
e) Im Sommer steigen die Arbeitslosenzahlen der Jugendlichen sprunghaft an. Dies könnte an den Jugendlichen liegen, die nach Abschluss ihrer Schule im Sommer in den Arbeitsmarkt entlassen werden. Da in den kalten Wintermonaten Januar und Februar weniger Jugendliche eingestellt werden, liegen die Arbeitslosenzahlen der Jugendlichen hier etwas höher als in den Monaten Dezember und April.
f) Mögliche Lösung: Die Anzahl der arbeitslosen Jugendlichen in Deutschland hat sich während des Zeitraums von Januar bis November schon verändert. Insgesamt glichen sich die Veränderungen jedoch fast aus, sodass die Gesamtveränderung über diesen Zeitraum lediglich 1000 Personen ist.

3 a) $f'(x) = 6x^2$
b) $f'(x) = -3x^{-4}$
c) $f'(x) = 15x^4$
d) $f'(x) = -2x^{-3}$
e) $f'(t) = -4x^{-5} + 5x^4$
f) $f'(x) = 1 + \frac{1}{2\sqrt{x}}$

4 a) $f'(x) = 2x$
b) $f'(x) = 4x^3$
c) $f'(x) = 2$
d) $f'(x) = 2x + 2$
e) $f'(x) = \frac{1}{2}$
f) $f'(x) = -x^{-2}$
g) $f'(x) = acx^{c-1}$
h) $f'(x) = (2 + c)x^{1+c}$
i) $f'(x) = 3x^2 + c$

5 a) $y = 2{,}7x - 5{,}4$
b) $y = -0{,}125x + 1$
c) $y = -6x - 5$

6 (Druckfehler im 1. Druck der 1. Auflage des Schülerbuches. Es muss heißen: $y = 10 + x$)
a) $P(1|2)$
b) $P(1|-1)$ und $P(-1|1)$
c) In keinem Punkt
d) $P(0{,}5|0{,}25 + a)$
e) $P\left(\frac{1}{2b}\middle|\frac{1}{4b}\right)$
f) Für $b \geqq 0$: $P_1\left(\frac{1}{\sqrt{3b}}\middle|b(3b)^{-\frac{3}{2}} + c\right)$ und
$P_2\left(-\frac{1}{\sqrt{3b}}\middle|-b(3b)^{-\frac{3}{2}} + c\right)$

7 a) Für $x_1 = -2$, für $x_2 = 0$ und für $x_3 = 1$ sind die Funktionswerte von f und g gleich.
b) Für $x_1 = \frac{1-\sqrt{7}}{3} \approx -1{,}22$ und für $x_2 = -\frac{1+\sqrt{7}}{3} \approx 0{,}55$ sind die Ableitungen von f und g gleich.

Seite 35

8 a) richtig
b) falsch
c) richtig
d) individuell

9 a) In den Monaten Mai und Juni sowie in den Monaten September und Oktober nahm die Einwohnerzahl in Deutschland zu.
b) Die Einwohnerzahl von Deutschland lag zum 31. 12. 2006 bei etwa 82 309 000.

10 a) Die elektrische Stromstärke betrug nach 3 Sekunden etwa 1 Ampere. Nach 6 Sekunden war die Stromstärke etwa null.
b) Die elektrische Stromstärke ist nach ca. 4,5 Sekunden mit ca. 2 Ampere am größten.

11 a) $H'(0{,}5) = 0$; $H'(1{,}5) = -5$; $H'(2{,}5) = 0$
b) Die Funktion H ist lediglich an der Stelle $t = 1$ differenzierbar. An der Stelle $t = 1{,}8$ lässt sich kein eindeutiger Grenzwert für den Differenzenquotienten von H bestimmen.

Seite 36

12 a) Mit $A(0) = 1{,}5$, $A(3) = 5{,}13$ und $A(8) = 10{,}78$ gilt: Die von den Bakterien bedeckte Fläche betrug zu Beginn der Messung $1{,}5\,cm^2$, nach drei Stunden $5{,}13\,cm^2$ und nach acht Stunden $10{,}78\,cm^2$.

b)

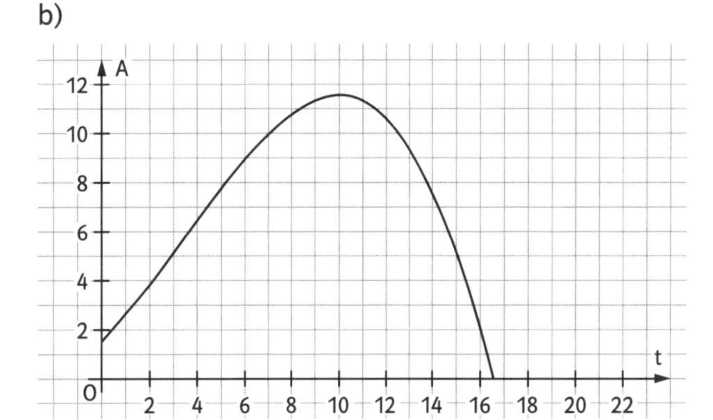

c) Die mittlere Wachstumsgeschwindigkeit der bakterienbesetzten Fläche betrug in den ersten vier Stunden $1{,}24\,cm^2/h$.
d) Die momentane Wachstumsgeschwindigkeit war nach 6 h 40 min genauso groß wie zu Beginn der Messung. Nach 3 h 20 min war die momentane Wachstumsgeschwindigkeit am größten. Die Fläche war nach 10 h am größten, anschließend wurde sie wieder kleiner.

13 a)

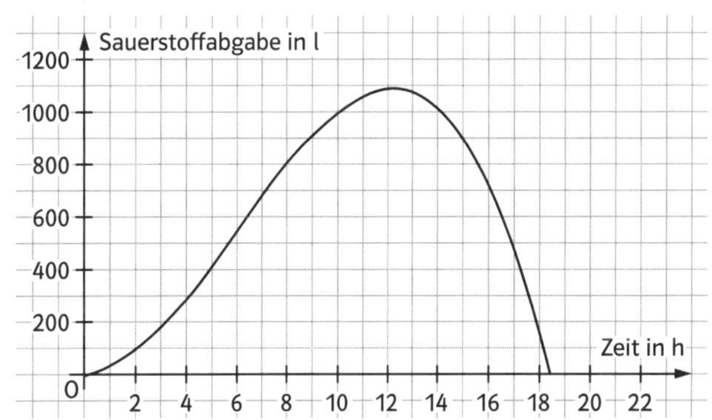

b) In dem angegebenen Messraum von 12 Stunden hat der Baum insgesamt etwa 1100 Liter Sauerstoff an seine Umgebung abgegeben.
c) $V'(t)$ gibt die momentane Sauerstoffabgabe pro Zeiteinheit an. Es gilt $V'(3) \approx 100$ und $V'(10) \approx 80$.
d) Nach ca. 6 Stunden gibt der Baum den meisten Sauerstoff an seine Umgebung ab. Dies liegt vermutlich an der höheren Sonneneinstrahlung am Mittag.

14 a) Nach einer Stunde nach Öffnung befanden sich etwa 233 Besucher im Einkaufszentrum.
b) Nach ca. 9,6 Stunden befanden sich die meisten Besucher im Einkaufszentrum.
c) Nach einer Stunde betrug der Zuwachs ca. 126 Besucher pro Stunde und nach zwei Stunden ca. 4 Besucher pro Stunde.
d) Geht man davon aus, dass in den ersten fünf Minuten noch kein Besucher das Einkaufszentrum verlässt, haben in dieser Zeit 29 Besucher das Einkaufszentrum betreten.
e) Das Einkaufszentrum war vermutlich 12 Stunden lang geöffnet.

II Eigenschaften von Funktionen

1 Charakteristische Punkte des Graphen einer Funktion

Seite 45

1 H = Hochpunkt, T = Tiefpunkt, N = Nullstelle bzw. Schnittpunkt mit der x-Achse, Y = Schnittpunkt mit der y-Achse.

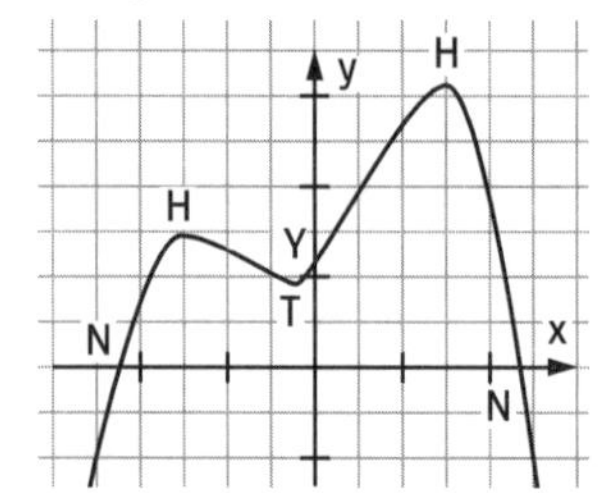

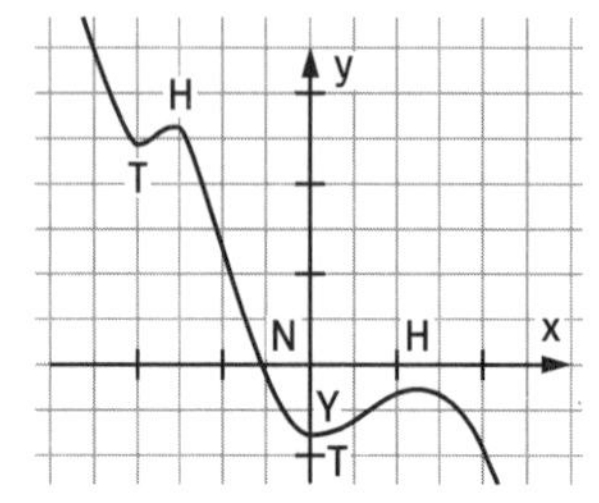

2 Individuelle Lösungen.

3 Individuelle Lösungen; die Lösungen können noch stark voneinander abweichen.

4 a) $f(x) = \frac{1}{3}x^3 - x - 2$

b) $f(x) = -\frac{1}{10}x^6 + \frac{1}{4}x^3 - \frac{1}{2}x^2 + 1$

c) $f(x) = 2 + \frac{x}{2} + \frac{5}{x-5}$

d) $f(x) = \sqrt{x+5} - \frac{1}{3}x - 2$

a)

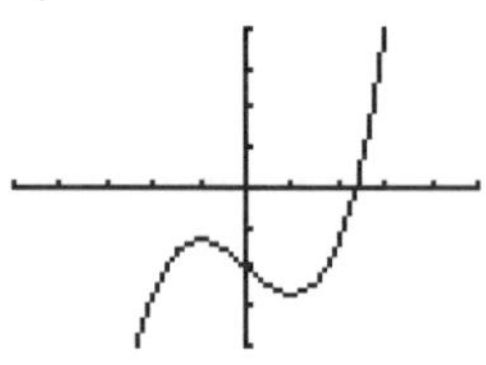

b)

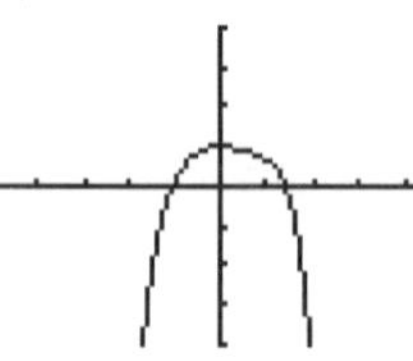

c)

d)

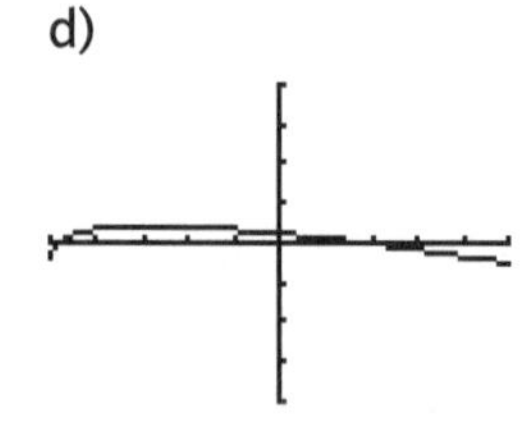

In den GTR-Bildern sind die Einheiten auf den Achsen jeweils 1.

Charakteristische Punkte, gerundet auf 4 Dezimalstellen:

	Nullstellen	Schnittpunkt mit der y-Achse	Hochpunkt(e)	Tiefpunkt(e)
a)	2,3533	(0 | −2)	(−1 | 1,3333)	(1 | −2,6667)
b)	−1,0595 1,3847	(0 | 1)	(0 | 1)	–
c)	−2,7016 3,7016	(0 | 1)	(1,8377 | 1,3377)	–
d)	1,8541	(0 | 0,2361)	(−2,75 | 0,4167)	–

Seite 46

5 $W(t) = 5t - 0{,}6t^2 + \frac{5}{1+t}$ (t in Stunden, $t \geqq 0$, W(t) in m^3)

Man zeichnet mit dem GTR die Graphen von W und der Geraden y = 10 (siehe Fig.) und bestimmt daran (gerundet) für W die Nullstelle 8,44, den Hochpunkt H(4 | 11,4) sowie mit der Geraden y = 10 die Schnittpunkte $S_1(2{,}39 \mid 10)$, $S_2(5{,}57 \mid 10)$.

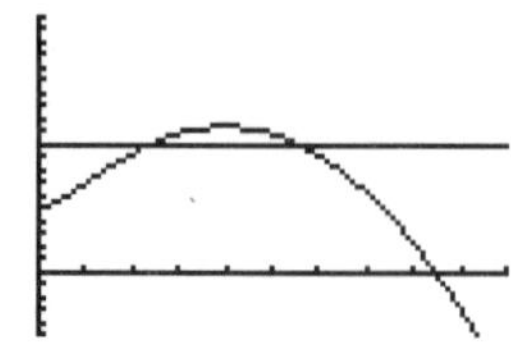

Der Behälter ist also nach 8 h 26 min leer, der Inhalt ist mit etwa 11,4 m^3 nach 4 h am größten. Nach etwa 2 h 23 min und 5 h 34 min beträgt der Inhalt 10 m^3.

6 Charakteristische Punkte beim Graphen von f und Zeichnungen.

a) $f(x) = \frac{1}{2}x^3 - x^2 + \frac{1}{2}x$ b) $f(x) = \frac{1}{3}x^3 - x^2 + x$

c) $f(x) = \frac{1}{3}x^3 - x^2 + \frac{8}{9}x$

d) $f(x) = \frac{1}{4}x^4 + \frac{3}{2}x^3 + 3x^2 + 2x + \frac{1}{2}$

a)

b)

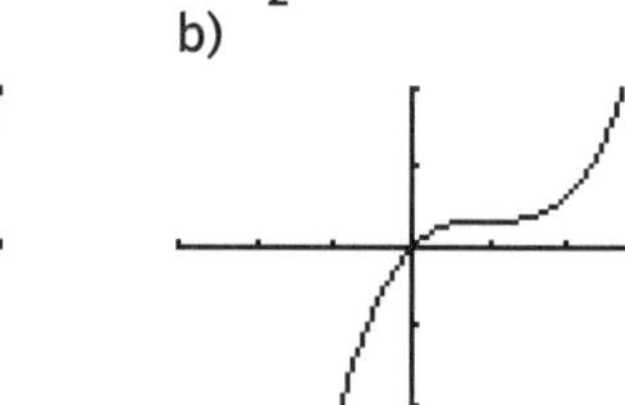

c)

d)

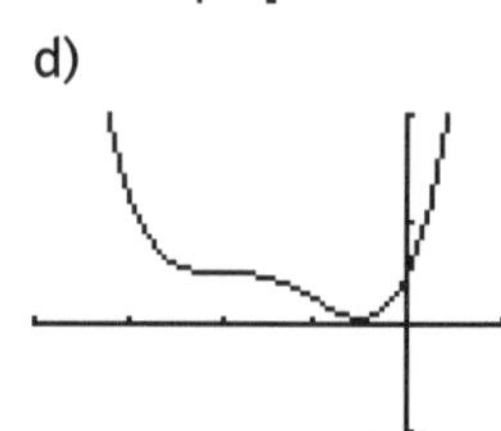

In den GTR-Bildern sind die Einheiten auf den Achsen jeweils 1. Charakteristische Punkte:

	Nullstellen	Schnittpunkt mit der y-Achse	Hochpunkt(e)	Tiefpunkt(e)
a)	0 1	(0 | 0)	(0,3333 | 0,0741)	(1 | 0)
b)	0	(0 | 0)	–	–
c)	0	(0 | 0)	(0,6667 | 0,2469)	(1,3333 | 0,1975)
d)	–	(0 | 0,5)	–	(−0,5 | 0,0781)

7 f mit $f(x) = \frac{1}{100}x^4 + \frac{1}{90}x^3 - x^2$

Man wählt z. B. den Bereich $-40 \leqq x,\ y \leqq 40$ und bestimmt mit dem GTR die Nullstellen −10,571 und 0 und 9,4599, den Hochpunkt H(0 | 0) sowie die Tiefpunkte $T_1(-7{,}5 \mid -29{,}2969)$ und $T_2(6{,}66667 \mid -21{,}3992)$.

8 Geländequerschnitt: f mit $f(x) = 0{,}25x^5 - 1{,}5x^4 + 11x^2 - 5x - 10$ (x in km, $-3 \leqq x \leqq 4$, f(x) in m über dem Meeresspiegel).
Ein GTR-Graph ergibt eine Länge von 1,55 km (Abstand der beiden linken Nullstellen) und die Inselhöhe von 14,3 m. Die Meerestiefe zwischen Insel und Festland beträgt 10,6 m. Das Gelände steigt auf dem Festland nicht durchgehend an, weil es dort bei H(3,06 | 13,26) einen Hochpunkt und bei T(3,25 | 13,24) einen Tiefpunkt gibt.

9 Momentane Änderungsrate der Bevölkerungszahl auf einer Insel: $A(t) = \frac{1000 \cdot 1{,}1^t}{9 + 1{,}1^t} - 15t$ (t in Jahren, $0 \leqq t \leqq 100$, A(t) in Bewohner pro Jahr).
a) Mit dem GTR zeichnet man den Graphen von A und bestimmt die Nullstelle t = 65,5 (gerundet). Nach etwa 65,5 Jahren beträgt die momentane Änderungsrate 0 Einwohner pro Jahr, d.h., zu diesem Zeitpunkt stagniert das Bevölkerungswachstum (die Bevölkerung nimmt weder zu noch ab).
b) Mit dem GTR bestimmt man H(37,9 | 236) und T(8,2 | 72). Nach 37,9 Jahren erreicht das Bevölkerungswachstum auf der Insel den größten Zuwachs: 236 Einwohner pro Jahr. Nach 8,2 Jahren hat das Bevölkerungswachstum den tiefsten Wert: 72 Einwohner pro Jahr (im Vergleich mit den benachbarten Werten).
c) Es ist A(100) = −500 (gerundet). Die Bevölkerung nimmt also nach 100 Jahren um 500 Bewohner pro Jahr ab. Dieser Wert ist kleiner als der Wert beim Tiefpunkt. (Solche Randextrema werden in Lerneinheit 5 behandelt, können aber auch hier schon thematisiert werden.)

10 a) $V(x) = \pi \cdot (5 + x)^2 \cdot (10 + x)$, $D = (-5; \infty)$.
b) Mit dem GTR zeichnet man den Graphen von V (siehe Fig.) sowie die Geraden g_1: $y = 500\pi$ und g_2: $y = 125\pi$, denn $V(0) = 250\pi$. Die Schnittpunkte des Graphen von V mit g_1 bzw. g_2 liefern die Werte x = −1,226 bzw. x = 1,573 (gerundet).
c) Mit wachsendem x wird V(x) immer größer, also kann der Graph von V keinen Hochpunkt haben.

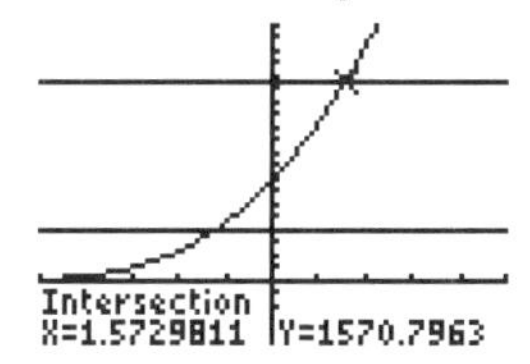

11 a) $O = 2a^2 + 4ah = 10$, also $h = \frac{10 - 2a^2}{4a} = \frac{5 - a^2}{2a}$
$V(a) = a^2h = \frac{(5 - a^2) \cdot a}{2} = 2{,}5a - 0{,}5a^3$
Durch Bestimmung des Hochpunktes H(1,29 | 2,15) beim Graphen von V erhält man: Größtmöglicher Wert von V ist etwa 2,15 (dm³) bei a = 1,29 und h = 1,29. Der Quader ist dann ein Würfel.

b) Die Funktion V mit $V(a) = 2{,}5a - 0{,}5a^3$ hat (für $a \geqq 0$) die Nullstellen a = 0 und $a = \sqrt{5} \approx 2{,}24$. Für Werte zwischen den Nullstellen ist V(a) positiv, für $a > \sqrt{5}$ negativ.
Daher sind für a alle positiven Werte bis $\sqrt{5}$ möglich. Obwohl sich für die „Randwerte" das Volumen 0 ergibt, nimmt man meistens die Randwerte zur Definitionsmenge dazu, weil diese Werte auch für die Fenstereinstellung beim GTR verwendet werden.

2 Nullstellen

Seite 48

1 a) x = 2, x = −5 b) x = 0
c) x = −1, x = 3 d) x = −1, x = 0, x = 10
e) x = −2, x = 2, x = 3 f) x = 0, x = 1,5, x = 2

2 a) x = −4, x = −2, x = 2, x = 4
b) x = −3, x = 3
c) $x = -\sqrt{6}$, $x = \sqrt{6}$
d) x = −1, x = 1
e) x = −4, x = −1, x = 1, x = 4
f) x = 1, $x = 3^{\frac{2}{3}} \approx 2{,}0801$

3 a) x = −4, x = −2, x = 0, x = 2, x = 4
b) x = −4, x = −1, x = 0, x = 1, x = 4
c) $x = -\sqrt{6}$, x = 0, $x = \sqrt{6}$
d) $x = -\frac{1}{2}\sqrt{6}$, $x = -\frac{1}{3}\sqrt{6}$, x = 0, $x = \frac{1}{3}\sqrt{6}$, $x = \frac{1}{2}\sqrt{6}$
e) $x = -\frac{1}{2}\sqrt{6}$, $x = -\frac{1}{3}\sqrt{6}$, $x = \frac{2}{3}$, $x = \frac{1}{3}\sqrt{6}$, $x = \frac{1}{2}\sqrt{6}$
f) $x = -\sqrt{3}$; $x = -\frac{1}{3}\sqrt{15}$, $x = \frac{1}{3}\sqrt{15}$, $x = \sqrt{3}$, x = 2

4 a) $x = -2\sqrt{2}$, x = 0, $x = 2\sqrt{2}$, x = 3
b) x = −4, x = 0, x = 2
c) x = −3, x = −1, x = 0
d) x = −2, x = 0, x = 2, x = 5
e) x = −5, x = −4, x = 0, x = 4, x = 5
f) $x = -2\sqrt{2}$, x = 0, $x = 2\sqrt{2}$
g) x = −2, $x = -\frac{1}{2}$, x = 2
h) $x = -\sqrt{3}$, $x = \sqrt{3}$
i) x = −1, x = 1, x = 2

5 Bei den Graphen sind die Einheiten jeweils passend gewählt.
a) $N_1(-3|0)$, $N_2(0|0)$, $N_3(3|0)$, $Y(0|0)$
b) $N_1(-3|0)$, $N_2(-2|0)$, $N_3(1|0)$, $Y(0|6)$
c) $N_1(0|0)$, $N_2(2|0)$, $Y(0|0)$
d) $N_1(-\sqrt{5}|0)$, $N_2(-1|0)$, $N_3(2|0)$, $Y(0|0)$, $N_4(\sqrt{5}|0)$, $Y(0|10)$

a)

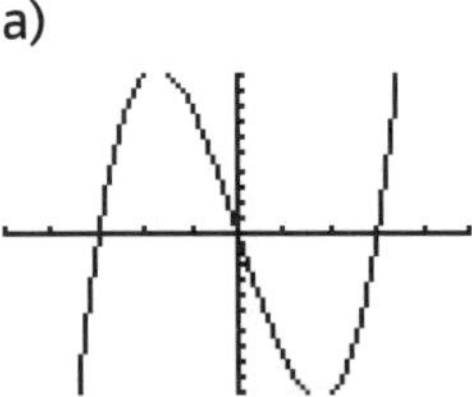

b)

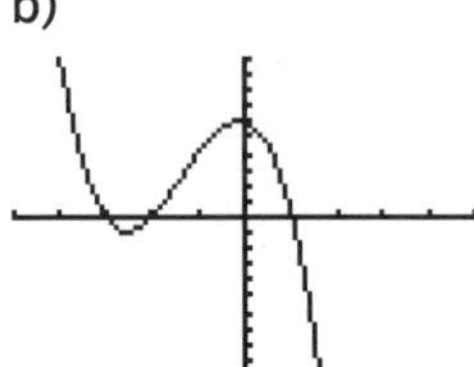

c)

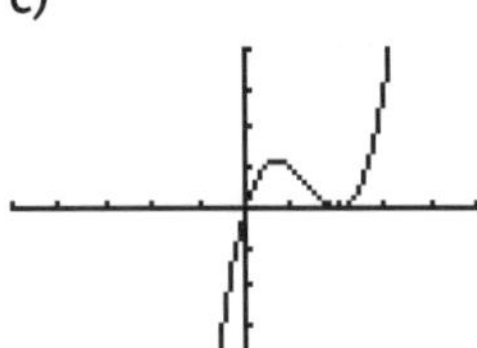

d)

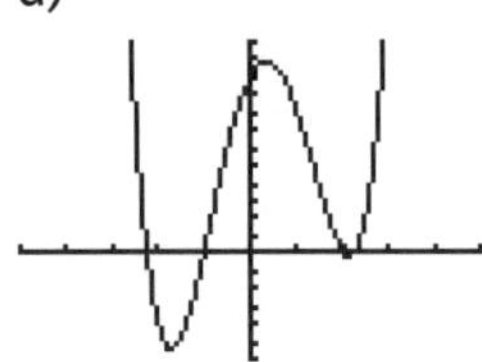

e) $N_1(-4|0)$, $N_2(0|0)$, $N_3(6|0)$, $Y(0|0)$
f) $N_1(-3|0)$, $N_2(-2|0)$, $N_3(2|0)$, $N_4(3|0)$, $Y(0|36)$
g) $N_1(-1{,}5|0)$, $N_2(-0{,}5|0)$, $N_3(0{,}5|0)$, $N_4(1{,}5|0)$, $Y\left(0\left|\frac{9}{16}\right.\right)$

h) $N_1(-5|0)$, $N_2(0|0)$, $N_3(0{,}5|0)$, $N_4(4|0)$, $Y(0|0)$
i) $N_1(-1{,}5|0)$, $N_2(-\sqrt{2}|0)$, $N_3(\sqrt{2}|0)$, $N_4(1{,}5|0)$, $Y(0|-6{,}75)$

e)

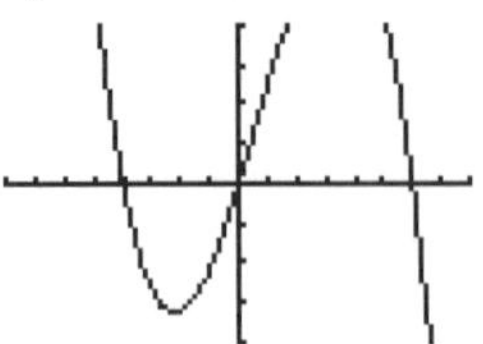

f)

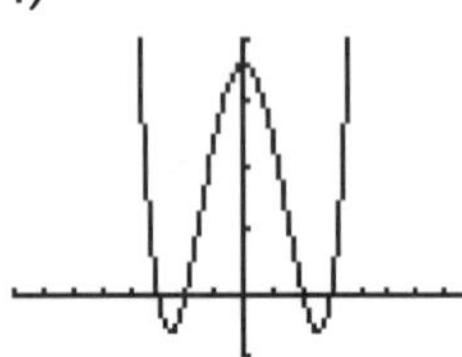

g)

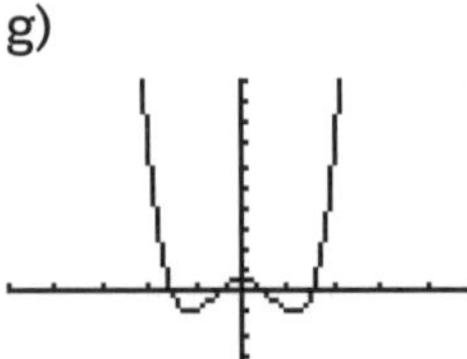

h)

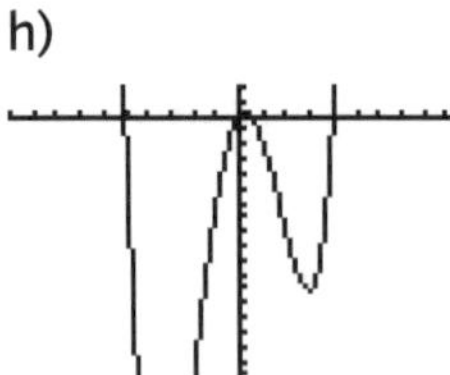

i)

Eine passende Grafik bei i) ist nur schwer zu erstellen, weil man die Nullstellen kaum trennen kann. Hier ist y im Bereich $-0{,}01$ bis $0{,}01$ dargestellt.

Seite 49

6 Die angegebenen Lösungen sind nur Beispiele.
a) $f(x) = (x-2)(x+4)$
b) $f(x) = (x-1)(x-2)(x-3)(x-4)(x-5)$
c) $f(x) = (x+1)(x+2)(x+3)$
d) $f(x) = 1 + x^2$

7 Die angegebenen Lösungen sind nur Beispiele.
a) $f(x) = (x-2)(x+4)$; $g(x) = (x-2)(x+4)^2$
b) $f(x) = (x+1)x(x-1)$; $g(x) = (x+1)^2x(x-1)$

8 a) Gleichung von g: $y = -\frac{1}{5}x + \frac{14}{5}$
Schnittpunkt mit der y-Achse: $S(0|2{,}8)$;
Schnittpunkt mit der x-Achse: $N(14|0)$
b) Gleichung von g: $y = \frac{2}{7}x - \frac{27}{7}$
Schnittpunkt mit der y-Achse: $S\left(0\left|-\frac{27}{7}\right.\right)$;
Schnittpunkt mit der x-Achse: $N(13{,}5|0)$

9 Ansatz für die Gleichung der Parabel (Maßeinheit 1m): p: $y = 2 - ax^2$
Da $P(5|1)$ auf der Parabel liegt, gilt $1 = 2 - 25a$, also $a = 0{,}04$. Daher hat die Parabel die Gleichung $y = 2 - 0{,}04x^2$. Die Breite am Boden ist der Abstand der Schnittpunkte der Parabel mit der x-Achse: $2 - 0{,}04x^2 = 0$ hat die Lösungen $x = \pm\sqrt{50} \approx \pm 7{,}07$. Also ist der Erdhaufen etwa 14,14 m breit.

10 a) Die positive Nullstelle von f bestimmt die Stoßweite.
$f(x) = 0$ wird mit der abc-Formel gelöst. Lösungen sind $x_1 = -2$ und $x_2 = 9$. Der Stoß ist 9 m weit.
b) Es muss gelten $f(x) = f(0) = 1{,}44$. Das ergibt die Gleichung $-0{,}08x^2 + 0{,}56x = 0$ mit den Lösungen $x = 0$ und $x = 7$.
Daher ist die Kugel dann 7 m vom Abstoßpunkt entfernt.

11 a) Der Zug kommt zum Stehen, wenn $v(t) = 0$ ist, also wenn $0{,}8t = 30$, d.h. nach 37,5 s. Wegen $s(37{,}5) = 560$ (gerundet) beträgt der zurückgelegte Weg etwa 560 m, der Zug kommt also noch rechtzeitig zum Stillstand.
b) Es muss gelten $v(t) = v_{max} - 0{,}8t = 0$, also $t = \frac{v_{max}}{0{,}8}$. Eingesetzt in $s(t)\ v_{max}t - 0{,}4t^2 = 1000$ ergibt $\frac{v_{max}^2}{0{,}8} - 0{,}4\frac{v_{max}^2}{0{,}64} = 1000$, also $0{,}625v_{max}^2 = 1000$, $v_{max} = 40$.

12 a) $a(t) = b(t)$ liefert die Gleichung $20t - 2t^2 = 0$ bzw. $2t(10-t) = 0$ mit den Lösungen $t = 0$ und $t = 10$. Da $a(10) = b(10) = 200$, ergibt sich: Auto B wird nach 10 Sekunden von B nach einer Strecke von 200 m eingeholt.
b) Mithilfe der Ableitungen von $a(t)$ bzw. $b(t)$ ergibt sich $v_A(t) = 20$; $v_B(t) = 4t$. Die Geschwindigkeiten der beiden Autos sind gleich, wenn $4t = 20$, also nach 5 Sekunden. Der zurückgelegte Weg beträgt bei A 100 m und bei B 50 m.

Seite 50

13 Man erhält die Lösungen durch Ausmultiplizieren der Produktdarstellung und Multiplikation mit einer passenden ganzen Zahl.
Angegeben ist jeweils die Lösung mit den kleinsten ganzzahligen Koeffizienten.
a) $f(x) = 5x^3 + 16x^2 - 16x$
b) $f(x) = 9x^3 - 54x^2 + 71x + 30$
c) $x^3 - 2x$
d) $f(x) = 5x^3 - x$

14 a) Die Lage der Nullstellen wird nicht verändert. Denn für eine Stelle a gilt $f(a) = 0$ genau dann, wenn $2f(a) = 0$. Allerdings hat der Graph bei $2f(x)$ die doppelte Steigung an den Nullstellen.
b) Die Nullstellen werden verändert, z. B. bei $f(x) = x^2 - 4$ sind die Nullstellen -2 und 2, während bei $g(x) = f(x) + 2$ die Nullstellen $-\sqrt{2}$ und $\sqrt{2}$ sind. Die Gleichung $f(x) = f(x) + 2$ hat keine Lösung.
c) Die Lage der Nullstellen wird nicht verändert. Denn für eine Stelle a gilt $f(a) = 0$ genau dann, wenn $f(a)^2 = 0$. Allerdings haben bei $f(x)^2$ alle Nullstellen keinen Vorzeichenwechsel.

15 Die angegebenen Lösungen sind nur Beispiele.
a) $f(x) = (x^2 - 1)^2$
b) $f(x) = -(x + 5)(x + 2)(x - 4)$, $f(0) = 40 > 0$
c) $f(x) = \frac{1}{4}(x + 2)(x - 2)$

16 An den Produktdarstellungen kann man durch Ausmultiplizieren erkennen:
a) $f(x) = x^2 - 2x$ b) $f(x) = x^3 - 4x^2 + 4x$
c) $f(x) = x^4 - 4x^3 + 4x^2$ d) $f(x) = (x^2 - x) \cdot (x + 2)^2$

17 a) $f(x) = -\frac{1}{3}(x + 1)(x - 3)$
b) $f(x) = a\left(x - \frac{1}{2}\right)(x + \sqrt{2})$ und $a < 0$

3 Monotonie

Seite 52

1 a) f ist in den Intervallen $[-4; 1]$ und $[3; 5]$ streng monoton wachsend und im Intervall $(1; 3)$ streng monoton fallend.
b) f ist im Intervall $[-2; 5]$ streng monoton wachsend und im Intervall $[-4; -2]$ streng monoton fallend.
c) f ist in den Intervallen $[-4; -3]$ und $[-2; 1]$ streng monoton wachsend und in den Intervallen $[-3; -2]$ und $[1; 5]$ streng monoton fallend.

2 a) Die Funktion *Länge eines Drahtes → Gewicht des Drahtes* ist streng monoton wachsend; verlängert man einen Draht, so nimmt auch sein Gewicht zu.
b) Die Funktion *Zeit → Höhe einer Pflanze* ist nur während der Wachstumsphase der Pflanze streng monoton wachsend.
c) Die Funktion *Fahrstrecke → Tankinhalt* ist streng monoton fallend; je länger eine Fahrt dauert, desto mehr Treibstoff wird verbraucht.
d) Die Funktion *Fallzeit → Höhe über dem Erdboden* ist streng monoton fallend; je länger ein Körper fällt, desto geringer ist seine Höhe über dem Erdboden.

3 a) f mit $f(x) = x$ und g mit $g(x) = 2x + 3$.

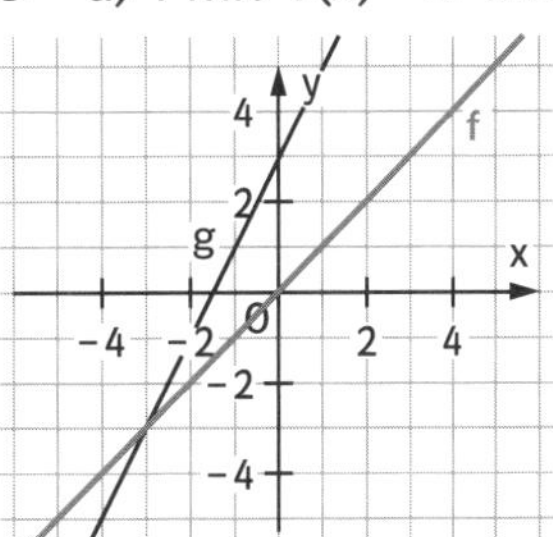

b) f mit $f(x) = x^2$ und g mit $g(x) = x^4 - x^2$.

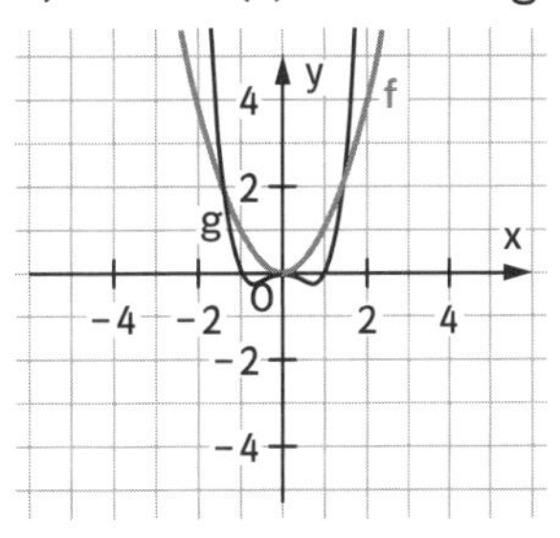

c) f mit $f(x) = x$ und g mit $g(x) = 2x + 3$.

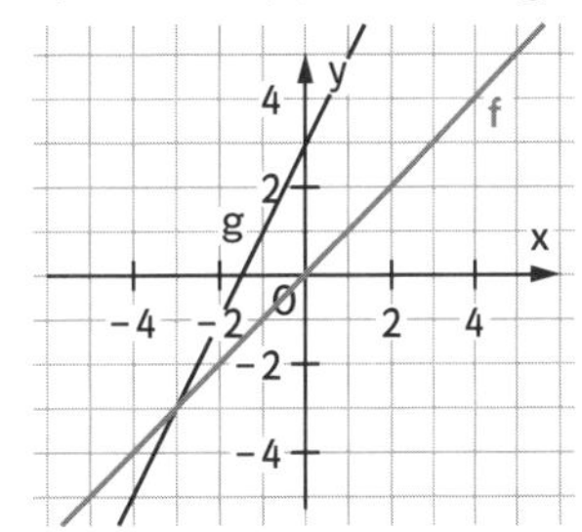

d) f mit $f(x) = x^3 - 9x^2 + 24x - 20$ und g mit $g(x) = x^3 - 9x^2 + 24x$.

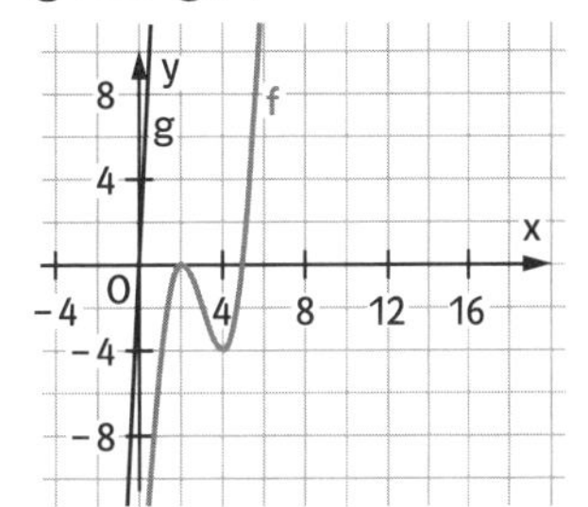

Seite 53

4 a) f ist im Intervall $(-\infty; 0]$ streng monoton wachsend und im Intervall $(\infty; 0]$ streng monoton fallend.
b) f ist in den Intervallen $[-1; 0]$ und $[1; 1\infty)$ streng monoton wachsend und in den Intervallen $(-\infty; -1]$ und $[0; 1]$ streng monoton fallend.
c) f ist im Intervall $I = \mathbb{R}$ streng monoton wachsend.
d) f ist im Intervall $I = \mathbb{R}$ monoton wachsend und monoton fallend.
e) f ist im Intervall $I = \mathbb{R}$ streng monoton fallend.
f) f ist in den Intervallen $\left(-\infty; -\frac{1}{\sqrt{3}}\right]$ und $\left[\frac{1}{\sqrt{3}}; \infty\right)$ streng monoton fallend und im Intervall $\left[-\frac{1}{\sqrt{3}}; \frac{1}{\sqrt{3}}\right]$ streng monoton wachsend.
g) f ist in den Intervallen $(-\infty; 0)$ und $(\infty; 0)$ streng monoton fallend.

h) f ist in den Intervallen $(-\infty; -1]$ und $[1; \infty)$ streng monoton wachsend und in den Intervallen $[-1; 0)$ und $(0; 1]$ streng monoton fallend.

5 a) f mit $f(x) = x$
b) f mit $f(x) = x^2$
c) f mit $f(x) = x^3 - 12x$
d) f mit $f(x) = x^3 + 9x^2 + 15x$

6 Aussage A) ist falsch, da f′ im Intervall (0; 1) positiv ist und f aufgrund des Monotoniesatzes auf diesem Intervall streng monoton wachsend ist.
Aussage B) ist wahr, da f′ im Intervall (−2; 0) positiv ist und f aufgrund des Monotoniesatzes auf diesem Intervall streng monoton wachsend ist.
Aussage C) ist wahr, da f′ im Intervall (1; 3) negativ ist und f aufgrund des Monotoniesatzes auf diesem Intervall streng monoton fallend ist.

7 a) Die Funktion *Füllhöhe → Flüssigkeitsoberfläche* ist nur für das Gefäß unten links streng monoton wachsend. Beim Gefäß oben rechts ist die Funktion lediglich monoton fallend. Damit die Funktion streng monoton wachsend oder fallend ist, muss die seitliche Begrenzungslinie des Profils entweder durchgehend nach innen oder nach außen verlaufen.
b) Beispiele für eine streng monoton wachsende Funktion:

Beispiele für eine monoton wachsende, aber nicht streng monoton wachsende Funktion:

Beispiele für eine monoton fallende, aber nicht streng monoton fallende Funktion:

8 a) Falsch. Die Funktion mit $y = 1$ ist eine lineare Funktion, aber nicht streng monoton.
b) Richtig. Der Scheitel unterteilt den Definitionsbereich ℝ in die beiden Monotonieintervalle.
c) Richtig. Ist der Vorfaktor positiv, so ist die Potenzfunktion streng monoton wachsend, ist er negativ, so ist die Potenzfunktion streng monoton fallend.
d) Richtig. Wie bei b) unterteilt der Scheitel den Definitionsbereich ℝ in die beiden Monotonieintervalle.

4 Hoch- und Tiefpunkte

Seite 55

1 Hochpunkt $H(-3\,|\,2)$; das Vorzeichen der Ableitung wechselt von + nach −.
Tiefpunkt $T(2\,|\,-2)$; das Vorzeichen der Ableitung wechselt von − nach +.
Sattelpunkt $S(4\,|\,-1)$; das Vorzeichen der Ableitung ist rechts und links des Sattelpunktes jeweils positiv.

2 a) $T(3\,|\,2)$ b) $T\left(\frac{1}{3}\,\middle|\,\frac{2}{3}\right)$
c) $H(-2{,}75\,|\,30{,}125)$

3 a) $H\left(-\sqrt{\frac{2}{3}}\,\middle|\,\frac{4}{3}\sqrt{\frac{2}{3}}\right)$, $T\left(\sqrt{\frac{2}{3}}\,\middle|\,-\frac{4}{3}\sqrt{\frac{2}{3}}\right)$
b) $H\left(-\sqrt{\frac{2}{3}}\,\middle|\,\frac{4}{3}\sqrt{\frac{2}{3}} - 5\right)$, $T\left(\sqrt{\frac{2}{3}}\,\middle|\,-\frac{4}{3}\sqrt{\frac{2}{3}} - 5\right)$
c) $S(0\,|\,0)$
d) $T(-1{,}08809\,|\,-0{,}51145)$, $H(0\,|\,0)$, $T(1{,}838\,|\,-2{,}077)$
e) $S(0\,|\,-4)$, $H(3\,|\,2{,}75)$
f) $T|(-1\,|\,0)$, $H(0\,|\,1)$, $T(1\,|\,0)$

4 a) keine Extrempunkte, $S(0\,|\,0)$

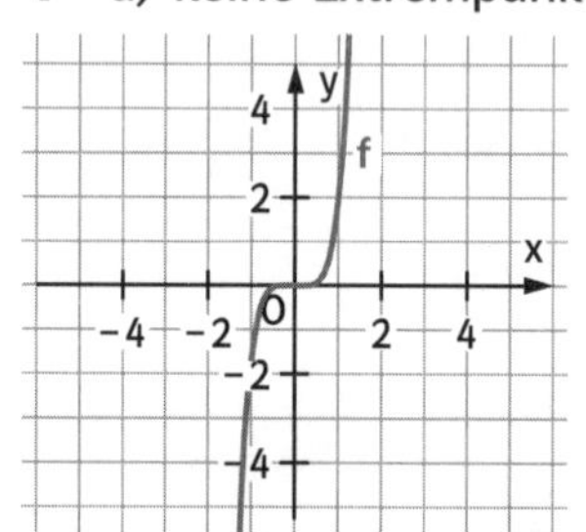

b) keine Extrem- oder Sattelpunkte

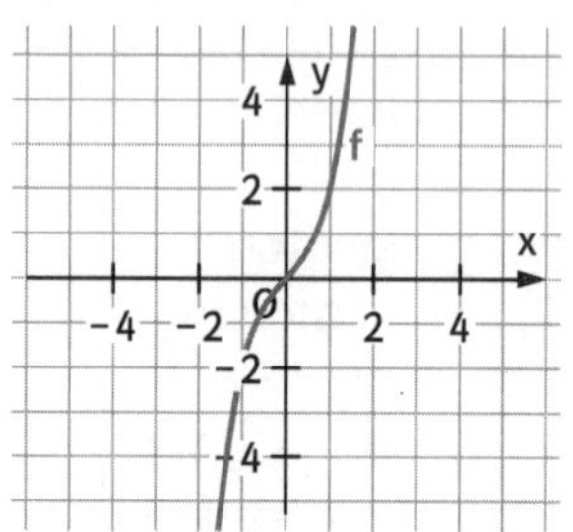

c) $H(0\,|\,0)$, $T(4\,|\,-5{,}12)$

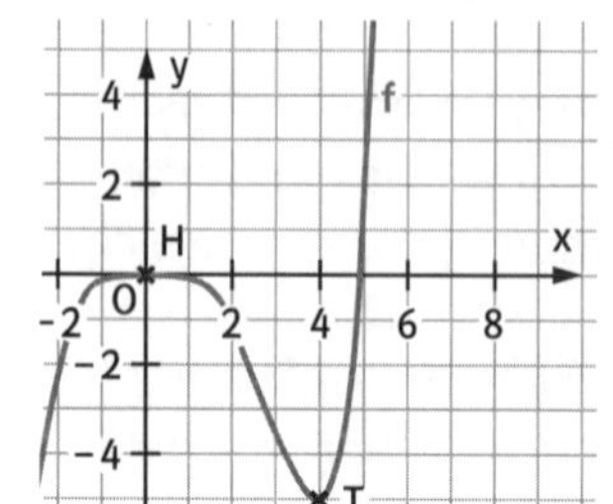

d) H(−1 | −2), T(1 | 2)

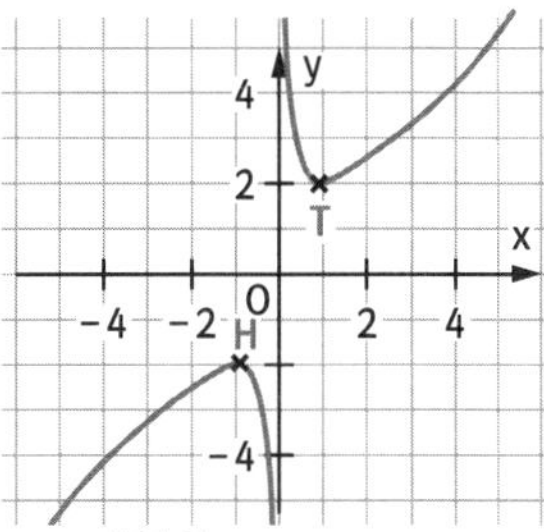

e) $H\left(\frac{1}{4}\middle|\frac{1}{4}\right)$

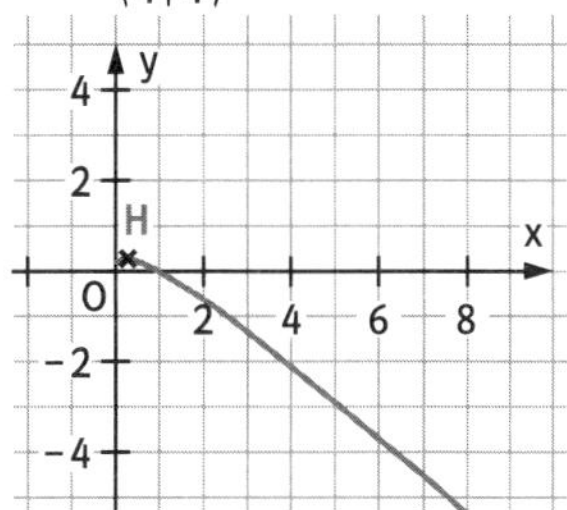

f) T(−1 | 2), T(1 | 2)

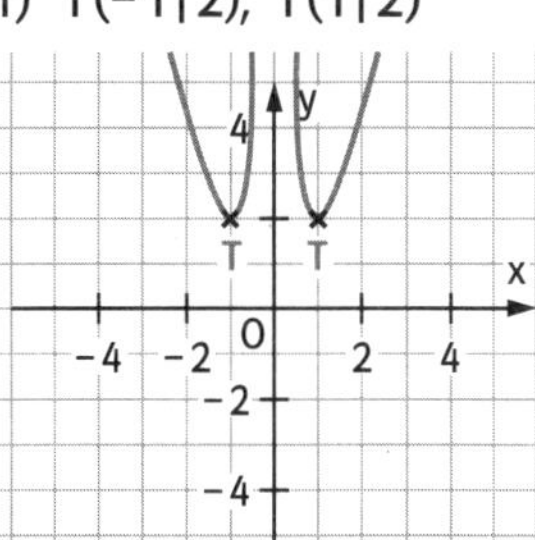

Seite 56

5 a) $x = -\frac{2}{3}$; Tiefpunkt
b) x = −3: Hochpunkt; x = 2: Tiefpunkt
c) $x = -\sqrt{3}$: Tiefpunkt; x = 0: Hochpunkt;
$x = \sqrt{3}$: Tiefpunkt

6 a)

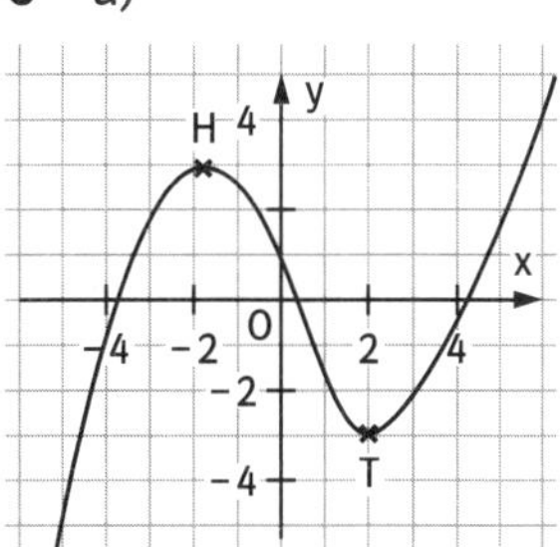

b)

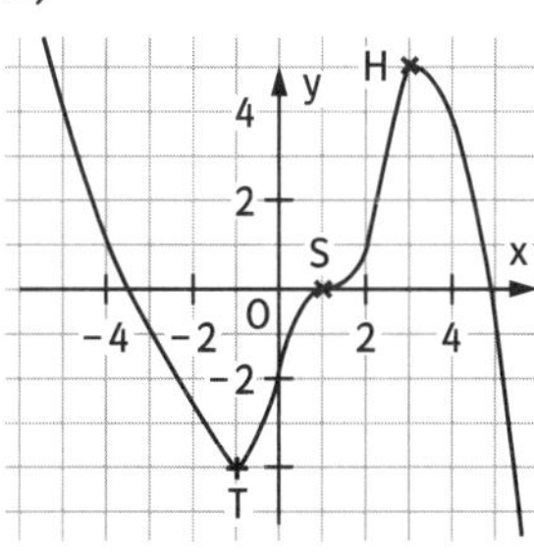

c)

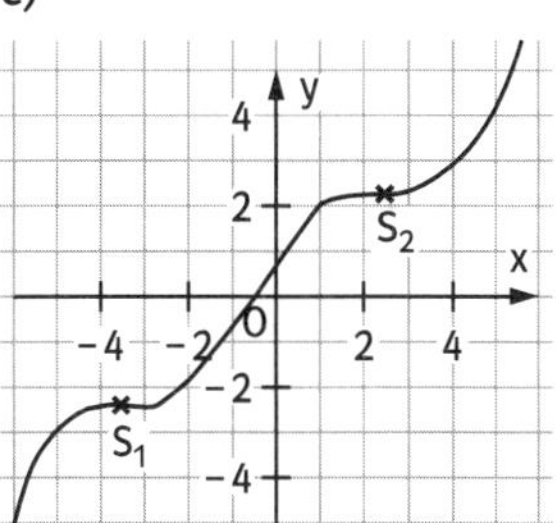

d)

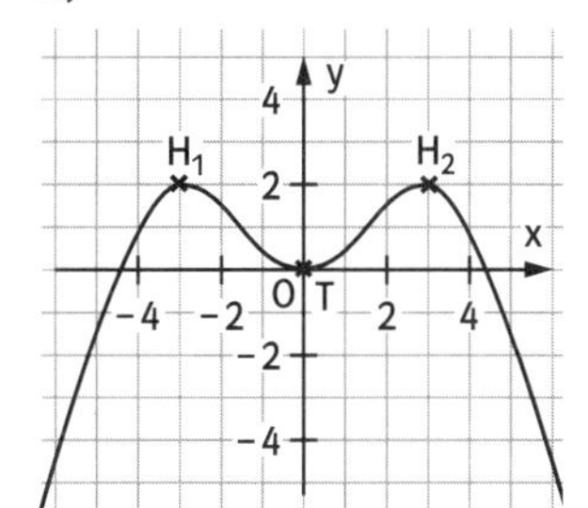

7 a) Hochpunkt H(−1,7 | 2,3); Sattelpunkt S(0 | 0);
Tiefpunkt T(1,1 | −0,4)
b)

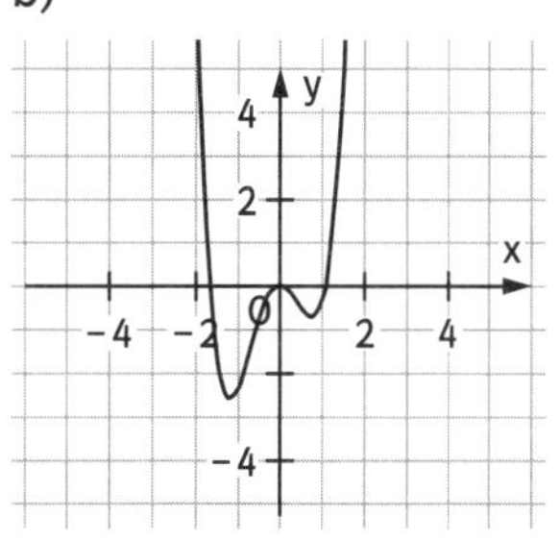

8 a) P_1(−2 | 3,44); P_2(3 | −3,5);
Zeichenbereich z.B.: −10 ≦ x ≦ 10; −10 ≦ y ≦ 10
b) P_1(4,05 | 7,55); P_2(5,95 | 7,32);
Zeichenbereich, z.B: 0 ≦ x ≦ 8; 4 ≦ y ≦ 8
c) Sichtbar bei Standardeinstellungen: P_1(5 | −8,06);
weiterer Punkt mit waagrechter Tangente:
P_2(−8 | 16,36); Zeichenbereich, z.B: −10 ≦ x ≦ 10;
−10 ≦ y ≦ 20
d) Sichtbar bei Standardeinstellungen: P_1(0 | −2),
weitere Punkte mit waagrechter Tangente:
P_2(−15 | 325,44); P_3(4 | −11,07);
Zeichenbereich, z.B: −20 ≦ x ≦ 10; −350 ≦ y ≦ 20

9 a) Minima: f(−1,84) = −0,23; f(0,39) = 3,82;
f(4,07) = −21,39
Maximum: f(0) = 3,84; f(1,38) = 4,11
b) Minima: f(−0,96) = 2,09; f(0,96) = 2,09

Seite 57

10 a) g hat dieselben Extremstellen, weil g′ = f′.
b) g′ = 2·f′. Damit hat g′ dieselben Nullstellen und VZW wie f′. Also hat g auch dieselben Extremstellen.
c) g hat Minima dort, wo f Maxima hat, und Maxima dort, wo f Minima hat. Es gilt g′ = −3·f′, also hat g′ dieselben Nullstellen wie f′, aber entgegengesetzte VZW.
d) g hat dieselben Extremstellen, weil g′ = f′.

11 a) Richtig. Der Graph ist eine Gerade, kann also keine Extrempunkte besitzen.
b) Falsch. Der Graph ist eine Parabel. Der Scheitel ist ein Extrempunkt.
c) Richtig. Der Graph von f′ ist eine Parabel, welche die x-Achse zweimal schneidet, und zwar mit unterschiedlichem VZW. Also besitzt der Graph von f einen Hoch- und einen Tiefpunkt.
d) Falsch. Wenn es sich um eine Nullstelle ohne VZW handelt, hat f dort keine Extremstelle.
e) Falsch. Es gibt Graphen von f, die komplett oberhalb oder unterhalb der x-Achse liegen und mehr als eine Extremstelle haben.

12 a) An diesen Stellen wechselt der Bus von Beschleunigung zu Abbremsvorgang oder umgekehrt bzw. unterbricht den Beschleunigungs- oder Bremsvorgang kurz. Wenn man im Bus steht und sich nicht festhält, fällt man nach vorne bzw. hinten.
b) Positive Änderungsrate (Beschleunigung):
Man wird in den Sitz gedrückt.
Negative Änderungsrate (Bremsvorgang):
Man wird nach vorne gedrückt.

13 a) Der Körper bleibt stehen und wechselt bei Hoch- bzw. Tiefpunkten die Richtung.
b) Der Körper wird schneller bzw. langsamer.
c) Wenn der Graph die t-Achse schneidet.

14 a) Lokales Maximum: wenn das Gefäß am schmälsten ist
Lokales Minimum: wenn das Gefäß am breitesten ist.
b)

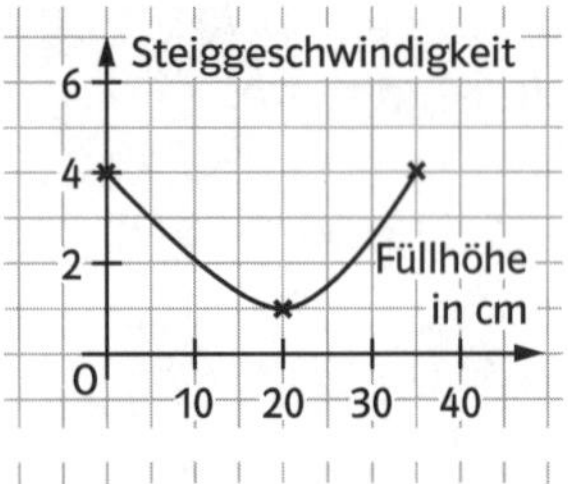

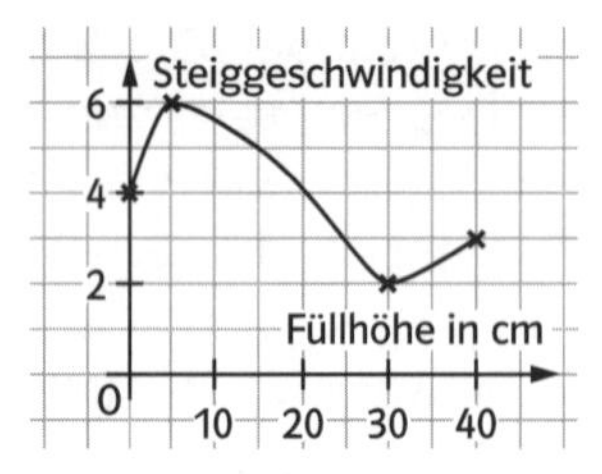

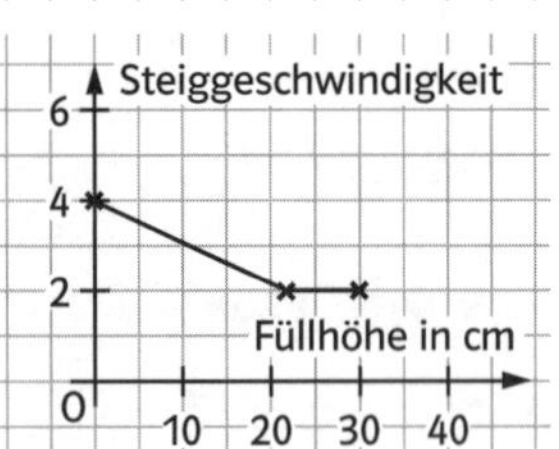

5 Extremwerte – lokal und global

Seite 59

1 a) $H_1(0|2)$; $T_1(1|-1)$; $H_2(3|4)$; $T_2(4|2)$; $H_3(5|3)$.
Globales Maximum: $f(3) = 4$, globales Minimum: $f(1) = -1$.
b) $H_1(0|-1)$; $T_1(1|-2)$; $H_2(5|2{,}5)$.
Globales Maximum: $f(5) = 2{,}5$; globales Minimum $f(1) = -2$.
c) $T_1(1|1)$; $H_1(2|2{,}5)$; $T_2(3|2)$; $H_2(4|4)$; $T_3(5|1)$.
Globales Maximum: $f(4) = 4$; globales Minimum: $f(5) = 1$.
d) $H_1(0{,}5|3)$; $T_1(1|2{,}5)$; $H_2(4|4)$; $T_2(5|3)$.
Globales Maximum: $f(4) = 4$; globales Minimum: $f(1) = 2{,}5$.

2 a) Randminimum und globales Minimum: $f(-3) = -21$, lokales Maximum: $f(-0{,}82) = 1{,}09$; lokales Minimum $f(0{,}82) = -1{,}09$; Randmaximum und globales Maximum: $f(2) = 4$

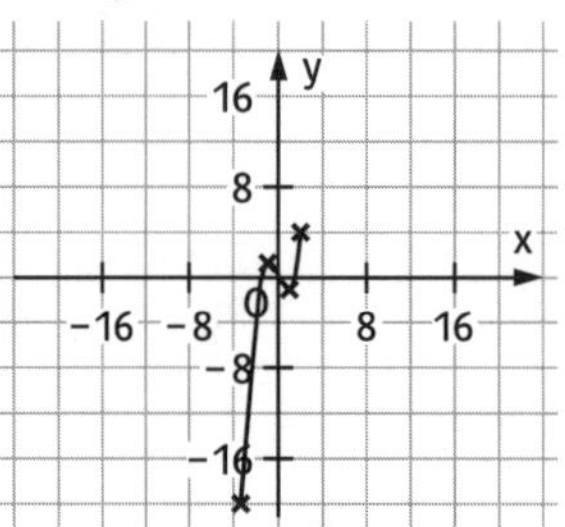

b) Randmaximum: $f(-1) = 2{,}5$; lokales und globales Minimum $f(0) = 0$; Randmaximum und globales Maximum: $f(1{,}5) = 2{,}81$

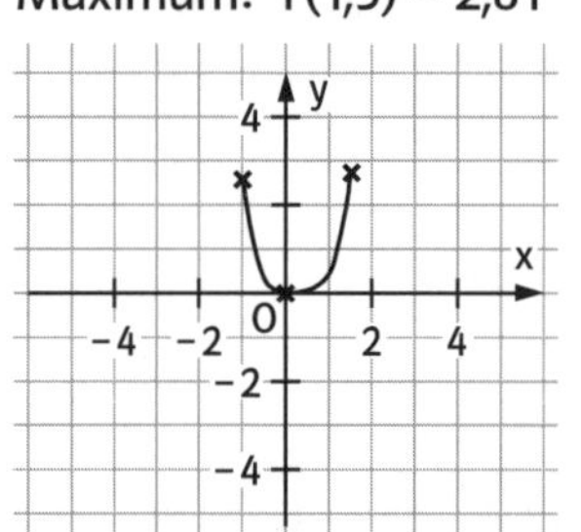

c) Randminimum und globales Minimum: $f(0) = 0$, Randmaximum und globales Maximum: $f(7) = \sqrt{7}$

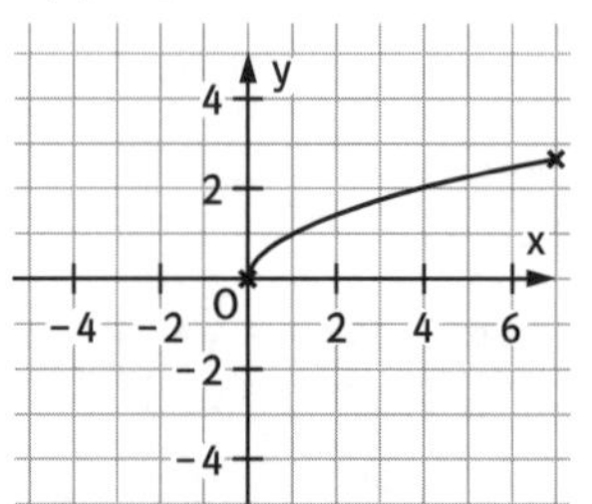

d) Randmaximum: $f(0{,}5) = 2{,}5$; lokales und globales Minimum: $f(1) = 2$; Randmaximum und globales Maximum: $f(4) = 4{,}25$

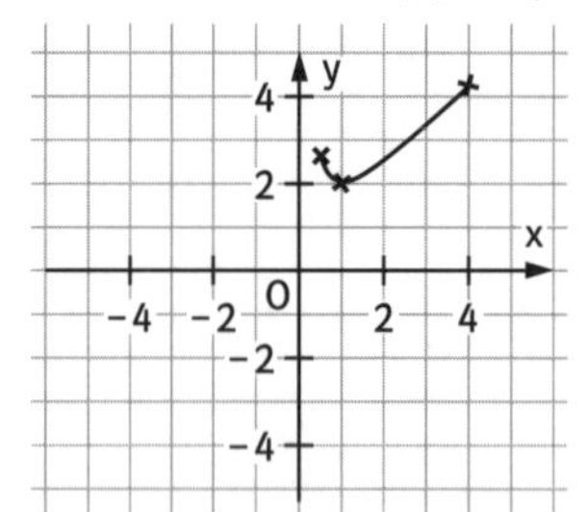

3

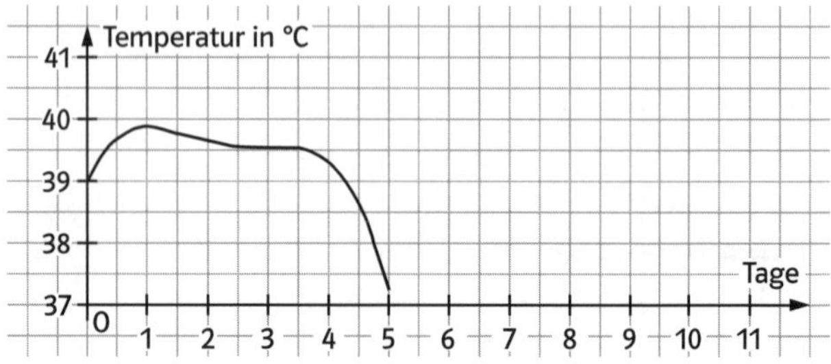

a) Das Fieber steigt in den ersten 24 h auf fast 40 °C an, dann beginnt es langsam zu sinken. Am fünften Tag sinkt die Temperatur dann innerhalb von 24 h auf Normaltemperatur.

b) Höchste Temperatur: 39,9 °C nach genau einem Tag.
Niedrigste Temperatur: 37,2 °C am Ende der Aufzeichnung.

Seite 60

4 h(0) = 3; h(2,38) = 3,77; h(7,35) = 2,93; h(10) = 3,90.
globales Minimum: 2,93, globales Maximum: 3,90.
Der Unterschied beträgt weniger als 1 cm.

5 a) Globales Minimum für x = 0,67.
f(0,67) = 3,33 (inneres Extremum)
Globales Maximum für x = 4.
f(4) = 20 (Randextremum)
b) Globales Minimum für x = 0 bzw. x = 4.
f(0) = f(4) = 0 (Randextrema)
Globales Maximum für x = 2.
f(2) = 2 (inneres Extremum)

6 Der Flächeninhalt wird maximal für u = 2,5.
Er beträgt dann 3,75 FE.

7 a) Die Produktion jedes Artikels kostet Geld. Je mehr Artikel produziert werden, desto höher sind die Kosten. Also sind die Kosten am niedrigsten für x = 0 und am höchsten für x = 50.
b) Die Einnahmen (in €) betragen bei x verkauften Artikeln 60x. Davon müssen die Produktionskosten abgezogen werden. Man erhält G(x) = 60x − K(x) $= -0{,}044x^3 + 2x^2 + 10x - 600$.
c) Der Gewinn wird maximal für eine Stückzahl von rund 33 (x = 32,63; Gewinn 327,10 €).
d) Wenn G(x) < 0, also für x < 19 und für x > 43.

8 Kleinste Höhe nach 1,79 m: 0,75 m.
Größte Höhe nach 6 m: 29,2 m.

Seite 61

9 a) T(u | 0), Flächeninhaltsformel für Trapeze:
$A = \frac{1}{2}(a + b)\cdot h$
Trapez OTRS: Höhe u, Grundseiten f(0) = 4 und f(u): $A_1 = \frac{1}{2}\cdot(4 + f(u))\cdot u$
Trapez TPQR: Höhe 5 − u, Grundseiten f(u) und f(5) = 2,75: $A_2 = \frac{1}{2}\cdot(f(u) + 2{,}75)\cdot(5 - u)$
Definitionsmenge: D = (0; 5)
b) Der Flächeninhalt wird maximal für u = 2,89 und beträgt dann 22,89 FE.

10 a) D_1: globales Minimum: f(0) = 0;
globales Maximum: f(−2) = 4
D_2: globales Minimum: f(0) = 0; kein globales Maximum
D_3: globales Minimum: f(0) = 0; globales Maximum: f(−2) = 4
b) D_1: globales Minimum: f(1) = 2; kein globales Maximum
D_2: globales Minimum: f(1) = 2; globales Maximum f(0,1) = 10,1
D_3: globales Minimum: f(2) = 2,5; globales Maximum: f(3) = 3,33
c) D_1: globales Minimum: f(2) = −4; globales Maximum: f(−2) = 4
D_2: kein globales Minimum; globales Maximum: f(5) = 16,25
D_3: kein globales Minimum; kein globales Maximum.

11 Beispiellösungen:

a) D = [−3; 3)

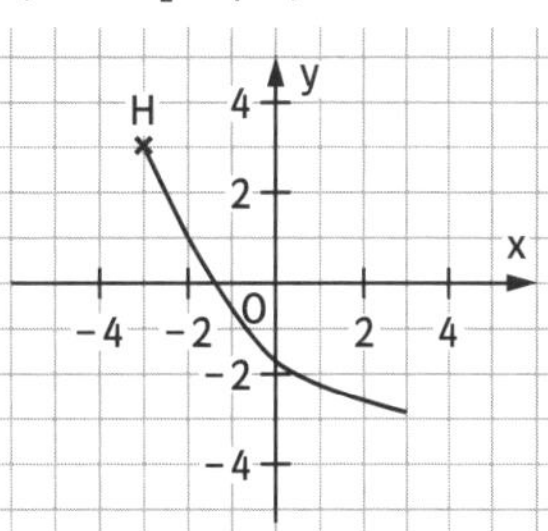

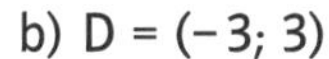
b) D = (−3; 3)

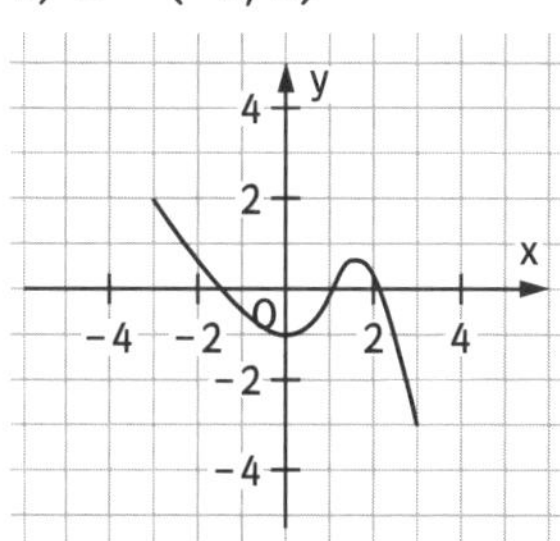

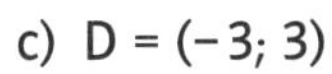
c) D = (−3; 3)

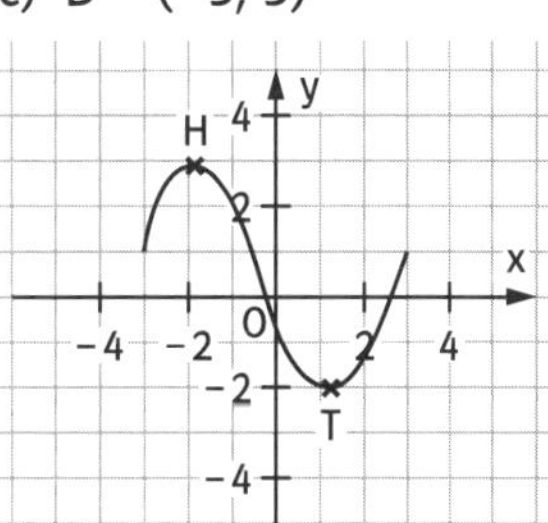

d) D = (−3; 3)

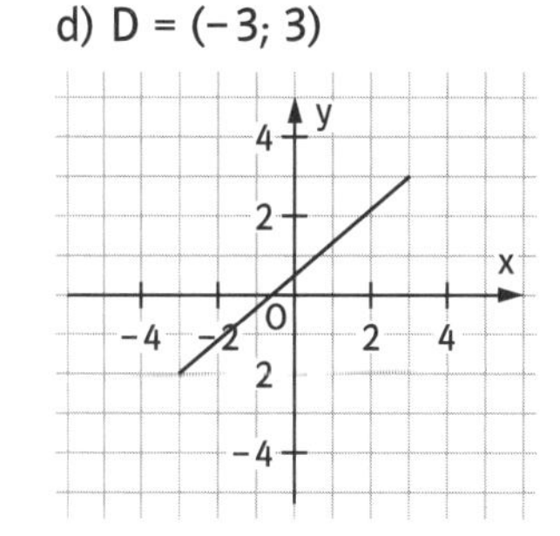

12 a) (alle Angaben in Meter): Länge x, Breite y;
Fläche: x · y = 500
a) Auflösen nach y liefert: $y = \frac{500}{x}$
Umfang $U(x) = 2x + 2y = 2x + 2\cdot\frac{500}{x} = 2x + \frac{1000}{x}$
b) Definitionsmenge: z. B. D = [1; 500]
c) Am wenigsten Maschendraht wird bei einem quadratischen Pferch mit der Seitenlänge 22,36 m verbraucht. Der Umfang beträgt dann 89,44 m.
d) $U(x) = x + 2y = x + \frac{1000}{x}$.
Man verbraucht am wenigsten Draht, wenn man die dem Fluss gegenüberliegende Seite 31,62 m lang wählt und die an den Fluss angrenzenden Seiten 15,81 m.
Es werden 63,25 m Maschendraht benötigt.

6 Verhalten eines Graphen für x gegen ±∞

Seite 63

1 a) $f(-100\,000)$ ist negativ, $f(100\,000)$ ist positiv.
b) $f(-100\,000)$ ist positiv, $f(100\,000)$ ist positiv.
c) $f(-100\,000)$ ist negativ, $f(100\,000)$ ist negativ.
d) $f(-100\,000)$ ist positiv, $f(100\,000)$ ist negativ.
e) $f(-100\,000)$ ist negativ, $f(100\,000)$ ist positiv.
f) $f(-100\,000)$ ist positiv, $f(100\,000)$ ist positiv.

2 a) Für $x \to \pm\infty$ gilt $f(x) \to -\infty$.
b) Für $x \to -\infty$ gilt $f(x) \to \infty$ und für $x \to \infty$ gilt $f(x) \to -\infty$.
c) Für $x \to \pm\infty$ gilt $f(x) \to -\infty$.
d) Für $x \to -\infty$ gilt $f(x) \to -\infty$ und für $x \to \infty$ gilt $f(x) \to \infty$.
e) Für $x \to -\infty$ gilt $f(x) \to \infty$ und für $x \to \infty$ gilt $f(x) \to -\infty$.
f) Für $x \to \pm\infty$ gilt $f(x) \to \infty$.

3 a) Für $x \to \pm\infty$ gilt $f(x) \to 0$.
b) Für $x \to \pm\infty$ gilt $f(x) \to 0$.
c) Für $x \to \pm\infty$ gilt $f(x) \to \infty$.
d) Für $x \to -\infty$ gilt $f(x) \to \infty$ und für $x \to \infty$ gilt $f(x) \to -\infty$.
e) Für $x \to \pm\infty$ gilt $f(x) \to 4$.
f) Für $x \to -\infty$ gilt $f(x) \to -\infty$ und für $x \to \infty$ gilt $f(x) \to \infty$.

4 a) Für $x \to \pm\infty$ gilt $f(x) \to \infty$.
b) Für $x \to \infty$ gilt $f(x) \to -\infty$ und für $x \to -\infty$ gilt $f(x) \to \infty$.
c) Für $x \to \pm\infty$ gilt $f(x) \to -\infty$.
d) Für $x \to \pm\infty$ gilt $f(x) \to -\infty$.
e) Für $x \to \pm\infty$ gilt $f(x) \to 6$.
f) Für $x \to \infty$ gilt $f(x) \to \infty$ und für $x \to -\infty$ gilt $f(x) \to -\infty$.

5 Lösungsvorschläge:
a) $f(x) = 6x^2 - x^3$
b) $f(x) = 6x^4 - x^3$
c) $f(x) = -6x^4 - x^3$

Seite 64

6 Lösungsvorschläge:
a) $a = -1;\ b = 2;\ c = 1;\ d = 1.$
b) $a = 1;\ b = 3;\ c = 1;\ d = 1.$
c) $a = 0;\ b = 1;\ c = 1;\ d = 0.$
d) $a = 0;\ b = 1;\ c = 1;\ d = 3.$

7 a) Für $x \to \pm\infty$ gilt $g(x) \to -\infty$.
b) Für $x \to \pm\infty$ gilt $g(x) \to \infty$.
c) Für $x \to \pm\infty$ gilt $g(x) \to -\infty$.
d) Für $x \to \pm\infty$ gilt $g(x) \to -\infty$.

8 a) Für $x \to \pm\infty$ gilt $g(x) \to -\infty$.

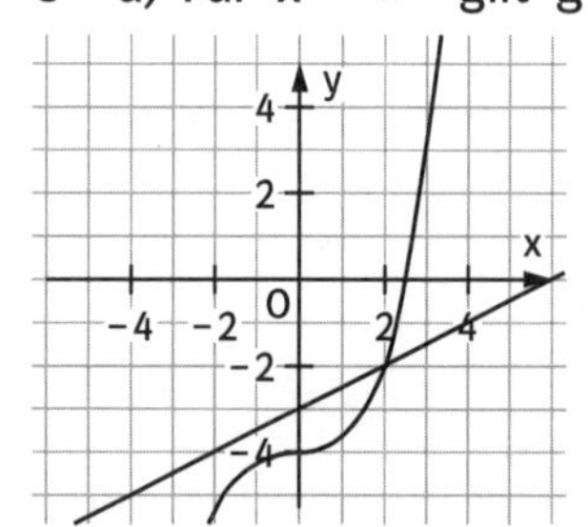

b) Die Anzahl der Extremstellen ist gerade und die Anzahl der Nullstellen ist ungerade.

9 a) Für die Fläche erhält man $A(x) = x \cdot f(x) = x \cdot \frac{2}{x} = 2$. Für $x \to +\infty$ gilt daher $A(x) = 2$.
b) Für die Fläche erhält man $A(x) = x \cdot f(x) = x \cdot \frac{3}{x^2} = \frac{3}{x}$. Für $x \to +\infty$ gilt daher $A(x) = 0$.
c) Für die Fläche erhält man $A(x) = x \cdot f(x) = x \cdot \frac{4}{\sqrt{x}} = 4\sqrt{x}$. Für $x \to +\infty$ gilt daher $A(x) = \infty$.

10 a) Für die Nullstellen von f erhält man 0 und a. Für $a \to +\infty$ verändert sich die erste Nullstelle nicht, während für die zweite gilt: $a \to \pm\infty$.
b) Für $a \geqq 0$ hat f die Nullstellen 0 und $\sqrt{a}$ und $-\sqrt{a}$. Für $a \to \pm\infty$ verändert sich die erste Nullstelle nicht. Für die zweite und dritte Nullstelle gilt für $a \to \infty$: $\sqrt{a} \to \infty$ und $-\sqrt{a} \to -\infty$. Für $a < 0$ hat f nur die Nullstelle 0.
c) f hat nur die von a unabhängige Nullstelle 0.

Wiederholen – Vertiefen – Vernetzen

Seite 65

1 Funktionen bis auf f) und h) haben als Definitionsmenge die ganzen reellen Zahlen.
a) Schnittpunkte mit den Achsen: $N_1(0\,|\,0)$; $N_2(6\,|\,0)$
Hoch- und Tiefpunkte: $T(0\,|\,0)$; $H(4\,|\,32)$
Verhalten für $x \to \infty$: $f(x) \to -\infty$
Verhalten für $x \to -\infty$: $f(x) \to +\infty$
f ist streng monoton fallend für $x \leqq 0$ und $x \geqq 4$,
f ist streng monoton wachsend für $0 \leqq x \leqq 4$.
b) Schnittpunkte mit den Achsen: $N_1(-\sqrt{3}\,|\,0)$; $N_2(0\,|\,0)$; $N_3(\sqrt{3}\,|\,0)$
Hoch- und Tiefpunkte: $T\left(-1\,\middle|\,-\frac{2}{3}\right)$; $H\left(1\,\middle|\,\frac{2}{3}\right)$
Verhalten für $x \to \infty$: $f(x) \to -\infty$
Verhalten für $x \to -\infty$: $f(x) \to +\infty$
f ist streng monoton fallend für $x \leqq -\sqrt{3}$ und $x \geqq \sqrt{3}$,
f ist streng monoton wachsend für $-\sqrt{3} \leqq x \leqq \sqrt{3}$.
c) Schnittpunkte mit den Achsen: $N_1(-3\sqrt{2}\,|\,0)$; $N_2(0\,|\,0)$; $N_3(3\sqrt{2}\,|\,0)$
Hoch- und Tiefpunkte: $H_1(-3\,|\,4{,}5)$; $H_2(3\,|\,4{,}5)$; $T(0\,|\,0)$.
Verhalten für $x \to \infty$: $f(x) \to -\infty$
Verhalten für $x \to -\infty$: $f(x) \to -\infty$

f ist streng monoton fallend für $-3 \leqq x \leqq 0$ und $x \geqq 3$,
f ist streng monoton wachsend für $x \leqq -3$ und $0 \leqq x \leqq 3$.
d) Schnittpunkte mit den Achsen: $N_1(0\,|\,0)$; $N_2(3\,|\,0)$
Hoch- und Tiefpunkte: $H\left(1\,\middle|\,\frac{2}{3}\right)$; $T(3\,|\,0)$
Verhalten für $x \to \infty$: $f(x) \to +\infty$
Verhalten für $x \to -\infty$: $f(x) \to -\infty$
f ist streng monoton fallend für $1 \leqq x \leqq 3$,
f ist streng monoton wachsend für $x \leqq 1$ und $x \geqq 3$.
e) Schnittpunkte mit den Achsen: $N(0\,|\,0)$;
Hoch- und Tiefpunkte: $T(0\,|\,0)$
Verhalten für $x \to \infty$: $f(x) \to +\infty$
Verhalten für $x \to -\infty$: $f(x) \to +\infty$
f ist streng monoton fallend für $x \leqq 0$,
f ist streng monoton wachsend für $x \geqq 0$.
f) Definitionsmenge $x \in \mathbb{R}$ und $x \neq 0$
Schnittpunkte mit den Achsen: keine
Hoch- und Tiefpunkte: $H(-\sqrt{5}\,|\,-2\sqrt{5})$; $T(\sqrt{5}\,|\,2\sqrt{5})$
Verhalten für $x \to \infty$: $f(x) \to +\infty$
Verhalten für $x \to -\infty$: $f(x) \to -\infty$
f ist streng monoton fallend für $-\sqrt{5} \leqq x < 0$ und $0 < x \leqq \sqrt{5}$,
f ist streng monoton wachsend für $x \leqq -\sqrt{5}$ und $x \geqq \sqrt{5}$.
g) Schnittpunkte mit den Achsen: $N_1(-3\,|\,0)$;
$N_2(-1\,|\,0)$; $N_3(1\,|\,0)$; $N_4(3\,|\,0)$; $S(0\,|\,0{,}9)$
Hoch- und Tiefpunkte: $T_1(-\sqrt{5}\,|\,-1{,}6)$; $H(0\,|\,0{,}9)$;
$T_2(\sqrt{5}\,|\,-1{,}6)$
Verhalten für $x \to \infty$: $f(x) \to +\infty$
Verhalten für $x \to -\infty$: $f(x) \to +\infty$
f ist streng monoton fallend für $x \leqq -\sqrt{5}$ und $0 \leqq x \leqq \sqrt{5}$,
f ist streng monoton wachsend für $x \geqq \sqrt{5}$ und $-\sqrt{5} \leqq x \leqq 0$.
h) Definitionsmenge $(0;\ \infty)$;
Schnittpunkte mit den Achsen: $N_1(0\,|\,0)$; $N_2(4\,|\,0)$
Hoch- und Tiefpunkte: $T(1\,|\,-1)$
Verhalten für $x \to \infty$: $f(x) \to \infty$
f ist streng monoton fallend für $0 \leqq x \leqq 1$,
f ist streng monoton wachsend für $x \geqq 1$.

a)

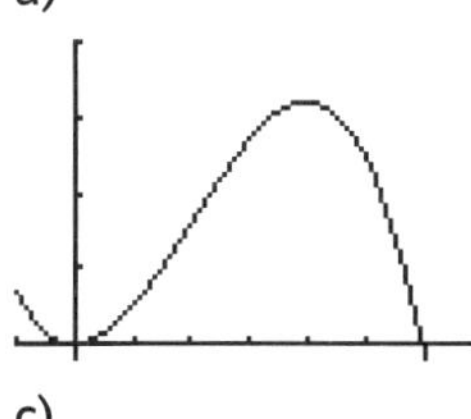

b)

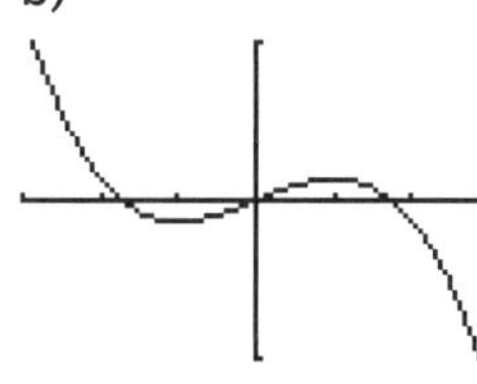

c)

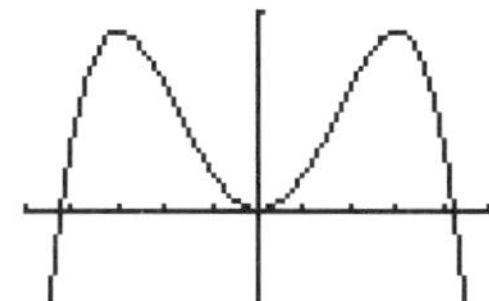

d)

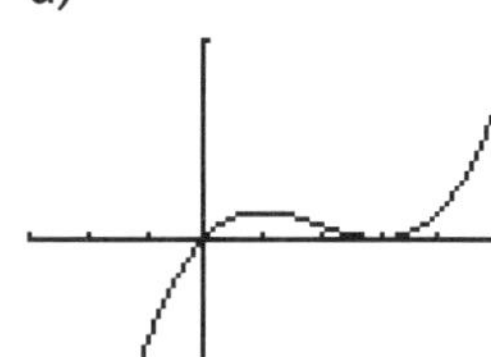

e)

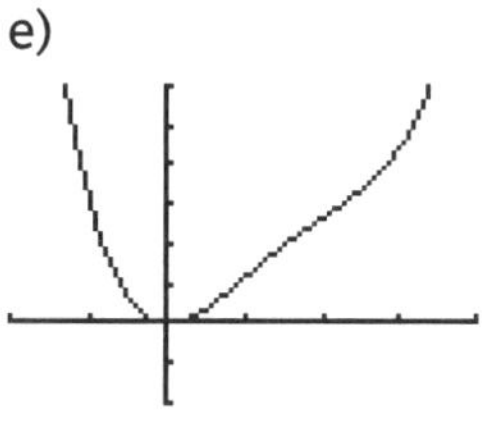

f)

g)

h)

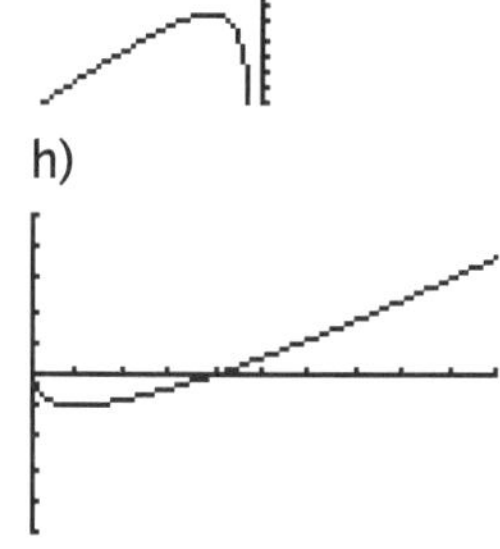

2 Individuelle Lösungen; Lösungsvorschläge:
a) $f(x) = (x - 1)^2$
b) $f(x) = -x^3$
c) $f(x) = -x^3 + 3x$

3 A: Richtig, weil $f'(x) \leqq 0$ für alle x aus $[0;\ 2]$ gilt.
B: Falsch, weil zwar $f'(1) = 0$ gilt, aber in einer Umgebung von $x = 1$ $f'(x) > 0$ ist. Die Funktion f ist also z. B. im Bereich $[-2;\ 0]$ monoton wachsend und kann daher kein Extremum bei $x = -1$ haben.
C: Richtig, denn bei $x = 0$ gilt $f'(x) = 0$ mit VZW von + nach −, also hat der Graph von f bei $x = 0$ einen Hochpunkt, und bei $x = 2$ gilt $f'(x) = 0$ mit VZW von − nach +, also hat der Graph von f bei $x = 2$ einen Tiefpunkt.
D: Das kann man nicht ohne weiteres entscheiden. Zwar ist f in $[-2;\ 0]$ monoton wachsend, da dort $f'(x) \geqq 0$ gilt. Wenn $f(-2)$ kleiner oder gleich 0 ist, ist die Aussage D falsch. Wenn $f(-2)$ größer als 0 ist, ist die Aussage D richtig.

4 a) $f_a(x) = x^3 - a \cdot x$: Schnittpunkte mit den Achsen: $N_1(-\sqrt{a}\,|\,0)$; $N_2(0\,|\,0)$; $N_3(\sqrt{a}\,|\,0)$
Hoch- und Tiefpunkte: $T\left(-\frac{\sqrt{3a}}{3}\,\middle|\,-\frac{2}{9}a\sqrt{3a}\right)$;
$H\left(\frac{\sqrt{3a}}{3}\,\middle|\,\frac{2}{9}a\sqrt{3a}\right)$.
b) $f_a(x) = x^2 - a \cdot x - 1$: Schnittpunkte mit den Achsen:
$N_1\left(\frac{a - \sqrt{a^2 + 4}}{2}\,\middle|\,0\right)$; $N_2\left(\frac{a + \sqrt{a^2 + 4}}{2}\,\middle|\,0\right)$
Hoch- und Tiefpunkte: $T\left(\frac{a}{2}\,\middle|\,-1 - \frac{a^2}{4}\right)$.
c) $f_a(x) = a^2 \cdot x^4 - x^2$: Schnittpunkte mit den Achsen:
$N_1\left(-\frac{1}{a}\,\middle|\,0\right)$; $N_2(0\,|\,0)$; $N_3\left(\frac{1}{a}\,\middle|\,0\right)$.
Hoch- und Tiefpunkte: $T_1\left(-\frac{\sqrt{2}}{2a}\,\middle|\,-\frac{1}{4a^2}\right)$; $H(0\,|\,0)$;
$T_2\left(\frac{\sqrt{2}}{2a}\,\middle|\,-\frac{1}{4a^2}\right)$.
d) $f_a(x) = x + \frac{a^2}{x}$: Schnittpunkte mit den Achsen: keine
Hoch- und Tiefpunkte: $H(-a\,|\,-2a)$; $T(a\,|\,2a)$.

5 Quelle zum Aufgabentext: „Atommüll oder Der Abschied von einem teuren Traum, rororo aktuell, Hamburg 1977"
a) Die Funktion M ist streng monoton wachsend, die Funktion R streng monoton fallend.
Die Summenfunktion ist streng monoton fallend für Kosten kleiner als z und streng monoton steigend für Kosten größer als z; sie hat also bei z ein lokales und wegen des Monotonieverhaltens von M und R sogar ein globales Minimum. Die Kosten sind also bei dem Wert z minimal. Da S bei z ein Minimum hat, gilt $S'(z) = 0$ und daher wegen der Summenregel $M'(z) + R'(z) = 0$, woraus $M'(z) = -R'(z)$ folgt.
b) $S(x) = ax^2 + \frac{b}{x}$, $S'(x) = 2ax - \frac{b}{x^2}$. $S'(z) = 0$ hat die Lösung $z = \left(\frac{b}{2a}\right)^{\frac{1}{3}}$.

Seite 66

6 a) $f_t(x) = x\cdot(x - t)$; $f_t(x) = 0$ und $f_t'(x) = 0$ haben für alle t mindestens eine Lösung, also gibt es für alle t mindestens einen Schnittpunkt mit der x-Achse und einen Tiefpunkt, weil der Graph von f_t eine nach oben geöffnete Parabel ist.
b) $f_t(x) = x + \frac{t}{x}$; mindestens einen Schnittpunkt mit der x-Achse: $f_t(x) = 0$, falls $x = \pm\sqrt{-t}$. Also gibt es mindestens eine Lösung, wenn $t \leqq 0$.
Mindestens ein Hoch- oder Tiefpunkt: $f_t'(x) = 0$, falls $x = \pm\sqrt{t}$. Also gibt es mindestens eine Lösung, wenn $t > 0$. Wegen der VZW gilt dann $H(-\sqrt{t}\,|\,-2\sqrt{t})$ und $T(\sqrt{t}\,|\,2\sqrt{t})$.
c) $f_t(x) = t\cdot x^2 - x - 1$; mindestens einen Schnittpunkt mit der x-Achse: $f_t(x) = 0$, falls $x = \frac{1 \pm \sqrt{4t+1}}{2t}$ $(t \neq 0)$. Also gibt es mindestens eine Lösung, wenn $4t + 1 \geqq 0$, also bei $t \geqq -\frac{1}{4}$. Bei $t = 0$ ist $f_t(x) = -x - 1$, also gibt es bei $t = 0$ einen Schnittpunkt mit der x-Achse.
Mindestens einen Hoch- oder Tiefpunkt: $f_t'(x) = 0$ hat immer eine Lösung, wenn $t \neq 0$. Bei $t > 0$ ist der Graph von f_t eine nach oben geöffnete Parabel, also gibt es einen Tiefpunkt für $t > 0$. Entsprechend gibt es für $t < 0$ einen Hochpunkt. Bei $t = 0$ gibt es keine Hoch- oder Tiefpunkte.
d) $f_t(x) = x^4 - 2x^2 + t$; der Summand t bestimmt den y-Achsenschnittpunkt des Graphen von f_t. Der Graph ergibt sich durch Verschieben des Graphen der Funktion g mit $g(x) = x^4 - 2x^2$ um t in Richtung der y-Achse. Da der Graph von g die Extrempunkte $T_1(-1\,|\,-1)$; $H(0\,|\,0)$ und $T_2(1\,|\,-1)$ hat, hat der Graph von f_t die Extrempunkte $T_1(-1\,|\,-1 + t)$; $H(0\,|\,t)$ und $T_2(1\,|\,-1 + t)$. Die Tiefpunkte sind dabei globale Tiefpunkte. Eine Nullstelle kann f_t also nur haben, wenn $-1 + t \leqq 0$, also wenn $t \leqq 1$ ist. Alternativ kann man auch mithilfe einer Substitution die Nullstellen $\pm\sqrt{1 \pm \sqrt{1 - t}}$ berechnen und gelangt zum selben Ergebnis.

7 a) $f_u(x) = x^3 - 3x + u$: $H(-1\,|\,u + 2)$; $T(1\,|\,u - 2)$. Für $u = -2$ liegt H, für $u = 2$ liegt T auf der x-Achse. Für $u = 2$ oder $u = -2$ berührt der Graph also die x-Achse.
b) $f_u(x) = x^3 - 3u\cdot x + 4$: Nur für $u \geqq 0$ gibt es Punkte mit waagrechter Tangente, nämlich $P_1(\sqrt{u}\,|\,4 - 2u\sqrt{u})$ und $P_2(-\sqrt{u}\,|\,4 + 2u\sqrt{u})$. Nur P_1 kann auf der x-Achse liegen, weil $u \geqq 0$. Die Gleichung $4 - 2u\sqrt{u} = 0$ hat die Lösung $u = 2^{\frac{2}{3}}$. Für diesen Wert von u berührt der Graph die x-Achse.

8 a) $f(x) = x^2 - 2x + 4$: Der Graph von f ist eine nach oben geöffnete Parabel mit dem Tiefpunkt $(1\,|\,3)$. Daher kann er die Gerade $y = c$ nur schneiden, wenn c mindestens 3 ist. Es gibt zwei Schnittpunkte, wenn $c > 3$, und einen Schnittpunkt, wenn $c = 3$.
b) (Druckfehler im 1. Druck der 1. Auflage des Schülerbuches. Es muss heißen: $f(x) = x^3 - \frac{3}{2}x^2 - 18x + 1$)
$f(x) = x^3 - \frac{3}{2}x^2 - 18x + 1$: Der Graph von f hat die Extrempunkte $H(-2\,|\,23)$ und $T(3\,|\,-39{,}5)$. Außerdem gilt für $x \to \infty$: $f(x) \to +\infty$ und für $x \to -\infty$: $f(x) \to -\infty$, sodass alle y-Werte vorkommen. Daher hat der Graph von f mit $y = c$ immer mindestens einen Schnittpunkt. Zwei Schnittpunkte gibt es für $c = 23$ oder $c = -39{,}5$, denn dieses sind gerade die Extremwerte. Drei Schnittpunkte gibt es für alle c mit $-39{,}5 < c < 23$.

9 a) $\frac{2}{x^2} - \frac{2}{x^2+1} > 0$
1. Möglichkeit: Man berechnet die Differenz $\frac{2}{x^2} - \frac{2}{x^2+1} = \frac{2}{x^4 + x^2}$. Da Zähler und Nenner nur positive Zahlen enthalten, ist auch der Bruch für alle $x > 0$ positiv:
2. Möglichkeit: Da für alle x gilt: $x^2 + 1 > x^2$, ergibt sich für die Kehrwerte $\frac{2}{x^2+1} < \frac{2}{x^2}$ und daraus die Behauptung.
b) $f_a(x) = x\cdot(x^2 - a^2) = 0$ hat die für $a \neq 0$ verschiedenen Lösungen $x = -a$ und $x = 0$ und $x = a$, also gibt es die drei Achsenschnittpunkte $N_1(-a\,|\,0)$, $N_2(0\,|\,0)$ und $N_3(a\,|\,0)$.
$f_a'(x) = 3x^2 - a^2 = 0$ hat für $a \neq 0$ die Lösungen $x = \pm\frac{a}{\sqrt{3}}$. Für $a > 0$ gilt: Für $x < -\frac{a}{\sqrt{3}}$ ist $f_a'(x) > 0$, für $-\frac{a}{\sqrt{3}} < x < \frac{a}{\sqrt{3}}$ ist $f_a'(x) < 0$ und für $x > \frac{a}{\sqrt{3}}$ ist $f_a'(x) > 0$. Aufgrund der damit verbundenen Vorzeichenwechsel ist bei $-\frac{a}{\sqrt{3}}$ ein Maximum und bei $\frac{a}{\sqrt{3}}$ ein Minimum. Weitere Extrema kann es nicht geben, weil die Gleichung $f_a'(x) = 0$ keine weiteren Lösungen hat. Entsprechend schließt man für $a < 0$. Also hat der Graph von f_a genau einen Hoch- und einen Tiefpunkt.

10 a) Richtig, da $(x - 1)\cdot(x + 2)^2 = x^3 + 3x^2 - 4$.
b) Falsch, da f bei $x = 1$ ein Extremum hat, g aber nicht.
c) Falsch: $f(x) = \frac{x^2 - 2x + 1}{x} = x - 2 + \frac{1}{x}$; $f'(x) = 1 - \frac{1}{x^2}$;
$g(x) = x^3 - 2x^2 + x$; $g'(x) = 3x^2 - 4x + 1$

$f'(x) = 0$ und $g'(x) = 0$ haben zwar die gemeinsame Lösung $x = 1$ (und dort haben f und g beide ein Minimum), aber die verschiedenen Lösungen $x = -1$ (Maximum von f) bzw. $x = \frac{1}{3}$ (Maximum von g).

11 a) Die Formel $V = \frac{1}{3}\pi x^2 y = 1$ liefert $y = \frac{3}{\pi x^2}$.
Also ist $y = \frac{3}{\pi}$ für $x = 1$, $y = \frac{3}{100\pi}$ für $x = 10$ und $y = \frac{3}{10\,000\pi}$ für $x = 100$. Für $x \to \infty$ gilt $y \to 0$.
b) $y > 100$ ergibt sich für $x < \sqrt{\frac{3}{100\pi}} \approx 0{,}0977$.
Für $y \to \infty$ gilt $x \to 0$.
c) Die Formel für den Mantel (s = Mantellinie) wird umgeformt:
$M(x) = \pi x s = \pi x \sqrt{x^2 + y^2} = \pi x \sqrt{x^2 + \frac{9}{\pi^2 x^4}}$.
Für $x \to \infty$ und $x \to 0$ gilt daher $M(x) \to \infty$.
Man zeichnet mit dem GTR den Graphen von M(x), z.B. im Bereich $0 \leqq x \leqq 2$ und $0 \leqq y \leqq 10$. Man erkennt, dass M das Minimum 4,188 bei $x = 0{,}877$ hat (gerundet).

12 Der Formelsammlung entnimmt man die Formel $V = \frac{1}{3}\pi h^2(3r - h)$ für das Volumen eines Kugelabschnitts mit Radius r und Höhe h. Hier ist $r = 14\,\text{dm}$, $V = 5000\,\text{dm}^3$ und h gesucht. Es ist daher für $h = x\,\text{dm}$ die Gleichung $5000 = \frac{1}{3}\pi x^2(42 - x)$ zu lösen. Die Gleichung kann nicht ohne weiteres rechnerisch gelöst werden, daher wird sie näherungsweise (siehe Lerneinheit 1) mit dem GTR grafisch gelöst: $x = 12{,}8$ (gerundet).
Das Öl steht also 128 cm hoch in dem Tank.

13 Der Punkt A bei Flusskilometer 314,5 am Fluss f habe vom Spritzenhaus S den Abstand $a = 600$ (m). Der Punkt B am Fluss habe vom brennenden Haus H den Abstand $b = 300$ (m). Der Abstand von A und B beträgt 1500 (m). Das Feuerwehrauto fährt geradlinig zur Tankstelle T am Fluss und von dort geradlinig nach H. Haben A und T den Abstand x, so hat der Gesamtweg STH die Länge $L(x) = \sqrt{a^2 + x^2} + \sqrt{(1500 - x)^2 + b^2}$.
Mit dem GTR bestimmt man das Minimum dieser Funktion bei $x = 1000$ (gerundet).
Mit dem Strahlensatz kann man den Wert 1000 auch exakt berechnen, wenn man bedenkt, dass sich der kürzeste Weg ergibt, wenn man H an f spiegelt und das Spiegelbild mit S verbindet.

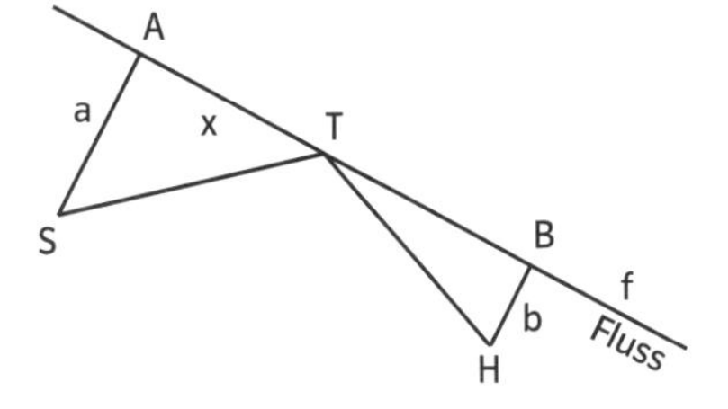

Seite 67

14 Die Pipeline wird geradlinig zum Punkt X am Ufer und von dort geradlinig nach R verlegt (siehe Skizze). Die Kosten (in Tausend Euro) betragen $K(x) = 400\sqrt{8^2 + x^2} + 850\sqrt{10^2 + (15 - x)^2}$.
a) Liegt X auf der geradlinigen Verbindung von B und R, so lässt sich x z.B. mit dem Strahlensatz berechnen: $\frac{15}{x} = \frac{18}{8}$; Lösung $x = \frac{20}{3}$.
Kosten: 15230 Tausend Euro (gerundet).
b) Mit dem GTR bestimmt man das Minimum $K_{min} = 14\,595$ der Funktion K bei $x = 10{,}9$ (gerundet). Die minimalen Kosten betragen also etwa 14600 Tausend Euro, wenn man den Punkt am Ufer an der Stelle $x = 10{,}9$ (km) wählt. Man spart dann gegenüber a) etwa 635000 €, also rund 4,2 %.
Bemerkenswert ist noch, dass hier ein sehr „flaches Minimum" vorliegt: Wenn man x etwas verändert, bleiben die Kosten fast gleich, z.B. $K(10) = 14\,626$, $K(12) = 14\,643$. Im Bereich 1 km um die optimale Stelle ändern sich die Kosten also nur recht wenig.

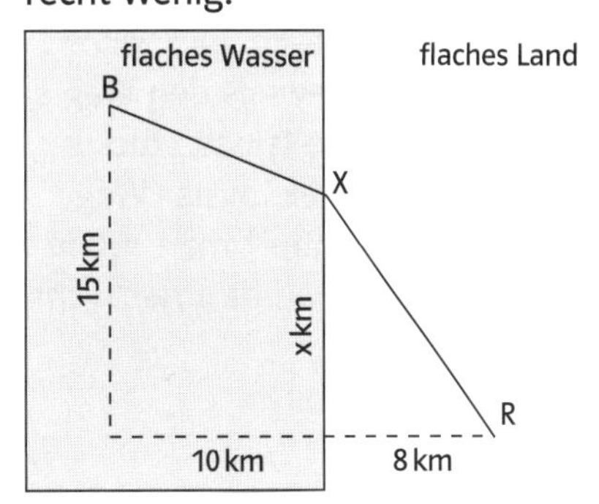

15 Bemerkenswert an der (analytischen) Lösung von a) und b) ist einerseits, dass eine nicht differenzierbare Funktion untersucht wird. Das Minimum kann also nicht durch Ableiten bestimmt werden. Zum anderen sieht man, dass man eine plausible Erklärung finden kann, die ohne Rechnung und Hilfsmittel zum Ziel führt und außerdem einen Grund für die Lage des Minimums gibt.
a) Lösung mit GTR:
Die Abstandssumme beträgt
$S(x) = |x| + |x - 20| + |x - 28| + |x - 58| + |x - 90|$.
Die senkrechten Striche sind Betragstriche.
Mithilfe der abs-Funktion wird der Term in den GTR eingegeben und sein Minimum bestimmt. Der Graph ist stückweise linear und hat sein Minimum bei $x = 28$. Der gesuchte Punkt ist $X(28\,|\,0)$, also bei Q.
Lösung ohne GTR:
Man kann vermuten, dass bei Q die Abstandssumme am kleinsten ist. Geht man nämlich von Q aus ein Stück s nach links Richtung P, so spart man bei O und P jeweils den Weg s, aber dafür muss man nach Q, R, S jeweils das Stück s zusätzlich zurück-

legen. Insgesamt wird der Weg um s länger. Entsprechend argumentiert man, wenn man ein Stück nach rechts geht.

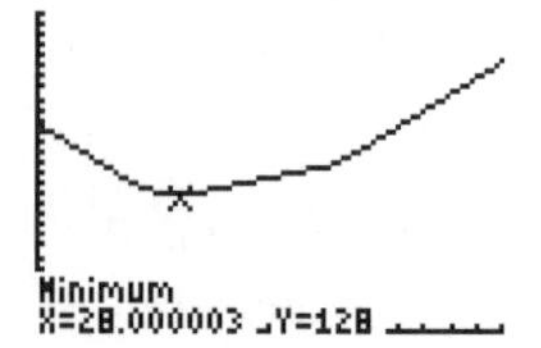

b) Lösung mit GTR:
Die Abstandssumme beträgt:
$S(x) = |x| + |x - 20| + |x - 28| + |x - 58|$.
Mithilfe der abs-Funktion wird der Term in den GTR eingegeben und sein Minimum bestimmt. Der GTR gibt das Minimum bei $x = 25{,}96$ (gerundet) aus, aber der minimale Wert 66 ergibt sich für alle x zwischen 20 und 28, weil die Funktion S dort konstant ist. X liegt also irgendwo zwischen P und Q.
Lösung ohne GTR:
Nach der Lösung von a) kann man vermuten, dass bei einem Punkt links von Q und rechts von P die Abstandssumme am kleinsten ist. Geht man von X zwischen P und Q aus ein Stück s nach links Richtung P, so spart man bei O und P jeweils den Weg s, dafür muss man nach Q und R jeweils das Stück s zusätzlich zurücklegen. Insgesamt bleibt der Weg also gleich. Entsprechend argumentiert man, wenn man ein Stück nach rechts geht. Man darf nur nicht über P bzw. Q hinausgehen.

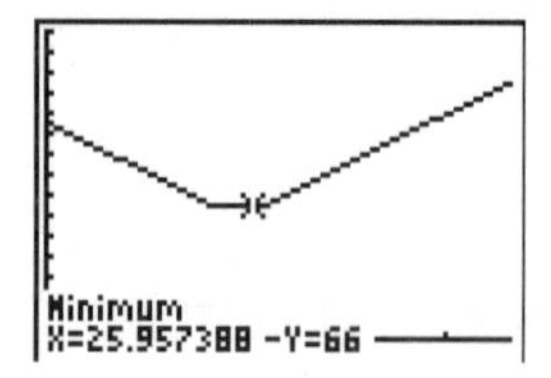

c) Nun ist
$S(x) = \sqrt{x^2 + 4} + \sqrt{(x - 20)^2 + 4} + \sqrt{(x - 28)^2 + 4}$
$+ \sqrt{(x - 58)^2 + 4} + \sqrt{(x - 90)^2 + 4}$
Der GTR gibt das Minimum bei $x = 28{,}058$ (gerundet) aus, also ist $X(28{,}058\,|\,2)$.
Gegenüber a) hat sich der x-Wert kaum verändert.

16 X: Anzahl der roten Kugeln bei dreimaligem Ziehen aus der Urne.
Wahrscheinlichkeitsverteilung für X:

a	0	1	2	3
P(x) = a	$\left(\frac{16}{x+16}\right)^3$	$3\cdot\left(\frac{16}{x+16}\right)^2\cdot\frac{x}{x+16}$	$3\cdot\frac{16}{x+16}\cdot\left(\frac{x}{x+16}\right)^2$	$\left(\frac{x}{x+16}\right)^3$

$E(X) = 3\cdot\left(\frac{16}{x+16}\right)^2\cdot\frac{x}{x+16} + 6\cdot\frac{16}{x+16}\cdot\left(\frac{x}{x+16}\right)^2$
$+ 3\cdot\left(\frac{x}{x+16}\right)^3$

Diese Funktion kann in den GTR eingegeben werden. Dann wird die Schnittstelle des Graphen von E(X) mit dem Graphen der Funktion g mit $g(x) = 1$ bestimmt. Man erhält $x = 8$. Also müssen 8 rote Kugeln in der Urne liegen. Das Ergebnis kann auch durch gezieltes Raten und Bestätigen bestimmt werden.

Exkursion: Entdeckungen – Iterationsverfahren zur Bestimmung von Nullstellen

Seite 69

1 Lösungen gerundet auf vier Dezimalstellen, außerdem sind bei a) bis c) jeweils vier Schritte mit dem Newtonverfahren angegeben. Es können auch andere Startwerte x_0 gewählt werden.
a) $f(x) = x^2 - 2$: Nullstelle 1,4142

Schritt	x_n	$f(x_n)$	$f'(x_n)$
0	2,000 000	2,000 000	4,000 000
1	1,500 000	0,250 000	3,000 000
2	1,416 667	0,006 944	2,833 333
3	1,414 216	0,000 006	2,828 431
4	1,414 214	0,000 000	2,828 427

b) $f(x) = x^3 + x - 1$: Nullstelle 0,6823

Schritt	x_n	$f(x_n)$	$f'(x_n)$
0	2,000 000	9,000 000	13,000 000
1	1,307 692	2,543 924	6,130 178
2	0,892 709	0,604 134	3,390 786
3	0,714 539	0,079 359	2,531 700
4	0,683 193	0,002 075	2,400 259

c) $f(x) = x^5 + x^2 - 2x + 2$: Nullstelle: −1,4826

Schritt	x_n	$f(x_n)$	$f'(x_n)$
0	−1,500 000	−0,343 750	20,312 500
1	−1,483 077	−0,009 271	19,223 225
2	−1,482 595	−0,000 007	19,192 741
3	−1,482 594	0,000 000	19,192 716
4	−1,482 594	0,000 000	19,192 776

d) $f(x) = 2x + \frac{1}{x^2}$: Nullstelle −0,7937
e) $f(x) = 1 + \sqrt{x} - x$: Nullstelle 2,6180
f) $f(x) = x(x - 1)(x + 1) - 1$: Nullstelle 1,3247

2 Lösungen auf 6 Dezimalstellen gerundet. Mit dem Newtonverfahren erhält man je nach Startwert die verschiedenen Lösungen.
a) $f(x) = x^4 + x^3 - x^2 - x - 1$:
Nullstellen −1,512 876; 1,178 724
b) $f(x) = x^3 - 2{,}2x^2 - 3{,}2x - 0{,}8$:
Nullstellen −0,713 492; −0,344 185; 3,257 678

3 Gleichung $x^3 = x + 5$ bzw. $x^3 - x - 5 = 0$,
Lösung $x = 1{,}904161$ (gerundet)

4 Gleichung $(10 + x)(9 + x)(1 + x) = 180$ bzw.
$x^3 + 20x^2 + 109x - 90 = 0$
Lösung $x = 0{,}725583$ (gerundet)

5 a) Siehe Tabelle. Es können auch andere Startwerte x_0 gewählt werden.
b) $f(x) = x^2 - a$; $f'(x) = 2x$
Das Newtonverfahren ergibt $x_n = x_{n-1} - \frac{x_{n-1}^2 - a}{2x_{n-1}}$
$= x_{n-1} - \frac{1}{2}x_{n-1} + \frac{1}{2}\frac{a}{x_{n-1}} = \frac{1}{2}\left(x_{n-1} + \frac{a}{x_{n-1}}\right)$,
also ergibt sich daraus das Heronverfahren.

Schritt	x_n
0	2,000000
1	1,500000
2	1,416667
3	1,414216
4	1,414214
5	1,414214

III Geraden im Raum – Vektoren

1 Punkte im Raum

Seite 76

1

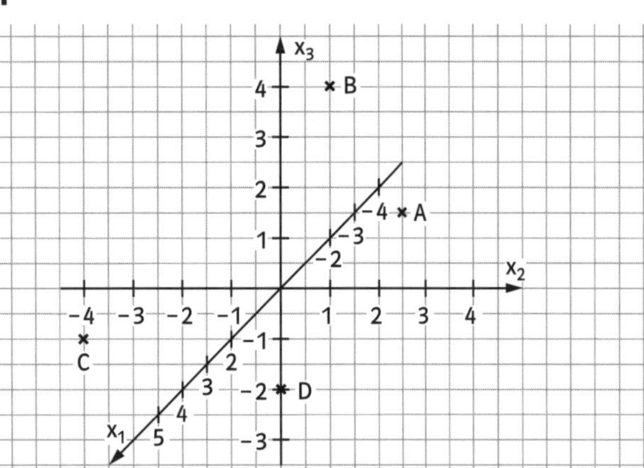

2

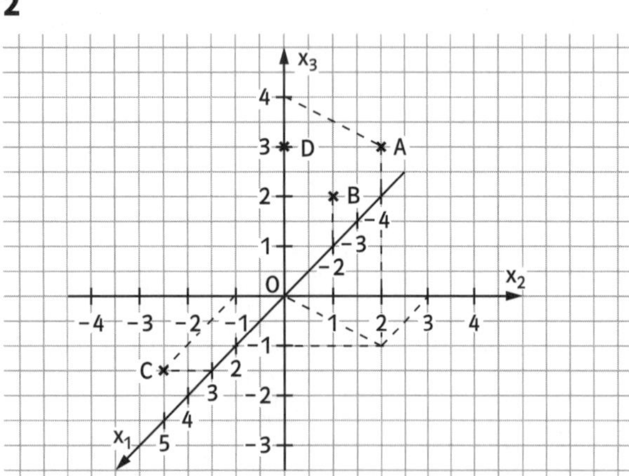

3 a) Die Strecke muss ganz in der x_2x_3-Ebene liegen.
b) Strecken, die nicht in der Zeichenebene des Heftes liegen, also alle Strecken, die nicht in der x_2x_3-Ebene liegen.

4 a)

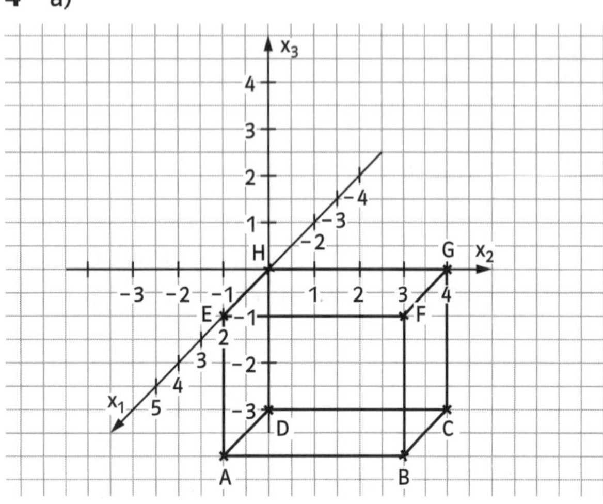

b) A(2|0|−3); B(2|4|−3); C(0|4|−3); D(0|0|−3); E(2|0|0); F(2|4|0); G(0|4|0); H(0|0|0)

5 a) Diese Punkte liegen in der x_2x_3-Ebene (x_1x_3-Ebene; x_1x_2-Ebene).
b) Diese Punkte liegen auf der x_1-Achse.

6 P(2|3|0), Q(4|4|0), R(0|3|1), S(0|−2|−1), T(2|0|2), U(3|0|−1)

7 a) Mittelpunkt der Kante AB: $M_1(1|2{,}5|1)$
Mittelpunkt der Kante BC: $M_2(-0{,}5|4|1)$
Mittelpunkt der Kante CD: $M_3(-2|2{,}5|1)$
Mittelpunkt der Kante AD: $M_4(-0{,}5|1|1)$
Mittelpunkt der Kante EF: $M_5(1|2{,}5|3)$
Mittelpunkt der Kante FG: $M_6(-0{,}5|4|3)$
Mittelpunkt der Kante GH: $M_7(-2|2{,}5|3)$
Mittelpunkt der Kante EH: $M_8(-0{,}5|1|3)$
Mittelpunkt der Kante AE: $M_9(1|1|2)$
Mittelpunkt der Kante BF: $M_{10}(1|4|2)$
Mittelpunkt der Kante CG: $M_{11}(-2|4|2)$
Mittelpunkt der Kante DH: $M_{12}(-2|1|2)$
b) Diagonalenschnittpunkt des Vierecks ABFE:
$S_1(1|2{,}5|2)$
Diagonalenschnittpunkt des Vierecks DCGH:
$S_2(-2|2{,}5|2)$
Diagonalenschnittpunkt des Vierecks BCGF:
$S_3(-0{,}5|4|2)$
Diagonalenschnittpunkt des Vierecks ADHE:
$S_4(-0{,}5|1|2)$

8 a)

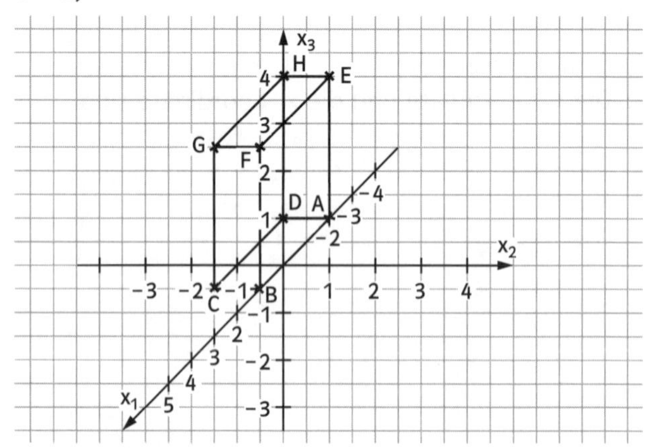

b) E(−2|0|3); F(1|0|3); D(−2|−1|0); H(−2|−1|3)
c) $\overline{BD} = \sqrt{1^2 + 3^2}\,\text{cm} = \sqrt{10}\,\text{cm}$
$\overline{BH} = \sqrt{1^2 + 3^2 + 3^2}\,\text{cm} = \sqrt{19}\,\text{cm}$
(Druckfehler im 1. Druck der 1. Auflage des Schülerbuches: Dort sind die Punkte G und H vertauscht.)

9

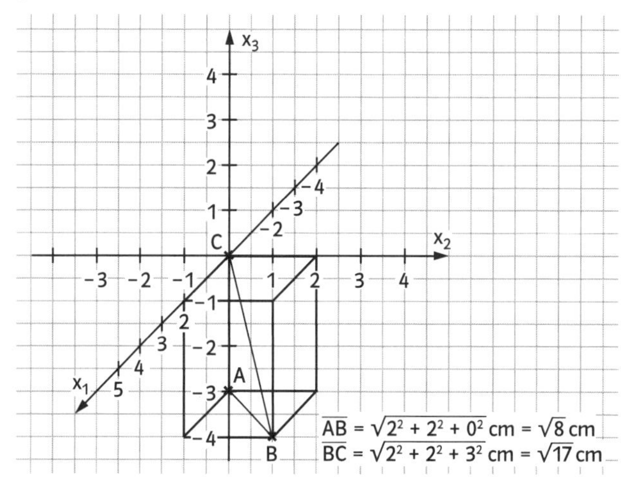

Seite 77

10 a) A(2 | 0 | 0), B(−1 | 2 | 1), C(−2 | 3 | −4), D(3 | 4 | 2)
b) A(−2 | 0 | 0), B(1 | 2 | −1), C(2 | 3 | 4), D(−3 | 4 | −2)
c) A(2 | 0 | 0), B(−1 | −2 | −1), C(−2 | −3 | 4), D(3 | −4 | −2)

11 Zum Beispiel A(0 | 1 | 1) und B(0 | −2 | −2).

12 Die x_2-Koordinate der Punkte ist 5 oder −5.

13 Individuelle Lösung.

14 Individuelle Lösung.

15 a) Zum Beispiel A(1 | 5 | 1) und B(1 | −5 | 1).
b) Zum Beispiel A(1 | 1 | 4) und B(1 | 1 | −4).

16 a) P(1 | 1,5 | 1), Q(1 | 3 | 1)
b) Zum Beispiel A(1 | 7 | 1), B(1 | 8 | 1), C(1 | 9 | 1).
c) Die x_1-Koordinate und die x_3-Koordinate sind stets 1. Die x_2-Koordinate ist eine (beliebig wählbare) reelle Zahl.

17 S(−1 | 5 | 6)

2 Vektoren

Seite 80

1

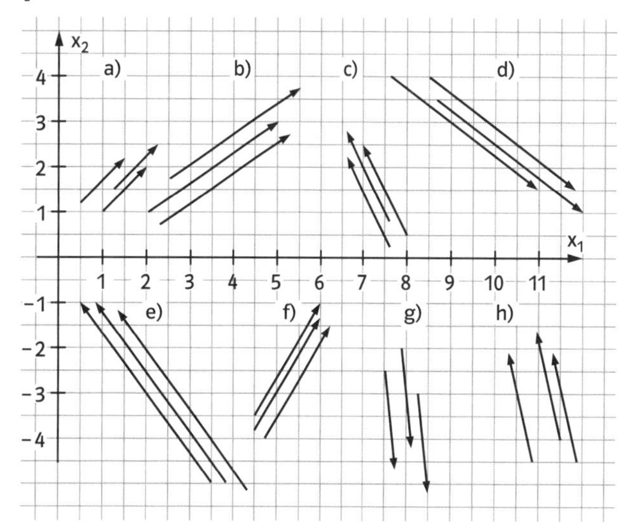

2

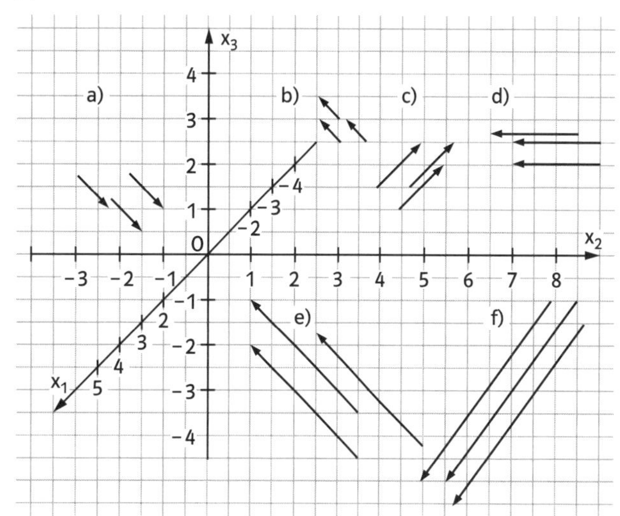

3 a) $\overrightarrow{AB} = \begin{pmatrix} 2 \\ 4 \\ 0 \end{pmatrix}$, $\overrightarrow{BA} = \begin{pmatrix} -2 \\ -4 \\ 0 \end{pmatrix}$ b) $\overrightarrow{AB} = \begin{pmatrix} -1 \\ 1 \\ 3 \end{pmatrix}$, $\overrightarrow{BA} = \begin{pmatrix} 1 \\ -1 \\ -3 \end{pmatrix}$

c) $\overrightarrow{AB} = \begin{pmatrix} 3 \\ -4 \\ 1 \end{pmatrix}$, $\overrightarrow{BA} = \begin{pmatrix} -3 \\ 4 \\ -1 \end{pmatrix}$ d) $\overrightarrow{AB} = \begin{pmatrix} 1 \\ -3 \\ -2 \end{pmatrix}$, $\overrightarrow{BA} = \begin{pmatrix} -1 \\ 3 \\ 2 \end{pmatrix}$

e) $\overrightarrow{AB} = \begin{pmatrix} 6 \\ 6 \\ -1 \end{pmatrix}$, $\overrightarrow{BA} = \begin{pmatrix} -6 \\ -6 \\ 1 \end{pmatrix}$

f) $\overrightarrow{AB} = \begin{pmatrix} 1{,}5 \\ -4{,}3 \\ 5 \end{pmatrix}$, $\overrightarrow{BA} = \begin{pmatrix} -1{,}5 \\ 4{,}3 \\ -5 \end{pmatrix}$

4 a) B(4 | −2 | 6) b) B(−15 | 10 | 34)
c) A(−19 | 12 | 28) d) A(31 | −70 | −184)

5 a) P(−2 | 1 | −3) b) P(2 | 0 | −2)
c) P(1 | −1 | 1) d) P(1 | −3 | −1)
Bezüglich des Vektors $\overrightarrow{BA}$: nur Vorzeichenwechsel bei den Koordinaten der Punkte von a) – d).

6

	$\overrightarrow{AB}$	$\overrightarrow{DC}$	$\overrightarrow{AD}$	$\overrightarrow{BC}$	Parallelogramm?
a)	$\begin{pmatrix}7\\3\\2\end{pmatrix}$	$\begin{pmatrix}7\\3\\2\end{pmatrix}$	$\begin{pmatrix}4\\1\\0\end{pmatrix}$	$\begin{pmatrix}4\\1\\0\end{pmatrix}$	ja
b)	$\begin{pmatrix}2\\4\\1\end{pmatrix}$	$\begin{pmatrix}2\\4\\1\end{pmatrix}$	$\begin{pmatrix}7\\3\\5\end{pmatrix}$	$\begin{pmatrix}7\\3\\5\end{pmatrix}$	ja
c)	$\begin{pmatrix}4\\7\\-6\end{pmatrix}$	$\begin{pmatrix}-7\\-1\\-7\end{pmatrix}$	$\begin{pmatrix}6\\2\\1\end{pmatrix}$	$\begin{pmatrix}-5\\-6\\0\end{pmatrix}$	nein

7 a) Viereck ABCD mit D(18 | −14 | 56)
Viereck ABDC mit D(−18 | 22 | −46)
b) Viereck ABCD mit D(−109 | 201 | 17)
Viereck ABDC mit D(111 | −197 | −11)

Seite 81

8 a) Individuelle Lösung.
b) Meersburg: Der Ballon landet in der Schweiz.
Wasserburg: Der Ballon schafft es gerade bis zum Strand südlich von Rheinspitz.
c) Individuelle Lösung (Koordinaten verdoppeln sich / Richtung des neuen Vektors ist der Richtung des alten Vektors entgegengesetzt).

9 a) – c) Individuelle Lösung.
d) Der große Pfeil ist dreimal so lang wie der kleine Pfeil.

10 a) Individuelle Lösung.
b) Man benötigt zwei Vektoren.

11 $M_1(2|4|-1)$, $M_2(2|6|0{,}5)$, $M_3(1|4|0{,}5)$, $M_4(2|2|0{,}5)$

a) $\overrightarrow{M_1M_2} = \begin{pmatrix}0\\2\\1{,}5\end{pmatrix}$ b) $\overrightarrow{M_2M_3} = \begin{pmatrix}-1\\-2\\0\end{pmatrix}$

c) $\overrightarrow{M_3M_4} = \begin{pmatrix}1\\-2\\0\end{pmatrix}$ d) $\overrightarrow{M_4M_1} = \begin{pmatrix}0\\2\\-1{,}5\end{pmatrix}$

3 Rechnen mit Vektoren

Seite 84

1 a) $\begin{pmatrix}4\\4\end{pmatrix}$ b) $\begin{pmatrix}2\\-1\end{pmatrix}$ c) $\begin{pmatrix}3\\5\end{pmatrix}$ d) $\begin{pmatrix}1\\5\end{pmatrix}$

2 a) $\begin{pmatrix}7\\1\\-2\end{pmatrix}$ b) $\begin{pmatrix}1\\1\\1\end{pmatrix}$ c) $\begin{pmatrix}0\\1\\-9\end{pmatrix}$ d) $\begin{pmatrix}9\\-2\\5\end{pmatrix}$

3 a) $\begin{pmatrix}7\\14\\35\end{pmatrix}$ b) $\begin{pmatrix}-3\\0\\-33\end{pmatrix}$ c) $\begin{pmatrix}10\\-5\\5\end{pmatrix}$ d) $\begin{pmatrix}2\\3\\4\end{pmatrix}$

e) $\begin{pmatrix}-7{,}5\\-8{,}25\\-9\end{pmatrix}$ f) $\begin{pmatrix}0\\0\\0\end{pmatrix}$

4 a) $\frac{1}{4}\begin{pmatrix}2\\12\\1\end{pmatrix}$ b) $\frac{1}{10}\begin{pmatrix}50\\4\\15\end{pmatrix}$ c) $4\cdot\begin{pmatrix}-2\\3\\9\end{pmatrix}$ d) $13\cdot\begin{pmatrix}3\\0\\-4\end{pmatrix}$

e) $\frac{1}{24}\begin{pmatrix}288\\-20\\-3\end{pmatrix}$ f) $\frac{1}{66}\begin{pmatrix}18\\-15\\14\end{pmatrix}$

5

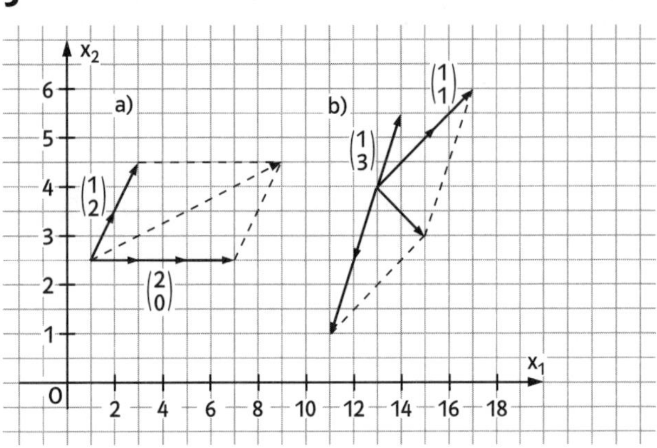

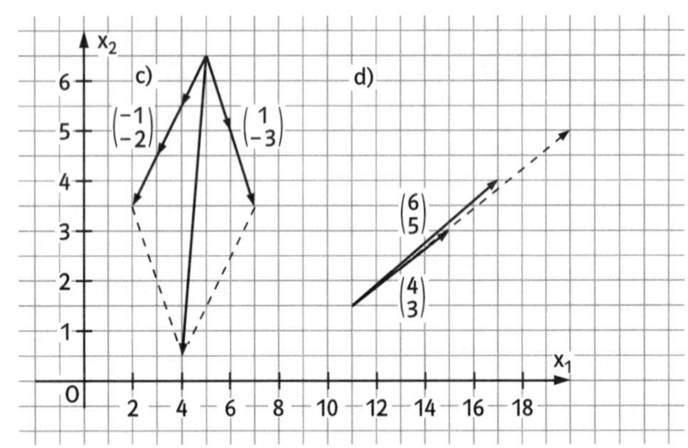

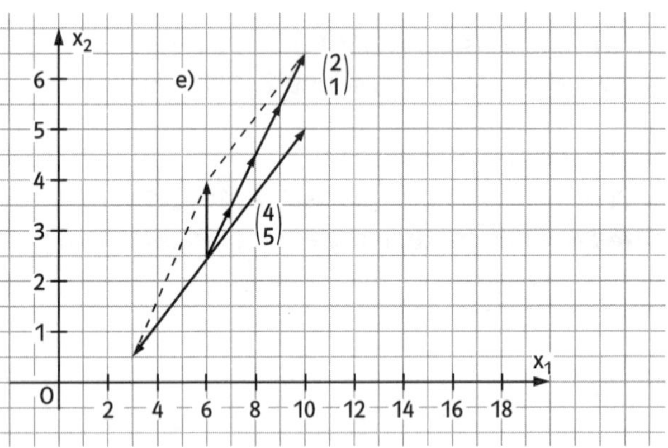

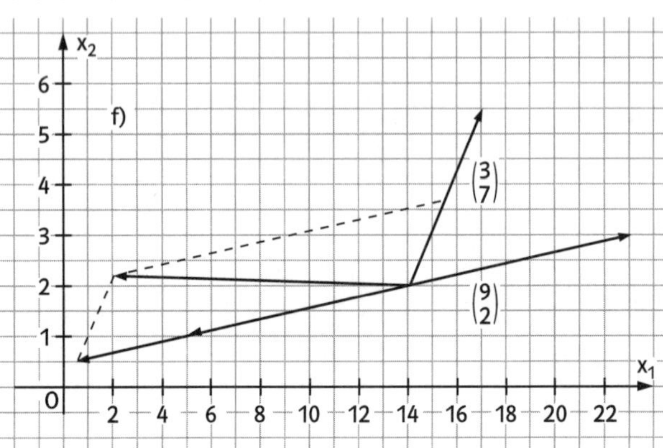

6 Zur Kontrolle der jeweiligen Zeichnung:
Der Ergebnisvektor
a) ist Ortsvektor des Punktes P(1 | 1 | 0)
b) ist Ortsvektor des Punktes P(0 | 1 | 1)
c) ist Ortsvektor des Punktes P(2 | 0 | 2)
d) ist Ortsvektor des Punktes P(2 | 0 | −1)
e) ist Ortsvektor des Punktes P(0 | 1 | 0)
f) ist Ortsvektor des Punktes P(2 | 2 | −4)

7 a) $\begin{pmatrix}-1\\2\\-7\end{pmatrix}$ b) $\begin{pmatrix}40\\-8\\4\end{pmatrix}$ c) $\begin{pmatrix}40\\20\\-10\end{pmatrix}$ d) $\begin{pmatrix}5\\4\\3\end{pmatrix}$

e) $\begin{pmatrix}-2\\16\\10\end{pmatrix}$ f) $\begin{pmatrix}6{,}4\\30\\17\end{pmatrix}$ g) $\begin{pmatrix}10\\-0{,}5\\7{,}5\end{pmatrix}$ h) $\begin{pmatrix}2\\-1{,}8\\1{,}8\end{pmatrix}$

8 a) $12\vec{a}$ b) $10\vec{d} - 10\vec{e} = 10(\vec{d} - \vec{e})$
c) $-2{,}7\vec{u} - 2{,}7\vec{v}$ d) $22{,}8\vec{a} + 8{,}4\vec{b} - 11{,}1\vec{c}$
e) $3\vec{a} + 2\vec{b}$ f) $-\vec{u} + \vec{v}$
g) $4\vec{a} + 8\vec{b}$ h) $-3\vec{a} + 3\vec{b}$
i) $9\vec{a} + 6\vec{b}$ j) $10\vec{a} - 2\vec{b}$
k) $2\vec{u} - 10\vec{v}$

9 Individuelle Lösung.

Seite 85

10 a) $M_a(2 | 2)$ $M_b(0{,}5 | 1{,}5)$ $M_c(1{,}5 | 0{,}5)$
b) $M_a(2 | 2 | 3)$ $M_b(0{,}5 | 1{,}5 | 2)$ $M_c(1{,}5 | 0{,}5 | 1)$
c) $M_a(3 | 3{,}5)$ $M_b(1{,}5 | 4)$ $M_c(2{,}5 | 2{,}5)$
d) $M_a(2 | 3 | 3)$ $M_b(2 | 3 | 2{,}5)$ $M_c(1 | 1 | 0{,}5)$

11 a) $S\left(3 \middle| 4\tfrac{1}{3}\right)$ b) $S\left(\tfrac{1}{3} \middle| 2\tfrac{2}{3} \middle| \tfrac{2}{3}\right)$

12 M(5,5 | 6 | 6,5)

13 Individuelle Lösung.

Seite 86

15 a) $\overrightarrow{AG} = \vec{a} + \vec{b} + \vec{c}$ b) $\overrightarrow{BH} = -\vec{a} + \vec{b} + \vec{c}$
c) $\overrightarrow{EC} = \vec{a} + \vec{b} - \vec{c}$ d) $\overrightarrow{BM} = \frac{1}{2}\cdot(\vec{b} - \vec{a})$
e) $\overrightarrow{ME} = -\frac{1}{2}\vec{a} - \frac{1}{2}\vec{b} + c$

16 $\vec{a} = \begin{pmatrix}a_1\\a_2\end{pmatrix}$, $\vec{b} = \begin{pmatrix}b_1\\b_2\end{pmatrix}$, $\vec{c} = \begin{pmatrix}c_1\\c_2\end{pmatrix}$

a) $(\vec{a} + \vec{b}) + \vec{c} = \left(\begin{pmatrix}a_1\\a_2\end{pmatrix} + \begin{pmatrix}b_1\\b_2\end{pmatrix}\right) + \begin{pmatrix}c_1\\c_2\end{pmatrix} = \begin{pmatrix}a_1 + b_1\\a_2 + b_2\end{pmatrix} + \begin{pmatrix}c_1\\c_2\end{pmatrix}$

$= \begin{pmatrix}a_1 + b_1 + c_1\\a_2 + b_2 + c_2\end{pmatrix} = \begin{pmatrix}a_1 + (b_1 + c_1)\\a_2 + (b_2 + c_2)\end{pmatrix} = \begin{pmatrix}a_1\\a_2\end{pmatrix} + \begin{pmatrix}b_1 + c_1\\b_2 + c_2\end{pmatrix}$

$= \begin{pmatrix}a_1\\a_2\end{pmatrix} + \left(\begin{pmatrix}b_1\\b_2\end{pmatrix} + \begin{pmatrix}c_1\\c_2\end{pmatrix}\right) = \vec{a} + (\vec{b} + \vec{c})$

b) $r\cdot(s\cdot\vec{a}) = r\cdot\left(s\cdot\begin{pmatrix}a_1\\a_2\end{pmatrix}\right) = r\cdot\begin{pmatrix}s\cdot a_1\\s\cdot a_2\end{pmatrix} = \begin{pmatrix}r\cdot s\cdot a_1\\r\cdot s\cdot a_1\end{pmatrix} = \begin{pmatrix}s\cdot r\cdot a_1\\s\cdot r\cdot a_2\end{pmatrix}$

$= s\cdot\begin{pmatrix}r\cdot a_1\\r\cdot a_2\end{pmatrix} = s\cdot\left(r\cdot\begin{pmatrix}a_1\\a_2\end{pmatrix}\right) = s\cdot(r\cdot\vec{a})$

c) $r\cdot(\vec{a} + \vec{b}) = r\cdot\left(\begin{pmatrix}a_1\\a_2\end{pmatrix} + \begin{pmatrix}b_1\\b_2\end{pmatrix}\right) = r\cdot\begin{pmatrix}a_1 + b_1\\a_2 + b_2\end{pmatrix}$

$= \begin{pmatrix}r\cdot(a_1 + b_1)\\r\cdot(a_2 + b_2)\end{pmatrix} = \begin{pmatrix}r\cdot a_1 + r\cdot b_1\\r\cdot a_2 + r\cdot b_2\end{pmatrix} = \begin{pmatrix}r\cdot a_1\\r\cdot a_2\end{pmatrix} + \begin{pmatrix}r\cdot b_1\\r\cdot b_2\end{pmatrix}$

$= r\cdot\begin{pmatrix}a_1\\a_2\end{pmatrix} + r\cdot\begin{pmatrix}b_1\\b_2\end{pmatrix} = r\cdot\vec{a} + r\cdot\vec{b}$

$(r + s)\cdot\vec{a} = (r + s)\begin{pmatrix}a_1\\a_2\end{pmatrix} = \begin{pmatrix}(r + s)\cdot a_1\\(r + s)\cdot a_2\end{pmatrix} = \begin{pmatrix}r\cdot a_1 + s\cdot a_1\\r\cdot a_2 + s\cdot a_2\end{pmatrix}$

$= \begin{pmatrix}r\cdot a_1\\r\cdot a_2\end{pmatrix} = \begin{pmatrix}s\cdot a_1\\s\cdot a_2\end{pmatrix} = r\cdot\begin{pmatrix}a_1\\a_2\end{pmatrix} + s\cdot\begin{pmatrix}a_1\\a_2\end{pmatrix} = r\cdot\vec{a} + s\cdot\vec{a}$

17 a) Sie liegen auf der x_1-Achse.
b) Sie liegen in der x_1x_2-Ebene
c) Sie liegen in der x_1x_3-Ebene.
d) Sie liegen in der x_2x_3-Ebene.

4 Geraden

Seite 89

1 a) g: $\vec{x} = t\cdot\begin{pmatrix}2\\3\end{pmatrix}$ b) g: $\vec{x} = \begin{pmatrix}-2\\3\end{pmatrix} + t\cdot\begin{pmatrix}7\\-6\end{pmatrix}$

c) g: $\vec{x} = \begin{pmatrix}2\\0\\1\end{pmatrix} + t\cdot\begin{pmatrix}1\\0\\1\end{pmatrix}$

2

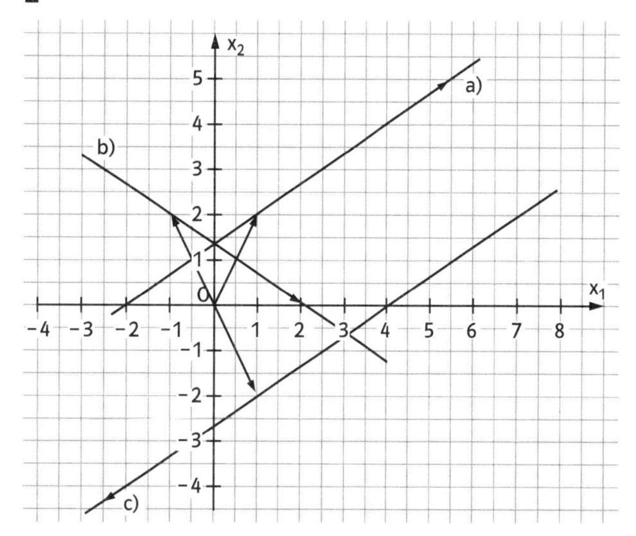

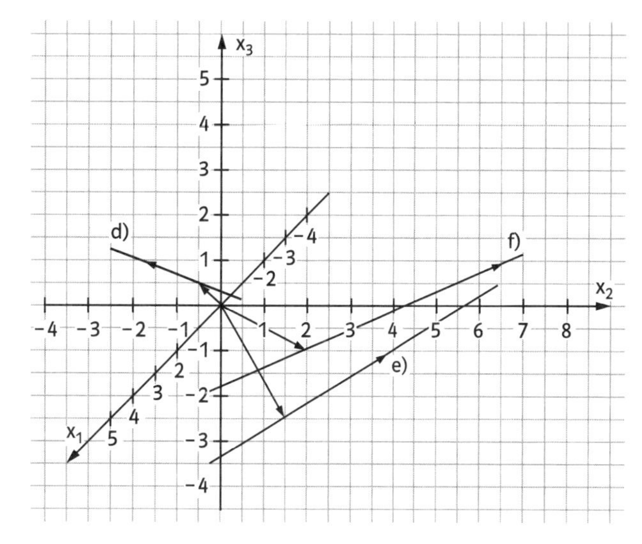

3 a) nein b) ja $(t = -1)$
c) ja $(t = -1)$ d) nein

4 a) z.B. $P(1|-3|2)$ $(t = 0)$
$Q(3|-1|4)$ $(t = 1)$
b) $R(4|0|5)$ $(t = 1{,}5)$
c) $S(0|-4|1)$ $(t = -0{,}5)$
d) Siehe Zeichnung.

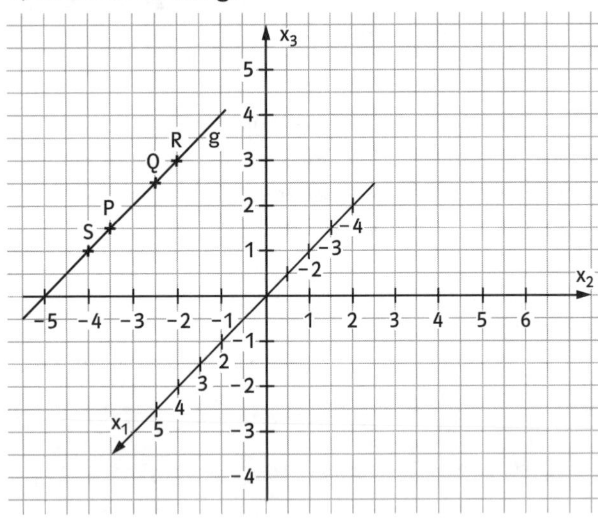

5 Individuelle Lösung.

6 w_1: $\vec{x} = t \cdot \begin{pmatrix} 1 \\ 1 \end{pmatrix}$ w_2: $\vec{x} = t \cdot \begin{pmatrix} -1 \\ 1 \end{pmatrix}$

Seite 90

7 a) g: $\vec{x} = t \cdot \begin{pmatrix} 1 \\ 0 \\ 0 \end{pmatrix}$ b) g: $\vec{x} = t \cdot \begin{pmatrix} 0 \\ 1 \\ 0 \end{pmatrix}$

c) g: $\vec{x} = t \cdot \begin{pmatrix} 0 \\ 0 \\ 1 \end{pmatrix}$

8 a) Eine der Winkelhalbierenden zwischen der x_1-Achse und der x_3-Achse.
b) Eine der Winkelhalbierenden zwischen der x_2-Achse und der x_3-Achse.
c) Eine Gerade, deren senkrechte Projektion auf die Koordinatenebenen jeweils eine der entsprechenden Winkelhalbierenden ergibt.

9 a) g: $\vec{x} = \begin{pmatrix} -4 \\ 1 \\ 0 \end{pmatrix} + t \begin{pmatrix} 3 \\ 4 \\ 0 \end{pmatrix}$; h: $\vec{x} = \begin{pmatrix} -4 \\ 1 \\ 3 \end{pmatrix} + t \begin{pmatrix} 3 \\ 2 \\ -3 \end{pmatrix}$;

i: $\vec{x} = \begin{pmatrix} -4 \\ 5 \\ 3 \end{pmatrix} + t \begin{pmatrix} 0 \\ 4 \\ -3 \end{pmatrix}$; j: $\vec{x} = \begin{pmatrix} -1 \\ 1 \\ 0 \end{pmatrix} + t \begin{pmatrix} 0 \\ 4 \\ 3 \end{pmatrix}$

b) g: $\vec{x} = \begin{pmatrix} -2 \\ 5 \\ 3 \end{pmatrix} + t \begin{pmatrix} 2 \\ -2 \\ 1 \end{pmatrix}$; h: $\vec{x} = \begin{pmatrix} -2 \\ 5 \\ 3 \end{pmatrix} + t \begin{pmatrix} -1 \\ 1 \\ 0 \end{pmatrix}$;

i: $\vec{x} = \begin{pmatrix} -6 \\ 5 \\ 3 \end{pmatrix} + t \begin{pmatrix} 2 \\ 2 \\ -1 \end{pmatrix}$; j: $\vec{x} = \begin{pmatrix} -6 \\ 5 \\ 3 \end{pmatrix} + t \begin{pmatrix} 2 \\ -1 \\ -3 \end{pmatrix}$

Seite 91

10 a) z.B.: $\vec{x} = \begin{pmatrix} 2 \\ 3 \\ 4 \end{pmatrix} + t \cdot \begin{pmatrix} -1 \\ -4 \\ -2 \end{pmatrix}$; $\vec{x} = \begin{pmatrix} 2 \\ 3 \\ 4 \end{pmatrix} + t \cdot \begin{pmatrix} 1 \\ 4 \\ 2 \end{pmatrix}$;

$\vec{x} = \begin{pmatrix} 1 \\ -1 \\ 2 \end{pmatrix} + t \cdot \begin{pmatrix} 1 \\ 4 \\ 2 \end{pmatrix}$

b) Man erhält die Ortsvektoren von Punkten der Geraden, wenn man für t Zahlen einsetzt.
c) $P(0|-5|0)$

11 a) ja b) nein c) nein d) ja

12 Individuelle Lösung (je nach gewählter Lage des Quaders im Koordinatensystem).

13 a) $\vec{x} = \begin{pmatrix} 1 \\ 5 \end{pmatrix} + t \cdot \begin{pmatrix} 7 \\ -2 \end{pmatrix}$ mit $0 \leqq t \leqq 1$
b) Individuelle Lösung.

14 a) $y = \frac{1}{4}x + 3$ $\vec{x} = \begin{pmatrix} 0 \\ 3 \end{pmatrix} + t \cdot \begin{pmatrix} 4 \\ 1 \end{pmatrix}$
b) Der Quotient aus der y-Koordinate und der x-Koordinate des Richtungsvektors ist die Steigung der Geraden (mit x-Koordinate $\neq 0$).
c) Ja, man drückt die Steigung als Bruch aus. Der Zähler des Bruches entspricht der y-Koordinate und der Nenner des Bruches entspricht der x-Koordinate eines Richtungsvektors.

5 Lage von Geraden

Seite 94

1 a) $S\left(-\frac{1}{3}\middle|-\frac{2}{3}\right)$ b) $S(0|5)$
c) $S(3|-2|4)$ d) $S(3|-13|9)$

2 Die Geraden g und h
a) schneiden sich nicht.
b) schneiden sich nicht.
c) schneiden sich nicht.
d) schneiden sich nicht.

3 Die Geraden g und h schneiden sich im Punkt $S(1|2|3)$ (s. Stützvektor).
Die Geraden h und i haben den gleichen Richtungsvektor.
Also müssen laut Aufgabenstellung die Geraden g und i zueinander windschief sein.

Seite 95

4 a) g, h parallel und verschieden
b) g = h
c) g, h schneiden sich in S(0 | 3)
d) g = h

5 a) r = 3, s = −2, A(2 | 1); r = 4, t = 0, B(5 | −1); s = −1, t = 1, C(3 | 4)
b) r = −1, $s = \frac{1}{2}$, A(2 | −3 | 1); r = 3, t = −1, B(−6 | 5 | 5); s = −1, t = 0, C(5 | 3 | −8)

6 a) g und h sind parallel und verschieden.
b) g und h sind windschief.
c) g und h schneiden sich in S(2 | 1 | 3).
d) g und h schneiden sich in S(−5 | −15 | 1).

Seite 96

7 a) h: $\vec{x} = \begin{pmatrix} 1 \\ 0 \\ 0 \end{pmatrix} + t \cdot \begin{pmatrix} -7 \\ 3 \\ 1 \end{pmatrix}$; i: $\vec{x} = t \cdot \begin{pmatrix} 7 \\ 3 \\ 1 \end{pmatrix}$;

j: $\vec{x} = \begin{pmatrix} 0 \\ 0 \\ 1 \end{pmatrix} + t \cdot \begin{pmatrix} -7 \\ 3 \\ 1 \end{pmatrix}$

b) h: $\vec{x} = \begin{pmatrix} 2 \\ 2 \\ 1 \end{pmatrix} + t \cdot \begin{pmatrix} -1 \\ 2 \\ 0 \end{pmatrix}$; i: $\vec{x} = t \cdot \begin{pmatrix} 1 \\ 2 \\ 0 \end{pmatrix}$;

j: $\vec{x} = \begin{pmatrix} 1 \\ 0 \\ 0 \end{pmatrix} + t \cdot \begin{pmatrix} -1 \\ 2 \\ 0 \end{pmatrix}$

c) h: $\vec{x} = \begin{pmatrix} 2 \\ 3 \\ 6 \end{pmatrix} + t \cdot \begin{pmatrix} -1 \\ 0 \\ 5 \end{pmatrix}$; i: $\vec{x} = t \cdot \begin{pmatrix} 1 \\ 0 \\ 5 \end{pmatrix}$; j: $\vec{x} = \begin{pmatrix} 0 \\ 1 \\ 0 \end{pmatrix} + t \cdot \begin{pmatrix} -1 \\ 0 \\ 5 \end{pmatrix}$

8 Individuelle Lösung.

9 a) Die Geraden g: $\vec{x} = \begin{pmatrix} 2 \\ 2 \\ 0 \end{pmatrix} + r \begin{pmatrix} -2 \\ 2 \\ 2 \end{pmatrix}$ und

h: $\vec{x} = \begin{pmatrix} 0 \\ 1 \\ 2 \end{pmatrix} + s \begin{pmatrix} 1 \\ 3 \\ -2 \end{pmatrix}$ sind windschief.

b) Die Geraden g: $\vec{x} = \begin{pmatrix} 0 \\ 0 \\ 2 \end{pmatrix} + r \begin{pmatrix} 1{,}5 \\ 4 \\ -2 \end{pmatrix}$ und

h: $\vec{x} = \begin{pmatrix} 3 \\ 0 \\ 0 \end{pmatrix} + s \begin{pmatrix} -3 \\ 4 \\ 1 \end{pmatrix}$ schneiden sich in $S\left(1 \middle| \frac{8}{3} \middle| \frac{2}{3}\right)$.

10 a) Man kann das Koordinatensystem so legen, dass der Ursprung in der hinteren, unteren, verdeckten Ecke des Würfels liegt und die Koordinatenachsen entlang der angrenzenden Würfelkanten verlaufen. Eine Einheit ist die Kantenlänge eines kleinen Würfels.
Eckpunkte: (0 | 0 | 0); (0 | 3 | 0); (3 | 3 | 0); (3 | 0 | 0); (0 | 0 | 3); (0 | 3 | 3); (3 | 3 | 3); (3 | 0 | 3)

b) P_1(3 | 0 | 2); P_2(3 | 0 | 1); E_1(3 | 3 | 3); E_2(0 | 3 | 3); E_3(2 | 2 | 2)

Gerade g durch E_1 und E_3: $\vec{x} = t \cdot \begin{pmatrix} 1 \\ 1 \\ 1 \end{pmatrix}$

Gerade h durch P_1 und E_2: $\vec{x} = \begin{pmatrix} 3 \\ 0 \\ 2 \end{pmatrix} + t \cdot \begin{pmatrix} -3 \\ 3 \\ 1 \end{pmatrix}$

Gerade i durch P_2 und E_2: $\vec{x} = \begin{pmatrix} 3 \\ 0 \\ 1 \end{pmatrix} + t \cdot \begin{pmatrix} -3 \\ 3 \\ 2 \end{pmatrix}$

g und h sind zueinander windschief.
g und i sind zueinander windschief.
h und i schneiden sich in E_2.

11 Teilt man die y-Koordinate des Richtungsvektors durch die x-Koordinate des Richtungsvektors, so erhält man 3,5. Da dies auch die Steigung der anderen Geraden ist, schneiden sich die beiden Geraden nicht.

Wiederholen – Vertiefen – Vernetzen

Seite 97

1 Die Punkte liegen auf „Raumdiagonalen". Das heißt: Die senkrechten Projektionen dieser Geraden auf die Koordinatenebenen ergeben die jeweiligen Winkelhalbierenden zwischen den Achsen.

2 Individuelle Lösungen (je nach Wahl des Koordinatensystems).

3 a) A′(2 | 0 | 0), B′(−1 | 2 | 1), C′(−2 | 3 | −4), D′(3 | 4 | 2)
b) A′(−2 | 0 | 0), B′(1 | 2 | −1), C′(2 | 3 | 4), D′(−3 | 4 | −2)

4 $\vec{c} = -\vec{b}$; $\vec{d} = -\vec{a}$; $\vec{e} = \vec{b} - \vec{a}$
b) $\vec{a} = -\vec{d}$; $\vec{b} = \vec{e} - \vec{d}$; $\vec{c} = \vec{d} - \vec{e}$

5 Individuelle Lösungen (je nach Wahl des Koordinatensystems).

Die Lösungen der Aufgaben 6 bis 8 befinden sich im Schulbuch auf S. 211.

Seite 98

9 Individuelle Lösungen (je nach Wahl des Koordinatensystems).

10 Individuelle Lösungen (je nach Wahl des Koordinatensystems).

11 a) $\vec{x} = t\begin{pmatrix}4\\1\end{pmatrix}$ b) $\vec{x} = \begin{pmatrix}0\\-1\\2\end{pmatrix} + t\begin{pmatrix}-7\\0\\3\end{pmatrix}$

12 $a = 1$; Schnittpunkt $S\left(\frac{2}{3}\middle|\frac{2}{3}\middle|\frac{5}{3}\right)$
$\left(a = \frac{2}{3};\ S(1{,}5\,|\,1{,}5\,|\,1)\right)$

Seite 99

13 Definiert man ein Koordinatensystem so, dass der Ursprung mit der hinteren linken Würfelecke zusammenfällt und wählt man als Längeneinheit die Länge einer Würfelkante, dann sind folgende Geraden zu betrachten:

$g\colon \vec{x} = t\cdot\begin{pmatrix}1\\1\\1\end{pmatrix}$ und $h\colon \vec{x} = \begin{pmatrix}1\\0{,}5\\0\end{pmatrix} + t\cdot\begin{pmatrix}-1\\0\\1\end{pmatrix}$;

g und h schneiden sich im Punkt $S(0{,}5\,|\,0{,}5\,|\,0{,}5)$.

14 Die Geraden $g\colon \vec{x} = \begin{pmatrix}-3\\0\\0\end{pmatrix} + s\begin{pmatrix}0\\6\\5\end{pmatrix}$ und

$h\colon \vec{x} = \begin{pmatrix}-6\\4\\0\end{pmatrix} + t\begin{pmatrix}4{,}5\\-3{,}5\\2{,}5\end{pmatrix}$ sind windschief.

15 g, h schneiden sich in $S\left(\frac{2}{3}\middle|\frac{7}{3}\middle|\frac{2}{3}\right)$;
g, i schneiden sich in $T\left(1\middle|3\middle|\frac{1}{2}\right)$;
g, k sind windschief.
h, i schneiden sich in E;
h, k schneiden sich in B;
i, k sind windschief.

16 a) Für $t = -1$ schneiden sich g_{-1} und h_{-1} in $S(-1\,|\,9\,|\,2)$ $(r = 2;\ s = -3)$.
Für $t \neq -1$ sind g_t und h_t windschief.
Beachten Sie: Für $t = -2$ sind g_{-2} und h_{-2} parallel.
b) Für $t = \frac{5}{2}$ schneiden sich $g_{\frac{5}{2}}$ und $h_{\frac{5}{2}}$ in $S\left(\frac{5}{3}\middle|\frac{20}{3}\middle|\frac{16}{3}\right)$ $\left(r = -\frac{4}{9};\ s = \frac{1}{3}\right)$.
Für $t \neq -2$ und $t \neq \frac{5}{2}$ sind g_t und h_t windschief.

17 a) $a = -\frac{3}{4}$; $b = 9$; $c = \frac{13}{4}$; $d = \frac{4}{3}$
b) $b = 9$; $d = \frac{4}{3}$; weiterhin muss gelten $a \neq -\frac{3}{4}$ oder $c \neq \frac{13}{4}$.
c) Ist $b = 9$ und $d \neq \frac{4}{3}$, dann muss $3a + c = 1$ gelten, damit ein Schnittpunkt existiert.
Ist $b \neq 9$ und $d \neq \frac{4}{3}$, dann lautet die Bedingung für die Existenz eines Schnittpunkts:
$abd + 3cd - 12a + b - 4c - 3d - 5 = 0$.
d) $b = 9$; $d \neq \frac{4}{3}$; $3a + c \neq 1$ oder $b \neq 9$; $d \neq \frac{4}{3}$;
$abd + 3cd - 12a + b - 4c - 3d - 5 \neq 0$

18 a) Der Punkt P hat die x_3-Koordinate 0.
b) Die Gerade h durchstößt die x_1x_2-Ebene im Punkt $R(-12\,|\,38\,|\,0)$, die x_2x_3-Ebene im Punkt $S(0\,|\,8\,|\,6)$ und die x_1x_3-Ebene im Punkt $R\left(3\frac{1}{5}\middle|0\middle|7\frac{3}{5}\right)$.
c) z.B.: $\vec{x} = \begin{pmatrix}0\\0\\1\end{pmatrix} + r\cdot\begin{pmatrix}1\\0\\0\end{pmatrix}$
d) z.B.: $\vec{x} = \begin{pmatrix}1\\0\\1\end{pmatrix} + r\cdot\begin{pmatrix}0\\1\\0\end{pmatrix}$

Exkursion: Entdeckungen – Vektoren in anderen Zusammenhängen

Seite 100

1 Werden a Pakete 1 und b Pakete 2 und c Pakete 3 bestellt, so ist die gesuchte Gleichung
$\vec{x} = a\cdot\begin{pmatrix}2\\4\\3\\1\end{pmatrix} + b\cdot\begin{pmatrix}3\\5\\1\\1\end{pmatrix} + c\cdot\begin{pmatrix}1\\1\\3\\5\end{pmatrix}$

Seite 101

2 Der Mann wird mit ca. 6,6 kN in die Richtung der Diagonalen des Parallelogramms gezogen, bei dem die Hundeleinen jeweils eine Seite festlegen.

3 Das Boot würde mit $\sqrt{26}\,\frac{km}{h}$, also ca. $5{,}1\,\frac{km}{h}$, relativ zum stehenden Wasser fahren. Seine Richtung wäre „schräg" zum Ufer und „schräg" entgegen der ursprünglichen Fließrichtung des Wassers.

IV Funktionsklassen

1 Exponentialfunktionen

Seite 107

1 a) $f(x) = 3^x$, monoton zunehmend
b) $f(x) = 0{,}25^x$, monoton abnehmend
c) $f(x) = \sqrt{6}^x$, monoton zunehmend
d) $f(x) = \left(\frac{1}{3}\right)^x$, monoton abnehmend

2 $f(x) = \left(5^{\frac{1}{3}}\right)^x$; $f(0{,}8) = 1{,}536$; $f(-1{,}25) = 0{,}511$

3 a) $f\left(\frac{3}{24}\right) = 19{,}8721$; $f\left(\frac{4}{24}\right) = 19{,}8298$;
$f\left(\frac{8}{24}\right) = 19{,}6610$; $f\left(\frac{16}{24}\right) = 19{,}3277$; $f(1) = 19$
b) $f(-1) = 21{,}0526$: $f(-2) = 22{,}1607$; $f(-3) = 23{,}3270$
c) tägliche Abnahme: 5%
wöchentliche Abnahme: 30,17%

Seite 108

4 Fig. 1: $f(x) = 2 \cdot 3^x$, Fig. 2: $f(x) = 0{,}5 \cdot 2^x$,
Fig. 3: $f(x) = 4 \cdot 1{,}5^x$, Fig. 4: $f(x) = \left(\frac{1}{5}\right)^x$

5 a) $3000 \cdot 1{,}04^{500} = 9{,}85 \cdot 10^{11}$. Der Betrag ist auf fast eine Billion Dollar angewachsen.
b) Nach gut 148 Jahren erreichte das Guthaben die Millionengrenze.
c) Jeweils alle 17,7 Jahre verdoppelt sich das Kapital.

6 a) $K(t) = 1000 \cdot 1{,}025^t$
b) Nach einem Jahr 1025 €, nach zwei Jahren 1050,62 € und nach dreieinhalb Jahren 1090,27 €

7 a) Bei der Funktion, die zum blauen Graphen gehört, ist der Wachstumsfaktor am größten, bei der Funktion, die zum grünen Graphen gehört, ist er am kleinsten.
b) Der Wachstumsfaktor der einen Funktion ist der Kehrwert des Wachstumsfaktors der anderen.
c) Beim grünen und blauen Graphen ist der zugehörige Anfangswert identisch, der zum roten Graphen gehörende Anfangswert ist doppelt so groß.

8 a) $f(t) = 12\,000 \cdot 4^x$; $f(1{,}25) = 67\,882{,}25$. Anfang April waren rund 68 000 Artikel online.
b) $f(1{,}53) = 100\,000$. Etwa Mitte 2004 waren 100 000 Artikel online.

2 Ganzrationale Funktionen

Seite 110

1 a) $x = 4{,}8$;
b) $\frac{1}{2} + \frac{\sqrt{57}}{6}, \frac{1}{2} - \frac{\sqrt{57}}{6}$;
c) $x_1 = \frac{1}{2}$; $x_2 = 2$;
d) $x = 0$;
e) $x = 3$;
f) $x_1 = -\sqrt{2}$; $x_2 = \sqrt{2}$

2 a) $x^2 + 5x - 2$;
b) $2x^2 - 6x + 3$
c) $x^2 - 3x - 2$;
d) $x^3 - 4x - 1$

Seite 111

3 a) Polynomdivision: $f(x)\colon (x - 2) = x^2 - 3x - 5$
Nullstellen: $2, \frac{3}{2} + \frac{\sqrt{29}}{2}, \frac{3}{2} - \frac{\sqrt{29}}{2}$
b) Polynomdivision: $f(x)\colon (x + 3) = 3x^2 - 24x + 6$
Nullstellen: -3, $4 + \sqrt{14}$, $4 - \sqrt{14}$
c) x Ausklammern liefert $x_1 = 0$
Polynomdivision: $(x^3 - x^2 - 7x - 2) : (x + 2)$
$= x^2 - 3x - 1$
Nullstellen: $0, -2, \frac{3}{2} + \frac{\sqrt{13}}{2}, \frac{3}{2} - \frac{\sqrt{13}}{2}$
d) Polynomdivision: $f(x)\colon (x - 2) = x^4 + 3x^2 - 10$
Nullstellen: $2, \sqrt{2}, -\sqrt{2}$

4 a) $x_1 = -1{,}320$
b) $x_1 = -0{,}4746$; $x_2 = 1{,}395$
c) $x_1 = -2{,}659$; $x_2 = 1{,}292$; $x_3 = 2{,}096$
d) $x_1 = -2{,}43$; $x_2 = -0{,}940$; $x_3 = 0{,}940$; $x_4 = 2{,}43$

5 f(x): Graph A); g(x): Graph C);
h(x): Graph B); i(x): Graph D)

6 a) Individuelle Lösung.
b) vier Nullstellen: $f(x) = x^4 - 5x^2 + \sqrt{6}$
Mehr als vier Nullstellen sind nicht möglich, da der höchste Grad 4 ist.

7 a) f_1: $x_1 = 0$; $x_2 = \sqrt{2}$; $x_3 = -\sqrt{2}$
f_2: $x = 2$
f_3: $x_1 = 0$; $x_2 = -\sqrt{6}$; $x^3 = \sqrt{6}$
b) zum Beispiel
$f(x) = (x - 4)x^2 + 5$ oder $f(x) = (x - 4)^3 + 5$

8 a) Polynomdivison: $f(x)\colon (x + 2) = x^2 - 4x + 5$
$x^2 - 4x + 5 = 0$ besitzt keine weitere Lösung
b) Gleichung für g: $y = 2x + 4$
Schnittpunkte: $S_1\,(-2\,|\,0)$; $S_2\,(1\,|\,6)$; $S_3\,(3\,|\,10)$

9 a) $t = 2$: $x_1 = 0$
$t = 10$: $x_1 = 0$; $x_2 = 1$; $x_3 = 4$
$t = -10$: $x_1 = -4$; $x_2 = -1$; $x_3 = 0$

b) Ausklammern von x ergibt die Nullstelle $x_1 = 0$.
$2x^2 - tx + 8$ führt mit der abc-Formel auf
$x_{2/3} = \frac{t \pm \sqrt{t^2 - 64}}{4}$.
Hieraus ergeben sich zwei weitere Lösungen, wenn die Diskriminante größer als 0 ist, also $|t| > 8$.
c) Die Polynomdivision $(2x^2 - tx + 8) : (x - 2)$ darf keinen Rest haben.
Hieraus ergibt sich $t = 8$.

3 Eigenschaften ganzrationaler Funktionen

Seite 113

1 a) symmetrisch zur y-Achse
b), c) und e) weder symmetrisch zu y-Achse noch zum Ursprung
d) und f) symmetrisch zum Ursprung

Seite 114

2 a)

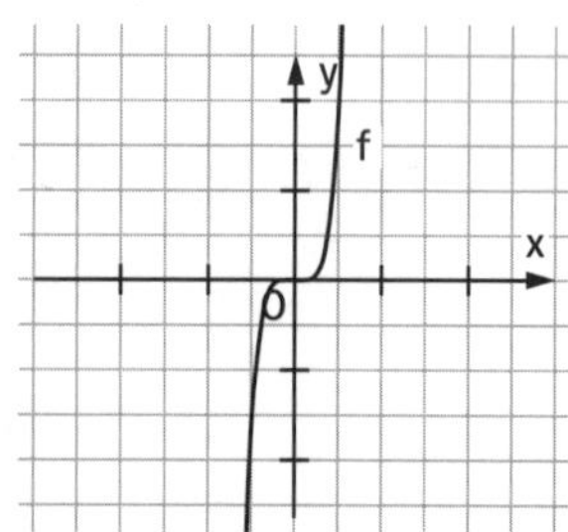

b)

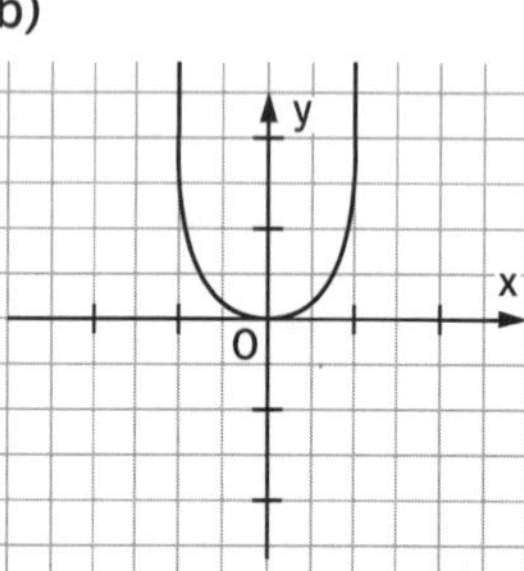

c)

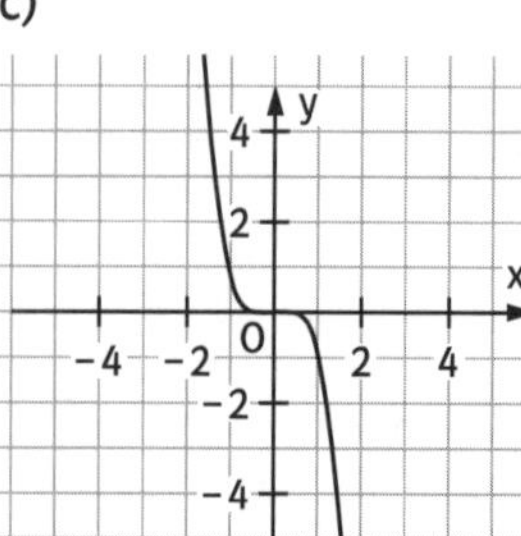

d)

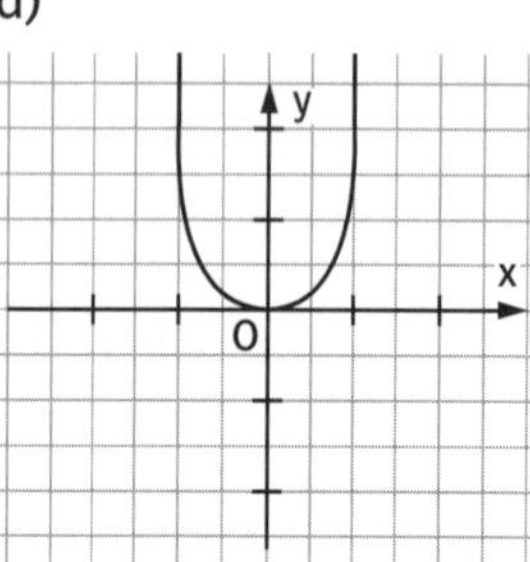

e)

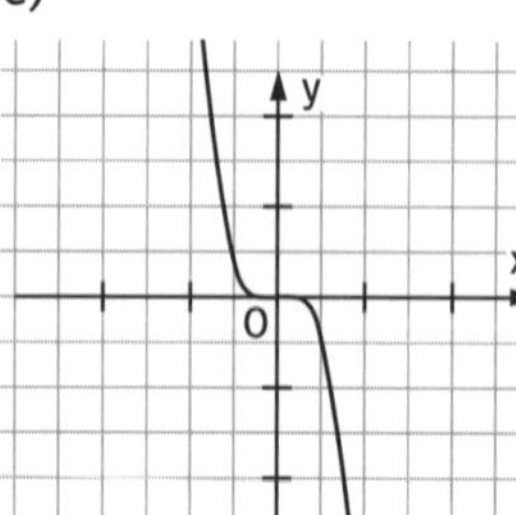

f)

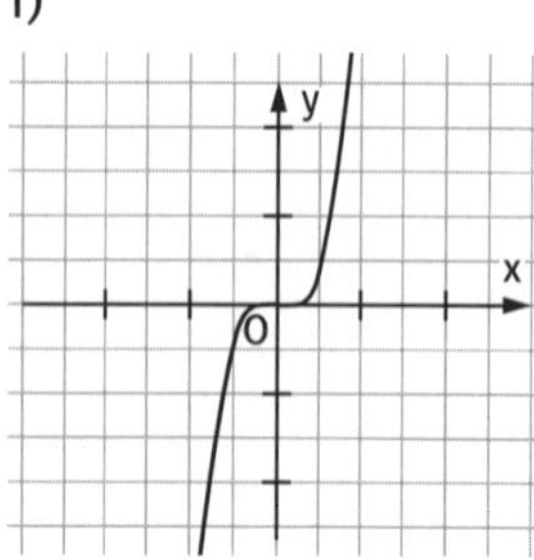

3 a) $f(x) = -2x^3 + 5x^2 + 4x - 3$
Für $x \to \infty$ gilt $f(x) \to -\infty$ und für $x \to -\infty$ gilt $f(x) \to \infty$.
Für x nahe 0 verhält sich der Graph von f wie die Gerade mit der Gleichung $y = 4x - 3$.
Nullstellen: $x_1 = 0{,}5$; $x_2 = -1$; $x_3 = 3$

Skizze:

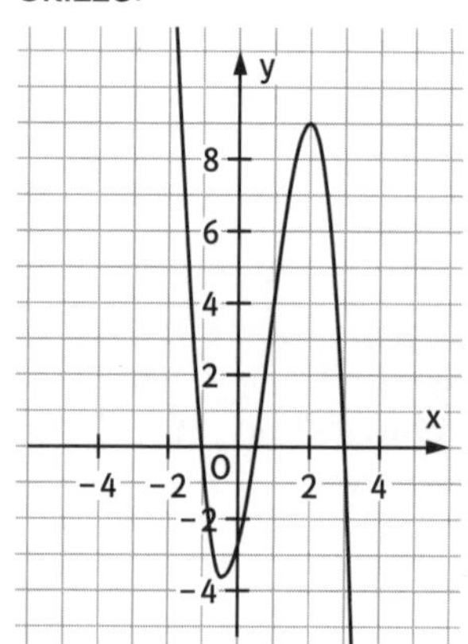

b) $f(x) = x^4 + 6x^3 + 7x^2 - 12x - 18$
für $x \to \pm\infty$ gilt $f(x) \to \infty$
Für x nahe 0 verhält sich der Graph von f wie die Gerade mit der Gleichung $y = -12x - 18$.
Nullstellen: $x_1 = -\sqrt{2}$; $x_2 = \sqrt{2}$; $x_3 = -3$

Skizze:

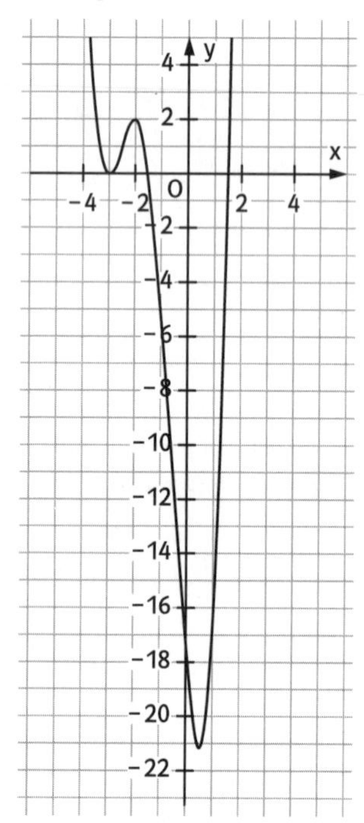

c) $f(x) = x^2(x - 1)$
Für $x \to \infty$ gilt $f(x) \to \infty$ und für $x \to -\infty$ gilt $f(x) \to -\infty$
Für x nahe 0 verhält sich der Graph von f wie die Parabel mit der Gleichung $y = -x^2$.
Nullstellen: $x_1 = 0$; $x_2 = 1$
Skizze:

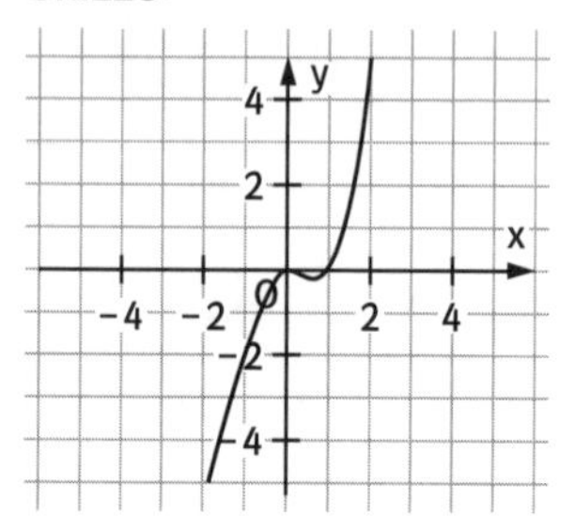

d) $f(x) = -x^2(x^2 - 2)$
Für $x \to \pm\infty$ gilt $f(x) \to -\infty$.
Für x nahe 0 verhält sich der Graph von f wie die Parabel mit der Gleichung $y = 2x^2$.
Nullstellen: $x_1 = 0$; $x_2 - \sqrt{2}$; $x_3 = \sqrt{2}$
Skizze:

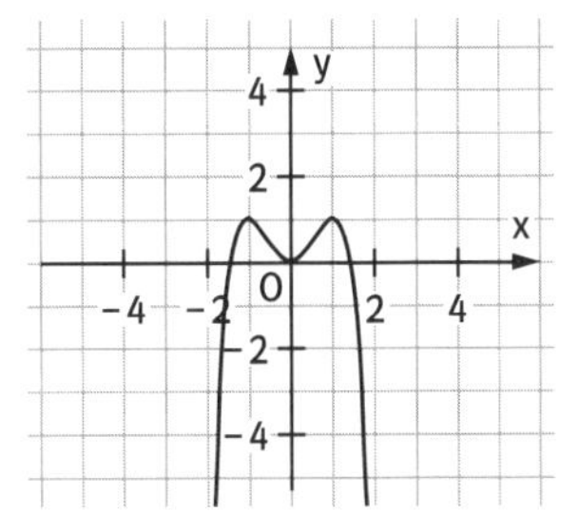

4 Individuelle Lösungen.

5 a) 1); 5) b) 2); 3); 4); 5)

6 Lösungsvorschläge:
a) $f(x) = -x^2$
b) $f(x) = -x^4 + x^2$
c) $f(x) = x^3$
d) $f(x) = x^5 - x$

Seite 115

7 a) Für für $x \to \pm\infty$ gilt entweder $f(x) \to \infty$ oder $f(x) \to -\infty$.
Im ersten Fall müsste f zunächst ein Minimum haben, dann ein Maximum. Damit f(x) für $x \to \infty$ aber wieder gegen ∞ strebt, muss f ein weiteres Minimum besitzen.
Skizze:

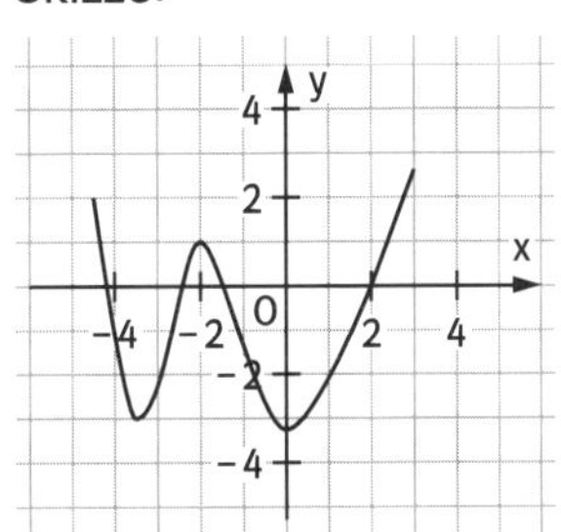

b) Eine Funktion mit ungeradem Grad wechselt wegen ihres Verhaltens für große x mindestens einmal das Vorzeichen. Also muss der Graph mindestens einmal die x-Achse schneiden. Somit hat die Funktion mindestens eine Nullstelle.

8 $y_1 = x^3 + x$
$y_2 = x^4 - 0{,}5x^3 - 3x^2 + 2$
$y_3 = -x^5 + 3x^3 - 1{,}5x$
$y_4 = -x^5 - 0{,}5x^4 + x^3 + 2x^2 - 1$

9 a) Der angezeigte Graph sieht aus wie der Graph einer ganzrationalen Funktion mit ungeradem Grad, z.B. Grad 3.
b) z.B. $X_{min} = -70$; $X_{max} = 20$; $Y_{min} = -15000$; $Y_{max} = 10000$
Die Extremstelle zwischen 0 und 1 ist bei dieser Skalierung der y-Achse allerdings nicht mehr zu erkennen.
c) z.B. $f(x) = \frac{1}{50}x^5 + \frac{1}{2}x^4 - x^2 + 1$

10 Es kommen y_1, y_3 und y_5 in Frage.

11 a) Punktsymmetrie für $t = 0$
b) Achsensymmetrie für $t = 1$
c) Punktsymmetrie für ungerade t
d) Achsensymmetrie für $t = 2$

4 Verschieben und Strecken von Graphen

Seite 117

1 a) Streckung in y-Richtung mit dem Faktor 2
b) Streckung in y-Richtung mit dem Faktor 1,5
c) Stauchung in y-Richtung mit dem Faktor $\frac{1}{6}$
d) Spiegelung an der x-Achse und Stauchung mit dem Faktor 0,5

Seite 118

2 a) $f(x) = (x-1)^2 + 2$ b) $f(x) = (x-2)^2 + 1$
c) $f(x) = \frac{1}{x+1} + 2$ d) $f(x) = 5^{x-2} - 3$
e) $f(x) = \frac{1}{\left(x - \frac{1}{2}\right)^2} - \frac{5}{2}$ f) $f(x) = \left(x - \sqrt{2}\right)^4 - 3$

3 $g(x) = 3^x - 2$

4 a) $g(x) = 2(x^4 - 2x^2) - 1 = 2x^4 - 4x^2 - 1$

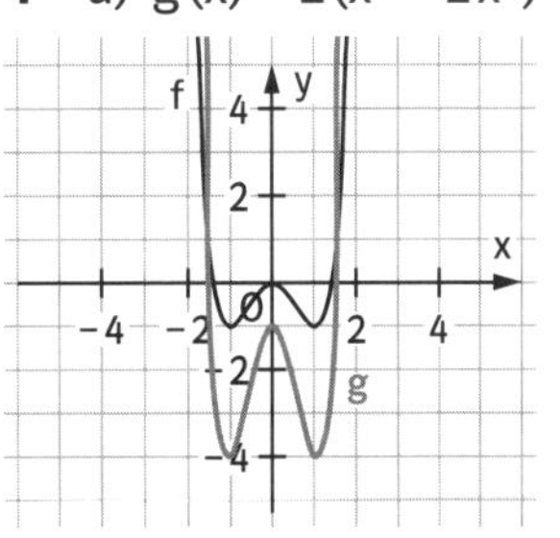

b) $g(x) = -f(x-1) = -(x-1)^4 + 2(x-1)^2$
$= -x^4 + 4x^3 - 4x^2 + 1$

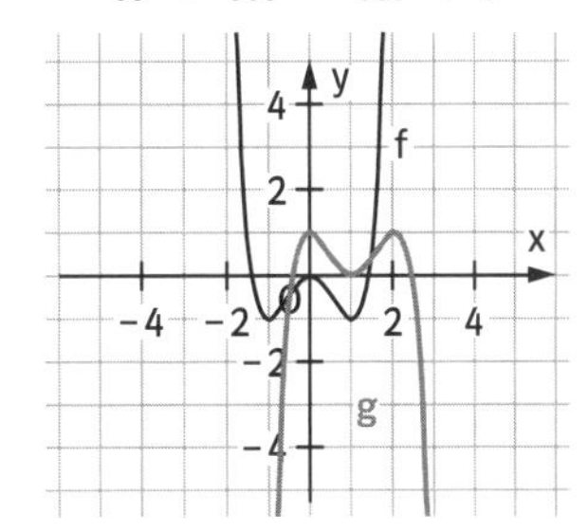

5 a) $f(x) = (x-2)^3 - 2(x-2)^2 + 3$
b) $f(x) = (x+1)^3 - 2(x+1)^2 + 4$
c) $f(x) = (x+2)^3 - 2(x+2)^2 - 2$
d) $f(x) = (x-1)^3 - 2(x-1)^2 + 1$

6 a) Man erhält den Graphen von g, wenn man den Graphen von f mit dem Faktor 0,2 in y-Richtung staucht.
$g(x) = 0{,}2x^3 - 0{,}6x^2$
b) Man erhält den Graphen von h, indem man den Graphen von f um 1 nach rechts und um 3 nach unten verschiebt.
$h(x) = (x+1)^3 - 3(x+1)^2 - 3 = x^3 - 3x - 5$
c) 

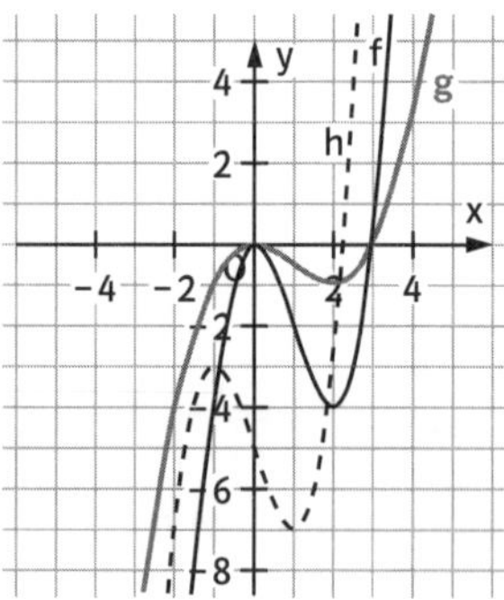

5 Sinus- und Kosinusfunktion

Seite 121

1 30° und $\frac{3\pi}{4}$ besitzen keine Entsprechung.
Es gehören zusammen: $\frac{\pi}{2}$ und 90° sowie $\frac{\pi}{4}$; 45°; $\frac{9\pi}{4}$ und $-\frac{7\pi}{4}$.

2 a) 0,7547 b) −0,0192 c) −0,5000
d) 0,7071 e) −0,6018 f) 0,5000

3 a) > 0 b) > 0 c) > 0 d) < 0
e) < 0 f) > 0 g) > 0 h) < 0

4 a) $x_1 = 0{,}3576$; $x_2 = 2{,}7840$
b) $x_1 = 2{,}1895$; $x_2 = 4{,}094$
c) $x_1 = 3{,}4150$; $x_2 = 6{,}0098$
d) $x_1 = 0{,}8763$; $x_2 = 5{,}4069$

5 Es gehören zusammen:
1): $\sin(30°)$; $\cos\left(\frac{7\pi}{3}\right)$
2): $\sin\left(\frac{\pi}{4}\right)$; $\cos\left(-\frac{\pi}{4}\right)$; $\cos\left(\frac{\pi}{4}\right)$
3): $\cos(3\pi)$
4): $\cos(0)$; $\sin(90°)$

6 a) Sinusfunktion
Extrempunkte:
$T_1\left(-\frac{\pi}{2}\middle|-1\right)$; $H_1\left(\frac{\pi}{2}\middle|1\right)$; $T_2\left(\frac{3\pi}{2}\middle|-1\right)$; $H_2\left(\frac{5\pi}{2}\middle|1\right)$
Schnittpunkte mit der x-Achse:
$S_1(-\pi\,|\,0)$; $S_2(0\,|\,0)$; $S_3(\pi\,|\,0)$; $S_4(2\pi\,|\,0)$; $S_5(3\pi\,|\,0)$
b) Kosinusfunktion
Extrempunkte:
$T_1(-\pi\,|-1)$; $H_1(0\,|\,1)$; $T_2(\pi\,|-1)$; $H_2(2\pi\,|\,1)$; $T_3(3\pi\,|-1)$
Schnittpunkte mit der x-Achse:
$S_2\left(-\frac{\pi}{2}\middle|0\right)$; $S_2\left(\frac{\pi}{2}\middle|0\right)$; $S_3\left(\frac{3\pi}{2}\middle|0\right)$; $S_4\left(\frac{5\pi}{2}\middle|0\right)$

7 a) gelb: $\sin(\pi - x) = -\sin(\pi + x)$
grün: $\sin\left(\frac{\pi}{2} - x\right) = \sin\left(\frac{\pi}{2} + x\right)$
b) zum Beispiel:
$\cos(x) = \cos(-x)$; $\cos\left(\frac{\pi}{2} - x\right) = -\cos\left(\frac{\pi}{2} + x\right)$

8 a) 1) $\sin\left(\frac{\pi}{2}\right) = 1$; $\cos(0) = 1 \Longrightarrow b = 0$
2) $\sin\left(\frac{3\pi}{4}\right) = \frac{1}{2}\sqrt{2}$; $\cos\left(\frac{\pi}{4}\right) \Longrightarrow b = \frac{\pi}{4}$
(3) $\sin(1{,}9043) = 0{,}9449$; $\cos(0{,}3335) = 0{,}9449$
$\Longrightarrow b = 0{,}3335$
4) $\sin(2{,}5555) = 0{,}5531$; $\cos(0{,}9847) = 2{,}5555$
$\Longrightarrow b = 0{,}9847$
b) Die Differenz zwischen a und b beträgt immer $\frac{\pi}{2}$.

Seite 122

9 a) Fig. 1: $\sin(x) = \sin(2\pi - x)$ und
$\cos(x) = -\cos(2\pi - x)$
Fig. 2: $\sin(x) = -\sin(\pi + x)$ und
$\cos(x) = -\cos(\pi + x)$
b) Individuelle Lösungen.

10 Sinusfunktion: 2); 3); 4); 5); 6); 7); 8)
Kosinusfunktion: 1); 2); 8)

11 1. Quartett: $\alpha = 60°$; $\sin(x) = \frac{1}{2}\sqrt{3}$;
$\cos(x) = \frac{1}{2}$; $x = \frac{\pi}{3}$
2. Quartett: $\sin(x) = 0{,}14$; $\alpha = 171{,}89°$;
$\cos(x) = -0{,}99$; $x = 3$
3. Quartett: $\sin(x) = -0{,}84$; $x = -1$; $\alpha = 302{,}70°$;
$\cos(x) = -0{,}54$
4. Quartett: $\cos(x) = \frac{1}{2}\sqrt{3}$; $\alpha = -30°$; $x = \frac{11\pi}{6}$;
$\sin(x) = -\frac{1}{2}$

6 Ableitung der Sinus- und Kosinusfunktion

Seite 124

1 a) $f'(x) = 12 \cdot \cos(x)$ b) $f'(x) = 2 \cdot \sin(x)$
c) $f'(x) = -\sqrt{5} \cdot \sin(x)$ d) $f'(x) = \frac{1}{\pi} \cdot \cos(x)$
e) $f'(x) = 15x^2 - \cos(x)$ f) $f'(x) = -2 \cdot \sin(x) - \cos(x)$

2 a) 9 b) 0 c) 5
d) 2π e) $-\frac{1}{\pi^2} - \frac{1}{2}$ f) $-\frac{4}{\pi^3} - 2$

3 a) $y = \frac{\sqrt{2}}{2}x - \frac{7\sqrt{2}\pi}{8} + \frac{\sqrt{2}}{2}$
b) $y = \frac{3}{2}x - \frac{5\pi}{2} - \frac{3\sqrt{3}}{2}$
c) $y = (1 + \sqrt{2})x - \frac{1}{4}\sqrt{2}\pi + \sqrt{2}$

4 a) $H\left(\frac{\pi}{2}\middle|1\right)$; $T\left(\frac{3\pi}{2}\middle|-1\right)$
b) $H\left(\frac{\pi}{4}\middle|\sqrt{2}\right)$; $T\left(\frac{5\pi}{4}\middle|-\sqrt{2}\right)$
c) $H(2{,}0344\,|\,2{,}2361)$; $T(5{,}1760\,|\,-2{,}2361)$
d) $H(0{,}5236\,|\,4{,}5113)$; $T(2{,}6180\,|\,1{,}7719)$

5 a) $\cos(x) = 1$, also $x_1 = 0$ und $x_2 = 2\pi$, also $P_1(0\,|\,0)$; $P_2(2\pi\,|\,0)$
b) $\cos(x) = 0$, also $x_1 = \frac{\pi}{2}$, $x_2 = \frac{3\pi}{2}$, also $P_1\left(\frac{\pi}{2}\middle|1\right)$; $P_2\left(\frac{3\pi}{2}\middle|-1\right)$
c) $\cos(x) = \frac{1}{2}$, also $x_1 = \frac{\pi}{3}$; also $x_2 = \frac{5\pi}{3}$, also $P_1\left(\frac{\pi}{3}\middle|\frac{1}{2}\sqrt{3}\right)$; $P_2\left(\frac{5\pi}{3}\middle|-\frac{1}{2}\sqrt{3}\right)$

6 Die Ableitung der Sinusfunktion ist die Kosinusfunktion. Da der Kosinus nur Werte zwischen −1 und 1 annimmt, kann die Steigung des Graphen der Sinusfunktion nie größer als 1 sein.
Entsprechend ist die minimale Steigung −1.

7 a) $f'(x) = 1 + \cos(x)$; $f'(x) = 2 \Longrightarrow x = 0 + 2\pi k$; $k \in \mathbb{Z}$
$g'(x) = 1 - \sin(x)$; $g'(x) = 2 \Longrightarrow x = \frac{3\pi}{2} + 2\pi k$; $k \in \mathbb{Z}$
b) Da die Kosinusfunktion für alle x gößer oder gleich −1 ist, kann f′ nie kleiner als 0 werden. Also besitzt die Ableitungsfunktion keinen VZW. Also besitzt der Graph von f keine Extrempunkte.
Da die Sinusfunktion immer größer oder gleich 1 ist, kann auch g′ nie negativ werden und somit besitzt g′ keinen VZW und der Graph von g keine Extrempunkte.

8 a) $P(0{,}7391\,|\,1{,}3472)$; $Q(0{,}7391\,|\,0{,}5462)$
b) $P_1(-0{,}8489\,|\,0{,}5711)$; $Q_1(-0{,}8489\,|\,-0{,}6118)$
$P_2(0{,}3231\,|\,2{,}2140)$; $Q_2(0{,}3231\,|\,0{,}0337)$

9 a) Das Pendel befindet sich in Nulllage für $s(t) = 0$, also π; 2π; …
b) Die Ausschläge sind maximal, wenn $|s(t)|$ maximal ist, also wenn die Sinusfunktion die Werte 1 bzw. −1 annimmt, also für $t = \frac{\pi}{2}; \frac{3\pi}{2}; \frac{5\pi}{2}; \ldots$
Die Momentangeschwindigkeit $v(t)$ entspricht der Ableitung von s: $v(t) = s'(t) = a \cdot \cos(t)$. Für die oben angegebenen Zeitpunkte ergibt sich $v(t) = 0$.
c) $v(0) = v(2\pi) = \ldots = a$
$v(\pi) = v(3\pi) = \ldots = -a$. Negative Geschwindigkeit bedeutet, dass das Pendel in die andere Richtung schwingt.

10 Die zum roten und zum schwarzen Graphen gehörenden Funktionen besitzen die Sinusfunktion als Ableitungsfunktion.

7 Periode und Amplitude

Seite 126

1

	Amplitude	Periode
a)	1	2π
b)	4	2π
c)	1	2
d)	2	20π
e)	1	1
f)	0,5	4π
g)	2	4
h)	$\frac{1}{3}$	3

2 a) Stauchung in x-Richtung mit dem Faktor $\frac{1}{\pi}$.
b) Streckung in y-Richtung mit dem Faktor 2 und Verschiebung um 1 nach oben.
c) Stauchung mit dem Faktor $\frac{2}{3}$ in x-Richtung und Verschiebung um 3 nach unten.
d) Streckung mit dem Faktor 2 in y-Richtung, Stauchung mit dem Faktor $\frac{3}{\pi}$ in x-Richtung und Verschiebung um 1 nach unten.

3 a) $f(x) = 3\sin(x)$ b) $f(x) = 0{,}5\sin(2x)$
c) $f(x) = \sin(\pi x)$ d) $f(x) = 4\sin\left(\frac{2\pi}{3}x\right)$

4

	Amplitude	Periode	Funktionsgleichung
a)	2	2π	$f(x) = 2\sin(x)$
b)	1	4π	$f(x) = \sin\left(\frac{1}{2}x\right)$
c)	0,5	$\frac{2\pi}{3}$	$f(x) = 0{,}5\sin(3x)$
d)	1,5	2	$f(x) = 1{,}5\sin(\pi x)$
e)	2	8	$f(x) = 2\sin\left(\frac{\pi}{4}x\right)$
f)	1	6	$f(x) = \sin\left(\frac{\pi}{3}x\right)$

5

	Amplitude	Periode	Extrempunkte
a)	2	3π	$H\left(\frac{3}{4}\pi\middle|2\right)$; $T\left(\frac{9}{4}\pi\middle|-2\right)$
b)	1	$\frac{\pi}{2}$	$H\left(\frac{\pi}{8}\middle|0\right)$; $T\left(\frac{3\pi}{8}\middle|-2\right)$
c)	25	$\frac{2}{3}$	$H\left(\frac{1}{6}\middle|21\right)$; $T\left(\frac{1}{2}\middle|-29\right)$

6 a) $f(x) = \sin(2x)$ b) $f(x) = \sin\left(\frac{1}{2}x\right) + 1$
c) $f(x) = \sin(\pi x) - 2$

7 a) $f(x) = \sin(x) - 1$ b) $f(x) = 2\sin(\pi x)$
c) $3\sin(1{,}5x) + 1$ d) $f(x) = \sin\left(\frac{\pi}{20}x\right) + \pi$
e) $f(x) = 2\sin\left(\frac{1}{2}x\right) + 3$ f) $f(x) = 1{,}5\sin\left(\frac{\pi}{5}x\right) + 4{,}5$

8 a) $f(x) = \sin\left(\frac{2\pi}{3}x\right) + 1$ b) $f(x) = 1{,}5\sin(x + \pi)$
c) $f(x) = \frac{1}{2}\sin\left(\frac{1}{2}x\right) - 1$

Wiederholen – Vertiefen – Vernetzen

Seite 127

1 Bei der ersten Zahlenreihe B(t) handelt es sich vermutlich um lineares Wachstum, weil die Differenzen aufeinanderfolgender Werte fast konstant sind (ca. 2,96).
Der Prozess kann mit einem Funktionsterm wie $2{,}96x + 8{,}14$ beschrieben werden.
Die zweite Zahlenreihe C(t) wächst exponentiell, weil Quotienten aufeinanderfolgender Werte fast konstant sind (ca. 1,07).
Der Prozess kann mit einem Funktionsterm wie $6 \cdot 1{,}07^x$ beschrieben werden.

2 $y_1 = 3^x$, $y_2 = \frac{1}{3^x}$, $y_3 = 3 \cdot 2^x$

3 a) $f(x) = 2 \cdot 1{,}5^x$; $g(x) = x + 2$; $h(x) = x^2 + 2$
b) $f(x) = \sqrt{3}^x$; $g(x) = x + 1$; $h(x) = \frac{1}{2}x^2 + 1$
c) $f(x) = 0{,}5 \cdot 2^x$; $g(x) = x$; $h(x) = \frac{1}{3}x^2 + \frac{2}{3}$

4 a) 5 Graphen sind symmetrisch, also $p = \frac{5}{10} = 0{,}5$.
b) Dies trifft auf 2 Funktionen zu, also $p = 0{,}2$.
c) Die 1. Bedingung trifft auf 6 Funktionen zu, die 2. Bedingung auf zwei weitere, also $p = 0{,}8$.
d) Der Graph geht nicht durch den Ursprung und ist nicht symmetrisch zur y-Achse. $p = 0{,}2$

5 a) $f(x) = x^2 - 1$
b) $f(x) = -x^2 \cdot (x - 1) \cdot (x + 1)$
c) $f(x) = x \cdot (x - 1) \cdot (x + 1)$
d) Eine ganzrationale Funktion vom Grad n hat höchstens n Nullstellen. Wenn der Grad kleiner als 3 ist, kann die Funktion also nicht 3 Nullstellen haben.

Seite 128

6 a) rot: $f(x) = 2^x$, blau: $g(x) = 0{,}5x^2 + 1$
b) $f(0) = 2$; $f(1) = 5{,}5$ ergibt $f(x) = 2 \cdot 2{,}75^x$

7 a) Polynomdivision $f(x) : (x - 2) = x^2 - \frac{1}{2}x - 3$
weitere Nullstellen: $x_2 = -1{,}5$; $x_3 = 2$
Zerlegung: $f(x) = (x - 2)^2(x + 1{,}5)$
Polynomdivision $g(x) : (x - 2) = x^2 + 6x + 9$
weitere Nullstelle: $x_2 = -3$
Zerlegnung: $g(x) = (x - 2)(x + 3)^2$
b) Skizzen:

f

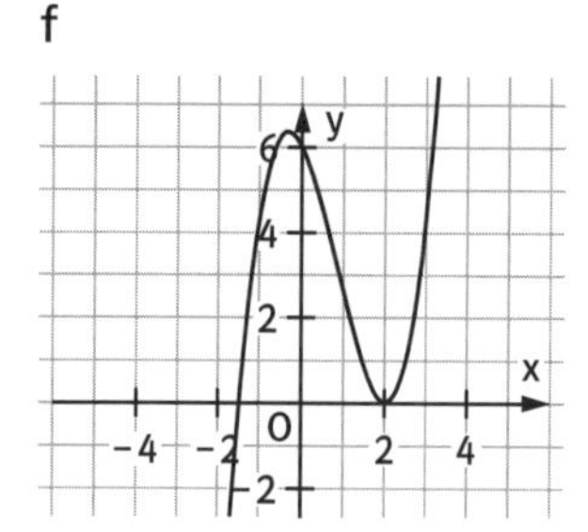

g

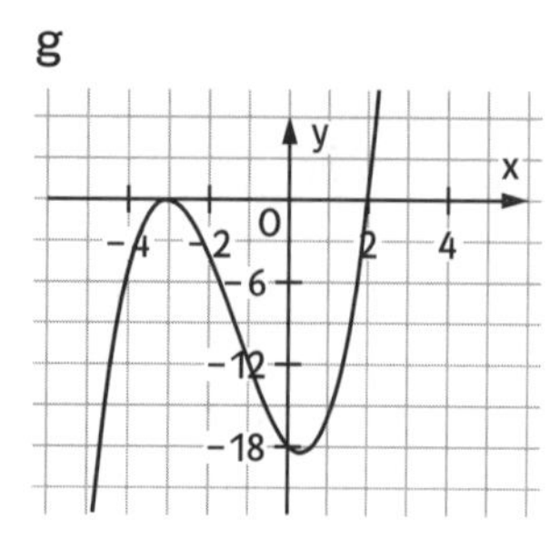

c) Die Kurve schneidet die x-Achse nicht, sondern berührt sie nur.
d) … so gilt $f'(x_1) = 0$, weil der Graph die x-Achse nur berührt und nicht schneidet.
e) blau: $f(x) = (x + 2)^2(x - 2)$
rot: $g(x) = (x + 3)(x + 1)(x - 2)^2$

8 Wegen des eingezeichneten rechten Winkels stimmen die Winkel im blauen und im roten Dreieck überein. Außerdem ist die Seitenlänge der Hypotenuse 1. Damit sind die Dreiecke nach dem Kongruenzsatz wsw kongruent.
Wenn x der zum blauen Dreieck gehörende Winkel im Bogenmaß ist, dann entspricht die Gegenkathete im blauen Dreieck gerade $\sin(x)$. Der Winkel im roten Dreieck ist dann $\frac{\pi}{2} - x$. Die Ankathete in diesem Dreieck entspricht dann $\cos\left(\frac{\pi}{2} - x\right)$ bzw. $\cos\left(x - \frac{\pi}{2}\right)$. Wegen der Kongruenz der Dreiecke gilt $\sin(x) = \cos\left(x - \frac{\pi}{2}\right)$.
b) $\sin\left(\frac{7\pi}{6}\right) = \cos\left(\frac{2\pi}{3}\right)$
$\sin\left(\frac{2\pi}{3}\right) = \cos\left(\frac{\pi}{6}\right)$
$\sin\left(\frac{\pi}{2}\right) = \cos(0)$
c) Man erhält den Graphen der Sinusfunktion, indem man den Graphen der Kosinusfunktion um $\frac{\pi}{2}$ nach rechts verschiebt.

9 a) $2\sin\left(3x + \frac{\pi}{2}\right)$
b) $\sin\left(-2x + \frac{\pi}{2}\right)$
c) $-2\sin\left(x + \frac{3\pi}{2}\right)$

Seite 129

10 Doseninhalt (V in l, r in dm): $V(r) = 4\pi r^3$
Kosten der Limonade in € (in Abhängigkeit von r):
$L(r) = 0{,}15\,V(r) = 0{,}6\,\pi r^3$
Oberfläche der Dose (O in dm^2, r in dm):
$O(r) = 10\,\pi r^2$
Kosten der Dose in € (in Abhängigkeit von r):
$D(r) = 0{,}03 \cdot O(r) = 0{,}3\,\pi r^2$
a) $L(0{,}25) = 0{,}03$, $D(0{,}3) = 0{,}06$
Bei einem Radius von 2,5 cm kostet die Limonade 3 ct, das Blech für die Dose 6 ct.
Eine solche Dose fasst 0,2 l Limonade.
b) Für $r = 0{,}3$ dm passen ungefähr 0,33 l in die Dose. Dann kostet der Inhalt 5 ct, die Dose 8 ct.
c) Gesucht ist der Radius r mit $D(r) = L(r)$.
Für $r = 0{,}5$, also für einen Dosenradius von 5 cm, kosten die Limonade und das Blech für die Dose gleich viel. Für größere Radien ist das Blech günstiger als die Limonade. Eine Dose mit diesem Radius würde 1,57 l fassen.

11 Individuelle Lösungen.

12 a) z. B. $f(x) = x^3$
b) Der Graph von g ist punktsymmetrisch zum Punkt $P(1\,|\,2)$.
c) Der Funktionsterm für den um zwei nach rechts verschobenen Graphen lautet:
$i(x) = (x-2)^4 + 8(x-2)^3 + 21(x-2)^2 + 20(x-2) + 5$
Ausmultiplizieren ergibt:
$i(x) = x^4 - 3x^2 + 1$
In der Funktionsgleichung von i kommen nur gerade Zahlen vor. Deshalb ist der Graph von i symmetrisch zur y-Achse. Also ist der um 2 nach links verschobene Graph (das ist der Graph von h) symmetrisch zur Geraden mit der Gleichung $x = -2$.

13 a) Der Graph ist symmetrisch zur y-Achse.
b) y-Achse: $S_y\left(0\,\middle|\,-\frac{9}{8}\right)$
x-Achse: $S_1(-3\,|\,0)$, $S_2(3\,|\,0)$
c)

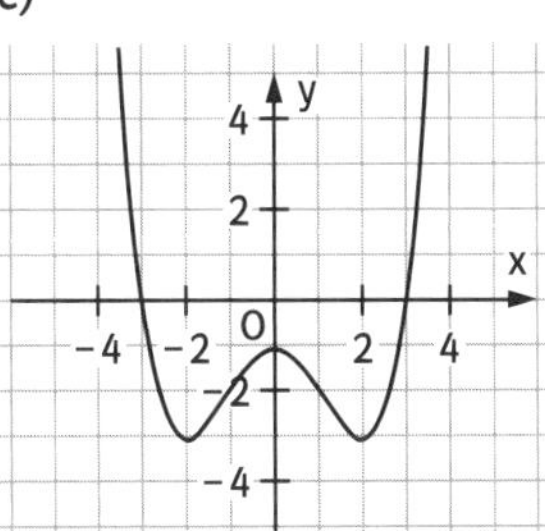

d) Man muss den Graphen um $\frac{9}{8}$ nach oben verschieben.
$S_1\left(-2\sqrt{2}\,|\,0\right)$; $S_2(0\,|\,0)$; $S_3\left(2\sqrt{2}\,|\,0\right)$

14 a)

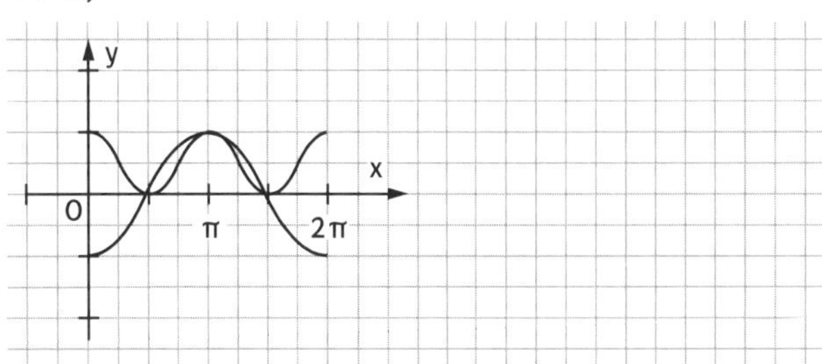

b)

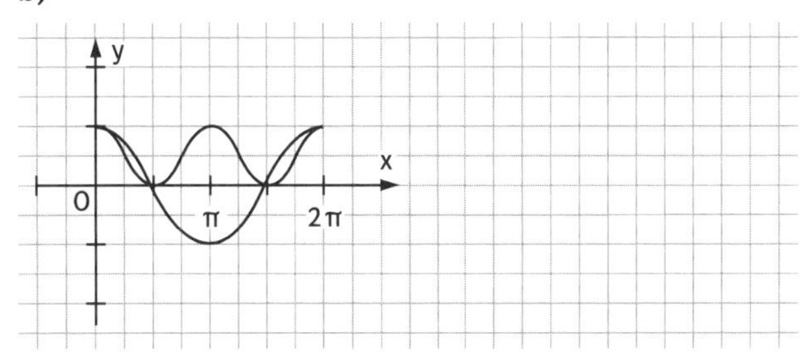

c) Der Graph ist eine Parallele zur x-Achse im Abstand 1. Daraus folgt die Gleichung
$\sin(x)^2 + \cos(x)^2 = 1$.
d) Im rechtwinkligen Dreieck im Einheitskreis entsprechen die Längen der Katheten gerade dem Sinus und dem Kosinus des entsprechenden Winkels.
Die Hypotenuse hat die Länge 1.
Der Satz des Pythagoras ergibt dann:
$\sin(x)^2 + \cos(x)^2 = 1$

Seite 130

15 a) $h\left(5\frac{1}{3}\right) \approx 3787$
Die Bergstation befindet sich in einer Höhe von 3787 m.
b) $h(2) = 1004$
Nach 2 Minuten befindet sich die Gondel in einer Höhe von 1004 m.
$h(x) = 2000$, $x \approx 3{,}7$
Nach etwa 3 Minuten und 42 Sekunden durchbricht die Gondel die 2000-m-Grenze.

16 Zu berechnen sind die Schnittpunkte des Graphen von f mit der Geraden $y = 0{,}4$.
Man erhält: $x_1 = 8{,}34$; $x_2 = 9{,}66$; $x_3 = 20{,}34$; $x_4 = 21{,}66$
Antwort: Zwischen 8.20 und 9.40 sowie zwischen 20.20 und 21.40 kann man zur Insel laufen.

17 Es gehören zusammen:
f, k und Graph 1)
g, h und Graph 2)
i, j und Graph 3)

Exkursion: Entdeckungen – Funktionen für besondere Fälle

Seite 131

1 a) $[2{,}2] = 2$; $[\sqrt{2}] = 1$; $\left[\frac{11}{4}\right] = 2$; $[17{,}5] = 17$;
$[3] = 3$; $[-5{,}2] = -6$; $[-2] = -2$; $-[\sqrt{5}] = -3$
b)

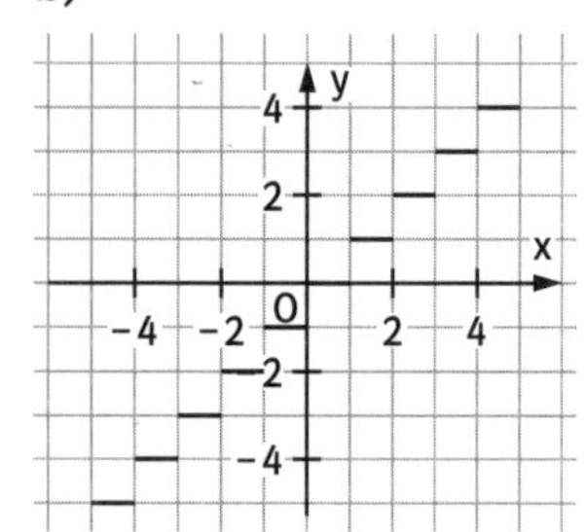

2 a) $f(x) = 0{,}19 \cdot [x]$
b) $f(t) = 3{,}5 + 1{,}5 \cdot [t]$

3 a) $f(0{,}54) = 0{,}5$; $f(0{,}58) = 0{,}6$; $f(0{,}55) = 0{,}6$;
$f(-0{,}54) = -0{,}5$; $f(-0{,}59) = -0{,}6$
Die Funktion bewirkt das Runden auf eine Dezimale
b) $f(x) = \frac{[100x + 0{,}5]}{100}$

4 $\min(10; 3) = 3$; $\min(-3; 3) = -3$;
$\min(\sqrt{2}; 1{,}5) = \sqrt{2}$; $\min(\pi; 3{,}14) = 3{,}14$

5 a) $f(0) = 0$; $f(2) = 6$; $f(3) = 7$; $f(4) = 7$

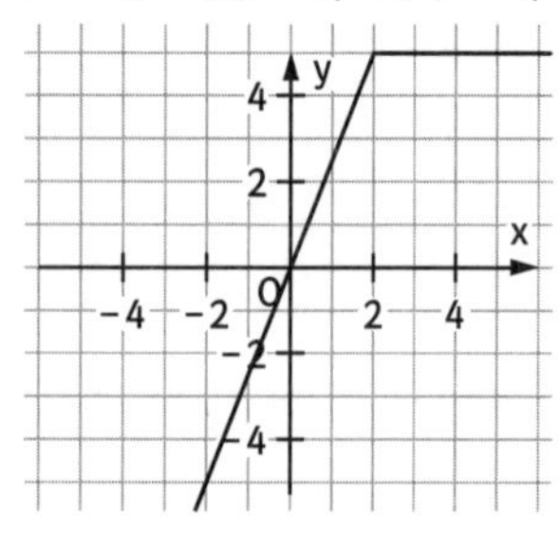

b) $f(t) = \min(3{,}5 + 1{,}536\,[t]; 9{,}5)$

V Wahrscheinlichkeitsrechnung – Binomialverteilung

1 Zufallsvariable und Erwartungswert

Seite 137

1 $E(X) = (-10)\cdot\frac{1}{4} + 0\cdot\frac{1}{6} + 5\cdot\frac{1}{2} + 10\cdot\frac{1}{12} = \frac{5}{6}$

2 Wahrscheinlichkeitsverteilung siehe Tabelle.

k	0	1	2	3
P(X = k)	11,76 %	36,74 %	38,23 %	13,27 %

$E(X) = 0{,}3674\cdot 1 + 0{,}3823\cdot 2 + 0{,}1327\cdot 3 = 1{,}53$
Diesen Wert erhält man auch intuitiv als $3\cdot 0{,}51$, denn hier liegt eine Binomialverteilung vor (siehe Lerneinheit 3 bzw. 4).
Interpretation: Für die einzelne Geburt hat der Erwartungswert nur die Bedeutung, dass wohl eher zwei Rüden als nur einer zu erwarten sind. Erst wenn man viele Geburten mit drei Welpen betrachtet, ist die Bedeutung von X, dass man durchschnittlich etwa 1,53 Rüden zu erwarten hat.

3 X: Geldwert der gezogenen Münzen (in Euro)
Wahrscheinlichkeitsverteilung von X:

k	1	1,5	2	2,5	3	4
P(X = k)	22 %	20 %	$3\frac{1}{3}$ %	32 %	$13\frac{1}{3}$ %	$9\frac{1}{3}$ %

$E(X) = 2{,}16$

4 a) $E(X) = -0{,}3$
b) Der Einsatz müsste 0,7 € betragen. Möglicher Lösungsweg:

g	–e	1 – e	2 – e	5 – e
P(X = g)	$\frac{2}{3}$	$\frac{1}{6}$	$\frac{1}{10}$	$\frac{1}{15}$

Man ersetzt in der Tabelle die Werte wie angegeben; dabei ist e der gesuchte Einsatz in €.
Damit ergibt sich die Gleichung:
$-\frac{2}{3}e + \frac{1}{6}(1 - e) + \frac{1}{10}(2 - e) + \frac{1}{15}(5 - e) = 0$
mit der Lösung $e = 0{,}7$.
c) Die maximale Auszahlung betrage m €, dann muss für m die Gleichung gelten:
$-\frac{2}{3} + \frac{1}{10} + \frac{m-1}{15} = 0$ mit der Lösung $m = 9{,}5$.

5 Die Summe der angegebenen Prozentzahlen beträgt 90 %, also sind auf 10 % der Seiten mindestens vier Druckfehler. Bezeichnet X die Zahl der Fehler pro Seite, so ist E(X) mindestens
$0{,}17\cdot 0 + 0{,}3\cdot 1 + 0{,}27\cdot 2 + 0{,}16\cdot 3 + 0{,}1\cdot 4 = 1{,}72$
Man kann also durchschnittlich mindestens etwa 1,7 Fehler pro Seite erwarten.

2 Bernoulli-Versuche

Seite 139

1 a) Ergebnisse z. B. „Wappen", „Zahl", Treffer (z. B.): „Wappen", $p = \frac{1}{2}$
b) Ergebnisse z. B. „Eine Sechs fällt", „Keine Sechs fällt", Treffer (z. B.): „Eine Sechs fällt", $p = \frac{1}{6}$
c) Ergebnisse z. B. „Bauteil funktioniert", „Bauteil defekt", Treffer (z. B.): „Bauteil funktioniert"; p kann aus einer Statistik bestimmt werden.
d) Ergebnisse z. B. „Das Medikament heilt die Krankheit", „Das Medikament heilt die Krankheit nicht", Treffer (z. B.): „Das Medikament heilt die Krankheit"; p kann aus einer Statistik bestimmt werden.

2 Vollständiger Baum bei einer Bernoulli-Kette mit Länge $n = 4$ siehe Fig.

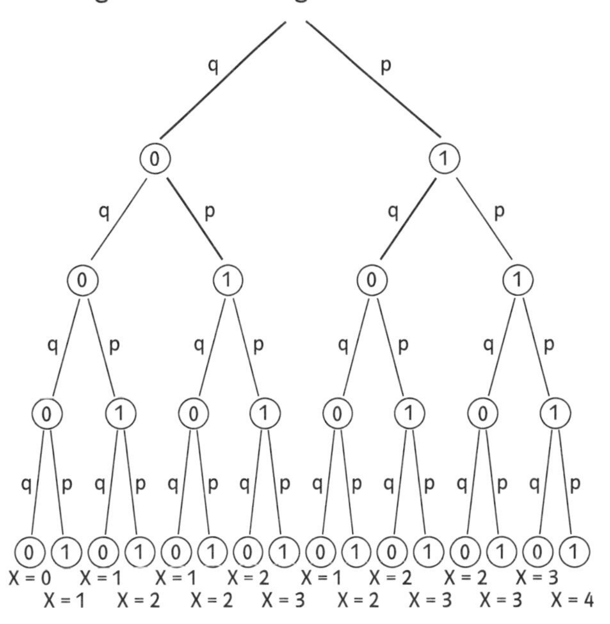

Es bezeichne X die Zahl der Einsen längs eines Pfades.
Dann liest man ab:
$\binom{4}{0} = 1$ (ein Pfad zu $X = 0$)
$\binom{4}{1} = 4$ (vier Pfade zu $X = 1$)
$\binom{4}{2} = 6$ (sechs Pfade zu $X = 2$)
$\binom{4}{3} = 4$ (vier Pfade zu $X = 3$)
$\binom{4}{4} = 1$ (ein Pfad zu $X = 4$)

3 Es liegt eine Bernoulli-Kette vor. Treffer: „Wappen fällt", $p = \frac{1}{2}$, $n = 6$. X sei die Anzahl der Wappen.
a) $P(X = 3) = 0{,}3125$ b) $P(X \geqq 3) = 0{,}6563$
c) $P(X \leqq 3) = 0{,}6563$

4 Es liegt eine Bernoulli-Kette vor. Treffer: „Antwort richtig", $p = \frac{1}{3}$, $n = 8$. X sei die Anzahl der richtigen Antworten.
a) $P(X = 4) = 0{,}1707$ b) $P(X \geqq 4) = 0{,}2586$
c) $P(X \leqq 3) = 0{,}7414$ d) $P(X > 4) = 0{,}0879$

Seite 140

5 Es liegt eine Bernoulli-Kette vor. Treffer: „Flasche enthält weniger als 495 cm³", $p = 0{,}02$, $n = 20$.
X sei die Anzahl der Flaschen, die weniger als 495 cm³ enthalten.
a) $P(X = 2) = 0{,}0528$ b) $P(X \geqq 2) = 0{,}0599$
c) $P(X \leqq 2) = 0{,}9929$

6 a) Es liegt eine Bernoulli-Kette vor.
Dabei entspricht Treffer: „Sechs gewürfelt", $p = \frac{1}{6}$, $n = 5$.

r	0	1	2	3	4	5
P(X = r) (gerundet)	0,4019	0,4019	0,1608	0,0322	0,0032	0,0001

$E(X) = \frac{5}{6}$
b) Individuelle Ergebnisse. Die relativen Häufigkeiten sollten allerdings nahe bei der in a) ermittelten Verteilung liegen. Größere Abweichungen können aber noch auftreten.
c) Individuelle Ergebnisse. Die relativen Häufigkeiten sollten allerdings nahe bei der in b) ermittelten Verteilung liegen. Größere Abweichungen sollten nur noch bei $r > 2$ auftreten.

7 a) Treffer: „Wappen liegt unten", Trefferwahrscheinlichkeit $p = \frac{1}{2}$, Länge der Kette $n = 5$.
b) Treffer: „Eine Sechs fällt", Trefferwahrscheinlichkeit $p = \frac{1}{6}$, Länge der Kette $n = 6$.
c) Hier liegt keine Bernoulli-Kette vor, denn beim Ziehen der Lottozahlen ändert sich bei jeder Kugelentnahme die Wahrscheinlichkeit, d.h., die einzelnen Durchführungen sind nicht unabhängig.
Allgemein ist das Ziehen aus einer Urne ohne Zurücklegen keine Bernoulli-Kette, weil die Ziehungen nicht unabhängig voneinander sind.
d) Streng genommen liegt auch hier keine Bernoulli-Kette vor, denn eine Person kann nur einmal ausgewählt werden, d.h., die Wahrscheinlichkeit für die Auswahl einer Person mit Handybesitz ändert sich jedes Mal. Allerdings ist die Änderung so geringfügig, dass man mit guter Näherung doch von einer Bernoulli-Kette sprechen kann. Immer wenn man aus einer sehr großen Grundgesamtheit (hier Telefonteilnehmer) eine relativ kleine Anzahl auswählt (1000 ist hier relativ klein), so kann man näherungsweise von einer Bernoulli-Kette ausgehen. Hier bedeutet dann Treffer, dass ein Teilnehmer mit Handy ausgewählt wird. Die Trefferwahrscheinlichkeit p ist unbekannt. Sie kann einer Statistik entnommen werden, oder die Umfrage dient dazu, p als Schätzwert zu bestimmen. Länge der Kette $n = 1000$.

8 Bernoulli-Kette mit Treffer: „Patient wird geheilt", $p = 0{,}75$, $n = 10$.
$P(X \geqq 5) = 0{,}9803$, $P(X \geqq 6) = 0{,}9219$.
Mit mehr als 95 % Wahrscheinlichkeit werden mindestens fünf der zehn Patienten geheilt.

Seite 141

9 a) siehe Fig.

1
1 1
1 2 1
1 3 3 1
1 4 6 4 1
1 5 10 10 5 1
1 6 15 20 15 6 1
1 7 21 35 35 21 7 1
1 8 28 56 70 56 28 8 1

b) $\binom{4}{1} = 4$, $\binom{5}{3} = 10$, $\binom{5}{5} = 1$, $\binom{6}{0} = 1$, $\binom{7}{3} = 35$
c) Im Baumdiagramm einer Bernoulli-Kette der Länge n ist die Zahl der Pfade mit r Einsen ebenso groß wie die Zahl der Pfade mit $n - r$ Einsen. Denn bei $n - r$ Einsen gibt es r Nullen. Die Zahl der Pfade mit r Nullen ist aber auch $\binom{n}{r}$. Denn welches Ergebnis des Bernoulli-Versuchs man mit 1 (Treffer) bzw. 0 (kein Treffer) bezeichnet, ist willkürlich (vgl. Aufgabe 7).
Anschauliche Bedeutung: Das Pascal'sche Dreieck ist „symmetrisch".
d) Die Summe der Zahlen in der n-ten Zeile des Pascaldreiecks (wobei n die Nummer jeweils hinter der linken 1 ist) beträgt 2^n.
Begründung (nicht verlangt):
Stellt man sich die n Versuche der Bernoullikette nacheinander ausgeführt vor, so ist jedes Mal die Alternative Treffer – kein Treffer. Auf diese Weise entstehen die 2^n Ergebnisse im zugehörigen Baumdiagramm.
Andere Interpretation: Die Summe einer Zeile des Pascal'schen Dreiecks ergibt die Anzahl, auf wie viele Arten man die Zahlen 0 und 1 auf n Stellen anordnen kann. Das geht auf 2^n Arten. Denn das liefern ja die Pfade des zugehörigen Baumdiagramms.
e) Individuelle Lösungen.

10 a) $(a + b)^2 = 1a^2 + 2ab + 1b^2$,
$(a + b)^3 = 1a^3 + 3a^2b + 3ab^2 + 1b^3$,
$(a + b)^4 = 1a^4 + 4a^3b + 6a^2b^2 + 4ab^3 + 1b^4$
Die auftretenden Koeffizienten sind gerade die Zahlen im Pascal'schen Dreieck.

b) $(a + b)^5$
$= (a + b)^4 \cdot (a + b)$
$= (1 \cdot a^4 + 4 \cdot a^3 b + 6 \cdot a^2 b^2 + 4 \cdot a b^3 + 1 \cdot b^4) \cdot (a + b)$
$= 1 \cdot a^5 + (1 + 4) a^4 b + (4 + 6) a^3 b^2 + (6 + 4) a^2 b^3 + (4 + 1) a b^4 + 1 \cdot b^5$
$= 1 \cdot a^5 + 5 \cdot a^4 b + 10 \cdot a^3 b^2 + 10 \cdot a^2 b^3 + 5 \cdot a b^4 + 1 \cdot b^5$.
Jeweils zwei Terme ergeben zusammen (außer bei a^5 und b^5) den Koeffizienten für die nächste Zeile. Dabei werden gerade die Zahlen aus dem Pascal'schen Dreieck erzeugt.
c) $(a + b)^6 = 1 \cdot a^6 + 6 \cdot a^5 b + 15 \cdot a^4 b^2 + 20 \cdot a^3 b^3 + 15 \cdot a^2 b^4 + 6 \cdot a b^5 + 1 \cdot b^6$.
d) $(x + 3)^4 = x^4 + 12x^3 + 54x^2 + 108x + 81$
$(a - b)^3 = a^3 - 3a^2 b + 3ab^2 - b^3$
$(x - 1)^5 = x^5 - 5x^4 + 10x^3 - 10x^2 + 5x - 1$
$(2 - x)^4 = x^4 - 8x^3 + 24x^2 - 32x + 16$

3 Binomialverteilung

Seite 143

Werte sind grundsätzlich auf vier Dezimalstellen gerundet, auch wenn ein Gleichheitszeichen verwendet wird.

1 a) $P(X = 4) = 0{,}1876$
$P(X \leqq 4) = 0{,}8356$
b) Das Gegenereignis zu „$X \geqq 3$" ist „$X \leqq 2$", also gilt $P(X \geqq 3) = 1 - P(X \leqq 2) = 0{,}6020$.
c) $P(X \leqq 5 \text{ und } X \geqq 1) = P(X \leqq 5) - P(X = 0) = 0{,}9038$.
$P(X \leqq 1 \text{ oder } X \geqq 5) = P(X \leqq 1) + P(X \geqq 5) = P(X \leqq 1) + 1 - P(X \leqq 4) = 0{,}3314$.

2 a) $P(X = 4) = 0{,}1747$
$P(X \leqq 4) = 0{,}8220$
$P(X \geqq 3) = 1 - P(X \leqq 2) = 0{,}5856$
$P(1 \leqq X \leqq 5) = P(X \leqq 5) - P(X = 0) = 0{,}8798$
$P(X \leqq 1 \text{ oder } X \geqq 5) = P(X \leqq 1) + P(X \geqq 5) = P(X \leqq 1) + 1 - P(X \leqq 4) = 0{,}3656$
b) $P(X = 4) = 0{,}1706$
$P(X \leqq 4) = 0{,}8179$
$P(X \geqq 3) = 1 - P(X \leqq 2) = 0{,}5802$
$P(1 \leqq X \leqq 5) = P(X \leqq 5) - P(X = 0) = 0{,}8716$
$P(X \leqq 1 \text{ oder } X \geqq 5) = P(X \leqq 1) + P(X \geqq 5) = P(X \leqq 1) + 1 - P(X \leqq 4) = 0{,}3768$

3 X: Anzahl der keimenden Blumenzwiebeln
$n = 12$, $p = 0{,}9$
a) $P(X = 12) = 0{,}2824$
b) $P(X = 10) = 0{,}2301$
c) $P(X \geqq 10) = 1 - P(X \leqq 9) = 0{,}8891$
d) $P(X \leqq 9) = 0{,}1109$
e) $P(7 \leqq X \leqq 11) = P(X \leqq 11) - P(X \leqq 6) = 0{,}7170$

Seite 144

4 X: Anzahl der Personen, die in der Kantine essen, $n = 100$, $p = 0{,}6$
a) $P(X = 60) = 0{,}0812$
b) $P(X < 60) = P(X \leqq 59) = 0{,}4567$
c) $P(X > 60) = 1 - P(X \leqq 60) = 0{,}4621$
d) $P(50 < X < 70) = P(X \leqq 69) - P(X \leqq 50) = 0{,}9481$
e) $P(X < 50 \text{ oder } X > 70) = P(X \leqq 49) + 1 - P(X \leqq 70) = 0{,}0315$
f) Die Kantine stellt somit etwas mehr Essen bereit als durchschnittlich gekauft werden. Um zu beurteilen, ob das meistens ausreicht, kann man die Wahrscheinlichkeit $P(X \leqq 65)$ berechnen. Man erhält dafür etwa 87%. Das bedeutet: Durchschnittlich werden an 87% aller Essenstage die bereitgestellten Essen ausreichen, aber an 13% der Tage nicht. Durch eine genauere Statistik (z. B. Berücksichtigung der Fragen: Welche Mahlzeiten sind besonders beliebt? – Sind Teile der Belegschaft an bestimmten Tagen nicht da? o. Ä.) kann weitgehend vermieden werden, dass zu wenige Essen da sind.

5 X: Anzahl der unbrauchbaren Schrauben, $p = 0{,}03$
A: $n = 12$, $P(X = 0) = 0{,}6938$
B: $n = 20$, $P(X \geqq 1) = 1 - P(X = 0) = 0{,}4562$
C: $n = 50$, $P(X > 1) = 1 - P(X \leqq 1) = 0{,}4447$
Also ist A am wahrscheinlichsten.

6 Lösungsvorschläge:
a) X: Anzahl der Sechsen bei zehn Würfen, $n = 10$, $p = \frac{1}{6}$
b) X: Anzahl defekter Werkstücke bei einer Stichprobe von 50, $n = 50$, $p = 0{,}02$
c) X: Trefferzahl bei 20 Würfen, $n = 20$, $p = 0{,}7$
d) Falls das Glücksrad z. B. ein rotes Feld enthält, das ein Viertel des Glücksrades einnimmt:
X: Anzahl von 10 Drehungen, bei denen Rot erscheint, $n = 10$, $p = 0{,}25$
e) X: Anzahl der Schülerinnen und Schüler einer Klasse mit 30 Schülern, welche die Zunge einrollen können, $n = 30$, $p = 0{,}7$ (geschätzt)
f) X: Anzahl der von 500 Zeichen richtig übertragenen Zeichen, $n = 500$, $p = 0{,}1$ (d. h. die Wahrscheinlichkeit für ein falsch empfangenes Zeichen beträgt 10%).

7 Es wird im Voraus ein Tipp angegeben, welche sechs Kugeln bei einem zufälligen Ziehen von sechs Kugeln aus der Schale entnommen werden. X sei die Zahl der richtig vorausgesagten Kugeln.
a) Jede Kugel wird nach dem Ziehen zurückgelegt. Durch das Zurücklegen ist bei jedem Zug die Wahrscheinlichkeit gleich, eine Kugel zu ziehen, die in

dem Tipp vorkommt. Daher ist die Ziehung eine Kette gleicher Bernoulli-Versuche: X ist binomialverteilt mit den Parametern $n = 6$, $p = \frac{6}{49}$.
b) Jede gezogene Kugel wird nach dem Ziehen nicht zurückgelegt (wie beim Lotto). Dadurch ändert sich bei jedem Zug die Wahrscheinlichkeit, eine Kugel zu ziehen, die in dem Tipp vorkommt. Daher ist die Ziehung keine Kette gleicher Bernoulli-Versuche: X ist nicht binomialverteilt (siehe Aufgabe 10 auf Seite 151 im Schülerbuch).

8 Lösungsvorschlag:
a) X: Anzahl der Würfe, bis eine Sechs fällt. Die Zufallsvariable ist nicht binomialverteilt, weil es keine feste Anzahl n von Würfen gibt; bei jedem Versuch wird man i. A. eine andere Wurfzahl benötigen.
b) X: Anzahl der Wähler der FDP. Streng genommen ändert sich durch die Befragung einer Person die Wahrscheinlichkeit, als Nächstes einen FDP-Wähler zu betragen (Ziehen ohne Zurücklegen, vgl. e)). Wenn die Zahl der Befragten klein ist im Vergleich mit der Einwohnerzahl der Stadt, ist X aber in guter Näherung binomialverteilt (n = Zahl der Befragten, p = Wähleranteil der FDP in der Stadt).
c) X: Anzahl der Rosinen in einem Brötchen. Jede Rosine hat die gleiche Chance $\frac{1}{10}$, in einem bestimmten Brötchen zu landen. Also ist X binomialverteilt mit $n = 20$, $p = \frac{1}{10}$.
d) X: Anzahl, wie oft Wappen oben liegt. Wenn die Münze immer zufällig geworfen wird, liegt eine Bernoulli-Kette vor. $n = 20$, p hängt ab davon, wie verbeult die Münze ist. Anders ist die Situation, wenn man 20 verbeulte Münzen wirft, weil dann die Werte von p nicht gleich sind für die einzelnen Münzen.
e) X: Anzahl der Gewinne. X ist nicht binomialverteilt, weil bei jedem Ziehen eines Loses die Wahrscheinlichkeit von der Zahl bereits gezogener Gewinnlose abhängt. (Ziehen ohne Zurücklegen)

Seite 145

9 a) $n = 30$; $P(X \geqq 7) = 1 - P(X \leqq 6) = 0{,}5008$
b) Man löst die Gleichung $1 - 0{,}78^n \geqq 0{,}75$; Lösung: $n \geqq 5{,}6$. Bei einer Kursstärke von mindestens 6 beträgt die Wahrscheinlichkeit mindestens 75 %, dass mindestens ein Raucher dabei ist.
c) Es muss gelten $P(X \geqq 5) = 1 - P(X \leqq 4) \geqq 0{,}95$.
Man erhält durch Einsetzen verschiedener Werte für n in den GTR, dass die Kursstärke mindestens 39 betragen muss (siehe Fig.). Nach der ersten Eingabe des zugehörigen Terms kann man jeweils mit 2nd-Enter (TI83-84) die letzte Eingabe wiederholen und braucht dann nur die Werte für n neu einzugeben. Man kann auch aus einer Tabelle (vgl. Schülerbuch Seite 143) ablesen.

```
                .9217105059
1-binomcdf(32,.2
2,3)
                .943343522
1-binomcdf(33,.2
2,3)
                .951971636
```

(Hinweis: In der ersten Auflage des Schülerbuchs steht „fünf Raucher“ statt „vier Raucher“. Bei fünf Rauchern beträgt die Kursstärke mindestens 39.)
Für eine grafische Lösungsmöglichkeit siehe den Hinweis bei Aufgabe 9, Lerneinheit 4.

10 a) $n = 6$; $P(X \geqq 1) = 1 - P(X = 0)$
$= 1 - (1 - 0{,}0186)^6 = 0{,}1065$
b) n ist gesucht; $P(X \geqq 1) = 1 - P(X = 0)$
$= 1 - (1 - 0{,}0186)^n \geqq 0{,}9$ (bzw. 0,99)
Die Ungleichung kann durch Logarithmieren oder mit dem GTR (Tabelle) gelöst werden. Frau Mayer muss mindestens 123-mal bzw. 246-mal tippen, damit sie mit mindestens 90 % bzw. 99 % mindestens einen Gewinn erzielt.
2. Teil (Frage in Klammern): n ist gesucht;
$P(X \geqq 3) = 1 - P(X \leqq 2) \geqq 0{,}9$ (bzw. 0,99)
Die Ungleichung kann mit dem GTR (Tabelle) gelöst werden. Frau Mayer muss mindestens 285-mal bzw. 449-mal tippen, damit sie mit mindestens 90 % bzw. 99 % mindestens drei Gewinne erzielt.

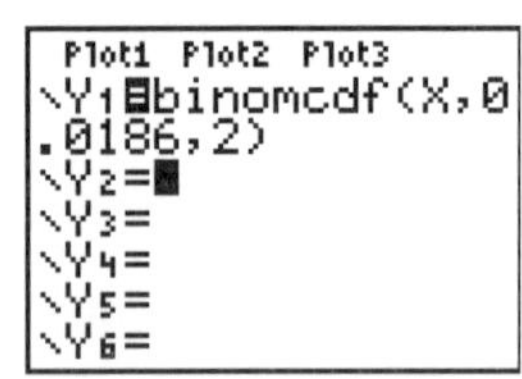

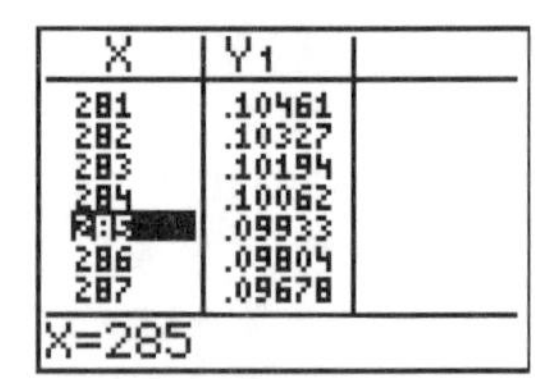

11 X: Anzahl nicht verbogener Nägel, $p = 0{,}8$
a) $n = 20$, $P(X \geqq 15) = 1 - P(X \leqq 14) = 0{,}8042$
b) Man verwendet eine Tabelle oder probiert mit verschiedenen Werten von n, bis $P(X \geqq 15) \geqq 0{,}95$:
$n = 21$, $P(X \geqq 15) = 0{,}8915$; $n = 22$, $P(X \geqq 15) = 0{,}9439$; $n = 23$, $P(X \geqq 15) = 0{,}9727$.
Herr Lehmann muss also mindestens 23 Nägel kaufen, wenn er mit mindestens 95 % Wahrscheinlichkeit ausreichend viele Nägel zur Verfügung haben will.

12 X: Anzahl der Infektionen, $n = 10$, $p = 0{,}02$
a) $P(X \geqq 1) = 1 - P(X = 0) = 1 - 0{,}9810 = 0{,}1829$
b) $p = 0{,}04$: $P(X \geqq 1) = 0{,}3352$; $p = 0{,}01$: $P(X \geqq 1) = 0{,}0956$
c) $W(p) = 1 - (1 - p)^{10}$; Graph siehe GTR-Bild.

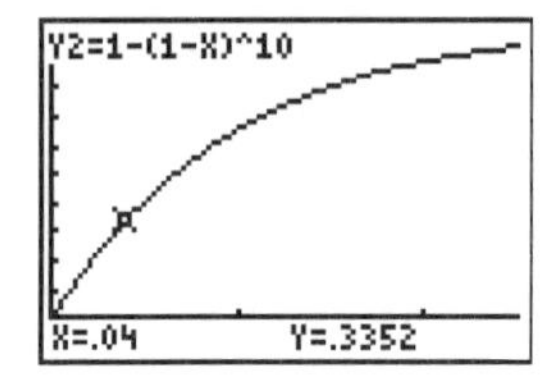

4 Graph und Erwartungswert der Binomialverteilung

Seite 148

1 Die Eigenschaften von S. 146/147 lassen sich gut erkennen.

a)

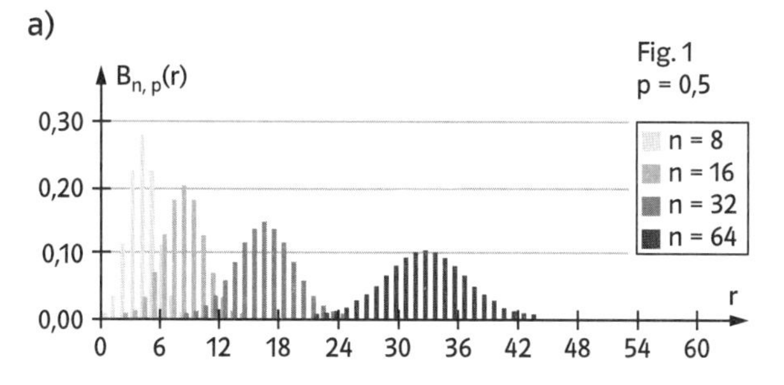

b)

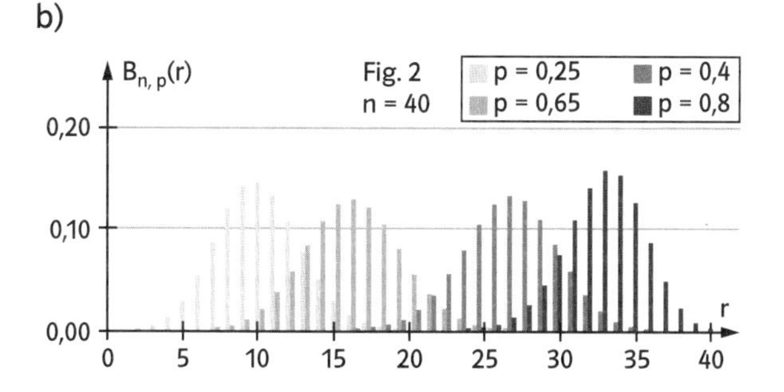

2 a) $n = 30,\ p = 0{,}3$ $\quad \mu = 9,\ P(X = 9) = 0{,}1573$
b) $n = 15,\ p = 0{,}3$ $\quad \mu = 4{,}5,\ P(X = 4) = 0{,}2186$
c) $n = 70,\ p = 0{,}9$ $\quad \mu = 63,\ P(X = 63) = 0{,}1570$
d) $n = 77,\ p = 0{,}9$ $\quad \mu = 69{,}3,\ P(X = 70) = 0{,}1507$

3 a) $\mu = 7{,}8$, also sind etwa 7 bis 8 Schülerinnen und Schüler zu erwarten, welche die Umwelt für ein zentrales Thema halten. Der wahre Wert kann natürlich abweichen.
b) $P(4{,}8 \leqq X \leqq 10{,}8) = P(5 \leqq X \leqq 10) = P(X \leqq 10) - P(X \leqq 4) = 0{,}7896$. Mit fast 80 % Wahrscheinlichkeit liegt die Zahl der Schüler, welche die Umwelt für ein zentrales Thema halten, im Bereich 5 bis 10.
c) Individuelle Lösung.

Seite 149

4 Linke Grafik: $n = 10$; $p = 0{,}8$. Kontrolle: $\mu = 8$, $P(X = \mu) = 0{,}3020$, $P(X = 6) = 0{,}0881$, $P(X = 10) = 0{,}1074$.
Rechte Grafik: $n = 20$; $p = 0{,}4$. Kontrolle: $\mu = 8$, $P(X = \mu) = 0{,}1797$, $P(X = 6) = 0{,}1244$, $P(X = 10) = 0{,}1171$.

5 Achtung: X ist nicht binomialverteilt, da sich bei jedem Ziehen die Wahrscheinlichkeit ändert. Daher darf μ eigentlich nicht mit der Formel $4 \cdot 0{,}7 = 2{,}8$ berechnet werden. Die Tabelle zeigt die Wahrscheinlichkeitsverteilung von X. So wird z. B. $P(X = 2)$ berechnet: $P(X = 2) = \binom{4}{2} \cdot \frac{7}{10} \cdot \frac{6}{9} \cdot \frac{3}{8} \cdot \frac{2}{7} = \frac{3}{10}$, denn es gibt wie bei der Binomialverteilung 6 Pfade, die auf „zwei rote" führen. Damit erhält man $E(X) = 1 \cdot \frac{1}{30} + 2 \cdot \frac{3}{10} + 3 \cdot \frac{1}{2} + 4 \cdot \frac{1}{6} = 2{,}8$. Das Ergebnis ist also gleich dem, welches man „unkritisch" erhält, wenn man einfach mit der Binomialverteilung rechnet. Das kann man allgemein beweisen: Der Erwartungswert für X beim Ziehen von n Kugeln aus einer Urne mit N Kugeln, von denen M Kugeln rot sind, beträgt $n \cdot \frac{M}{N}$, unabhängig davon, ob mit oder ohne Zurücklegen gezogen wird. Details siehe z. B. Lambacher Schweizer 73243 Stochastik, Seite 87 (Hypergeometrische Verteilung). Hier bietet sich Stoff für eine GFS.

r	0	1	2	3	4
P(X = r)	0	$\frac{1}{30}$	$\frac{3}{10}$	$\frac{1}{2}$	$\frac{1}{6}$

6 X: Auszahlung in Euro = Anzahl der Sechsen. X ist binomialverteilt mit $n = 5$ und $p = \frac{1}{6}$. $E(X) = \frac{5}{6}$
a) Mittlerer Gewinn in Euro: $E(X) - 1 = -\frac{1}{6}$, zu erwartender Verlust bei 120 Spielen: 20 €
b) Man könnte z. B. mit sechs Würfeln würfeln.

7 Es gilt $P(X = 5 - r) = P(X = 5 + r)$ für $r = 0, \ldots, 5$, denn:
$$P(X = 5 - r) = \binom{n}{5 - r} \cdot 0{,}5^{5 - r} \cdot 0{,}5^{n - (5 - r)} = \binom{n}{5 - r} \cdot 0{,}5^n$$
$$P(X = 5 + r) = \binom{n}{5 + r} \cdot 0{,}5^{5 + r} \cdot 0{,}5^{n - (5 + r)} = \binom{n}{5 + r} \cdot 0{,}5^n$$
Beide Werte sind gleich, denn wegen der Symmetrie des Pascaldreiecks gilt $\binom{n}{5 - r} = \binom{n}{5 + r}$. Man sieht außerdem, dass die Aussage für alle n richtig ist, wenn man 5 durch μ ersetzt, allerdings nur, falls μ ganzzahlig ist.

8 a) $E(X) = 0 \cdot q^3 + 1 \cdot 3p(1 - p)^2 + 2 \cdot 3p^2(1 - p) + 3 \cdot p^3 = 3p(1 - 2p + p^2) + 6p^2(1 - p) + 3p^3 = 3p$
b) $E(X) = 0 \cdot q^4 + 1 \cdot 4p(1 - p)^3 + 2 \cdot 6p^2(1 - p)^2 + 3 \cdot 4p^3(1 - p) + 4 \cdot p^4 = 4p$.

9 a)

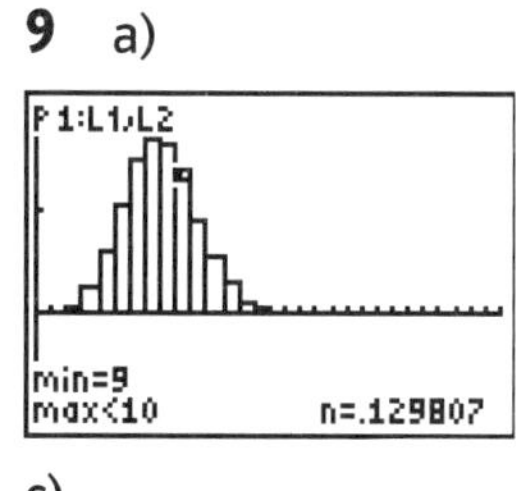

b)

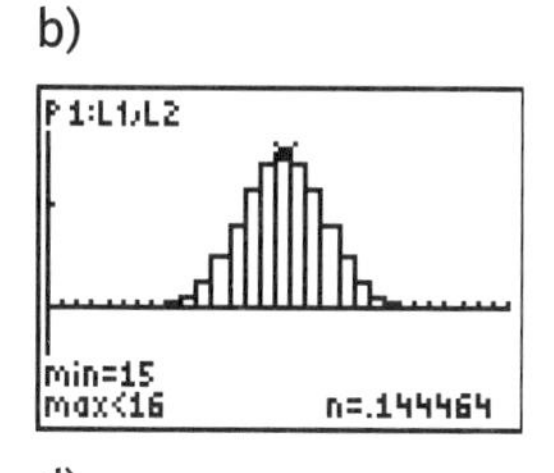

c)

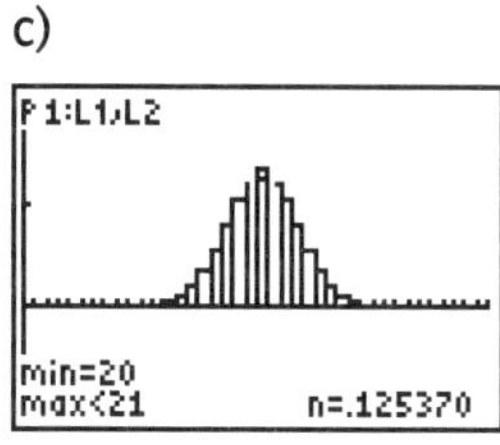

d)

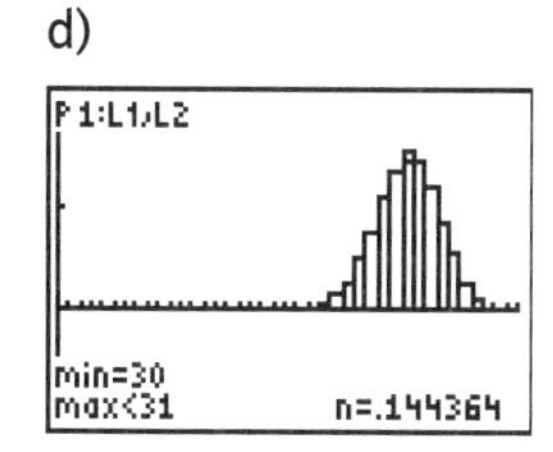

Hinweise:

1) Die in Aufgabe 9 an sich schönere Darstellung als die auf Seite 147 hat folgende Nachteile: Die Eingabe ist aufwändiger und vor allem gibt es eine Fehlermeldung, wenn $n > 44$ und – wie es sinnvoll ist – xscl=1. Daher wird die Darstellung wie auf Seite 147 bevorzugt. Die Glockenform kommt dort besonders gut zur Geltung. Außerdem kann man so beim TI83/84 auch mehr als drei Graphen zeichnen. Bei beiden Varianten kann man mit der Trace-Taste wie dargestellt auch Werte abrufen.

2) Mit der grafischen Darstellung kann man Aufgaben wie auf Seite 145 Aufgabe 9c) auch grafisch lösen. Dazu verfährt man wie in den folgenden Figuren. Die Aufgabe kann so als Schnittproblem gelöst werden. Die Suche der Schnittstelle kann auch mithilfe der Trace-Taste erfolgen.

```
Plot1 Plot2 Plot3
\Y1=1-binomcdf(r
ound(X,0),.22,3)
\Y2=0.95
\Y3=
\Y4=
\Y5=
```

```
WINDOW
 Xmin=0
 Xmax=50
 Xscl=5
 Ymin=-.1
 Ymax=1.1
 Yscl=.1
 Xres=1
```

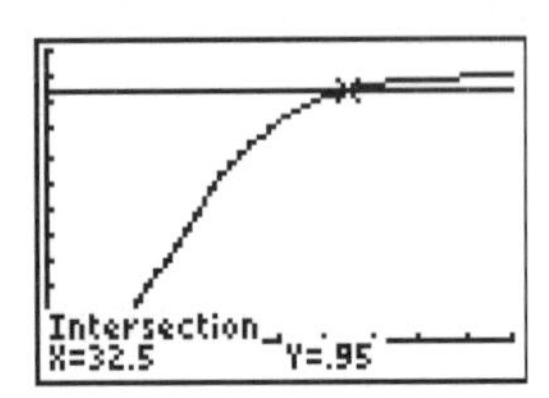

3) Es gibt eine dritte Möglichkeit, mit dem TI83/84 Graphen von Binomialverteilungen darzustellen. Dazu stellt man den Rechner mit der Mode-Taste um auf den Folgenmodus und verfährt wie in den folgenden Figuren (Beispiel $n = 50$, $p = 0{,}5$).
Man kann den Graph statt punktiert auch wie verbunden zeichnen, indem man als Zeichenstil „verbunden" wählt . Dazu bewegt man den Cursor auf das Feld links neben u(n) beim Funktionseingabefenster und betätigt die Enter-Taste.
Die Vorgehensweise eignet sich auch, um Aufgaben wie auf Seite 145 Aufgabe 9c) grafisch zu lösen, siehe Hinweis 2.
Nachteil dieser Darstellung ist, dass man dabei keine Funktionsgraphen der Form $y = f(x)$ hinzufügen kann, z. B. später eine angepasste Gaußglocke.

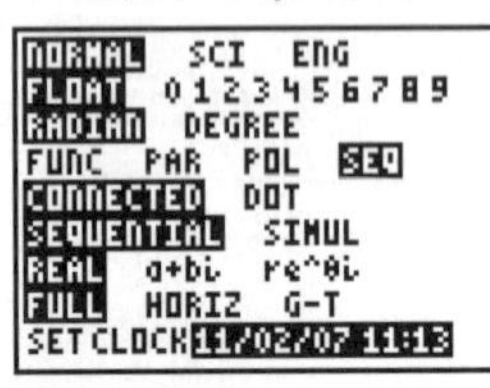

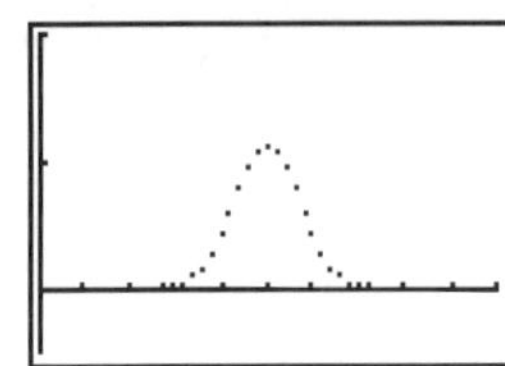

Wiederholen – Vertiefen – Vernetzen

Seite 150

1 X: Auszahlung in Cent. Wahrscheinlichkeitsverteilung von X siehe Tabelle.

k	0	10	12	15	16	18	20	24	25	30	36
P(X = k)	$\frac{17}{36}$	$\frac{2}{36}$	$\frac{4}{36}$	$\frac{2}{36}$	$\frac{1}{36}$	$\frac{2}{36}$	$\frac{2}{36}$	$\frac{2}{36}$	$\frac{1}{36}$	$\frac{2}{36}$	$\frac{1}{36}$

a) $E(X) = 9{,}97$ ct, also $E(\text{Gewinn}) = -10{,}03$ ct.
b) Der Einsatz müsste 9,97 ct betragen, also etwa 10 ct.

2 X: Anzahl der angetroffenen Personen, $p = 0{,}8$
a) $n = 50$, $P(X > 40) = 1 - P(X \leqq 40) = 0{,}4437$
b) $n = 100$, $P(X < 80) = P(X \leqq 79) = 0{,}4405$
c) $n = 200$, $P(150 \leqq X \leqq 170) = P(X \leqq 170) - P(X \leqq 149) = 0{,}9372$
d) $\mu = 40$: $P(30 \leqq X \leqq 50) = 0{,}9997$
$\mu = 80$: $P(70 \leqq X \leqq 90) = 0{,}9916$
$\mu = 160$: $P(150 \leqq X \leqq 170) = 0{,}9372$

3 X: Anzahl der angetroffenen Personen, $p = 0{,}8$, a wird durch Probieren bestimmt:
$n = 50$, $\mu = 40$, $a = 5$
$n = 100$, $\mu = 80$, $a = 7$
$n = 200$, $\mu = 160$, $a = 11$

4 a) Wahrscheinlichkeitsverteilung siehe Tabelle.

k	0	1	2	3	4
P(X = k)	$\frac{1}{16}$	$\frac{4}{16}$	$\frac{6}{16}$	$\frac{4}{16}$	$\frac{1}{16}$

b) Man erwartet 1/4/6/4/1 Kugeln (aber bei der wirklichen Durchführung weicht das Ergebnis meist davon ab). Wenn in der Sammlung kein Galtonbrett vorhanden ist, kann man im Internet eine Simulation mit einem Applet durchführen, z. B. bei http://www.learn-line.nrw.de/angebote/eda/medio/galton/galton.exe.
c) Wenn man das Brett z. B. nach links neigt, wird die Wahrscheinlichkeit p_l für „links" zunehmen, die Wahrscheinlichkeit p_r für „rechts" abnehmen. Bei a) werden dann die Wahrscheinlichkeiten für 0 und 1 entsprechend der Bernoulli-Formel zunehmen, bei den anderen Werten abnehmen, bei b) entsprechend die erwarteten Anzahlen. Der Erwartungswert von X ist $4p_r$.

5 Individuelle Lösungen.

Seite 151

6 a)

n	P_max	r_max
12	0,266278	2
24	0,195137	5
48	0,137863	10
96	0,098036	21
192	0,069438	42

b)

n	P_max	r_max
10	0,264559	8
20	0,198201	15
50	0,126105	37
100	0,089556	73
200	0,063433	146

7 X: Anzahl der Hauptgewinne in einem bestimmten Eimer, $p = \frac{1}{8}$
a) $n = 6$; $P(X > 2) = 0{,}0291$
b) $n = 18$, durch Probieren bestimmt
c) $n = 30$, durch Probieren bestimmt

8 a) Schätzwert für die Wahrscheinlichkeit, dass ein Arzt einen Herzinfarkt erleidet, der Aspirin genommen hat: $\frac{104}{11037} \approx 0{,}94\,\%$
Schätzwert für die Wahrscheinlichkeit, dass ein Arzt einen Herzinfarkt erleidet, der kein Aspirin genommen hat: $\frac{189}{11034} \approx 1{,}71\,\%$
b) X: Anzahl der Ärzte, die einen Herzinfarkt erleiden, $n = 1000$, $p = 0{,}0094$, $P(X > 10) = 0{,}3420$
c) X: Anzahl der Ärzte, die einen Herzinfarkt erleiden, $n = 1000$, $p = 0{,}0171$, $P(X > 10) = 0{,}9545$

9 a) X: Anzahl der Patienten mit allergischer Reaktion, $n = 15$, $p = 0{,}05$
$P(X > 1) = 0{,}1710$
b) Y: Anzahl des Auftretens von $X > 1$, $n = 5$, $p = 0{,}1710$
$P(Y \geqq 2) = 0{,}2046$
c) Z: Anzahl der Patienten mit allergischer Reaktion, $n = 75$, $p = 0{,}05$
$P(3 \leqq Z \leqq 5) = 0{,}558$, die Angabe trifft also mit einer Wahrscheinlichkeit zu, die größer als $\frac{1}{2}$ ist. Man kann daher die Angabe glauben.

10 a) Bei jedem Ziehen ändern sich die Treffer-Wahrscheinlichkeiten (vgl. b)), es liegt also keine Bernoulli-Kette vor.
b) Man verwendet einen Baum mit sechs Stufen, auf jeder Stufe gibt es jeweils zwei Möglichkeiten (0 für kein Treffer, 1 für kein Treffer). Dann ist $\frac{6}{49} \cdot \frac{5}{48} \cdot \frac{43}{47} \cdot \frac{42}{46} \cdot \frac{41}{45} \cdot \frac{40}{44}$ die Wahrscheinlichkeit, dass die ersten beiden Kugeln Treffer sind und die letzten vier Kugeln keine Treffer sind. „X = 2" tritt aber immer ein, wenn zwei Einsen auf den sechs Stufen vorkommen, also auf $\binom{6}{2}$ Arten. Das geschieht jeweils mit der gleichen Wahrscheinlichkeit, weil dabei nur die Zähler bei der oben bestimmten Wahrscheinlichkeit vertauscht werden.
c) Siehe Tabelle.

r	P(X = r)	P(Y = r)
0	0,4360	0,4567
1	0,4130	0,3824
2	0,1324	0,1334
3	0,0177	0,0248
4	0,0010	0,0026
5	1,845E-05	0,0001
6	7,1511E-08	3,3708E-06

d) $E(X) = \frac{36}{49} = 0{,}735$.
e) $P(Y = 2) = \binom{6}{2} \cdot \frac{6}{49} \cdot \frac{6}{49} \cdot \frac{43}{49} \cdot \frac{43}{49} \cdot \frac{43}{49} \cdot \frac{43}{49} = \binom{6}{2} \cdot \left(\frac{6}{49}\right)^2 \cdot \left(\frac{43}{49}\right)^4$.
W-Verteilung siehe Tabelle, $E(Y) = E(X)$. Man erkennt gut den (geringen) Unterschied, der dadurch zustande kommt, dass beim Lotto die Kugeln nicht zurückgelegt werden. E(X) und E(Y) sind aber gleich, weil man jeweils aus 49 Kugeln sechs zieht, wobei es nicht darauf ankommt, ob „mit oder ohne" Zurücklegen gezogen wird (vgl. Aufgabe 5 auf Seite 149).

11 X: Anzahl der zum Flug erscheinenden Fluggäste, $n = 150$, $p = 0{,}95$
a) $P(X \leqq 145) = 0{,}8744$. Die Wahrscheinlichkeit, dass alle Fluggäste einen Platz bekommen, ist also mit fast 90 % sehr hoch.
b) $P(X > 146) = 0{,}0548$. Die Wahrscheinlichkeit, dass mehr als ein Fluggast entschädigt werden muss, ist also mit etwa 5 % sehr klein.

Seite 152

12 X: Anzahl der ausgeführten Buchungen, $n = 390$, $p = 0{,}88$
a) $P(X > 360) = 0{,}0022$
b) $P(X \leqq 358) = 0{,}9937$
c) Da es fast nie vorkommt, dass zu viele Buchungen angenommen werden, kann man die Zahl der Buchungen noch ohne großes Risiko erhöhen auf z.B. 400, denn für $n = 400$ ergibt sich $P(X > 360) = 0{,}0928$ bzw. $P(X \leqq 358) = 0{,}8415$.

13 X: Zahl der Würfe eines Würfels bis zur ersten Sechs. Achtung: X ist nicht binomialverteilt (vgl. Aufgabe 8 auf Seite 144).
a) $P(X \leqq 3) = \frac{1}{6} + \frac{5}{6} \cdot \frac{1}{6} + \left(\frac{5}{6}\right)^2 \cdot \frac{1}{6} = \frac{91}{216} \approx 42\,\%$.
(Vgl. Beispiel 2 auf Seite 47 im Lambacher Schweizer 3, # 734371.)
$P(X \geqq 6) = 1 - P(X \leqq 5)$
$= 1 - \left(\frac{1}{6} + \frac{5}{6} \cdot \frac{1}{6} + \left(\frac{5}{6}\right)^2 \cdot \frac{1}{6} + \left(\frac{5}{6}\right)^3 \cdot \frac{1}{6} + \left(\frac{5}{6}\right)^4 \cdot \frac{1}{6}\right) = \frac{3125}{7776}$
$\approx 40\,\%$.
b) $P(X \leqq 8) = 0{,}7674$; $P(X \leqq 9) = 0{,}8062$, also ist $a = 9$. Man muss also höchstens neunmal würfeln, um mit mindestens 80 % Wahrscheinlichkeit die erste Sechs zu erzielen.

14 X: Anzahl unbrauchbarer Dichtungen, n = 50, p = 0,013
P(X > 2) = 2,74 %. Der Zulieferer müsste etwa 2,7 % der Pakete als Verlust kalkulieren.

15 a) $1 - \left(\frac{11}{12}\right)^{12} = 0{,}648$
b) X: Anzahl von Schachteln mit nur einwandfreien Eiern, n = 10, p = 0,648
P(X > 7) = 0,2573
Zu erwartende Einnahmen pro Schachtel
= (1 – 0,2573) · 240 ct + 0,2573 · 120 ct = 209 ct.

16 X: Anzahl fehlerfreier Chips, n = 50
a) Bedingung $P(X \geqq 40) \geqq 0{,}8$; p wird durch Probieren bestimmt: $p = 0{,}84 \Longrightarrow P(X \geqq 40) > 0{,}83$;
$p = 0{,}83 \Longrightarrow P(X \geqq 40) < 0{,}78$.
p muss also mindestens 0,84 sein.
b) Bedingung $P(X \geqq 40) \geqq 0{,}95$; p wird durch Probieren bestimmt: $p = 0{,}88 \Longrightarrow P(X \geqq 40) > 0{,}96$;
$p = 0{,}87 \Longrightarrow P(X \geqq 40) < 0{,}95$.
p muss also mindestens 0,88 sein.
Die Lösungen können auch mithilfe eines Graphen der „Funktion" $P(X \geqq 40)$ (GTR: 1-binomcdf(50,x,39)) bestimmt werden, indem man den Schnittpunkt mit y = 0,8 bzw. y = 0,95 bestimmt (vgl. Hinweise hinter Aufgabe 9 in Lerneinheit 4, Seite L 41).

17 X: Anzahl der Treffer, n = 10, p = 0,25
a) $P(X \geqq 3) = 0{,}4744$
b) Bedingung $P(X \geqq x) \leqq 0{,}05$; x = 6, aus der GTR-Tabelle der Werte 1-binomcdf(10,0.25,x-1) entnommen oder durch Probieren bestimmt.
c) X: Anzahl der Treffer, p = 0,25
Bedingung $P\left(X \geqq \frac{n}{2}\right) \leqq 0{,}05$; n = 9, siehe Tabelle

n	p		
10	0,25	0,4744072	P(X ≧ 3)
b)	6	0,01972771	
c)			
n	p	a (min. 50 %)	P(X ≧ a)
6	0,25	3	0,16943359
7		4	0,07055664
8		4	0,11381531
9		5	0,04892731
10		5	0,07812691
11		6	0,03432751
12		6	0,05440223
13		7	0,02429014
14		7	0,03827076

18 a) X: Zahl der Kontakte mit anderen Mitarbeitern, n = 10, p = 0,05 (für Ansteckung), Infektion bei „X ≧ 1", $P(X \geqq 1) = 1 - 0{,}95^{10} = 0{,}4013$

b) $f(x) = 1 - (1 - x)^{10}$, Graph siehe Fig.

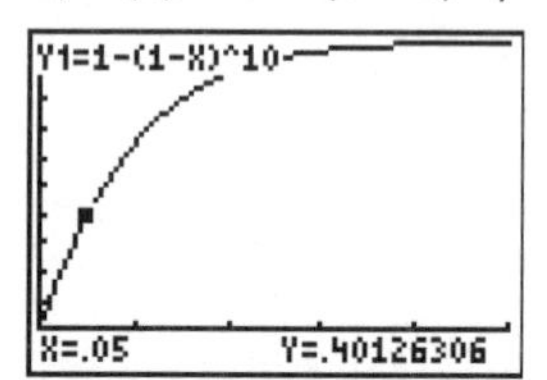

Seite 153

19 a) Vorgehen wie in der Bildfolge im Schulbuch S. 153, entsprechende Bildfolge siehe Fig. 1.
b) Da 100 Zufallszahlen erzeugt wurden, zeichnet man $100 \cdot B_{n;p}(r)$ z. B. als StatPlot ein (Fig. 2).
Alternativ kann man auch in den Mode seq umschalten (Folgenmodus) und dann die Kontur des Graphen wie in Fig. 3 erzeugen, um die Form der Graphen zu betonen. Dazu muss man den Zeichenstil auf „durchgezogen" umstellen.
Die Balken im Histogramm schwanken leicht um die durch die theoretische Verteilung vorgegebenen Werte.

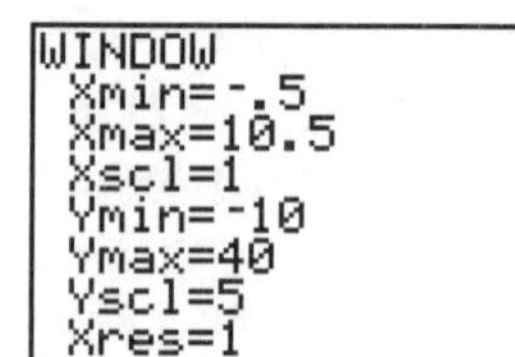

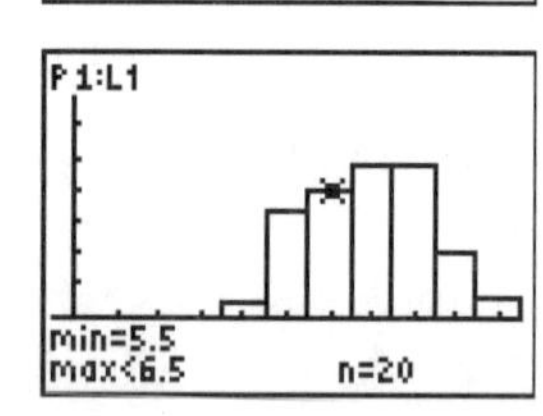

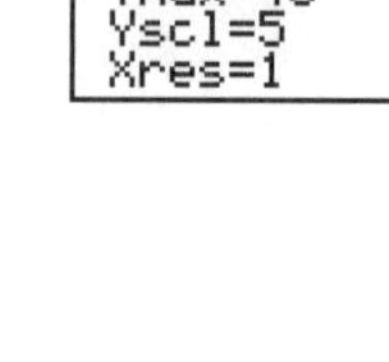

Fig. 1

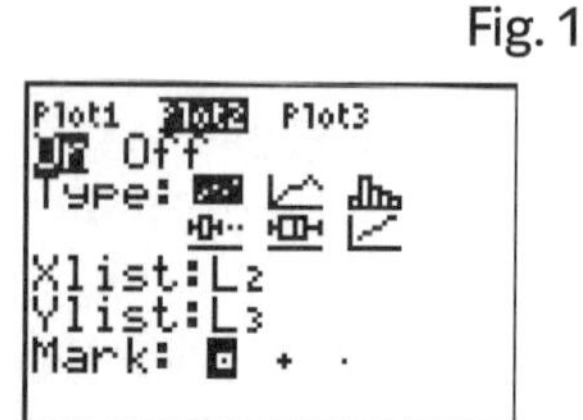

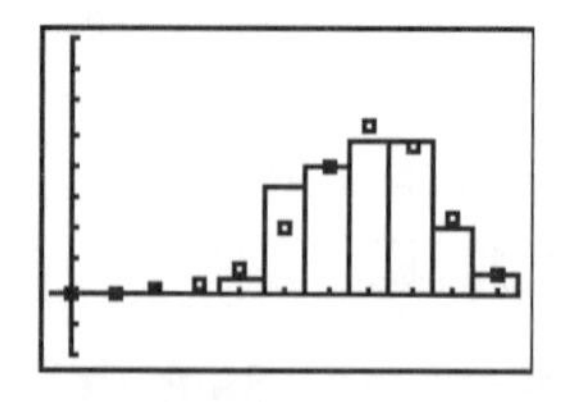

Fig. 2

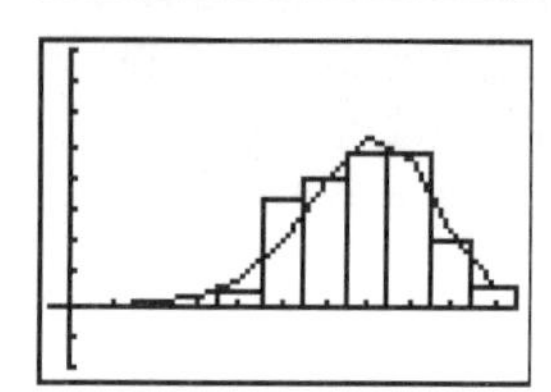

Fig. 3

20 a) Es wurde angenommen, dass der Stoff nach 9 Tagen komplett vergessen wurde.
X: Zahl der Tage, nach denen der Stoff vergessen ist. Die Mittelwertberechnung ist in der Tabelle dargestellt. In der rechten Spalte werden die Produkte „Tage x Prozentsatz vergessener Wörter" gebildet, die aufsummiert den Mittelwert 2,94 ergeben. Nach durchschnittlich etwa 2,9 Tagen wurde der Lernstoff vergessen.

Tage	vorhanden	vergessen	
0	100%		
1	75%	25%	0,25
2	48%	27%	0,54
3	25%	23%	0,69
4	15%	10%	0,4
5	11%	4%	0,2
6	10%	1%	0,06
7	7%	3%	0,21
8	3%	4%	0,32
9	0%	3%	0,27
		Mittelwert:	2,94

b) Individuelle Lösung.
c) Individuelle Lösung.

Exkursion: Entdeckungen – Streuung bei der Binomialverteilung

Seite 154

1 Ausführliche Bestimmung wie auf Seite 154 und die Formel liefern dasselbe Ergebnis.
a) $\sigma = 3{,}24$ (gerundet) b) $\sigma = 4$

2 Am besten wählt man p fest, z. B. $p = 0{,}5$, und lässt n quadratisch wachsen, z. B. $n = 20;\ 80;\ 180;\ 320$. σ wächst dann proportional zu n.

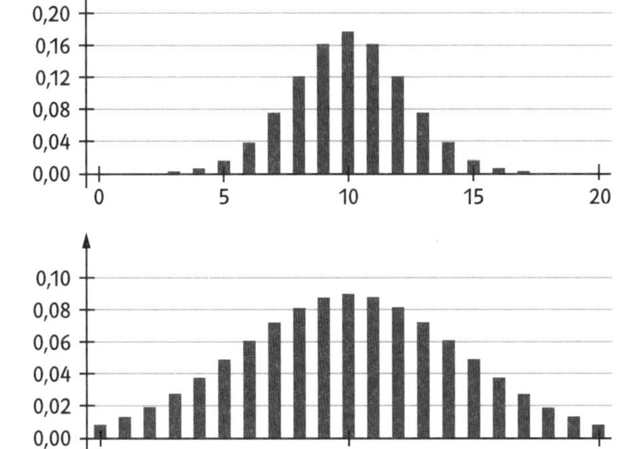

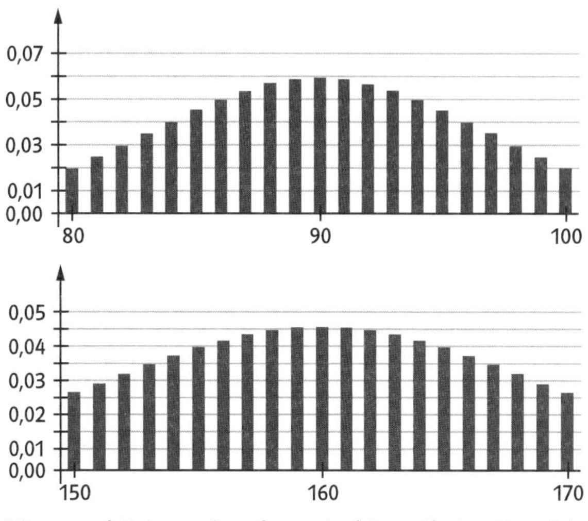

Die zugehörigen Graphen sind jeweils im Bereich $(\mu - 10;\ \mu + 10)$ dargestellt:

Seite 155

3 a) 0,7169 b) 0,6572
c) 0,6963 d) 0,6731

4 a) 0,6963 b) 0,6622
c) 0,6735 d) 0,6677

5 Fig. 1 zeigt die Eingabe in den Y=-Editor für den TI83/84 und die Einstellung des Tabellenfensters. Zuvor müssen n und p eingegeben werden (vgl. Seite 154).

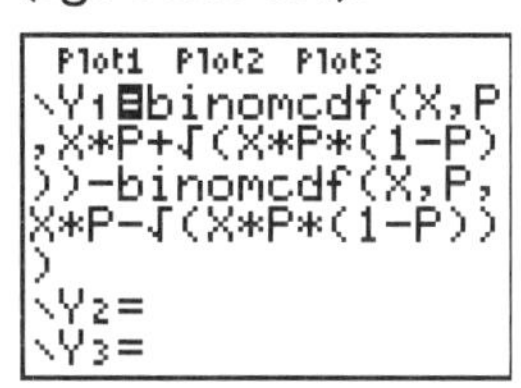

TABLE SETUP
TblStart=200
ΔTbl=200
Indpnt: Auto Ask
Depend: Auto Ask

X	Y1
200	.65184
400	.66775
600	.68216
800	.67008
1000	.68294
1200	.66909
1400	.68715

X=200

Fig. 1

Die Tabelle liefert dieselben Werte wie die für $p = 0{,}4$. Das liegt zum einen daran, dass σ jeweils für $p = 0{,}4$ und $p = 0{,}6$ gleich ist und zum anderen daran, dass sich wegen der Bernoulli-Formel die Wahrscheinlichkeiten für p und $1 - p$ entsprechen.

6 $p = \frac{2}{3}$

n	μ	σ	μ – σ	μ + σ
30	20	2,58	17,42	22,58
60	40	3,65	36,35	43,65
120	80	5,16	74,84	85,16
240	160	7,30	152,70	167,30
480	320	10,33	309,67	330,33

7 $p = \frac{1}{3}$, n = 20. An der Tabelle sieht man, dass r nur nicht in der 1σ-Umgebung liegt. Da die Wahrscheinlichkeit für das 1σ-Intervall etwa 70 % beträgt, kann man sagen, dass Florian mit etwa 30 % Wahrscheinlichkeit ein solches Ergebnis erzielen kann, obwohl er nur rät.
Daher erscheint es trotz des ganz guten Ergebnisses noch recht wahrscheinlich, dass Florian nur rät.

n	μ	σ	μ − σ	μ + σ
20	6,667	2,11	4,56	8,77

μ − 2σ	μ + 2σ	μ − 3σ	μ + 3σ
2,45	10,88	0,34	12,99

8 a), b) Individuelle Ergebnisse.
c) Bei einem solchen Test wurde z. B. ermittelt, dass von n = 250 Würfen k = 141-mal das Ergebnis „Kopf" erzielt wurde. Das stand Anfang 2002 in der Süddeutschen Zeitung, siehe den Zeitungsauszug aus der Badischen Zeitung. Das 2σ-Intervall ist [110; 140]. Bei dem Ergebnis 141 ist also bei diesem Test die Hypothese zu verwerfen. (Hinweis: Im ersten Druck der ersten Auflage stand auf S. 155 statt „2σ-Intervall" „3σ-Intervall". Da das 3σ-Intervall [102; 148] ist, wäre beim 3σ-Intervall die Hypothese beizubehalten.)
Das Thema „Testen bei der Binomialverteilung" wird ausführlich in der Kursstufe behandelt, es kann hier nur andiskutiert werden.

Wo bleibt der faire Zufall?
Skandalös: Euromünze zeigt häufiger Kopf als Zahl
Die *Süddeutsche Zeitung* hat es mit einem spektakulären Selbsttest ans Tageslicht gezerrt: Die deutschen Ein-Euro-Münzen versagen angeblich beim bewährten „Kopf-oder-Zahl-Spiel". Von 250 Würfen brachten bei den Bayern 141 das Ergebnis „Kopf" und nur 109-mal schillerte die Zahl. Das kann doch nicht wahr sein, dachten wir, und wiederholten das Experiment – mit der gleichen erschreckenden Tendenz: 135-mal kam der Adler und 115-mal die Zahl. Nicht auszudenken, wie leicht sich mit diesem Wissen alle möglichen Spiele manipulieren lassen. Dumm wären Mannschaftskapitäne beim Fußball, wenn sie nicht stets beim Eurowurf vor dem Anpfiff auf den grimmig schauenden Geier setzten. Die Chance, sich den Anstoß oder die beliebtere Spielrichtung für die erste oder zweite Halbzeit zu sichern, steigt mit der überdurchschnittlichen Kopf-Rate. Oder die Tennisspielerin wählt zuerst die Schattenseite des Platzes, weil bis zum Wechsel auf die andere Platzhälfte die ärgste Hitze vorüber ist. Vielleicht startet auch jemand eine „Initiative für fairen Zufall" und bringt zum Glückswurf wieder eine Deutsche Mark ins Spiel. Die sollte sich schließlich strikt an die Wahrscheinlichkeitstheorie halten. Oder haben da Journalisten jahrzehntelang noch einen anderen Skandal verschlafen?

Lutz Kosbab
(Quelle: Badische Zeitung, Freiburg, vom 19. 01. 2002)

VI Modellieren

1 Modellieren von Wachstumsvorgängen

Seite 163

1 a)

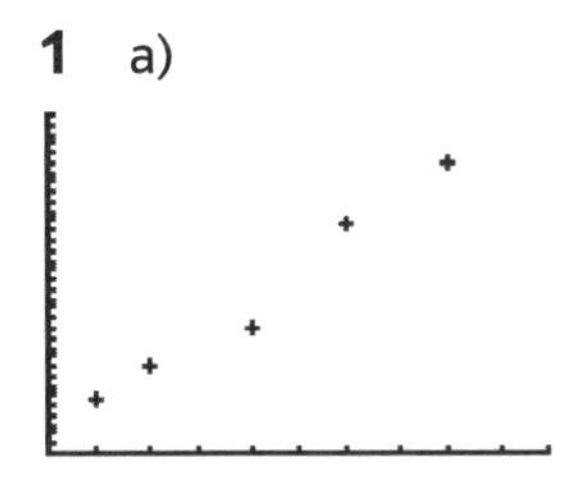

Die Messreihe lässt sich mit linearem Wachstum beschreiben, wobei der dritte Wert ein „Ausreißer" ist.

Wenn man die Funktionsgleichung mithilfe des zweiten (2 | 9,2) und des letzten Wertepaares (8 | 30,2) aufstellt, liegen einige Daten oberhalb und einige Daten unterhalb des Graphen.
Für $y = m \cdot x + n$ gilt bei diesen Werten:
$m = \frac{30{,}2 - 9{,}2}{8 - 2} = 3{,}5$.
Aus $9{,}2 = 2 \cdot 3{,}5 + n$ erhält man $n = 2{,}2$.
Es ist $y = 3{,}5x + 2{,}2$.
An der folgenden Tabelle erkennt man, dass die Funktionsgleichung die Daten mit Ausnahme des Ausreißers gut beschreibt.

t	1	2	4	6	8
B	5,8	9,2	12,9	23,6	30,2
berechnete Werte	5,7	9,2	16,2	23,2	30,2
Abweichungen	0,1	0	−3,3	0,4	0

b)

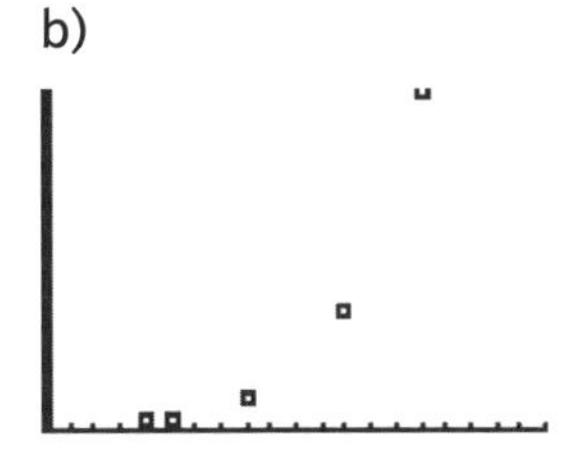

Die Messreihe lässt sich mit exponentiellem Wachstum beschreiben.
Mithilfe des ersten (4 | 13,4) und des letzten (15 | 546,2) Wertepaares erhält man mit dem allgemeinen Ansatz $y = c \cdot a^x$ die Gleichungen:

I: $13{,}4 = c \cdot a^4$, also $c = \frac{13{,}4}{a^4}$
II: $546{,}2 = c \cdot a^{15}$
Setzt man das in I ermittelte c in II ein, erhält man:
$546{,}2 = \frac{13{,}4}{a^4} \cdot a^{15} = 13{,}4 \cdot a^{11} \Longrightarrow a \approx 1{,}40083$ und $c \approx 3{,}48$.
Es folgt: $y = 3{,}48 \cdot 1{,}40083^x$.
An der folgenden Tabelle erkennt man, dass die Funktionsgleichung die Daten gut beschreibt.

t	4	5	8
B	13,4	18,9	50,1
berechnete Werte	13,40	18,77	51,60
Abweichungen	0,00	0,13	−1,50

t	12	15
B	199,5	546,2
berechnete Werte	198,70	546,21
Abweichungen	0,80	−0,01

c)

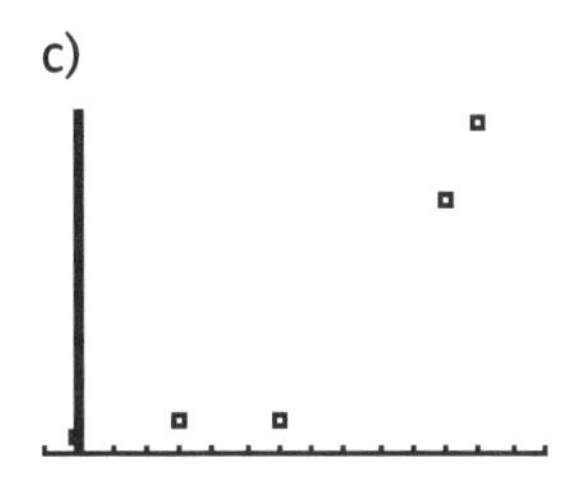

Die Messreihe lässt sich mit exponentiellem Wachstum beschreiben, wobei der dritte Wert ein Ausreißer zu sein scheint.
Mithilfe des ersten (0 | 12,1) und des vorletzten (11 | 216,9) Wertepaares erhält man unter Verwendung des allgemeinen Ansatzes $y = c \cdot a^x$ die Gleichungen:
I: $12{,}1 = c \cdot a^0$, damit $c = 12{,}1$
II: $216{,}9 = 12{,}1 \cdot a^{11} \Longrightarrow a \approx 1{,}300026$.
Es folgt: $y = 12{,}1 \cdot 1{,}300026^x$.
An der folgenden Tabelle erkennt man, dass die Funktionsgleichung die Daten gut beschreibt.

t	0	3	6
B	12,1	26,6	58,4
berechnete Werte	12,1	26,6	58,4
Abweichungen	0	0,0	0,0

t	11	12
B	216,9	281,9
berechnete Werte	216,9	282,0
Abweichungen	0,0	−0,1

d)

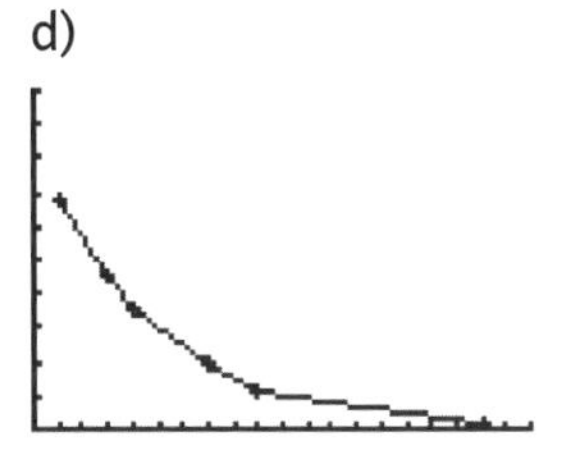

Die Messreihe lässt sich mit exponentiellem Wachstum beschreiben.
Mithilfe des ersten (1 | 6,8) und des vorletzten (9 | 1,1) Wertepaares erhält man mit dem allgemeinen Ansatz $y = c \cdot a^x$ die Gleichungen:
I: $6{,}8 = c \cdot a^1$, also $c = \frac{6{,}8}{a}$
II: $1{,}1 = c \cdot a^9$

Setzt man das in I ermittelte c in II ein, erhält man:

$1{,}1 = \frac{6{,}8}{a} \cdot a^9 = 6{,}8 \cdot a^8 \Longrightarrow a \approx 0{,}79636$ und

$c \approx 8{,}53883$.

Es folgt: $y = 8{,}53883 \cdot 0{,}79636^x$.

An der folgenden Tabelle erkennt man, dass die Funktionsgleichung die Daten gut beschreibt.

t	1	3	4
B	6,8	4,5	3,5
berechnete Werte	6,8	4,3	3,4
Abweichungen	etwa 0	0,2	0,1

t	7	9	18
B	1,9	1,1	0,2
berechnete Werte	1,7	1,1	0,1
Abweichungen	0,2	etwa 0	0,1

2 a)

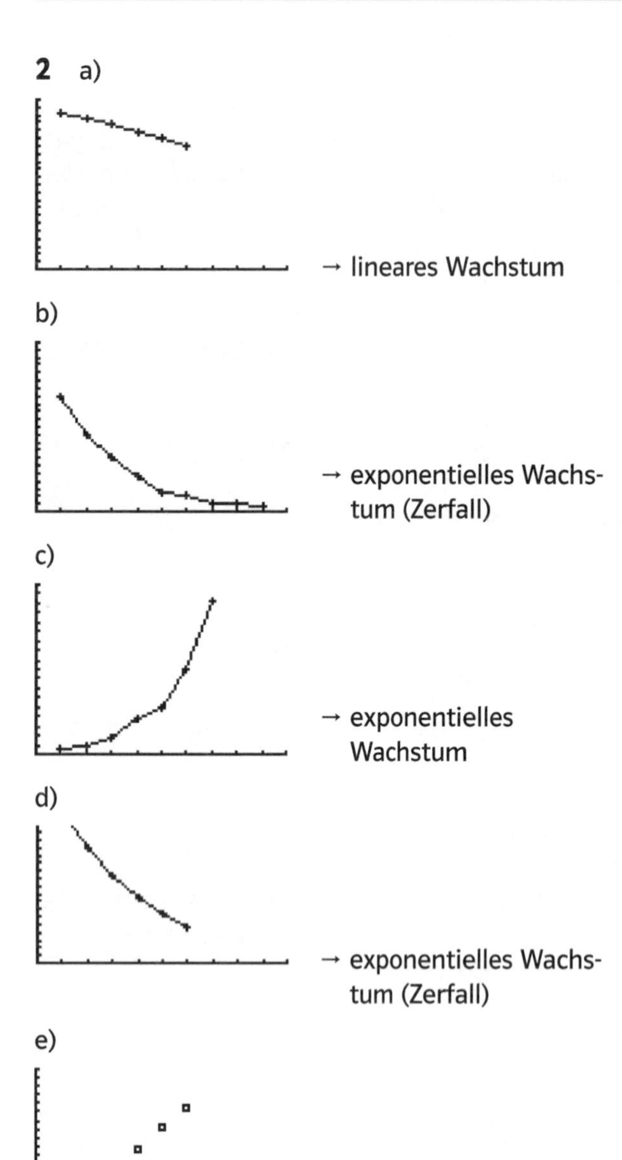

f)

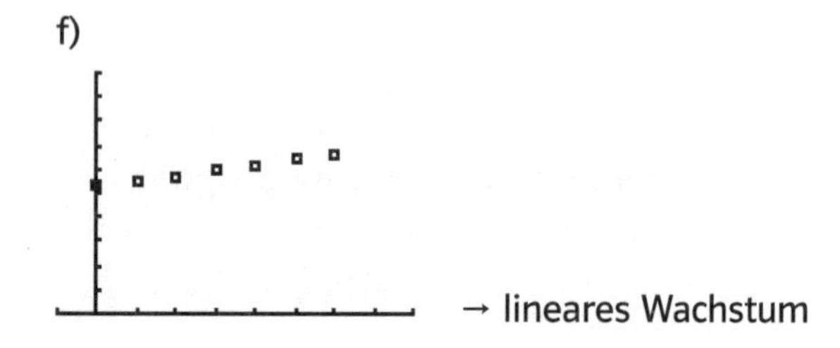

3 a) Es handelt sich um exponentielles Wachstum, da die Masse des Ferkels von Woche zu Woche um 4 % zunimmt.

b) Mit der prozentualen Zunahme von $p = 4\,\% = 0{,}04$ beträgt der Wachstumsfaktor $a = 1 + 0{,}04 = 1{,}04$. Der Anfangswert beträgt $c = 10$ (in kg). Demnach kann man den Wachstumsvorgang mit der Funktionsgleichung $f(x) = 10 \cdot 1{,}04^x$ beschreiben. Dabei gibt x die Anzahl der vergangenen Wochen an und f(x) beschreibt das Gewicht des Ferkels in kg.

c) Nach 50 Wochen gilt: $x = 50$. Das Gewicht nach 50 Wochen berechnet man mit $f(50) = 10 \cdot 1{,}04^{50} \approx 71{,}07$, also wiegt das Ferkel dann ca. 71 kg. Dieses Ergebnis ist realistisch, wenn man davon ausgeht, dass das Ferkel in den ersten 50 Wochen gleichmäßig an Masse zunimmt. Dies kann evtl. durch gleiche Fütterung und gleiche Lebensbedingungen erreicht werden.

d)

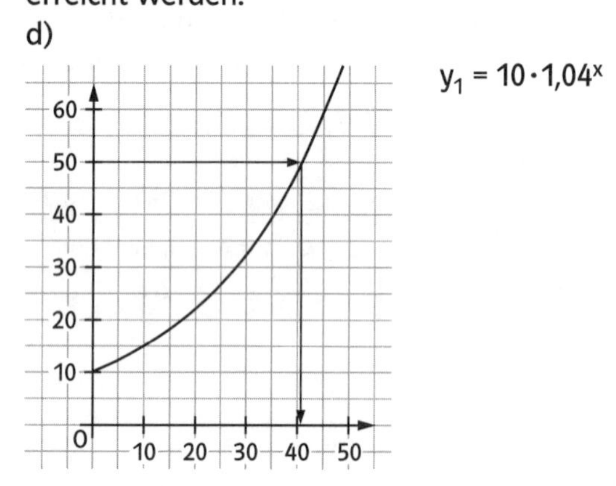

Nach ca. 41 Wochen hat das Ferkel ein Gewicht von 50 kg.

4 a) Die grafische Darstellung mithilfe eines GTR (oder eines anderen Funktionsplotters) zeigt, dass man sowohl lineares als auch exponentielles Wachstum vermuten kann. Aufgrund des leicht krummen Verlaufs des Graphen ist eher von exponentiellem Wachstum auszugehen. Bei der Darstellung werden auf der x-Achse die Anzahl der Jahre seit 1860 abgetragen.

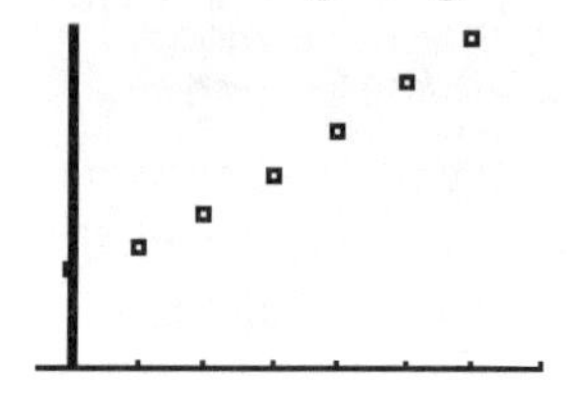

Zum Aufstellen des linearen Modells kann man z. B. das zweite Wertepaar (10 | 39,82) und das vorletzte Wertepaar (50 | 91,92) verwenden. Dann liegen Werte sowohl oberhalb als auch unterhalb des Graphen der linearen Funktion, weshalb die Abweichungen dann insgesamt ausgeglichen wären.

Für $y = m \cdot x + n$ gilt: $m = \frac{91{,}92 - 39{,}82}{50 - 10} = 1{,}3025$.

Aus $39{,}82 = 10 \cdot 1{,}3025 + n$ erhält man $n = 26{,}795$.

Es ist $y = 1{,}3025x + 26{,}795$.

Für das exponentielle Modell kann man die gleichen Wertepaare verwenden. Mit dem allgemeinen Ansatz $y = c \cdot a^x$ erhält man die Gleichungen:

I: $39{,}82 = c \cdot a^{10}$, also $c = \frac{39{,}82}{a^{10}}$

II: $91{,}92 = c \cdot a^{50}$

Durch Einsetzen von c in II erhält man:

$91{,}92 = \frac{39{,}82}{a^{10}} \cdot a^{50} = 39{,}82 \cdot a^{40} \Longrightarrow a \approx 1{,}021134$ und $c \approx 32{,}30532$.

Es folgt: $y = 32{,}30532 \cdot 1{,}021134^x$.

Jahr	1860	1870	1880	1890
Jahre nach 1860	0	10	20	30
Bevölkerungszahl in Mio.	31,43	39,82	50,16	62,95
berechnete Werte – lin. Modell	26,80	39,82	52,85	65,87
Abweichungen	4,64	0,00	−2,69	−2,92
berechnete Werte – exp. Modell	32,31	39,82	49,08	60,50
Abweichungen	−0,88	ca. 0	1,08	2,45

Jahr	1900	1910	1920
Jahre nach 1860	40	50	60
Bevölkerungszahl in Mio.	75,99	91,92	105,71
berechnete Werte – lin. Modell	78,90	91,92	104,95
Abweichungen	−2,91	0,00	0,76
berechnete Werte – exp. Modell	74,57	91,92	113,30
Abweichungen	1,42	0,00	−7,59

Wenn man die Abweichungen insgesamt aufsummiert, erhält man beim linearen Modell einen Abweichungswert von 3,12 (4,64 + 0 − 2,69 − 2,92 − 2,91 + 0 + 0,76) und beim exponentiellen Modell von −3,52. Wenn man die Beträge aller Abweichungen aufsummiert erhält man beim linearen Modell einen Wert von 13,92 und beim exponentiellen Modell einen Wert von 13,42. Bei dieser Abweichungsbetrachtung ist das exponentielle Modell etwas besser.

Wenn man das exponentielle Modell mit den Wertepaaren (0 | 31,43) und (60 | 105,71) aufstellt, erhält man die Funktionsgleichung $y = 31{,}43 \cdot 1{,}020405^x$. Dabei sind die Abweichungen mit 20,99 wesentlich größer. Ebenso erhält man ein schlechteres Modell, wenn man mit den Wertepaaren (10 | 39,82) und (60 | 105,71) rechnet: $y = 32{,}757 \cdot 1{,}01972$ mit einer Abweichung von 13,92.

Nach diesen Betrachtungen sind auf Basis der vorliegenden Tabelle genaue Vorhersagen sehr schwer. Sowohl das exponentielle Modell mit $y = 32{,}30532 \cdot 1{,}021134^x$ als auch das lineare Modell mit $y = 1{,}3025x + 26{,}795$ sind gute Modelle.

b) Um die Bevölkerungszahlen für das Jahr 1790 zu erhalten (hier ist $x = 1790 - 1860 = -70$), setzt man $x = -70$ in beide Funktionsgleichungen ein:

lineares Modell: $y = 1{,}3025 \cdot (-70) + 26{,}795 = -64{,}38$

exponentielles Modell: $y = 32{,}30532 \cdot 1{,}021134^{(-70)} \approx 7{,}47$

Unter Berücksichtigung des Wertes für 1790 erscheint das exponentielle Modell sinnvoller, weil der Wert zwar mit 3,54 Mio. um ca. 90 % abweicht, aber im Vergleich zum linearen Modell einen realistischeren Wert liefert. Der negative Wert beim linearen Modell ist zudem nicht sinnvoll, da es keine negativen Bevölkerungszahlen geben kann.

5 a) Man kann aufgrund der Daten vermuten, dass die Hälfte des Schaumes nach mehr als 110 Sekunden zerfallen ist, weshalb man die Bierschaumqualität vorab als „sehr gut" einschätzen könnte.

Erstellen einer grafischen Übersicht:

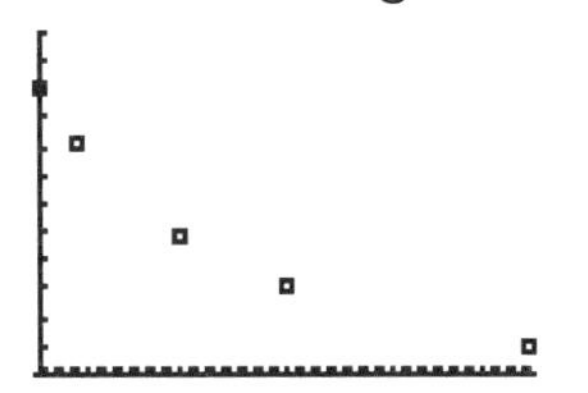

Der grafische Überblick legt einen exponentiellen Verlauf nahe.

Modell 1:

Mit den Wertepaaren A(0 | 10,1) und B(300 | 3) erhält man:

I: $10{,}1 = c \cdot a^0$, also $c = 10{,}1$

II: $3 = 10{,}1 \cdot a^{300} \Longrightarrow a \approx 0{,}995962$.

Es folgt: $y = 10{,}1 \cdot 0{,}995962^x$.

Anhand der Tabelle erkennt man die Abweichungen der berechneten Werte von den Originaldaten – die Funktionsgleichung beschreibt die Messdaten vor allem am Anfang und am Ende gut. In der Mitte der Messungen gibt es Abweichungen.

Zeit in s	0	50	170	300	600
Schaumhöhe in cm	10,1	8,2	4,8	3	0,9
berechnete Werte	10,1	8,3	5,1	3,0	0,9
Abweichungen	0,0	−0,1	−0,3	0,0	0,0

Um die Halbwertszeit zu berechnen, muss man den x-Wert finden, bei dem der y-Wert die Hälfte des Startwertes annimmt: $y_{\text{Halbwertszeit}} = 5{,}05$.

$5{,}05 = 10{,}1 \cdot 0{,}995962^x \Longrightarrow x = \frac{\log(0{,}5)}{\log(0{,}995962)} \approx 171{,}3$.

Nach diesem Modell würde die Hälfte des Schaums nach ca. 171 Sekunden erreicht. Da aber nach 170 Sekunden nur noch eine Höhe von 4,8 cm gemessen wurde, also schon mehr als die Hälfte zerfallen war, erscheint dieses Ergebnis nicht sehr sinnvoll.
Dieses Ergebnis ist dann zu akzeptieren, wenn man beim mittleren Wert von einer Messungenauigkeit ausgeht.
Modell 2:
Um mithilfe des Modells vor allem auch den mittleren Bereich der Messdaten gut zu beschreiben, kann man die mittleren Wertepaaren A(50 | 8,2) und B(170 | 4,8) verwenden; man erhält die Gleichungen:

I: $8{,}2 = c \cdot a^{50}$, also $c = \frac{8{,}2}{a^{50}}$
II: $4{,}8 = c \cdot a^{170}$

Durch Einsetzen von c in II erhält man:

$4{,}8 = \frac{8{,}2}{a^{50}} \cdot a^{170} = 8{,}2 \cdot a^{120} \Longrightarrow a \approx 0{,}9955473$ und
$c \approx 10{,}24989$.

Es folgt: $y = 10{,}24989 \cdot 0{,}9955473^x$.
Anhand der Tabelle erkennt man die Abweichungen der berechneten Werte von den Originaldaten – die Funktionsgleichung beschreibt die Messdaten am Anfang und am Ende nicht so gut, dafür sind die Daten im mittleren Bereich besser. Insgesamt sind die Abweichungen etwas größer.

Zeit in s	0	50	170	300	600
Schaumhöhe in cm	10,1	8,2	4,8	3	0,9
berechnete Werte	10,2	8,2	4,8	2,7	0,7
Abweichungen	–0,1	0,0	0,0	0,3	0,2

$5{,}05 = 10{,}24989 \cdot 0{,}9955473^x \Longrightarrow x = \frac{\log(0{,}49269)}{\log(0{,}9955473)}$
$\approx 158{,}6$.

Nach diesem Modell würde die Hälfte des Schaums nach ca. 159 Sekunden erreicht. Wenn man davon ausgeht, dass die mittleren Werte richtig gemessen wurden, kann man diesem Ergebnis mehr vertrauen.
Ergebnis: Bei beiden Modellen erhält man das Ergebnis, dass die Halbwertszeit des Bierschaumzerfalls größer als 110 Sekunden ist, womit das Bier eine sehr gute Bierschaumqualität hat.
b) Es ist aufgrund der Daten schwer, eine Vorhersage zu machen.
Erstellen einer grafischen Übersicht:

Annahme: exponentielles Modell mit A(0 | 9,2) und B(400 | 0,4):

I: $9{,}2 = c \cdot a^0$, also $c = 9{,}2$
II: $0{,}4 = 9{,}2 \cdot a^{400} \Longrightarrow a \approx 0{,}9921919$.

Es folgt: $y = 9{,}2 \cdot 0{,}9921919^x$.

Anhand der Tabelle erkennt man die Abweichungen der berechneten Werte von den Originaldaten – die Funktionsgleichung beschreibt die Messdaten gut.

Zeit in s	0	20	400	500
Schaumhöhe in cm	9,2	8,2	0,4	0,2
berechnete Werte	9,2	7,9	0,4	0,2
Abweichungen	0,0	0,3	0,0	0,0

Um die Halbwertszeit zu berechnen, muss man den x-Wert finden, bei dem der y-Wert die Hälfte des Startwertes annimmt: $y_{\text{Halbwertszeit}} = 4{,}6$.

$4{,}6 = 9{,}2 \cdot 0{,}9921919^x \Longrightarrow x = \frac{\log(0{,}5)}{\log(0{,}9921919)} \approx 88{,}4$.

Nach diesem Modell würde die Hälfte des Schaums nach ca. 88 Sekunden erreicht.
Ergebnis: Auf der Grundlage des verwendeten Modells weist dieses Bier keine sehr gute Bierschaumqualität auf, weil die Hälfte des Schaums schon nach weniger als 110 Sekunden zerfallen ist.

Seite 164

6 a) Mithilfe eines Tabellenkalkulationsprogramms kann man die y-Werte der einzelnen Funktionen mit den Messwerten der Tabelle vergleichen und die Gesamtabweichung als Summe der einzelnen Abweichungen bestimmen.

x-Werte	0	2	3	5	6	7	9	11
y-Werte	6	5,3	5,4	5,7	5,8	4,5	6,2	6,5
$f_1(x)$	5,03	5,26	5,38	5,63	5,76	5,89	6,17	6,45
Abweichung	0,97	0,04	0,02	0,07	0,04	–1,39	0,03	0,05
$f_2(x)$	6,00	6,19	6,28	6,47	6,57	6,66	6,85	7,04
Abweichung	**0,00**	–0,89	–0,88	–0,77	–0,77	–2,16	–0,65	–0,54
$f_3(x)$	6,00	6,17	6,25	6,43	6,52	6,61	6,79	6,98
Abweichung	**0,00**	–0,87	–0,85	–0,73	–0,72	–2,11	–0,59	–0,48
$f_4(x)$	3,40	3,68	3,83	4,15	4,32	4,50	4,88	5,29
Abweichung	2,60	1,62	1,57	1,55	1,48	**0,00**	1,32	1,21

x-Werte	14	15	18	19	Gesamtabweichung
y-Werte	7	7,2	7	7,8	
$f_1(x)$	6,91	7,06	7,56	7,73	
Abweichung	0,09	0,14	–0,56	0,07	–0,45
$f_2(x)$	7,33	7,42	7,70	7,80	
Abweichung	–0,33	–0,22	–0,70	**0,00**	–7,92
$f_3(x)$	7,28	7,38	7,69	7,80	
Abweichung	–0,28	–0,18	–0,69	**0,00**	–7,5
$f_4(x)$	5,96	6,21	7,00	7,29	
Abweichung	1,04	0,99	**0,00**	0,51	13,88

Man stellt fest, dass die Funktion mit $f_1(x) = 5{,}03 \cdot 1{,}0229^x$ die Daten am besten beschreibt.
b) Wenn man sich zunächst einmal das Punktediagramm anschaut, so stellt man fest, dass es in der Datenreihe einige Ausreißer gibt:

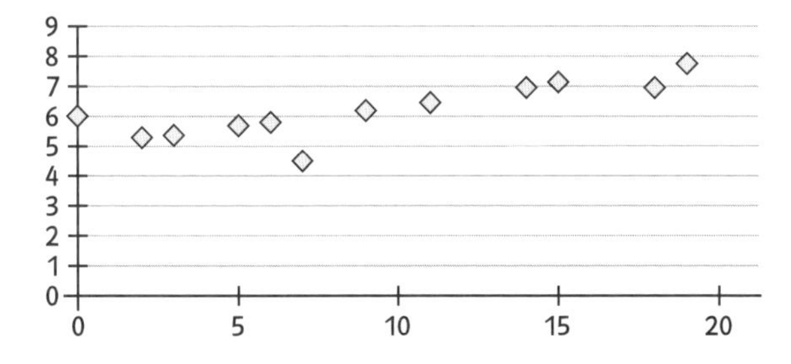

Der erste Wert (0 | 6), der sechste Wert (7 | 4,5) und der vorletzte Wert (18 | 7) liegen nicht auf dem zu vermutenden Graphen der anderen Werte. Hier könnten Messfehler vorliegen. Beim Aufstellen einer Funktionsgleichung müssten diese Werte vernachlässigt werden. Wenn man dies aber nicht berücksichtigt, erhält man so große Abweichungen.
Die Funktion f_2 wurde aus den Daten (0 | 6) und (19 | 7,8) ermittelt. Den Punkt (0 | 6) erkennt man sofort am Anfangswert. Anhand der Tabelle aus a) erkennt man weiter, dass die Abweichungen beim Punkt (19 | 7,8) ebenfalls 0 betragen. Demnach war dieser Punkt Grundlage der Berechnung von f_2.
$f_2(x) = 0{,}0947 \cdot x + 6$. Die Funktionsgleichung beschreibt die Daten so schlecht, weil mit dem Punkt (0 | 6) einer der Ausreißer verwendet wurde.
Die Funktion f_3 wurde ebenfalls aus den Daten (0 | 6) und (19 | 7,8) ermittelt wie man aus der Tabelle (Abweichung = 0) erkennen kann.
$f_3(x) = 6 \cdot 1{,}01389566^x$. Die Funktionsgleichung beschreibt die Daten so schlecht, weil mit dem Punkt (0 | 6) einer der Ausreißer verwendet wurde.
Die Funktion f_4 wurde aus den Daten (7 | 4,5) und (18 | 7) ermittelt – siehe Tabelle.
$f_4(x) = 3{,}3971 \cdot 1{,}04101896^x$. Die Funktionsgleichung beschreibt die Daten so schlecht, weil beide Punkte Ausreißer sind.

7 $f(0) = g(0)$. f hat den gleichen Startwert wie g: $c = 0{,}2$.
Wenn man für $w = 1$ den Funktionswert bestimmt, erhält man $g(1) = 0{,}3898 \approx 0{,}39 \approx f(7)$. Ebenso erhält man für $w = 2$ den Funktionswert $g(1) \approx 0{,}76 \approx f(7)$ usw.
w steht hier also für die Anzahl der Wochen.

Seite 165

8 Zunächst kann man sich durch eine grafische Darstellung einen Überblick über die Daten verschaffen.

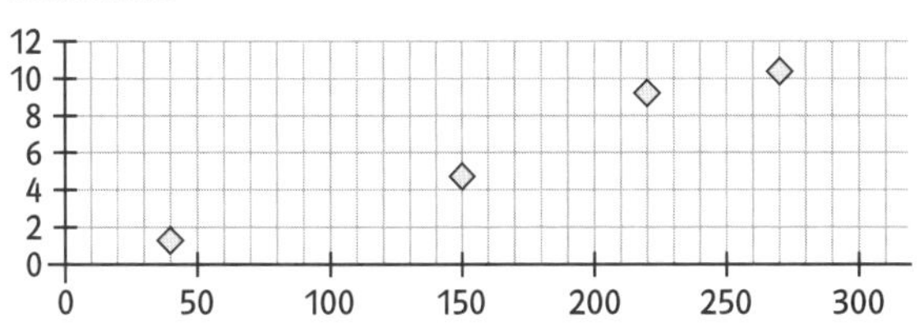

Man erkennt an der grafischen Darstellung, dass es sich hierbei sehr wahrscheinlich um einen linearen Zusammenhang handelt. Der zweite Wert weicht leicht nach unten und der dritte leicht nach oben ab. Demzufolge kann man die Funktionsgleichung mithilfe des ersten und letzten Wertes aufstellen. Für $y = mx + n$ ergibt sich mit (40 | 1,2) und (270 | 10,5) die lineare Funktionsgleichung
$y \approx 0{,}0404x - 0{,}4174$.

Tiefe in m	40	150	220	270
Temperatur in °C	1,2	4,7	9,3	10,5
berechnete Temp.	1,2	5,6	8,5	10,5
Abweichungen	0,0	−0,9	0,8	0,0

Man erkennt, dass die Abweichungen nach oben und nach unten sich ungefähr aufheben (die Werte wurden auf eine Nachkommastelle gerundet).
Um vorherzusagen, welche Temperatur in 350 m Tiefe vorherrscht, setzt man $x = 350$ in die Funktionsgleichung ein: $y \approx 0{,}0404 \cdot 350 - 0{,}4174 \approx 13{,}72$.
Man kann in einer Tiefe von 350 m eine ungefähre Temperatur von 13,7 °C vermuten.

9 a) Man erkennt an der GTR-Grafik in Figur 1, dass die Messreihe anfangs (bis zum 7. Wert) exponentiell zu verlaufen scheint und anschließend eher linear verläuft. Um die Messreihe gut mithilfe von Funktionsgleichungen zu beschreiben, ist es daher sinnvoll, zwei Funktionsgleichungen aufzustellen.
Die Funktion f beschreibt dann die Daten von (0 | 0,13) bis einschließlich zum Datenpunkt (8 | 6,82) als exponentielle Funktion. Die Funktion g beschreibt die Daten vom Datenpunkt (8 | 6,82) bis zum Datenpunkt (18 | 9,43) als lineare Funktion.
Bestimmung der Funktionsgleichung zu f:
Mithilfe der Datenpunkte (0 | 0,13) und (8 | 6,82) erhält man aus
I: $0{,}13 = c \cdot a^0$, also $c = 0{,}13$
II: $6{,}82 = 0{,}13 \cdot a^8 \Longrightarrow a \approx 1{,}6405$,
die Funktionsgleichung: $y = 0{,}13 \cdot 1{,}6405^x$ im Abschnitt (Definitionsbereich) $0 \leqq x \leqq 8$.
Mithilfe der Datenpunkte (8 | 6,82) und (16 | 8,91) erhält man aus $m = \frac{8{,}91 - 6{,}82}{16 - 8} = 0{,}26125$ und aus $6{,}82 = 8 \cdot 0{,}26125 + n$, also $n = 4{,}73$,
die Funktionsgleichung $y = 0{,}26125x + 4{,}73$ im Abschnitt (Definitionsbereich) $x \geqq 8$.
Anhand der folgenden Tabelle erkennt man die Abweichungen der entsprechenden Werte:

t	0	1	2	3	4	6
B	0,13	0,26	0,49	0,94	1,71	4,3
$y = 0{,}13 \cdot 1{,}6405^x$	0,13	0,21	0,35	0,57	0,94	2,53
$y = 0{,}26125x + 4{,}73$						
Abweichungen	0,00	0,05	0,14	0,37	0,77	1,77

t	8	10	12	14	16	18
B	6,82	7,3	7,91	8,24	8,91	9,43
$y = 0{,}13 \cdot 1{,}6405^x$	6,82					
$y = 0{,}26125x + 4{,}73$	6,82	7,34	7,87	8,39	8,91	9,43
Abweichungen	0,00	−0,04	0,04	−0,15	0,00	0,00

b) Der Graph legt für die ersten sechs Messwerte einen exponentiell oder linear ansteigenden Verlauf nahe und für die restlichen einen exponentiellen Zerfall.

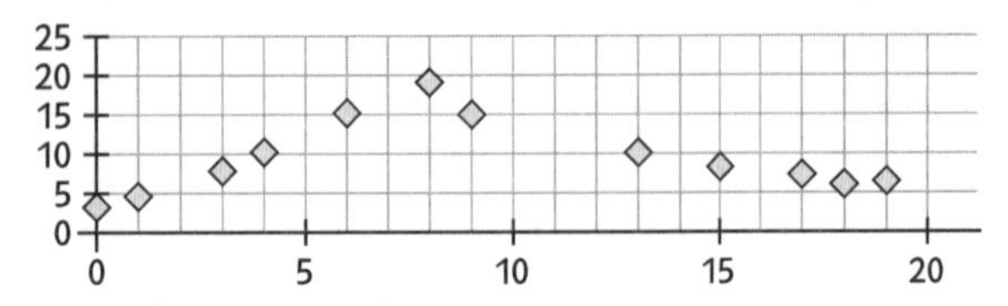

Mithilfe der Datenpunkte (0 | 2,9) und (8 | 19,3) erhält man bei einem exponentiellen Modell aus

I: $2{,}9 = c \cdot a^0$, also $c = 2{,}9$

II: $19{,}3 = 2{,}9 \cdot a^8 \Longrightarrow a \approx 1{,}267345$

für f_1 die Funktionsgleichung: $y = 2{,}9 \cdot 1{,}267345^x$ im Abschnitt (Definitionsbereich) $0 \leqq x \leqq 8$.

Bei einem linearen Modell erhält man:

$m = \frac{19{,}3 - 2{,}9}{8 - 0} = 2{,}05$ und aus (0 | 2,9) $n = 2{,}9$. Es gilt also für f_2 die Funktionsgleichung $y = 2{,}05x + 2{,}9$ im Abschnitt (Definitionsbereich) $0 \leqq x \leqq 8$.

Mithilfe der Datenpunkte (8 | 19,3) und (19 | 6,2) erhält man aus

I: $19{,}3 = c \cdot a^8$, also $c = \frac{19{,}3}{a^8}$

II: $6{,}2 = c \cdot a^{19}$

und durch Einsetzen von c in II:

$6{,}2 = \frac{19{,}3}{a^8} \cdot a^{19} = 19{,}3 \cdot a^{11} \Longrightarrow a \approx 0{,}90192$ und

$c \approx 44{,}078135$

die Funktionsgleichung $y = 44{,}0781 \cdot 0{,}90192^x$ im Abschnitt (Definitionsbereich) $8 \leqq x \leqq 19$.

Zusammenfassend erkennt man in der Tabelle die Abweichungen der Originaldaten zu den berechneten Werten:

t	0	1	3	4	6	8
B	2,9	4,1	7,6	10	15,2	19,3
f_1 mit $y = 2{,}9 \cdot 1{,}267345^x$	2,90	3,68	5,90	7,48	12,02	19,30
g mit $y = 44{,}0781 \cdot 0{,}90192^x$						19,30
Abweichungen	0,00	0,42	1,70	2,52	3,18	0,00
f_2 mit $y = 2{,}05x + 2{,}9$	2,9	4,95	9,05	11,1	15,2	19,3
g mit $y = 44{,}0781 \cdot 0{,}90192^x$						19,30
Abweichungen	0,00	−0,85	−1,45	−1,10	0,00	0,00

t	9	13	15	17	18	19
B	15	10	8	7	6	6,2
f_1 mit $y = 2{,}9 \cdot 1{,}267345^x$						
g mit $y = 44{,}0781 \cdot 0{,}90192^x$	17,41	11,52	9,37	7,62	6,87	6,20
Abweichungen	−2,41	−1,52	−1,37	−0,62	−0,87	0,00
f_2 mit $y = 2{,}05x + 2{,}9$						
g mit $y = 44{,}0781 \cdot 0{,}90192^x$	17,41	11,52	9,37	7,62	6,87	6,20
Abweichungen	−2,41	−1,52	−1,37	−0,62	−0,87	0,00

Man erkennt, dass die Abweichungen für den ersten Bereich ($0 \leqq x \leqq 8$) bei f_1 größer sind als bei f_2.

10 a) Zunächst liest man die Daten aus dem Diagramm ab, trägt diese in eine Tabelle ein und zeichnet einen Graphen. Dies ist sinnvoll, da die Skalierung auf der x-Achse nicht gleichmäßig ist und so der Eindruck des Wachstumsverhaltens täuschen könnte:

Jahr	1960	1965	1970	1975	1980	1985	1990
Jahre seit 1960	0	5	10	15	20	25	30
Ausfuhren in Mrd. Euro	21	40	65	120	190	290	370
Einfuhren in Mrd. Euro	20	40	55	100	180	250	310

Jahr	1995	2000	2001	2002	2003	2004
Jahre seit 1960	35	40	41	42	43	44
Ausfuhren in Mrd. Euro	410	635	680	690	700	780
Einfuhren in Mrd. Euro	360	570	575	550	570	610

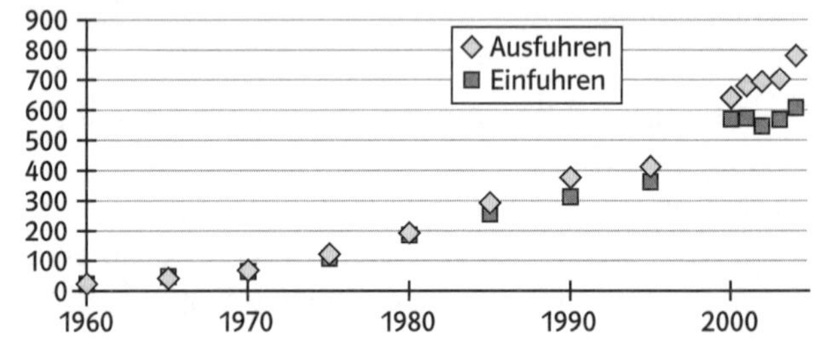

Man erkennt, dass die Ausfuhren und Einfuhren insgesamt exponentiell zunehmen, wobei man ab dem Jahr 2000 von einem abgeschwächten Anstieg sprechen kann. Daher liegt es nahe, die Außenhandelsdaten bis zum Jahr 2000 mit exponentiellen Funktionen zu beschreiben und ab dem Jahr 2000 jeweils mit linearen Funktionen zu arbeiten:

Zur Beschreibung der Daten mit Funktionen kann man die x-Werte als Anzahl der Jahre ab 1960 notieren (siehe obige Tabelle).

Ausfuhren:

Für den Ausschnitt von 1960 bis 2000 mit den Datenpunkten (0 | 21) und (40 | 635):

I: $21 = c \cdot a^0$, also $c = 21$

II: $635 = 21 \cdot a^{40} \Longrightarrow a \approx 1{,}088\,965$, also $y = 21 \cdot 1{,}088\,965^x$.
Für den Ausschnitt von 2000 bis 2004 mit den Datenpunkten (40 | 635) und (44 | 780):
$m = \frac{780 - 635}{44 - 40} = 36{,}25$ und aus (40 | 635) erhält man $n = -815$, also $y = 36{,}25 \cdot x - 815$.
Einfuhren:
Für den Ausschnitt von 1960 bis 2000 mit den Datenpunkten (0 | 20) und (40 | 570):
I: $20 = c \cdot a^0$, also $c = 20$
II: $570 = 20 \cdot a^{40} \Longrightarrow a \approx 1{,}087\,354$, also $y = 20 \cdot 1{,}087\,354^x$.
Für den Ausschnitt von 2000 bis 2004 mit den Datenpunkten (40 | 570) und (44 | 610):
$m = \frac{610 - 570}{44 - 40} = 10$ und aus (40 | 570) erhält man $n = 170$, also $y = 10 \cdot x + 170$.
Die Tabelle zeigt die einzelnen Abweichungen zwischen Originaldaten und berechneten Werten:

Jahr	1960	1965	1970	1975	1980	1985	1990
Jahre seit 1960	0	5	10	15	20	25	30
Ausfuhren in Mrd. €	21	40	65	120	190	290	370
Einfuhren in Mrd. €	20	40	55	100	180	250	310
Ausfuhren							
exp. Fkt. mit $y = 21 \cdot 1{,}088\,965^x$	21	32,16	49,24	75,41	115,5	176,8	270,8
lin. Fkt. mit $y = 36{,}25x - 815$							
Abweichungen	0	7,842	15,76	44,59	74,52	113,2	99,21
Einfuhren							
exp. Fkt. mit $y = 20 \cdot 1{,}087\,354^x$	20	30,4	46,21	70,24	106,8	162,3	246,7
lin. Fkt. mit $y = 10x + 170$							
Abweichungen	0	9,599	8,79	29,76	73,23	87,71	63,31

Jahr	1995	2000	2001	2002	2003	2004
Jahre seit 1960	35	40	41	42	43	44
Ausfuhren in Mrd. €	410	635	680	690	700	780
Einfuhren in Mrd. €	360	570	575	550	570	610
Ausfuhren						
exp. Fkt. mit $y = 21 \cdot 1{,}088\,965^x$	414,7	635				
lin. Fkt. mit $y = 36{,}25x - 815$		635	671,3	707,5	743,8	780
Abweichungen	−4,67	0	8,75	−17,5	−43,8	0
Einfuhren						
exp. Fkt. mit $y = 20 \cdot 1{,}087\,354^x$	375	570				
lin. Fkt. mit $y = 10x + 170$		570	580	590	600	610
Abweichungen	−15	0,009	−5	−40	−30	0

b) Um Prognosen für die nächsten Jahre tätigen zu können, muss man in die linearen Funktionsgleichungen für die Jahre ab 2000 die entsprechenden x-Werte für das zu betrachtende Jahr einsetzen – bspw. für das Jahr 2010 ist $x = 2010 - 1960 = 50$. Allerdings hängt das Wachstum des Außenhandels von so vielen Daten ab, sodass eine sichere Prognose nicht möglich ist. Man erhält lediglich einen Richtwert.

11 a)

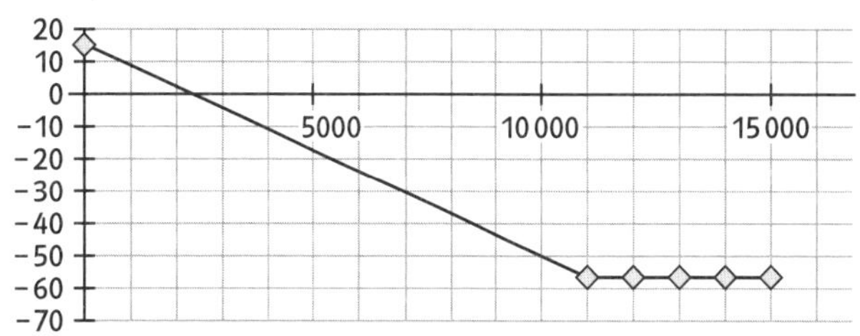

Für den Bereich von 0 bis 11 000 ist $m = \frac{-56{,}5 - 15}{11\,000 - 0} = -0{,}0065$ und aus (0 | 15) erhält man $n = 15$, also $y = -0{,}0065 \cdot x + 15$.
Für den Bereich ab 11 000 gilt $y = -56{,}5$.
b) Die Temperaturveränderung bei einer Höhenzunahme von 1 Meter entspricht der Steigung der linearen Funktion. Demnach beträgt sie −0,0065 °C pro Höhenmeter.
c) Wenn der Höhenunterschied 10 Meter beträgt, verändert sich die Temperatur um 0,065 °C. Dies ist mit handelsüblichen Thermometern kaum bzw. nicht messbar.

2 Modellieren von periodischen Vorgängen

Seite 168

1 Lösungsweg 1:
Ein Weg besteht darin, dass man die Funktionswerte der drei Funktionen für die entsprechenden x-Werte berechnen lässt (z. B. mit einem Tabellenkalkulationsprogramm) und diese mit den beiden Tabellen vergleicht.

x	0	1	2	3	4	5	6
f(x) – (A)		12,5	14,2	15	14,3		
f(x) – (B)	0,0	2,4	1,7	−1,2	−2,5	−0,8	2,1
$f_1(x) = 3{,}5 \cdot \sin(0{,}15 \cdot x)$	0,0	0,5	1,0	1,5	2,0	2,4	2,7
$f_2(x) = 2{,}5 \cdot \sin(1{,}2 \cdot x)$	0,0	2,3	1,7	−1,1	−2,5	−0,7	2,0
$f_3(x) = 5 \cdot \sin(0{,}523 \cdot x) + 10$	10,0	12,5	14,3	15,0	14,3	12,5	10,0

x	7	8	9	10	14	15	16
f(x) – (A)		5,6	5,0	5,7	14,3	15	14,4
f(x) – (B)	2,2	−0,4	−2,6				
$f_1(x) = 3{,}5 \cdot \sin(0{,}15 \cdot x)$	3,0	3,3	3,4	3,5	3,0	2,7	2,4
$f_2(x) = 2{,}5 \cdot \sin(1{,}2 \cdot x)$	2,1	−0,4	−2,5	−1,3	−2,2	−1,9	0,9
$f_3(x) = 5 \cdot \sin(0{,}523 \cdot x) + 10$	7,5	5,7	5,0	5,7	14,3	15,0	14,4

Lösungsweg 2:
Ebenso kann man von den Daten der Tabellen sowie von den drei Funktionen die Graphen zeichnen lassen und analysieren, welche Graphen sich weitestgehend decken.
Ergebnis:
Man erkennt: f_2 gehört zur Tabelle B) und f_3 gehört zur Tabelle A).

2 a) Durch Ablesen des Maximums und Minimums erhält man die Amplitude $a = 0{,}5$. Die Periode hat eine Länge von 6,3 Einheiten: $b = \frac{2 \cdot \pi}{6{,}3} \approx 0{,}997$.
Bei $x = 0$ ist $y = 3$, also ist $d = 3$.
Es gilt insgesamt $y = 0{,}5 \cdot \sin(0{,}997x) + 3$.
b) Durch Ablesen des Maximums und Minimums erhält man die Amplitude $a = 2$. Die Länge der Periode kann man nicht genau ablesen. Genauer kann man die Länge von zwei Perioden ermitteln – sie beträgt 4,2 Einheiten, also ist $p = 2{,}1$. Es folgt: $b = \frac{2 \cdot \pi}{2{,}1} \approx 2{,}99$. Bei $x = 0$ ist $y = 0$, also ist $d = 0$.
Es gilt insgesamt $y = 2 \cdot \sin(2{,}99x)$.
c) Durch Ablesen des Maximums und Minimums erhält man die Amplitude $a = 0{,}5$. Die Periode hat eine Länge von π Einheiten: $b = \frac{2 \cdot \pi}{\pi} = 2$.
Bei $x = 0$ ist $y = -2$, also ist $d = -2$.
Es gilt insgesamt $y = 0{,}5 \cdot \sin(2x) - 2$.

3 a) Die Amplitude entspricht dem halben Wert zwischen Maximum (im Juli bei 19 °C) und Minimum (im Januar bei 1 °C). Daher gilt: $a = (19 - 1) : 2 = 9$.
Die Periode beträgt ein Jahr, also $p = 12$ Monate.
Mithilfe der Formel $p = \frac{2\pi}{b}$ erhält man $b = \frac{2\pi}{12} \approx 0{,}523\,599$.
Der Mittelwert zwischen Tief- und Hochpunkt liegt im April ($x = 0$) bei errechneten 10 °C ((19 + 1) : 2); damit ist $d = 10$.
Es ergibt sich: $y = 9 \cdot \sin(0{,}523\,599 \cdot x) + 10$, wobei x die Anzahl der Monate ab April angibt.
b) Die Amplitude entspricht dem halben Wert zwischen Minimum (im Januar bei −43 °C) und Maximum (im Juli bei 19 °C). Daher gilt: $a = (19 - (-43)) : 2 = 31$.
Die Periode beträgt ein Jahr, also $p = 12$ Monate.
Mithilfe der Formel $p = \frac{2\pi}{b}$ erhält man $b = \frac{2\pi}{12} \approx 0{,}523\,599$.
Der Mittelwert zwischen Tief- und Hochpunkt liegt im Oktober ($x = 0$) bei errechneten −12 °C ((−43 + 19) : 2); damit ist $d = -12$.
Es ergibt sich: $y = 31 \cdot \sin(0{,}523\,599 \cdot x) - 12$, wobei x die Anzahl der Monate ab Oktober angibt.
c) Die Amplitude entspricht dem halben Wert zwischen Maximum (im Januar bei 22 °C) und Minimum (im Juli bei 12 °C). Daher gilt: $a = (22 - 12) : 2 = 5$.
Die Periode beträgt ein Jahr, also $p = 12$ Monate.
Mithilfe der Formel $p = \frac{2\pi}{b}$ erhält man $b = \frac{2\pi}{12} \approx 0{,}523\,599$.
Der Mittelwert zwischen Tief- und Hochpunkt liegt im Oktober ($x = 0$) bei errechneten 17 °C ((22 + 12) : 2); damit ist $d = 17$.
Es ergibt sich: $y = 5 \cdot \sin(0{,}523\,599 \cdot x) + 17$, wobei x die Anzahl der Monate ab Oktober angibt.
d) Die Amplitude entspricht dem halben Wert zwischen Maximum (im Juli bei 27 °C) und Minimum (im Januar bei 26 °C). Daher gilt: $a = (27 - 26) : 2 = 0{,}5$.
Die Periode beträgt ein Jahr, also $p = 12$ Monate.
Mithilfe der Formel $p = \frac{2\pi}{b}$ erhält man $b = \frac{2\pi}{12} \approx 0{,}523\,599$.
Der Mittelwert zwischen Tief- und Hochpunkt liegt im April ($x = 0$) bei errechneten 26,5 °C ((27 + 26) : 2); damit ist $d = 26{,}5$.
Es ergibt sich: $y = 0{,}5 \cdot \sin(0{,}523\,599 \cdot x) + 26{,}5$, wobei x die Anzahl der Monate ab April angibt.

4 Die Amplitude entspricht dem halben Wert zwischen Maximum (im Juni bei 66 °C) und Minimum (im Dezember bei 18 °C). Daher gilt: $a = (66 - 18) : 2 = 24$.
Die Periode beträgt ein Jahr, also $p = 12$ Monate.
Mithilfe der Formel $p = \frac{2\pi}{b}$ erhält man $b = \frac{2\pi}{12} \approx 0{,}523\,599$.
Der Mittelwert zwischen Tief- und Hochpunkt liegt im März ($x = 0$) bei errechneten 42 °C ((66 + 18) : 2); damit ist $d = 42$.
Es ergibt sich als Funktion für den Verlauf der Sonnenhöchststände: $y = 24 \cdot \sin(0{,}523\,599 \cdot x) + 42$.

Monat	Jan.	Feb.	März	April	Mai	Juni
Monate seit März	−2	−1	0	1	2	3
Sonnenhöchststand in Grad	19	27	39	50	61	66
berechneter Höchststand	21,2	30,0	42,0	54,0	62,8	66,0
Abweichungen	−2,2	−3,0	−3,0	−4,0	−1,8	0,0

Monat	Juli	Aug.	Sept.	Okt.	Nov.	Dez.
Monate seit März	4	5	6	7	8	9
Sonnenhöchststand in Grad	63	55	42	31	22	18
berechneter Höchststand	62,8	54,0	42,0	30,0	21,2	18,0
Abweichungen	0,2	1,0	0,0	1,0	0,8	0,0

Anhand der Abweichungen kann man sehen, dass die Sinusfunktion bei vielen Werten geringe Abweichungen besitzt (die größte Abweichung besteht im April mit 4 °C). Damit ist das Modell gut, hat aber Zeiten, in denen es nur mäßig gute Werte liefert.

5 a) Judith: $f(t) \approx 1{,}35 \cdot \sin(0{,}006\,950\,426\,2 \cdot t)$
Hans: $g(t) = 1{,}35 \cdot \sin\left(\frac{2 \cdot \pi}{904} \cdot t\right) + 1{,}35$

Der Faktor 1,35 ist bei beiden Funktionsgleichungen gleich – dies entspricht der Amplitude, die bei dem Experiment durch den Graphen vorgegeben ist. Judith hat für den Parameter b die Zahl 0,0069504262, wobei Hans für b den Bruch $\frac{2\cdot\pi}{904}$ aufgestellt hat. Wird der Wert von Hans ausgerechnet, entspricht er ebenfalls dem Wert von Judith. Judith hat für den Parameter d den Wert 0. Sie hat die x-Achse genau auf die mittlere Höhe der Schwingung gelegt. Bei Hans gilt $d = 1{,}35$. Da dieser Parameter eine Verschiebung in y-Richtung bewirkt, hat Hans die x-Achse nicht auf die mittlere Höhe der Schwingung, sondern auf den tiefsten Wert der Schwingung gelegt (Amplitude = 1,35). Unter Berücksichtigung dieses Aspektes beschreiben beide Funktionen den gleichen Sachzusammenhang.
b) Die Amplitude muss man messen. Sie beträgt demnach $a = 1{,}35$.
Da die einzelnen Messpunkte jeweils 226 Millisekunden auseinander liegen und die Periode nach 4 Messpunkten erreicht ist, gilt $p = 4\cdot226 = 904$.
Den Parameter b erhält man daher durch $b = \frac{2\cdot\pi}{904}$.
Der Parameter d variiert bei beiden – siehe Antwort zu a).
c) Bei einer längeren Schwingung ist die Sinusfunktion als Modell weniger geeignet, weil in der Realität die Schwingungshöhe mit der Zeit immer geringer wird und beim Stillstand der Feder die Höhe 0 einnimmt. Dies ist bei dem Graphen der Sinusfunktion nicht der Fall – der Graph verläuft immer gleichmäßig.

Seite 169

6 a) Man kann annehmen, dass die Wassertiefe um 4:20 Uhr ihr Maximum von 5,2 m annimmt und um 10:32 Uhr ihr Minimum von 2,0 m.
Die Amplitude entspricht dem halben Wert zwischen Maximum und Minimum. Daher gilt:
$a = (5{,}2 - 2) : 2 = 1{,}6$.
Die Periode beträgt etwa zweimal 6 Stunden und 12 Minuten ($2\cdot6\frac{1}{5}$h), also $p = 12{,}4$ Stunden.
Mithilfe der Formel $p = \frac{2\pi}{b}$ erhält man $b = \frac{2\pi}{12{,}4}$ $\approx 0{,}506708$.
Der Mittelwert zwischen Tief- und Hochpunkt liegt etwa zwischen 10:32 Uhr und der nächsten Flut, die etwa um 16:44 Uhr zu erwarten ist, also um 13:38 Uhr (x = 0, x gibt also die vergangenen Stunden ab 13:38 Uhr an) bei errechneten 3,6 m ((5,2 + 2) : 2); damit ist $d = 3{,}6$.
Es ergibt sich: $y = 1{,}6\cdot\sin(0{,}506708\cdot x) + 3{,}6$.
b) Zur Beantwortung dieser Frage zeichnet man zunächst den Graphen der Sinusfunktion mit $y = 1{,}6\cdot\sin(0{,}506708\cdot x) + 3{,}6$.

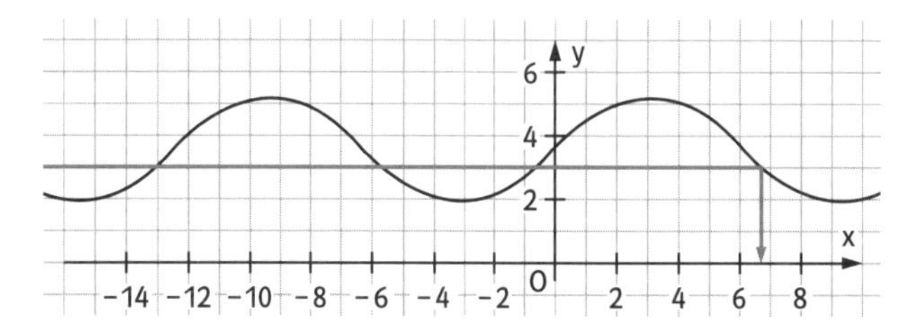

Circa 7 Stunden nach 13:38 Uhr – also um 20:38 Uhr – beträgt die Wassertiefe weniger als 3 m. Demnach muss das Anlegen bis dahin erfolgt sein.

7 a) In Hamburg wird die Gezeitenbewegung stark von der Elbe beeinflusst. Bei Flut wird das Elbewasser flussaufwärts gedrückt. Der Stau lässt den Wasserstand schnell ansteigen. Wenn die Flut vorbei ist, sinkt der Wasserstand relativ langsam, weil das Wasser durch das Flussbett abfließen muss. Dieser Effekt fehlt in Büsum an der Nordseeküste. Steigen und Fallen des Wasserstandes erscheinen ziemlich genau spiegelsymmetrisch.
b) (Fehler im 1. Druck der 1. Auflage des Schülerbuchs: Statt $a\cdot\sin(bx) + 1$ heißt es richtig $a\cdot\sin(bx) + d$.) Die Tidenkurve für Büsum kommt einer Sinuskurve augenscheinlich recht nahe. Man muss auf der 1. Achse eine Stundenskala aufbringen: 3,5 h vor Hochwasser wird 0 h und 3,5 h nach Hochwasser wird 7 h. Durch Ablesen des Maximums und des Minimums erhält man die Periode.
Max. Wasserstand $W_{max} = 3{,}64$ m
Min. Wasserstand $W_{min} = 0{,}00$ m
$a = 1{,}82$ m
Die halbe Periode ist die Entfernung zwischen den zwei Schnittpunkten der Kurve mit der Mittellinie.
$p = 2\cdot7$ Stunden = 14 Stunden
Mithilfe der Formel $p = \frac{2\pi}{b}$ erhält man
$b = \frac{1}{7}\pi \approx 0{,}448799$
$W(t) = 1{,}82\cdot\sin(0{,}448799\,x) + 1{,}82$
Zeit t in Stunden, Wasserstand W in m
Die Periode 14 Stunden könnte überraschen. Ist sie wirklich so lang? Nimmt man die Horizontalentfernung zwischen den zwei Minima als Periode, findet man $p = 12$ Stunden. Das weist schon auf eine Abweichung von der Sinus-Form hin: Die Kurve ist nach oben etwas ausgebaucht.
Ein Blick in ein Lexikon ergibt übrigens $p = 12\frac{1}{2}$h.
Tidenkurve für Büsum

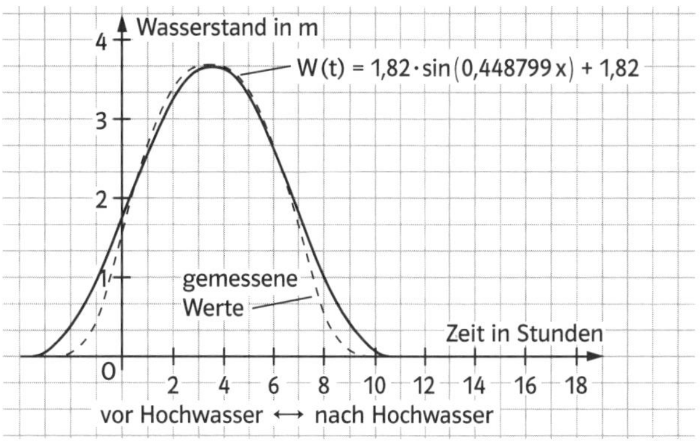

8 a) Man kann den geschilderten Zusammenhang mithilfe einer Sinusfunktion beschreiben, weil sich die Sonnenstände jedes Jahr in etwa wiederholen, also periodisch sind. Aus den Daten muss man das Maximum und das Minimum herauslesen. Da die Daten aber sehr unvollständig sind, muss man vereinfachend festlegen, welcher Wert das Maximum bzw. Minimum darstellt.

Sonnenaufgang

Von den Daten ist die Messung vom 01.01. die späteste Zeit. Hier setzt man das Maximum (1 | 8,5) – y beschreibt die Uhrzeit als Dezimalzahl geschrieben. Das Minimum liegt dann am 21.06. (am 172. Tag des Jahres) um 05:02 Uhr, also im Punkt (172 | 5,03). Hieraus kann man nun die Parameter a, b und d der Sinusfunktion mit $y = a \cdot \sin(bx) + d$ bestimmen.
Die Amplitude entspricht dem halben Wert zwischen Maximum und Minimum. Daher gilt:
$a = (8{,}5 - 5{,}03) : 2 = 1{,}735$.
Die Periode beträgt 365 Tage, also $p = 365$.
Mithilfe der Formel $p = \frac{2\pi}{b}$ erhält man $b = \frac{2\pi}{365} \approx 0{,}0172142$.
Der Mittelwert zwischen Tief- und Hochpunkt, also zwischen dem 21.06. und dem 01.01., liegt etwa am 268. Tag des Jahres (172 + (365 – 172) : 2), hier ist dann $x = 0$. Der Mittelwert beträgt: $(8{,}5 + 5{,}03) : 2 = 6{,}765)$; damit ist $d = 6{,}765$.
Es ergibt sich:
$y_{\text{Sonnenaufgang}} = 1{,}735 \cdot \sin(0{,}0172142 \cdot x) + 6{,}765$.

Sonnenuntergang

Von den Daten ist die Messung vom 21.06. (am 172. Tag des Jahres) die späteste Zeit, hier setzt man das Maximum (172 | 21,6). y beschreibt die Uhrzeit als Dezimalzahl geschrieben. Das Minimum liegt dann am 01.01. um 16:10 Uhr, also im Punkt (1 | 16,17).
Hieraus kann man nun wie beim Sonnenaufgang die Parameter a, b und d der Sinusfunktion mit $y = a \cdot \sin(bx) + d$ bestimmen.
Die Amplitude entspricht dem halben Wert zwischen Maximum und Minimum. Daher gilt:
$a = (21{,}6 - 16{,}17) : 2 = 2{,}715$.
Die Periode beträgt 365 Tage, also $p = 365$.
Mithilfe der Formel $p = \frac{2\pi}{b}$ erhält man $b = \frac{2\pi}{365} \approx 0{,}0172142$.
Der Mittelwert zwischen Tief- und Hochpunkt, also zwischen dem 01.01. und dem 21.06., liegt etwa am 86. Tag des Jahres (1 + (172 – 1) : 2), hier ist dann $x = 0$. Der Mittelwert beträgt: $(21{,}6 + 16{,}17) : 2 = 18{,}885)$; damit ist $d = 18{,}885$.
Es ergibt sich:
$y_{\text{Sonnenuntergang}} = 2{,}715 \cdot \sin(0{,}0172142 \cdot x) + 18{,}885$.
Nun kann man mit den Funktionsgleichungen die Qualität beurteilen, indem man die berechneten Werte mit den Originaldaten vergleicht und die Abweichungen bestimmt:

Datum	01.01.	15.01.	25.05.
Datum in „Tag im Jahr“	1	15	145
Sonnenaufgang	08:30 Uhr	08:10 Uhr	05:25 Uhr
Zeit Sonnenaufgang in Dezimalschreibweise	8,5	8,167	5,417
Datum an x = 0 (268. Tag) angleichen	–267	–253	–123
berechnete Werte Sonnenaufgang	8,488	8,390	5,28
Abweichungen	0,012	–0,223	0,134
Abweichungen gerundet auf ganze Minuten	1	–13	8
Sonnenuntergang	16:10 Uhr	16:44 Uhr	21:28 Uhr
Zeit Sonnenuntergang in Dezimalschreibweise	16,167	16,733	21,467
Datum an x = 0 (86. Tag) angleichen	–86	–71	59
berechnete Werte Sonnenuntergang	16,181	16,333	21,192
Abweichungen	–0,014	0,400	0,275
Abweichungen gerundet auf ganze Minuten	–1	24	16

Datum	21.06.	04.07.
Datum in „Tag im Jahr“	172	185
Sonnenaufgang	05:02 Uhr	05:08 Uhr
Zeit Sonnenaufgang in Dezimalschreibweise	5,033	5,133
Datum an x = 0 (268. Tag) angleichen	–96	–83
berechnete Werte Sonnenaufgang	5,036	5,047
Abweichungen	–0,003	0,0856
Abweichungen gerundet auf ganze Minuten	0	5
Sonnenuntergang	21:36 Uhr	21:34 Uhr
Zeit Sonnenuntergang in Dezimalschreibweise	21,6	21,567
Datum an x = 0 (86. Tag) angleichen	86	99
berechnete Werte Sonnenuntergang	21,589	21,576
Abweichungen	0,011	–0,009
Abweichungen gerundet auf ganze Minuten	1	–1

Man erkennt, dass die maximalen Abweichungen beim Sonnenaufgang bei 13 Minuten und beim Sonnenuntergang bei 24 Minuten liegen. Demzufolge muss man bei den Abschätzungen für den 11. Oktober diese Unsicherheiten mit berücksichtigen:
Der 11. Oktober ist der 284. Tag im Jahr.
→ Sonnenuntergang: hier ist beim 11. Oktober $x = 198$:
$y_{\text{Sonnenuntergang}} = 2{,}715 \cdot \sin(0{,}0172142 \cdot 198) + 18{,}885 \approx 18{,}17$, also um 18:10 Uhr.

→ Sonnenaufgang ist dann am nächsten Tag, also dem 12. Oktober, hier ist dann $x = 17$:
$y_{Sonnenaufgang} = 1{,}735 \cdot \sin(0{,}0172142 \cdot 17) + 6{,}765$
$\approx 7{,}27$, also um 07:16 Uhr.

Empfehlung

Aus dem Bundesjagdgesetz weiß man, dass Schalenwild eineinhalb Stunden nach Sonnenuntergang (also um 19:40 Uhr und unter Berücksichtigung einer maximalen Abweichung von ca. 24 Minuten demnach um 20:04 Uhr) und eineinhalb Stunden vor Sonnenaufgang (also um 05:46 Uhr und unter Berücksichtigung einer maximalen Abweichung von 13 Minuten um 05:33 Uhr) nicht erlegt werden darf. Also kann sich Herr Wild auf eine Jagdzeit ab etwa 05:30 Uhr am nächsten Morgen einstellen.
b) Individuelle Lösungen, wobei Elemente obiger Tabelle verwendet werden könnten.

3 Modellieren von geradlinigen Bewegungen

Seite 172

1 a) Mithilfe der Punkte $A_0(-2\,|\,-1)$ bei $t_0 = 0$ und $A_1(-1\,|\,1)$ bei $t_1 = 1$ kann man unter der Annahme, dass das Schiff geradlinig fährt, den Richtungsvektor der Kursgeraden und anschließend die Kursgeraden aufstellen.
Kursgerade für das Schiff:
$\vec{x} = \begin{pmatrix}-2\\-1\end{pmatrix} + t\cdot\begin{pmatrix}-1-(-2)\\1-(-1)\end{pmatrix} = \begin{pmatrix}-2\\-1\end{pmatrix} + t\cdot\begin{pmatrix}1\\2\end{pmatrix}.$
b) Bei $t = 2$ befindet sich das Schiff in der Position $(0\,|\,3)$, denn
$\vec{x} = \begin{pmatrix}-2\\-1\end{pmatrix} + 2\cdot\begin{pmatrix}1\\2\end{pmatrix} = \begin{pmatrix}-2+2\cdot1\\-1+2\cdot2\end{pmatrix} = \begin{pmatrix}0\\3\end{pmatrix}.$
Bei $t = 5$ befindet es sich entsprechend in der Position $(3\,|\,9)$.
c) Um nun zu prüfen, ob die Bojen gerammt werden, muss man kontrollieren, ob die Punkte der Bojen auf der Kursgeraden des Schiffes liegen:
Boje mit der Position $(1\,|\,5)$: Man prüft, ob die Gleichung $\begin{pmatrix}-2\\-1\end{pmatrix} + t\cdot\begin{pmatrix}1\\2\end{pmatrix} = \begin{pmatrix}1\\5\end{pmatrix}$ gilt:
$-2 + t = 1 \Longrightarrow t = 3$
$-1 + 2t = -1 + 6 = 5$; ja, die Boje wird gerammt.
Boje mit der Position $(2\,|\,3{,}5)$: Man prüft, ob die Gleichung $\begin{pmatrix}-2\\-1\end{pmatrix} + t\cdot\begin{pmatrix}1\\2\end{pmatrix} = \begin{pmatrix}2\\3{,}5\end{pmatrix}$ gilt:
$-2 + t = 2 \Longrightarrow t = 4$
$-1 + 2t = -1 + 8 = 7 \neq 3{,}5$; nein, die Boje wird nicht gerammt.
Boje mit der Position $(1{,}5\,|\,5{,}5)$: Man prüft, ob die Gleichung $\begin{pmatrix}-2\\-1\end{pmatrix} + t\cdot\begin{pmatrix}1\\2\end{pmatrix} = \begin{pmatrix}1{,}5\\5{,}5\end{pmatrix}$ gilt:
$-2 + t = 1{,}5 \Longrightarrow t = 3{,}5$
$-1 + 2t = -1 + 7 = 6 \neq 5{,}5$; nein, die Boje wird wahrscheinlich nicht gerammt.
Da die Abweichung mit 0,5 Längeneinheiten sehr gering ist, kann man zur Sicherheit noch den geringsten Abstand bestimmen:
Dazu kann man den Abstandsvektor für beliebiges t bestimmen und mithilfe des Satzes von Pythagoras den Abstand für beliebiges t berechnen. Mithilfe des GTR ermittelt man dann das Minimum.
Mit $A_t(-2 + t\,|\,-1 + 2t)$ und der Position der Boje $B(1{,}5\,|\,5{,}5)$ erhält man als Abstandsvektor
$\overrightarrow{AB} = \begin{pmatrix}1{,}5-(-2+t)\\5{,}5-(-1+2t)\end{pmatrix} = \begin{pmatrix}3{,}5-t\\6{,}5-2t\end{pmatrix}$ und die Abstandsfunktion
$d(t) = \sqrt{(3{,}5-t)^2 + (6{,}5-2t)^2}$. Mithilfe des GTR erhält man $t_{min} = 3{,}3$ mit $d_{min} \approx 0{,}224$ Längeneinheiten.
Damit beträgt der minimale Abstand 0,224 Längeneinheiten, was ein Rammen der Boje nicht völlig ausschließt. Dies hängt von der Breite des Schiffes und der Boje und von den Maßeinheiten ab, mit denen gerechnet wurde.

2 a) Erstes Schiff: Mithilfe der Punkte $A_0(5\,|\,1)$ bei $t_0 = 0$ und $A_1(7\,|\,2)$ bei $t_1 = 1$ kann man unter der Annahme, dass das Schiff geradlinig fährt, den Richtungsvektor der Kursgeraden und anschließend die Kursgeraden des ersten Schiffes aufstellen.
Kursgerade für das Schiff:
$\vec{x} = \begin{pmatrix}5\\1\end{pmatrix} + t\cdot\begin{pmatrix}7-5\\2-1\end{pmatrix} = \begin{pmatrix}5\\1\end{pmatrix} + t\cdot\begin{pmatrix}2\\1\end{pmatrix}.$
Zweites Schiff: Entsprechend gilt für das zweite Schiff mit $B_0(3\,|\,4)$ und $B_1(7\,|\,3)$:
$\vec{x} = \begin{pmatrix}3\\4\end{pmatrix} + t\cdot\begin{pmatrix}7-3\\3-4\end{pmatrix} = \begin{pmatrix}3\\4\end{pmatrix} + t\cdot\begin{pmatrix}4\\-1\end{pmatrix}.$
Um den geringsten Abstand zu bestimmen, stellt man zunächst den Abstandsvektor für beliebiges t auf und berechnet mithilfe des Satzes von Pythagoras den Abstand für beliebiges t.
Mit $A_t(5 + 2t\,|\,1 + t)$ und der Position der Boje $B(10\,|\,3)$ erhält man als Abstandsvektor
$\overrightarrow{AC} = \begin{pmatrix}10-(5+2t)\\3-(1+t)\end{pmatrix} = \begin{pmatrix}5-2t\\2-t\end{pmatrix}$ und die Abstandsfunktion
$d(t) = \sqrt{(5-2t)^2 + (2-t)^2}$. Mithilfe des GTR erhält man $t_{min} = 2{,}4$ Stunden mit $d_{min} \approx 0{,}447\,km$.
Mit $B_t(3 + 4t\,|\,4 - t)$ und der Position der Boje $B(10\,|\,3)$ erhält man als Abstandsvektor
$\overrightarrow{BC} = \begin{pmatrix}10-(3+4t)\\3-(4-t)\end{pmatrix} = \begin{pmatrix}7-4t\\-1+t\end{pmatrix}$ und die Abstandsfunktion
$d(t) = \sqrt{(7-4t)^2 + (-1+t)^2}$. Mithilfe des GTR erhält man $t_{min} \approx 1{,}71$ Stunden mit $d_{min} \approx 0{,}728\,km$.
b) Hierzu ermittelt man den Abstandsvektor beider Schiffe zum Zeitpunkt t: $\overrightarrow{AB} = \begin{pmatrix}3+4t-(5+2t)\\4-t-(1+t)\end{pmatrix} = \begin{pmatrix}-2+2t\\3-2t\end{pmatrix}.$
Die Abstandsfunktion lautet
$d(t) = \sqrt{(-2+2t)^2 + (3-2t)^2}$. Mithilfe des GTR erhält man $t_{min} = 1{,}25$ Stunden mit $d_{min} \approx 0{,}707\,km$ $= 707\,m$.

Seite 173

3 Um zu kontrollieren, was in 5 Minuten (300 Sekunden) passiert, bestimmt man zunächst die Kursgeraden des Sportflugzeuges (Angaben jeweils in Fuß):

Mithilfe der Punkte $A_0(-9670\,|\,-14310\,|\,2125)$ bei $t_0 = 0$ Sekunden und $A_1(-9634\,|\,-14256\,|\,2119)$ bei $t_1 = 1$ Sekunde kann man unter der Annahme, dass das Sportflugzeug geradlinig fliegt, den Richtungsvektor der Kursgeraden und anschließend die Kursgeraden g aufstellen:

$$g: \vec{x} = \begin{pmatrix} -9670 \\ -14310 \\ 2125 \end{pmatrix} + t \cdot \begin{pmatrix} -9634 - (-9670) \\ -14256 - (-14310) \\ 2119 - 2125 \end{pmatrix}$$

$$= \begin{pmatrix} -9760 \\ -14310 \\ 2125 \end{pmatrix} + t \cdot \begin{pmatrix} 36 \\ 54 \\ -6 \end{pmatrix},$$

wobei t die Zeit in Sekunden angibt. Nach 5 Minuten sind 300 Sekunden vergangen (t = 300). Das Sportflugzeug ist dann im Punkt $(1130\,|\,1890\,|\,325)$, denn

$$\vec{x} = \begin{pmatrix} -9760 \\ -14310 \\ 2125 \end{pmatrix} + 300 \cdot \begin{pmatrix} 36 \\ 54 \\ -6 \end{pmatrix} = \begin{pmatrix} -9670 + 10800 \\ -14310 + 16200 \\ 2125 - 1800 \end{pmatrix}$$

$$= \begin{pmatrix} 1130 \\ 1890 \\ 325 \end{pmatrix}.$$

Es könnte demnach sein, dass die Windkraftanlage gerammt wird. Zur Sicherheit der Abschätzung kann man noch den geringsten Abstand des Sportflugzeuges zur Spitze der Windkraftanlage $W(1200\,|\,2000\,|\,320)$ bestimmen:

$$\overrightarrow{AW} = \begin{pmatrix} 1200 - (-9670 + 36t) \\ 2000 - (-14310 + 54t) \\ 320 - (2125 - 6t) \end{pmatrix} = \begin{pmatrix} 10870 - 36t \\ 16310 - 54t \\ -1805 + 6t \end{pmatrix}.$$

Mit $d(t) = \sqrt{(10870 - 36t)^2 + (16310 - 54t)^2 + (-1805 + 6t)^2}$ erhält man mithilfe des GTR $t_{min} \approx 302$ Sekunden mit $d_{min} \approx 7{,}55$ Fuß = 2,3 m.

Somit kann man nicht ausschließen, dass das Sportflugzeug zumindest ein Rotorblatt der Windkraftanlage rammt, da der Abstand nach ca. 302 Sekunden mit ca. 2,3 m sehr gering ist. Das Sportflugzeug sollte seinen Kurs ändern.

Ergänzung:

Die Windkraftanlage hat bei der Spitze eine Höhe von 320 Fuß, was einer Höhe von 97,54 m entspricht, weshalb die Aussage des Lotsen, dass es keine Blinklichter haben muss, stimmt.

4 (Druckfehler im 1. Druck der 1. Auflage: Statt (−9634 Fuß | −14256 Fuß | 2111 Fuß) lautet die zweite Koordinate richtig (−9634 Fuß | −14256 Fuß | 2119 Fuß)).

Aus den Angaben kann man direkt die Abstandsfunktion bestimmen: $d(t) = \sqrt{((0 + t) - (4 + t))^2 + ((5 + 2t) - (9 + t))^2 + ((1 + 2t) - (3 + 0 \cdot t))^2}$.

Mithilfe des GTR ermittelt man $t_{min} = 1{,}6$ h und $d_{min} \approx 4{,}82$ km. Also haben beide Flugzeuge in 1,6 Stunden (96 Minuten) den geringsten Abstand von 4,82 km. Sie kollidieren demnach nicht.

5 Flugzeug 1:

Mithilfe der Punkte $A_0(3\,|\,5\,|\,6)$ bei $t_0 = 0$ Minuten und $A_3(0\,|\,1\,|\,5)$ bei $t_3 = 3$ Minuten kann man unter der Annahme, dass das Flugzeug geradlinig fliegt, den Richtungsvektor der Kursgeraden und anschließend die Kursgeraden aufstellen:

$$\vec{x} = \begin{pmatrix} 3 \\ 5 \\ 6 \end{pmatrix} + t \cdot \begin{pmatrix} 0 - 3 \\ 1 - 5 \\ 5 - 6 \end{pmatrix} = \begin{pmatrix} 3 \\ 5 \\ 6 \end{pmatrix} + t \cdot \begin{pmatrix} -3 \\ -4 \\ -1 \end{pmatrix},$$

wobei t die Zeiteinheit von 3 Minuten angibt. Das heißt, in 3 Minuten legt das Flugzeug eine Strecke zurück, die durch den Vektor $\begin{pmatrix} -3 \\ -4 \\ -1 \end{pmatrix}$ beschrieben wird. Demnach legt es in 1 Minute ein Drittel dieses Vektors zurück: $\frac{1}{3} \cdot \begin{pmatrix} -3 \\ -4 \\ -1 \end{pmatrix} = \begin{pmatrix} -1 \\ -\frac{4}{3} \\ -\frac{1}{3} \end{pmatrix}$.

Die neue Kursgerade lautet nun:

$\vec{x} = \begin{pmatrix} 3 \\ 5 \\ 6 \end{pmatrix} + s \cdot \begin{pmatrix} -1 \\ -\frac{4}{3} \\ -\frac{1}{3} \end{pmatrix}$, wobei s die Zeit in Minuten angibt.

Flugzeug 2:

Mithilfe der Punkte $A_2(4\,|\,2\,|\,3)$ bei $t_2 = 2$ Minuten und $A_4(2\,|\,3\,|\,4)$ bei $t_4 = 4$ Minuten kann man unter der Annahme, dass das Flugzeug geradlinig fliegt, den Richtungsvektor der Kursgeraden und anschließend die Kursgeraden aufstellen, wobei die Beschreibung erst nach 2 Minuten beginnt:

$\vec{x} = \begin{pmatrix} 4 \\ 2 \\ 3 \end{pmatrix} + t \cdot \begin{pmatrix} 2 - 4 \\ 3 - 2 \\ 4 - 3 \end{pmatrix} = \begin{pmatrix} 4 \\ 2 \\ 3 \end{pmatrix} + t \cdot \begin{pmatrix} -2 \\ 1 \\ 1 \end{pmatrix}$. Der Richtungsvektor $\begin{pmatrix} -2 \\ 1 \\ 1 \end{pmatrix}$ gibt dabei an, welche Strecke das Flugzeug in 2 Minuten zurücklegt. Wenn man diese Strecke von dem Positionsvektor nach 2 Minuten abzieht, erhält man die Position des Flugzeuges 2 zum Zeitpunkt t = 0: $\begin{pmatrix} 4 \\ 2 \\ 3 \end{pmatrix} - \begin{pmatrix} -2 \\ 1 \\ 1 \end{pmatrix} = \begin{pmatrix} 6 \\ 1 \\ 2 \end{pmatrix}$.

Des Weiteren erhält man durch Division durch 2 den Richtungsvektor für eine Zeiteinheit von 1 Minute: $\frac{1}{2} \cdot \begin{pmatrix} -2 \\ 1 \\ 1 \end{pmatrix} = \begin{pmatrix} -1 \\ \frac{1}{2} \\ \frac{1}{2} \end{pmatrix}$. Die neue Kursgerade für das Flugzeug 2 lautet demnach $\vec{x} = \begin{pmatrix} 6 \\ 1 \\ 2 \end{pmatrix} + s \cdot \begin{pmatrix} -1 \\ \frac{1}{2} \\ \frac{1}{2} \end{pmatrix}$.

Da die Kursgeraden die beiden Flugzeuge nun jeweils zur selben Zeit beschreiben, kann man den geringsten Abstand mithilfe der Abstandsfunktion ermitteln: $d(t) = \sqrt{((3 - s) - (6 - s))^2 + ((5 - \frac{4}{3}s) - (1 + \frac{1}{2}s))^2 + ((6 - \frac{1}{3}s) - (2 + \frac{1}{2}s))^2}$. Mithilfe des GTR ermittelt man $t_{min} = 2.630137482$ Minuten und $d_{min} \approx 3.59$ Längeneinheiten. In Abhängigkeit von der Längeneinheit kollidieren sie oder nicht. Wenn die Angaben in Kilometer sind, kollidieren sie nicht; wenn sie aber in Meter sind, würden die Flugzeuge kollidieren.

6 a) Das Flugzeug hat 10 Meilen (also 18 520 m) im horizontalen Abstand zum Landestartpunkt (0 | 0 | 0) die Position F(0 | −18 520 | 914,4) – alle Angaben in Meter. Wenn es geradlinig auf die Landebahn zufliegt, kann man die Kursgerade mit

$\vec{x} = \begin{pmatrix} 0 \\ -18\,520 \\ 914{,}4 \end{pmatrix} + t \cdot \begin{pmatrix} 0 \\ 18\,520 \\ -914{,}4 \end{pmatrix}$ beschreiben, wobei

t = 1 die Zeit wäre, bis das Flugzeug auf dem Landestartpunkt landet.
Zu den Bedingungen:
(1) 10 Meilen im horizontalen Abstand zur Landebahn sollte es eine Höhe von 3000 Fuß haben:
3000 Fuß = 914,4 m, da der horizontale Abstand des Flugzeuges zum Landestartpunkt die x_2-Koordinate darstellt und die Höhe des Flugzeuges durch die x_3-Koordinate angegeben ist, hat das Flugzeug im horizontalen Abstand von 10 Meilen (18 520 m) genau die Höhe 914,4 m $\Longrightarrow$ die Bedingung ist erfüllt.
(2) Bei 7 Meilen im horizontalen Abstand zur Landebahn sollte es eine Höhe von 2000 Fuß haben:
2000 Fuß = 609,6 m und 7 Meilen = 12 964 m. Also muss man bestimmen, für welches t die x_2-Koordinate −12 964 annimmt; es wird −12 964 und nicht +12 964 ermittelt, weil der 10-Meilen-Abstand bereits mit einer negativen Koordinate (−18 520) angegeben ist: $-18\,520 + t \cdot 18\,520 = -12\,964 \Longrightarrow t = 0{,}3$.
Durch Einsetzen von t = 0,3 kann man die x_3-Koordinate und damit die Höhe berechnen:
$914{,}4 + 0{,}3 \cdot (-914{,}4) = 640{,}08$.
Bei einem horizontalen Abstand von 7 Meilen hat das Flugzeug demnach eine Höhe von ca. 640 m, sodass die Bedingung erfüllt ist.
(3) Bei 3 Meilen im horizontalen Abstand zur Landebahn sollte es eine Höhe von 1000 Fuß haben:
1000 Fuß = 304,8 m und 3 Meilen = 5556 m. Also muss man bestimmen, für welches t die x_2-Koordinate −5556 annimmt; es wird wie bei (2) −5556 und nicht +5556 ermittelt:
$-18\,520 + t \cdot 18\,520 = -5556 \Longrightarrow t = 0{,}7$.
Durch Einsetzen von t = 0,7 kann man die x_3-Koordinate und damit die Höhe berechnen:
$914{,}4 + 0{,}7 \cdot (-914{,}4) = 274{,}32$.
Bei einem horizontalen Abstand von 3 Meilen hat das Flugzeug demnach eine Höhe von ca. 274 m, sodass diese Bedingung nicht erfüllt ist. Die vorgeschriebene Höhe wird um ca. 30,5 m unterschritten.
b) Die Kursgerade für den Landeanflug ist relativ unrealistisch, weil der Landeanflug kurz vor der Landung noch flacher erfolgen muss. Dazu wird der Höhenverlust anfangs noch stärker sein (relativ hohe Steigung) und gegen Ende der Landung stark abschwächen (geringe Steigung).

7 a)

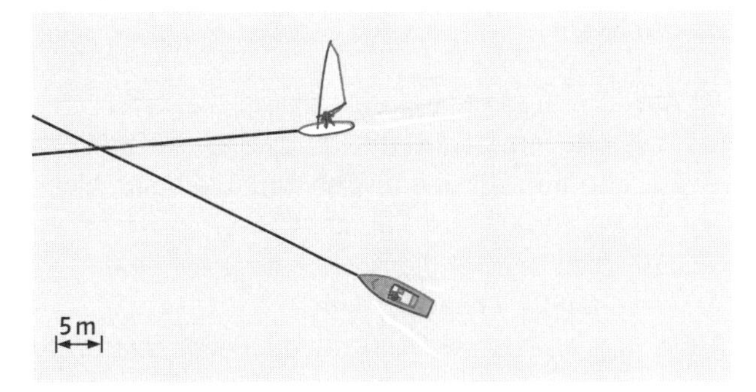

Den Ort der Kollision kann man zeichnerisch bestimmen. Dazu zeichnet man den Schnittpunkt des Kurses des Surfbretts mit dem Kurs des Bootes in die Skizze ein.
b) Um die Geschwindigkeiten zu bestimmen, muss man zunächst den Abstand des Surfbretts bzw. des Bootes zum Schnittpunkt der Kursgeraden (Ort der Kollision) ermitteln. In dieser Skizze misst man unter Berücksichtigung des angegebenen Maßstabes folgende Abstände: $d_{\text{Schnittpunkt-Boot}} = 33\,\text{m}$ und $d_{\text{Schnittpunkt-Surfbrett}} = 23\,\text{m}$. Da die Kollision nach 1 Sekunde erfolgt, legt das Boot in 1 Sekunde ca. 33 m zurück und das Surfbrett 23 m.
$\Longrightarrow v(\text{Boot}) = \frac{33\,\text{m}}{1\,\text{s}} = \frac{33 \cdot 3{,}6\,\text{km}}{1\,\text{h}} = \frac{118{,}8\,\text{km}}{1\,\text{h}} \approx 119\,\frac{\text{km}}{\text{h}}$ bzw. $\approx 19\,\frac{\text{m}}{\text{s}}$
$v(\text{Surfbrett}) = \frac{23\,\text{m}}{1\,\text{s}} = \frac{23 \cdot 3{,}6\,\text{km}}{1\,\text{h}} = \frac{82{,}8\,\text{km}}{1\,\text{h}} \approx 83\,\frac{\text{km}}{\text{h}}$ bzw. $\approx 13\,\frac{\text{m}}{\text{s}}$

4 Modellierungskreislauf

Seite 176

1 a) Anhand der Daten erkennt man, dass bei einer Zunahme der Masse von 100 g die Ausdehnung jeweils um ca. 5 cm zunimmt. Weil die Zunahme immer annähernd gleich ist, liegt ein linearer Zusammenhang vor, der etwa mit der Funktionsgleichung $y = m \cdot x + n$ beschrieben werden kann, wobei x die Masse in Gramm und y die Ausdehnung in Zentimeter beschreiben.
Zunächst kann man eine Funktionsgleichung aufstellen: Mithilfe der Punkte P(0 | 0) und Q(400 | 21) erhält man für die Steigung $m = \frac{21-0}{400-0} = 0{,}0525$. Aus P ergibt sich n = 0.
Es folgt: $y = 0{,}0525 \cdot x$.
b) Um die Qualität zu beurteilen, berechnet man für alle angegebenen x-Werte die Funktionswerte und vergleicht mit den Originaldaten:

Masse in g	0	100	200	300	400
Auslenkung in cm	0	5	11	14,5	21
berechneter Wert der Auslenkung	0	5,25	10,5	15,75	21
Abweichungen	0	−0,25	0,5	−1,25	0

Die Abweichungen betragen maximal 1,25 cm.
c) Für $x = 40$ ergibt sich mit $y = 0{,}0525 \cdot x$ der Wert $y = 2{,}1$; also beträgt die Ausdehnung bei einer Masse von 40 g etwa 2,1 cm. Für $x = 480$ ergibt sich $y = 25{,}2$; also beträgt die Ausdehnung bei einer Masse von 480 g etwa 25,2 cm.
d) Ein zu großes Gewicht würde die Feder zerstören. Somit hat das mathematische Modell unter anderem hier seine Grenzen.
e) Weil man aus dem Messergebnis von a) weiß, dass der Zusammenhang linear ist, kann man mithilfe des Messwertes und dem zweiten Punkt (0 | 0) eine Funktionsgleichung aufstellen:
$P(0 \mid 0)$ und $Q(400 \mid 25) \Longrightarrow m = \frac{25-0}{400-0} = 0{,}0625$.
Aus P ergibt sich $n = 0$.
Es folgt: $y = 0{,}0625 \cdot x$.
Für $x = 950$ gilt dann $y = 59{,}375$ (also etwa 59,4 cm) und für $x = 30$ gilt $y = 1{,}875$ (also etwa 1,9 cm).

Seite 177

2 a) Der Automobilclub könnte von folgenden Bedingungen ausgegangen sein:
Wenn ein Tank beispielsweise ein Fassungsvermögen von 50 Litern hat (Standardgröße), würde man in Deutschland gegenüber dem Preis in den Niederlanden $50 \cdot 11$ Cent = 5,50 Euro sparen. Wenn man dieses ersparte Geld durch die Hin- und Rückfahrt wieder verbrauchen würde, wäre eine „Tankreise von den Niederlanden nach Deutschland“ nicht empfehlenswert. Die Empfehlung des Automobilclubs besagt nun, dass bei einer Fahrstrecke von insgesamt (Hin- und Rückfahrt) weniger als 60 km die „Tankreise“ nach Deutschland kostengünstiger wäre. Also würde man bei weniger als 60 km die Ersparnis von 5,50 Euro nicht „verbrauchen“.
Nun muss man sich fragen, unter welchen Bedingungen die 5,50 Euro bei einer 60-km-Fahrt denn verbraucht werden. Bei einem Preis von 120 Cent pro Liter erhält man für 5,50 Euro etwa 4,58 Liter Benzin. Wenn diese 4,58 Liter bei etwa 60 km verbraucht werden, muss das Auto im Durchschnitt auf 100 km 7,64 Liter Benzin verbrauchen.
Also: Man könnte von einem Auto mit einem 50-Liter-Tank und einem Verbrauch von 7,64 Liter auf 100 km ausgehen.
Wenn nun der Tank ein etwas größeres Fassungsvermögen hat, verändern sich die anderen Daten entsprechend.

b) Wenn man bei dieser Aufgabe von den Bedingungen aus a) ausgeht (50-Liter-Tank und ein Benzinverbrauch von 7,64 Liter auf 100 km), erhält man folgende Regeln.
(1) Deutschland (120 Cent = 1,2 €) und Österreich (100 Cent = 1 €):
Ersparnis bei einer „Tankreise“ von Deutschland nach Österreich: $50 \cdot 0{,}2$ Euro = 10 Euro.
Maximale Fahrstrecke für 10 Euro: 10 Euro : $1 \frac{\text{Euro}}{\text{Liter}}$ = 10 Liter; 10 Liter entspricht 130,89 km $\left(\frac{100\,\text{km}}{7{,}64\,\text{Liter}} \cdot 10\,\text{Liter} = 130{,}89\right)$, also einer Entfernung von ca. 65 km zur nächsten Tankstelle in Österreich.
Also erhält man die zusammenfassende Formel:
d: maximale Entfernung zur Tankstelle (in km)
K_t: Benzinpreis pro Liter im teuren Land (in Euro)
K_g: Benzinpreis pro Liter im günstigen Land (in Euro)
V: Fassungsvermögen des Tanks (in Liter)
BV: Benzinverbrauch des Autos auf 100 km (in Liter)
$d = \frac{100\,\text{km}}{\text{BV}} \cdot (V \cdot (K_t - K_g) : K_g) : 2$
(2) Deutschland (120 Cent = 1,2 €) und Dänemark (119 Cent = 1,19 €)
$K_t = 1{,}2$ €; $K_g = 1{,}19$ €; V = 50 Liter; BV = 7,64 Liter
$\Longrightarrow d = \frac{100\,\text{km}}{\text{BV}} \cdot (V \cdot (K_t - K_g) : K_g) : 2$
$= \frac{100}{7{,}64} \cdot (50 \cdot (1{,}2 - 1{,}19) : 1{,}19) : 2 = 2{,}75$.
Empfehlung:
Man sollte als Deutscher nicht weiter als 2,75 km entfernt von der Tankstelle in Dänemark wohnen.
(3) Deutschland (120 Cent = 1,2 €) und Frankreich (114 Cent = 1,14 €)
$K_t = 1{,}2$ €; $K_g = 1{,}14$ €; V = 50 Liter; BV = 7,64 Liter
$\Longrightarrow d = \frac{100\,\text{km}}{\text{BV}} \cdot (V \cdot (K_t - K_g) : K_g) : 2$
$= \frac{100}{7{,}64} \cdot (50 \cdot (1{,}2 - 1{,}14) : 1{,}14) : 2 = 17{,}2$.
Empfehlung:
Man sollte als Deutscher nicht weiter als 17,2 km entfernt von der Tankstelle in Frankreich wohnen.
(4) Deutschland (120 Cent = 1,2 €) und Belgien (113 Cent = 1,13 €)
$K_t = 1{,}2$ €; $K_g = 1{,}13$ €; V = 50 Liter; BV = 7,64 Liter
$\Longrightarrow d = \frac{100\,\text{km}}{\text{BV}} \cdot (V \cdot (K_t - K_g) : K_g) : 2$
$= \frac{100}{7{,}64} \cdot (50 \cdot (1{,}2 - 1{,}13) : 1{,}13) : 2 = 20{,}27$.
Empfehlung:
Man sollte als Deutscher nicht weiter als 20,27 km entfernt von der Tankstelle in Belgien wohnen.
Wenn man für das Fassungsvermögen des Tanks und den Benzinverbrauch auf 100 km andere Daten einsetzt, erhält man entsprechend andere Ergebnisse.

3 a) Der Körper des Luftschiffes „Graf Zeppelin“ kann vereinfachend als Zylinder mit einem Kegel am vorderen Ende und einem zweiten Kegel am hinteren Ende modelliert werden. Wenn das gesamte Luftschiff eine Länge von 236,6 m hat, könnte man die ersten 31,5 m als Kegel, die mittleren 136,7 m als Zylinder und die letzten 68,4 m als Kegel

modellieren (diese Längen kann man maßstabsgetreu aus der Zeichnung entnehmen).
Mit einem gemessenen durchschnittlichen Radius von 14,2 m (etwas kleiner als der angegebene maximale Radius von 15,25 m, weil das Luftschiff insgesamt etwas „bauchig" verläuft) ergeben sich folgende Rechnungen:
$V_{\text{Kegel, links}} = \frac{1}{3}\pi r^2 h = \frac{1}{3}\pi \cdot 14{,}2^2 \cdot 31{,}5 \approx 6651{,}44\,m^3$
$V_{\text{Zylinder}} = \pi r^2 h = \pi\, 14{,}2^2 \cdot 136{,}7 \approx 86\,595{,}45\,m^3$
$V_{\text{Kegel, rechts}} = \frac{1}{3}\pi r^2 h = \frac{1}{3}\pi\, 14{,}2^2 \cdot 68{,}4 \approx 14\,443{,}13\,m^3$
Insgesamt ergibt sich ein Volumen von $V \approx 107\,690{,}02\,m^3$, also eine Abweichung von ca. 2,5 % von 105 000 m³. Das Modell ist demnach eine gute Näherung.
Es sind auch andere Lösungen denkbar.
b) Das Modell lässt sich auf die Figuren 1 und 2 übertragen, weil die Körper ähnlich sind. Mithilfe eines Maßstabes, den man aus den in den Fotos abgebildeten Menschen ermitteln kann (grobe Näherung!), kann man das Volumen grob berechnen.
Die Figur 4 erhält einen Körper, der näherungsweise einer Kugel entspricht. Wenn diese Näherung zu ungenau erscheint, kann man den unteren Abschnitt als Kegelstumpf interpretieren, der an der Kugel angesetzt ist.

Seite 178

4 a) Bei der Ermittlung der Zeit bis zur Bewusstlosigkeit der 20 Personen in dem angegebenen Raum kann man in folgenden Schritten vorgehen:
1. Berechnung des Raumvolumens
$V = 5\,m \cdot 8\,m \cdot 2{,}5\,m = 100\,m^3 = 100\,000$ Liter
2. Berechnung des Sauerstoffgehaltes in der Luft sowie der Höchstgrenzen bis zur Bewusstlosigkeit
21 % von 100 000 Liter sind 21 000 Liter Sauerstoffgehalt in der Luft.
10 % von 100 000 Liter sind 10 000 Liter, also tritt in dem Raum Bewusstlosigkeit bei den Personen ein, wenn der Sauerstoffgehalt weniger als 10 000 Liter beträgt.
Demnach können von den 20 Personen bis zur Bewusstlosigkeit ca. 11 000 Liter Sauerstoff verbraucht werden (21 000 – 10 000).
3. Berechnung des Sauerstoffverbrauchs pro Minute „In der Ruhelage"
(a) Da die Einatemluft 21 % Sauerstoffanteil und die Ausatemluft nur noch 17 % Sauerstoffanteil enthält, verbraucht man ca. 4 % des Sauerstoffanteils in der Luft.
(b) „In der Ruhelage" braucht der Mensch ca. 8 bis 10 Liter Luft, also 0,32 bis 0,4 Liter Sauerstoff pro Minute (4 % von 8 Liter bzw. von 10 Liter).
(c) Somit verbrauchen 20 Personen ca. 6,4 bis 8 Liter Sauerstoff pro Minute.
4. Berechnung der Zeit bis zur Bewusstlosigkeit
Man muss die Zeitspanne ermitteln, bis wann die Gruppe bei dem in 3 (c) berechneten Sauerstoffverbrauch 11 000 Liter Sauerstoff verbraucht hat:
$11\,000 \text{ Liter} : 6{,}4 \frac{\text{Liter}}{\text{Minute}} = 1718{,}75$ Minuten
$= 28{,}6$ Stunden
$11\,000 \text{ Liter} : 8 \frac{\text{Liter}}{\text{Minute}} = 1375$ Minuten $= 22{,}9$ Stunden.
Nach ca. 23 bis 29 Stunden tritt für die Gruppe die Bewusstlosigkeit ein.
Formel zur Ermittlung der Zeit t (in Minuten) bis zur Bewusstlosigkeit einer Gruppe von a Personen in Ruhelage in einem Raum mit dem Volumen V (in Liter):
$t_{\text{untere Grenze}} = \left(V \cdot \frac{11}{100}\right) : (0{,}4 \cdot a)$ und
$t_{\text{obere Grenze}} = \left(V \cdot \frac{11}{100}\right) : (0{,}32 \cdot a)$
Bei diesem Modell geht man aber davon aus, dass alle Personen in etwa gleich viel Sauerstoff verbrauchen (unabhängig von der Körpermasse) und dass vor allem die Räume luftdicht verschlossen sind und somit kein Luftaustausch mit der Umwelt möglich ist.
b) Mithilfe der Formeln aus a) kann man mit $a = 5$ und einem geschätzten Volumen eines Fahrstuhls etwa von $V = 1{,}5\,m \cdot 1{,}5\,m \cdot 2{,}5\,m = 5{,}625\,m^3$ $= 5625$ Liter die Zeiten berechnen:
$t_{\text{untere Grenze}} = \left(5625 \cdot \frac{11}{100}\right) : (0{,}4 \cdot 5) \approx 309{,}4$ Minuten
≈ 5 Stunden und 10 Minuten
$t_{\text{obere Grenze}} = \left(5625 \cdot \frac{11}{100}\right) : (0{,}32 \cdot 5) \approx 386{,}7$ Minuten
≈ 6 Stunden und 27 Minuten
Diese Zeiten sind aber wie in a) schon ausgeführt „nur" Näherungswerte, weil vereinfachend davon ausgegangen werden muss, dass der Fahrstuhl völlig luftdicht abgeschlossen ist.
c) Individuelle Lösungen.

5 a) Die gelegte Schnur ergibt einen Kurvenverlauf, der näherungsweise dem Graphen einer quadratischen Funktion entspricht. Demzufolge muss man zur Beschreibung des Tragseilverlaufes zwischen den Pylonen die Parameter der Funktionsgleichung $y = a \cdot x^2 + b \cdot x + c$ bestimmen. Es ist sehr geschickt, das Koordinatensystem auf den Straßenverlauf zu legen. Zudem sollte der „Scheitelpunkt" des Kurvenverlaufes auf der y-Achse liegen, weil so $b = 0$ gilt und der Parameter c der Höhe des „Scheitelpunktes" (tiefster Punkt des Tragseils) entspricht. Des Weiteren geht man vereinfachend davon aus, dass die Tragseile ganz oben bei den Pfeilern befestigt sind.
Wenn man die Funktionsgleichung dann kennt, kann man mithilfe der Funktionswerte nach jeweils 16 m bei der Golden-Gate-Brücke und nach jeweils 20 m bei der Akashi-Kaikyo-Brücke bestimmen. Die Gesamtlänge der Hänger erhält man aus der Summe aller Funktionswerte und die Länge

des Tragseils kann man mithilfe des Satzes von Pythagoras ermitteln, wenn man den Verlauf des Tragseils zwischen zwei Hängern vereinfachend als geradlinig ansieht. Man erhält die Länge eines Verbindungsstückes zwischen zwei benachbarten Hängern bei der Golden-Gate-Brücke mit dem Term $d = \sqrt{16^2 + (f(x_1) - f(x_2))^2}$, wobei $f(x_1)$ und $f(x_2)$ die Funktionswerte, also die Höhen zweier benachbarter Hänger sind, x_1 und x_2 beschreiben die Stellen, an denen sich die benachbarten Hänger befinden. Mithilfe eines Tabellenkalkulationsprogramms kann man die einzelnen Werte schnell berechnen lassen.

b) **Golden-Gate-Brücke**

Die x-Achse entspricht näherungsweise dem Straßenverlauf. Man legt den tiefsten Punkt des Tragseils auf die y-Achse (es folgt $b = 0$) und da der tiefste Punkt des Tragseils 11 m oberhalb der Straße verläuft, setzt man demnach $c = 11$. Des Weiteren kennt man aufgrund der Spannweite der Brücke und der Höhe der Pfeiler den äußersten Punkt des Tragseils: der x-Wert ist 640 (1280 : 2) und der y-Wert ist 227, also P(640 | 227).

Es folgt $227 = a \cdot 640^2 + 11 \Longrightarrow a \approx 0{,}000\,527\,34$. Der Verlauf des Tragseils kann demnach durch den Graphen der Funktion f mit $y = 0{,}000\,527\,34 \cdot x^2 + 11$ beschrieben werden, wobei x die horizontale Entfernung zum tiefsten Punkt des Tragseils in Meter und y die Höhe des Seils ebenfalls in Meter beschreibt. Man erhält mithilfe eines Tabellenkalkulationsprogramms die Gesamtlänge aller Hänger von ca. 6869 m, also ca. 7 km (grob nach oben gerundet) und die Länge des Tragseils von ca. 1371 m, also ca. 1,4 km. (Zur näheren Ausführung siehe Lösungsdatei unter **www.klett.de.**)

Akashi-Kaikyo-Brücke

Die x-Achse entspricht näherungsweise dem Straßenverlauf. Man legt den tiefsten Punkt des Tragseils auf die y-Achse (es folgt $b = 0$) und da der tiefste Punkt des Tragseils 15 m oberhalb der Straße verläuft, setzt man demnach $c = 15$. Des Weiteren kennt man aufgrund der Spannweite der Brücke und der Höhe der Pfeiler den äußersten Punkt des Tragseils: der x-Wert ist 995 (1990 : 2) und der y-Wert ist 298,3, also P(995 | 298,3).

Es folgt $298{,}3 = a \cdot 995^2 + 15 \Longrightarrow a \approx 0{,}000\,286\,15$. Der Verlauf des Tragseils kann demnach durch den Graphen der Funktion f mit $y = 0{,}000\,286\,15 \cdot x^2 + 15$ beschrieben werden, wobei x die horizontale Entfernung zum tiefsten Punkt des Tragseils in Meter und y die Höhe des Seils ebenfalls in Meter beschreibt. Man erhält mithilfe eines Tabellenkalkulationsprogramms die Gesamtlänge aller Hänger von ca. 11 243 m, also ca. 11,3 km (grob nach oben gerundet), und die Länge des Tragseils von ca. 2093 m, also ca. 2,1 km. (Zur näheren Ausführung siehe Lösungsdatei unter **www.klett.de.**)

Seite 179

6 a) Modell 1:
Man geht so weit vom Baum weg, dass der gehaltene Zollstock in der angegebenen Weise den ganzen Baum abdeckt. Wenn man sich nun die Stelle am Baum merkt, die von der 5-cm-Marke des Zollstockes aus angepeilt wird, kann man die Höhe dieser Stelle messen und das Ergebnis mit 10 multiplizieren. Als Ergebnis erhält man die Höhe des Baumes.
Dieses Modell kann man mithilfe ähnlicher Figuren begründen: Die Länge des Zollstocks wird auf die Länge des Baumes zentrisch gestreckt – mit dem Auge als Streckungszentrum. Man kann davon ausgehen, weil beide Linien (Zollstock und Baum) parallel sind. Demzufolge verhalten sich die 5 cm zu der Höhe bis zur gemerkten Stelle am Baum wie der ganze Zollstock – die 50 cm (also das 10-Fache) – zur Höhe des ganzen Baumes.
Modell 2:
Die Höhe des Baumes wird auf die Ebene projiziert, sodass sich die Längenverhältnisse nicht ändern. Das am Boden entstandene Dreieck (Förster von oben – Baum von oben – Punkt in der Wiese) ist ähnlich zum ersten Dreieck (Förster – Boden beim Baum – Baumspitze).
b) Die Modelle aus dem Aufgabenteil a) können auf neue Situationen übertragen werden.
Individuelle Lösungen.

7 a) Möglichkeit 1:

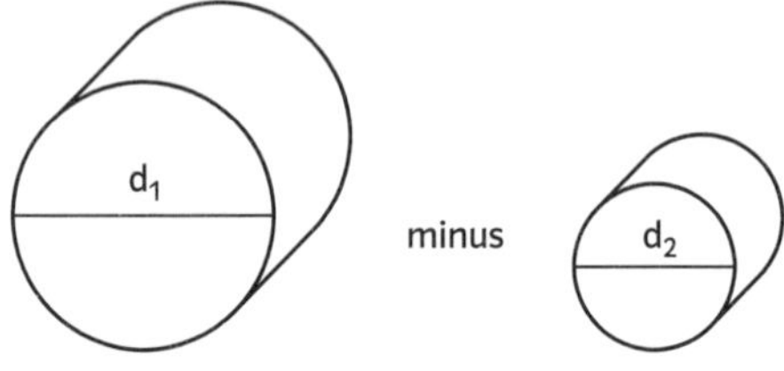

→ Volumenunterschied berechnen
→ ...

Man bestimmt das Volumen, das von den Kabeln ausgefüllt werden kann, und teilt dies durch die Querschnittsfläche des Kabels. Hierbei wird nicht berücksichtigt, dass es Hohlräume zwischen den Lagen gibt, sodass der Wert etwas zu groß ist.

$V_{alles} = \pi \cdot r^2 \cdot h = \pi \cdot 150^2 \cdot 404 \approx 28\,557\,077{,}22\,cm^3$
$V_{innen} = \pi \cdot 60^2 \cdot 404 \approx 4\,569\,132{,}355\,cm^3$
$V_{Kabelraum} = V_{alles} - V_{innen} = 23\,987\,944{,}86\,cm^3$
$A_{Querschnitt\ Kabel} = \pi \cdot r^2 = \pi \cdot 15^2 \approx 706{,}86\,cm^2.$
$V_{Kabelraum} : A_{Querschnitt\ Kabel} = 23\,987\,944{,}86\,cm^3 : 706{,}86\,cm^2 \approx 33\,935{,}92\,cm \approx 339\,m.$

Möglichkeit 2:

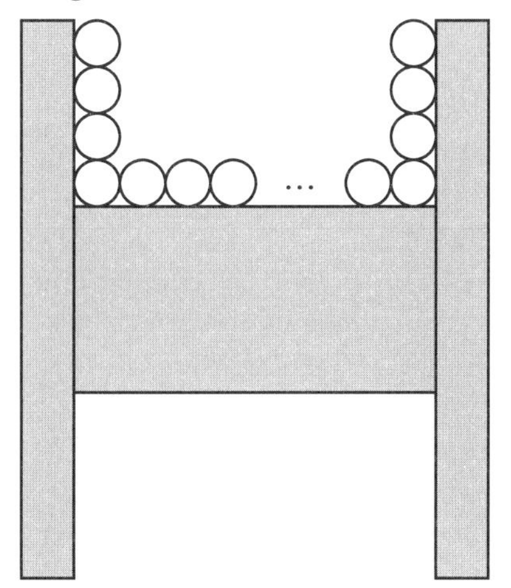

Kabel nebeneinander
→ Anzahl der Kabel pro Reihe?
→ Anzahl der Reihen
→ Länge pro Reihe ≙ Umfang Trommel
→ …

Hier werden die Kabellagen als Kreise aufgefasst. So kann man die Anzahl der möglichen Kreise nebeneinander (404 cm : 30 cm ≈ 13,5, also 13 Kabel) und übereinander ((300 cm − 120 cm) : 2 = 90 cm, also 90 cm : 30 cm = 3, also drei Lagen von Kabeln übereinander) abschätzen.
Nun kann man für die 3 Reihen jeweils den Umfang des Kreises ermitteln:
Untere Lage von Kreisen:
$r = 120 : 2 + 15 = 75\,cm \Longrightarrow U = 2 \cdot \pi \cdot r \approx 471{,}24\,cm$.
Mittlere Lage von Kreisen:
$r = 120 : 2 + 15 + 30 = 105\,cm \Longrightarrow U \approx 659{,}73\,cm$.
Obere Lage von Kreisen:
$r = 120 : 2 + 15 + 2 \cdot 30 = 135\,cm \Longrightarrow U \approx 848{,}23\,cm$.
In jeder „Lage" befinden sich 13 Kabel. Die Gesamtlänge des möglichen Kabels ergibt sich demnach aus dem Term $13 \cdot (471{,}24 + 659{,}73 + 848{,}23)$ $= 25\,729{,}6\,cm \approx 257{,}3\,m$.
Man kann sich bei diesem Modell fragen, ob das Ergebnis noch zu optimieren ist, indem man das Kabel anders aufrollt.
Möglichkeit 3:

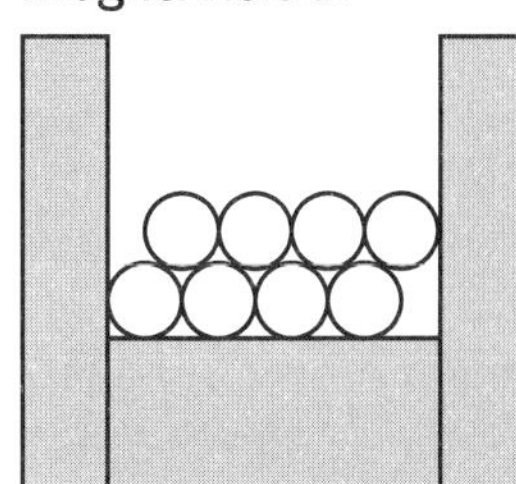

auf Lücke wickeln

Höhenzunahme pro Reihe

→ viele Reihen möglich
→ Trommelumfang ≙ Länge des Kabels pro Wicklung …

Bei diesem Modell werden die einzelnen Reihen nicht übereinander, sondern versetzt aufgerollt. So erscheint es möglich, mehr Lagen übereinanderzuschichten als bei dem Modell der Möglichkeit 2.

Nebeneinander passen wie bei Möglichkeit 2 genau 13,5 Kabel (404 cm : 30 cm ≈ 13,5). Damit ist gewährleistet, dass auch bei dem versetzten Aufrollen jeweils 13 Kabel nebeneinander passen. Um den Höhenunterschied h von Lage zu Lage, das heißt vom Kabelmittelpunkt der einen Lage zum Kabelmittelpunkt der nächsten Lage zu ermitteln, kann man den Satz des Pythagoras anwenden (siehe obige Skizze): $h^2 + r^2 = (2r)^2$, also $h = \sqrt{4r^2 - r^2} = \sqrt{3} \cdot r$, mit $r = 15$ ist demnach $h \approx 26\,cm$.
Für die übereinandergewickelten Lagen ist 90 cm Platz ((300 cm − 120 cm) : 2 = 90 cm). Die erste Lage ist 30 cm hoch, die ersten zwei Lagen sind zusammen 56 cm hoch (15 + 26 + 15). Die ersten drei Lagen sind 82 cm hoch (15 + 26 + 26 + 15). Die ersten vier Lagen sind dann 108 cm hoch (15 + 26 + 26 + 26 + 15), was die Trommel aber nicht mehr fassen kann. Demzufolge passen hier auch nur 3 Lagen übereinander.
Nun kann man für die 3 Reihen jeweils den Umfang des Kreises ermitteln:
Untere Lage von Kreisen:
$r = 120 : 2 + 15 = 75\,cm \Longrightarrow U = 2 \cdot \pi \cdot r \approx 471{,}24\,cm$.
Mittlere Lage von Kreisen:
$r = 120 : 2 + 15 + 26 = 101\,cm \Longrightarrow U \approx 634{,}60\,cm$.
Obere Lage von Kreisen:
$r = 120 : 2 + 15 + 2 \cdot 26 = 127\,cm \Longrightarrow U \approx 797{,}96\,cm$.
In jeder „Lage" befinden sich 13 Kabel. Die Gesamtlänge des möglichen Kabels ergibt sich demnach aus dem Term $13 \cdot (471{,}24 + 634{,}60 + 797{,}96)$ $= 24\,749{,}4\,cm \approx 247{,}5\,m$.
Obwohl man hier platzsparender gewickelt hat, kann man aufgrund der geringeren Radien insgesamt weniger Kabel aufwickeln.
Gesamtbeurteilung:
Im Vergleich ist das Modell der Möglichkeit 3 am platzsparendsten.
Weitere Modelle sind aber denkbar.
b) Annahmen:
Der Durchmesser der Trommel betrage in etwa 25 cm. Der Trommelkern hat einen Durchmesser von 15 cm. Ein Kabel hat einen Durchmesser von ca. 0,7 cm. Nebeneinander passen 10 Kabeldicken.
Modell und Rechnung:
Wenn man davon ausgeht, dass die Wicklung des Kabels wie im Modell der 3. Möglichkeit aus a) erfolgt, erhält man folgende Rechnungen:
$h = \sqrt{4r^2 - r^2} = \sqrt{3} \cdot r$, mit $r = 0{,}35$ ist demnach $h \approx 0{,}6\,cm$.
Für die übereinandergewickelten Lagen ist 5 cm Platz ((25 cm − 15 cm) : 2 = 5 cm). Die erste Lage ist 0,7 cm hoch, die ersten zwei Lagen sind zusammen 1,3 cm hoch (0,35 + 0,6 + 0,35). Die ersten drei Lagen sind 1,9 cm hoch (0,35 + 0,6 + 0,6 + 0,35). Die ersten vier Lagen sind dann 2,5 cm hoch (0,35 + 0,6 + 0,6 + 0,6 + 0,35), die ersten fünf Lagen sind 3,1 cm, die

ersten sechs 3,7 cm, die ersten sieben 4,3 und die ersten acht Lagen sind dann 4,9 cm hoch, was die Trommel gerade noch fassen kann.
Demzufolge passen hier 8 Lagen übereinander.
Nun kann man für die 8 Reihen jeweils den Umfang des Kreises ermitteln:
Untere Lage von Kreisen:
$r = 15 : 2 + 0{,}35 = 7{,}85\,\text{cm} \Longrightarrow U = 2 \cdot \pi \cdot r \approx 49{,}3\,\text{cm}$.
Mittlere Lage von Kreisen:
$r = 15 : 2 + 0{,}35 + 0{,}6 = 8{,}45\,\text{cm} \Longrightarrow U \approx 53{,}1\,\text{cm}$.
Nächste Lage von Kreisen:
$r = 15 : 2 + 0{,}35 + 2 \cdot 0{,}6 = 9{,}05\,\text{cm} \Longrightarrow U \approx 56{,}9\,\text{cm}$
Nächste Lage von Kreisen:
$r = 15 : 2 + 0{,}35 + 3 \cdot 0{,}6 = 9{,}65\,\text{cm} \Longrightarrow U \approx 60{,}6\,\text{cm}$
Nächste Lage von Kreisen:
$r = 15 : 2 + 0{,}35 + 4 \cdot 0{,}6 = 10{,}25\,\text{cm} \Longrightarrow U \approx 64{,}4\,\text{cm}$
Nächste Lage von Kreisen:
$r = 15 : 2 + 0{,}35 + 5 \cdot 0{,}6 = 10{,}85\,\text{cm} \Longrightarrow U \approx 68{,}2\,\text{cm}$
Nächste Lage von Kreisen:
$r = 15 : 2 + 0{,}35 + 6 \cdot 0{,}6 = 11{,}45\,\text{cm} \Longrightarrow U \approx 72{,}0\,\text{cm}$
Oberste Lage von Kreisen:
$r = 15 : 2 + 0{,}35 + 7 \cdot 0{,}6 = 12{,}05\,\text{cm} \Longrightarrow U \approx 75{,}7\,\text{cm}$.
In jeder „Lage" befinden sich 10 Kabel. Die Gesamtlänge des möglichen Kabels ergibt sich demnach aus dem Term $10 \cdot (49{,}3 + 53{,}1 + 56{,}9 + 60{,}6 + 64{,}4 + 68{,}2 + 72 + 75{,}7) = 5002\,\text{cm} \approx 50\,\text{m}$.
Die Kabeltrommel hat demnach eine ungefähre Länge von 50 m.

Wiederholen – Vertiefen – Vernetzen

Seite 180

1 Zunächst muss man festlegen, wie lang ein LKW sein könnte. Unter **http://de.wikipedia.org/wiki/Lastkraftwagen** erfährt man:
„Der Euro- bzw. EU-Lastzug (LKW) darf als Gliederzug 18,75 m, als Sattelzug 16,50 m lang sein …"
Von diesen Maßen ausgehend überlegt man sich, welche Strecke der LKW, der überholt, mehr zurücklegt als der LKW, der überholt wird. Hierbei reicht es aus, die Geschwindigkeitsdifferenz zu betrachten. Der LKW, der überholt, bleibt im Modell auf der Stelle stehen und der LKW, der überholt, fährt nur so schnell, wie durch die Geschwindigkeitsdifferenz angegeben wird, beispielsweise wie im Nachschlagewerk angegeben 5 km/h.

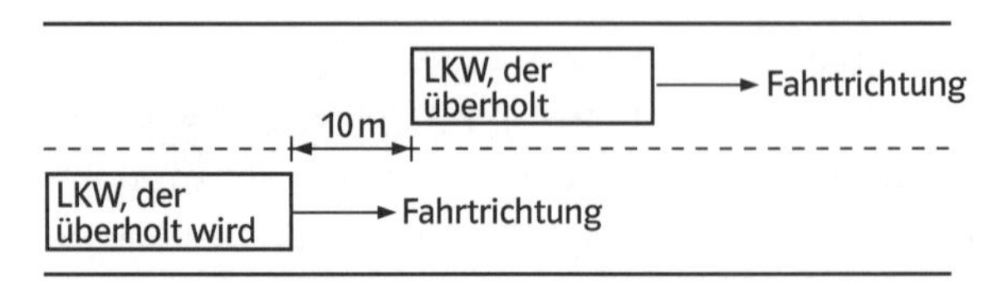

Der überholende LKW (Gliederzug überholt Gliederzug) muss einen Weg von $10\,\text{m} + 18{,}75\,\text{m} + 18{,}75\,\text{m} + 10\,\text{m} = 57{,}5\,\text{m}$ zurücklegen, bis er wieder in die rechte (in der Figur untere) Spur einkehren kann.
Die 10 m vor und nach dem Überholmanöver sind der Sicherheitsabstand, der zum Ausscheren und Einscheren benötigt wird. Wenn es zwei Sattelzüge sind, beträgt der entsprechende Weg $2 \cdot 10\,\text{m} + 2 \cdot 16{,}5\,\text{m} = 53\,\text{m}$.
Der überholende LKW fährt in dem beschriebenen Modell mit einer Geschwindigkeit von weniger als $5\,\text{km/h} = 1{,}3\overline{8}\,\text{m/s}$ (Geschwindigkeitsdifferenz). Die Funktionsgleichung, die den zurückgelegten Weg des LKW in m (y) in Abhängigkeit von der Zeit in s (x) beschreibt lautet demnach $y = 1{,}3\overline{8} \cdot x$.
Bei zwei Gliederzügen entspricht die gesuchte Zeit dem x-Wert für $y = 57{,}5$: $57{,}5 = 1{,}3\overline{8} \cdot x$, also $x = 41{,}4$.
Der LKW benötigt also mehr als 41 Sekunden.
Für zwei Sattelzüge erhält man $53 = 1{,}3\overline{8} \cdot x$, also $x = 38{,}16$. Das Überholmanöver dauert hier also länger als 38 Sekunden.
Vereinfachungen:
Bei den Berechnungen muss man beispielsweise davon ausgehen, dass die LKWs bei dem Überholmanöver gleichmäßig schnell fahren und dass sie die angegebenen Abstände einhalten.

2 (A) Modell entwickeln:
Man kann die Fließgeschwindigkeit des Rheins mithilfe der angegebenen Daten ermitteln, weil die Fahrzeiten der Schiffe flussabwärts kürzer sind als flussaufwärts. Unter der vereinfachenden Annahme, dass die Schiffe flussabwärts und flussaufwärts mit demselben Eigenantrieb fahren, kann man nun die Differenz beider Fahrzeiten ermitteln und darüber die Fließgeschwindigkeit des Rheins näherungsweise festlegen.
Modell anwenden:
(1. Schritt) Mithilfe des Kartenausschnittes und des angegebenen Maßstabes kann man festlegen, dass die Flussstrecke von Köln-Mitte bis Bonn-Bad Godesberg ca. 37 km entspricht.
(2. Schritt) Von Köln nach Bonn-Bad Godesberg fährt das Schiff flussaufwärts und benötigt laut Fahrplan ca. 4 h 25 min (= 265 min). Abzüglich der Anlegezeiten von $5 \cdot 5\,\text{min} = 25\,\text{min}$ beträgt die reine Fahrzeit demnach 4 h.
Von Bonn-Bad Godesberg fährt das Schiff flussabwärts und benötigt abzüglich der 45 min Anlegezeit laut Fahrplan 125 min ($2\,\text{h}\ 50\,\text{min} - 45\,\text{min} = 2\,\text{h}\ 5\,\text{min} = 2\tfrac{5}{60}\,\text{h}$).
(3. Schritt) Wenn die Flussgeschwindigkeit mit v_{Fluss} bezeichnet wird und die Eigengeschwindigkeit des Schiffes mit v_{Schiff}, erhält man folgende Gleichungen:
Flussaufwärts: $(v_{Schiff} - v_{Fluss}) \cdot 4\,\text{h} = 37\,\text{km}$ und
flussabwärts: $(v_{Schiff} + v_{Fluss}) \cdot 2\tfrac{5}{60}\,\text{h} = 37\,\text{km}$.
Durch Auflösen dieses Gleichungssystems erhält man:
$v_{Schiff} \approx 13{,}5\,\tfrac{\text{km}}{\text{h}} \approx 7{,}3$ Knoten und $v_{Fluss} \approx 4{,}26\,\tfrac{\text{km}}{\text{h}}$.

Demnach ist die Behauptung von Anna-Maria in etwa richtig.
(B) Mithilfe der Punkte $A_0(-3\,|\,-1)$ und $A_1(-2\,|\,2)$ kann man unter der Annahme, dass das Schiff geradlinig fährt, den Richtungsvektor der Kursgeraden und anschließend die Kursgeraden aufstellen.
Kursgerade für das Schiff:
$\vec{x} = \begin{pmatrix} -3 \\ -1 \end{pmatrix} + t \cdot \begin{pmatrix} -2 - (-3) \\ 2 - (-1) \end{pmatrix} = \begin{pmatrix} -3 \\ -1 \end{pmatrix} + t \cdot \begin{pmatrix} 1 \\ 3 \end{pmatrix}.$
Um nun zu prüfen, ob die Bojen gerammt werden, muss man kontrollieren, ob die Punkte der Bojen auf der Kursgeraden des Schiffes liegen:
„Rosa Wolke" mit $(1\,|\,5{,}3)$: Man prüft, ob die Gleichung $\begin{pmatrix} -3 \\ -1 \end{pmatrix} + t \cdot \begin{pmatrix} 1 \\ 3 \end{pmatrix} = \begin{pmatrix} 1 \\ 5{,}3 \end{pmatrix}$ gilt:
$-3 + t = 1 \Longrightarrow t = 4$
$-1 + 3t = -1 + 12 = 11 \neq 5{,}3$; nein, die Boje „Rosa Wolke" wird nicht gerammt.
„Weiß Rot" mit $(-4\,|\,-4)$: Man prüft, ob die Gleichung $\begin{pmatrix} -3 \\ -1 \end{pmatrix} + t \cdot \begin{pmatrix} 1 \\ 3 \end{pmatrix} = \begin{pmatrix} -4 \\ -4 \end{pmatrix}$ gilt:
$-3 + t = -4 \Longrightarrow t = -1$
$-1 + 3t = -1 - 3 = -4$; ja, die Boje „Weiß Rot" wird gerammt.
„Blauer Engel" mit $(-0{,}5\,|\,6{,}5)$: Man prüft, ob die Gleichung $\begin{pmatrix} -3 \\ -1 \end{pmatrix} + t \cdot \begin{pmatrix} 1 \\ 3 \end{pmatrix} = \begin{pmatrix} -0{,}5 \\ 6{,}5 \end{pmatrix}$ gilt:
$-3 + t = -0{,}5 \Longrightarrow t = 2{,}5$
$-1 + 3t = -1 + 7{,}5 = 6{,}5$; ja, die Boje „Blauer Engel" wird gerammt.
(C) Geschwindigkeit Michael: 45 km/h
Behauptung von Achim: Bei 10 Minuten Vorsprung würde Michael 20 Minuten benötigen, um ihn einzuholen.
Gesucht ist also die Geschwindigkeit von Achim, diese sei mit der Variablen v beschrieben:
Mit der Zeitumrechnung, dass 20 Minuten $\frac{1}{3}$ Stunde und 10 Minuten $\frac{1}{6}$ Stunde entsprechen, folgt aus den Informationen die Gleichung:
$45 \cdot \frac{1}{3} = v \cdot \left(\frac{1}{6} + \frac{1}{3}\right)$, also $v = 30$.
Nach den Informationen müsste Achim also mit einer Geschwindigkeit von 30 km/h laufen, was recht unwahrscheinlich ist.
Die Probe zeigt, dass kein mathematischer Fehler vorliegt, sondern die Angaben falsch sein müssen.

Seite 181

3 Wenn man davon ausgeht, dass die erkrankten Tiere mit einer Wahrscheinlichkeit von 50 % andere Tiere anstecken, handelt es sich bei der Zunahme der erkrankten Tiere um exponentielles Wachstum mit dem Wachstumsfaktor von 150 % = 1,5, weil zu den Neuerkrankten auch noch die bereits erkrankten Tiere (100 %) hinzugerechnet werden müssen. Wenn man mit 6 Tieren beginnt (Startwert), erhält man die Wachstumsfunktion f mit $y = 6 \cdot 1{,}5^x$, wobei x die Anzahl der Tage angibt.
Mit $x = 30$ erhält man $y \approx 1\,150\,506 > 1\,000\,000$, womit die Behauptung der Mathematiker stimmt.

4 Zunächst muss man sich einen Überblick über die Daten verschaffen und die Werte für den Partialdruck des Sauerstoffs für die einzelnen Höhen bestimmen (Partialdruck = 21 % vom normalen Luftdruck).

Höhe in m	0	400	500	600	1000
Luftdruck in hPa	1013	963	952	941	898
Sauerstoffpartialdruck in hPa	212,7	202,2	199,9	197,6	188,6

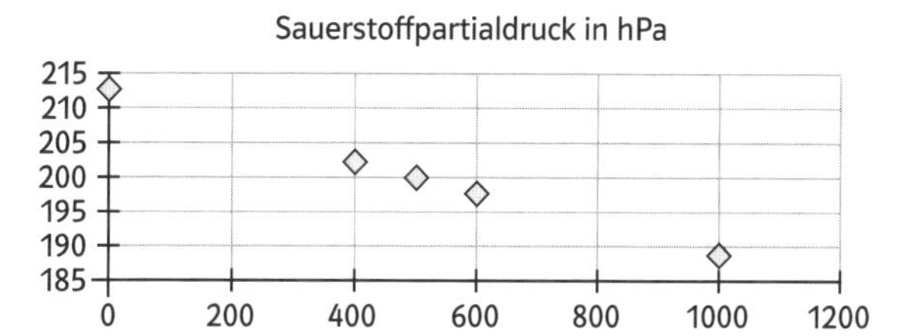

Anhand der Grafik erkennt man, dass der Zusammenhang zwischen der Höhe und dem Sauerstoffpartialdruck linear ist.
Mit den Datenpunkten $(0\,|\,212{,}7)$ und $(1000\,|\,188{,}6)$ ergeben sich $m = \frac{188{,}6 - 212{,}7}{1000 - 0} = -0{,}0241$ und $n = 212{,}7$, also lautet die Funktionsgleichung der entsprechenden linearen Funktion $y = -0{,}0241 \cdot x + 212{,}7$.
Die folgende Tabelle zeigt die geringen Abweichungen zwischen den Originaldaten und den berechneten Daten, sodass das Modell als gut bezeichnet werden kann.

Höhe in m	0	400	500	600	1000
Sauerstoffpartialdruck in hPa	212,7	202,2	199,9	197,6	188,6
berechneter Sauerstoffpartialdruck	212,7	203,1	200,7	198,2	188,6
Abweichungen	0,0	−0,8	−0,7	−0,6	0,0

Um nun den Sauerstoffpartialdruck für die Zugspitze zu berechnen, muss man für x den Wert 2962 eingeben: $y = -0{,}0241 \cdot 2962 + 212{,}7 \approx 141$ hPa.
Damit ist der Wert von 130 hPa nicht unterschritten und ein Ersteigen der Zugspitze bezüglich des Sauerstoffgehaltes in der Luft nicht gefährlich.

5 a)

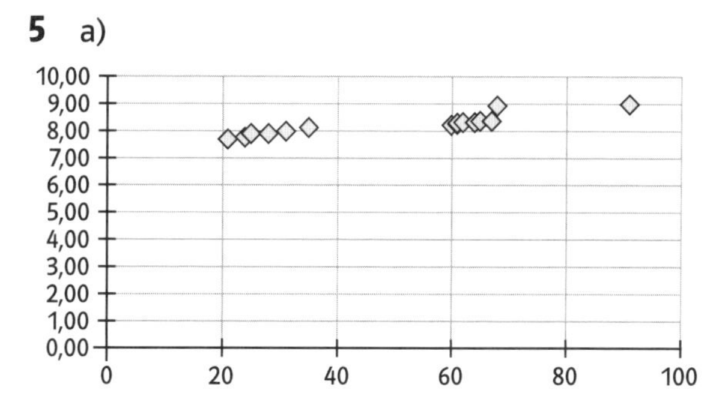

Bei der grafischen Darstellung wurden die Daten vereinfachend auf die Jahresangabe (23.07.21 entspricht hier 21, also dem Jahr 1921) reduziert, wobei dies die Aussagekraft insgesamt nicht einschränkt.

Die grafische Darstellung lässt vermuten, dass der Zusammenhang linear sein könnte. Mithilfe des zweiten und des letzten Messwertes (auf diese Weise sind die Abweichungen bei der gedachten Geraden oberhalb und unterhalb dieser Geraden gleichermaßen verteilt) kann man so eine Funktionsgleichung bestimmen.
Die Datenpunkte lauten (24 | 7,76) und (91 | 8,95).
Es ergibt sich $m = \frac{8{,}95 - 7{,}76}{91 - 24} = 0{,}017761$ und aus $7{,}76 = 0{,}017761 \cdot 24 + n$ folgt $n = 7{,}33$. Also lautet die Funktionsgleichung der entsprechenden linearen Funktion $y = 0{,}017761 \cdot x + 7{,}33$.

b) Die Qualität dieser Modellierung zeigt die folgende Tabelle – die Abweichungen nach oben und nach unten gleichen sich insgesamt aus, weshalb man mathematisch von einer guten Modellierung sprechen kann.

Sportler	Land	Weite in m	Jahr	berechnete Werte	Abweichungen
Gourdin	USA	7,69	21	7,70	−0,01
LeGendre	USA	7,76	24	7,76	0,00
Hubbard	USA	7,89	25	7,77	0,12
Hamm	USA	7,90	28	7,83	0,07
Cator	Haiti	7,93	28	7,83	0,10
Nambu	Japan	7,98	31	7,88	0,10
Owens	USA	8,13	35	7,95	0,18
Boston	USA	8,21	60	8,40	−0,19
Boston	USA	8,24	61	8,41	−0,17
Boston	USA	8,28	61	8,41	−0,13
Ter-Owanessjan	UdSSR	8,31	62	8,43	−0,12
Boston	USA	8,31	64	8,47	−0,16
Boston	USA	8,35	65	8,48	−0,13
Ter-Owanessjan	UdSSR	8,35	67	8,52	−0,17
Beamon	USA	8,90	68	8,54	0,36
Powell	USA	8,95	91	8,95	0,00
Summe der Abweichungen					−0,15

c) Um nun zu prognostizieren, wann nach diesem Modell eine Weite von $y = 9{,}5\,m$ erreicht ist, muss man die Gleichung $9{,}5 = 0{,}017761 \cdot x + 7{,}33$ lösen. Man erhält: $x \approx 122$. Demnach würde der Rekord von 9,50 m im Jahre 2022 zu erwarten sein. Diese Prognose ist aber relativ unsicher, weil man nicht weiß, wann die körperlichen Grenzen in diesem Sport erreicht sind.

d) Die untere Grenze des Definitionsbereiches kann höchstens so klein gewählt werden, dass keine negativen y-Werte, also Sprungweiten berechnet werden. Nach oben ist der Definitionsbereich offen, wobei hier wie in c) formuliert die biologischen Grenzen zu berücksichtigen sind.

Seite 182

6 Zunächst verschafft man sich grafisch einen Überblick über die Daten.

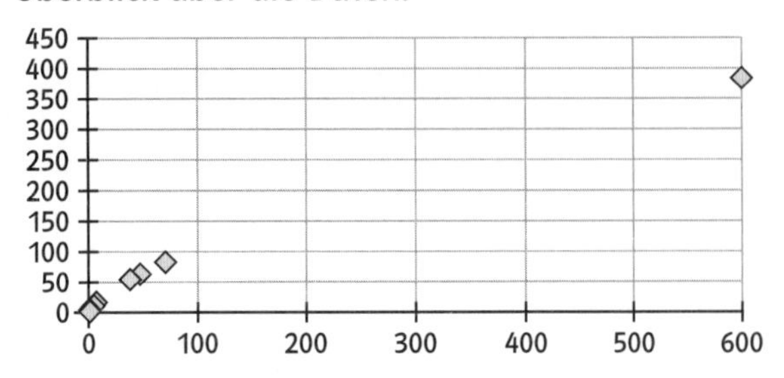

Man erkennt, dass kein exponentielles Wachstum vorliegen kann. Es könnte linear sein oder besser noch quadratisch, weil eine leichte Wölbung zu erkennen ist.
Mithilfe des GTR kann man eine quadratische Regression (siehe Infobox im Schülerbuch auf der Seite 164) durchführen.

```
L1     L2     L3    2
.021   .17    ------
.282   1.36
.41    1.7
3      7.38
4.33   8.22
6.6    13.93
38     52.82
L2(1)=.17

EDIT CALC TESTS
1:1-Var Stats
2:2-Var Stats
3:Med-Med
4:LinReg(ax+b)
5:QuadReg
6:CubicReg
7↓QuartReg

QuadReg
 y=ax²+bx+c
 a=-.0010065298
 b=1.239137321
 c=2.83853047

WINDOW
 Xmin=1
 Xmax=605
 Xscl=1
 Ymin=0
 Ymax=400
 Yscl=1
 Xres=1
```

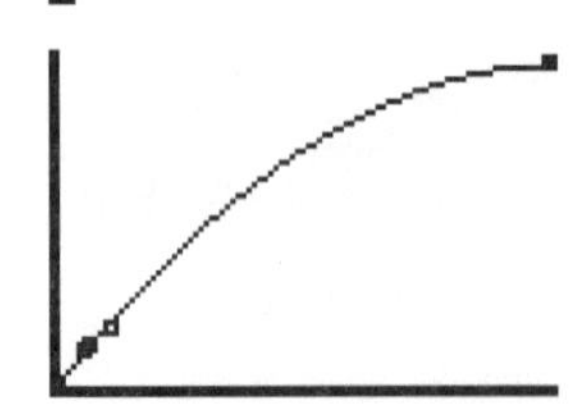

Man erhält die Funktionsgleichung
$y = -0{,}0010065298 \cdot x^2 + 1{,}239137321 \cdot x + 2{,}83853047$.
Die Qualität der Darstellung zeigt die folgende Tabelle:

Tier	Masse in kg	Stoffwechselintensität in Watt	berechnete Werte	Abweichungen
Maus	0,021	0,17	2,86	−2,69
Ratte	0,282	1,36	3,19	−1,83
Meerschweinchen	0,41	1,7	3,35	−1,65
Katze	3	7,38	6,55	0,83
Kaninchen	4,33	8,22	8,19	0,03
Hund	6,6	13,93	10,97	2,96
Schimpanse	38	52,82	48,47	4,35
Schaf	46,4	60,78	58,17	2,61
Mensch	70	80	84,65	−4,65
Kuh	600	384	383,97	0,03
Summe der Abweichungen				0,00

Information:
Der Biologe Kleiber hat herausgefunden, dass sich der Zusammenhang noch besser mit einer Funktionsgleichung der Form $y = a \cdot x^{\frac{3}{4}}$ beschreiben lässt, wobei a ein zu bestimmender Vorfaktor ist.

7 **Sandra:** Man erkennt den Punkt P(0 | 0) und als Scheitelpunkt S(4,7 | 2,5).
Mithilfe der Scheitelpunktsform $y = a \cdot (x - d)^2 + e$ erhält man $y = a \cdot (x - 4{,}7)^2 + 2{,}5$.
Mit P erhält man $0 = a \cdot (-4{,}7)^2 + 2{,}5$, also $a \approx -0{,}1131733816$.
Als Funktionsgleichung ergibt sich
$y = -0{,}1131733816(x - 4{,}5)^2 + 2{,}5$.

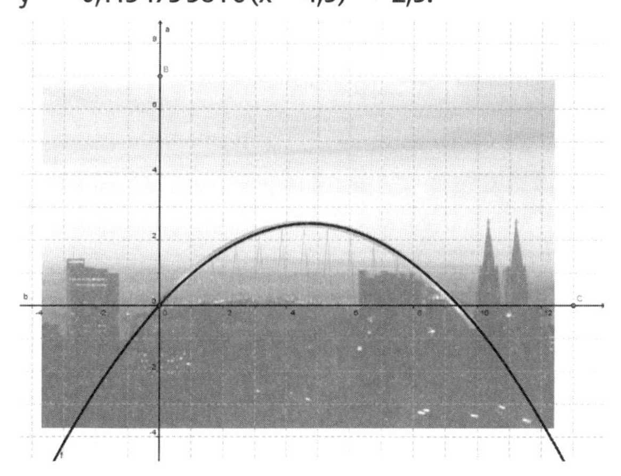

Man erkennt mithilfe von GeoGebra, dass das berechnete mathematische Modell den Bogen recht gut beschreibt. Nur am rechten Ende weichen Originaldaten und gezeichneter Graph leicht voneinander ab.
Kira: Man erkennt den Scheitelpunkt S(0 | 2,5) und einen weiteren Punkt P(4,7 | 0).
Mithilfe der Scheitelpunktsform $y = a \cdot (x - d)^2 + e$ erhält man $y = a \cdot (x - 0)^2 + 2{,}5$.
Mit P erhält man $0 = a \cdot (4{,}7)^2 + 2{,}5$, also $a \approx -0{,}113$.
Als Funktionsgleichung ergibt sich
$y = -0{,}113 \cdot x^2 + 2{,}5$.

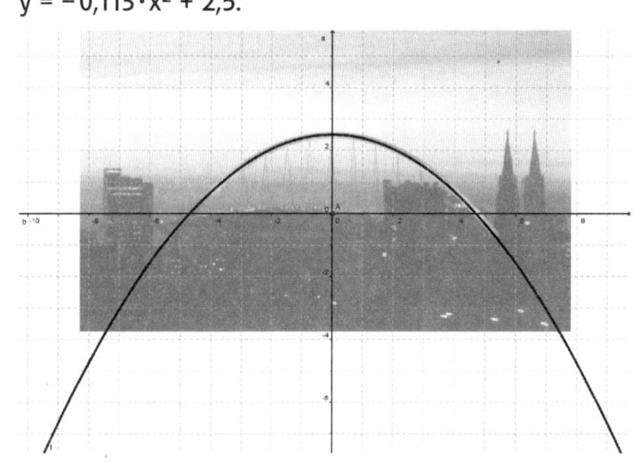

Hier sind die Abweichungen sehr gering.
Johannes: Man erkennt den Scheitelpunkt S(2,1 | 2,5) und einen weiteren Punkt P(0 | 2).
Mithilfe der Scheitelpunktsform $y = a \cdot (x - d)^2 + e$ erhält man $y = a \cdot (x - 2{,}1)^2 + 2{,}5$.
Mit P erhält man $2 = a \cdot (0 - 2{,}1)^2 + 2{,}5$ also $a \approx -0{,}11337$.
Als Funktionsgleichung ergibt sich
$y = -0{,}11337 \cdot (x - 2)^2 + 2{,}5$.

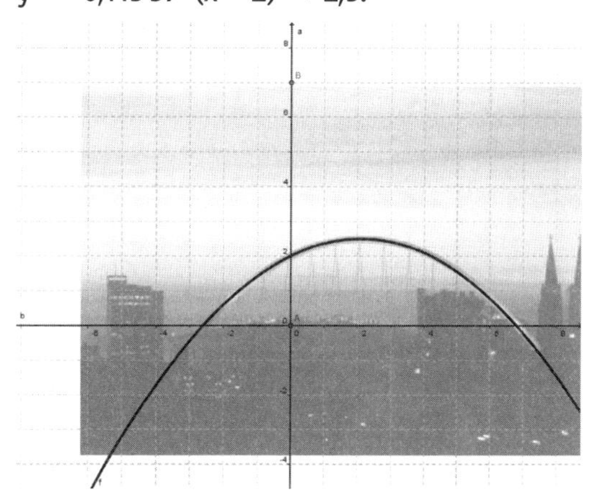

Paul: Man erkennt den Scheitelpunkt S(0 | 0) und einen weiteren Punkt P(5,2 | −3).
Mithilfe der Scheitelpunktsform $y = a \cdot (x - d)^2 + e$ erhält man $y = a \cdot (x - 0)^2 + 0$.
Mit P erhält man $-3 = a \cdot (5{,}2)^2$, also $a \approx -0{,}11094$.
Als Funktionsgleichung ergibt sich
$y = -0{,}11094 \cdot x^2$.

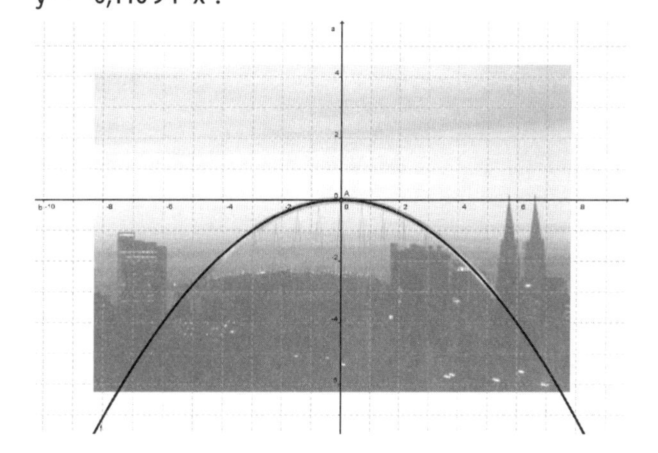

Die Abweichungen sind auch hier gering.
Alle vier Modelle sind möglich.

8 a) Es handelt sich bei diesem Zusammenhang weder um lineares, noch um exponentielles oder um beschränktes Wachstum, also um ein Wachstumsvorgang, der eine obere Schranke besitzt, weil die Funktionswerte zunächst ansteigend sind und ab 10 °C wieder fallen. Es könnte sich aufgrund dieser Eigenschaft um einen quadratischen Zusammenhang handeln.
b) Um eine Prognose aufstellen zu können, muss man eine Funktionsgleichung aufstellen. Unter der Annahme, dass es sich hierbei um einen quadratischen Zusammenhang handelt, sucht man die die Parameter a, b und c der Funktionsgleichung $y = a \cdot x^2 + b \cdot x + c$.
Beispielsweise mithilfe des ersten, des vorletzten und des letzten Wertepaares kann man die Funktionsgleichung bestimmen:

Aus A(0 | 999,84); B(5 | 999,964) und C(98 | 959,774) erhält man die Gleichungen:

I: $a \cdot 0^2 + b \cdot 0 + c = 999{,}84 \Longrightarrow c = 999{,}84$

II: $a \cdot 5^2 + b \cdot 5 + 999{,}84 = 999{,}964$

III: $a \cdot 98^2 + b \cdot 98 + 999{,}84 = 959{,}774$

$$\begin{aligned} \text{II:} &\quad 25a + 5b = 0{,}124 && | \cdot 98 \\ \text{III:} &\quad 9604a + 98b = -40{,}066 && | \cdot 5 \\ \text{II}_a\text{:} &\quad 2450a + 490b = 12{,}152 \\ \text{III}_a\text{:} &\quad 48\,020a + 490b = -200{,}33 \\ \text{II}_a - \text{III}_a\text{:} &\quad -45\,570a = 212{,}482 \\ &\Longrightarrow a \approx -0{,}004\,663 \\ &\Longrightarrow b \approx 0{,}048\,114 \end{aligned}$$

Es folgt die Funktionsgleichung $y \approx -0{,}004\,663x^2 + 0{,}048\,114x + 999{,}84$.

In der folgenden Tabelle und mithilfe des gezeichneten Graphen kann man die Abweichungen bestimmen. Diese sind bei 50 °C mit 2,558 kg/m³ am größten.

Temperatur in °C	Dichte in kg/m³	berechnete Werte	Abweichungen
0	999,840	999,840	0
5	999,964	999,964	0
10	999,699	999,855	−0,156
15	999,099	999,513	−0,414
20	998,203	998,937	−0,734
50	988,030	990,588	−2,558
98	959,774	959,772	0,002

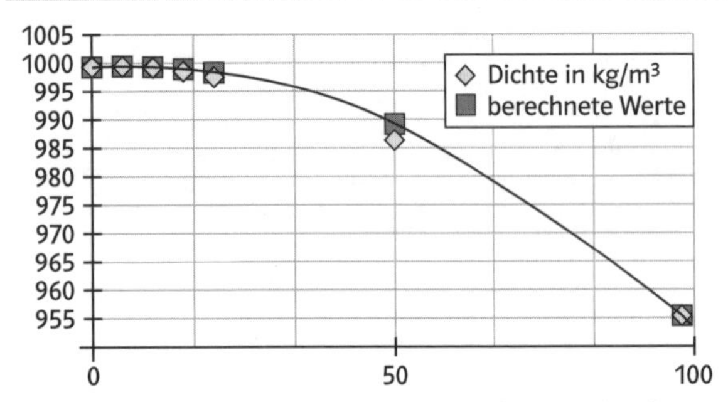

Wenn man die Ermittlung der Funktionsgleichung beispielsweise mithilfe der drei Daten

5	999,964
50	988,03
98	959,774

durchführt, erhält man die Funktionsgleichung $y = -0{,}0035x^2 - 0{,}0739x + 1000{,}4$. Daraus ergeben sich die folgenden Werte und Abweichungen:

Temperatur in °C	Dichte in kg/m³	berechnete Werte	Abweichungen
0	999,840	1000,4	−0,56
5	999,964	999,943	0,021
10	999,699	999,311	0,388
15	999,099	998,504	0,595
20	998,203	997,522	0,681
50	988,030	987,955	0,075
98	959,774	959,5438	0,2302

Man erkennt, dass die Werte insgesamt weniger von den Originaldaten abweichen (größte Abweichung von 0,681 kg/m³ bei 20 °C). Diese Beschreibung ist aufgrund der geringeren Abweichungen insgesamt besser.

c) Unter der Anomalie des Wassers findet man bei Wikipedia Folgendes:

Als **Dichteanomalie** wird der Effekt bezeichnet, dass die Dichte einiger Stoffe nicht, wie bei den meisten Stoffen, mit abnehmender Temperatur über alle Aggregatzustände hinweg zunimmt, sondern sich unterhalb einer bestimmten Temperatur wieder verringert, der Stoff sich also wieder ausdehnt.

Der wichtigste Stoff, der diese Anomalie aufweist, ist Wasser. Es erreicht seine größte Dichte unter Normaldruck bei 3,98 °C (siehe auch Eigenschaften des Wassers).

Dies erkennt man anhand der Datenreihe an den zunächst steigenden und ab 5 °C wieder fallenden Dichtewerten.

Seite 183

9 a) Durch Messen erhält man die Daten einer Streichholzschachtel:

$b \approx 3{,}5\,\text{cm}$, $h \approx 1{,}3\,\text{cm}$ und $l \approx 5{,}2\,\text{cm}$. Damit hat die Schachtel ein Volumen von $23{,}66\,\text{cm}^3$ ($V \approx 3{,}5 \cdot 1{,}3 \cdot 5{,}2 = 23{,}66$).

Da die Streichhölzer ca. 4,5 cm lang sind, muss eine Schachtel für die Streichhölzer mit etwas Freiraum vor und hinter den Hölzern ca. 5 cm lang sein. Dies ist die einzige vorgegebene Größe. Breite und Höhe sind nun frei variierbar mit der Bedingung, dass das Gesamtvolumen der Schachtel ca. 23,66 cm³ beträgt.

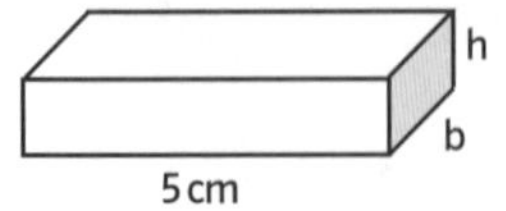

Man erhält mit $l = 5\,\text{cm}$ die Gleichung: $V(h, b) = 5 \cdot h \cdot b = 23{,}66$. Die Oberfläche der Schachtel kann man mit der Formel $O = 2 \cdot h \cdot b + 2 \cdot h \cdot 5 + 2 \cdot b \cdot 5 = 2hb + 10h + 10b$ bestimmen. Man sucht jetzt die Werte für b und h, für die diese Oberfläche minimal ist. Mithilfe der Gleichung aus der Volumenformel kann man die Anzahl der Unbekannten in der Oberflächenformel auf eine reduzieren. Dazu formt man die Gleichung $5 \cdot h \cdot b = 23{,}66$ nach b um und setzt ein:

Umformen ergibt: $5 \cdot h \cdot b = 23{,}66 \Longrightarrow b = 4{,}732 \cdot \frac{1}{h}$.

Einsetzen ergibt: $O(h) = 2h \cdot 4{,}732 \cdot \frac{1}{h} + 10h + 10 \cdot 4{,}732 \cdot \frac{1}{h} = 9{,}464 + 10h + 47{,}32 \cdot \frac{1}{h}$.

Um das Minimum von O(h) zu bestimmen, kann man die Nullstelle der ersten Ableitung ermitteln: $O'(h) = 10 + (-1) \cdot 47{,}32 \cdot \frac{1}{h^2} = -47{,}32 \cdot \frac{1}{h^2} + 10 = 0$ gilt, wenn: $h \approx -2{,}18$ oder $h \approx +2{,}18$. Da negative Lösungen in diesem Zusammenhang nicht sinnvoll

sind (es gibt keine negativen Höhen), erhält man für die minimale Höhe die Lösung $h \approx 2{,}18$.
Daraus ergibt sich mit $b = 4{,}732 \cdot \frac{1}{h}$ die Lösung für die Breite $b = 4{,}732 \cdot \frac{1}{2{,}18} \approx 2{,}17$.
Ergebnis: Die Schachtel mit einem vorgegebenen Volumen von $23{,}66\,cm^3$ und einer aufgrund der Länge der Hölzer vorgegebenen Länge von 5 cm hätte die geringste Oberfläche und damit auch den minimalsten Materialverbrauch bei einer Höhe von 2,18 cm und einer Breite von 2,17 cm von $O = 2 \cdot (2{,}18 \cdot 2{,}17 + 2{,}17 \cdot 5 + 2{,}18 \cdot 5) \approx 52{,}96\,cm^2$.
Diese Daten weichen von der Originalschachtel ab, sodass man feststellen muss, dass die handelsüblichen Streichholzschachteln nicht so gebaut sind, dass sie einen minimalen Materialverbrauch haben.
Die Oberfläche der Originalschachtel beträgt $O = 2 \cdot (3{,}5 \cdot 5{,}2 + 3{,}5 \cdot 1{,}3 + 1{,}3 \cdot 5{,}2) = 59{,}02\,cm^2$. Dies entspricht einem materiellen Mehraufwand von 11,4 %, was bei einer Produktion von mehreren Hunderttausend Stück zu stark erhöhten Kosten führen kann.
b) mögliche Lösung:
Die Schachtel sollte das erforderliche Volumen besitzen: $V = 23{,}66\,cm^3$. Da der optimale Materialverbrauch mit einer vorgegebenen Länge von 5 cm bei einer Höhe und Breite von jeweils ca. 2,18 cm liegt, kann man eine Schachtel mit quadratischer Grundfläche bauen – diese ist dann eventuell auch für den Kunden sehr ansprechend.

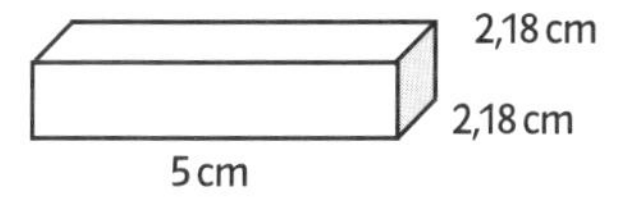

Briefe: individuelle Lösungen
c) individuelle Lösungen

10 Verstehen der Aufgabe
Gegeben ist eine Sandsteinplatte mit noch unbekannten Maßen. Daraus soll eine rechteckige Tischplatte mit möglichst großer Fläche ermittelt werden.
Ein mathematisches Modell entwickeln und einen mathematischen Plan aufstellen
1. Ausmessen der Steinplatte und Erstellen einer Skizze
2. Aufstellen einer Flächenfunktion – die obere linke Ecke des zu schneidenden Rechtecks kann überall auf der begradigten Bruchstelle liegen; die Fläche der Tischplatte ist daher von dieser Ecke bzw. von der Breite des abzuschneidenden Stückes (der Länge x) abhängig.
3. Von dieser Flächenfunktion wird das Maximum gesucht; also kann man entweder den entsprechenden Graphen analysieren oder die Flächenfunktion ableiten und gleich null setzen.

Durchführen des Plans
1. Bei der Bruchstelle sind die Maße an der Seite 40 cm und oben 110 cm. Die Maße von 150 cm und 100 cm werden bestätigt.
(Skizze siehe unten)
2. Die Breite des Rechtecks kann mit dem Term $(150 - x)$ beschrieben werden. Die Höhe ist dann $(40 + y)$. Mithilfe der Strahlensätze kann man y durch x ausdrücken:
$y : x = 60 : 40$, also $y = 1{,}5 \cdot x$.

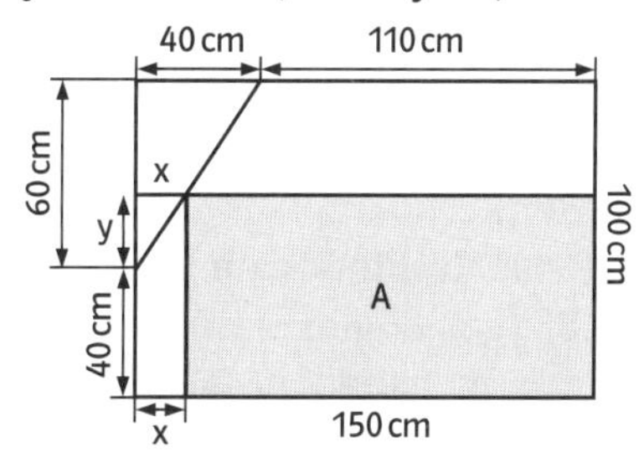

Zusammen ergibt sich für den Flächeninhalt des Rechtecks: $A(x) = (150 - x) \cdot (40 + 1{,}5 \cdot x)$.
3. Bestimmung der Ableitungsfunktion von A und der Nullstelle der Ableitungsfunktion.
$A(x) = (150 - x) \cdot (40 + 1{,}5 \cdot x) = -1{,}5\,x^2 + 185\,x + 6000$
$A'(x) = -3x + 185 = 0$. Hieraus folgt: $x = 61\frac{2}{3}$
Zur Überprüfung, ob wirklich ein Maximum vorliegt, kontrolliert man den Vorzeichenwechsel. $A'(61) = 2$ und $A'(62) = -1$, womit das Vorliegen eines Maximums bestätigt ist.
Der Flächeninhalt beträgt dann $A\left(61\frac{2}{3}\right) \approx 11704\,cm^2$.
Nun muss man nur noch die Randbereiche kontrollieren: möglich sind die Rechtecke mit 40 cm × 150 cm ($A = 6000\,cm^2$) bzw. mit 110 cm × 100 cm ($A = 11000\,cm^2$). Beide Flächeninhalte sind kleiner.
Antwort: Der Flächeninhalt des Tisches ist maximal, wenn $x \approx 61{,}67\,cm$ lang ist.
Überprüfen des Modells
Nun misst Johann die errechneten Maße auf der Steinplatte ab (inneres Rechteck).

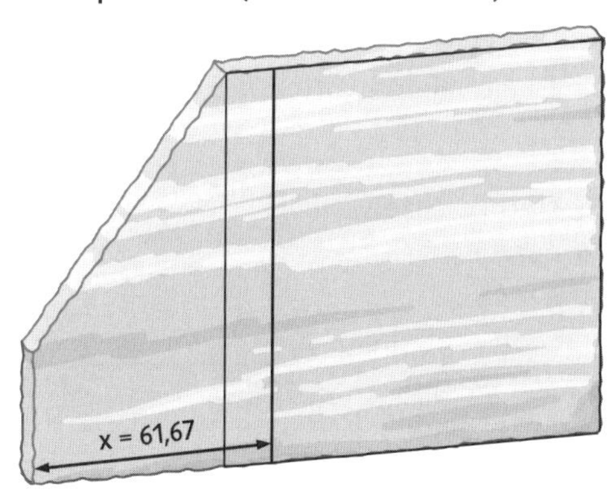

Kurz bevor er die Säge ansetzen will, fällt ihm auf, dass dies nicht der größte Flächeninhalt sein kann. Der Randwert mit 110 cm × 100 cm ($A = 11000\,cm^2$ – äußeres Rechteck) scheint die größtmögliche Fläche zu haben.

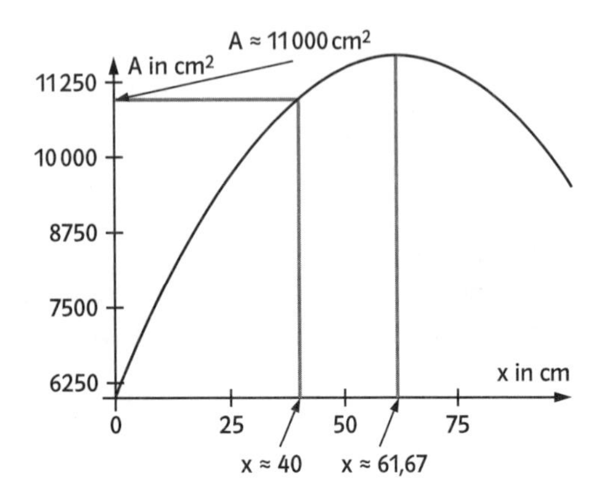

Modellkritik

Bei der Fehlersuche in der Rechnung fällt auf, dass bei der Lösung $x = 61\frac{2}{3}$ das Rechteck eine Breite von $150\,\text{cm} - 61\frac{2}{3}\,\text{cm} = 88\frac{1}{3}\,\text{cm}$ und eine Höhe von $40\,\text{cm} + 1{,}5 \cdot 61\frac{2}{3}\,\text{cm} = 132{,}5\,\text{cm}$ haben müsste. Die Höhe kann aber maximal nur 100 cm groß sein. Die Größe x darf bei der Suche nach dem größten Flächeninhalt 40 cm nicht überschreiten. Man kommt bei dieser Fragestellung also trotz Randwertuntersuchung zu einem falschen Ergebnis, wenn man es nicht kritisch analysiert. Die Berechnung mithilfe dieses Modells liefert aber die Erkenntnis, dass die Flächeninhalte der anderen Rechtecke (x < 40 cm) kleiner als 11 000 cm² sind.

Als Ergebnis erhält Johann somit eine Tischplatte mit dem Flächeninhalt von 11 000 cm², die er nur noch feilen und schleifen muss. Nachdem er die Tischbeine erstellt hat, verbindet er alle Teile. Die 5 Stunden benötigt er fast vollständig, weil sein „Denkfehler" zeitaufwändig war.

11 a) $\frac{t}{u} = \frac{v}{w}$; $\frac{t}{t+u} = \frac{v}{v+w}$; $\frac{u}{t+u} = \frac{w}{v+w}$ und $\frac{t}{t+u} = \frac{r}{s}$; $\frac{v}{v+w} = \frac{r}{s}$

b) $\frac{e}{f} = \frac{a-b}{b}$; $\frac{e}{e+f} = \frac{a-b}{a}$; $\frac{f}{e+f} = \frac{b}{a}$ und $\frac{b}{a} = \frac{c}{d}$; $\frac{f}{e+f} = \frac{c}{d}$

12 a) $a = \frac{1}{\sqrt{2}} \cdot d \approx 4{,}9\,\text{cm}$

b) Ja, denn die Diagonale der Öffnung ist 2,15 m.

13 a) α und ε sind Wechselwinkel an zueinander parallelen Geraden, daher ist ε = 45°.
Der Winkel η = 45°, weil die Figur symmetrisch ist und α und η Basiswinkel sind.
η und δ ergänzen sich zu 90°, somit ist δ = 45°.
Da η und δ Wechselwinkel an zueinander parallelen Geraden sind, sind sie gleich groß und λ = 45°.

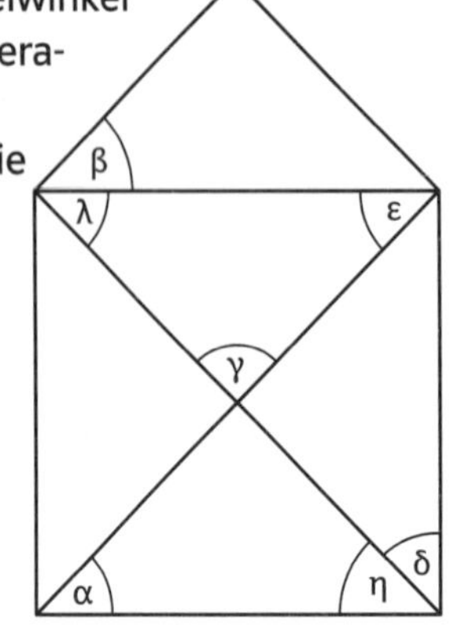

Der Winkel γ kann nun mit dem Innenwinkelsummensatz für Dreiecke berechnet werden. Es gilt:
γ = 180° − 45° − 45° = 90°

b) α und ε sind Wechselwinkel an zueinander parallelen Geraden, daher ist ε = 50°.
Der Winkel η = 50°, weil die Figur symmetrisch ist und α und η Basiswinkel sind.
η und δ ergänzen sich zu 90°, somit ist δ = 40°.
Da η und λ Wechselwinkel an zueinander parallelen Geraden sind, sind sie gleich groß und ε = 50°.
Der Winkel γ kann nun mit dem Innenwinkelsummensatz für Dreiecke berechnet werden. Es gilt:
γ = 180° − 50° − 50° = 80°

c) Mögliches Vorgehen:

1. Zeichne die Strecke $\overline{AB} = 5\,\text{cm}$.
2. Zeichne am Punkt A den Winkel α = 50° ein.
3. Da der untere Teil der Figur achsensymmetrisch ist, ist β = α = 50°.
   Zeichne am Punkt B den Winkel β = 50° ein.
4. Zeichne eine zu a senkrechte Gerade durch A und eine zu a senkrechte Gerade durch B.
5. Bestimme die Schnittpunkte C und D der Geraden aus 4. mit den in 2. und 3. gezeichneten Schenkeln der Winkel α und β.
6. Verbinde die Punkte C und D. Es entsteht eine zu a parallele Seite.
7. Zeichne am Punkt D den Winkel β = 30° ein.
8. Bestimme den Mittelpunkt M der Strecke $\overline{CD}$ als Schnittpunkt der Mittelsenkrechten von $\overline{CD}$ mit der Strecke $\overline{CD}$.
9. Zeichne den Thaleskreis zur Strecke $\overline{CD}$, d.h. den Kreis mit Mittelpunkt M, der durch C und D geht.
10. Bezeichne den Schnittpunkt des Thaleskreises mit dem in 7. gezeichneten Schenkel mit E. Der Satz des Thales besagt, dass am Punkt E im Dreieck DEC ein rechter Winkel entsteht.

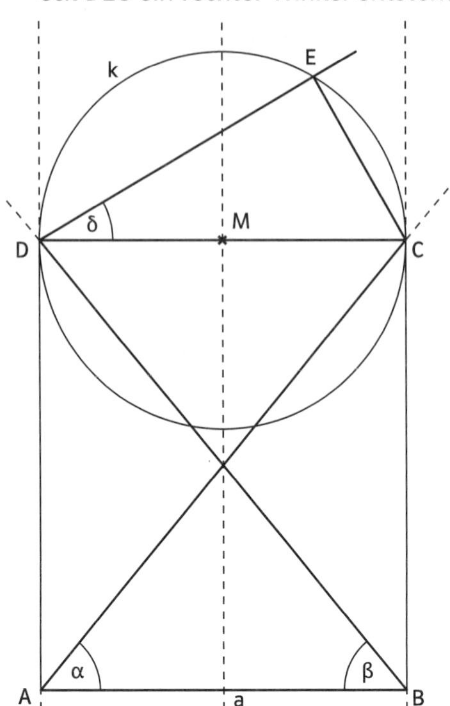

d) Ohne Zeichnung
Die Sonnenuhr muss am Punkt M liegen, da M von den Punkten C, D und E den gleichen Abstand hat. Man kann den Punkt M auch bestimmen, indem man die Mittelsenkrechten zu den Seiten im Dreieck CDE konstruiert und ihren Schnittpunkt bestimmt. Dieser muss mit M übereinstimmen.
e) Thales hat Recht, denn es gilt auch die Umkehrung des Satzes von Thales, d.h., dass der Punkt E auf dem Thaleskreis liegen muss, wenn dort ein rechter Winkel entsteht. Somit ist der Mittelpunkt des Thaleskreises in allen Häusern die Position der Sonnenuhr.
f) Die Winkelsumme beträgt bei beiden Figuren des Hauses vom Nikolaus immer 540°. Diese Summe setzt sich aus der Winkelsumme des unteren Vierecks (360°) und des oberen Dreiecks (180°) zusammen.

Exkursion: Entdeckungen – Projektthemen rund ums Modellieren

Seite 184

Bevölkerungsentwicklung

1 Die Aussage im Text, dass „das Wachstum im Moment (Ende 2006) bei 1,63 Prozent pro Jahr" liegt, legt ein exponentielles Wachstum nahe, weil die Bevölkerungszahl jährlich um einen festen Prozentsatz steigt (Wachstumsfaktor: a = 1,0163). Die Aussage, dass dieser Zuwachs einem jährlichen Bevölkerungszuwachs von ca. 18 Millionen Menschen entspricht, legt nahe, dass der jährliche Zuwachs konstant ist mit einer Wachstumsrate von d = 18 Millionen. Wenn man sich allerdings die Zunahmen anschaut, sieht man, dass bei einem jährlichen Zuwachs von 1,63 % die absolute Zunahme immer leicht steigt:

Jahr	2003	2004	2005	2006	2007
Zuwachs	1,63 %	1,63 %	1,63 %	1,63 %	1,63 %
absoluter Zuwachs in Mio.		17,1433	17,4227	18	18,0001
Bevölkerungszahl in Mio.	1051,73	1068,88	1086,30	1104,3	1122,3

Jahr	2008	2009	2010	2011	2012
Zuwachs	1,63 %	1,63 %	1,63 %	1,63 %	1,63 %
absoluter Zuwachs in Mio.	18,2935	18,5917	18,8947	19,2027	19,5157
Bevölkerungszahl in Mio.	1140,59	1159,19	1178,08	1197,28	1216,8

Somit ist die Aussage im Text (die von der auf der Marginalie angegebenen Quelle stammt) etwas ungenau.

2 Zunächst stellt man die Wachstumsformel auf, wobei von 365 Tagen pro Jahr ausgegangen wird und die Zeitangaben in Sekunden gemacht werden. Anschließend kann man mit den Datenpunkten (x gibt dann die Zeit in Sekunden beispielsweise seit dem Jahr 2000 an und y die Bevölkerungszahl in Mio.) die Funktionsgleichung für exponentielles Wachstum aufstellen.

Jahr	1955	1966
Jahre seit 1955	0	11
Zeit seit 2000 in Sekunden	−1 419 120 000	−1 072 224 000
Bevölkerung in Mio.	400	500

Jahr	2000	2001	2006
Jahre seit 1955	45	46	51
Zeit seit 2000 in Sekunden	0	31 536 000	189 216 000
Bevölkerung in Mio.	1000		1104,3

Beispielsweise mithilfe der Datenpunkte (−1 419 120 000 | 400) und (189 216 000 | 1104,3) kann man nun eine Funktionsgleichung aufstellen mit $y = c \cdot a^x$. Den zweiten Datenpunkt erhält man für das Jahr 2006, wenn man die Angabe, dass 1,63 % etwa 18 Mio. entsprechen verwendet und auf 100 % hochrechnet.

I: $400 = c \cdot a^{(-1419120000)}$, also $c = \frac{400}{a^{(-1419120000)}}$

II: $1104{,}3 = c \cdot a^{189216000}$

Durch Einsetzen von c in II erhält man:

$1104{,}3 = \frac{400}{a^{(-1419120000)}} \cdot a^{189216000} = 400 \cdot a^{(-229904000)}$

$\Longrightarrow a \approx 1{,}0000000006314$ und $c \approx 979{,}945$.

Es folgt: $y = 979{,}945 \cdot 1{,}0000000006314^x$.

Die Qualität der Funktionsgleichung kann man durch einen Vergleich der berechneten Werte mit den Originaldaten beurteilen – das Modell beschreibt die Wirklichkeit recht gut.

Jahr	1955	1966
Jahre seit 1955	0	11
Zeit seit 2000 in Sekunden	−1 419 120 000	−1 072 224 000
Bevölkerung in Mio.	400	500
berechnete Werte	399,9997921	497,9472634
Abweichungen	0,000207896	2,052736642

Jahr	2000	2001	2006
Jahre seit 1955	45	46	51
Zeit seit 2000 in Sekunden	0	31 536 000	189 216 000
Bevölkerung in Mio.	1000		1104,3
berechnete Werte	979,945	999,6530604	1104,300561
Abweichungen	20,055		−0,000560937

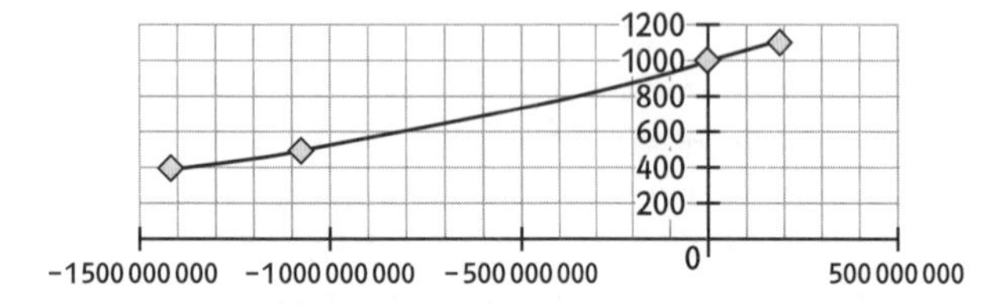

(Graph der Näherungsfunktion mit den Originaldaten)
Für die Internetseite kann man nun die Funktionsgleichung $y = 979{,}945 \cdot 1{,}0000000006314^x$ verwenden, wobei man die Sekunden für den entsprechenden Tag ermitteln muss (x = 0 entspricht der ersten Sekunde im Jahr 2000, siehe obige Tabelle) und den Funktionswert dann jede Sekunde neu berechnen und angeben lassen muss. Dies kann man entsprechend programmieren.

3 Individuelle Lösungen.

Gezeiten

4

- Man kann die Pegelzeiten für NW (Niedrigwasser) und HW (Hochwasser) entnehmen.
- Die Daten sind bezogen auf „Seekartennull" – Recherche im Internet ergibt: „Das **Seekartennull** (Abk. SKN; engl. Chart Datum) oder kurz **Kartennull** ist eine Bezugsebene für Tiefenangaben in Seekarten und Gezeitentabellen. Sie richtet sich nach dem niedrigsten Wasserstand, der im Rhythmus der Gezeiten auftritt.
  Traditionell wird als Kartennull das *mittlere Springniedrigwasser* (MSpNW) definiert – jener besonders niedrige Wasserstand, den das Ablaufen der Ebbe bei Voll- oder Neumond hinterlässt. Es liegt also annähernd um den halben Tidenhub unter dem mittleren Meeresspiegel, dem Geoid, und unterscheidet sich damit vom Höhenbezug der Landesvermessung um Beträge, die 1 Meter übersteigen können."
- Emden ist eine kreisfreie Stadt an der Mündung der Ems in die Nordsee
- die Position ist angegeben in 53°20′13″N bzw. 7°11′11″E; dies bedeutet: 53°20′13″N gibt den genauen geografischen Breitengrad an und 7°11′11″E gibt den genauen geografischen Längengrad an
- die Bedeutung von MEZ und MESZ kann man auch einer Internetquelle entnehmen: „Die **Mitteleuropäische Zeit** (**MEZ**, engl. *Central European Time, CET*) ist die für Mitteleuropa und damit unter anderem für Deutschland, Österreich und die Schweiz gültige Zeitzone. Sie entspricht der mittleren Sonnenzeit des 15. Längengrads östlich von Greenwich. Ihre Differenz zur Weltzeit UTC beträgt +1 Stunde. Die Differenz der Mitteleuropäischen Sommerzeit (MESZ, engl. CEST) zur Weltzeit beträgt hingegen +2 Stunden; sie entspricht also der mittleren Sonnenzeit des 30. Längengrads."

5 Zunächst kann man die Daten in eine Tabelle eintragen, in der die zeitlichen Abstände zwischen zwei Angaben in Minuten eingetragen sind. So kann sich einen Überblick verschaffen.

Niedrig- oder Hochwasser	NW	HW	NW	HW
Zeit	02:26	08:38	14:48	21:10
Zeit in min ab 00:00 Uhr am 20.07.	146	518	888	1270
Abstand zwischen zwei Zeiten	–	372	370	382
Wasserstand in m	0,7	3,6	0,7	3,8
Periode zwischen zwei NW			742	

Niedrig- oder Hochwasser	NW	HW	NW	HW
Zeit	03:28	09:47	16:02	22:25
Zeit in min ab 00:00 Uhr am 20.07.	1648	2027	2402	2785
Abstand zwischen zwei Zeiten	378	379	375	383
Wasserstand in m	0,7	3,7	0,7	3,8
Periode zwischen zwei NW	760		754	

Hieraus kann man nun die Parameter a, b und d der Sinusfunktion mit $y = a \cdot \sin(bx) + d$ bestimmen.
Die Amplitude entspricht dem halben Wert zwischen Maximum und Minimum. Daher gilt:
$a = (3{,}7 - 0{,}7) : 2 = 1{,}5$ (3,7 ist dabei der gemittelte Mittelwert aus 3,6; 3,8; 3,7 und 3,8).
Die Periode dauert beispielsweise von einem NW zum nächsten NW ca. 752 Minuten (Mittelwert aus 742, 760 und 754), also $p = 752$.
Mithilfe der Formel $p = \frac{2\pi}{b}$ erhält man
$b = \frac{2\pi}{752} \approx 0{,}0083553$.
Der Mittelwert zwischen Tief- und Hochpunkt, also beispielsweise zwischen der 146. Minute und der 518. Minute, liegt etwa in der 332. Minute, hier ist dann $x = 0$. Der Mittelwert beträgt:
$(3{,}7 + 0{,}7) : 2 = 2{,}2$; damit ist $d = 2{,}2$.
Es ergibt sich: $y = 1{,}5 \cdot \sin(0{,}0083553 \cdot x) + 2{,}2$.
Die folgende Tabelle belegt durch einen Vergleich der Originaldaten mit den berechneten Werten die gute Qualität der Modellierung.

Niedrig- oder Hochwasser	NW	HW	NW	HW
Zeit	02:26	08:38	14:48	21:10
Zeit in min ab 00:00 Uhr am 20.07.	146	518	888	1270
Zeit in min, wobei die 332. Minute 0 entspricht	−186	186	556	938
Wasserstand in m	0,7	3,6	0,7	3,8
berechnete Werte	0,7	3,7	0,703	3,7
Abweichungen	0,0	−0,1	0,0	0,1

Niedrig- oder Hochwasser	NW	HW	NW	HW
Zeit	03:28	09:47	16:02	22:25
Zeit in min ab 00:00 Uhr am 20.07.	1648	2027	2402	2785
Zeit in min, wobei die 332. Minute 0 entspricht	1316	1695	2070	2453
Wasserstand in m	0,7	3,7	0,7	3,8
berechnete Werte	0,7	3,7	0,7	3,696
Abweichungen	0,0	0,0	0,0	0,1

Damit kann man mithilfe der Funktionsgleichung $y = 1{,}5 \cdot \sin(0{,}0083553 \cdot x) + 2{,}2$ den Wasserstand gut beschreiben, wobei x die Zeit in Minuten nach 05:32 Uhr (332. Minute) am 20.07.2006 darstellt. Bei dieser Darstellung kann man den Wasserstand zu jedem beliebigen Zeitpunkt berechnen.
Die Anstiege der Wasserstände sind nach diesem Modell genau zwischen NW und HW am stärksten bzw. das Abfallen des Wasserstandes ist genau zwischen HW und NW am stärksten.
Es sind auch andere Lösungswege möglich. Etwa dass man zur Angabe des NW und HW die Periode von ca. 752 Minuten als Grundlage nimmt und diese Zeit zu jedem NW bzw. HW addiert. Hier kann man aber die Zwischenwasserstände nicht so genau angeben. Diese müssten geschätzt werden.

Seite 185

Hast du Töne?

6

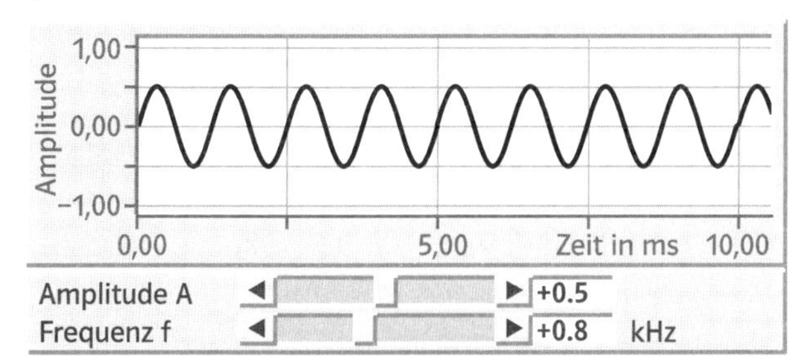

$a = 0{,}5$;
$p = 1{,}25$, da zwei Perioden genau 2,5 ms lang sind.
Mithilfe der Formel $p = \frac{2\pi}{b}$ erhält man $b = \frac{2\pi}{1{,}25} = 1{,}6\pi$
$d = 0$
$\Longrightarrow y = 0{,}5 \cdot \sin(1{,}6\pi \cdot x)$ mit $f = 0{,}8$.

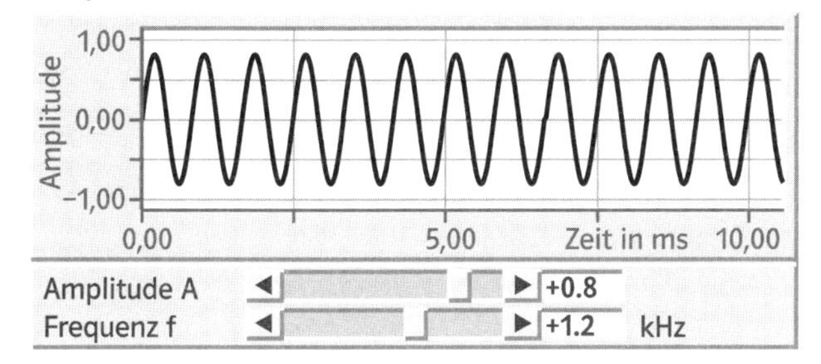

$a = 0{,}8$;
$p = \frac{2{,}5}{3}$, da drei Perioden genau 2,5 ms lang sind.
Mithilfe der Formel $p = \frac{2\pi}{b}$ erhält man $b = \frac{2\pi}{\frac{2{,}5}{3}} = 2{,}4\pi$
$d = 0$
$\Longrightarrow y = 0{,}8 \cdot \sin(2{,}4\pi \cdot x)$ mit $f = 1{,}2$.

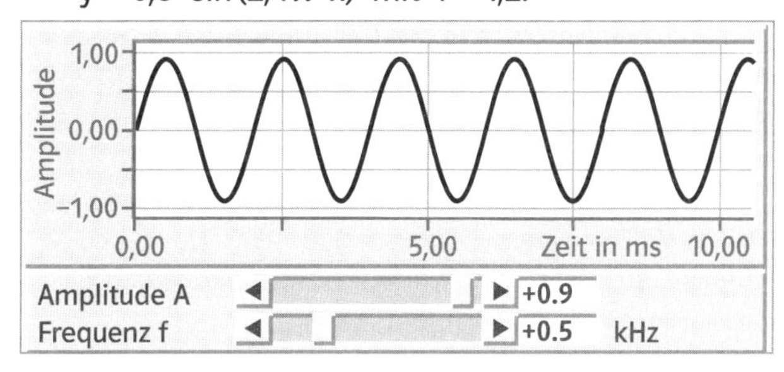

$a = 0{,}9$;
$p = 2$, da fünf Perioden genau 10 ms lang sind.
Mithilfe der Formel $p = \frac{2\pi}{b}$ erhält man $b = \frac{2\pi}{2} = \pi$
$d = 0$
$\Longrightarrow y = 0{,}9 \cdot \sin(\pi \cdot x)$ mit $f = 0{,}5$.

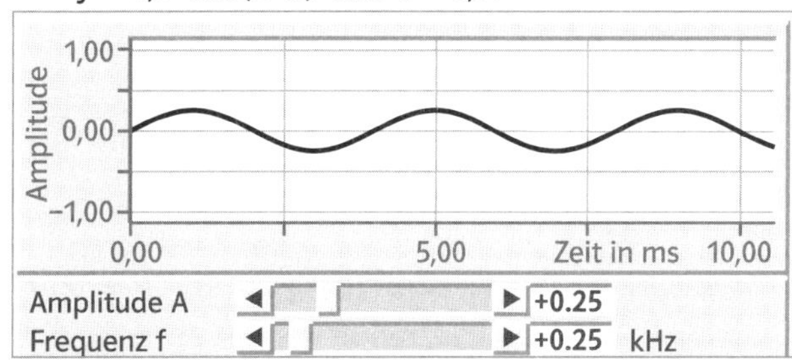

$a = 0{,}25$;
$p = 4$, da 1,25 Perioden genau 5 ms lang sind. Mithilfe der Formel $p = \frac{2\pi}{b}$ erhält man $b = \frac{2\pi}{4} = 0{,}5\pi$
$d = 0$
$\Longrightarrow y = 0{,}25 \cdot \sin(0{,}5\pi \cdot x)$ mit $f = 0{,}25$.
Allgemein kann man feststellen, dass in dem Argument (der Klammerausdruck) beim Sinus als Faktor vor dem π immer das Doppelte der Frequenz steht. Demnach kann man die Gleichung auch allgemein schreiben: $y = a \cdot \sin(2 \cdot f \cdot \pi \cdot x)$, wobei $d = 0$ immer gilt.

7 Individuelle Lösungen.

Mit Modellierungen eigene Meinungen bilden

8 Wie viele Autos bei der Geschwindigkeit von v km/h auf der Länge v km fahren, kann man mithilfe des Terms

$$\frac{\text{Länge der Strecke}}{\text{(Autolänge + Abstand) in m}} = \frac{\text{v in km}}{\text{(Autolänge + Abstand) in m}} = \frac{1000 \cdot \text{v in m}}{\text{(Autolänge + Abstand) in m}}.$$

Die mittlere Autolänge müsste nun ermittelt werden (hier wird von einer durchschnittlichen Autolänge von 4 m ausgegangen). Der Abstand zwischen zwei Autos hängt sicherlich von der Geschwindigkeit der Autos ab.

Zur Ermittlung des Abstands a (in m) in Abhängigkeit von der Geschwindigkeit v (in km/h) gibt es nun 2 vorgeschlagene Modelle:
„die 2-Sekunden-Abstand-Regel"
Hier entspricht der Abstand der Strecke, die man bei der vorgegebenen Geschwindigkeit in 2 Sekunden zurücklegt: $a(v) = \frac{v}{3,6} \cdot 2$.
„Fahrschulfaustformel"
$a(v) = 3 \cdot \frac{v}{10} + \frac{v^2}{100}$.
„Halbe-Tacho-Regel"
Hier entspricht der Abstand der Strecke in m, die der halben Geschwindigkeit entspricht:
$a(v) = \frac{v}{2}$.
Um zu ermitteln, bei welcher Regel der größte Verkehrsfluss existiert, kann man mithilfe einer Tabelle, in der einzelne Werte berechnet werden, darstellen. Man verwendet dabei die Formel $\frac{1000 \cdot v}{4 + a(v)}$, wobei v die Geschwindigkeit in km/h und a(v) den Abstand in Abhängigkeit von der Geschwindigkeit (siehe oben) in m angibt:

v in km/h	10	20	30	40	50	60	70	80
2-Sekunden-Abstand-Regel	1047	1324	1452	1525	1573	1607	1632	1651
Fahrschulregel	1250	1429	1364	1250	1136	1034	946	870
Halber-Tacho-Regel	1111	1429	1579	1667	1724	1765	1795	1818

v in km/h	90	100	110	120	130	140	150	160
2-Sekunden-Abstand-Regel	1667	1679	1689	1698	1706	1712	1718	1722
Fahrschulregel	804	746	696	652	613	579	547	519
Halber-Tacho-Regel	1837	1852	1864	1875	1884	1892	1899	1905

Die grafische Darstellung liefert einen schnellen Überblick:

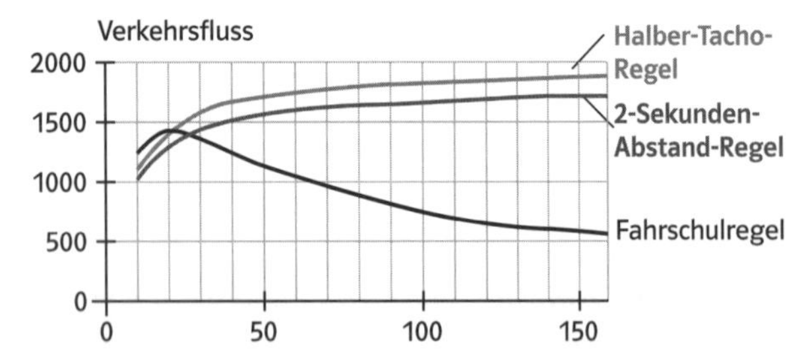

Demnach ist der Verkehrsfluss bei der „Halbe-Tacho-Regel" ab einer Geschwindigkeit von 20 km/h insgesamt am größten. Die „2-Sekunden-Abstand-Regel" liegt an zweiter Stelle und die „Fahrschulregel" erreicht bei 20 km/h seinen maximalen Wert von 1429 Autos (75 % des größten Wertes bei „Halbe-Tacho-Regel" bei 160 km/h). Also müssten alle nach der „Halbe-Tacho-Regel" fahren, wenn man den größten Verkehrsfluss wünscht.

Allerdings ist hier das Unfallrisiko auch wesentlich höher, weil der Abstand der Autos bei hohen Geschwindigkeiten zu gering ist wie man folgender Tabelle entnehmen kann:

v in km/h	10	20	30	40	50	60	70	80
2-Sekunden-Abstand-Regel	6	11	17	22	28	33	39	44
Fahrschulregel	4	10	18	28	40	54	70	88
Halber-Tacho-Regel	5	10	15	20	25	30	35	40

v in km/h	90	100	110	120	130	140	150	160
2-Sekunden-Abstand-Regel	50	56	61	67	72	78	83	89
Fahrschulregel	108	130	154	180	208	238	270	304
Halber-Tacho-Regel	45	50	55	60	65	70	75	80

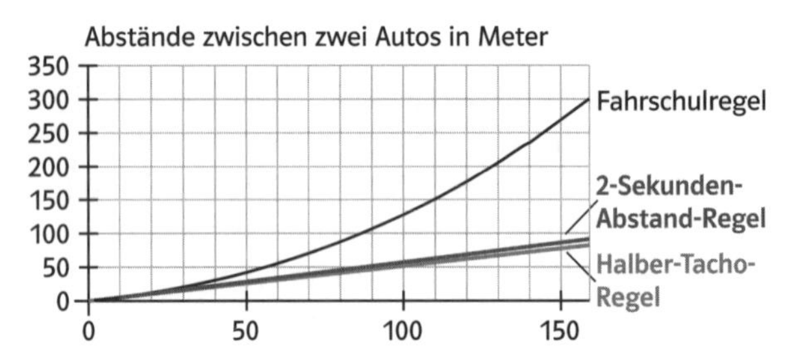

Man erkennt, dass die Abstände bei der „Halbe-Tacho-Regel" und der „2-Sekunden-Abstand-Regel" viel zu kurz sind. Beispielsweise ist nur der Bremsweg (ohne Reaktionszeit) bei v = 160 km/h ca. 256 m lang. Wenn hier nur ein Abstand von unter 100 m gefahren wird, ist das Unfallrisiko viel zu groß.
Wenn man also nach der „Fahrschulregel" fährt, sollte die Geschwindigkeit möglichst geringer sein, um einen großen Verkehrsfluss zu erreichen.

9 Individuelle Lösungen. Es können Elemente von Aufgabe 8 übernommen werden.

Sachthema: Vom Himmel hoch – Teil 2

Seite 188

Brückenaufgabe

? Man legt ein Koordinatensystem fest. Sein Ursprung kann z. B. wie in der Skizze gewählt werden. Dann ist die Parabel, auf welcher der Brückenbogen liegt, symmetrisch zur y-Achse. Sie wird also durch eine Funktion f der Form $f(x) = a \cdot x^2 + b$ beschrieben. Da Punkt $A(0 \mid 5)$ auf der Parabel liegt, ist $b = 5$. Da Punkt $B(10 \mid 0)$ auf der Parabel liegt, gilt $100a + b = 0$, also $a = -0{,}05$. Die Funktion f hat also die Gleichung $f(x) = -0{,}05x^2 + 5$. Ihre betragsmäßig größte Steigung hat die Parabel im Punkt A: $|f'(10)| = 1$. Dazu gehört der Steigungswinkel 45°. Xundu kann also die Brücke so gerade erklimmen. Bei einer maximalen Steigung von 45° wäre $f'(10) = -0{,}45$ und weiterhin $f(10) = 0$. Mit dem gleichen Ansatz $f(x) = a \cdot x^2 + b$, also $f'(x) = 2ax$ ergibt sich für f die Gleichung $f(x) = -0{,}0225x^2 + 2{,}25$. Die Brücke wäre also 7,25 m hoch.

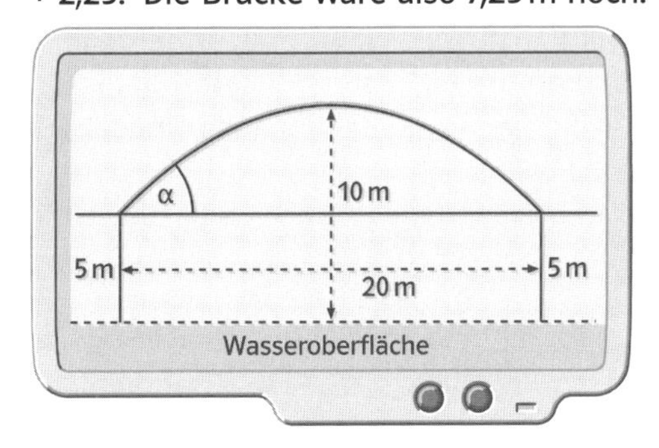

Parabelaufgabe

? a) Man zeichnet eine Parallele p zu der Leitgeraden und misst den Abstand d von p und der Leitgeraden. Um F zeichnet man einen Kreis k mit diesem Radius d. Die Schnittpunkte von p und k bezeichnet man mit P bzw. P'. Nun wählt man die Ortslinienfunktion für die Punkte P und P' und bewegt die Parallele p. Dabei entsteht als Ortslinie (Spur) der Punkte P und P' die gewünschte Parabel.
b) Man wählt ein Koordinatensystem, dessen Ursprung O im Scheitelpunkt der Parabel liegt. Die x-Achse verläuft parallel zur Leitgeraden, die y-Achse durch F. Damit hat F die Koordinaten $F(0 \mid c)$ mit einer bestimmten Zahl c. Die Leitgerade hat die Gleichung $y = -c$, da der Scheitelpunkt gleich weit von O wie von F entfernt ist.
Nach der Parabeldefinition gilt $\overline{FP} = y + c$, also $\sqrt{x^2 + (y - c)^2} = y + c$.
Dabei sind x und y die Koordinaten des Punktes P. Durch Quadrieren dieser Beziehung erhält man $x^2 + y^2 - 2yc + c^2 = y^2 + 2yc + c^2$ und daraus $4yc = x^2$ und somit $y = \frac{1}{4c}x^2$. Es gilt also eine Gleichung $y = ax^2$ mit $a = \frac{1}{4c}$.

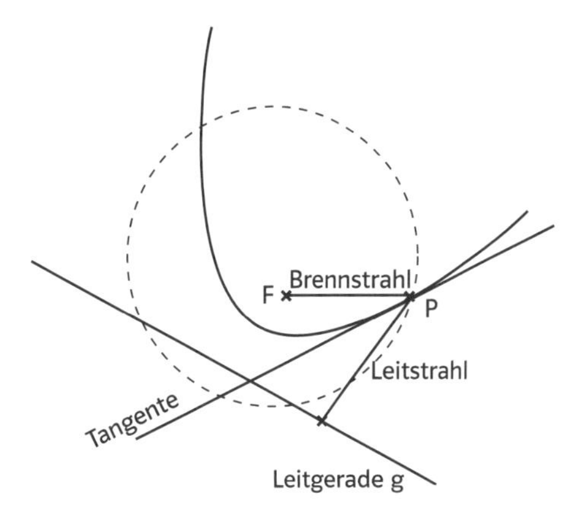

Seite 189

Paraboloidaufgabe

? Dreht man die Parabel mit der Gleichung $x^3 = a \cdot x_2^2$, so bewegt sich der Parabelpunkt $Q(0 \mid y \mid z)$ auf einem Kreis. Der Punkt $P(u \mid v \mid w)$ auf diesem Kreis liegt in derselben Höhe über der x_1-x_2-Ebene wie Q. Daher gilt $w = z$. Für Q gilt die Gleichung $z = a \cdot y^2$, da Q auf der Parabel liegt. In der unteren Figur erkennt man, dass $y^2 = u^2 + v^2$ gilt. Also gilt $w = a \cdot (u^2 + v^2)$.
b) In der Lösung zu der Parabelaufgabe von Seite 188 wurde bereits gezeigt, dass die Parabelgleichung $y = \frac{1}{4c}x^2$ lautet, wenn man $F(0 \mid c)$ voraussetzt. F hat nun die Koordinaten $F(0 \mid 0 \mid c)$, und es ist x_2 für x und x_3 für y zu setzen. Die Gleichung der Parabel ist daher $x_3 = \frac{1}{4c}x_2^2$. Daraus sieht man, dass $a = \frac{1}{4c}$. Also hat F in Abhängigkeit von a die Koordinaten $F\left(0 \mid 0 \mid \frac{1}{4a}\right)$.

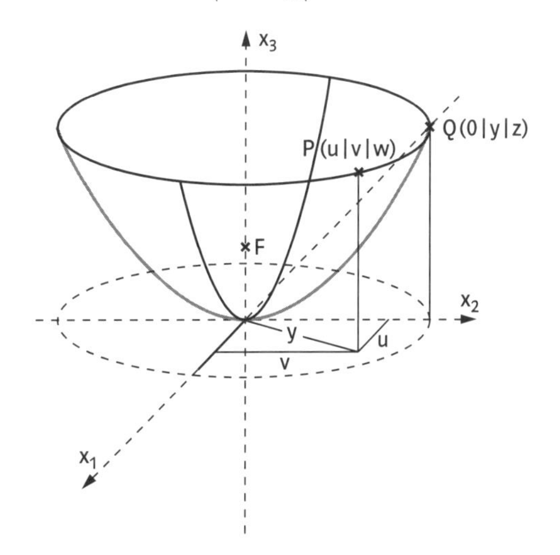

Weierstraß-Funktion

? Der Graph von f zeigt einen eckigen Verlauf. Wenn man weitere Funktionsterme der beschriebenen Bauart hinzufügt, nimmt die Eckenzahl weiter zu. Wegen der beschränkten Auflösung (vor allem beim GTR) kann man das aber nur ahnen. Man kann sich aber vorstellen, wie durch weitere Hinzunahme entsprechender Terme die Eckenzahl ins Unendliche wächst. Weierstraß hat bewiesen, dass die von ihm angegebene Funktion an keiner Stelle differenzierbar ist.

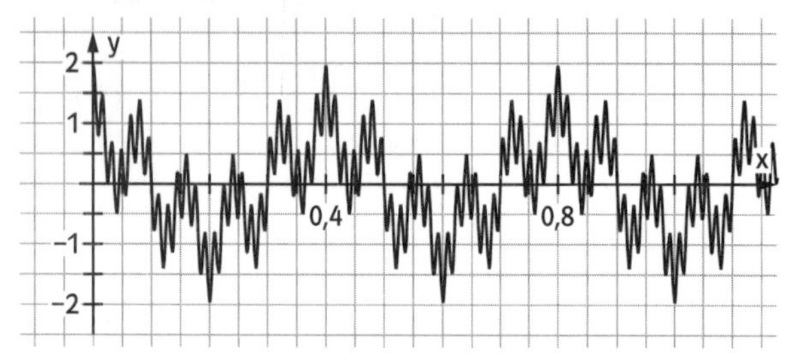

Seite 190

Lageraufgabe

? a) Wenn man das Lager an eine Stelle x entlang der Straße setzt, so beträgt die Summe d(x) der Abstände zu den Filialen $d(x) = |x| + |x - 10| + |x - 15| + |x - 31| + |x - 45|$. (Wenn man Beträge vermeiden will, muss man d(x) abschnittsweise berechnen. Liegt x z. B. zwischen C und D wie in der Skizze, so ist $d(x) = x + x - 10 + x - 15 + 31 - x + 45 - x = 4x + 51$.) Der Graph der Funktion d ist an den Stellen, die den Filialen entsprechen, nicht differenzierbar. Das Minimum von d kann daher nicht mit der Ableitung berechnet werden. Mit dem GTR ergibt sich der minimale Abstand, wenn man das Lager bei $x = 15$ wählt, also bei der Filiale C. Das kann man auch so begründen: Wenn man das Lager von C aus eine Strecke s weit nach links verlegt, verkürzen sich zwar die zwei Wege nach A und C jeweils um s, aber die drei Wege nach C, D und E verlängern sich um s. Insgesamt muss man den Weg s zusätzlich zurücklegen. Wenn man das Lager von C aus eine Strecke s weit nach rechts verlegt, verkürzen sich zwar die zwei Wege nach D und E jeweils um s, aber die drei Wege nach A, B und C verlängern sich um s. Insgesamt muss man den Weg s zusätzlich zurücklegen.

b) Die Summe d(x) der Abstände zu den Filialen beträgt nun $d(x) = 3|x| + 4|x - 10| + 2|x - 15| + 3|x - 31| + 6|x - 45|$. Das Minimum von d wird wie in a) mit dem GTR bestimmt. Es ergibt sich der minimale Abstand, wenn man das Lager irgendwo zwischen $x = 15$ und $x = 31$ wählt, also irgendwo zwischen den Filialen C und D. Das kann man auch so begründen: Wenn man sich zwischen Lager C und Lager D nach links bewegt, verkürzen sich $3 + 4 + 2 = 9$ Fahrten nach A, B bzw. C. Gleichzeitig verlängern sich $3 + 6 = 9$ Fahrten nach D bzw. E jeweils um die gleiche Strecke. Erst wenn man links über C oder rechts über D hinaus geht, wird die Gesamtstrecke länger.

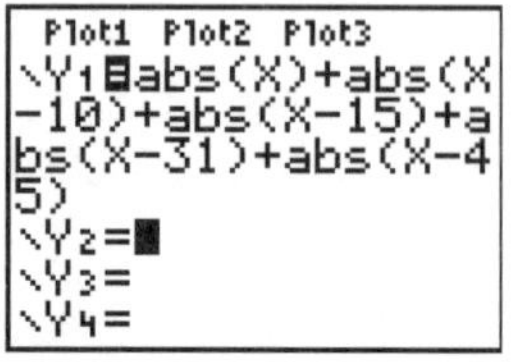

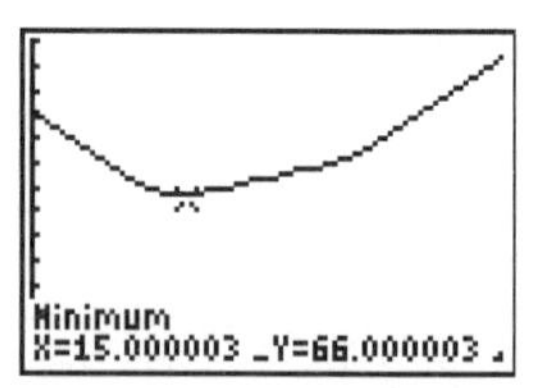

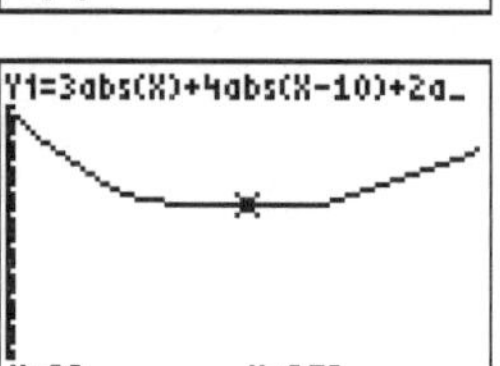

Seite 191

Gläseraufgabe

? a) Xundus Berechnung ist falsch. Denn jedes Anstoßen wird doppelt gezählt: Wenn Person A mit Person B anstößt, darf man nicht nochmal zählen, dass Person B mit Person A anstößt.
Xundus Anzahl ist also doppelt so groß wie Zahl der „Anstöße". Daraus und aus der richtigen Zählweise von Yanda ergibt sich: $\binom{n}{2} = \frac{1}{2}n \cdot (n - 1)$. Im Pascaldreieck findet man die Zahlen in der fett markierten Spalte 2. Man nennt die Zahlen auch Dreieckszahlen (vgl. Fig.)

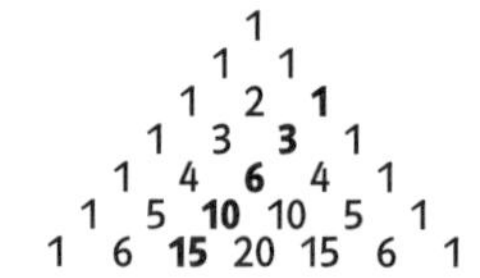

Pascal'sches Dreieck

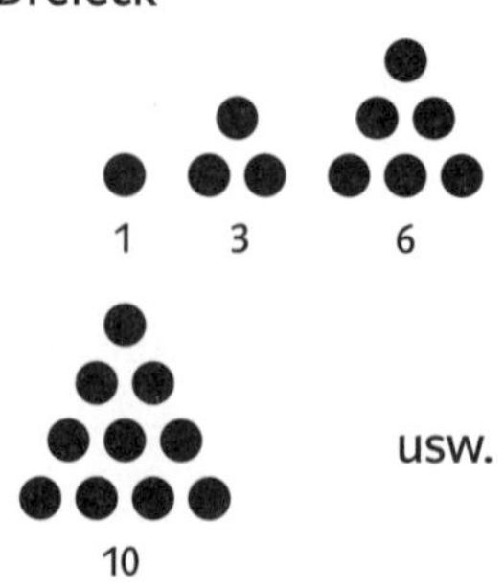

Dreieckszahlen

b) Wenn n Personen miteinander anstoßen, kann man auch so zählen: Person 1 stößt mit $n - 1$ anderen an, Person 2 stößt mit $n - 2$ anderen an, Person 3 stößt mit $n - 3$ anderen an usw. bis zur Person $n - 1$, die nur noch mit einer weiteren Person anstößt. Durch Summation und Vergleich mit a) ergibt sich $\binom{n}{2} = 1 + 2 + \ldots + (n - 1)$.

c) Es gibt $\frac{1}{2} \cdot 1\,000\,000 \cdot 999\,999 = 499\,999\,500\,000$ Funkverbindungen.

Seite 192

Treibhauseffekt

?

Jahr	1960	1970	1980	1990	2000
Messwerte in ppm	317	325	338	354	369
f(x) in ppm	317	329	342	355	369

Es wird eine Exponentialfunktion f mit $f(x) = c\,a^x$ zur Modellierung verwendet, da die Werte immer stärker ansteigen. Dabei soll $x = 0$ dem Jahr 1960 entsprechen. Verwendet man die Werte von 1960 und 2000, so gilt $c = 317$ und die Gleichung $317a^{40} = 369$ mit der Lösung $a = 1{,}0038$ (gerundet). Die dritte Zeile der Tabelle zeigt, dass die Modellfunktion die Werte gut annähert. Für das Jahr 1900 ergibt sich $f(-60) = 252$. Dagegen liefert Fig. 1 mit etwa 300 ppm einen deutlich höheren Wert. Die Abweichung lässt sich dadurch erklären, dass der Anstieg des Kohlenstoffdioxidgehalts in der Atmosphäre in den letzten Jahren deutlich größer war als zu Beginn des 20. Jahrhunderts. Die Modellfunktion ist daher für die Jahre vor 1960 nur eine schlechte Näherung.
Wenn man annimmt, dass sich Kohlenstoffdioxidgehalt in der Atmosphäre wie durch die Funktion f beschrieben weiterentwickelt, erhält man für das Jahr 2050 den Wert $f(90) = 446$ ppm und für das Jahr 2100 den Wert $f(140) = 539$ ppm.
Eine solche Berechnung ist sinnvoll, wenn man für die Zukunft eine Voraussage machen will unter der Bedingung, dass der Anstieg gleich bleibt. Die Menschen können dann rechtzeitig Gegenmaßnahmen einleiten.
Zum Randtext: Die linke Grafik wirkt bedrohlicher als die rechte, weil die Zeitskala links gegenüber rechts stark zusammengeschoben ist. Der starke Anstieg der letzten Jahre wird verdeutlicht. Die rechte Grafik könnte man „harmloser" darstellen, indem man die Skala an der Hochachse bei 0 beginnen ließe. Man sollte immer auf solche Dinge achten, da sie gezielt eingesetzt werden, um Daten in einem bestimmten „Licht" darzustellen. Verschiedene Darstellungen können auch politisch missbraucht werden.

Kurbelmechanismus

? Maximum von y ist $a + r = 4$ (P ganz oben), Minimum ist $a - r = 2$ (P ganz unten).
Da $r = 1$, ist x das Bogenmaß des Winkels α.
Die Strecke $y = \overline{MA}$ setzt sich zusammen aus $\overline{MQ}$ und $\overline{QA}$. Es gilt $\sin x = \sin\alpha = \frac{\overline{PQ}}{r}$, also $\overline{PQ} = \sin x$. $\cos x = \cos\alpha = \frac{\overline{MQ}}{r}$, also $\overline{MQ} = \cos x$.
Nach dem Satz des Pythagoras ist $\overline{QA}^2 = a^2 - \overline{PQ}^2 = 9 - (\sin x)^2$.
Also ist $y = \overline{MQ} + \overline{QA} = \cos x + \sqrt{9 - (\sin x)^2}$ und somit $f(x) = \cos x + \sqrt{9 - (\sin x)^2}$.
Der Graph von f wird mit dem GTR erstellt.
Funktionswerte: $f(0) = 4$, $f\left(\frac{1}{2}\pi\right) = 2\sqrt{2} \approx 2{,}828$, $f(\pi) = 2$ und $f\left(\frac{3}{2}\pi\right) = 2\sqrt{2}$.
$y = 2 \Longrightarrow x = \pi$; $y = 3 \Longrightarrow x \approx 1{,}4033$ bzw. $x \approx 4{,}8798$; $y = 4 \Longrightarrow x = 0$. (Für $y = 3$ verwendet man zur Bestimmung der Schnittstelle den GTR, siehe Fig.)

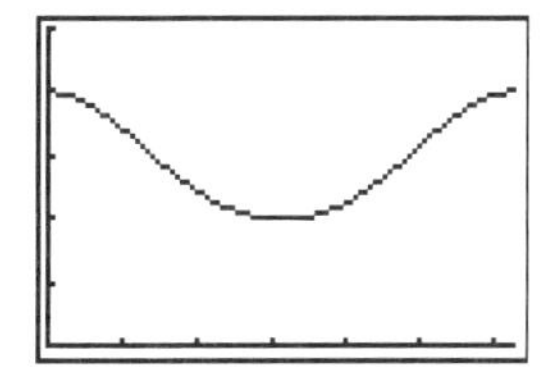

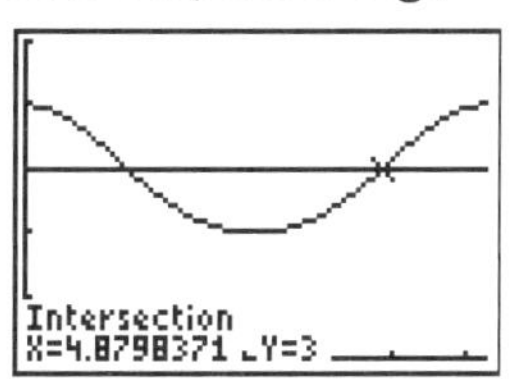

Seite 193

Radioaktivität

? a) Man erzeugt für jedes Atom eine Zufallszahl. Ist die Zufallszahl kleiner als 0,85, so gilt das Atom als noch nicht zerfallen. Das wird für mehrere „Minuten" wiederholt. Man erhält so z. B. mithilfe des GTR die Tabelle:

t	0	1	2	3	4	5	6	7	8	9	10
z(t)	500	430	360	310	263	227	193	166	147	124	102

b) Die Tabelle kann grafisch dargestellt werden.

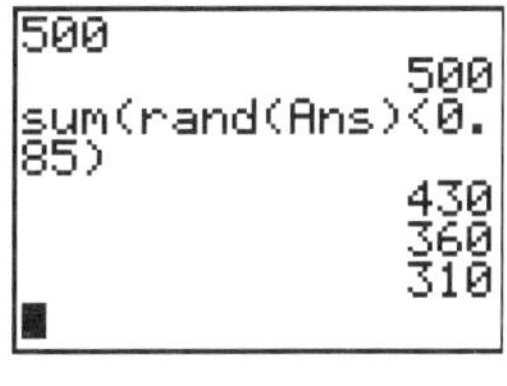

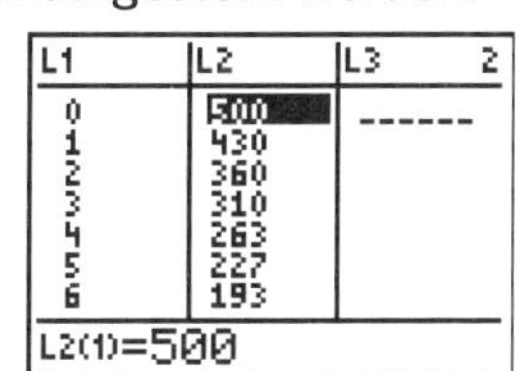

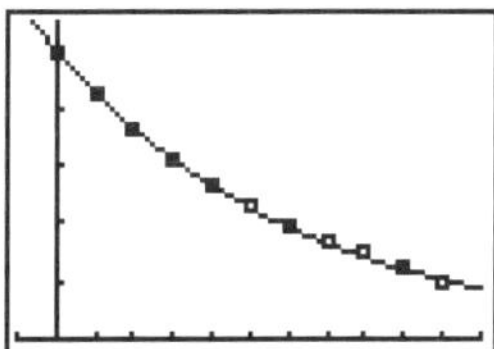

Man erkennt, dass die Werte exponentiell abnehmen. Der Ansatz $f(t) = c\,a^t$ liefert z. B. mit den Werten für $t = 0$ und $t = 10$ (ähnlich wie bei der Treibhauseffektaufgabe) die Funktion $f(t) = 500 \cdot 0{,}853^t$.
Man sieht, dass der Graph dieser Funktion die Werte der Tabelle sehr gut annähert. Auch eine exponentielle Regression ist hier möglich; man erhält $f(t) = 497 \cdot 0{,}855^t$. Der Graph ist fast identisch mit dem ermittelten.
Theoretisch ergibt sich fast dasselbe Ergebnis mit folgender Überlegung: Jede Minute zerfallen durchschnittlich 15 % der Atome, d. h., es bleiben 85 % übrig. Also nimmt die Zahl der noch nicht zerfallenen Atome nach dem Gesetz $z(t) = 500 \cdot 0{,}85^t$ ab.

Bei der stochastisch ermittelten Funktion gibt es bei jeder Simulation natürlich andere Werte, die trotzdem nahe bei dem theoretischen Gesetz liegen. Dies ist ein schönes Beispiel für einen zufälligen Vorgang mit einer wohl bestimmten Gesetzmäßigkeit (Determiniertheit).
Da Plutonium eine Halbwertszeit von 24 360 Jahren hat, gilt mit dem Ansatz $f(t) = c\,a^t$: $f(0) = 100\,\%$, $f(24\,360) = 50\,\%$. Das ergibt $f(t) = 100\,\% \cdot 0{,}999\,972^t$.
Also sind nach 10 000 Jahren noch $f(10\,000) = 75{,}2\,\%$ Plutonium vorhanden.
Die Gleichung $f(t) = 10\,\%$ kann man grafisch oder mit dem Solver auf dem GTR lösen (Fig.).
Man erhält $t = 80\,922$ Jahre.

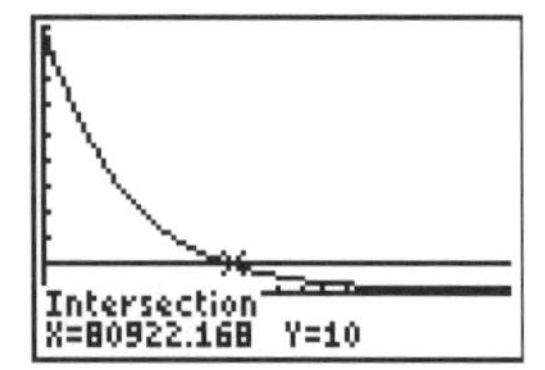

Seite 194

Keplergleichung

? a) $f'(x) = 1 - \varepsilon \cdot \cos x$. Die Ableitungsfunktion kann nur Nullstellen haben, wenn ε mindestens 1 ist, weil die Werte von cos x zwischen −1 und 1 liegen. Im Falle $\varepsilon = 1$ ist aber $f'(x)$ niemals negativ, da cos x höchstens 1 ist. Also hat f' keinen Vorzeichenwechsel. Im Falle $\varepsilon > 1$ hat f' Vorzeichenwechsel, also auch Extrema. Bei elliptischen Bahnen von Himmelskörpern ist aber immer $\varepsilon < 1$, die Funktion f ist also dann immer streng monoton wachsend. Es gibt daher zu einem Zeitpunkt t immer nur eine Lösung x.

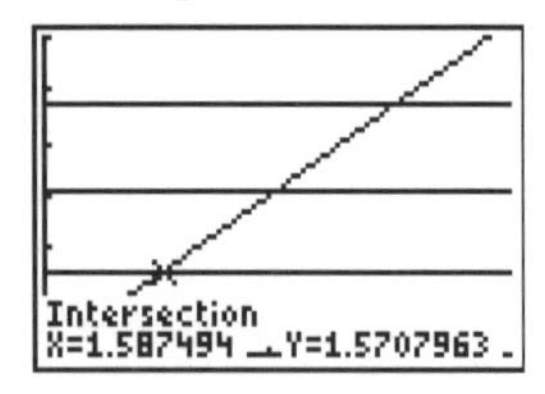

b) Man zeichnet den Graphen der Funktion f und jeweils eine Parallele zur x-Achse im Abstand $\frac{2\pi t}{T}$ für $t = \frac{1}{4}$, $t = \frac{1}{2}$ und $t = \frac{3}{4}$. Man erhält gerundet $x = 1{,}5875$ ($\alpha = 90{,}96°$, $\beta = 91{,}91°$) bzw. $x = 3{,}1416$ ($\alpha = 180°$, $\beta = 180°$) bzw. $x = 4{,}6957$ ($\alpha = 269{,}04°$, $\beta = 268{,}09°$). Man erkennt, dass der „Fahrstrahl“ ZP im ersten und vierten Vierteljahr einen Winkel von etwas mehr als 90° überstreicht, während er im zweiten und dritten Vierteljahr etwas weniger als 90° überstreicht. Im Zeitraum von Anfang September bis Anfang April (Winterhalbjahr) ist die Erde also etwas schneller als im Zeitraum von Anfang April bis Anfang September (Sommerhalbjahr).
Die Abstände der Erde von der Sonne betragen zum Zeitpunkt $t = 0$ $\overline{ZP} = 147{,}1$ Millionen km,
zum Zeitpunkt $= \frac{1}{4}$ $\overline{ZP} = 149{,}64$ Millionen km,
zum Zeitpunkt $t = \frac{1}{2}$ $\overline{ZP} = 152{,}10$ Millionen km
und zum Zeitpunkt $t = \frac{3}{4}$ $\overline{ZP} = 149{,}64$ Millionen km.
Der kleinste und größte Abstand zur Sonne unterscheiden sich also um etwa 5 Millionen km.

Seite 195

Abbildung der Erde

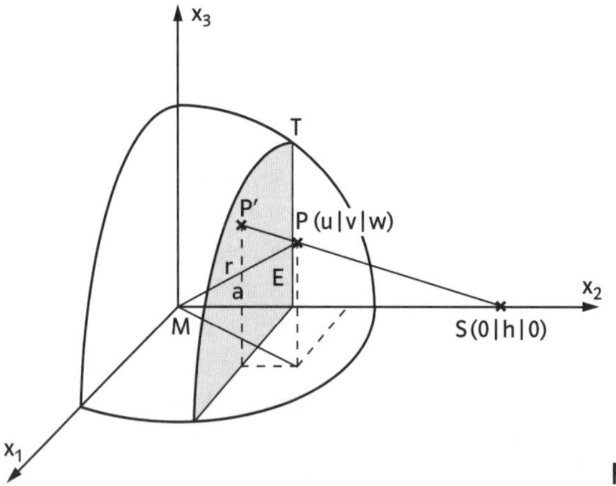

Fig. 1

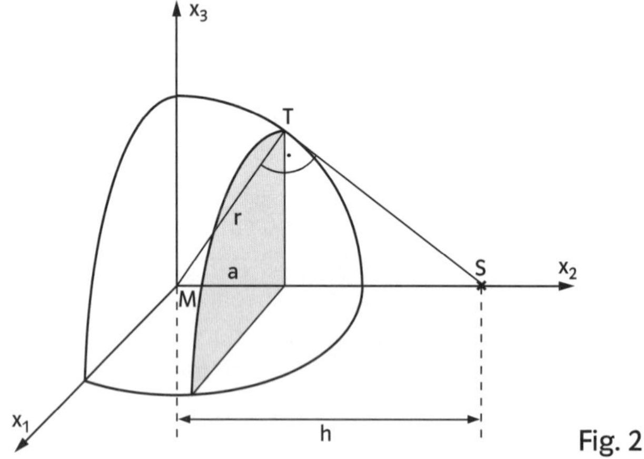

Fig. 2

? a) Die Gleichung der Geraden SP ist

$$\vec{x} = \begin{pmatrix} 0 \\ h \\ 0 \end{pmatrix} + t \begin{pmatrix} u \\ v - h \\ w \end{pmatrix},\ t \in \mathbb{R}.$$

Für x_2 ergibt sich daraus $x_2 = h + t(v - h)$.
Da $x_2 = a$, ergibt sich $a = h + t \cdot (v - h)$.
Da ST eine Tangente an die Erdkugel ist, hat das Dreieck MST bei T einen rechten Winkel. Für die Hypotenuse h, die Kathete r und den Hypotenusenabschnitt a gilt nach dem Kathetensatz $a \cdot h = r^2$.
In diese Gleichung wird $a = h + t \cdot (v - h)$ eingesetzt: $(h + t \cdot (v - h)) \cdot h = r^2$.
Diese Gleichung wird schrittweise umgeformt und schließlich nach t aufgelöst:
$h^2 + t \cdot (v - h) \cdot h = r^2 \quad | -h^2$
$t \cdot (v - h) \cdot h = r^2 - h^2 \quad | \cdot(-1)$
$t \cdot (h - v) \cdot h = h^2 - r^2 \quad | :(h - v)h$
$t = \frac{h^2 - r^2}{(h - v) \cdot h}$

b) Für $h = 2r$ erhält man $t = \frac{(2r)^2 - r^2}{(2r - v) \cdot 2r} = \frac{3r^2}{(2r - v) \cdot 2r}$.
Berechnung von u′ und w′ für die Punkte $P(0|r|0)$:
$u' = t \cdot u = \frac{3r^2}{(2r - r) \cdot 2r} \cdot 0 = 0$, $w' = t \cdot w = \frac{3r^2}{(2r - r) \cdot 2r} \cdot 0 = 0$,
$Q(0{,}6r|0{,}8r|0)$: $u' = t \cdot u = \frac{3r^2}{(2r - 0{,}8r) \cdot 2r} \cdot 0{,}6r = \frac{3}{4}r$,

$w' = t \cdot w = \frac{3r^2}{(2r - 0{,}8r) \cdot 2r} \cdot 0 = 0$,

$R\left(\frac{2}{3}r \middle| \frac{2}{3}r \middle| \frac{1}{3}r\right)$: $u' = t \cdot u = \frac{3r^2}{\left(2r - \frac{2}{3}r\right) \cdot 2r} = \frac{2}{3}r = \frac{3}{4}r$,
$w' = t \cdot w = \frac{3r^2}{\left(2r - \frac{2}{3}r\right) \cdot 2r} \cdot \frac{1}{3}r = \frac{3}{8}r$.

c) Aus der Formel für den Kathetensatz ergibt sich
$a \cdot h = r^2$ a und daraus $a = \frac{r^2}{h}$.

Für $h \to r$ ergibt sich daraus $a = r$. In diesem Grenzfall befindet man sich auf der Erdoberfläche. Man sieht dann nur noch die Stelle, auf der man sich befindet.
Für $h \to \infty$ ergibt sich daraus $a = 0$. In diesem Grenzfall befindet man sich „unendlich" weit weg von der Erde, die man dann natürlich gar nicht mehr sieht. Aber bereits, wenn h sehr groß ist (z. B. Mondentfernung, etwa 60 r), ist a praktisch 0. In diesem Fall sieht man (fast) die halbe Erde.

Sachthema: Mathematik in Berufen

Seite 196

Bankkaufmann

? Wenn man das Geld der Investition (hier 50 000 €) anlegen würde, würde man beispielsweise wie auf dem Rand angegeben 7,85 % Rendite (Zinsen) erhalten. Daher ist beispielsweise ein Geldbetrag von 9000 €, den man im nächsten Jahr verdient, heute nur 8344,92 € wert, denn wenn man heute den Betrag von 8344,92 € mit 7,85 % Zinsen anlegen würde, hätte man nach einem Jahr 9000 €.
Man rechnet also: $y_{\text{Wert des Geldes heute}} = 9000 \cdot 1{,}0785^x$, wobei $x = -1$ gilt, wenn das Geld wie in dem beschriebenen Beispiel im nächsten Jahr verdient wird und auf ein Jahr zurück, also auf den heutigen Wert, abgezinst wird. $x = -2$ würde demnach bedeuten, dass das Geld in zwei Jahren verdient werden würde und man sich für den heutigen Wert dieses Geldes interessiert.
Die Summe aller zurückgerechneten (abgezinsten) Beträge stellt den Gesamtwert dar. Dieser muss in dem Beispiel 50 000 € betragen.

Jahr	0	1	2
Einnahmen	0	10 000	10 000
Ausgaben	50 000	1000	1000
Bilanz (Einnahmen-Ausgaben)	-50 000	9000	9000
Abzinsungsfaktor a	1	0,927 213 72	0,859 725 29
abgezinste Bilanz (a · Bilanz)	-50 000	8 344,92	7737,53
Summe der abgezinsten Bilanzen	-50 000	-41 655,08	-33 917,55

Jahr	3	4	5
Einnahmen	10 000	10 000	10 000
Ausgaben	1000	1000	1000
Bilanz (Einnahmen-Ausgaben)	9000	9000	9000
Abzinsungsfaktor a	0,797 149 08	0,739 127 57	0,685 329 23
abgezinste Bilanz (a · Bilanz)	7174,34	6 652,15	6 167,96
Summe der abgezinsten Bilanzen	-26 743,21	-20 091,06	-13 923,10

Jahr	6	7	8
Einnahmen	10 000	10 000	10 000
Ausgaben	1000	1000	1000
Bilanz (Einnahmen-Ausgaben)	9000	9000	9000
Abzinsungsfaktor a	0,635 446 66	0,589 194 87	0,546 309 57
abgezinste Bilanz (a · Bilanz)	5719,02	5 302,75	4 916,79
Summe der abgezinsten Bilanzen	-8 204,08	-2 901,32	**2015,46**

Die Investition erreicht also nach ca. 7 bis 8 Jahren ihren „Break-even-Punkt". Wenn man von einem kleineren Zinssatz ausgeht, dauert es wesentlich kürzer. Etwa bei p = 5 % wäre der „Break-even-Punkt" schon nach 6 bis 7 Jahren erreicht.

Seite 197

Referent im Bundesministerium für Gesundheit

? a) Die Daten werden zunächst einmal grafisch dargestellt:

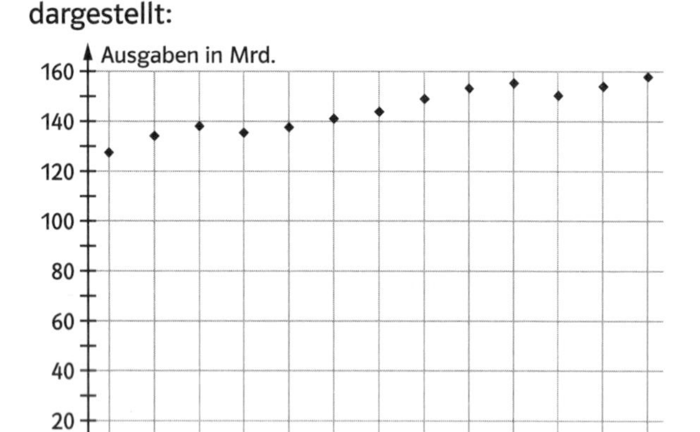

Hieran erkennt man einen mit Schwankungen versehenen linearen Verlauf.
Mithilfe der linearen Regression erhält man die Funktionsgleichung $y = 2{,}35x - 4565{,}8$, wobei x das Jahr und y die Ausgaben der gesetzlichen Krankenkassen angeben.

Jahr	Ausgaben insgesamt in Mrd. €	Veränderung der Ausgaben in %	berechnete Werte	Abweichungen
1994	117,38		120,1	-2,72
1995	124	5,64	122,45	1,55
1996	127,92	3,16	124,8	3,12
1997	125,29	-2,06	127,15	-1,86
1998	127,47	1,74	129,5	-2,03
1999	130,92	2,71	131,85	-0,93
2000	133,7	2,12	134,2	-0,5
2001	138,81	3,82	136,55	2,26
2002	143,03	3,04	138,9	4,13
2003	145,09	1,44	141,25	3,84
2004	140,18	-3,38	143,6	-3,42
2005	143,81	2,59	145,95	-2,14
2006	147,58	2,62	148,3	-0,72
			Summe der Abweichungen:	**0,58**

Auch diese Tabelle zeigt, dass die Abweichungen insgesamt sehr gering sind.
Im Jahr 2010 sind nach dem obigen Modell ca. 157,7 Mrd. Euro zu erwarten $(y = 2{,}35 \cdot 2010 - 4565{,}8$

= 157,7). Für 2015 wären dies 169,45 Mrd. Euro ($y = 2{,}35 \cdot 2015 - 4565{,}8 = 169{,}45$).

b) Wenn die Ausgaben wie angegeben variiert würden, würde sich mithilfe der linearen Regression die Funktionsgleichung $y = 2{,}4544 \cdot x - 4773{,}8$ ergeben. Da die Steigung etwas größer ist als bei der „Originalfunktion", verläuft die Entwicklung insgesamt steiler.

Ein grafischer Vergleich zeigt dies:

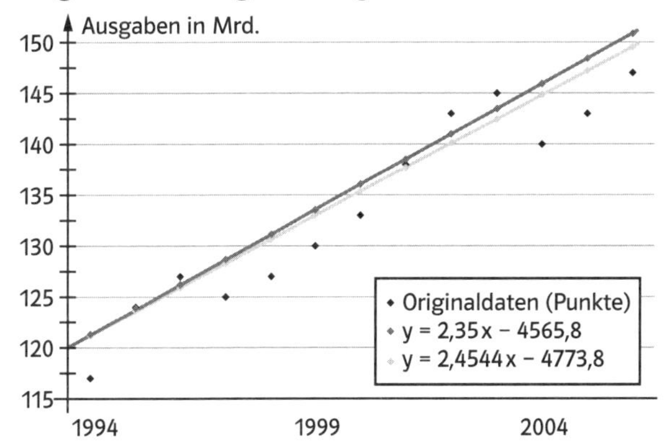

Demnach würden auch die Prognosen für 2010 und 2015 etwas höher ausfallen.

Seite 198

Anästhesist

? a) Der Patient muss etwa von 9.11 Uhr bis 10.05 Uhr beatmet werden.

b) Der Operateur darf die Haut des Patienten etwa gegen 9.19 Uhr aufschneiden.

c) Der Patient wird vermutlich gegen 10.09 Uhr aufwachen.

d) Der Patient wird vermutlich gegen 10.20 Uhr wieder ansprechbar sein.

Seite 199

Maschinenbauingenieur

? Mögliches Gutachten:

Die Messwerte der erhobenen Stichprobe ergaben einen Cpk-Wert von ca. 1,38. Der Zuschnitt der Bauteile kann somit als zufriedenstellend angesehen werden. Der Mittelwert 50,0642 dm legt aber nahe, die Schnittbreite geringfügig zu verringern. Durch eine Neujustierung der Schnittbreite über die Messerwalze um 0,064 dm könnte ein optimaler Cpk-Wert von etwa 1,71 erreicht werden. In diesem Fall ließe sich die Qualität des Zuschnitts als sehr gut einstufen.

Seite 200

Entwicklungsingenieur

? a) Bei einer Vollbremsung blockieren die Räder des Fahrzeugs; d_b ist somit null. Man erhält:

$\frac{d_m - d_b}{d_m} = \frac{d_m}{d_m} = 1 = 100\,\%$.

b) Die beste Bremswirkung erzielt man auf trockenem Asphalt.

c) Für den Bremsvorgang ist nasser Asphalt am unberechenbarsten. Nach der maximalen Bremswirkung lässt die Bremswirkung bei Erhöhung des Radschlupfes wieder deutlich nach.

d) Beim maximalen Radschlupf auf Schnee graben sich der Reifen in den Schnee ein und erhöhen so noch einmal die Bremswirkung.

e) Wird das Bremsregelsystem so eingestellt, dass der Radschlupf bei etwa 25 % liegt, so erhält man auf den verschiedenen Untergründen gute Werte. Durch eine Verringerung des Radschlupfes unter 25 % würde man zwar die Bremswirkung auf trockenem Asphalt und auf Eis erhöhen; dies ginge aber zulasten der Bremswirkung auf nassem Asphalt.

Seite 201

Psychologe

? a) Die Wahrscheinlichkeit, dass man bei einer Binomialverteilung mit den Parametern $n = 100$ und $p = 0{,}15$ mindestens 22 Treffer erhält, liegt bei etwa 4 %. Aufgrund der Untersuchung würde man die Aussage, dass von den Jugendlichen 15 % depressionskrank sind, eher ablehnen und vermuten, dass der Anteil der Depressionskranken bei Jugendlichen höher liegt.

b) Die Wahrscheinlichkeit, dass man bei einer Binomialverteilung mit den Parametern $n = 100$ und $p = 0{,}15$ höchstens 7 Treffer erhält, liegt bei etwa 1,2 %.

Bei 7 Depressionskranken würde man daher die Aussage erneut ablehnen und annehmen, dass der Anteil der Depressionskranken bei Jugendlichen vermutlich geringer als 15 % ist.

Bei 12 Depressionskranken würde man die Aussage vermutlich annehmen. Wie man im Diagramm erkennt, unterstützt dieser Wert die Aussage, dass auch unter den Jugendlichen 15 % depressionskrank sind.

Bei 30 Depressionskranken würde man die Aussage wieder ablehnen, da der Anteil noch höher ist, als die oben aufgeführten 22 Depressionskranken.

Seite 202

Unternehmensberater

? a) Für die Investitionen ergibt sich als einmaliger Betrag: 29 410 641,82 €. Dieser schlüsselt sich folgendermaßen auf:

	Anzahl	Kosten	Summe
Standort	85		28 424 000,00 €
Eingang	4		334 400,00 €
Lesegerät	3	1200	3 600,00 €
Drehkreuz	3	10 000	30 000,00 €
Umbau			50 000,00 €
Karten	14 200	1,3	18 460,00 €
Personalkosten:			
Stundenlohn	14 200	340 909 091	968 181,82 €

Hinzu kommen laufende Kosten in Höhe von 1 862 326,00 € pro Jahr, die sich folgendermaßen aufschlüsseln:

Kartenaustausch		1 846,00 €
Wartung Lesegerät		330 480,00 €
Wartung Drehkreuze		1 530 000,00 €

Demgegenüber stehen Einsparungen bei den Personalkosten in Höhe von 15 300 000,00 € gegenüber:

Pförtner	510	30 000	15 300 000,00 €

Unter Berücksichtigung, dass man das investierte Geld nicht zu 5 % anlegen kann, ergibt sich folgende Aufstellung für die ersten Jahre nach der Investition:

Jahr	Kosten	Einsparungen	Gewinn
1	31 272 967,82 €	15 300 000,00 €	– 15 972 967,82 €
2	34 698 942,21 €	30 600 000,00 €	– 4 098 942,21 €
3	38 296 215,32 €	45 900 000,00 €	7 603 784,68 €
4	42 073 352,09 €	61 200 000,00 €	19 126 647,91 €
5	46 039 345,69 €	76 500 000,00 €	30 460 654,31 €
6	50 203 638,97 €	91 800 000,00 €	41 596 361,03 €

Die Investition des Identifikationssystems mithilfe der Chip-Karte würde sich für den Konzern also ab dem dritten Jahr nach der Investition rechnen.

b) Mögliche weitere Informationen, mit denen ein Gutachten genauer erstellt werden könnte:

- Wie wird die Einführung der Chip-Karte von den Arbeitnehmerinnen und Arbeitnehmern in den Niederlassungen gesehen? Gibt es seitens der Belegschaft Bedenken oder werden eher Vorteile im neuen System gesehen?
- Welche weiteren Zusatzfunktionen könnte die Chip-Karte erhalten? Welche Vorteile hätten diese Zusatzfunktionen für die Arbeitnehmerinnen und Arbeitnehmer bzw. für den Konzern?
- Welche anderen Aufgaben könnten die Pförtner übernehmen, die durch die Einführung der Chip-Karte nicht mehr benötigt werden? Entstehen hierbei Umschulungskosten?
- Sind die Folgekosten für die Wartung des Karten-Systems für die nächsten Jahre stabil?
- Wird die Sicherheit durch die Einführung des Karten-Systems erhöht bzw. verringert?

Seite 203

Strahlenschutzbeauftragter

? a) Die Aktivität des Strahlers betrug am 1. April 2007 ungefähr 391 MBq, am 31. Dezember 2007 ungefähr 391 MBq und am 1. 1. 2007 ungefähr 1117 MBq.

b) Der Strahler dürfte etwa bis zum 19. Oktober 2007 in Gebrauch sein.

c) Der Strahler müsste noch bis Anfang April 2011 unter Verschluss gelagert werden, bevor er entsorgt wird.

Seite 204

Logistiker

? Als optimale Route für die Aufträge erhält man:
1. Tag: Fahrt von Zürich nach Stuttgart; Entfernung: 218 km; Fahrzeit 3,5 h + 45 min Pause + 2 h Zoll + 1 h Entladen.
2. Tag: Fahrt von Stuttgart nach Innsbruck; Entfernung: 325 km; Fahrzeit 5,5 h + 45 min Pause + 1 h Beladen + 1 h Entladen. (Die verderbliche Ware wird innerhalb von 9 h geliefert.)
3. Tag: Fahrt von Innsbruck nach München und zurück; Entfernung: 290 km; Fahrzeit 5 h + 2 h Beladen + 2 h Entladen. (Die verderbliche Ware wird innerhalb von 9 h geliefert.)
4. Tag: Fahrt von Innsbruck nach Zürich; Entfernung: 292 km; Fahrzeit 5 h + 2 h Zoll + 1 h Beladen + 1 h Entladen.
Als Gesamtfahrtstrecke erhält man 1125 km.
Die Gesamtkosten für die gesamte Tour betragen ca. 1900 €.

Seite 205

Buchhändler

? Wenn man davon ausgeht, dass alle Exemplare verkauft werden, ergibt sich unter Berücksichtigung sämtlicher Kosten:
bei einer Auflage von 2000 Exemplaren ein Verlust von 2000,– €,
bei einer Auflage von 3500 Exemplaren ein Gewinn von 12 675,– €,
bei einer Auflage von 5000 Exemplaren ein Gewinn von 31 450,– €.

Vermutlich hat die Buchhandlung das dritte Angebot ausgewählt.

? Wenn maximal 3800 Exemplare verkauft werden können, ergibt sich bei einer Auflage von 5000 Exemplaren nur noch einen Gewinn von 11530,– €. In diesem Fall wäre eine Auflage von 3500 Exemplaren günstiger.

	A	B	C	D	E	F	G	H
1								
2	**Auflage**	**Preis**	**verkaufte Ex.**	**Umsatz**	**Kosten**	**verkauft/ Jahr**	**Lagerung**	**Gewinn**
3	2000	26.000,00€	2000	33.200,00€	33.700,00€	500	1.500,00€	**-2.000,00€**
4	3500	36.000,00€	3500	58.100,00€	42.800,00€	875	2.625,00€	**12.675,00€**
5	5000	41.000,00€	3800	63.080,00€	47.800,00€	1250	3.750,00€	**11.530,00€**
6								
7		24,90€	**(Verkaufspreis)**					
8								